ALEXANDER NEQUAM

SPECULUM SPECULATIONUM

AUCTORES BRITANNICI MEDII AEVI · XI

ALEXANDER NEQUAM

SPECULUM SPECULATIONUM

Edited by

RODNEY M. THOMSON

Published for THE BRITISH ACADEMY
by THE OXFORD UNIVERSITY PRESS
1988

Oxford University Press, Walton Street, Oxford ox2 6DP

Oxford New York Toronto
Delhi Bombay Calcutta Madras Karachi
Petaling Jaya Singapore Hong Kong Tokyo
Nairobi Dar es Salaam Cape Town
Melbourne Auckland
and associated companies in
Beirut Berlin Ibadan Nicosia

Oxford is a trade mark of Oxford University Press

Published in the United States
by Oxford University Press, New York

British Library Cataloguing in Publication Data

Nequam, Alexander
    Speculum speculationum.——(Auctores
    Britannici medii aevi; 11).
    1. Theology, Doctrinal
    I. Title   II. Thomson, R. M.
    III. British Academy IV. Series
    230   BT70

ISBN 0-19-726067-5

Printed in Great Britain
by W. S. Maney and Son Ltd

CONTENTS

PREFACE

An edition of the *Speculum Speculationum* was planned by the late Dr R. W. Hunt, in the wake of his 1936 D.Phil. thesis on its author, but by the time of his death in 1979 he had only transcribed part of its third book. In the following year I wrote to Dr Hunt's literary executor, Dr B. Barker-Benfield, offering to help with the publication of the thesis. In reply Dr Barker-Benfield intimated that that was already in the capable hands of Dr M. T. Gibson (who has since brought it to fruition), but that Sir Richard Southern, with whom he had discussed my proposal, had suggested that instead I might complete Dr Hunt's project to edit the *Speculum*. I must confess that at the time, in my ignorance of this work, I did not know whether to welcome the suggestion or not. I had, however, sufficient confidence in the opinions of Richard Hunt and Sir Richard Southern to believe, *a priori*, that the project must be worth considering. And so I eventually decided to undertake it, in order to enlarge my own acquaintance with the most central intellectual concerns of twelfth-century Europe, and as an act of gratitude to one who had been a kind friend to me in the last years of his life.

To Sir Richard Southern I owe, not only the original suggestion to undertake this work, but constant encouragement, suggestions and criticism until his retirement as Chairperson of the Academy's *Auctores* Committee. Other members of the Committee also read sections of the text and offered valuable advice and corrections. Ms A. C. Dionisotti kindly checked nearly half of the text. For answers to specific queries I wish to thank Professors J. D. Latham, R. Loewe, C. R. Cheney, R. Pfaff, Drs C. S. Burnett, M. T. Gibson, D. P. Henry, Frs J. Leclercq and O. Lewry, Mr C. Hohler and M. Gullick. I wish, finally, to thank the British Academy for a generous grant towards preparation of the text for the press, and Mrs S. Court for cheerfully and efficiently executing the enormous task of transferring the text from typescript to disk.

R. M. Thomson, Hobart, 1987.

ABBREVIATIONS

AHDLMA	*Archives d'histoire doctrinale et littéraire du moyen âge*
AL	*Aristoteles Latinus*
BGPTMA	*Beiträge zur Geschichte der Philosophie und Theologie des Mittelalters*
Brev. Sar.	F. Procter and C. Wordsworth (eds.), *Breviarium secundum usum Sarum* (3 vols., Cambridge, 1879–86)
De Rijk, *Logica Modernorum*	L. M. De Rijk, *Logica Modernorum* (2 vols. in 3, Assen, 1962–67)
Gregory, *Anima Mundi*	T. Gregory, *Anima Mundi: la filosofia di Guglielmo di Conches e la scuola di Chartres* (Florence, 1954)
Haskins, *Studies*	C. H. Haskins, *Studies in the History of Mediaeval Science* (rev. edn, Cambridge, Mass., 1927)
Hunt, *Alexander Nequam*	R. W. Hunt, *The Schools and the Cloister; The Life and Writings of Alexander Nequam (1157–1217)*, ed. and rev. M. T. Gibson (Oxford, 1984)
Landgraf, 'Untersuchungen'	A. Landgraf, 'Untersuchungen zu den Eigenlehren Gilbert de la Porreé', *Zeitschrift für katholische Theologie*, 54 (1930), 118–213
Lottin, *Psychologie*	O. Lottin, *Psychologie et morale aux xiie et xiiie siècles* (6 vols., Gembloux; 1 rev. edn 1957, 2–6 1948–60)
MARS	*Mediaeval and Renaissance Studies*
MS	*Mediaeval Studies*
PG	*Patrologia Graeca*
PL	*Patrologia Latina*
RNP	*Revue nèoscolastique de philosophie*
RS	Rolls Series
SK	D. Schaller and E. Könsgen, *Initia Carminum Latinorum Saeculo Undecimo Antiquiorum* (Göttingen, 1977)
Southern, *Platonism*	R. W. Southern, *Platonism, Scholastic Method and the School of Chartres* (Reading, 1979)
Walther, *Initia*	H. Walther, *Initia Carminum ac Versuum Medii Aevi Posterioris Latinorum* (Göttingen, 2nd edn, 1969)
Walther, *Proverbia*	H. Walther, *Proverbia Sententiaeque Latinitatis Medii Aevi* (6 vols., Göttingen, 1963–69)

INTRODUCTION

1. Alexander Nequam

Alexander Nequam (1157–1217) was, in his wide-ranging intellectual interests, one of the last men of the 'Twelfth-Century Renaissance', as well as one of its best-known English representatives. Born at St Albans, he spent most of his life pursuing a moderately successful academic career, studying and teaching at Paris *c*.1175–82 before returning to England to teach first at the grammar schools of Dunstable and St Albans, then at Oxford during the 1190s. About 1200 he 'retired' to the Augustinian canonry at Cirencester, of which he became abbot in 1213.[1]

While overseas Nequam studied the liberal arts, with special attention, it seems, to grammar and dialectic. He then proceeded on to the 'higher' disciplines of theology, medicine and law both canon and civil—I give them in descending order of their importance in his later writings. In the *Speculum Speculationum* the strongest influences are from grammar, logic, theology *stricto sensu* and biblical studies, but the totality of his works suggests the breadth of his interest: in addition to the subjects listed above, classical literature, the writing of stylish prose and verse, natural science and preaching. The chronology of his voluminous output is not easily established; the earliest of his works may have been written while he was still at Paris, the latest were certainly produced when he was already abbot of Cirencester.[2]

2. The *Speculum Speculationum*: Date and Purpose

The *Speculum Speculationum*, Nequam's only work of dialectical theology, was written when he was a canon of Cirencester but apparently not yet abbot, for in the surviving manuscript, early and authoritative, he is called 'magister Alexander canonicus Cirecestrie'.[3] 1201 is the *terminus post quem* for at least some of the work, for he quotes a decretal of Innocent III to which he would not have had access before the middle of that year.[4] Probably most of the work was done later than this; its planning and writing must have occupied a considerable period of time, and it seems unlikely that he ever completed it.

It was written for several reasons, some explicit, others only ascertainable by inference. Alexander himself gives us two. The one upon which he insists most is as a reasoned attack on the teachings of the Cathars (whom he generally calls 'the new Manichaeans').[5] Other European theologians such as Prevostin and Alan of Lille had already written against them, though it is not clear that Nequam knew these particular works.[6] It is perhaps surprising to find an Englishman, even one with as cosmopolitan a background as Nequam's, sharing this concern.[7] His major objection was to the doctrine of dualism, and he spends the first four chapters of his first book refuting it. He knew of other objectionable beliefs of the Cathars: their rejection of the sacraments, of veneration of the Cross, of saints' relics, and of the Virgin Birth, but all of these, as he was aware, were the natural consequence of dualism, involving the notion that matter was corrupt and evil.[8]

By the end of Book I Nequam's assault on dualism was completed, and his anti-Cathar polemic, only ever one of his interests, almost at an end. His other explicit intention (though not so trenchantly expressed) was to employ the weapons of logic in the service of theology.[9] The approach of the *Speculum* is substantially dialectical, but time and again Nequam draws distinctions between the use of logic by dialecticians and theologians,[10] sometimes explicitly to the detriment of the former. On one occasion, for example, he compares the dialecticians' approach to the fleshpots of Egypt, that of the theologians to the heavenly manna of the wilderness.[11] In the *Speculum* the methods and texts of the Terminist logicians, learned by Nequam on the Petit Pont, are harnessed to the goals of theology more completely than in any earlier *Summa*.

Two other reasons for the production of the *Speculum* can be guessed, and will be enlarged upon later. One was undoubtedly to bring the schema and arguments of Peter Lombard's *Sentences* up-to-date in the light of recently-available knowledge and texts (in particular the 'new' Aristotle). This can be inferred from the evident fact that Nequam had the *Sentences* and almost certainly Peter of Poitiers' imitation of it at his elbow as he wrote,[12] and yet he differs from them precisely in his deployment of late twelfth-century logical techniques, and of texts unavailable to the earlier theologians. His other probable reason for writing was to bring together his old lecture-notes from Paris and Oxford. Here attention should be drawn to the unusual title of his work, which might be translated 'A complete review of arguments on major theological topics'. As R. W. Hunt pointed out, in the *Speculum* Nequam's characteristic method is to present a wide range of arguments on a given topic glossed with his own critical comments.[13] This is the approach we might expect from a lecturer rather than from the writer of a 'standard' manual like the *Sentences*.

3. The *Speculum Speculationum*: Content and Character

The *Speculum* survives in a single manuscript (plus three short extracts in another, which may be disregarded for the moment), clearly and accurately written, probably at Cirencester and quite possibly within Alexander's lifetime.[14] Its text is certainly incomplete. As it stands, it is divided into four books whose contents follow, in a general fashion, the sequence of topics established by Peter Lombard, and which was standard by Nequam's middle age. Books I and II discuss the existence and characteristics of God, together with the nature of the Trinity. Book III chs. i–xiv deal with Creation, xv–lxxviii with angels, Satan and the origin and nature of evil, and lxxxiii–xciv with the soul, after a brief return to some problems of Creation (chs. lxxix–lxxxii). Book IV discusses grace (and freewill to ch. xv). As R. W. Hunt pointed out, this was a spacious treatment, by which the end of Nequam's Book IV corresponded to the middle of Book II in Lombard's *Sentences*.[15]

The *Speculum* incorporates many cross-references back and forward, thirty-five of which are to topics not covered in the extant work.[16] These references, plus the sketch-plan provided by Nequam in his introduction, indicate that the subject-matter of the lost portion was also standard: the virtues, Incarnation and sacraments.[17] Nequam's references do not reveal the order in which he proposed to deal with these topics, nor how many books were to be devoted to their treatment. The Lombard's ordering of the same topics is as given above, and Nequam presumably intended to follow it. The *Sentences* end with the Last Judgement, and two of Nequam's cross-references are to a discussion of this topic.[18] Had he continued the work on the scale of the extant portion, at least another three books would have been required. But there is no guarantee that he did finish it, and some reason to think that he did not.

R. W. Hunt was inclined to think that Nequam left the *Speculum* unfinished because of palaeographical features in the main manuscript.[19] This was written throughout in one hand until near the end, when another scribe took over the text (although the original hand continued marginal rubrication). The chapter-numbers of the table of contents to Book IV are in another hand again, while in the text the chapters of this Book have been misnumbered. In themselves these features do not seem to me significant. A scribe might cease to copy a text for many reasons, and misnumbering of chapters also occurs, doubtless by simple scribal error, in Books II and III.[20] Hunt also says that the work ends in mid-sentence, but this is not true, and he provides the wrong *explicit*.[21] Finally, a certain illogicality which Hunt observes in the ordering of the chapters to Book IV can also be identified in the other books.[22]

Nonetheless I believe that Hunt was right to think that Nequam left his work incomplete. While the cross-references in the *Speculum* are sufficiently precise to indicate that he planned the whole work in some detail, they are all in the future tense, and occasionally promise treatment of a topic in a tentative way — 'Deo uolente' or 'fortasse'.[23] Admittedly, the future tense is used in references to extant sections also and in one such case tentatively.[24]

Secondly, the character of the surviving portion shows signs of the author's flagging interest or energy towards the end. Much of Book IV consists of long stretches of verbatim quotation from standard sources, unrelieved by much independent opinion or argument. Nequam may have been understandably tired, but there is also reason to think that the subjects he had now to treat held less interest for him. In the *Speculum* are fifteen references to his earlier teaching of topics under discussion, introduced by a formula such as 'Consueui arguere sic'.[25] Eleven of them are found in the first two books, two each in Books III and IV. Evidently what had interested him as a teacher of theology were problems of an abstract and impersonal nature, upon which the recently-available texts of Aristotle and the Arabic philosophers could throw most light, and which were most susceptible of treatment using the tools of late twelfth-century terminist logic.

Finally, the extant portion of the *Speculum* shows signs of haste and lack of revision: the future tense in which all references to subsequent sections were left, the variation in length of chapters, and above all the haphazard way in which many topics are discussed, in random order, sometimes at inordinate length, occupying more than one chapter and with grossly long verbatim quotations, sometimes dropped and later revived apologetically.[26]

But of course some of this may only reflect a less than tidy mind, or the work of a man busy with many other things. Certainly Nequam's broad training and continuing interest in the liberal arts and non-theological topics made it hard for him to control his discussion. His method of approach varies, and sometimes he acknowledges this, distinguishing, for instance, between argument 'from authority' (usually meaning biblical) and 'artificial' (that is, logical) argument.[27] It is instructive to compare the *Speculum*, from this point of view, with earlier and contemporary theological works of similar form. Nequam knew Peter Lombard's *Sentences*, and his own work is in many ways similar to Peter of Poitiers' (written before 1170), and to William of Auxerre's *Summa Aurea*, written after 1215. But in their treatment of topics, their emphases and choice of 'authorities', the three Continental works are more similar to each other than any of them is to Nequam's *Speculum*. For example, Nequam goes into unusual detail on certain topics: God's unity (against the Cathars), problems connected with the nature of the Trinity, time and eternity, certain aspects of Creation (in particular the nature of 'primordial matter' or 'hyle'), the origin and nature of evil, the origin, nature and powers of the human soul, and the relationship between grace and man's natural abilities.[28] In addition, Nequam's experience as a biblical scholar led him to insert into his predominantly dialectical work a high proportion of passages and chapters of biblical exegesis.[29]

What led Nequam to these comparative eccentricities will be discussed shortly. Suffice it to say now that he was evidently more concerned to place on record his personal interests as a scholar and retired teacher than to provide a textbook like the Lombard's, which would have obliged him to give a balanced, succinct treatment of the most important views on mainstream topics. Nequam's uniqueness can be studied most suggestively from a review of his sources.

4. The *Speculum Speculationum*: Sources and Influences

Identifying Nequam's written sources is difficult, not only because they are so various, but because he rarely names them, and because he used a great many, both named and unnamed, at second hand and in a thoroughly pre-digested, even distorted form. Very often it is impossible to say with certainty whether he had read a particular work himself or whether he was simply influenced by the particular school of thought to which that work belonged. In fact both Nequam's sources, and the form in which he used them, are of the greatest interest for an understanding of scholastic teaching and learning *c*.1200.

The first and most fundamental point is that Nequam's reading does not reflect his use of the library at Cirencester (which is represented by a sizeable group of manuscripts surviving from his time or earlier)[30] or of any other religious house. The *Speculum* is a product of his 'lecture-notes', a distillation of his scholastic experience made in his retirement; in other words it reflects a scholastic, not a monastic intellectual milieu, and it reflects Nequam's teaching and study prior to his entry into the house at Cirencester. Of course we should not separate the two milieux too rigidly. There is no reason why Nequam could not have copied his extensive patristic quotations from Cirencester manuscripts, and yet it can be shown that, for the most part at least, he did not do this.

This is revealed by a consideration of Nequam's frequent indirect quotations. By far the greatest bulk of his sources are biblical and patristic, and their actual identity reveals no particular surprises. But sometimes his biblical quotations are not from the usual Vulgate text but from another version such as the *Vetus Latina*, indicating that he had lifted them from patristic texts which can sometimes be specified.[31] Even more interesting are the patristic quotations themselves. Nequam generally identifies them, but sometimes he gets author or work wrong, or quotes (particularly when the quotation is brief) in such a free fashion that the ultimate source is impossible or at least very difficult to identify.[32] The key to his method is found in his frequent references to such quotations as 'auctoritates', and in their appearance in the works of other twelfth-century theologians with the same (sometimes erroneous) attributions. Clearly quotations of this kind do not testify to Nequam's wide patristic reading — though it *was* wide — but to the living tradition of debate in the European schools of the twelfth century, and to Nequam's thorough immersion in it. In other words, the *direct* source for such quotations must very often have been his own memory of standard and standardized 'auctoritates' as developed in the schools, gaining a life of their own and becoming progressively more detached from their original contexts as the century wore on.

Some of these 'auctoritates', though, he would have drawn from his notes on other Masters' lectures, from the works of twelfth-century theologians, or from specialized florilegia such as the *Distinctiones Monasticae et Morales*, written after 1214 by a former Master at a Cistercian house in the eastern Midlands.[33] Many of Nequam's 'auctoritates' are found in this work, which includes some of his own verse;[34] rather fewer are in other 'scholastic' florilegia, the *Liber Florum*[35] and *Liber Pancrisis*.[36] The *Glossa Ordinaria*, the various forms of which were heavily and explicitly used by Nequam, also supplied him with many patristic opinions.[37]

Nequam was evidently familiar with a great number of twelfth-century scholastic writings, but he rarely names them, except to take issue with them. This is even true of a standard work such as the Lombard's *Sentences*, occasionally paraphrased in the *Speculum*, and doubtless a source of many of Nequam's arguments and 'auctoritates'.[38] Not that Nequam was a slavish follower of the Lombard, even implicitly. He felt free, for instance, to take material from the *Sentences'* last two books and use it in the early part of the *Speculum*.[39] He also certainly used the *Sentences* by Robert of Melun.[40] Otherwise Nequam names only Bernard of Clairvaux and Peter Comestor, the former from a probably ungenuine work, and Gilbert of Poitiers and Abelard, whom he probably quotes at second hand.[41] His explicit reference to Bernard Silvester's *Cosmographia* is genuine, he quotes some of Hildebert's poem *De Trinitate*, apparently without knowing of its authorship, and his 'Dionysius' means the pseudo-Dionysian *De Hierarchia Celesti* together with Hugh of St Victor's commentary, which Nequam does not distinguish from the text proper.[42]

Very noticeable in the *Speculum* is the influence of the early twelfth-century Platonists and the texts on which they commented.[43] Although Nequam sometimes criticized doctrines held by members of this group, he still found it necessary to discuss them. He quotes the *Timaeus* and

Calcidius' commentary, and Boethius' works, especially the theological tractates, and evidently knew of the early twelfth-century commentaries on them. Although he never names him, it seems clear that Nequam knew William of Conches' writings (at least his *Timaeus* Commentary), and perhaps Thierry of Chartres' as well.[44] It is perhaps surprising to find Nequam still carrying so much Platonist baggage after 1200, especially in his discussion of Creation. In this area his knowledge of Bernard Silvester's cosmological work is significant, and so is his evident, though unacknowledged familiarity with writings by Alan of Lille, by pseudo-Dionysius and just possibly of the recently-translated *De Fide Orthodoxa* by John of Damascus.[45]

The one twelfth-century theologian whose works Nequam unquestionably knew, and from whom he quotes extensively, verbatim, and with full and approving acknowledgement, is Anselm of Canterbury. This is remarkable, for Anselm's works lost popularity, and his ideas went out of circulation, especially in the Continental schools, within a decade or two of his death.[46] A possible exception is the *Liber Florum*, a florilegium made *c*.1130–50, which includes extracts from nine of Anselm's works plus some of his 'philosophical fragments', and which had some circulation in England and Normandy, later in France as well.[47] But this work was surely compiled at Canterbury and must represent a late and purely local survival of Anselm's writings.[48] Nequam, on the contrary, is the earliest substantial reviver of Anselm's dialectical and theological works, and in particular of the 'ontological proof' of God's existence.[49] Seven of Anselm's works are used in the *Speculum*, more than any scholastic theologian had used hitherto. In Nequam's Commentary on the Song of Songs he refers to Anselm's *Meditations*, which were more popular.[50] But in this revival Nequam was part of a wider movement, even if he was in its vanguard. Other contemporary theologians were also beginning to rediscover Anselm, and William of Auxerre, whose *Summa* was written not long after Nequam's *Speculum*, made liberal use of Anselm, quoting from almost the same works as Nequam.[51]

This revival makes us hesitate before concluding from Nequam's Platonism that he was simply theologically conservative. Next to Augustine the ancient author to whom he most often appeals by name (thirty-six times) is Aristotle. It is his use of Aristotle which reveals most dramatically Nequam's up-to-dateness, at least in some respects. He knew the texts of the Old Logic (*Categoriae*, *De Interpretatione*) and the New (*Topics*, *Prior* and *Posterior Analytics*, *Sophistici Elenchi*), plus at least three other works, the *De Anima*, *Metaphysics* and *Nichomachaean Ethics*.[52] Of these the *Topics* was his favourite, followed at a distance by the *Categories*. The use of any of

Aristotle's writings in a theological *Summa* at this date marks a new departure in European thought, and it clearly distinguishes the *Speculum* from the works of Peter Lombard and Peter of Poitiers (and indeed from any earlier theological *Summae* and *Sententiae*), connecting it with the works of William of Auxerre and all later scholastic theologians.[53]

In particular Nequam ranks as an early theological user of the texts of the New Logic whose European presence was first signalled by John of Salisbury in 1159.[54] John's well-known remark about the contemporary revival of the *Topics* after long neglect gives point to Nequam's preference for that work.[55] Even more recently in circulation were the three non-logical works used by Nequam, two of which had been translated by John of Salisbury's contemporary James of Venice.[56] That Nequam knew John is at least likely. One of the two earliest manuscripts of the Latin *Metaphysics* and *Ethics*, from the last quarter of the twelfth century, was at St Albans abbey soon after its manufacture, probably in France.[57] Perhaps Nequam himself brought it to England. It also contains the pseudo-Aristotelian *De Causis*, which he used in the *Speculum*, and the *De Generatione et Corruptione*, which he may have;[58] certainly this work appears, along with the *De Anima* and *Metaphysics*, in the list of text-books ascribed to Nequam by Haskins and Hunt.[59] Such scientific and philosophical works, translated from Greek and Arabic in the frontier-areas of Spain and Italy, were first put to use in northern France and southern England. The agents who brought them across the Channel seem to have been native-born scholars who had studied overseas.[60] The appearance of these writings in the *Speculum* shows that Nequam fits into this pattern, and that he was one of its most distinguished representatives after John of Salisbury.

Nonetheless, Nequam's use of the 'newest' Aristotle is unadventurous and unincisive, and even more so is his use of Arabic writers, so far as that can be discerned.[61] There is no doubt that he had read Avicenna's *De Anima*, for he follows the Latin version closely at one point,[62] but he does not mention the fact, and the one occasion when he describes an Arabic philosophical notion is in order to dismiss it. How he came by this particular notion — 'Aladith' or 'principium principiorum' — is at present a mystery.[63]

Although the *Speculum* is very much a scholastic work, there is no need to suppose that Alexander Nequam ceased his scholastic reading or broke his scholastic contacts after he became a canon. He certainly read the *De Anima* of John Blund, written not long before *c.*1200,[64] and tantalizing similarities in the treatment of certain topics by Nequam and Stephen Langton may reflect personal contact and an exchange of views.[65]

This ends our discussion of Nequam's principal sources, but in fact his work is unique in the array of miscellaneous references to writings not strictly philosophical or theological: liturgical texts (especially hymns), a scattering of classical prose and verse, some natural science and a little canon law. The habit of mind which included these things was also responsible for the anecdotal and folk-loric elements in the *Speculum*: etymologies of words, vernacular expressions, a conversation between Nequam and an acute lay noble, his debate with Parisian Jews, his poor opinions of the knights of his day, the stories of Trajan's redemption, and of the boatman on the Tiber.[66] This sort of material connects the *Speculum*, marginally, with the works produced by John of Salisbury and his circle of acquaintance: learned, continentally-trained clerics making their careers in royal, monastic and cathedral administration in southern England. We are in the world of the *Policraticus* and *De Nugis Curialium*, an English variant of the thought-world of the unspecialized twelfth-century polymath and litterateur.[67]

A little more than this needs to be said about the scientific sources and observations in the *Speculum*, not because they are either extensive or intrinsically important, but because of what their presence signifies. Most of them are found in Book III, in connection with Nequam's discussion of Creation and the nature of the soul. His interest in natural science had already been displayed in the enormous excursus in his Commentary on Ecclesiastes, printed under the title of *De Naturis Rerum*.[68] Some of the same observations reappear in the *Speculum*,[69] where in addition we find substantial discussion of the nature of primal matter ('hyle'),[70] some simple experiments,[71] and further use of late twelfth-century Salernitan writings.[72] This scientific interest locates Nequam squarely in a well-known English tradition. Not for nothing did the scientist Alfred of Shareshill dedicate to him his *De Motu Cordis*.[73] Alfred's translation of Aristotle's *Meteora* and glosses drawn from his commentary on it are found in the St Albans manuscript mentioned earlier, which I tentatively connected with Nequam.[74] Even more significantly, some of the scientific questions which intrigued him, such as why stars twinkle while planets do not, were also to engage the attention of Robert Grosseteste.[75] If Sir Richard Southern's new chronology of Grosseteste's works is accepted, he could have been writing on such topics a mere decade after Alexander finished the *Speculum*.[76]

5. The Influence and Value of the *Speculum Speculationum*

The *Speculum*'s rambling, untechnical character was bound to make it unsatisfactory as a textbook, and so were other things: the amount of spae consumed by the discussion of early twelfth-century platonizing theology and cosmology, its timid use of the new Aristotle, the over-long verbatim quotations, and its probably unfinished state. Its minimal and local manuscript-tradition suggests that it was not influential. There is, however, evidence that William of Auxerre used the *Speculum* as a source for his own popular and influential *Summa Aurea*. The evidence amounts to a high degree of coincidence in the use of sometimes odd sources and authorities (Anselm, liturgical texts), in the use of particular arguments, and above all in the sequence of arguments and 'auctoritates.[77] One alternative explanation for this would be that both writers were heavily plundering a lost common source, but this seems difficult to believe. A more likely one would be that William of Auxerre was actually taught by Nequam or obtained *reportationes* of his lectures. Of course the influence of Nequam's teaching is a separate issue from the influence of the *Speculum* itself.

The chief value of the *Speculum* for modern scholarship lies in its presentation of the 'state of the art' in dialectical theology at the end of the twelfth century. Nequam's own, independent contribution has yet to be studied in detail, but it is unlikely that it will ever be estimated as anything but modest. Not that he was incapable of advancing an independent opinion, but on the whole he preferred to canvass all the arguments familiar to him on a particular topic, and then to indicate his preference (as well as his criticisms, or his inability to reach a decision at all), which is generally for the safely orthodox. What makes the *Speculum* useful is precisely this enormous array of arguments, authorities and topics of debate current in the schools of western Europe during the last half of the twelfth century. No other theologian of the time offers, I think, such a range, and many of the arguments and authorities preserved by Nequam cannot easily be found written down elsewhere. This is at least partly because he was sufficiently diligent to record points of view already outdated by *c*.1200, and some which enjoyed only a passing vogue or minority interest. To the historian of ideas and culture, however, this record must be invaluable.

Secondly, but along similar lines, the *Speculum* provides our closest glimpse of a lecture-course in dialectical theology given at Oxford in the 1190s. It is the nearest thing to a textbook from the emergent scholastic milieu there. When Nequam says 'consueui', of course, he may refer to his studies at Paris, but must also mean his teaching at Oxford. And what he had to offer there may have been safely orthodox and on the whole derivative, but it was main-stream, avant-garde, intelligent and reasonably critical of the most notable and fashionable thinkers of the day: Abelard, Gilbert of Poitiers, and Peter Lombard.

In short, it is Nequam's representativeness, not his own stature as an original thinker, which makes his work worth attention today. He is representative precisely because he was, though sensible and acute, an average academic, because he was modest and eclectic, and because he was omnivorous and an unconstrained rambler. But this must not be taken too far, and should not deter specialists from careful examination of his own contribution in certain areas. His stature as a theologian merits consideration, and so does his work as a logician. It has not been realized that he was a Terminist logician, who applied the tools and techniques taught him on the Petit Pont to the domain of theology. It is this, more than anything else, which most decisively separates his work from the Lombard's and brings it close to William of Auxerre's. When Nequam is not quoting authorities, or engaging in textual exegesis, he is using his extensive technical vocabulary of logical terms and arguments. Whereas earlier compilers of *Sententiae* had begun with a discussion of the nature and importance of faith and of biblical authority, Nequam commences with arguments for the existence and unity of God. In this area he certainly points the way forward.

Finally, we should not forget his ability as a biblical scholar, his acquaintance with different versions of the biblical text, with Hebrew writings such as the Talmud, and his contacts with contemporary Jewish scholars.[78] A study of this aspect of Nequam's scholarship would need to link the *Speculum* with his biblical commentaries, and with the work of other scholars from John of Salisbury's Canterbury circle such as Herbert of Bosham.[79]

6. Manuscripts and Editorial Principles

The *Speculum Speculationum* survives, as completely as we have it, in London, British Library MS Roy. 7 F. i (R), a well-made English manuscript from the first quarter of the thirteenth century.[80] It is a good example of the monastic style of book from that period. Measuring 340 × 240 mm. with written space of 240 × 165 mm., it is foliated, in recent pencil, i + 94 plus two unnumbered paper leaves. Collation is: a singleton, 1^{10}, 2– 8^8, 9^8 (+ 1 after 6), 10–11^8, 12^6 (lacks 4, 5). There are catchwords, and quire-numbers in a very usual position, at the foot of the last verso of each quire, i–v in red, vi–x in plummet. Quires 4 and 5 (ff. 27–43) have alphabetical pagination in plummet.

The written space is ruled, with brown pencil, in double columns of 52 lines. One good book-hand writes the text until the end of f. 92; a similar hand then takes over until the end, but the first hand continued to write 'auctoritates' in the margins. There are running titles in red capitals on a line ruled right across the page, and red, blue and green initials, the red and blue ones sometimes pen-worked with the second colour. On f. 72v is a diagram in ink of the text, filled with red, green and yellow. Throughout the 'auctoritates' are given in the margin in red, and visible also from about f. 50 are guides for the rubricator in a rough hand like, but not the same as that identified in Oxford, Jesus College 94 as Nequam's own.[81] This hand also corrects the text.

There is no internal evidence of the manuscript's provenance, but John Leland saw a copy of the *Speculum* at Cirencester, and this is presumably the very manuscript that he saw.[82] The text which it provides is in a good state, and can hardly be at many removes from Nequam's personal copy. Of course, the scribe made slips, as doubtless did Nequam himself; in addition the manuscripts from which he copied his longer quotations had their own imperfections. Slips characteristic of R's scribe are nearly all omissions: of abbreviation-signs (and hence, of syllables), and of the ends of words split in two at the end of a line.

Three short extracts from the *Speculum* appear in Cambridge University Library Gg. 6. 42 (G), from the middle of the thirteenth century.[83] It contains a florilegium of extracts from Nequam's works, dedicated to Geoffrey abbot of Malmesbury (1246–60) by a member of another religious house, probably Cirencester itself. The manuscript is an important source for some of Nequam's minor works, but it is no use for reconstructing the text of the *Speculum*. The extracts in it are all in the extant text in R, there are few variants between the extracts and the full text, and one presumes that R was in fact the source for the florilegium's compiler.

This edition is as faithful a rendition as possible of R, with its errors explicitly corrected. I have not, of course, followed its punctuation, which even in thirteenth-century terms sometimes makes nonsense of the text, but I have followed its major divisions and subdivisions. The major divisions are the books and numbered chapters, but within each chapter coloured initials seem generally to signal sensible subdivisions and I have rendered these by separate paragraphs. Each chapter has also, for ease of reference, been subdivided by Arabic numbers, including all the paragraphs.

The *Speculum* has not attracted much scholarly attention: Dom Lottin printed some extracts from it and discussed their place in the development of particular theological doctrines during the twelfth and thirteenth centuries.[84] Father Callus offered some penetrating but now somewhat dated remarks about it in his essay on the introduction of Aristotelian learning to Oxford, and he and Dr Hunt had a little more to say in their edition of John Blund's *De Anima*.[85] The most substantial study of the *Speculum* to date is the chapter about it in Dr Hunt's book on Nequam but even this is brief, and much remains to be said which hardly could be said until the work itself was edited.

[1] This is a summary of the account of Nequam's career in Hunt, *Alexander Nequam*, ch. 1. See also R. W. Southern in J. I. Catto (ed.), *The History of the University of Oxford I* (Oxford, 1984), pp. 22–25.

[2] Hunt, *Alexander Nequam*, ch. 2.

[3] Ibid., p. 27; see above, p. 1.

[4] See below, p. 152 n. 1.

[5] See below, I. prol. 10; ii. 1, 6, 8, 11, 13, 15–19; xxiii. 1; II. xii. 2; III. ix. 1; x. 1; xiii. 4; xlvi. 1; lii. 1; lxii. 1; lxxx. 1; xcvii. 3; IV. vii. 1; ix. 7; xx. 4; xxv. 5.

[6] Prevostin, *Summa contra Hereticos*, ed. J. N. Garvin and J. A. Corbett (*Notre Dame Publications in Mediaeval Studies*, 15 [1958]); Alan of Lille, *Contra Hereticos*, PL 210. 305–430.

[7] Was Nequam aware of the burning of heretics, presumably Cathars, at Oxford in 1166, described by Ralph of Diss (*Opera Historica*, ed. W. Stubbs [RS, 2 vols., 1876]) I, p. 318 and William of Newburgh II c. 13 (*Chronicles and Memorials of the Reign of Stephen, Henry II and Richard I*, ed. R. Howlett [RS, 4 vols., 1884–89], I, pp. 131–34). Perhaps Nequam's observation of their fortitude on this occasion prompted the comment in IV. xx. 4.

[8] See below, I. ii. 6–7; IV. xxv. 17.

[9] See below, I. prol. 11, 13, but mainly by implication.

[10] See below, I. xiv. 1; II. xvi. 5; xliv. 8–9; III. xlvi. 11, 12, 14; lxxxvii. 9; IV. xv. 4–5.

[11] See below, III. prol. 1.

[12] See the instances cited in the *Index Scriptorum*. Near-verbatim quotations from Peter Lombard's *Sentences* are at III. xxxiii. 1 and IV. v. 1–5.

[13] Hunt, *Alexander Nequam*, p. 113.

[14] See below, pp. xix–xx.

[15] Hunt, *Alexander Nequam*, pp. 111–12.

[16] These references are as follows: I. prol. 6, 10; ii. 2; iv. 3; xiv. 7; xx. 9; xxv. 3; II. vii. 6; xv. 1; xxix. 4; xlix. 7, 23; l. 16, 18; li. 10, 12; liv. 4; lvii. 2; lix. 7; lx. 6; III. xii. 3; xxix. 1; xliv. 3; liv. 2; lxxxi. 8; lxxiv. 2; xcv. 2; IV. ix. 3; xiv. 11; xix. 1 (twice); xx. 16; xxi. 7; xxiv. 2, 8.

[17] See below, I. prol. 6.

[18] See below, I. prol. 10; III. xxix. 1.

[19] Hunt, *Alexander Nequam*, pp. 112–13.

[20] See below, II. prol. 2 and chapter-numbers from 1 to lviii (misnumbered lx–lxviii); III. prol. 9.

[21] Hunt, *Alexander Nequam*, pp. 112, 137. What Hunt cites as the *explicit* is in fact the *incipit* of Book IV.

[22] E.g. below, I. i–ii, iii–iv (ii and iv are 'De eodem'), xxxiv and xxxv, which have no clear relationship with the preceding chapters or with each other; II. xlix, lxiii (both 'De predestinatione'); III. xxvi–xxvii (both 'Iterum de Michaele'), lxxviii–lxxix (on aspects of Creation amidst a discussion of angels); the whole section on angels (III. xv–lxxvii) is desultory. IV. xx 'De eodem euidentius'.

[23] See below, I. prol. 6; xx. 9; xxv. 3; II. vii. 6; xlix. 7; IV. xxi. 7.

[24] E.g. below, I. iii. 3; viii. 3 etc.; II. lxii. 5.

[25] See below, I. xxvii. 3; xxxi. 4; II. xxxv. 1; xlix. 9; l. 16; li. 3, 10; liv. 3; lvi. 3; lxiv. 10; III. xlvi. 25; xci. 1; IV. iv. 3; xi. 1.

[26] For odd ordering of topics see above, note 22, and below, IV. iii–viii, which belong in the section beginning at II. lxxxvi; for long quotations, below III. li, lii, lxi, and IV. xv–xix; for apologetic returns to discussions abandoned, II. li. 6; III. xlvii. 1 and lxxviii. 1.

[27] See below, I. i. 14.

[28] See below, I. i–iv; v–xxxv, II. i–xxxiii; III. iv–xiv, lxxviii–lxxix, lxxxi–lxxxii; III. xix, xxxv–xliv, xlvi–lxvi, IV. vii–xi; III. lxxxiii–xcv, IV. iii–viii; IV. i–ii, ix–xxiii.

[29] See below, I. xxv, xxvi, xxxii; III. lx; IV. xxi, xxii.

[30] Listed in N. R. Ker, *Medieval Libraries of Great Britain* (London, 2nd edn, 1964), pp. 51–52.

[31] E.g. below, II. lxiii. 2; III. xxi. 2; xlvii. 2.

[32] E.g. below, I. xx. 5; II. xx. 6; xliv. 5; li. 1; lxiv. 8; III. iii. 1; xxii. 1, 3; liv. 3 etc.

[33] R. W. Hunt, 'Notes on the *Distinctiones monasticae et morales*', in B. Bischoff and S. Brechter, *Liber Floridus; Mittellateinische Studien Paul Lehmann . . . Gewidmet . . .* (St Ottilien, 1950), pp. 355–62.

[34] Hunt, *Alexander Nequam*, pp. 28, 57.

[35] Unedited; see R. W. Hunt, '*Liber Florum*: A Twelfth-Century Theological Florilegium', in *Sapientiae Doctrina; Mélanges Bascour* (Louvain, 1980), pp. 137–47. See below, p. xv and nn. 47–48, although Nequam did not take his Anselmian material from the *Liber Florum*.

[36] Unedited; see A. M. Landgraf, *Introduction à l'histoire de la littérature théologique de la scolastique naissante* (new edn, Paris/Montreal, 1973), p. 141. I have consulted a manuscript not listed there: London, British Library Harl. 3098; see below, II. l. 8; III. lxxx. 2.

[37] E.g. below, II. xliv. 5; lxiv. 14; III. vi. 7; IV. x. 3; xx. 2, 9.

[38] See below, II. iii. 1; III. lxv. 3.

[39] See below, I. vi. 2; xiii. 2; II. iii. 1; xxix. 4; xxxv. 3; xlix. 22; lix. 1; lxiv. 1–23.

[40] See below, III. lxxxvii. 1.

[41] See below, I. xxv. 1, 10; IV. xxi. 4; III. xlvi. 17; IV. xxiv. 9; II. lii. 2.

[42] See below, II. lxvi. 1, 2; III. xxxi. 3; liii. 7.

[43] On them see Southern, *Platonism*.

[44] See below, *Index Scriptorum*, for the authors named above, and III. lxxxv. 1 for reference to an anon. comm. on Boeth. *De Consol.*

[45] See below, *Index Scriptorum*.

[46] See R. W. Southern, *St. Anselm and his Biographer* (Cambridge, 1963), pp. 201–04, 346–47.

[47] See Hunt, '*Liber Florum*', pp. 140–44. To Hunt's list of MSS extant and lost can be added an entry in the late twelfth-century library-catalogue from Bury abbey (M. R. James, *On the Abbey of St Edmund at Bury*, *Cambridge Antiqu. Soc.*, 8vo ser., xxviii, 1895), p. 29, no. 158.

[48] This I infer from the extracts from Anselm's drafts, which 'have hitherto only been known to exist in the great Canterbury collection of the letters of Anselm (Lambeth Palace Library, MS. 59)' (Hunt, '*Liber Florum*', p. 141), and from its use of works of Gilbert Crispin.

[49] See below, I. xviii. 2–9.

[50] Hunt, *Alexander Nequam*, p. 107 and n. 55.

[51] William of Auxerre, *Summa Aurea* I. i. 4 (I, p. 23), *Proslog*; ii. 3 (I, p. 24), *Monolog*; viii. 7 (I, p. 155), *De Process. S. S.*; ix. 3 (I, p. 186), *De Concord. Praesc.*; xiii. i (I, p. 247), *De Verit.*; II. iii. 4 (II. i, p. 60), *De Casu*.

[52] His use of the 'new' Aristotle is noticed by D. Callus, 'The Introduction of Aristotelian Learning to Oxford', *Proceedings of the British Academy*, 19 (1943), 235–36.

[53] With the 45-odd references to Aristotle in the surviving portion of the *Speculum* compare the 100-odd identified in the complete *Summa Aurea* of William of Auxerre; F. van Steenberghen, *The Philosophical Movement in the Thirteenth Century* (Edinburgh etc., 1955), p. 49.

[54] Haskins, *Studies*, ch. xi, esp. pp. 226–27.

[55] John of Salisbury, *Metalogicon*, ed. C. C. J. Webb (Oxford, 1929), p. 140 (III. 5).

[56] L. Minio-Paluello, 'Jacobus Veneticus Grecus: Canonist and Translator of Aristotle', *Traditio*, 8 (1952), 265–304.

[57] Oxford, Bodleian Library MS Seld. Supra 24; A. C. de la Mare and B. C. Barker-Benfield, *Manuscripts at Oxford* (Oxford, 1980), pp. 46, 51.

[58] See below, II. xxxv. 1 (*De Causis*); I. i. 24 ('Transmutantur ergo elementa, dum ipsorum supreme portiones nunc generationibus, nunc corruptionibus reciprocis in se mutuo transsubstantiantur') and III. ix. 2 ('Philosophicum item est quod motus generationis et corruptionis circa quiddam immobile uersantur') may owe something to *De Gen. et Corrupt.*

[59] C. H. Haskins, 'A List of Text-Books from the Close of the Twelfth Century', in his *Studies*, pp. 356–76; Hunt, *Alexander Nequam*, pp. 28–30. The three Aristotelian works are mentioned by Haskins, p. 373.

[60] Ibid., ch. vi; R. W. Hunt, 'English Learning in the Late Twelfth Century', in R. W. Southern (ed.), *Essays in Medieval History* (London, 1968), pp. 109–13.

[61] Callus, p. 236; Hunt, *Alexander Nequam*, pp. 67–71.

[62] Ibid., p. 117; below, III. xcv.

[63] See below, p. 274, n. 1.

[64] *Iohannis Blund Tractatus de Anima*, eds. D. Callus and R. W. Hunt (Oxford, 1970), pp. viii–xi. See below, I. xii. 3; III. lxxxix. 1; xc. 1, 6; xci. 1; IV. xx. 4.

[65] Hunt, *Alexander Nequam*, p. 116.

[66] See below, II. xlix. 7; lix. 5; I. xxxi. 4; II. x. 2; xxv. 4; III. l. 2–3; IV. xxv. 15.

[67] Hunt, 'English Learning', pp. 106–28; R. W. Southern, 'The Place of England in the Twelfth-Century Renaissance' in his *Medieval Humanism* (Oxford, 1970), pp. 158–79; R. M. Thomson, 'England and the Twelfth-Century Renaissance', *Past and Present*, 101 (1983), 3–21.

[68] Ed. T. Wright (RS, 1863); Hunt, *Alexander Nequam*, ch. 6.

[69] E.g. II. l. 6; III. xiii. 3–4.

[70] III. ix, lxxviii.

[71] III. ix. 10; xiii. 2.

[72] I. i. 25; ii. 12.

[73] The work seems to have been written while Alexander was still at Oxford. Its dedication indicates that it was undertaken chiefly at Alexander's instigation; R. W. Southern, *Robert Grosseteste: The Growth of an English Mind in Medieval Europe* (Oxford, 1986), p. 91, n. 12.

[74] See above, p. xvi and n. 57.

[75] Southern, *Robert Grosseteste*, pp. 154–60.

[76] Ibid., ch. 6, esp. pp. 131–33.

[77] See below, I. iii. 3; v. 1; xi. 2; xii. 6; xv. 1; xxviii. 3; xxx. 13; xxxi. 7, 8; II. vii. 21; viii. 1; xxvi. 2; xliv. 5; xlv. 2; xlix. 1, 4, 7, 19; l. 17; li. 1, 7; lix. 2; lxiv. 12; III. iii. 1, 2; xv. 6; xxii. 1; xxiii. 1; xlvi. 29; lvi. 1; lxiv. 1; lxv. 3; lxxix. 4; IV. i. 11; viii. 3; x. 1; xi. 1; xxv. 3, 14.

[78] Hunt, *Alexander Nequam*, pp. 108–10; below, I. iv. 3; xviii. 8; xxxi. 4; xxxii. 2.

[79] R. Loewe, 'The Mediaeval Christian Hebraists of England: Herbert of Bosham and earlier Scholars', *Transactions of the Jewish Historical Society of England*, 17 (1951–52), 225–49; idem, 'Alexander Neckam's Knowledge of Hebrew', MARS 4 (1958), 17–34.

[80] Described in G. F. Warner and J. P. Gilson, *Catalogue of Western MSS in the Old Royal and King's Collections* (London, 4 vols., 1921), I, p. 199.

[81] Hunt, *Alexander Nequam*, pp. 30–31, and frontispiece.

[82] J. Leland, *Collectanea de Rebus Britannicis*, ed. T. Hearne (London, 2nd edn, 1774), IV, p. 158. Accepted as a Cirencester book, with a query, in Ker, *Medieval Libraries*, p. 52.

[83] H. R. Luard et al., *A Catalogue of the Manuscripts preserved in the Library of the University of Cambridge*, 6 vols. (Cambridge, 1861 etc.), III, pp. 231–34; Hunt, *Alexander Nequam*, pp. 118–19, 145, 147, 152–53 and other, incidental references; plate II.

[84] Lottin, *Psychologie*, II, pp. 119–22; III. ii, pp. 606–10; Callus, pp. 235–36, saying that Nequam knew, but never used, Aristotle's *Metaphysics*, *De Gen. et Corrupt.* and *De Anima*, that in the *Speculum* he quotes the *Ethica Vetus* twice, *Liber de Causis*, 'Hermes Trismegistus' and 'makes timid use of Avicenna's *De Anima*', citing R. W. Hunt's thesis (now *Alexander Nequam*); *Iohannis Blund Tractatus de Anima*, pp. viii–ix.

[85] Hunt, *Alexander Nequam*, ch. 9. This has very little to say, for instance, about Alexander's principal sources, though some of them — Aristotle and the Latin Classics — are treated elsewhere in the book.

Incipit speculum speculationum magistri Alexandri canonici Cirecestrie.

PROLOGUS

1 Paradisum uoluptatis subdiuidit sublimis intelligentia in gloriam maiestatis diuine, in delicias fruitionis supernorum ciuium, in amenitatem celi empirei, in serene conscientie iocundam tranquillitatem, in studium discipline celestis (siue spectet disciplina ad epistemen siue ad phediam), et in uisionem mentalem. Locus etiam uoluptatis dicitur Pater, de quo fluuius egrediebatur (id est Christus) ad irrigandum paradisum sacrosancte matris Ecclesie. 'Tulit ergo Dominus Deus hominem et posuit eum in paradiso uoluptatis ut operaretur et custodiret illum'[1] (siue 'illud', ut habet alia editio). Transfertur ergo homo in paradisum uoluptatis dum, contemptis illecebris malesuade uoluptatis remissioris uite, transit in studium discipline celestis, nouum induens hominem.[2] Sed quia perseuerantie debetur palma, opere precium est ut operetur homo felicibus exercitiis indulgendo et custodiat instituta priuate legis quam humane menti inspirauit familiare consilium benignitatis Spiritus Sancti. 2 Quid enim de prothoplasto legitur? 'Emisit eum Dominus Deus de paradiso uoluptatis ut operaretur terram de qua sumptus est; eiecitque Adam.'[3] Absit ut in hac parte patrissemus. Sed quid? Qualis Adam terrenus tales et terreni; qualis Adam celestis tales et celestes filii adoptati in libertatem gratie spiritualis. Proh dolor! Censetur quamplurium status florere in paradiso uoluptatis, quos morum irregularitas ab ipso iam pridem eiecit. O dedecus, O gemitus, dum post deliciosam recreationem generosi fructus ligni uite sumitur in esum fructus ligni scientie boni et mali. Emittitur ergo quis de paradiso uoluptatis, dum operatur terram de qua sumptus est, scilicet reuertitur ad terrena desideria pristine consuetudinis cui ualefecisse uisus est. Transfertur item homo in paradisum studii celestis discipline, que dicitur episteme, dum a nobili exercitio ingenuarum artium fit ascensus ad sublimitatem institutionum pagine celestis.

3 Sed proh dolor! Suspirant nonnulli ad ollas carnium et ad allia et pepones Egipti,[4] repudiatis deliciis manne spiritualis, adeo ut presumant dicere intra se 'man hu'.[5] Visio autem mentalis et paradisus uoluptatis dicuntur et tercium celum. Vt enim ad presens tam de corporali quam spirituali uisione

---

[1] Gen. 2. 15. [2] Cf. Eph. 4. 24. [3] Gen. 3. 23–24.
[4] Exod. 16. 3. [5] Exod. 16. 15.

omittam, tercii celi speculatio principaliter presenti subest speculationi.[1] Theorica ista speculatio fugas subtilium rerum assequitur et dum ad sublimium rerum euolat spectacula, defecatis indulget meditationibus. Speculatio ista subtilitatis anagogice nunc celi, nunc paradisi, nunc montis nomine censetur. Hoc est tertium celum ad quod rapitur Paulus, ad quod euolat aquila Iohannis.[2] Iste est paradisus ad quem raptus est Enoch,[3] in quem translatus est Helias,[4] sed in igneo curru. Felice felicior est mens que in igneo curru feruentis deuotionis ornato rotis spiritualium desideriorum [col. 2] euehitur ad supracelestium rerum contemplationem. Iste est mons in quo deliciatur Moyses philosophari cum Domino, dum digito Spiritus Sancti scribitur lex priuata in tabulis lapideis soliditatis constantie et amoris perseuerantis.[5] 4 Tunc, tunc micant fulgura splendoris intelligentie, audiuntur et tonitrua iussionis diuine, dum Moysi dicitur a Domino 'Descende et contestare populum, ne forte uelit transcendere terminum ad uidendum Dominum, et pereat ex eis plurima multitudo'.[6] Sed quid? Etsi bestia que montem tetigerit lapidanda sit,[7] licet tamen Moysi accedere ad caliginem in qua est Dominus. Sed et Moysi cohibende sunt meditationes ne oberrent euagantes, cum dilectus alloquitur dilectam sic: 'Auerte oculos tuos quia ipsi me auolare fecerunt'.[8] In monte isto transfiguratus est Dominus.[9] Mons iste mons est Thabor, mons per celsitudinem intelligentie sublimis, mons Thabor quia mons illuminationis.[10] Et uide quia in monte Phasga est uallis, quia in quantumlibet subtili inuestigatione (presertim rerum supracelestium) locum habet humilitas castigati timoris.[11] Huiuscemodi transfigurationi, dum piis meditationibus semper nouus, semper quodammodo se maior occurrit Iesus, intersunt non bestialiter sapientes, sed Moyses et Helias, Petrus, Iohannes et Iacobus.[12] 5 Tanta autem subsistit delectatio in huiusmodi speculationibus theoricis, ut Petrus et admirans et attonitus, et quasi supra se eleuatus, audeat dicere: 'Domine, bonum est hic esse; faciamus hic tria tabernacula, tibi unum, Moysi unum et Helie unum'.[13] Ecce quia Moyses et Helias huic intersunt transfigurationi, quia ueritati euuangelice doctrine attestantur lex et prophecia. Adde quia non solum Moyses et Helias sed ut dictum est Petrus, Iohannes et Iacobus huius transfigurationis gloriam contemplati sunt. Quidni? Tam ii qui seruierunt eptadi, quam ii qui ogdoadi seruiunt, anagogice subtilitatis libauere delicias.

---

[1] On the three types of vision see Aug. *De Gen. ad Litt.* XII (453–86); *Sent. Divin.* prol. (p. 3*); Alan of Lille, *Summa 'Quoniam homines'* 8a (p. 135).
[2] Cf. II Cor. 12. 2; Apoc. 1. 10. [3] Ecclus. 44. 16. [4] IV Reg. 2. 11.
[5] Cf. Exod. 34. 28 etc. [6] Exod. 19. 21. [7] Hebr. 12. 20.
[8] Cant. 6. 4. [9] Matth. 17. 1–2. [10] Iud. 4. 6, 12, 14 etc.
[11] Num. 23. 14; Deut. 3. 27. [12] Matth. 17. 1, 3. [13] Matth. 17. 4.

Vt autem seriei ordinis quem obseruare decreuimus in tractatu instituendo meditationum nostrarum ordinata dispositio se conformet, a summo bono tanquam a primo principio sumamus exordium, ut a paradiso summe beatitudinis trium personarum se ipsis mutuo eternaliter fruentium gaudio ineffabili transeamus, tam ad iocunde felicitatis supernorum ciuium, quam ad amenitatis celi empirei paradisum. 6 Cum autem una sit res pubblica ex Ecclesia triumphanti et militanti, dirigere meditationes a paradiso iam dicto ad paradisum militantis Ecclesie et ad paradisum leticie tranquille conscientie dignum duximus. De benignissima etiam dispensatione misterii incarnationis dominice et efficacissima uirtute sacramentorum Ecclesie, de uirtutibus etiam et uiciis, nonnulla proponemus in medium, annuente illo sine cuius subsidio nichil bene inchoatur aut feliciter consummatur.[1] Ad locum igitur unde exeunt flumina reuertuntur. Reuertantur et meditationes ad illum qui est origo et fons totius boni, qui est summum bonum et ita est summe bonus, quod est summa bonitas. Ei igitur quod summe bonum est nec potentia nec sapientia neque benignitas deesse potest. Diuine ergo nature potentia concipi potest [f.1v] ab animo humano, facto ad ymaginem et similitudinem Dei, per hoc quod Deus uere simplex est, ita quod est ipsa simplicitas et tamen immensus est. Vera ergo simplicitas immensitas est. Sicut autem simplicitas ueritatis uerbi uocalis consistit in est est, non non; ita simplicitas ueritatis Verbi eterni quod est Deus consistit in est est, non non.[2] Simplicitas ergo diuine essentie ita est, quod in ea eternaliter est est. 7 Quicquid ergo in Deo est in eo eternaliter est, et cum nichil sit in Deo quod non sit Deus, quicquid in eo non est, in eo eternaliter non est. Quidni? Quia Deus uere simplex est, ideo prorsus incommutabilis est. Absit ut opinetur rudis lector me ad heresim Vincentii Victoris tendere, qui ausus est asserere Deum eternaliter creare quicquid creat.[3] Licet enim Deus animam creet quam non prius creauit, non ideo aliquid est in eo quod non eternaliter fuit in eo, ut patebit ex sequentibus. Declaratur ergo potentia diuina in eo quod immensus est et tamen uere simplex est; in eo quod eternaliter et incommutabiliter est; in eo quod ita est in eo 'est' quod non potest ei adesse 'non est'. Eternaliter ergo ibi est est, ita quod non est ibi, nec esse potest ibi non est. Quicquid enim nunc est nunc non est, nec uere, nec simpliciter, nec eternaliter, nec incommutabiliter est. Deus ergo potenter existit quia uere est, quia bonitas est, quia simplicitas est, quia eternaliter est. Sapientia uero Dei percipitur in eo quod intelligit se ita esse prorsus ut est. Sapientia item Dei consistit in suauitate delectationis que in Deo est et Deus est et comprehensione siue scientia. Mira quidem est uirtus, mira potentia scientie

---

[1] Not extant.   [2] Cf. Matth. 5. 37.
[3] Cf. Aug. *De Anim. et eius Orig*. I. xvi. 26 (488–89), III. vi. 8 (515).

diuine que perfecte assequitur et comprehendit immensitatem que incomprehensibilis est. Mira est comprehensio que sufficienter comprehendit incomprehensibilitatem.

8 Transit deinde mens ad contemplationem benignitatis Dei. Cernit ergo mens magis esse commendabilem potentiam si assit benignitas, quam si non assit. Cum ergo potentia Dei non possit esse melior nec intelligi melior quam sit, oportet ipsam esse benignam. Adde quia non est ueri nominis sapientia nisi assit benignitas. Cum item potentia Dei ita sit perfecta quod perfectio, similiter et scientie[a] opportet adesse benignitatem. Quid quod summe bono deesse non potest benignitas? Reuertor ad potentiam Dei que et in hoc consistit, quod Pater generat Filium omnino equalem sibi qui est etiam id quod Pater. Apprehenditur et in hoc scientia Dei, quod perfecte deprehendit et sufficienter et eternaliter generationem Patris et tam Filii quam Spiritus Sancti processionem. Benignitas diuina dilucide comparet in amore essentiali quo Deus summe diligit se, quo etiam sese summe diligunt Pater et Filius et Spiritus Sanctus. Adde quod Spiritus Sanctus est amor Patris et Filii, procedens eternaliter ab utroque. Suas uero uix capit delicias mens igne deuotionis ignita, cum transfert suas meditationes in eternam delectationem, iocunditatem, fruitionem, gaudium, concordiam trium personarum. 9 Ecce quia etiam nullo habito respectu ad temporalia dilucidauimus qualiter intelligi possit in Deo eternaliter existere potentia, sapientia, benignitas. Sed difficilius est aduertere in quo eternaliter constiterit iusticia diuina, temperantia, fortitudo, prudentia, nullo habito respectu ad effectus temporales. Potest tamen dici prudentia [col. 2] Dei et in hoc consistere eternaliter, quod perspectissime adherent sibi tres persone in amore concordi, fortitudo in amoris ueri perseuerantia et firmissima fruitione trium personarum, temperantia in sanctitate uere dilectionis, iusticia in rectitudine benigne uoluntatis. Discutietur autem inferius utrum eternaliter fuerit Deus misericors, nullo habito respectu ad effectum temporalem.[1] Sed quid? Quonam modo intelligetur absoluta perfectio in summe bono nisi detur quod ei uera insit clementia? Si uero ad effectus temporales flectatur meditatio, elucet in infinitis diuina potentia, sapientia, benignitas. Quid enim potentius quam res facere de nichilo? Sed quid? Nonne potentius est eternaliter esse, aut eternaliter generare Filium sibi omnino coequalem, quam temporaliter de nichilo creare res? De effectibus autem temporalibus satis dilucide tractabitur inferius.[2]

---

[a] scientia R

---

[1] See below, II. lxiv. 6–8.   [2] See below, III. i–xiii, lxxviii, lxxxi–iii.

10 Post simplicem autem ierarchiam summe et ineffabilis Trinitatis compendiosum subiciemus tractatum de triplici ierarchia celestium ordinum.[1] Transituri ergo, ut dictum est, de paradiso in paradisum, demum de resurrectione communi agemus.[2] Scribere enim me compellit uetus error Manicheorum, proh dolor diebus nostris innouatus, asserentium duo esse principia uniuersitatis rerum, et inficiantium futuram esse resurrectionem.[3] Incidenter uero nonnulla proponemus nunc contra heresim Arrianam, nunc uero contra Pelagianam, nunc contra ceteras pestes. Res enim desiderat ut iterato Moyses circumspiciens interficiat Egiptium et abscondat in sabulo,[4] ut subuertantur muri Iericho,[5] ut succendatur Hai,[6] ut percutiatur Cariatsepher, id est ciuitas litterarum.[7] Nimie quidem littere quosdam insanire faciunt.[8] Quid igitur? 'Quoniam non cognoui litteraturam, introibo in potentias[a] Domini'.[9] Superficialis literatura non inuestigat medullitus ueritatis consistentiam set, superficiali contenta probabilitate, ruit preceps in laborintum erroris. Que ergo subsunt priuilegiatis articulus potentie diuine, communi legi subiacere dedignantur. Reicienda est ergo non nunquam ymaginaria superficialis litterature intelligentia, dum intrat quis interiores penates considerationis effectuum potentie diuine. Sed O indignatio! dum noui Manichei, non solum artium liberalium sed et litterature prorsus ignari, presumunt temerarie erigere Dagon iuxta archam Domini,[10] sed et leges potentie illius qui fabricatus est solem[11] abrogare molientes, audent impudenter fabricare heresum ydola. 11 Sed quid? Virorum fide dignorum assertione ueridica didici quosdam litteratores ipsos seduxisse. Restat igitur ut exerat gladium ancipitem Ahot, quo transfodiatur Eglon pinguis,[12] per quem hereticorum designatur ceruix erecta. Anceps gladius est sermo diuinus, siue discretio efficax, separans acute carnalem intellectum a spirituali.[13] Assit et Iael, transfigens clauo ligneo tempora Sisare,[14] ut sic peremptus, morti soporem societ. Veritate enim passionis dominice perimuntur assertiones hereticorum. Eligat et sibi Ieroboal trecentos uiros, Madianitas expugnaturus,[15] instar Abrahe, qui et sibi trecentos elegit uernaculos expeditos,[16] ut sic fide Trinitatis expugnentur hostes crucis per Tahu designate.[17] Mulier etiam, designatrix sapientie, ueniat in medium ut, fragmen mole desuper iaciens, [f. 2] confringat cerebrum Abimelech

---

[a] in potentias: impotentias R

[1] See below, III. xv–lxxvii.   [2] Not extant.   [3] Referring to the Cathars.
[4] Exod. 2. 12.   [5] Ios. 6.   [6] Ios. 7 and 8.   [7] Iud. 1. 11–12.
[8] Cf. Act. 26. 24.   [9] Ps. 70. 15–16.   [10] I Reg. 5. 2.
[11] Ps. 73. 16.   [12] Iud. 3. 15 seq.   [13] Cf. Hebr. 4. 12.
[14] Iud. 4. 17–22.   [15] Iud. 7. 1–7.   [16] Gen. 14. 14.
[17] Cf. Nequam, *De Nat. Rer.* I. i (p. 9).

uolentis expugnare turrim constantie ueritatis, et ignem leuitatis erronee supponere nitentis.[1] Mola est circumspecta circuitio rationum, quas pro se ueritas inducit. Sed sufficit fragmen mole ut non solum elidatur, sed etiam de medio tollatur conatus cuiuscunque heresiarche. Sufficit enim ratiuncula frequenter ad peremptionem hereseos. Et uide quia sapientia desuper stat in turri, Abimelech insultante inferius. 12 Paratus sit et Iepte filiam suam, typicam sensualitatem loquor, offerre Domino ut in manus ipsius tradantur Amonite.[2] Irruat et Spiritus Domini super nos ut confundatur temeritas hereticorum. Prosiliat et in medium Samson cum mandibula asini, ut in ea interficiat mille uiros.[3] Testante beato Gregorio in Moralibus, per asinum designantur simplices precones quorum maxillam interpretor esse eloquentiam expeditam, per quam declarata est ueritas fidei.[4] Aquas ardorem sitis extinguentes effudit asini mandibula,[5] quia per uirtutem doctrine simplicium preconum fidei, in multis extinguitur feruor desideriorum carnalium, dum lex membrorum repugnat legi Spiritus presidentis. Superstes est adhuc Dauid suo Saulis gladio ipsum interempturus.[6] Proprio perimitur hereticus gladio, dum auctoritate quam pro se inducit, falsitas ipsius conuincitur.

13 Ne indignentur ergo maiores si in labores eorum humiliter introire affectem, quorum uestigia sequi studebo. Sumus nimirum nani stantes super humeros gigantum.[7] Si quid ergo paruitati nostre reuelare dignata fuerit dulcedo benignitatis diuine, quod maioribus reuelatum non fuerit, non ideo reseruatur aliquis indignationi locus. Manus enim Domini non est abreuiata,[8] cum scriptum sit: 'Pertransibunt plurimi et multiplex erit scientia'.[9] Sed nec molestum sit lectori, etsi singulis obiectionibus que emergere possunt absolutam non adhibeam responsionem, cum materie assumpte maiestas etiam acutissima retundat ingenia. Adde quod si quis uires etiam uene diuitis[10] recte metiatur, fatebitur se etiam in minimis succumbere, tam ratione inquisitionis quam ratione solutionis. Ad hec: Expeditior est garrula temeritas in multiplici numerositate questiuncularum, quam sit matura grauitas uiri etiam sublimis intelligentie in solutionis absoluta consummatione. Clipeum solutionis quem perforare nequit iaculum entimematis, comminuit frequenter aut confringit ensis sillogistice necessitatis.

14 Et ecce iam tempus est ut capitula prime distinctionis sub breui uerborum forma perstringantur.

---

[1] Iud. 9. 51–53.   [2] Iud. 11. 29–40.   [3] Iud. 15. 15.
[4] Greg. *Moral. in Iob* XIII. xii. 15 (1024C).   [5] Iud. 15. 19.
[6] I Reg. 31. 4. Not David, but Saul's armour-bearer.
[7] Cf. E. Jeauneau, '*Nani gigantum humeris insidentes*. Essai d'interprétation de Bernard de Chartres', in his *Lectio Philosophorum* (Amsterdam, 1973), pp. 51–73.
[8] Cf. Is. 59. 1.   [9] Dan. 12. 4.   [10] Cf. Ov. *Ars Poet.* 409.

[LIBER I]

Capitula libri primi.

Vnum solum esse uniuersitatis rerum principium. Capitulum primum.[1]

1 Si duo essent prima rerum principia, utrumque esset superfluum, utrumque diminutum. Vtrumque esset superfluum quia utrumque per se sufficeret. Vtrumque esset diminutum quia utrumque deesset alteri, quare utrique deesset summum bonum. Preterea, cum Deus sit immensitas, si duo essent principia due essent immensitates; quod si esset, oporteret necessario eas simul esse. Oporteret ergo utramque esse in reliqua. Si enim distaret una ab altera, aut intersticium interesset, aut sese contingerent; quod si esset, oporteret utramque suum habere terminum, quod repugnat nature immensitatis. Rursum, si duo sunt principia, erit utrumque in qualibet creatura. Si enim aliqua creatura est, Deus in illa est essentialiter, ut ex sequentibus liquebit. Si ergo duo sunt dii, uterque illorum est in qualibet creatura. Nonne ergo uterque quamlibet creaturam conseruat in esse? 2 Item, cum unus Deus sit tres persone, nonne si duo dii sunt, sex erunt persone, duo scilicet Patres et duo Filii et duo Spiritus Sancti? Numquid ergo duo Spiritus Sancti quamlibet animam illustratam luce gratie inhabitant? Item, utrius Patrum Filius incarnatus est? Numquid item duo Spiritus Sancti missi sunt in corda discipulorum centum uiginti?[2] Item, uter Deorum in principio creauit celum et terram?[3] Vtrius Spiritus ferebatur super aquas?[4] Audent quidam illiterati heretici dicere benignum Deum creasse pulchra

[a] discretione *over erasure* R

---

[1] With this chapter compare Alan of Lille, *Contra Heret.* i. 2–8 (308C–316A).
[2] Act. 1. 15, 2. 1–4.   [3] Gen. 1. 1.   [4] Gen. 1. 2.

corpora, alium Deum creasse bufones et uermes et huiusmodi. Sed quid? Audiant psalmistam loquentem de Deo, cum dicit 'Qui facit celum et terram, mare et omnia que in eis sunt'.[1] Ecce, omnia que sunt in celo, que in terra, que in mari idem Deus creauit. Sic, sic Dauid uno lapillo multos (ut ita loquar) Golias sternit.[2] Audent alii illiterati heretici dicere benignum Deum creare spiritus, alium Deum creare corpora. 3 Sed quid? Creator spirituum aut potest aut non potest corpora creare. Si non potest, erit in hac parte impotentior creator spirituum creatore corporum. Si potest, quid est quod non uult? A Deo relegata est procul omnis inuidia. Item, nonne spiritus et anime iustorum eidem Domino benedicere tenentur, cui et omnia que mouentur in aquis?[3] Item, nonne angeli et sol et luna et dracones eundem laudant Dominum?[4] Item, nonne Deus qui creauit celum et terram dixit ut fieret lux?[5] Nonne idem inspirauit in faciem hominis spiraculum uite?[6] Restat igitur ut creator corporum sit creator spirituum. Item, corpus Domini quis creauit? Nonne beata uirgo concepit de Spiritu Sancto? Vt autem manifestior sit heresum istarum confusio, in hac parte contemplemur interius mentem celestis pagine. In spiritu enim preuiderunt legislator et prophete et ceteri ortodoxi scriptores huiusmodi hereses confingendas fore. Hoc igitur ordine utitur sacre Scripture series, ut quem laudat auctorem corporum, doceat [col. 2] esse et auctorem spirituum et Dominum. 4 Docet item eundem esse punitorem malorum et bonorum remuneratorem. 'In principio', inquit, 'creauit Deus celum et terram.[7] Dixitque Deus "Fiat lux" et facta est lux'.[8] Et, ut multa sub breui uerborum forma comprehendam, fecit idem Deus firmamentum et aquarum congregationes et herbam uirentem et lignum pomiferum et luminaria celi et reptilia et uolatilia et cete et iumenta et bestias.[9] 'Formauit etiam Dominus Deus hominem de limo terre et inspirauit in faciem eius spiraculum uite'.[10] Ecce, qui plasmauit corpus creauit et spiritum. Et ut constet creatorem hominis esse Deum hominis, subiungit Scriptura de prohibitionibus et preceptis datis homini a Deo. Vt autem commendetur iusticia diuina, ostendit sacra Scriptura penam esse subsecutam transgressionem. Vt item ostendatur matrimonium esse commendatione dignum, ostendit ipsum celebratum esse in paradiso. 'Quam ob rem', inquit, 'relinquet homo patrem suum et matrem et adherebit uxori sue, et erunt duo in carne una'.[11] 5 Subsecuta est autem peccatum comminatio pene, cum subiunctum est: 'In sudore uultus tui uesceris pane tuo'[12] et cetera. Quam uerborum formam si diligenter inspicias, cernes misericordiam comitem esse iusticie. Quod enim dicitur 'in

---

[1] Ps. 145. 6. [2] I Reg. 17. 40, 49–50. [3] Dan. 3. 86, 79.
[4] Ps. 148. 2, 3, 7. [5] Gen. 1. 1, 3. [6] Gen. 2. 7. [7] Gen. 1. 1.
[8] Gen. 1. 3. [9] Gen. 1. 6–25. [10] Gen. 2. 7.
[11] Gen. 2. 24; cf. Marc. 10. 7. [12] Gen. 3. 19.

sudore' ad iusticiam, quod autem dicitur 'uesceris pane tuo' referendum est ad misericordiam. Ad benignitatem item diuinam referendum est quod subditur: 'Fecit quoque Dominus Deus Ade et uxori eius tunicas pelliceas et induit eos'.¹ Quid subsannas, heretice, audiens Deum fecisse tunicas pelliceas? Nonne maius est creare bufonem quam facere tunicam pelliceam? Sed quod ad misericordiam pertinet diuinam, dulce est inspicere. Ad eam enim spectat quod subiungitur: 'Nunc ergo ne forte mittat manum suam et sumat etiam de ligno uite et comedat et uiuat in eternum.'² Voluit enim diuina benignitas ut Adam arceretur ab esu fructus ligni uite, ne si eo uteretur, diuturnis exponeretur miseriis in uita diuturna. 6 Considera scelus Chain et cernes ipsum ob scelus punitum esse.³ Sed quid? Attende etiam dulcedinem misericordie diuine que fratricide pepercit. 'Videns item Deus quod multa malicia hominum esset in terra et cuncta cogitatio cordis intenta esset ad malum omni tempore',⁴ exercuit effectum iusticie delendo ex magna parte genus humanum. Sed ut misericordia sibi reseruaret quod suum est, in archa saluatus est Noe cum filiis et uxoribus eorum.⁵ Qui flagellauit Pharaonem et submersit, filios Israel protexit.⁶ Hinc iusticie, inde misericordie effectum considera. Qui tam tempore iudicum quam tempore regum filios Israel permisit infestari, eosdem pro nutu uoluntatis sue liberauit. Prudentie autem lectoris diligentis relinquo, ut in suis locis consideret hinc effectum iusticie, hinc benignitatem misericordie. Attende item, heretice, qui negas creatorem spirituum esse creatorem corporum. Nonne Deus promisit Abrahe quod daturus esset ei filium?⁷ Quid? Nunquid ei corpus dare potuit creator spirituum? Quis item ignoret [f. 3] angelos esse ministratorios spiritus, et a Domino frequenter missos esse ad diuersarum rerum executionem? 7 Constitue pre oculis cordis Abraham, Loth, Gedeonem, Manue, Tobiam et euidens erit ueritatis consistentia. Sunt et maligni spiritus Deo subiecti, quod quidem uerum esse docet liber Iob, ubi dicitur:

'Quadam autem die cum uenissent filii Dei ut assisterent coram Domino, affuit inter eos etiam Sathan. Cui dixit Dominus, "Vnde uenis?" Qui respondens ait, "Circuiui terram et perambulaui eam". Dixitque Dominus ad eum, "Nunquid considerasti seruum meum Iob quod non sit similis ei in terra, homo simplex et rectus et timens Deum ac recedens a malo?" Cui respondens Sathan ait, "Numquid frustra timet Iob Deum? Nonne tu uallasti eum ac domum eius, uniuersamque substantiam eius per circuitum? Operibus manuum eius benedixisti, et possessio eius creuit in terra. Sed extende paululum manum tuam et tange cuncta que possidet, nisi in facie benedixerit tibi". Dixit ergo Dominus ad Sathan, "Ecce uniuersa que habet in manu tua sunt. Tantum in eum ne extendas manum".'⁸

---

¹ Gen. 3. 21.   ² Gen. 3. 22.   ³ Gen. 4. 1–16.   ⁴ Gen. 6. 5.
⁵ Gen. 6. 5 seq.   ⁶ Exod. 7–14.   ⁷ Gen. 17. 19.
⁸ Iob 1. 6–12.

8 Ecce nec in ipsas Iob possessiones deseuire potuit Sathan non permissus. A quo ergo erant possessiones Iob nisi a Deo? Postea uero, ut legitur infra in Iob, permissus est a Domino Sathan percutere Iob ulcere pessimo, a planta pedis usque ad uerticem.[1] 'Dixit namque Dominus ad Sathan: "Ecce in manu tua est; uerumtamen animam illius serua"'.[2] Item, nonne apostoli eiecerunt ab obsessis demonia?[3] Legitur item in primo Regum: 'Quandocunque Spiritus Dei malus arripiebat Saul, tollebat Dauid citharam et percutiebat manu sua, et refocillabatur Saul, et leuius habebat'.[4] Spiritus Dei dicitur quia creatura Dei est. Quod autem malus est ex proprio uicio est. Item, Veritas in Euuangelio ait eum timere qui potest animam et corpus in Gehennam mittere.[5] Numquid hoc posset nisi creator esset tam corporis quam anime? Dicent fortasse omnes spiritus malignos esse creaturas Dei preter principem demoniorum. Quod autem ille sit creatura patet per illud Ysaie: 'Quomodo cecidisti de celo, Lucifer, qui mane oriebaris?'[6] 9 Quid est enim quod mane oriebatur, nisi quia ab initio creatus est? Vnde Veritas in Euuangelio ait: 'Ille homicida fuit ab initio, et in ueritate non stetit, quia ueritas in eo non est. Cum loquitur mendacium, ex suis propriis loquitur, quia mendax est et pater eius'.[7] Item, in Ezechiele sic legitur: 'Tu signaculum similitudinis, plenus sapientia, perfectus decore, in deliciis paradisi fuisti. Omnis lapis pretiosus operimentum tuum, sardius, topazius et iaspis, crisolitus et onix et berillus, saphirus et carbunculus et smaragdus. Aurum opus decoris tui, et foramina tua in die qua conditus es, preparata sunt'.[8] Ecce quia dicit 'in die qua conditus es'. Sequitur: 'Tu cherub extentus et protegens et posui te in monte sancto Dei. In medio lapidum ignitorum ambulasti, perfectus in uiis tuis a die conditionis tue, donec inuenta est iniquitas in te. In multitudine negotiationis tue repleta sunt interiora tua iniquitate, et peccasti, et eieci te de monte Dei'.[9] Ecce quia dicitur 'a die conditionis tue'. Sed dices ista ref<er>enda esse ad regem Tyri, eo quod premit[col. 2]titur: 'Fili hominis, leua planctum super regem Tyri, et dices ei'.[10] Sciendum ergo quia ea que premisimus de Lucifero intelligenda sunt, sed confertur ibi casus regis Tyri casui Luciferi. Vnde uigilanter exponendus est transitus ille, quia quedam referenda sunt ad Luciferum, quedam ad regem Tyri. 10 Item, prope finem libri Iob sic legitur: 'Ecce uehemoth, quem feci tecum. Fenum quasi bos comedet, fortitudo eius in lumbis eius, et uirtus illius in umbilico uentris eius. Constringit caudam suam quasi cedrum. Nerui testiculorum eius perplexi sunt. Ossa eius uelut fistule eris, cartilago illius quasi lamine ferree. Ipse principium est uiarum Dei. Qui fecit eum

---

[1] Iob 2. 7.   [2] Iob 2. 6.   [3] Act. 19. 11–12 etc.   [4] I Reg. 16. 23.
[5] Matth. 10. 28.   [6] Is. 14. 12.   [7] Ioh. 8. 44.
[8] Ezech. 28. 12–13.   [9] Ezech. 28. 14–16.   [10] Ezech. 28. 11.

applicabit gladium eius'.[1] Et infra: 'An extrahere poteris leuiathan hamo et fune linguam eius ligabis? Numquid pones circulum in naribus eius et armilla perforabis maxillam eius? Numquid multiplicabit ad te preces, aut loquetur tibi mollia? Numquid feriet tecum pactum, et accipies eum seruum sempiternum?'[2] In fine autem capituli clauditur orationum series sic: 'Omne sublime uidet, et ipse est rex super omnes filios superbie.'[3] Ecce quia dicitur 'quem feci tecum', id est 'sicut et te'. Est igitur diabolus ipse creatura Dei. Non est ergo diabolus creator. In iam dicta etiam auctoritate continetur quod diabolus est seruus Dei. Item in Iob: 'Omnia que sub celo sunt mea sunt.'[4] Verba sunt Domini. Item, in Iob alibi dicitur de Domino: 'Qui extendit aquilonem super uacuum et appendit terram super nichili. Qui ligat aquam in nubibus suis, ut non erumpant pariter deorsum. Terminum circumdedit aquis, usque dum finiantur lux et tenebre. In fortitudine illius repente maria congregata sunt'.[5]

11 Quod autem Dominus Deus sit corporum creator docetur manifeste in illo capitulo quod sic incipit: 'Respondens autem Dominus Iob de turbine dixit: "Quis est iste inuoluens sententias sermonibus imperitis?".'[6] In illo enim capitulo ostenditur quia Dominus posuit fundamenta terre et circumdedit mare terminis. Lucis uero et niuis, imbris et tonitrui, stillarum roris et glaciei et gelu, arcturi et luciferi et pliadum creator esse Deus ibidem ostenditur. Creator est et idem ut ibidem manifestatur galli et corui et ibicum et onagri et rinocerontis et strutionum et equi, leene et aquile.[7] Nisi etiam Deus esset Dominus possessionum, non diceretur quia 'Dominus addidit omnia que fuerant Iob dupplicia'.[8] Sed et mater Machabeorum ait: 'Peto, nate, ut aspicias in celum et in terram et ad omnia que in eis sunt, et intelligas quia ex nichilo fecit illa Deus, et hominum genus'.[9] Item in Ieremia: 'Ecce ego Dominus Deus uniuerse carnis'.[10] Et alibi: 'Qui facit terram in fortitudine sua, preparat orbem in sapientia sua et prudentia sua extendit celos. Ad uocem suam dat multitudinem aquarum in celo, et eleuat nebulas ab extremitatibus terre, fulgura in pluuiam facit, et educit uentum de thesauris suis'.[11]

12 Tot et ad idem faciunt auctoritates psalmiste, quod eas nimis esset longum uel tangere. 'Domini', inquit, 'est terra et plenitudo eius, orbis terrarum et uniuersi qui habitant in eo. Quia ipse super maria fundauit [f. 3v] eam'[12] et cetera. Et alibi: 'Mee sunt omnes fere siluarum, iumenta in montibus et boues'.[13] Et iterum: 'Tuus est dies et tua est nox, tu

---

[1] Iob 40. 10–14.   [2] Iob 40. 20–23.   [3] Iob 41. 25.
[4] Iob 41. 2.   [5] Iob 26. 7–8, 10, 12.   [6] Iob 38. 1–2.
[7] Iob 38. 4, 10, 24–25, 28–29, 31–32, 36, 39, 41; 39. 1, 5, 9, 13, 19 seq, 27 seq.
[8] Iob 42. 10.   [9] II Macc. 7. 28.   [10] Ierem. 32. 27.
[11] Ierem. 10. 12–13.   [12] Ps. 23. 1–2.   [13] Ps. 49. 10.

fabricatus es auroram et solem. Tu fecisti omnes terminos terre, estatem et
uer tu plasmasti ea'.[1] Et alibi: 'Tui sunt celi et tua est terra, orbem terre et
plenitudinem eius tu fundasti, aquilonem et mare tu creasti'.[2] Et iterum:
'Quia in manu eius sunt omnes fines terre, et altitudines montium ipsius
sunt. Quoniam ipsius est mare et ipse fecit illud, et siccam manus eius
formauerunt'.[3] Et alibi: 'Initio tu Domine terram fundasti, et opera
manuum tuarum sunt celi'.[4] Et iterum: 'Qui fundasti terram super stabilitatem suam, non inclinabitur[a] in seculum seculi. Ascendunt montes et
descendunt campi, in locum quem fundasti eis. Terminum posuisti quem
non transgredientur, neque conuertentur operire terram. Qui emittis fontes
in conuallibus; inter medium montium pertransibunt aque, producens
fenum iumentis et herbam seruituti hominum, ut educas panem de terra'[5] et
cetera. 13 Et infra: 'Quam magnificata sunt opera tua Domine, omnia in
sapientia[b] fecisti, impleta est terra possessione tua'.[6] Sed attende, heretice,
quis est ille draco quem Dominus formauit ad illudendum ei.[7] Si draco
uisibilis, dabis quod draconis est creator Deus. Si princeps demoniorum
uocetur hic nomine draconis, dabis quod et ipsius creator sit Dominus.
Quero item a te, heretice, utrum expectes a diabolo ut det tibi escam?
Scriptum est enim: 'Omnia a te', O Deus scilicet, 'expectant ut des illis
escam in tempore'.[8] Et rursum, quis est 'qui facit mirabilia magna solus', nisi
'qui fecit celos in intellectu, qui firmauit terram super aquas, qui fecit
luminaria magna'[9] et cetera? Quis est item 'qui operit celum nubibus et parat
terre pluuiam', nisi 'qui producit in montibus fenum et herbam seruituti
hominum, qui dat iumentis escam ipsorum et pullis coruorum inuocantibus
eum?'[10] Et ut reuertamur ad id quod superius obiectum est, dracones, bestie
et uniuersa pecora et serpentes laudant Dominum, dum nobis prebent
materiam laudis diuine.[11] Legitur item in libro Hester: 'In uoluntate tua
Domine uniuersa sunt posita, et non est qui possit resistere uoluntati tue; tu
enim fecisti omnia, celum et terram et uniuersa que celi ambitu continentur;
Dominus uniuersorum tu es'.[12]

14 Quoniam uero artificiosius uidetur rationum efficacia conuincere aduer-
sarios quam auctoritatibus, non erit nobis molestum gladio Golie amputare
caput ipsius. Libet etiam nobis in gladio Apollinii pugnare; nobiscum enim
stat Iudas Machabeus.[13] 'Domine ecce duo gladii hic'.[14] Cum igitur hominis

---

[a] inclinabuntur R　　[b] in sapientia: insipientia R

---

[1] Ps. 73. 16–17.　　[2] Ps. 88. 12.　　[3] Ps. 94. 4–5.　　[4] Ps. 101. 26.
[5] Ps. 103. 5, 8–10, 14.　　[6] Ps. 103. 24.　　[7] Ps. 103. 26.
[8] Ps. 103. 27.　　[9] Ps. 135. 4–7.　　[10] Ps. 146. 8–9.
[11] Ps. 148. 7, 10.　　[12] Esth. 13. 9–11.　　[13] I Macc. 3. 12.
[14] Luc. 22. 38.

spiritus sit creatura Dei, corpus sit te iudice creatum a diabolo, cuius creatura erit homo constans ex anima et corpore? Numquid duorum? Erit ergo homo obnoxius illis duobus creatoribus. Tenetur ergo homo niti ad hoc ut utrique placeat, huic ratione corporis, illi ratione anime. Sed placet diabolo ut homo damnetur, Deo ut saluetur. Numquid ergo se utriusque uoluntati conformabit homo ut se uelit et saluari et damnari? Quid item interest Dei ut corpora sanctorum glorificet, cum corpora sint creature diaboli? Rursum, penes quem [col. 2] residebit prima auctoritas puniendi damnandos, an penes Deum an penes diabolum? Numquid Deus puniet spiritus, diabolus corpora? Aut numquid diabolus puniet et spiritus et in hoc saltem erit minister Dei? Quo dato, dabitur Deum in hac parte superiorem esse diabolo. Et ut aliquid subtilius predictis adiciam: cum secundum istos Deus benignus et Deus malignus sint duo rerum principia, nunquid cum Deus ab eterno fuerit bonus, diabolus ab eterno fuit malus? Aut nunquid fuit bonus et incepit esse malus? Nonne hec alteratio minus est digna commendatione? 15 Quo pacto igitur erit iste quoddam rerum principium apud quem tam detestabilis alteratio reperitur? Si autem ab eterno fuit malus, dabitur quod eterna sit malicia eius. Quod si est, dabitur quod malitia est ei naturalis. Si autem malicia est de substantia rei aut etiam naturalis, oportet maliciam esse bonum. Quod si est, dabitur Deum diligere maliciam. Item, si ab eterno fuit malitia in diabolo, nonne ab eterno fuit in eo inuidia aut superbia? Numquid ab eterno inuidit Deo? Ecce principium rerum commendatione dignum! Preterea, aut potes aut non potes circumscribere ab essentia diaboli malitiam. Si potes, circumscribe per abstrahentem intellectum. Dabitur ergo quod bonus tantum sit. Numquid igitur in hoc statu creare potest corpora? Quod si est, ergo qui tantum bonus est creat corpora. Quare igitur Deo benigno subtrahis hanc potenciam? Si autem malicia non potest abstrahi ab essentia diaboli, dabitur quod substancialis sit diabolo. Quod si est, ergo bonum est, ita quod diligitur a Deo creatore spirituum. Quod si est, dabitur quod malicia placet Deo creatori spirituum. 16 Item, cum te iudice, O miser, creet diabolus corpora, utra censes corpora esse bona an mala? Si sunt bona, nonne a bono est auctore? Si mala tantum, unde ergo uirtus gemmarum et herbarum? Vtrum est medicina a Deo an a diabolo? Item, si sol est a diabolo, nonne eius esse est a diabolo? Nonne ergo singularis eius natura est a diabolo? Nonne ergo genera et species sunt a diabolo, secundum opinionem dicentium genera et species esse rerum naturas communes? Item, decem rerum predicamenta numquid partim sunt a Deo, partim a diabolo? Rursum, uoces siue uerba a quo sunt auctore? Virtus item uerborum a quo est? Significationes siue intellectus uerborum a quo sunt? Item, cum corpora pro opinione istorum sint a diabolo, numquid similiter puncta et linee et superficies et colores et figure et diuisiones et numeri et pondera et species sunt a diabolo? Item, septem artes quem laudare debent auctorem? 17 Preterea, cum corporum ministerio (que a diabolo sunt secundum istos) exerceantur actiones, a uirtute uero et potentia anime procedant motus operationum: utrum erunt actiones a Deo uel a diabolo? Rursum, cum corpora hominum pro opinione istorum sint a diabolo, anime uero sint a Deo, quero a quo sit coniunctio anime et corporis? Numquid unum rerum principium non sufficit ad coniungendum animam corpori, sine amminiculo alterius principii? O impotentia, O defectus, si rerum principium in hac re egeat ope alterius! Item, cum Deus infundat animam corpori, que creando infunditur et infundendo creatur, oportebit istos dicere quod coniunctio qua anima humana coniungitur corpori est a Deo, coniunctio uero qua corpus coniungitur anime est a diabolo. [f. 4] Quod ergo anima et corpus coniunguntur erit a duobus ita quod a neutro. Eadem ratione dissolutio qua anima dissoluetur a corpore erit a Deo, dissolutio autem qua corpus dissoluetur ab anima erit a diabolo. Quod si est, quero a quo sit mors hominis? Numquid enim est a duobus, a Deo scilicet et a diabolo? 18 Item, si a Deo est quod anima uiuificat corpus, a quo est quod corpus uiuificatur ab anima? Preterea, si a Deo est quod homo est rationalis, a quo quod homo est rationale? A quo est quod homo est? Nonne hoc est a duobus auctoribus? Item, numquid omnes spiritus creauit Deus aut tantum rationales? Si omnes, nonne et animam bufonis? Proprium est enim animalis, ut dicit Aristotiles, constare ex corpore et anima.[1] Vtrum queso maius est creasse mundum an animam uermiculi? Si tantum rationales spiritus creauit Deus, ita quod irrationales spiritus creauit diabolus, quero utrum maius sit creare rationales spiritus an irrationales. Dices, ut reor, quod maius sit creare rationales. Quod si est, dabitur quod in hac parte maior est potentia unius principii rerum quam alterius. Preterea, si duo rerum principia ita inter se diuidunt rerum uniuersitatem, poterit utrumque argui impotentie. Quero item ab istis a quo sit resurrectio mortuorum. Quod enim anima reuersura sit ad corpus, nonne a Deo est? Quod autem corpus suscitabitur, numquid erit a diabolo?

19 Sed quid? Elias qui fugit a facie Iezabel occurrit Achab.[2] Cum mulierculis init certamen, qui cum illiteratis de tantarum rerum maiestate contendit. Quid quod auctoritates non admittunt nisi pro nutu uoluntatis sue? Sed quoniam ex talibus oportet sillogizare, teste Aristotile, qualia dederit respondens, uulgari modo[a] cum rudibus agatur.[3] Si ergo, ut

---

[a] mundo (*corr. in marg.*) R

[1] Cf. Arist. *Top.* I. xv (106b29).   [2] III Reg. 19. 2–3, 21. 17–20.
[3] Arist. *Top.* VIII. iv (164a13).

aiunt, diabolus creauit celum et terram, ubi habitat diabolus? Numquid in celo? Vbi ergo Deus creator spirituum habitat? Numquid simul habitant? Quid? Nonne diabolus Deum odio habet? Numquid audebunt dicere Deum habitare in solis spiritibus, diabolum uero in omnibus corporibus? Fingunt item spiritum quendam malignum esse spiritum diaboli et a diabolo procedere, sicut Spiritus Sanctus procedit a Patre. Sed cum Spiritus Sanctus amor sit Patris et Filii, numquid spiritus qui secundum istos procedit a diabolo odium est? Nonne diabolus ipse spiritus est? Numquid spiritus eius equalis est ipsi? Sed quid moror? Vt dicit Aristotiles, quolibet proferente contrarium stultum est, sollicitum est.[1]

20 Indignor ergo amplius conferre manum cum istis. Vtinam tamen resipiscant et lucem illam ueritatis agnoscant, de qua Iohannes ait: 'Lux lucet in tenebris et tenebre eam non comprehenderunt'.[2] Ad presens ergo exuo disputatorem, formam eruditoris assumens. Si igitur plura sunt rerum principia, quod absit, erunt necessario plures eternitates. Quod quidem nec intellectus humanus capit. Cernisne, pie lector, quonam modo ex uno grano plura oriuntur? Cernisne quonam modo ab unitate tanquam a radice et origine numerorum omnes surgunt numeri? Sic, sic. Longe tamen dissimiliter ab unitate superessentiali omnia sumunt initium. A uera simplicitate que Deus est procedit compositio, a quiete motus, ab unitate diuersitas, ab immensitate localitas, ab eternitate temporalitas. Vnde Boetius:

> 'Qui tempus ab euo
> ire iubes, stabilisque manens, das cuncta moueri'.[3]

Ab uni[col. 2]tate uere simplici sumpsit initium unitas ecclesiastica, tam in Ecclesia militante quam in Ecclesia triumphante. 21 Audi Moysen dicentem 'Audi Israel. Deus tuus Deus unus est'.[4] Quid? Nonne si Deus est Deus, Deus est unus Deus? O uerbum sublimis intelligentie, quod legislatorem in medium proferre decuit! Sic enim pluralitas deorum de medio tollitur. Sic etiam uera unitas docetur esse in Deo. Quid? Immo etiam sic innuitur quod Deus uerus unitas est. Sic etiam innuitur quod Deus uerus semper idem, semper inuariabilis, semper est incommutabilis. Vnus quidem est quia unus solus est Deus. Vnus est, ita quod unitas est. Vnus est, ita quod semper idem est. Quid? Ad altiorem adhuc intelligentiam lectorem inuito. Vtitur enim legislator antipophora, ad infinita que obici posse uiderentur subtiliter respondens 'Deus tuus Deus unus est'. Reuera iusticia est Deus, fortitudo est Deus, sapientia est Deus, immensitas est Deus, eternitas est Deus, summum bonum est Deus. Numquid sic ad diuersas res transmittitur

---

[1] Arist. *Top*. I. xi (104b23).   [2] Ioh. 1. 5.
[3] Boeth. *De Consol. Phil*. III. metr. ix. 2–3.   [4] Cf. Deut. 6. 4.

animus bene institutus? Absit. Deus tuus unum est, unus est Deus, unus est. 22 Numquid aliud attribuitur Deo cum dicitur 'Deus est fortis', aliud cum dicitur 'Deus est iustus' et ita de aliis? Absit. Fortitudo Dei est Deus, iusticia Dei est Deus, fortitudo Dei est iusticia Dei. Sic, sic Deus tuus O Israel Deus est unus. Si autem te, pie lector, tropologicus iuuat intellectus, non indignabitur anagogica doctrina cui ex proposito stilus noster deseruit. Signanter ergo dicitur 'Audi Israel' etc. Non ait 'Audite filii Iacob', sed ait 'Audi Israel' et cetera, ac si dicatur: Recolite quia a Iacob, qui postea dictus est Israel[1] ob causam certam et commendatione dignam, sumptum est nomen Israelis et appropriatum cognationi sue. Tanta multitudo ab Israele dicta est Israel. Nomen unius multitudini magne accom<m>odatum est. Ab uno descendit generosa uniuersitas, et proprium nomen ipsius generationi numerose appropriatum est. Vt quid hoc? Ab uno originem sumpsistis, et uos unitate spirituali unum esse debetis. Quidni? Deus tuus Deus unus est. Conformare Deo tuo, Israel. Vnus est Deus uester. Et uos unum sitis. 23 Veritas ait: 'Sicut ego et Pater unum sumus, ita et uos unum sitis'.[2] Vnus est Deus et in se et ab effectu quia suos unum facit. Vnitas superessentialis est in Deo; spiritualis unitas sit in nobis. Sed uale faciamus tropologie, ne anagoge sibi preiudicium fieri censeat. Vnus ergo est Deus, incommutabilis est Deus, 'apud quem non est transmutatio, nec uicissitudinis obumbratio'.[3] Apud ipsum nulla mutabilitas[a] sed idemtitas, non solum in natura, sed etiam in distributione donorum, quia sola dona lucis et non tenebras errorum immittit. Apud ipsum item non est transmutatio ratione localitatis, nec uicissitudinis obumbratio ratione temporalitatis. Temporalitas obumbrat temporalia, adhibito respectu ad eternitatem, in qua solum est illud lumen immensum quod Deus est. Cum autem dico nec temporalitatem nec localitatem esse in Deo, ad statum diuinitatis id refero. Constat enim uulgo quod 'immensus' factus est localis, 'eternus' temporalis. 24 Predictis adice, quia cum Deus sit essentialiter in omni creatura, posset alicui uideri Deum mutari, cum res ipse mutantur. [f. 4v] Dicit enim Aristotiles: Mouentibus nobis mouentur omnia que in nobis sunt.[4] Sed quid? Ad diuinam essentiam, que immobilis est, suam non transtulit considerationem Aristotiles. Transmutantur ergo elementa, dum ipsorum supreme portiones nunc generationibus, nunc corruptionibus reciprocis in se mutuo transsubstantiatur.[5] Numquid ob hoc mutatur aut transmutatur Deus, qui in singulis rebus est et in uniuersis? Absit. Transferuntur creature de loco in locum; numquid ob

[a] immutabilitas R

---

[1] Gen. 35. 10.   [2] Cf. Ioh. 17. 21–23.   [3] Iac. 1. 17.
[4] Arist. *Top*. II. vii (113a29–30).
[5] Cf. Urso, *De Commixt. Element*. V. i (p. 128) seq.

hoc transmutatur Deus? Absit. Variis subiacent homines alterationibus, adeo ut quandoque boni degenerent in consuetudines malorum, quandoque mali luce gratie illustrentur. 25 Numquid ob hoc transmutatur aut alteratur Deus? Absit. Apud ipsum namque non est transmutatio, licet in ipsis rebus transmutatio sit. Nec est apud Deum uicissitudinis obumbratio. Suis namque uicibus uariantur tempora, uariosque temporum effectus in se sentiunt temporalia. Post feruorem caloris estuantis obumbrantur animalia solatio temperiei clementioris aure, tamquam umbra quadam refrigerii. In temporalibus est obumbratio huiuscemodi, sed non in Deo. Finge igitur solem quendam stare in ethere immobilem, ita quod nubes subtus uolantes fulgorem claritatis obnubilatione sua subducant oculis humanis. Numquid ob hoc erit obumbratio in ipso sole? Minime. Competenter autem potest illud Iacobi referri ad rerum creationem. Cum enim celum et terram creauit Altissimus, numquid aliqua transmutatio cepit esse in Deo? Absit. Licet enim iam esset in celo empireo, in quo quidem prius non fuerat quia nec celum prius fuerat, nulla tamen mutatio facta est in Deo. Non enim fuit aut est localis, quamuis in loco sit. Super his autem plenius in sequentibus disseretur.[1] Non recessit Deus ab immensitate sua propter loci creationem. 26 Similiter, quando creatum est tempus, nulla facta est uicissitudinis obumbratio circa Deum. In tempore quidem ita sunt temporalia quasi sub umbra quadam uelociter elabente; umbratilia ista cum umbra transeunt. Quid est enim tempus nisi umbra, presertim habito respectu ad immensum lumen eternitatis? Intellige ergo lumen immensum quod Deus est permanere in sua eternitate, ita quod nondum creata sit aliqua creatura. Numquid abbreuiabitur essentia diuina, eo quod erit in creatura, quando erit creatura? Absit. Aut numquid obumbrabitur in aliquo luminis immensi claritas propter creationem temporalium, que umbratilia sunt et fugitiua, cum ipso tempore fugientia? Minime. Aut numquid Deus a sua recessurus est eternitate propter creationem temporis? Si item intellectum transferas ad statum mentis quam Deus per gratiam inhabitat, satis dilucide declarabitur predicta Iacobi auctoritas. Transmutantur quidem potentiales anime partes, non dico localiter, sed ratione spiritualis alterationis. Quandoque enim sensualitas subest rationi, quan<do>que infeliciter preest. Agar enim quan<do>que humiliatur sub manu domine sue, quan<do>que ipsam infestat.[2] 27 Hinc est quod psalmista ait, loquens de homine: 'Vniuersum stratum eius uersasti in [col. 2] infirmitate eius'.[3] Cum igitur gratia diuina animo infunditur, mutatur animus immo transmutatur. Sensualitas enim que prius prefuit rationi iam subest. Sed numquid transmutatio huiusmodi est in ipso Deo? Absit. Cum item luce gratie mens

---

[1] See below, II. xlv–xlvi.   [2] Gen. 16. 5–9.   [3] Ps. 40. 4.

illustratur, obumbrant tamen uenialia peccata quando <que> lucem uirtutum, quoad hoc ut interim usus earum non prodeat exterius in pubblicum. Sed numquid huiusmodi obumbratio est in Deo? Minime. Constat item quod cum Eua porrigit pomum delectationis marito suo et ille, nimis uxorius, pomo uescitur, infeliciter transmutatur animus.[1] Tunc enim obumbrat mortale peccatum lucem gratie prius infuse, ita quod tantis tenebris superuenientibus, uirtutum lumen extinguitur. Tunc quidem uirtutes obumbrantur umbra mortalis culpe, sub qua male dormit animus, languens ignauie torpore. Sed absit ut huiusmodi obumbratio uel a Deo sit uel in Deo sit.

De eodem. ii.

1 In confusionem item hereticorum sequentium Manicheorum uestigia quedam predictis adicienda sunt, lectori maturi pectoris non displicitura. Si quid igitur eternum est bonum est, sed nulla malicia bonum est; nulla igitur malitia eternum quid est; ergo nec malicia illius quem heretici appellant malignum deum. Incepit igitur esse malus. Aut igitur incepit esse aut non. Si incepit esse, non est Deus. Si non incepit esse et incepit esse malus, fuit ergo quando non fuit malus, ergo alteratus est, ergo non est Deus. Rursus, ad aliquid esse summum bonum, necessario sequitur ipsum esse. Sed ad aliquid esse summe malum, necessario sequitur ipsum non esse. Est enim malicia corruptio boni. Vnde non potest malicia esse nisi in re bona. Omne enim liberum arbitrium bona res est. Si ergo aliquid est summe malum, destructa est penitus natura subiecti quod malitia deformat, ergo iam non habet malicia in quo sit, ergo nec ipsum quod fingitur summe malum subsistit. Oportet ergo necessario quod nichil sit summe malum. Omnis ergo malicia incendi potest. Vbicunque ergo est malicia, est alteritas uel mutabilitas uel esse potest; ergo nichil in quo sit malicia est Deus. 2 Sed dices: 'Esto. Assero tamen', inquies, 'unum esse creatorem corporum et alium esse creatorem spirituum'. Sed si ille qui est creator corporum incepit esse, quero a quo habuit initium. Constat quod non a se. Nichil enim quod incipit esse a se ipso habet initium. Dabitur ergo quod ille qui est creator corporum sit a Deo creatore spirituum, et ita oportet quod creator corporum potestatem creandi habeat a Deo; ergo auctoritas prime creationis penes Deum subsistit, ergo ipse ratione prime auctoritatis creat corpora, ergo qui creat et spiritus creat et corpora. Nonne item omnis potestas a Deo est? Preterea, cum posse creare corpora sit uera potentia, non erit Deus omnipotens si non

[1] Cf. Gen. 3. 6–7.

potest creare corpora. Rursum, quicquid incepit esse, de non-esse prodiit ad esse. Nichil autem quod de non-esse prodiit in esse potest primitiua auctoritate producere aliquid de non-esse in esse. Quare autem adiecerim 'primitiua auctoritate' patebit in tractatu de baptismo.[1] Nullus ergo qui incepit esse potest esse creator corporum uel aliarum rerum. 3 Preterea, quicquid incepit esse habet suum esse a summo [f. 5] esse. Omnia ergo naturalia sua habet a summo esse. Nichil enim habet quicquid incepit esse quod non acceperit. Potestas ergo creandi quam fingitur habere malignus creator corporum aut est naturalis aut non. Si est naturalis, ergo eam accepit ab alio, aut ipsa est Deus. Sed illa non est Deus, quia incepit esse. Illa ergo potestas a Deo est. Ergo primitiua potestate creat Deus corpora, ergo Deus creator est corporum. Si illa potestas non est naturalis, dabitur quod donum gratuitum est aut datum. Quod si est, ab alio erit. Sed a quo nisi a Deo? Sic ergo Deus creator corporum est primitiua auctoritate.

4 Quod autem fingunt alium esse creatorem lucis, alium tenebrarum, contrarium est ei quod dicit Ysaias: 'Ego Dominus et non est alter formans lucem et creans tenebras, faciens pacem et creans malum'.[2] Quid iam exurgis, heretice? Videris iam mihi exclamare 'Ecce Deus Christianorum creat malum'. Quidni? Deus noster creat malum pene, sed non creat uicium. Nichil enim quod sit est uicium. Omnis autem pena iusta est. Sed attende, heretice, quia tibi hoc presertim obuiat. Deus enim benignus (ut utar uerbis tuis) est creator lucis, et idem creat penam. Pene igitur non sunt ab illo quem uocas malignum deum. Ille enim qui creat lucem in solatium creature rationalis, tamquam testem potentie et sapientie et benignitatis ipsius, creat malum pene ad executionem affectus iusticie. Sed iterum exurges: 'Nonne "uidit Deus cuncta que fecit et erant ualde bona"?[3] Nonne ergo omnis pena bonum est?' Immo. Dicitur tamen pena malum pro censura puniti. Adde quia sacra Scriptura quandoque uerbis utitur secundum consuetudinem communiter colloquentium, qui penam malum uocant. 5 Legitur item apud Ysaium: 'Estote mihi testes et ego testis, dicit Dominus Deus, et puer meus quem elegi, ut sciatis et credatis et intelligatis quoniam ego sum, et ante me non est alius deus, et post me non erit'.[4] Et rursum Ysaias: 'Ego feci terram et hominem super eam. Ego omnibus sideribus precepi',[5] et item: 'Manus quoque mea fundauit terram, et dextera mea mensa est celos',[6] et item: 'Hec dicit Dominus Deus creans celos, ipse Deus formans terram et faciens eam. Ipse plastes eius',[7] et item: 'Ego sum Dominus faciens omnia, extendens celos solus, stabiliens terram et nullus mecum',[8] et item: 'Hec dicit Dominus Deus creans celos et

---

[1] Not extant.   [2] Is. 45. 6–7.   [3] Gen. 1. 31.   [4] Is. 43. 10.
[5] Is. 45. 12 (LXX). Quoted in this form in *Distinct. Monast.* I. lxix (III. 462).
[6] Is. 48. 13.   [7] Is. 45. 18.   [8] Is. 44. 24.

extendens eos, formans terram et que germinant ex ea',[1] et item: 'Deus sempiternus, Dominus qui creauit terminos terre',[2] et item: 'Domine exercituum, Deus Israel qui sedes super cherubin, tu es Deus solus omnium regnorum terre, tu fecisti celum et terram'.[3] Ionas: 'Dominum Deum celi ego timeo, qui fecit mare et aridam'.[4]

6 Consequens est, ut maliciam huius uesane adinuentionis Manicheorum detegamus. Ponit quidem adhuc oua sua antiquus ille leuiathan, quia ueterum figmentis nouas adinuentiones adiciunt nouelli mendaciorum commentatores. Dum igitur corpora asserunt esse a diabolo auctore, innuunt latenter contumeliam passionum turpium inferendam esse corporibus, tamquam in contumeliam auctoris ipsorum, et ita etiam sulphuream libidinem insinuant esse licitam. Adde quia si omnia [col. 2] corpora sunt a diabolo, ergo et omne lignum est a diabolo, ergo et crux in qua passus est Dominus. Sic, sic tendunt ad hoc ut crux sancta non adoretur. Innuunt etiam corpora sanctorum non esse digna ueneratione sed et reliquiis sanctorum honorem exhibendum non esse persuadere intendunt. Sed quid moror? Etiam uirtutem sacramentorum sacrosancte matris Ecclesie irritare moliuntur quantum in ipsis est. Euacuant enim efficaciam sacramenti necessitatis, dum aque baptismalis docent diabolum esse auctorem; omnis enim aqua corpus. Et fortasse uerba que proferuntur esse aerem docent, ut dum omne corpus a diabolo esse predicant, uerba ipsa inferant esse a diabolo et ita nulla erit uirtus uerborum, uel in sacramento baptismi, aut in consecratione eucharistie, aut in ordinum sacrorum collatione. 7 Sed O dolor, O infrunita irreuerentia temerarie assertionis, dum corpus Domini non esse sumptum de uirgine gloriosa audent fateri, ut ita et euacuent uirtutem sacramenti altaris.et passionis dominice. Adde quia panem et uinum asserunt esse a diabolo ut ita insinuent neque uinum transubstantiari in preciosum sanguinem Saluatoris neque panem in carnem. Preterea, fateri presumunt corpus gloriose uirginis esse a diabolo, ut ita innuant indecens fuisse Deo corpus ex ipsa sumere. Quid? Immo nec Christum uerum corpus habuisse asserunt. Pro nutu tamen uoluntatis sue nunc rapiuntur in hanc opinionem, nunc in illam, adeo ut sibi contrarii reperiantur. 8 Vulpes enim Samsonis facies separatas ab inuicem habebant, licet caudas colligatas haberent.[5] Varie enim ipsorum opiniones, etsi contrarie reperiantur, in eundem tantum finem tendunt. Quidam ergo Manicheorum dicunt Christum corpus habuisse fantasticum, alii corpus celeste, tum ut ueritatem humane nature Christi inficientur, tum ut misterium crucis euacuent. Dum item corporum auctorem diabolum censent, et gloriam resurrectionis corporum et secundum aduentum Iudicis negant. Preterea,

---

[1] Is. 42. 5.   [2] Is. 40. 28.   [3] Is. 37. 16.   [4] Ionas 1. 9.
[5] Iud. 15. 4–5.

persuadere intendunt simplicibus benigno Deo placere homicidium. Libera-
tur enim anima quam creauit benignus Deus a seruitute, dum recedit ab
ergastulo corporis cuius, ut aiunt, creator est malignus deus. Sed ut supra
quesitum est,[1] quis infundit animam corpori? Numquid in hoc consentiunt duo rerum principia, ut anima societur corpori? Quod si est,
conueniunt duo dii in una uoluntate. Sed quid? Non potest esse uoluntas
benigni Dei nisi bona, cum uoluntas maligni dei semper sit mala. 9 Dominus
item in Euuangelio, Saduceorum improbans assertionem, resurrectionem
probat futuram per auctoritatem sumptam a libro Moysi, ubi dicitur: 'Ego
sum Deus Abraham, Deus Ysaac, Deus Iacob. Non est enim', inquit,
'Dominus Deus Deus mortuorum sed uiuorum'.[2] Ac si diceret 'Cum
dissolute sint anime eorum a corporibus eorundem, frustra diceretur Deus
Deus Abraham, Ysaac et Iacob, nisi anime superstites essent'. Si enim
anime perissent cum corporibus, minus circumspecte diceretur Deus illorum
trium. Oportet ergo animas superstites fuisse corporibus. Sed sicut angelicus
spiritus ex natura sue creationis habet ut corpus uiuificare non possit, ita
anime natura exigit ut corpus uiuificare possit. Vnde et anima Petri nondum
[f. 5v] perfecte beata est, cum consortio hospitis pristini destituta sit. Par est
enim ut suo modo corpus sit particeps glorie cum anima, quod cum ipsa
particeps fuit laboris. Anima ergo Petri et quod iustum est appetit,
consentiendo iusticie diuine uolenti ut corpus Petri glorificetur, et nature
proprie legem obseruat, desiderando corpus suum inhabitare. Cum ergo
anima Petri adhuc destituatur desiderio proprio, liquet quod non est
perfecte beata, habito scilicet respectu ad statum future perfectionis. Ad
quid ergo superstites essent anime corporibus nisi in corporibus resuscitan-
dis perfectionem glorie debite essent adepture? Ecce quonam modo
subtilissime probauit Patris sapientia futuram esse resurrectionem. 10 Hinc
est etiam quod eximius propheta ait: 'Sitiuit in te anima mea, quam
multipliciter tibi caro mea'.[3] Quonam, inquies, modo sitit caro Deo uel
in Deum, cum et ipsa desiderium non habeat, nec fruitura sit Deo? Sed sic
utriusque stole gloria declaratur. Cum enim dicitur 'Sitiuit in te anima mea',
referenda est sitis desiderii feruentis ad desiderium prime stole quam
habebit anima sine consortio corporis. Cum uero subditur 'Quam multipliciter tibi caro mea', referendum est desiderium ad gloriam secunde stole qua
donabitur anima in associatione corporis glorificandi. Vnde et desiderium
anime tropice attribuitur carni, eo quod ratione associationis carnis
feruentissime desiderat anima secunde stole consummatam perfectionem.
Est igitur sensus: In te O Deus qui fons es uite sitiuit anima mea ratione sui
(hoc est ratione prime stole), qua uestietur anima sine corporis consortio.

[1] See above, i. 8, 14, 17–18.   [2] Matth. 22. 32 etc.   [3] Ps. 62. 2.

Igitur, O Deus qui es uita anime sed et anima anime, in te sitiuit feruenter anima mea, ratione prime stole. Sed O quam multipliciter sitiuit in te eadem anima ratione carnis (hoc est ratione secunde stole), qua uestietur anima cultu ornatiore quam in prima stola, sed et ipsa caro decenter ornabitur cultu glorie sue. Sitiuit ergo O Deus in te anima mea ratione sui, siue ratione prime stole seu[a] simpliciter; sed eadem in te sitiuit multipliciter ratione secunde stole, quia tunc dupplicia possidebit. Vnde in laudem mulieris fortis ait Salomon: 'Non timebit domui sue a frigoribus niuis. Omnes enim domestici eius uestiti sunt dupplicibus'.[1] Ratione autem certitudinis rei dicitur 'uestiti sunt' pro 'uestientur'. Sed hunc locum satis euidenter explanauimus in tractatu quem edidimus super Parabolas Salomonis.[2]

11 Cum ergo resurrectio corporum futura sit, numquid glorificabuntur corpora a maligno deo? Cum enim corpora sint a diabolo pro figmento Manicheorum, quid benigno Deo et glorificationi corporum? Corpora item que angeli assumunt, numquid sunt a diabolo? Numquid ignis, in quo apparuit Moysi Dominus, fuit a diabolo?[3] Numquid hoc audebit asserere preceps temeritas de columba in qua descendit Spiritus Sanctus super Saluatorem?[4] Numquid idem sentietur de linguis igneis?[5] Numquid et ligni uite cui tanta[b] uirtus collata est dicetur auctor fuisse diabolus?[6]

12 Sed quid? Baal exterius fuit aureus, sed interius luteus.[7] Parietes etiam lutei externus candore nitet superficiali. Sic, sic et heretici mendacia sua colorare nouerunt, ut auctoritas opinioni ipsorum patrocinium prestare uideatur. Veri enim erant [col. 2] serpentes secundum Augustinum, quos magi Pharaonis in medium produxerunt.[8] Sed et in Exodo legitur quia magi Pharaonis serpentes fecerunt.[9] Sed quid? Vt quid ergo cinifes producere non potuerunt dicentes 'Digitus Dei hic est', nisi quia non sunt permissi a Domino?[10] Maligni ergo spiritus herbas aut semina, ex quibus proportionaliter associatis res tales aut tales produci potuerunt, collegerunt, qui sui subtilitate sensus sementiuas rerum causas nouerunt. Sic et multi etiam homines nouerunt quia ex corio taurino nascuntur apes, ex asinino uaspe, ex atriplicibus bufones, ex stercore muscarum menta;[11] creatio tamen rei cuiuscunque Deo inest. Sed et tonitrua et choruscatione permittuntur

---

[a] sed R   [b] *Twice* R

---

[1] Prov. 31. 21.
[2] He means his *Super Mulierem Fortem*, which follows his *In Parabolas* in Oxford, Jesus College MS 94, ff. 79–124v. The relevant comment is on ff. 89b–89va.
[3] Exod. 19. 18.   [4] Luc. 3. 22.   [5] Act. 2. 3.   [6] Gen. 2. 9.
[7] Dan. 14. 6.   [8] Aug. *De Trin*. III. vii. 12 (875).   [9] Exod. 7. 12.
[10] Exod. 8. 19; Aug. as above.
[11] Urso, *Comm. in Aphorism*. 29 (p. 60): 'ut cum stercus muscarum in muscam, atriplices in ranas, taurina caro in apes, asinina in uespas'. 'Menta' I cannot make sense of.

quandoque maligni spiritus facere, sed ratione ministerii. Auctoritas enim creationis in solo Deo est. Homo item est generator hominis, sed Deus creator. 13 Hinc est quod animam confert Deus homini sine ministerio genitoris aut genitricis, ut fateatur homo se principaliter obnoxium teneri Deo suo, tamquam creatori anime et corporis, etsi hanc sine ministerio parentis creet, illud ministerio parentum. Creare quidem quan<do>que large accipitur, quan<do>que stricte, secundum quod illud dicitur creari quod de nichilo fit. Plenissime autem tractat de his Augustinus in tercio libro De Trinitate.[1] Preterea uidentur patrocinari Manicheis auctoritates, dum sepe reperitur quod malignus spiritus est princeps huius mundi,[2] sed etiam uocatur potestas huius aeris.[3] Sed quid? Alia est potestas imperatoris, alia consulis, alia proconsulis, sic et alia domini, alia serui. Prima potestas residet penes Deum. Potestas ministerii confertur maligno spiritui, sed a Deo, adeo ut potestas qua diabolus nocere potest homini bona sit, sed uoluntas qua nocet pessima. Omnis enim potestas et bona est et a Domino est, a quo est omnis paternitas in celo et in terra.[4] 14 Diabolus ergo dicitur princeps esse huius mundi, id est mundanorum, eorum scilicet qui nimis dediti sunt mundi uanitatibus. 'Domini' quidem 'est terra et plenitudo eius, orbis terre et uniuersum qui habitat in eo'.[5] Diabolus tamen dicitur princeps peccatorum, tum quia adherent ei tamquam capiti, relicto auctore proprio, tum quia abducit eos in inuium et precipitat eos in quantum permittitur a Domino.[6] Augustinus autem in libro De Agone Christiano dicit diabolum esse principem huius mundi, id est 'cupiditatum earum quibus concupiscitur omne quod transit, ut eis subiaceant qui negligunt eternum Deum et diligunt instabilia et mutabilia'.[7] Dicitur item diabolus potestas huius aeris, quia potestatem exercet in eos qui dediti sunt inferioribus istis, cum habitet in aere isto caliginoso uicino nobis. Sed O misericordia dulcedinis diuine! Quanto enim nequiores sunt spiritus maligni, tanto remotiores sunt a nobis. Illi uero quibus minus nocere permissum est, uiciniores sunt nobis. 15 Sed quid? Videtur presertim opitulari Manicheis, quod dicitur quia diabolus sub potestate sua detinuit homines, quos fortior superueniens eripuit forti.[8] Sed quid? Semper humani generis, ex quo homo fuit, Dominus fuit Deus, et est et erit. Dicitur tamen diabolus detinuisse humanum genus tamquam captiuum in carcere, quod propter [f. 6] iusticiam Dei dici solet et permissionem. Custos quidem carceris inclusos dicitur habere in manu sua siue in potestate sua, cum tamen

---

[1] Aug. *De Trin.* III. ix. 16–19 (877–79). [2] Ioh. 12. 31 etc.
[3] Eph. 2. 2. [4] Eph. 3. 15. [5] Ps. 23. 1.
[6] Aug. *Contra Duas Epist. Pelagian.* III. iii. 4 (589): cf. Gandulf of Bologna, *Sent.* II. xxxiii (pp. 176–79).
[7] Aug. *De Agone Christ.* i. 1 (291). [8] Luc. 11. 22.

principaliter sint in manu imperatoris. Sed ut iusticia sortiatur quod suum est, tradit imperator miseros custodi carceris, ita quod eos absoluit pro nutu uoluntatis sue misericordia imperatoris, quos iusticia iusserat in carcere detineri. Argumentum item sumunt Manichei ex eo quod dicit Veritas in Euuangelio, dirigens sermonem ad Iudeos et dicens 'Vos ex patre diabolo estis'.[1] Sed hoc dictum est ratione imitationis, non ratione creationis uel auctoritatis. Sed et hoc ipsum inferius explanabitur.[2]

16 Predictis adiciamus quia Manichei seriem orationis dominice nimis perfunctorie considerant, in qua dicitur 'Fiat uoluntas tua sicut in celo et in terra'.[3] Hec sunt uerba ueritatis, uerba Verbi Patris, Verbi sapientie Patrem conuenientis. Alloquitur te, O Pater, Filius tuus. Imago tua, facies tua deprecatione utitur. Ne igitur auertas faciem tuam[4] a facie tua, immo 'protector noster aspice Deus et respice in faciem Christi tui',[5] dilecti tui, orantis et exorantis te et dicentis 'Fiat uoluntas tua sicut in celo et in terra'. Scio tamen, scio quia hoc nomen 'Pater' est essentiale in illa oratione dominica[6] secundum quandam expositionem, et secundum hoc conuenit toti Trinitati. Secundum aliam est personale, et soli persone ingenite conuenit.[7] Et secundum hoc usi sumus hoc nomine in presenti. Sed quid? Non fit uoluntas Domini in terra, pro opinione Manicheorum, cum ipsa sit subdita ditioni maligni spiritus secundum eos. 17 Sed quid? Nonne celum thronus est Domini, terra autem scabellum pedum eius?[8] Nonne sapientia 'attingit a fine usque ad finem fortiter, et disponit omnia suauiter'?[9] Nonne Deus uerus ubique est et potentialiter et essentialiter? Nonne ei flectunt genua celestia, terrestria et inferna?[10] Nonne molem terre appendit tribus digitis?[11] Nonne fundauit terram super nichili?[12] Nonne pugillo continet orbem?[13] Nonne apposuit uentos in thesauris suis et ipsis pondus dedit?[14] Nonne omnia creauit Deus in numero, pondere et mensura?[15] Nonne fundauit Dominus terram super stabilitatem suam?[16] Nonne terminum posuit aquis, quem non transgredientur?[17] Nonne in initio Domine terram fundasti?[18] Nonne in principio (id est in Filio siue sapientia) creauit Deus celum et terram?[19]

---

[1] Ioh. 8. 44.
[2] See below, III. xlvi, although this verse is not actually referred to there. Cf. *Distinct. Monast.* IV. ccxv (III. 128a): 'Pater etiam malorum dicitur diabolus, eorum scilicet qui eum imitantur. Vnde Dominus ad Iudaeos: "Vos ex patre diabolo estis". . .'.
[3] Matth. 6. 10.   [4] Ps. 68. 18 etc.   [5] Ps. 83. 10.
[6] Matth. 6. 9; Luc. 11. 2.
[7] Cf. Robert of Melun, *Sent.* I. iii. 3 (III. ii. 39), for the same alternative views; Robert's preferred view is that adopted by Nequam.
[8] Is. 66. 1.   [9] Sap. 8. 1.   [10] Philip. 2. 10.   [11] Is. 40. 12.
[12] Cf. Iob 26. 7.   [13] Is. 40. 12.   [14] Cf. Ps. 134. 7; Iob 28. 25.
[15] Sap. 11. 21.   [16] Ps. 103. 5.   [17] Ps. 103. 9.   [18] Ps. 101. 26.
[19] Gen. 1. 1.

'Quam magnificata sunt opera tua Domine; omnia in sapientia fecisti; impleta est terra possessione tua'.[1]

18 Quid igitur predictis adiciam? Vtinam resipiscant Manichei et confiteantur quia unus est eternus rerum conditor,[2] qui tamen non ab eterno sed ex tempore fuit rerum conditor.

19 Libet autem dictis superaddere dignam commendatione sententiam Augustini in libro De Vera Religione, exterminantis errorem Manicheorum.

'Corpus', inquit, 'habet aliquam concordiam partium suarum, sine qua omnino esse non posset. Ergo et ab eo factum est et corpus, qui omnis concordie caput est. Habet corpus quandam pacem sue forme, sine qua prorsus nichil esset. Ergo et ille est corporis conditor a quo pax omnis est, et qui forma est infabricata atque omnium formosissima. Habet aliquam speciem, sine qua corpus non est corpus. Si ergo queritur quis instituerit corpus, ille [col. 2] queratur qui est omnium speciosissimus. Omnis enim species ab illo est. Quis est autem hic nisi unus Deus, una Veritas, una Salus omnium et prima atque summa Essentia, ex qua est omne quicquid est, in quantum est, quia in quantum est quicquid est bonum est'.[3]

Vtrum ibi sit pluralitas, ubi unum solum est. iii.

1 Fatemur ergo unum solum esse rerum principium. Licet enim plures sint principium, non tamen plura sint principia. Quod autem plures ab eterno fuerint persone, sic constabit. Quanto aliquid de natura communius est, tanto natura prius tantoque commendatione dignius.[4] Cum ergo Deus diligat se, oportet quod amore se diligat. Amor ergo ille aut singularis erit aut communicabilis pluribus. Sed singularis esse non potest. Amor enim Dei Deus est. Quicquid enim est in Deo Deus est.[5] Cum ergo amor Dei Deus sit, oportet quod sit summum bonum. Est ergo amor ille summe bonus. Sed si communicabilis est pluribus, commendabilior est quam si sit singularis; quia, ut dictum est, quanto aliquid de natura communius, tanto natura et prius est et dignius. Est ergo amor Dei communicabilis pluribus personis. Sed si amor Dei est in aliqua persona, illa est Deus. Si item aliqua persona potest esse Deus, illa est Deus. Oportet ergo quod amor Dei pluribus insit personis, qua de re plures sunt persone diuine. 2 Preterea, diuina natura, cum sit summe bona, est communicabilis. Oportet ergo ipsam esse in pluribus personis. Plures ergo persone sunt Deus. Item, quedam natura ita singularis est in sui natura quod non potest nisi uni soli conuenire,

---

[1] Ps. 103. 24.   [2] Cf. Ambr. *Hymn* 1 (SK 421) i. 1: 'Aeterne rerum conditor'.
[3] Aug. *De Vera Relig.* xi. 21 (131–32).   [4] Not identified.
[5] Cf. Thierry of Chartres, *In Boeth. De Trin.* (*'Aggreditur propositum'*) ii. 13 (p. 271 and n. 81); idem, *In Boeth. De Trin.* (*'Que sit auctoris'*) ii. 60 (p. 174 and n. 88; for comment, N. Häring in MS 13 [1951], p. 14, n. 24); *Summa Sentent.* I. iv (48B), attributed to Augustine.

ut propria qualitas siue indiuiduum Socratis; quedam natura ita com\<m>unicabilis est in sui natura quod communis est pluribus rebus, ut genus aut
etiam species. Diuina uero natura nec singularis est nec pluribus rebus
communicabilis, sed pluribus personis communis. Item, tam suaue, tam
dulce, \<tam> bonum est consortium, ut summe bono deesse non queat.
Relegari ergo oportet procul a summo bono tam singularitatem quam
solitudinem. Hinc est quod necessarium est plures esse personas diuinas,
que et sese fruantur et sibi mutuo congaudeant. Filius quidem consors est
paterni luminis, et communis sors diuinarum personarum est eterna
beatitudo. Philosophi quidem gentium per uisibilia huius mundi peruenerunt ad noticiam inuisibilium Dei. 3 Sed quid? In tercio signo defecerunt
magi Pharaonis, dicentes 'Digitus Dei hic est'.[1] Digitus Dei dicitur
Spiritus Sanctus, sicut legitur in Euu\<an>gelio: 'Porro si in digito Dei eicio
demonia, profecto uenit in uos regnum Dei'.[2] Duas quidem esse
personas diuinas deprehenderunt philosophi, sed ad noticiam tercie pauci
deuenerunt.[3] Hermes tantum Trismegistus ait: 'Monas monadem
genuit, in nullo differentem nisi quia monas est'.[4] He monades in se
suum reflectunt ardorem. Pater nimirum generat Filium, nec differt alter ab
altero, nisi in personali proprietate. Amor autem Patris et Filii est Spiritus
Sanctus. Oportuit enim necessario tres esse personas ita quod tercia nexus et
amore esset duorum. Vnde philosophus:

'Numero Deus impare gaudet'.[5]

Impar nimirum numerus non eo modo est obnoxius diuisioni quo et par.
[f. 6v] Licet autem pluralitatem dicam ab eterno fuisse quia ab eterno
fuerunt plures persone, sunt tamen qui dicant pluralitatem non esse nisi ubi
plura sunt. Sed quid? Nonne pluralitas personarum est pluralitas? Hoc
nomine tamen 'plures', dicto de diuinis personis, nulla copulatur proprietas,
me iudice, ut dicetur inferius.[6] Sed neque paucitas neque multitudo est
in diuinis personis, paucitas enim comes est diminutionis, multitudo
numerositatis.

---

[1] Exod. 8. 19; Aug. *Quaest. in Heptat.* II. xxv (604); Cf. William of Auxerre, *Summa Aurea*
III. xii. 8. 1 (III. i. 236).
[2] Luc. 11. 20. The interpretation given here is that of Aug. ut supra.
[3] Aug. ut supra.
[4] Cf. *Liber XXIV Philosophorum* i. 1–2 (p. 207). A similar quotation is in Nequam's *Serm.*
95 ('Unde Hermes Trismegistus: Monas monadem genuit que in se suum reflectunt ardorem'):
Hunt, *Alexander Nequam*, p. 70, n. 22. Cf. William of Auxerre, *Summa Aurea* III. xii. 8. 1
(III. i. 236).
[5] Virg. *Ecl.* viii. 75; quoted by Abelard, *Theol. 'Scolarium'* I. xxi (1032C), Thierry of
Chartres *In Boeth. De Trin. ('Librum hunc')* iv. 4 (p. 96 and n. 41), William of Conches *In
Platonis Tim. 35B* lxxviii (p. 155), and in the marginal gloss to Gen. 18. 2 (see below, I. xxx. 13)
in Cambridge, Pembroke College MS 47, f. 41.
[6] See below, I. xx. 3–7.

Item de eodem. iiii.

1 Quod item philosophi nonnullam habuerint noticiam de Trinitate, manifeste declaratur super illum locum apostoli dicentis in epistola ad Romanos
quia 'per ea que facta sunt, inuisibilia Dei conspiciuntur intellecta,
sempiterna quoque uirtus eius et diuinitas'.[1] Super illum enim locum
dicitur quia per ea que facta sunt, summe illius Trinitatis que Deus est indicia
gentiles philosophi habuerunt.[2] Adicitur item super illum locum quia
per inuisibilia Pater, per uirtutem Filius, per diuinitatem Spiritus Sanctus
intelligitur.[3] Sed quid? Numquid ex uerbis apostoli potest elici quod
philosophi crediderunt Patrem et Filium et Spiritum Sanctum esse? Non.
Sed per ea que proponuntur ab apostolo transmittitur animus ad comprehensionem Patris et Filii et Spiritus Sancti. Per inuisibilia ergo dicitur
intelligi Pater quia non est missus, cum Filius et Spiritus Sanctus legantur
missi; per uirtutem intelligitur Filius, quia per rerum gubernationem
innotescit sapientia Creatoris, cum nomen sapientie quandoque soleat
appropriari Filio; per diuinitatem dicitur intelligi Spiritus Sanctus quia ex eo
quod Deus omnia replet conspicitur eius diuinitas, id est bonitas. 2 Sed
acute inspicienti uidebitur quod nullus intelligat Deum esse nisi intelligat
plures personas esse. Nonne enim si quis scit Deum esse scit diuinam
naturam esse? Nonne similiter scit hoc esse, demonstrato Deo? Nonne ergo
scit hanc naturam esse, demonstrata diuina natura? Cum ergo hec natura sit
essentialiter communicabilis pluribus, masculine posito hoc nomine 'pluribus', nonne scit hanc naturam esse communicabilem pluribus? Nonne enim
si quis scit socracitatem esse, scit illam esse singularem naturam? Nonne
item si quis scit multitudinem esse, scit quod multitudo inest pluribus?
Videbitur tamen alicui aliter se habere in proposito quam in exemplis
introductis. Licet enim hec sit natura diuinitatis quod Deus sit essentialiter
ubique, non tamen 'Quicunque scit Deum esse, scit quod Deus est ubique'.
3 Mouet me etiam quod legitur Dominus dixisse in Euuangelio Iohannis de
Iudeis: 'Nunc autem et uiderunt et oderunt me et Patrem meum'.[4]
Augustinus enim retractat quod dixerat, scilicet quod nullus conscientia
Deum odio habuit.[5] Dicit etiam idem Augustinus super predictum
locum Iohannis, quia 'qui uolunt esse mali, nolunt esse ueritatem qua
dampnantur. Et sicut oderunt suam penam, oderunt ueritatem que irrogat
penam, nescientes eam esse ueritatem. Et si oderunt ueritatem, oderunt
eum de quo nata est ueritas, et ita Patrem oderunt, nescientes de eo natam
ueritatem'.[6] Et item ibidem: 'Malus cui displicet bonitas bonum odit etsi

[1] Rom. 1. 20.   [2] Peter Lomb. *In Rom.* ad. loc. (1328C).   [3] Ibid.
[4] Ioh. 15. 24.   [5] Aug. *Retract.* I. xix. 8 (617).
[6] Aug. *In Iohann.* xc. 3–xci. 1 (1860), not verbatim.

putat malum, nesci[col. 2]ens diligit, et tamen dum hominem credit malum diligit non ipsum sed quod putat esse ipsum'.[1] Quemadmodum autem hominem sic et Deum. Ecce quia manifeste dicit Augustinus malum hominem odire Deum, sed et Deum Patrem. Numquid ergo Iudei persequentes Christum cogitauerunt de Patre et Filio? Aut numquid oderunt Patrem et non cogitauerunt de eo? Dici potest quod scribe et Pharisei instructi erant super huiusmodi, licet mali essent, et habuerunt noticiam tam de essentia diuina quam de personis. Nisi tamen moueret nos auctoritas Augustini, possemus dicere Iudeos ideo dici odisse Patrem, quia odium ipsorum offendebat Patrem et item quia oderunt opera Patris, quia opera Filii. De Iudeis uero modernis uidetur quod non credant Deum esse, neque cogitent de Deo, neque intellectum concipiant quem nos concipimus prolato hoc nomine 'Deus', presertim cum omnes sint antropomorphite.[2] Vtrum autem aliquis diligat ipsam iniquitatem, cum scriptum sit 'Qui diligit iniquitatem odit animam suam',[3] discucietur inferius.[4]

Quare dictum sit quod Pater et Filius diligant se Spiritu Sancto. v.

1 Hortor autem lectorem ut sane intelligat quod dictum est a maioribus, quod Pater et Filius diligant se Spiritu Sancto.[5] Cum enim dicitur 'Pater diligit Filium', copulatur dilectio que communis est tribus personis. Hec autem dilectio est diuina essentia, ita quod, illa dilectione supposita locutioni, supponitur locutioni diuina essentia. Qua enim dilectione diligit Pater Filium, diligit Filius Patrem; et eadem dilectione diligit quelibet trium personarum aliam. Cum enim dicitur 'Deus diligit', predicatur diuina essentia, que ita communis tribus est personis, quod ipsa est tres persone. Item, qua dilectione diligit Pater Filium, diligit et nos. Amore ergo quo se tres persone mutuo diligunt, diligunt et nos. Illo igitur amore qui est communis tribus personis diligunt se Pater et Filius. Dicuntur tamen Pater et Filius diligere se Spiritu Sancto, quia Spiritus Sanctus certum est indicium, certum argumentum, certissima probatio quod sese diligant. 2 Quidni? Cum unus sit Spiritus Patris et Filii, quem communiter Pater et Filius emittunt ex

---

[1] Ibid. xc. 3 (1860), not verbatim.
[2] The source of this erroneous belief of Nequam's is a mystery. See also below, I. xviii. 8.
[3] Ps. 10. 6.   [4] Not extant.
[5] E.g. 'Spiritus Sanctus nec Pater est nec Filius sed dilectio quam habet Pater in Filio et Filius in Patre': Ps-Hieron. *Brev. in Pss.* xvii. 1 (863C) quoted by Abelard, *Sic et Non* xxiv (1384C); closer to Nequam's words is 'Pater et Filius diligunt se Spiritu Sancto': Peter of Potiers, *Sent.* I. xxi (827D), quoting Aug. *De Trin.* XV. vii. 12 (1065), and William of Auxerre, *Summa Aurea* I. viii. 7 (I. 146 line 9), also citing 'Augustine'.

se et spirant, certum est quod diligunt se. Cum ergo dicitur quod Pater et Filius diligunt se amore communi tribus personis, ablatiuus formalis est. Cum autem dicitur quod Pater et Filius diligunt se Spiritu Sancto, notatur per ablatiuum probationis euidentia. Hoc igitur nomen 'amor' quandoque tenetur essentialiter, quandoque personaliter: essentialiter cum dicitur <quod> unus est amor communis tribus personis, personaliter cum dicitur quod Spiritus Sanctus amor est Patris et Filii, ac si dicatur 'Spiritus Sanctus est ille per quem manifestatur aperte quod Pater et Filius se diligunt'. Hec tamen[a] duplex est: 'Pater et Filius diligunt se amore suo'. Si autem nomen amoris teneatur ibi essentialiter, propria est locutio; si personaliter, impropria. 3 Sed quero utrum eo modo dici queat 'Pater est sapiens Filio', quo dicitur 'Pater et Filius diligunt se Spiritu Sancto'. Sicut enim Spiritus Sanctus probatio est mutue dilectionis Patris et Filii, ita Filius probatio est sapientie Patris. In Filio enim et per Filium creauit [f. 7] Pater omnia. Preterea, Filius est probatio potentie Patris. Magna namque potentia est quod Pater generat Filium equalem sibi, eque potentem, equaliter sapientem. Numquid ergo dabitur quod Pater est potens Filio? Sed quid? Sicut sustinende sunt auctoritates maiorum, ita non sunt extendende improprietates. Licet ergo detur quod Pater et Filius diligant se Spiritu Sancto, non tamen dandum est quod Pater diligat Spiritu Sancto, aut etiam quod Pater et Filius diligant Spiritu Sancto. Spiritus item Sanctus non diligit se ipso aut Patrem aut Filium aut se ipsum, sed potius amore communi tribus.

Vtrum diuina essentia predicetur cum magis et minus. vi.

1 Quanto tibi maior, pie lector, celitus collata est intelligentie potentia, tanto tibi maiorem parient admirationem subtilitates anagogice. Cum igitur Dei dilectio diuina sit essentia, ut dictum est, mirum est quod ipsa predicatur cum magis et minus. Constat autem quod Pater magis diligit Filium quam Petrum. Cum autem dicitur 'Pater diligit Filium', predicatur diuina essentia, ut dictum est.[1] Qua de re dandum est quod diuina essentia predicatur cum magis et minus. Dilectio tamen que Deus est non est intensa, quia omnem gradum intensionis excedit. Sunt tamen qui dicant diligere predicari cum magis et minus. Cum enim, ut aiunt, dicitur 'Pater magis diligit Filium quam Petrum', non predicatur diuina essentia sed diligere. Nec est aliquid, ut aiunt, quod sic predicatur. Sed quid? Nonne in predicta locutione

---

[a] Hec tamen: Nec tibi R

---

[1] Cf. Peter Lomb. *Sent.* I. xxxii. 1–2 (I. 232–36); Peter of Poitiers, *Sent.* I. xxxi (917A–B).

copulatur diuina essentia? Aut quid copulatur? Si dilectio, quid est illa dilectio? Constat enim quod in Deo non est accidens, supposita diuina essentia. 2 Est ergo hec uera: 'Pater magis diligit Filium quam Petrum'. Summe enim diligit Pater Filium, sed non summe diligit Petrum, licet summa dilectione diligat Petrum. Hec tamen, 'Pater summa dilectione diligit Petrum', uidetur amphibologica ex transsumptione scilicet usus et propria significatione. Sed quid? Non nisi una sola dilectio est in Deo que est Deus, et illa Pater diligit Petrum,[a] non tamen summe, ut dictum est. Rudis quidem dialeticus efficaci arte disserit quia dialetica, non tamen efficaciter disserit. Cum uero dicitur quia Deus minus diligit Linum quam Petrum, predicatur diuina essentia cum minus, ratione effectuum qui attenduntur circa creaturas, quia maiorem gratiam uel gloriam preparauit in dispositione sua Petro quam Lino.[1] Hinc est quod Deus dicitur dilexisse nos antequam essemus.[2] Sint ergo uiatores Iudas et Linus. Cum ergo Iudas maiorem gratiam habeat quam Linus habeat aut fuerit habiturus, numquid Deus magis diligit Iudam quam Linum? Sed uidetur quod Linum magis diligat, quia eum predestinauit ad gloriam eternam, Iudam uero non.[3] Tripliciter ergo dicitur Deus diligere: nunc ratione predestinationis, nunc ratione collationis gratie, nunc ratione conseruationis in esse. Et secundum hoc omnem creaturam diligit Deus. Demonstrentur ergo puer et adultus, quorum uterque gratiam habet, sed puer minorem. Deus ergo magis diligit hunc adultum quam illum puerum, cum hunc puerum magis sit dilecturus quam illum, quando iste melior erit illo. Mutatio autem non fit circa dilectionem que Deus est, sed circa effectus.

De unitate essentie et pluralitate personarum. [col. 2] vii.

1 Legitur in Genesi 'Faciamus hominem ad ymaginem et similitudinem nostram'.[4] Verba sunt Patris ad Filium et Spiritum Sanctum. In hoc quod dicitur 'Faciamus' et 'nostram' notatur pluralitas personarum, in hoc quod dicitur 'ymaginem et similitudinem' innuitur unitas essentie. Sed ut

---

[a] filium (*corr. in marg.*) R

[1] Cf. ibid. I. xv (854D–55D).
[2] Cf. Eph. 1. 4, 6; *Glo. Ord.* VI. 525–26 (interlin.); Bernard of Clairvaux, *Serm. in Cant.* LXXI. x (1126C); Alex. of Hales, *Glo. super Sent.* I. xvii. 3 (I. 169); Aug. *De Trin.* V. xvi. 17 (924), quoted by Robert of Melun, *Sent.* I. vi. 52 (III. ii. p. 373 line 10), and by Peter Lomb. *Sent.* III. xxxii. 3. 2 (II. 186).
[3] Luc. 23. 43; 22. 22.
[4] Gen. 1. 26. For what follows cf. Peter Lomb. *Sent.* II. xvi. 1–4 (I. 406–09).

limpidior fiat intelligentia dicendorum, sciendum est quia hoc nomen 'imago' quandoque ponitur pro exemplo, quandoque pro exemplari: pro exemplo ut cum dicitur 'Homo est imago Dei siue Trinitatis', pro exemplari ponitur secundum quod dicitur quod Deus Trinitas est imago hominis, id est exemplar. Hec autem locutio minus propria est. Cum uero dicitur quia homo est imago Dei, propria est locutio. Dicitur enim imago quasi 'imitago'.[1] Cum ergo dicitur quia factus est homo ad imaginem Trinitatis, potest poni nomen imaginis pro exemplo sub hoc sensu: Homo factus est ita quod est imago Trinitatis. Quoniam igitur homo est imago Trinitatis ratione essentie diuine, recte per hoc quod dicitur 'factus ad imaginem Trinitatis' notatur unitas essentie diuine. Si uero ponatur hoc nomen 'imago' pro exemplari, manifestius declaratur unitas essentie diuine. Est enim sensum 'Homo factus est ita quod Trinitas est exemplar hominis'. 2 Cum ergo tres persone sint unum exemplar hominis, patet quod una est essentia trium personarum. In hac enim locutione, 'Tres persone sunt exemplar hominis', predicatur diuina essentia. Quoniam uero est imago creationis, est et imago recreat<i>onis (que proprie dicitur similitudo), recte subiungitur 'et ad similitudinem nostram'. Homo enim est imago Dei in naturalibus, similis Deo in gratuitis. De imagine creat<i>onis dicitur a propheta 'Verumptamen in imagine pertransit homo'.[2] Sed non semper transit homo in similitudine. Ponitur item nomen imaginis pro forma. 3 Vnde si liceat minimis magna conferre, in hac locutione, 'Hec statua facta est ad imaginem Hectoris', tres reperies significationes: facta enim est hec statua ita quod ipsa est imago Hectoris, id est exemplum; facta est etiam hec statua ita quod ipsius exemplar est Hector; facta est item hec statua iuxta formam Hectoris, que est imago Hectoris. Nec mireris formam Hectoris dici imaginem ipsius. Videt enim Hector in speculo formam suam dum cernit imaginem suam. Illa autem imago forma est Hectoris. Se ipsum enim uidet Hector in speculo. Radius namque uisualis per obticum neruum a cerebro descendens et directus in superficiem speculi reflectitur in ipsum uidentem. Profecto, si imago refulgens in speculo non esset forma inspicientis, accideret dexteram illius imaginis esse oppositam sinistre inspicientis. Cum enim unus homo e diuersa regione constituitur oppositus alii homini, erit dextera unius e directo respiciens sinistram alterius. Cum uero aliquis se uidet in speculo, accidit necessario dexteram inspicientis respicere e directo dexteram resultantem in speculo. Hoc quidem deprehendi potest tam per motum manuum quam per motum conniuentis oculi. Quid? Dextera inspicientis pro certo est dextera forme relucentis [f. 7v] in speculo.

---

[1] This etymology is given by two commentators on Hor. *Carm.* I. xii. 4–6: Porphyrio and the *Scholia in Horatium* λφψ (p. 34, 4b).
[2] Ps. 38. 7.

4 Similiter, tres reperies significationes in hac locutione, 'Homo factus est ad imaginem Trinitatis'. Potest enim nomen imaginis poni tam pro exemplo quam pro exemplari, ut dictum est. Sed tertiam significationem elucidemus. Diuina ergo essentia est imago trium personarum, id est forma representatrix trium. Est etiam diuina essentia similitudo trium, quia in ipsa sunt similes, sed et ipsa sunt similes tres persone. In tribus enim personis mutuo sese fruentibus et mutuo se contemplantibus et intuentibus resultat, ut ita loquar, et relucet eadem imago. In Patre igitur est et Filius et Spiritus Sanctus, in Filio est et Pater et Spiritus Sanctus, in Spiritu Sancto est et Pater et Filius. Quilibet igitur trium in se ipso uidet utrumque aliorum duorum et in utroque uidet se ipsum. 5 Hinc est quod Dominus ait in Euuangelio: 'Philippe, qui uidet me uidet et Patrem meum'.[1] Qui enim interioribus oculis perfecte contemplatur Filium, contemplatur et Patrem. Nullus enim peruenit ad consummatam noticiam Filii, nisi perfecte nouerit Patrem. Qui item perfectam habet fidem de Filio <habet> et de Patre et uersa uice. Vnde Dominus se ipsum explanans ait: 'Non credis quod Pater in me sit et ego in Patre?'[2] Ac si dicatur: Cum intellexeris quia ego in Patre sum et Pater in me est, intelliges quia qui uidet me uidet et Patrem. Post enigmaticam autem uisionem fidei aderit consummata uisio speciei. Est ergo quelibet persona imago alterius, essentialiter accepto uocabulo imaginis. Ab usu tamen disputantium recessit hec uocabuli positio. Vnde et minus intelligens exclamabit, audiens Patrem esse imaginem Filii. Sed uocabulum potest teneri tam personaliter quam essentialiter. Si tenetur personaliter, falsa est; si essentialiter, uera est. Est enim Pater expressa forma representatrix Filii. Ad imaginem ergo Trinitatis factus est homo, quia iuxta formam diuinam factus est homo.

6 Sicut autem nomen imaginis tripliciter suam uariat significationem, cum dicitur 'Homo factus est ad imaginem Trinitatis', ita et nomen similitudinis uariatur. Vnde tribus modis exponimus hanc locutionem 'Homo factus est ad imaginem et similitudinem Trinitatis'. Primo modo sic: Homo ita factus est quod est imago Trinitatis, et ita quod est expressa effigies Trinitatis. Homo est imago Trinitatis, ut dictum est, ratione naturalium. Ratio enim est imago Dei. Homo est expressa effigies Dei, quando lumen diuini uultus signatum est super nos.[3] Hoc lumen est gratia diuina illuminans rationem, que est uultus Dei, quia imago Dei est. Gratia autem diuina est signata super nos, quia impressa est superiori parti nostre, tamquam nobile signaculum uel signum Summi Regis. Secundo modo sic exponenda est sepedicta locutio: Homo ita est factus quod Trinitas est exemplar hominis, et ita quod eadem Trinitas est forma hominem informans luminoso ornatu

<hr>

[1] Ioh. 14. 9.   [2] Ioh. 14. 10.   [3] Ps. 4. 7.

gratie. Tercio modo sic: Homo factus est iuxta uel secundum diuinam essentiam que ita est forma Trinitatis expressa, quod in ipsa sunt similes tres persone, immo etiam ipsa sunt similes. Vnde Hilarius in tertio libro Contra Arrianos ait de Patre et Filio: 'Eandem in utroque et uirtutis simi[col. 2]litudinem et deita<ti>s plenitudinem confitemur'.[1]

7 Ecce quia dicit quod una est similitudo in utroque, et post pauca: 'Inuicem esse sui similes, scilicet Patrem et Filium, in eo quod "similitudinem nostram" dicit,[2] ostendit'.[3]

8 Tres igitur adhibuimus expositiones ei quod dicitur: 'Faciamus hominem ad imaginem et similitudinem nostram'. In prima pertinet numcupatio imaginis ad ipsum hominem, in duabus sequentibus ad diuinam naturam. Potest etiam quarta adhiberi expositio, ita ut hec dictio 'ad' non notet collationem similitudinis, sed sit designatiua finalitatis. Ad hoc enim factus est homo ut cognoscat Deum, et ita possideat Deum per inhabitantem gratiam in presenti, ut in futuro fruatur gloria ipsius. Et secundum hoc pertinebunt ista nomina, 'imaginem' et 'similitudinem', ad diuinam naturam, prout declaratum est in tercia expositione.[4]

9 Quoniam uero dixerat Scriptura pluraliter 'nostram' pro pluralitate personarum, ne putaretur plures personas esse plures deos, dicit eadem Scriptura in Genesi infra: 'Creauit Deus <hominem> ad imaginem suam; ad imaginem Dei creauit illum'.[5] Sic namque unitas deitatis ostenditur. Hac eadem de causa dicitur in Euuangelio: 'Hec est uita eterna, ut cognoscant te Deum, et quem misisti Iesum Christum'.[6] Sensus enim est: Hec est uita eterna, ut cognoscant te Patrem et Iesum Christum quem misisti esse Deum.

Quare Filius dicatur esse ymago Patris, personaliter accepto uocabulo, cum non detur Spiritum Sanctum esse ymaginem Patris. viii.

1 Mirum uideri poterit acute intelligenti, quare Filius dicatur esse imago Patris et de Spiritu Sancto hoc negetur, personaliter accepto uocabulo imaginis. Quam similis enim est Patri Filius, omnino tam similis est Patri Spiritus Sanctus. Quare ergo potius dicitur Filius imago Patris quam Spiritus Sanctus? Dicitur enim Filius splendor Patris, figura, imago, uultus. Hinc est quod psalmista, dirigens sermonem ad Patrem, ait: 'Signatum est super nos lumen uultus tui Domine'.[7] Ibi quidem dicitur Filius uultus Patris, tum

---

[1] Hilar. *De Trin*. III. xxiii (92A).   [2] Gen. 1. 26.
[3] Hilar. *De Trin*. III. xxiii (92B).   [4] See above, I. vii. 1–2.
[5] Gen. 1. 27.   [6] Ioh. 17. 3.   [7] Ps. 4. 7.

quia est imago Patris, tum quia per Filium notificata est nobis uoluntas Patris. Lumen autem ibi dicitur insigne signum Filii, quod luminosum est in se et illuminans nos. Est autem signum uisibile, est et inuisibile. Signum uisibile est signum crucis, quod signatur (id est imprimitur) superiori parti corporis, scilicet fronti. Muniendum est enim superliminare domus[1] signaculo crucis propter insidias exterminatoris. Signum inuisibile est spiritualis caracter fidei qui impressus est superiori parti interioris hominis, scilicet rationi. 2 Propter generationem autem eternam qua Filius generatur a Patre dicitur Filius imago Patris, ita ut subsit anthonomasia per subintellectionem articuli quo caret Latinitas. Generatur quidem Filius a Patre et procedit a Patre ita quod generatio Filii est processio Filii. Spiritus uero Sanctus procedit tam a Patre quam a Filio, sed nec a Patre nec a Filio generatur. Sed quid? Nonne Filius est magis similis Patri quam Spiritus Sanctus, cum Filius et generetur et procedat a Patre, Spiritus uero Sanctus procedat a Patre et non generetur? Absit. Essentia enim sua est tam Filius quam Spiritus Sanctus similis Patri, ita quod similitudo est essentia diuina, ut ex sequentibus liquebit.[2]

Quod Filius aliter sit ymago Patris quam homo. ix. [f. 8]

1 Est ergo Filius imago Patris et non ad imaginem. Homo uero ita est imago Trinitatis, quod et ad imaginem Dei factus est. Tabula quidem picturam continens est imago Hectoris, similiter et ipsa pictura. Ita tam anima humana quam ratio imago Dei est. Astianactes uero expressior est imago Hectoris quam uel imago uel pictura. Sic et Filius Dei de substantia Patris genitus expressior est imago Patris quam uel anima humana uel ratio.

Quare homo dicatur ymago Dei. x.

1 Diximus in superioribus hominem esse imaginem Dei ratione naturalium.[3] Sed hoc ipsum dilucidiorem desiderat explanationem. Contemplare ergo in anima humana rationem, discretionem, electionem ueri. Ratio generat discretionem; ex ratione et discretione procedit electio ueri. Ita et Pater generat Filium et tam a Patre quam a Filio procedit Spiritus Sanctus. Rursum, oritur ex ratione discretio; ex ratione et discretione

---

[1] Cf. Exod. 12. 7, 23.   [2] See below, I. xii. 5–7; xiv. 3–7.
[3] See above, vii. 2.

procedit electio. Sed ratio nec est a discretione nec ab electione. Discretio autem est a ratione sed non ab electione. Similiter, a Patre procedit Filius; tam a Patre quam a Filio procedit Spiritus Sanctus. Pater autem nec est a Filio nec est a Spiritu Sancto, sed neque Filius est a Spiritu Sancto. Ratio autem et discretio et ueri electio insunt anime secundum eandem uim, scilicet uim rationabilem. Sic Pater et Filius et Spiritus Sanctus unius essentie sunt, unius nature, unius potentie. 2 Preterea, ut ait Augustinus, mens generat ex se sapientiam; ex mente autem et sapientia procedit dilectio.[1] Item, cor generat uerbum intellectuale; a corde autem et uerbo intellectuali procedit in medium sonus quo declaratur uoluntas interioris hominis. Sic a Patre generatur Filius, ita quod ab ipsis procedit Spiritus Sanctus. Cum igitur de generatione eterna cogitat animus humanus, transferat se intellectus ad cor quod ex se generat uerbum intellectuale. Quidni? Cor appellatur Pater, uerbum Filius, ut ibi: 'Eructauit cor meum uerbum bonum'.[2] Quid est Patrem eructasse uerbum nisi Patrem de substantia sua plenarie protulisse uerbum? Quid est autem Patrem protulisse uerbum nisi Patrem genuisse Filium? Hinc est quod legitur in Genesi: 'Dixit Deus "Fiat lux", et facta est lux'.[3] Quid est autem Deum dixisse ut fieret lux, nisi Patrem generando Filium contulisse Filio, ut per Filium fieret lux? Hinc est quod psalmista ait: 'Dixit Dominus Domino meo, "Sede a dextris meis"'.[4] Sensus enim hic est: Dominus Pater generando Filium contulit Filio, ut conregnaret ei per omnia equalis. Dicit cor uerbum, loquitur cor uerbum, profert cor uerbum, generat cor uerbum, generat Pater Filium. Semel ergo locutus est Deus, quia eternaliter genuit Pater Filium. Pater ergo loquitur Filium, licet non sic reddatur predicamentum cause. 3 Redditur autem predicamentum cause sic, si[a] dicatur: Cor diuinum loquitur uel profert uerbum; Pater generat Filium. Nec tamen accidentia est, si dicatur quia Pater loquitur Filium; quod liquebit intelligenti, cum necessario admitti oporteat Deum esse passum. Pater ergo ab eterno locutus est Filium generando ipsum. Ab eterno autem locutus est Filio manifestando ei uoluntatem suam. Cum ergo dicitur 'Pater loquitur Filium' predicatur notio, scilicet generatio. Cum autem dicitur 'Pater loquitur [col. 2] Filio' predicatur diuina essentia, quemadmodum si dicatur 'Pater Filio manifestat uoluntatem suam'. Et uide quod Pater ab eterno protulit uerbum, generando scilicet Filium, ex tempore autem protulit uerbum

---

[a] sic R

---

[1] Cf. Aug. *De Trin.* IX. iv. 4 (963); IX. xiii. 18 (984); Robert of Melun, *Sent.* I. vi. 50 (III. ii. p. 370).
[2] Ps. 44. 2. [3] Gen. 1. 3. [4] Ps. 109. 1.

manifestando sapientiam suam in rerum creatione. Sed in duabus predictis locutionibus uariatur intelligentia huius uerbi 'protulit'.

Quod Patri attribuatur potentia, Filio sapientia, Spiritui Sancto benignitas. xi.

1 Constat etiam mediocriter instructo in celesti pagina quod Pater et Filius et Spiritus Sanctus unius potentie sunt, unius sapientie, unius bonitatis. Quid? Immo etiam una potentia sunt, una sapientia, una benignitas siue bonitas. Appropriantur tamen quandoque ista uocabula ita, ut Patri attribuatur potentia, Filio sapientia, Spiritui Sancto benignitas.[1] Exilis quidem uidetur paruitati mee ratio quam quidam super hoc assignant. Solent enim patres, ut aiunt, propter diuturnitatem temporis impotentiores esse filiis. Beneficium enim etatis reddit iuuenem ualidiorem sene. Vt ergo cauillationes hereticorum exterminentur, appropriatur nonnunquam Patri potentia, ac si sub antipophora reali respondeatur hereticis: 'Potens est Pater, nec est impotentior Filio'. Solent et filii minus esse circumspecti quam patres. Ideo sapientia ascribitur Filio,[a] ac si dicatur 'Eque sapiens est Patri Filius'. Spiritus autem, ut aiunt, uocabulum nomen solet esse inflationis. Vt autem huiusmodi sinistra suspicio procul relegetur a Spiritu Sancto, appropriatur ipsi quandoque nomen benignitatis specialiter. 2 Hinc est quod eternitas dicitur esse in Patre, species in imagine, usus in munere.[2] Eternitas dicitur esse in Patre quasi in probatione potentie, ac si dicatur 'Senectus aut temporalitas reddit patrem carnalem filio inbecilliorem; secus est autem de Patre eterno'. Quidni? In Patre est eternitas. Preterea, declarata est potentia Salomonis per nobile opus quod condidit tante firmitatis et stabilitatis, ut quasi eternum censeri posset. Ideo ratione potentie dicitur eternitas esse in Patre. Species dicitur esse in imagine, id est pulchritudo in Filio, propter sapientiam. Per pulchritudinem enim operis elucet artificis sapientia. Ideo quia sapientie argumentum est pulchritudo, Filio attribuitur pulchritudo, cui appropriari solet sapientia. Similiter, quia eternitas operis, ut ita loquar (id est diuturna stabilitas) indicium est potentie artificis, dicitur eternitas esse in Patre cui ascribi solet potentia. Munus autem Patris et Filii

[a] folio R

---

[1] Common since the time of Abelard; see N. Häring in *Sapientiae Doctrina*, pp. 98–99.
[2] Hilar. *De Trin.* II. i (51A); quoted, acknowledging Hilar., by Aug. *De Trin.* VI. x. 11 (931), and in Ps-Ambr. *De Trin.* i (509B). It was a commonplace in the twelfth century: cf. Ps-Aug. (Alcher of Clairvaux), *De Spirit. et Anim.* vi (783); William of Auxerre, *Summa Aurea* I. viii. 4 (I. 174 line 54 and the authorities given in the note).

dicitur esse Spiritus Sanctus, quia ab eterno fuit donum, sed ex tempore datum. Anulus enim aureus donum dicitur esse insigne antequam detur. Vsus ergo est in munere, id est utilitas est in Spiritu Sancto (hoc est benignitas), utilitas enim operis probatio est benignitatis artificis. Benignitati namque ascribendum est quod quis opus instaurat posteritati sue profuturum. 3 Hinc est quod creatio, que indicium est potentie, attribui solet Patri. Vnde dicitur: 'In principio creauit Deus celum et terram'.[1] Quia in Filio siue in sapientia creauit Deus Pater celum et terram, dispositio que pertinet ad sapientiam attribuitur Filio. Sapientia namque res disponit et ordinat. Vnde legitur de Filio: [f. 8v] 'Omnia per ipsum facta sunt',[2] quia per dispositionem Filii omnia facta sunt. Conseruatio autem rerum que spectat ad benignitatem asscribitur Spiritui Sancto. Vnde dicitur: 'Ex quo omnia, per quem omnia, in quo omnia.'[3] Quod enim dicitur 'ex quo omnia' refertur ad potentiam siue auctoritatem Patris. Quod dicitur 'per quem omnia' refertur ad dispositionem siue sapientiam Filii. Quod dicitur 'in quo omnia' refertur ad conseruationem Spiritus Sancti. Vt autem insinuetur unitas essentie trium personarum, subiungitur 'Ipsi honor et gloria'.[4] Nemo tamen opinetur me dicere Patrem supponi locutioni, cum dicitur 'ex quo omnia', neque Filium cum dicitur 'per quem omnia', neque Spiritum Sanctum cum subiungitur 'in quo omnia'. Immo idem supponitur in his locutionibus, scilicet diuina essentia. Fateor tamen per huiusmodi distinctionem insinuari Trinitatem personarum. 4 Idem sentio de eo quod dicitur: 'Sanctus, sanctus, sanctus'.[5] Non enim do 'sanctus' supponi tres personas, immo Deum, qui est tres persone. Trina tamen repeticio transmittit nos ad distinctionem Trinitatis. Nemo item arbitretur Patrem ita creasse res, quod Filius non creauerit eas; diuina enim natura creauit omnia. Similiter, tota Trinitas creauit omnia. Similiter, ex tota Trinitate sunt omnia, et per ipsam sunt omnia, et in ipsa sunt omnia. Notatur tamen, ut diximus, personarum distinctio per huiusmodi distinctiones. Vnde cum dicitur 'dixit Deus', 'fecit', 'uidit', notatur personarum distinctio. Preceptio enim que per hoc uerbum 'dixit' notatur, pertinet ad potentiam siue auctoritatem Patris, 'facere' ad dispositionem Filii, 'uidere' ad conseruationem siue benignitatem Spiritus Sancti. Et tamen precepit tota Trinitas ut fieret lux. Fecit et tota Trinitas lucem, uidit etiam tota Trinitas lucem, ita quod toti Trinitati placuit lux creata.

5 Nos autem pro paruitate nostra, salua pace maiorum, ob aliam causam a supradicta arbitramûr potentiam asscribi Patri, sapientiam Filii, benignitatem

---

[1] Gen. 1. 1.   [2] Ioh. 1. 3.
[3] Cf. Rom. 11. 36; closer to Nequam's wording is *Brev. Sar.* I. mxlv: antiphon 1 for First Vespers, Feast of the Trinity.
[4] *Glo. Ord.* VI. 153–54 (interlin.).   [5] *Canon missae.*

Spiritui Sancto, quod quidem in imagine Dei, scilicet in anima humana uel ratione dilucidius apparet. In anima ergo humana reperies potentiam, sapientiam, benignitatem. Potentia in naturalibus et presertim in substantialibus rei formis consistit. Scientia uero aut inspirationi aut doctrine aut inuentioni obnoxia est. Cernis in anima paruuli potentiam, quia ipsi anime non desunt animalia primitiua, sed nondum informata est scientia. Tractu uero temporis inest anime scientia. Benignitas autem postea animam informat. Cernis ergo quia potentia precedit scientiam, potentia autem et scientia precedunt benignitatem. Sic Pater est auctor Filii et tam Pater quam Filius est auctor Spiritus Sancti. Tam Pater enim quam Filius est principium Spiritus Sancti, ut sequentia docebunt.[1] Absit tamen ut aliquis arbitretur me sentire Patrem precessisse Filium, aut Patrem et Filium precessisse Spiritum Sanctum, cum sint coeterni et coequales.

6 Paulisper adhuc uariabo assignationem, quia pluralitas similitudinum collatiuarum frequenter dilucidiorem reddit intelligentiam. Est ergo ingenium quedam anime potentia naturalis ex qua oritur scientia. Ex ingenio autem et scientia [col. 2] procedit uoluntas docendi cum effectu. Generat ingenium quodammodo scientiam, ita quod ex ipsis procedit in usum doctrina. Ingenium ergo confertur Patri, scientia Filio, doctrina (actiue accepto uocabulo) Spiritui Sancto. Ex eo ergo quod potens est quis potentia ingenii et informatur scientia, docet dilucide. Docere autem egentes scientia insigne indicium est benignitatis. Hinc est quod usus dicitur esse in munere propter benignitatem, cuius probatio est usus exercitii. Vnde Dominus in Euuangelio de Spiritu Sancto: 'Cum autem ipse uenerit, docebit uos omnem ueritatem',[2] ac si dicatur: 'Ego qui mediator sum Dei et hominum, quasi media persona sum inter Patrem et Spiritum Sanctum. Sapientia sum, que quidem quasi media est inter potentiam et benignitatem. 7 Hinc est quod quedam que potentie siue iusticie sunt exercui, quedam autem que sunt benignitatis. Sed mittam uobis Spiritus ueritatis, qui ex me qui sum ueritas procedit. Mittam uobis paraclitum, qui benignitas est. Quia ipse est Spiritus ueritatis, ueraciter "docebit uos omnem ueritatem". Quia uero benignitas est, benignissime "docebit uos omnem ueritatem". Sed quid? Nisi ego abiero, paraclitus non ueniet ad uos. Nisi enim carnalis dilectio qua me diligitis, dum me presentem corporaliter cernitis, recedat a uobis (quod quidem non fiet nisi carnali presentia mea destituamini), non ueniet ad uos ille a quo est spiritualis dilectio. Mittam ergo uobis illum qui amor est Patris et Filii, qui quidem quia dilectio est, diliget uos et diligenter docebit uos. Quia uero Spiritus ueritatis est, ut dictum est, ueraciter docebit uos. Quia benignitas est, benignissime docebit uos, ut dictum est. Quia paraclitus est

---

[1] See below, especially II. xx.   [2] Ioh. 16. 13.

(id est consolator), consolabitur uos et inhabitando uos et docendo uos.' Sic, sic usus est in munere.

8 Felix ergo censenda est anima que imago Dei est, si Trinitatem imitari studet, ut uidelicet potenter resistat uiciis, sapienter disponat, ordinet et regat motus et affectus interiores, benigna sit et utilis aliis in usu et exercitio felicium studiorum. Sic nempe suo modo imitatur potentiam, sapientiam, benignitatem Conditoris.

9 Dictis adice quia eternitas dicitur esse in Patre, ratione auctoritatis. Pater enim dicitur principium Trinitatis, id est principium in Trinitate.[1] Adde quod Pater non mittitur, cum tam Filius quam Spiritus Sanctus missus sit et mittatur. Species autem dicitur esse in imagine, quia pulchritudo conuenit imagini Patris, qui summe pulcher est. Absit tamen ut sentiam aliquam personam in Trinitate pulchriorem esse alia, cum quelibet illarum sit uera et summa pulchritudo. Quoniam tamen nomen imaginis, ut in superioribus declaratum est, appropriatur Filio,[2] par erat ut et pulchritudo Filio appropriaretur. Vsus autem dicitur esse in munere propter dilectionem, cuius uocabulum Spiritui Sancto appropriatur.

Iterata explanatio eius quod dicitur quia homo est ymago Dei. xii.

1 Licet autem in qualibet creatura uisibili quoddam appareat Trinitatis uestigium, in anima tamen humana limpidius elucescit. Primitiua enim creature cuiuscumque [f. 9] naturalia (presertim substantialia) loq<u>untur potentiam Conditoris; numerus partium et ordo, forma, figura, pulchritudo, color, dispositio, sapientiam; utilitas ex re proueniens et rei conseruatio in esse, benignitatem. Magnitudo mundi sensilis[3] potentiam, pulchritudo sapientiam, tam utilitas quam conseruatio rei in esse benignitatem Creatoris enarrant. Sic, sic per uisibilia huius mundi peruenerunt philosophi gentium ad noticiam inuisibilium Dei. Perpetuitas namque magnitudinis mundi eternam esse potentiam Conditoris, perpetuitas pulchritudinis eiusdem eternam esse sapientiam, perpetua conseruatio ipsius esse mundi eternam esse benignitatem insinuat. Sed in rationali creatura relucet expressius Trinitatis distinctio. Licet enim mundus ipse (ut ad presens omittam de creaturis inferioribus) preditus sit potentia naturalium,

---

[1] Attributed to Jerome by Robert of Melun, *Sent.* I. iii. 25, iv. 3 (III. ii. 82, 101); cf. Aug. *De Trin.* IV. xx. 29 (908).
[2] See above, sect. viii.
[3] 'mundus sensilis': cf. Plato, *Tim*. 48A, B, 52D; Alan of Lille, *Anticlaud*. v. 288; Bernard Silvester, *Cosmograph*. II. x. 9. Also below, II. xxxv. 4; III. vi. 8.

longe tamen excellentior est potentia rationalis creature. Quidni? Etiam
substantialia rationalis creature assero preminere substantialibus aliarum
creaturarum, preminere quidem et potentia et dignitate. Nonne enim
rationalitas preminet et potentia et dignitate irrationalitati? Nonne, ut dicit
Aristotiles cuius pectus omnes mirantur, quia lux magis est ignis quam
flamma?[1] Nec est ibi hoc aduerbium 'magis' nota intensionis, sed nota
preminentie excellentie dignitatis. Vnde cum dicitur quod substantialia non
predicantur cum magis et minus, cauendum est ne stetur in equiuoco.
2 Hinc est quod errant nonnulli, in eo quod dicitur ab Aristotile quia quod
natura tale, eo magis tale quod non natura tale.[2] Videtur enim pannus
intensissime uiridis uiridior esse herba uiridi iam marcente. Sed in predicta
auctoritate non fit collatio inter naturale et non naturale ratione intensionis,
immo ratione potentie naturalis. Sicut enim preminet natura arti, ita
potentia nature usui artificii. Profecto tamen, si mentem auctoris interius
contemplari uolueris, referetur dicta auctoritas ad causam et effectum.
Vnde, ut ibidem in libro De Eligendis dicit philosophus, 'Melior est iusticia
iusto'.[3] Vt autem ad propositum reuertamur, excellentiora sunt naturalia rationalis creature quam creature non rationalis. Vnde, licet potentia sit
in creatura non rationali, tamen ipsi preminet potentia creature rationalis.
Licet etiam, ut diximus, forme naturales creature non rationalis animum
ratione preditum transmittant ad Creatoris potentiam, sapientiam et
benignitatem, tamen creature non rationali neque inest sapientia neque
uoluntas benigna. 3 Voluntas enim, ut docet Aristotiles, secundum uim
rationabilem inest.[4] Cum enim dicitur animal brutum uelle, improprie
accipitur uerbum uoluntatis scilicet pro appetitu. Cum item dicitur quia due
uoluntates sunt in homine, una scilicet sensualitatis, altera rationis,
extenditur uocabulum uoluntatis ad intentionem discretam et appetitum,
saluo eo quod nomen intentionis notat directionem uoluntatis cum fine.
'Tentio' enim respicit directionem, 'in' respicit finem. Creaturam ergo
rationalem munit potentia, illustrat sapientia, in[col. 2]format benignitas.
Sed rationalium creaturarum pulchra est uarietas, adeo ut angelicus spiritus
dicatur simulachrum effigiei diuine, anima humana dicatur imago Dei.
Homo ergo in ratione tamquam in speculo naturali perpolito uidet
potentiam diuinam, sapientiam et benignitatem, et suam potentiam cernit
omnino esse obnoxiam potentie Dei, suam sapientiam sapientie Dei, suam

---

[1] Arist. *Top*. VI. vii (146a16).   [2] Ibid. III. v (119a16–17).
[3] Ibid. III. ii (118a10). 'De Eligendis' was apparently a name given to Arist. *Top*. III. i–v
by the thirteenth century. Extracts from this section, entitled 'Aristotiles de eligendis', are in
Vincent of Beauvais, *Speculum Historiale*. For other quotations by Nequam, similarly
attributed, see Hunt, *Alexander Nequam*, p. 70 n. 24.
[4] Cf. Arist. *Top*. IV. v (126a13); John Blund, *De Anim*. vii. 77 (p. 21).

benignitatem benignitati diuine. Reueretur itaque homo potentiam sum-mam, ueneratur sapientiam, diligit benignitatem. Dum autem suam con-siderat potentiam homo, inuitatur ad profectum, adeo ut usus rationis tamquam nobilis clarigator bellum indicat desidie quam sapientia eliminat, presertim dum in usu benignitatis nutritur deuotio.

4 Licet autem homo dicatur esse similis Deo ratione gratuitorum, tamen per gradus et ordinem uirtutum deprehendit anima se esse imaginem Dei. Quamuis enim fides, spes, caritas, simul tempore conferantur anime, tamen ex fide procedit spes, ex fide et spe caritas. Facile est hoc adaptare Trinitati summe. Abraham genuit Ysaac, Ysaac Iacob. Per Abraham fides, per Ysaac spes, per Iacob caritas designatur. Quare tamen caritas maior dicatur fide et spe declarabunt sequentia.[1]

5 Cum ergo ratio, ut dictum est, ad qualemqualem noticiam personarum inuestigatione sua perueniat, non est mirum si unum esse Deum in essentia naturali consideratione aduertat. Cernit enim anima se uariis subiectam esse alterationibus, unde et intelligit se creaturam esse. Aduertit ergo se ab alio esse et ita ad suum ascendit intellectus Creatorem. Cernit item anima se proficere in scientia unde aduertit se creaturam esse. Profectus enim scientie non potest esse in re, que summe sciens est. Preterea, miratur anima se coniunctam esse corpori ita ut ex eis sit unum, cum ipsa simplex sit, illud uero compositum. Aduertit ergo id esse potentissimum, per quod talis facta est associatio. Querit ergo anima a se utrum illud ab aliquo sit uel a nullo sit, et ita inuestigatione diligenti perspicit quoddam esse rerum principium, per quod siue a quo talis facta est coniunctio. Rursum, cernit anima quasdam esse naturas singulares, quasdam speciales, quasdam generales. 6 Cum ergo ad genus generalissimum peruenerit inuestigatio,[2] querit anima a se utrum illud sit a se uel ab alio, et ita ascendit intelligentia ad causam causalissimam, que est causa omnium causarum.[3] Si enim hoc generalissimum substantia est a se, numquid erit hoc generalissimum quantitas a se? Numquid ergo decem generalissima decem sunt summa principia? Numquid ista decem principia eterna sunt et coeterna? Quod si quis dicere presumpserit, transcendet temeritatem Manicheorum dicentium unum esse principium corporum, reliquum esse principium spirituum. Preterea, numquid hoc genus 'substan-tia' coeternum est Deo? Ille ergo qui precepit ut fieret lux et facta est lux,[4] qui creauit celum et terram in principio,[5] qui omnipotens est, numquid

---

[1] Not extant.
[2] 'genus generalissimum': cf. Thierry of Chartres *In Boeth. De Trin.* (*'Que sit auctoris'*) i. 40 (p. 145).
[3] 'causa causalissima': cf. Urso, *De Commixt. Element.* ii (p. 39); William of Auxerre, *Summa Aurea* I. xiv. 1 (I. 262 line 18).   [4] Gen. 1. 3.
[5] Gen. 1. 1.

percipere posset cum effectu hoc generalissimum substantia non esse? Si potest, intellige ergo genera[f. 9v]lissimum desinere esse. Hoc autem intellecto, perspicuum erit illud non esse coeternum Deo. Si non potest, numquid erit hoc generalissimum 'substantia' equale Deo? Quod si est, erit Deus. Numquid idem dabitur de hoc generalissimo 'qualitas'? Sic ergo quamplures erunt dii. Patet igitur quia nulla ueritas que non sit Deus fuit ab eterno. Si enim multe ueritates fuerunt ab eterno, a simili et unitates illarum et numeri et relationes, quia differentie. Fuerunt ergo ab eterno hoc genus 'qualitas' et hoc genus 'quantitas' et hoc genus 'relatio'. 7 Quonam modo igitur sunt omnia a Deo? Sic, sic perspicit anima unum solum esse principium rerum a quo sumpsit initium quicquid de numero rerum est. Cernit item anima quoniam ubicunque est compositio, potest naturaliter esse dissolutio. Omnis item pars naturaliter prior est suo toto, quia quanto aliquid simplicius tanto natura prius et dignius.[1] Hinc est quod omnis pars natura prior est suo toto; quod cum sit, oportet nullam compositionem esse in deitate. Nichil enim aut prius natura aut dignius Deo esse potest. Preterea, ubicunque est compositio est partium coniunctio. Comprehendit autem anima omnem coniunctionem partium naturaliter posteriorem esse aliquo coniunctore ipsarum, et ita aduertit anima omnem compositionem a simplici ortam esse. Cernit ergo anima Deum in creaturis uisibilibus, sed tamquam in enigmate. Cernit in se ipsa anima Deum, sed tamquam in speculo. Enigma quidem est obscurissima species allegorie. Hinc transsumptum est uocabulum, ut dicatur enigmatica uisio uisio obscura. Obscura autem est uisio qua anima uidet Deum in rebus uisibilibus, minus autem obscura qua uidetur in ratione. 8 Est autem duplex speculum in quo uidetur Deus: Vnum est ratio siue anima rationalis, reliquum est celestis Scriptura. Videri quidem dicitur homo totus ueste coopertus,[2] sed obscura ualde est ista uisio. Minus autem est obscura uisio qua uidetur homo in speculo materiali. Certa autem dicitur esse uisio dum uidet quis hominem facie ad faciem.[3] Hinc est quod uisio comprehensiua qua uidebitur Deus in futuro dicitur esse facie ad faciem; uisio qua uidetur Deus in ratione dicitur esse speculatiua; uisio qua uidetur in rebus uisibilibus dicitur enigmatica. Quandoque tamen ampliatur appellatio enigmatice uisionis, adeo ut dicatur quia uisionum alia est comprehensiua, alia est enigmatica, ut sub enigmatica speculatiua comprehendatur. Aliter quidem uidetur lux contenta in lucerna uitrea, aliter uidetur lux eadem extra lucernam. Deus autem lumen immensum est, quod oculis mentis, non corporis uidetur. Vnde cum dicitur 'Beati mundo corde quoniam ipsi Deum uidebunt',[4] diasirthos est sub hoc sensu: 'Beati homines mundo corde quoniam ipsi Deum uidebunt mundo corde'.

---

[1] See above, I. iii. 1.   [2] Cf. Marc. 16. 5.   [3] I Cor. 13. 12.   [4] Matth. 5. 8.

Quare dicatur homo similis Deo. xiii.

1 Etsi quidem dictum sit hominem similem esse Deo ratione gratuitorum, tamen et aliis de causis hoc dicitur. Sicut enim Deus est in suo megacosmo ubique essentialiter, ita et anima est in suo microcosmo[a] ita quod in qualibet parte corporea essentialiter. Constat tamen quod in quibusdam partibus corporis maiorem effectum po[col. 2]tentie exercet, minorem in aliis. Est ergo anima in qualibet parte corporis, ita quod non extenditur per corpus. Vnde expressior est similitudo inter animam et Deum quam inter Deum et unitatem. Detur ergo gratia dilucidioris intelligentie quod unitas que est in mundo tamquam in subiecto sit in loco. Non ob hoc dabitur quod unitas sit in minori loco quam mundus. Numquid enim unitas mundi est in qualibet parte mundi? Nequaquam, immo in totali loco in quo est mundus. Anima uero est in corpore quod uiuificat, ita quod in qualibet parte eius. Tota est ergo anima in qualibet parte corporis, et totus est Deus in qualibet creatura. Preterea, cum Deus munditia sit, inquinari non potest ob loci fetorem. Sic nec anima uiri iusti uiuificans corpus leprosum aliquid fetoris uel morbi contrahit ex corporis associatione. Decrescat item mundus; constat quod non decrescet essentia diuina. Decrescat corpus; non minorabitur anima.

2 Set mihi consultius uidetur ut ad considerationem gratuitorum lora flectam. Pictura ergo uisibilis, suis distincta lineamentis proportionaliter antequam coloribus uestiatur, imago dicitur, que postmodum coloribus ornata uocatur similitudo. Sic et anima imago Dei dicitur, etiam si non sit uirtutibus ornata; sed non censetur similis Deo, nisi quando luce gratie illustrata est. Reperies tamen in multis locis animam dici similem Deo ratione creationis. Sed nos in presenti ad similitudinem recreationis considerationem referimus. Vt ergo dicit Ambrosius in libro Exameron, 'Illa anima a Deo pingitur que habet in se uirtutum gratiam renitentem splendoremque pietatis. Illa anima bene picta est, in qua elucet diuine operationis effigies. Illa anima bene picta est, in qua habitat splendor glorie et paterne imago substantie'.[1] Quoniam ergo lumen quod Deus est luce gratie illuminat uultum suum siue faciem suam (scilicet animam), recte dicitur anima similis Deo. Item apostolus ait 'Induimini Dominum Iesum Christum'.[2] Sed sciendum quod quidam induuntur Dominum Iesum Christum ratione caracteris impressi in aquis salutaribus, et ita induuntur

---

[a] migrogosmo R

---

[1] Ambr. *Hexaem*. VI. vii. 42 (258B).   [2] Rom. 13. 14.

etiam ficte accedentes ad baptismum;[1] quidam induuntur Dominum Iesum Christum per imitationem et uirtutum ornatum. 3 Quidni? Virtutes sunt amictus anime et ornatus, et ipse Deus amictus est anime et ornatus. Quid ergo miri si anima dicatur similis Deo, cum luce que Deus est sit illuminata et Deo ipso sit uestita? Sancta namque Ecclesia est 'mulier amicta sole',[2] sole quidem iusticie. Hinc est quod uiris sublimis intelligentie uisum est diuinam iusticiam predicari cum dicitur 'Petrus est iustus'. Sed ubi secundum ipsos predicatur hoc accidens 'iustum'? Mirabitur quidem aliquis, audiens hominem iusticia creata esse similem Deo, cum iusticia creata sit accidens. Cum enim Deus sit substantia in qua quicquid est Deus est, quonam modo accidente aliquo erit homo similis Deo? Sed dicendum quod iusticia hominis qua homo est iustus est creata, et iusticia qua homo est iustus est increata, quia Deus est. 4 Quia ergo iusticia que Deus est causa est iusticie create et forma, dicitur homo etiam iusticia creata si[f. 10]milis Deo. Aliter quidem dicitur quis illuminari illuminacione solis, aliter illuminari illuminatione que in ipso est. Hinc enim notatur causa efficiens, inde causa formalis proxima. Sol quidem materialis illuminat nos, sic et iusticia diuina nos informat, cum tamen et iusticia creata nos informet. Hinc est quod homo iustus non solum dicitur similis Deo, sed etiam dicitur Deus, immo et est Deus iuxta illud: 'Ego dixi dii estis et filii excelsi omnes'.[3] Nonne enim si quid est filius hominis, ipsum est homo? Ita si quis est filius Dei, est Deus. Filii quidem Dei sumus, non solum per adoptionem gratie, sed quia ex Deo nati sumus et in Deo renati. Nullus tamen purus homo filius Dei est per generationem eternam. Preterea, alia de causa dicitur homo iusticia creata esse similis Deo, ut uidelicet considerationem referamus ad imitationem et[a] effectus. Iusticia namque diuina reddit unicuique quod suum est.[4] Reddi quidem unicuique quod suum est effectus est iusticie. Cum ergo per iusticiam diuinam redditur unicuique quod suum est, similiter et per iusticiam creatam ratione effectus dicitur homo similis Deo. 5 Preterea, in hac, 'Deus est iustus', predicatur diuina essentia, ita quod connotatur effectus. Iusticia enim creata quidam est effectus iusticie diuine. Quidni? Iusticia diuina causa est iusticie create. In hac autem, 'Homo est iustus', predicatur accidens. Vnde licet hec detur, 'Deus est iustus et homo est talis', non ob hoc dabitur hec, 'Homo est iustus et Deus est talis'. Albedo quidem

---

[a] ad R

---

[1] Cf. Aug. *De Baptismo contra Donat.* V. xxiv. 34 (193–94), but Augustine does not specify 'ficte accedentes', and the possibility is denied by Peter Lomb. *Sent.* IV. iv. 2. 1–5 (II. 252–54); cf. William of Auxerre, *Summa Aurea* IV. v. 2 (IV. 81–82).
[2] Apoc. 12. 1. [3] Ps. 81. 6.
[4] Cf. Aug. *De Lib. Arbitr.* I. xiii. 27 (1235) etc.; a common twelfth-century definition, e.g. *Distinct. Monast.* II. cxxxv (III. 243a). See below, II. lxiv. 12, III. xc. 5, IV. xxi. 11.

dicitur alba ab effectu, corpus dicitur album propter informationem. Potest ergo hec dari, 'Albedo est alba et corpus est tale', secundum iudicium quorundam. Non est tamen hec danda, 'Corpus est album et albedo est talis'. Item, in hac, 'Homo est similis Deo', aut nichil predicatur nisi terminus cum admodum figuratiua sit, aut dabitur quod relatio copulatur que caret conrelatione. Placuit tamen quibusdam in hac, 'Homo est similis Deo', copulari qualitatem respectiuam.

6 Cum ergo dicitur 'Homo est similis Deo', non notatur similitudo nature uel excellentie, de qua similitudine dicitur 'Domine Deus uirtutum, quis similis tibi?'[1] Quod enim premissum est in Psalmo, quoniam 'Quis in nubibus equabitur Domino similis erit Domino in filiis Dei'[2] solet intelligi sic: 'In predicatoribus qui ideo nubes dicuntur, quia choruscant miraculis, compluunt doctrinis, intonant minis, quis Domino equabitur in mirabilibus faciendis?',[3] aut 'In iis qui sunt filii Dei per gratiam quis erit Domino similis, id est ita immunis a peccato?' Nec mouearis super hoc quod dicit apostolus Iohannes, 'Quoniam similes Deo erimus',[4] ac si iam Deo similes non simus; hoc enim ad similitudinem glorie referendum est. Vnde in secunda ad Corrinthios dicitur 'Nos uero omnes reuelata facie gloriam Domini speculantes, in eandem imaginem transformamur, a claritate in claritatem tamquam a Domini Spiritu'.[5] Super quem locum commendabilem reperies expositionem: 'Transformamur', inquit, 'quia transimus de forma in formam, de obscura in lucidam, quia et ipsa obscura imago Dei est in qua homines creati sunt, qui animalibus presunt; que natura excellens cum a Deo iustificatur, a deformi forma in formosam formam mutamur. Erat enim et inter uitia natura bona. De gloria [col. 2] creationis mutamur in gloriam iustificationis. De gloria fidei, ubi filii Dei sumus, mutabimur in gloriam specie, ubi Deo similes erimus'.[6]

7 Est ergo imago creationis, est et recreationis, est et eterne glorificationis, est et imago deformationis. Ymago deformationis est dum quis per superbiam degenerat in leonem, aut per dolositatem in uulpeculam, aut in suem per immunditiam. De hac imagine dicitur a propheta: 'Domine in ciuitate tua imaginem ipsorum ad nichilum rediges'.[7] 'In ciuitate' ait, scilicet in celesti Ierusalem, uel in illa eterna dispositione tua. Potest tamen et ibi imago dici ostentatio glorie inanis, quam in animo suo depingunt ambitiosi. Vel sit intransitiuo cum dicitur 'imaginem ipsorum', sub hoc sensu: Illos qui sunt imago tua, O Deus, rediges ad nichilum, quia de

---

[1] Ps. 88. 9.   [2] Ps. 88. 7.
[3] Glo. Ord. III. 1121; cf. Aug. Enarr. in Pss. lxxxviii. 7 (1124).   [4] I Ioh. 3. 2.
[5] II Cor. 3. 18.   [6] Glo. Ord. VI. 379–80.
[7] Ps. 72. 20; the preceding interpretation is based upon Glo. Ord. III. 973.

numero electorum non erunt, sed eternaliter cruciabuntur.[1] Sed mirabitur acutus quonam modo Deus qui immensus est reluceat in ratione tamquam in speculo, cum ratio simplex sit. Sed cum Deus simplex sit et immensus, utrum maiorem parit admirationem, quod simplex relucet in simplici aut immensum in simplici? Nichil tamen uere simplex preter Deum. Cum ergo ratio quodammodo compositum quid sit et quodammodo quiddam simplex intelligi potest, utcumque quod simplex relucet in simplici, immo etiam quod immensum relucet in simplici. Hoc enim uerbum 'relucet' nullam in predicta locutione notat forme circumscriptionem. Cernisne quonam modo tanta uideatur inspicientis forma in minori speculo, quanta in maiori? Maxima forma in minimo speculo relucet.

Quod similitudo sit equalitas. xiiii.

1 Placuit uiris acutissimis, hominibus tamen, in huiusmodi locutionibus predicari uel copulari relationem, 'Pater est similis Filio', 'Filius est similis Patri'. Sic quidem accidit in logicis. Cum enim dicitur 'Sortes est similis Platoni', copulatur relatio. Sed quid? Dum considerationem logicam cogunt ascendere in sublimitatem anagogice contemplationis, uidentur mihi similes esse Titiro conuenienti Melibeum sic:

'Vrbem quam dicunt Romam, Melibee, putaui
stultus ego huic nostre similem'.[2]

Constat ergo quod alia similitudine 'Sortes est similis Platoni', alia 'Plato est similis Sorti', una enim conrelatio est alterius. In Sorte ergo et Platone et Cicerone qui sunt albi sex sunt similitudines. Vna est enim Sortis ad Platonem, cuius correlatio est Platonis ad Sortem. Vna est Platonis ad Ciceronem, cuius correlatio est Ciceronis ad Platonem. Vna est Sortis ad Ciceronem, cuius correlatio est Ciceronis ad Sortem. Sunt etiam nonnulli opinantes decem posse reperiri similitudines in Sorte et Platone et Cicerone, circumscriptis etiam omnibus qualitatibus preter quam tribus albedinibus. Due enim, ut aiunt, sunt similitudines, quarum una 'Sortes est similis Platoni', alia 'Plato est similis Sorti'. Tercia, ut inquiunt, est in his duobus ita quod in neutro, qua Sortes et Plato sunt similes. Preter sex ergo similitudines quas superius distinximus reperies quattuor: unam qua Sortes et Plato sunt similes, aliam qua Plato et Cicero sunt similes, terciam qua Cicero et Sortes sunt similes, [f. 10v] quartam qua illi tres sunt similes.

---

[1] Cf. Peter Lomb. *In Pss*. ad loc. (676B–C).   [2] Virg. *Ecl*. i. 19–20

2 Igitur decem erunt similitudines in Patre et Filio et Spiritu Sancto, uel adminus sex. Igitur cum nichil insit uel assit Deo quod non sit Deus, erit Deus decem similitudines uel adminus sex. Si autem dixeris similitudinem Patris ad Filium non esse Deum, quero utrum illa similitudo sit eterna uel non. Si est eternum quid, dabitur quod decem similitudines uel sex adminus sunt coeterne, et ita decem sunt res eterne et coeterne uel adminus sex. Quero ergo, cum Deus sit omnipotens, utrum possit auferre illis similitudinibus suum esse? Quod si est, intelligatur ita esse. Dabitur ergo quod intelligi potest Patrem et Filium et Spiritum Sanctum esse unum Deum etsi non sint similes. Quod quidem stare non potest. Si enim Pater et Filius et Spiritus Sanctus sunt unus Deus, sua deitate sunt similes, quia in eo quod sunt Deus conueniunt. Cum ergo ratione tantum diuine essentie dicantur tres persone similes, oportet quod si sunt unus Deus, una deitate sint similes. Si dicatur quod Deus, licet sit omnipotens, non possit cum effectu precipere ut similitudo Patris ad Filium desinat esse, oportet necessario quod illa similitudo sit Deus, uel quod nichil sit in rei ueritate. Si uero dicatur quod illa similitudo non sit eterna, dabitur quod aliquando Pater non fuit similis Filio. Preterea, si illa similitudo non est Deus et est aliquid, oportet necessario quod sit a Deo. Quod si est, erit a Deo per creationem uel per generationem uel per processionem. Erit ergo illa similitudo aut creatura aut Filius aut Spiritus Sanctus. Si creatura est, incepit esse. Fuit ergo Pater, quando non fuit similis Filio. Si illa similitudo dicatur Filius uel Spiritus Sanctus dabitur necessario quod est Deus.

3 Videbitur autem fortasse alicui quod similitudo Patris ad Filium proueniat potius ex personali distinctione quam ex unitate essentie. Quero ergo utrum Pater paternitate sua sit similis Filio. In logicis enim paternitas suppositio dicitur, filiatio suppositio, similitudo equiperantia. Si ergo Pater paternitate similis est Filio, aut sic notabitur per ablatiuum efficientia aut formalitas. Cum enim dicitur 'Sortes albedine similis est Platoni', notatur per ablatiuum efficiens causa. Cum uero dicitur 'Sortes similitudine similis est Platoni', notatur per ablatiuum formalis causa. Numquid ergo simile quid accidit in proposito? Dabitur ergo quod paternitate est Pater similis Filio et quod similitudine est Pater similis Filio, ita quod, paternitate supposita, non supponitur illa similitudo. Quod si est, erunt decem uel sex similitudines in tribus personis, ut prius probatum est. Si uero dicatur quod in hac copuletur paternitas, 'Pater est similis Filio', quero quid copuletur in hac, 'Tres persone sunt similes'. Si dicatur quod sic copulantur paternitas et filiatio et processio Spiritus Sancti, dabitur quod illis proprietatibus sint tres persone similes, quibus differunt. Pater enim sua paternitate differt a Filio. Numquid ergo eadem Pater similis est Filio? Preterea, ut superius ostensum est, unitas essentie diuine probatur per hoc quod singulariter dicitur similitudinem

nostram in illa alta deliberatione consilii diuini. Vnde dicimus quod una est similitudo trium personarum qua sunt similes, et similitudine [col. 2] qua Pater similis est Filio est Filius similis Patri, et Spiritus Sanctus similis tam Patri quam Filio. Siue enim dicatur 'Pater est similis Filio', siue 'Pater et Filius et Spiritus Sanctus sunt similes', predicatur diuina essentia. Diuina namque essentia multipliciter predicatur, sicut et multipliciter intelligitur. 4 Detur ergo licentia uerbis, quia succumbit sermo intellectui, et rem ut est uerba non explicant. Predicatur ergo diuina essentia substantialiter, ut cum dicitur 'Pater est Deus' uel 'Tota Trinitas est unus Deus'. Eadem predicatur qualitatiue, ut cum dicitur 'Deus est iustus'. Iusticia tamen diuina qualitas non est, sed est essentia diuina. Eadem predicatur uerbaliter et quasi actiue, ut cum dicitur 'Pater diligit Filium'. Eadem predicatur uerbaliter et quasi passiue, ut cum dicitur 'Filius diligitur a Patre'. Eadem predicatur relatiue, ut cum dicitur 'Pater est similis Filio'. Eadem, ut ita loquar, modificatur aduerbiali determinatione, ut cum dicitur 'Pater eternaliter diligit Filium'. Per hoc uerbum 'diligit' copulatur essentia diuina, et eadem notatur per aduerbialem adiectionem. Eternitas enim siue eternalitas nichil est nisi Deus, ut per sequentia declarabitur.[1] Quandoque eadem predicatur respectiue, habito respectu ad creaturam, ut cum dicitur 'Deus creat animam'. Sed de talibus locutionibus diligenter infra disseretur.[2] Cum ergo dicitur 'Pater est similis Filio', idem predicatur quod et in hac, 'Pater est equalis Filio'. Sic enim utrimque predicatur diuina essentia, unde similitudo est equalitas ita etiam quod, similitudine supposita, supponitur equalitas. Pater uero est deitas; supposito tamen 'Patre' locutioni non supponitur locutio[a] 'deitas' nec econuerso.

5 Applaudet sibi forte aliquis audiens quod Pater et Filius sunt similes una similitudine. Simile est, inquiet, quod docetur in logicis, uidelicet quod Sortes et Plato sunt similes una similitudine. Set dicimus quod Sortes et Plato sunt similes duabus similitudinibus, quarum una 'Sortes similis est Platoni', altera 'Plato similis est Sorti'. Si enim una similitudo est in Sorte et Platone, que est illius similitudinis conrelatio? Similitudo autem qua Pater et Filius sunt similes est essentia, ita quod, supposita illa similitudine, non supponitur relatio sed essentia. Sed quero utrum hec sit danda: 'Pater in quantum similis est Filio distinguitur a Filio'. Licet enim essentia diuina sic predicetur, tamen respectiue. Hec ergo neganda: 'Eo quo Pater est similis Filio, distinguitur a Filio'. Pater enim diuina essentia non distinguitur a Filio, sed personali proprietate. Hec autem, 'Pater in eo quod est similis Filio, distinguitur a Filio', distinguenda est. Si enim notetur causa proxima,

---

[a] locutioni R

---

[1] See below, II. xxxv. 5–17.   [2] See below, II. xxxvi.

ita scilicet ut hec uox 'in eo quod' causam notet ratione eius quod predicatur, falsa est. Si notetur causa remota uera est. Similiter,[a] 'Sortes in quantum est homo est unum'. Si enim fiat determinatio ratione consignificationis, dari potest quia hoc nomen 'homo', licet significet speciem, tamen consignificat unitatem. 6 Similiter, hoc nomen 'homines' consignificat pluralit<at>em et significat speciem. Vnde hec est uera, 'Sortes non est homines', non ratione significati huius nominis 'homines', sed ratione consignificati. Si autem cum dicitur 'Sortes in quantum [f. 11] est homo est unum' notetur determinatio fieri ratione significati, falsa est. Circumscriptis enim omnibus accidentibus, ita quod sola intelligantur superesse substantialia, non erit Sortes unum, quia unitas non erit. Vnde non proxima causa sed remota notatur, cum dicitur a Boetio: 'Omne quod est ideo est, quia unum numero est'.[1] Cum igitur hec dictio 'similis' predicet essentiam et connotet notionem, erit hec falsa: 'Pater spiratione est similis Filio'. Solet autem queri utrum hec danda: 'Similis Patri est'. Si enim iste[b] terminus 'similis Patri' supponit pro persona, ergo in plurali iste terminus 'similes Patri' supponet pro personis. Erit ergo hec uera: 'Similes Patri sunt'. Erit ergo hec uera: 'Similes sunt'. Sed quid? Nonne hoc nomen 'similes' copulat essentiam diuinam? Nonne hec falsa, 'Omnipotentes sunt'? Reor hoc nomen 'similis' non posse substantiuari. 7 Queritur item de hoc uerbo 'differt', utrum copulet notionem aut essentiam. Si notionem, erunt plures quam v. Si essentiam, dabitur quod essentia differt Pater a Filio. Sed ut alibi in hoc opere dicemus, hoc uerbum 'differt' nichil copulat.[2] Secus esse asserunt nonnulli de hoc uerbo 'con-uenit', quia cum dicitur 'Pater essentia conuenit cum Filio', copulatur essentia et connotatur notio. Cum uero dicitur 'Pater notione conuenit cum Filio', hic nichil copulat nec sequitur 'Pater notione conuenit cum Filio, ergo notione est similis Filio'. Vtrum autem Filius sit similis sibi dicetur inferius.[3] Sunt autem qui dicant hanc esse falsam: 'Similitudine est Pater similis Filio', siue ablatiuus notet causam formalem siue efficientem, quia non est distinctus a Filio Pater similitudine. Hoc nomen autem, 'similis', connotat distinctionem. Vnde patet quod Pater non est similis sibi. Sicut et hanc dicunt esse falsam: 'Hec persona est paternitate Pater', sumpto hoc nomine 'Pater' substantiue. Si enim adiectiue sumatur, uera est. Sed quid? Nonne quis est homo hac specie 'homo'? Nonne etiam Pater est similis Filio essentia, non tamen distinctus a Filio per essentiam?

---

[a] simile R   [b] *Twice* R

---

[1] Cf. Boeth. *Contra Eut.* iv (1346A) and *In Porph. Isagog.* i (83B); but closer to Nequam's words are Ps-Boeth. (Gundiss.) *De Unitate et Uno* (1075A), Thierry of Chartres *In Boeth. De Trin.* ('*Librum hunc*') ii. 37 (p. 80), and Alan of Lille, *Reg. Caelest. Iur.* ii. 3 (p. 126 and n. 88) and *Serm. de Trin.* (p. 254 and n. 11).
[2] See below, I. xxxv, xxxix.   [3] Not extant.

Similitudines sumpte a rebus inferioribus ad dilucidiorem intelligentiam summe Trinitatis. xv.

1ᵃ Arguunt insufficientie doctrinam theologorum nonnulli, eo quod minus sufficiunt theologi expressam proponere similitudinem rerum inferiorum ad imcomprehensibilem essentiam deitatis, uel ad distinctionem Trinitatis. Sed quero que facultas sit, siue sit potestas siue disciplina, in qua non reperiatur minus sufficiens artifex ipse circa principiorum illius facultatis assignationem? Quis etiam causarum rerum diligens inuestigator sufficienter uirtutes et naturas urtice assignare potuit? Sed quia longa excusatio suspicionem generare consueuit, ut possumus propositum exequamur. Quidni?

> 'Galeatum sero duelli penitet'.[1]

Cernis ergo fontem esse principium et riui et fluminis. Fons ergo assimulabitur Patri, riuus Filio, flumen Spiritui Sancto. Hinc est quod propheta ait, loquens de inundatione Spiritus Sancti: 'Fluminis impetus letificat ciuitatem Dei'.[2] Hinc est quod sepe legitur Spiritus Sanctus emanare a Patre et Filio et ab utroque fluere.[3] Ex hoc etiam sumi potest quod dicitur quia tota Trinitas in[col. 2]funditur cordi humano.[4] Vnde et lumen dicitur infundi cordi humano, tum quia lumen illud est fons et mundat, tum quia abundanter tali luce illustratur cor humanum. Sed ne arbitretur humana suspicio Filium minorem esse Patre, quia hic dicitur riuus, ille fons, circumspecte appellatur a propheta ipse Christus fons, cum dicitur 'quoniam apud te est fons uite, et in lumine tuo uidebimus lumen'.[5] Christus fons est et lumen, quia sitim sedat, cor et illuminat. Ad Patrem etiam dirigit propheta sermonem predicta auctoritate. Spiritus item Sanctus dicitur fons, ut legitur in illo ymno: 'Veni creator spiritus'.[6]

2 Solet item sol conferri Patri, splendor solis Filio, calor Spiritui Sancto. Hinc est quod Filius dicitur 'splendor Patris, lux de luce'.[7] Si ergo sol communis qui Phebus nuncupatur esset eternus, nonne et splendor eius coeternus esset ipsi? Cum ergo sol qui est Pater sit eternus, erit necessario splendor eius, scilicet Filius, coeternus ei. Sunt tamen Pater et Filius et Spiritus Sanctus unum lumen, unus sol, una claritas. Huiusmodi enim

---

ᵃ *The subsections are numbered i–vii in marg.* R

---

[1] Juv. *Sat.* i. 169–70; Walther, *Proverbia* 10147.   [2] Ps. 45. 5.
[3] Cf. Peter Lomb. *Sent.* I. xi. 1–2 (I. 114–17) and the authorities cited there.
[4] 'quia tota . . . cordi humano': cf. Aug. *De Trin.* XV. xvii. 31 (1082), quoted in Peter Lomb. *Sent.* I. xvii. 4. 2 (I. 145); closer to Nequam's wording are Peter of Poitiers, *Sent.* I. xxxvii (938B), and William of Auxerre, *Summa Aurea* I. viii. 8 (I. 294 line 22).
[5] Ps. 35. 10.   [6] SK 17048 ii. 3.   [7] See below, I. xvi. 1.

nomina quandoque tenentur essentialiter, ut cum tres persone dicuntur idem lumen; quandoque personaliter, ut cum dicitur Filius lumen de lumine.[1]

3 Admiror item simplicitatem cuiusdam illiterati filio hesitanti de unitate substantie et Trinitate personarum sic respondisse: 'Cernisne', inquit, 'tres plicas esse in unica portione panni?' Et respondit filius, 'Cerno'. Pater autem, explicans illas tres plicas, ait: 'Ecce non cernis nisi unicum pannum'.

4 Si autem traditioni quorundam fidem adhibere uolueris, poteris in logicis unitati essentie et Trinitati personarum quoddam simile coaptare: I est littera; I est sillaba; I est dictio. Ecce eadem uox sunt littera et sillaba et dictio et tamen, ut aiunt, littera nec est sillaba nec dictio. Cum ergo dicitur 'Littera est', personalis est suppositio secundum eos. Similiter cum dicitur 'Sillaba est', 'Dictio est'. Si uero dicatur 'Vox est', essentialis est suppositio.

5 Proponamus et nos exemplum quod modesto lectori et intelligenti non displicebit. Nichil est, ut ait Tullius, quod aut ars primum aut natura postremum inuenerit.[2] Precedit[a] ergo naturaliter natura artem. Ex natura autem et arte procedit scientia. Cernis ergo quasi tres personas, naturam scilicet et artem et scientiam. Quod itaque superius predicetur de inferiori natura est. Illud idem ars est, idem scientia est. Non est curandum si aranea, casses terens inutiles, muscas tanquam predam suam uenetur.

6 Ferunt item quod Arriopagita Dionisius, interrogatus quonam modo una possit esse scientia trium, responderit 'Associentur', inquit, 'sibi et diligenter comprimantur a summo deorsum tres candele, deinde accendantur. Ecce', ait, 'una est lux istarum trium candelarum, sic et una est essentia trium personarum. Lucent tres candele uno lumine, et trium personarum unum est lumen, una est claritas'.[3] Secundum doctrinam etiam dicentium enunciabile esse compositionem forme et subiecti, poterit qualequale simile introduci ad propositum. Vt enim aiunt, id quod est Petrum esse est id quod est Petrum fuisse et idem est Petrum fore. Non tamen Petrum esse est Petrum fuisse uel Petrum fore. Vocetur item liber, sententia scripto commendata, secundum quod dicit aliquis se scripturum [f. 11v] Priscianum in quaternis quos tenet. Id quod est iste liber erit ille liber, non tamen iste liber erit ille liber, propter concretiuam suppositionem huius nominis 'liber'. Similiter, 'Id quod est exemplar est exemplum', non tamen 'Exemplar est exemplum'.

[a] procedit R

[1] *Symbol. Nic.*
[2] Cf. *Auct. ad Herenn.* III. xxii. 36; also quoted by Nequam in *Corrog. Prometh.* (p. 659).
[3] Not identified, but the same example is given, without naming a source, in Alan of Lille, *Serm. de Trin.* (p. 257).

7 Exemplum tamen inducendum magis sedet animo meo: Id quod est uis rationabilis est id quod est uis concupiscibilis et est id quod est uis irascibilis, non tamen uis rationabilis est uis concupiscibilis aut irascibilis. Sed de his agetur inferius.[1] Sed quid? Quis in rebus inferioribus posset reperiri expressum simile pertinens ad propositum? Maxima nimirum pars beatitudinis eterne consistet in comprehensione uenerande et ineffabilis Trinitatis.

Quod tres persone sint sol iusticie, cum tamen quandoque hec appellatio approprietur Christo. xvi.

1 Vt ergo prediximus, unum lumen, una claritas, unus splendor sunt tres persone. Appropriatur tamen quandoque nomen splendoris Filio, ut ibi:

> 'Splendor paterne glorie,
> de luce lucem proferens,
> lux lucis et fons luminis,
> dies diem illuminans.'[2]

Filius quidem splendor est paterne glorie, quia ita est splendor Patris, quod eiusdem est glorie cuius et Pater, immo et eadem est gloria que et Pater. Filius dicitur lux lucis, quia de ipso procedit Spiritus Sanctus qui lux est. Nonne lux candele accendentis aliam est lux lucis? Potest et Filius dici lux lucis, quia est lux de Patre qui est lux, ut sit grecismus.[3] Filius item de luce profert lucem, quia de Patre qui est lux habet Filius quod profert de se spirando seu emittendo lucem, id est Spiritum Sanctum. Hoc enim quod Filius emittit uel spirat ex se Spiritum Sanctum habet Filius a Patre. Immo hoc ipsum quod Filius est Deus, habet ipse Filius a Patre. 2 Quidni? Quicquid habet Filius, habet a Patre; et quicquid habet Spiritus Sanctus, habet tam a Patre quam a Filio. Hoc item, 'de luce lucem proferens', potest et aliter intelligi, sic scilicet: Filius ex se profert lucem de luce, id est Spiritum Sanctum qui est lux de luce. Pater enim est lux, est dies, est principium, est Deus; sed non est lux de luce, neque dies de die, neque principium de principio, neque Deus de Deo. Filius uero est lux de luce, Deus de Deo, dies de die, principium de principio. Spiritus quoque Sanctus est lux de luce, dies de die, Deus de Deo. Vtrum autem Spiritus Sanctus sit principium de principio, inferius liquebit.[4] Filius uero dicitur 'fons luminis', tum quia ex se effundit Spiritum Sanctum qui est lumen, tum quia fons est gratiarum quibus illuminamur, ita quod idem fons sint tres persone, ita quod hoc

---

[1] See below, III. xci.   [2] SK 15627 i. 1–4.   [3] See below, I. xxxii. 8.
[4] See below, II. xix. 2.

pronomen 'idem' faciat intrinsecam relationem, non extrinsecam. Filius item est 'dies illuminans diem'. Dies item est Spiritus Sanctus, dies etiam est sancta Ecclesia, quam tota Trinitas illuminat.

3 Quod autem Filius sit sol, patet per hoc quod subditur:

'Verusque sol illabere'.[1]

Sunt enim tres persone unus sol. Dicuntur autem esse sol iusticie propter puritatem et claritatem et sublimitatem siue eminentiam. Sol namque materialis purus est, clarus est, in eminenti loco constitutus est, ut pluribus mundi partibus solatium sue lucis impertiri queat. Iusticia autem diuina, que est tota Trinitas, puritas est, claritas est, sublimitas est. Iusticia creata pura est, clara est, sublimis est. Pura esse debet, ne iudex cum pondere uergat, ne etiam

'si spes dolosi refulgeat nummi',[2]

mutetur intentio. Adde quod corrumpi non debet aut adulatione aut prece uel precio. Purum ergo debet esse iudicium in intentione et in inuestigatione [col. 2] cause, sublime in promulgatione sentventie, quia sublimium uirorum autenticis sententiis debet inniti; clarum est in executione sentventie per manifestationem. Et uide quia quandoque nomen iusticie omnes uirtutes complectitur. 4 Est autem omnis uirtus pura, clara, sublimis; pura et in se et in effectu, mundat enim nos; clara et in se et in effectu, quia illuminat naturalia. Sublimis est ratione originis, sublimis est ratione effectus: ratione originis, quia est a Deo; ratione effectus, quia ad sublimia rerum super-narum nos inuitat spectacula et rapit ad celestia. Cuiuslibet autem uirtutis sol est Deus, qui puritas est, sublimitas est, claritas est. Ipse et gratuita et naturalia illuminat, mundat nos et ad superna ducit. In fine autem Malachie legitur sic: 'Orietur uobis timentibus nomen meum sol iusticie'.[3] Causam uero quare dicatur sol iusticie determinatam reperies in glosa sic: 'Quia', inquit, 'omnia iudicabit uere, et nec bona nec mala nec uirtutes nec uitia latere patietur'.[4] Christus etiam appropriata appellatione dicitur sol iusticie per emphasim, quia sol est iustorum. Verus enim Samson est Christus. Samson autem interpretatur sol eorum,[5] quod quidem Christo conuenit qui sol est eorum. Quorum? Iustorum. Item Christus dicitur sol iusticie paterne, scilicet quia per ipsum declarata est mundo iusticia Patris.

5 Et ut ad ymnum prenominatum redeamus, Spiritus Sanctus splendor est. Vnde ibidem dicitur:

'Iubarque Sancti Spiritus
infunde nostris sensibus'.[6]

---

[1] SK 15627 ii. 1.   [2] Pers. *Sat*. prol. 12.   [3] Mal. 4. 2.
[4] *Glo. Ord*. IV. 2203–04 (interlin.).   [5] Hieron. *De Nom. Hebr*. 1 (811).
[6] SK 15627 ii. 3–4.

Et secundum hoc erit intransitio cum dicitur 'Iubar Sancti Spiritus'. Potest etiam gratia creata nos illuminans dici iubar Spiritus Sancti ut sit transitio. Licet enim tota Trinitas nos illuminet, tamen hoc Spiritui Sancto quandoque appropriatur propter benignitatem, sicut et eadem de causa attribuitur Spiritui Sancto remissio peccatorum. <Q>uod autem tres persone sint lux, patet per id quod legitur: 'O lux beata Trinitas'.[1]

Quare uera lux dicatur illuminare omnem hominem uenientem in hunc mundum. xvii.

1 Dulce est lumen et desiderabile oculis uidere lucem. Quam lucem? Lucem ueram que illuminat omnem hominem uenientem in hunc mundum.[2] Quod quia a multis satis perfunctorie expositum est, breuiter libet illud dilucidare. Quidam ergo per directam lineam uirtutum tendunt ad centrum quod est Deus, ad quod omnia naturaliter tendunt. Quidam uero errant per amfractus inuios in circuitu ambulando, illum sequentes qui dixisse legitur: 'Circuiui terram et perambulaui eam'.[3] Qui ergo semitas legunt iusticie, ueniunt in hunc mundum, ut nomine mundi designetur sancta Ecclesia propter sui munditiam. Cum autem dicitur 'in hunc mundum', pronuntiatione iuuandus est intellectus; in hunc uidelicet mundum spirituale, qui rite censetur nomine mundi. Vnde et ab ornatu mundus uocatur Grece 'cosmos'. Ornatur Ecclesia decentissimo uirtutum ornatu, tanquam regina stans a dextris Dei 'in uestitu deaurato, circumdata uarietate'.[4]

2 Si autem compendiosior te iuuat explanatio, libens accedo. Quilibet ergo ueniens etiam in hunc mundum materialem illuminatur a uera luce, aut lumine gratie, aut saltem lumine nature. Vera lux etiam in tenebris lucet,[5] quia in tenebrosis cordibus infidelium lucet hec lux in se. Lucet ergo hec lux in tenebris, sed non lucet tenebris.

Quod deitas diffiniri non possit. xviii. [f. 12]

1 Lux ergo uera lumen est immensum, lumen est eternum, lumen est incircumscriptibile; incircumscriptibile quidem quia nec loco circumscribi potest nec intellectu totaliter comprehendi humano, nec angustia diffinitionis

[1] SK 10920 i. 1.   [2] Ioh. 1. 9.   [3] Iob 1. 7.   [4] Cf. Ps. 44. 10.
[5] Ioh. 1. 5.

includi. Deus siquidem est causa causalissima omnium causarum, omnes sub se et in se continens naturas. Vnde et ipsa generalissima et ab ipso et sub ipso sunt, dum tamen detur genera generalissima et subalterna et species specialissimas et indiuidua in rei ueritate subsistere. Vnde mirabitur s<cilic>et instructus quare diuina natura non predicetur de qualibet re. Cum enim ipsa sit superior omni natura, uidetur quod sicut ad esse hominem sequitur esse substantiam, ita ad esse substantiam sequatur esse Deum. Quod si est, dabitur quod quicquid est, est Deus. 2 Sed dicendum quod summa natura que Deus est, licet superior sit omni natura, non tamen superior est nec ordine predicamentali nec ratione predicationis. Me tamen iudice uera est hec: 'Si aliqua creatura est, Deus est' — uera, inquam, pro naturali lege consequentie. Nomen enim creature ad creatorem respectiue dicitur. Immo et hec uera est: 'Si lapis est, Deus est'. Quidni? Si inferius esse est, superius esse est. Similiter, si inferior natura est, summa natura est. Sed si summa natura est, deitas est. Vnde nemo potest intelligere se esse et Deum non esse. Vtrum uero possit intelligere quis Deum non esse ardua questio est scilicet[a] intelligenti. Quod enim dicit propheta, 'Dixit insipiens in corde suo non est Deus',[1] multiplicem recipit expositionem. Qui enim existimat Deum non esse punitorem malorum, perinde est ac si opinetur Deum non esse quoad hoc. Iudaicus etiam populus insipiens ausus est fateri Christum hominem non esse Deum. 3 Sed nos ad sublimiorem intelligentiam referimus intellectum. Nec inpresentiarum attendo utrum incompacte sint affirmatiue que de Deo proponuntur.[2] Pro iudicio enim quorundam omnes negatiue que de Deo proponuntur uere sunt; affirmatiue uero figuratiue et incompacte. Nec attendo ad presens utrum hoc uerbum 'est' equiuoce dicatur de Deo et creaturis. Secundum hoc enim datur a quibusdam quod hec est uera: 'Deus non est'. 4 Sed ut diximus, ad sublimiorem intelligentiam flectimus considerationem. Deus enim est id quo nichil potest intelligi esse melius, siue hec dictio 'melius' teneatur nominaliter siue aduerbialiter.[3] Qui ergo recte intelligit Deum, intelligit Deum esse. Maius enim est rem intelligi et esse quam rem intelligi et non esse. Maius item est Deum esse in re et in intellectu et non posse intelligi non esse, quam esse in re et in intellectu et posse intelligi non esse. Deus ergo est id quod est in re et in intellectu et non potest intelligi non esse. Preterea, sustineat quis se sustinere quod intelligit Deum non esse. Sic: Tu sustines te intelligere Deum non esse. Tu igitur es, ergo aut ab aliquo es, aut a nullo es.

[a] sed R

---

[1] Ps. 13. 1, 52. 1.   [2] Dionys. *De Cael. Hierarch*. ii (1041C). See below, II. lxvi.
[3] For this definition, and for the argument until the end of the sect. 9, cf. Anselm, *Proslog*. ii–iv (I. 101–04).

Sed quid moror? Ad id deducetur res, ut des te esse a Deo et ita dabis Deum esse. Vtrum ergo das, aut quod intelligis aut quod non intelligis? Dabis te dare quod intelligis, et ita intelligis Deum esse. Si item intelligis te esse et intelligis Deum non esse, deduceris ad id ut des te [col. 2] uel aliquid aliud quod non est Deus esse principium tui. 5 Preterea, quero a te secundum intellectum tuum, utrum Deus non sit. Dices 'Verum est'. Infero 'Ergo aliquid est uerum, ergo ueritas est, et ita deducetur res iterato, ut detur Deum esse'. Preterea, quero a te qui intelligis Deum non esse, ut dicis utrum aliqua creatura possit esse. Detur ergo quod aliqua sit; aut ergo Deus est, aut Deus non est. Sed oportet ut des Deum esse, cum des creaturam esse. Aut ergo Deus incipit esse, aut fuit. Si incipit esse, ergo non est eternum, ergo non est Deus. Si non incipit esse et est, ergo fuit. Sed nunquam incepit esse, cum sit eternum. Dabitur ergo quod Deus est eternaliter. Cum ergo Deus non possit intelligi Deum non esse nisi intelligatur esse eternum, oportet quod non possit intelligi Deum non esse. Preterea, non uideo quonam modo possit hec negari: 'Si Deus potest esse, Deus est'. Detur enim quod possit esse, et non sit. Si Deus potest esse, Deus potest esse Deus, quod si est, potest esse eternum. Cum ergo Deus possit fore, ponatur quod Deus erit. Sic ergo dabitur quod Deus erit et non est, ergo eternum erit et illud non est, quod stare non potest. 6 Sed ut insipientem relinquam sibi, quero a te qui catholicus et uir prudens es, utrum insipiens qui dicit in corde suo 'Non est Deus' utatur hoc nomine 'Deus' in illo intellectu quo tu uteris, aut non. Si in illo intellectu, numquid potest intelligere summum esse non esse? Si in alio intellectu utitur hoc nomine 'Deus' quam nos, non uidetur quod intelligat Deum non esse, sed quoddam figmentum animi non esse. Vnde etiam uidetur quod non cogitet de Deo. In logicis quidem dicerem nominalem non opinari genus esse nomen. Non enim magis posset quis opinari substantialem similitudinem rerum diuersarum specierum esse nomen, quam hominem esse asinum. Sed quid? Quid est insipientem dicere corde quod Deus non est, nisi insipientem intelligere quod Deus non est? Numquid ergo anima que est imago Dei dictat sibi quod summa natura non est? 7 Licet quidem insipienti uideatur alicui quod hec sit uera, 'Deus non est', non ob hoc dabo quod intelligat Deum non esse, sicut nominalis putat hanc esse ueram, 'Genus est nomen', sed non putat genus esse nomen. Sed nonne qui dixit omnia regi casu opinatus est Deum non esse?[1] Videtur tamen quod de inferioribus istis hoc intellexerit Epicurus. Nam dicit Lucanus:

> 'Siue nichil positum est sed sors incerta uagatur,
> fertque refertque uices, et habent mortalia casum,
> sit subitum quodcumque paras'[2]

---

[1] Lucan, *Phars*. vii. 446–47.   [2] Ibid. ii. 12–14.

Ecce quia hic duo notanda sunt: unum quia ait 'et habent mortalia casum', reliqu<u>m quia ad parentem rerum loquitur, dicens 'Etiam iuxta opinionem Epicuri expedit ut

>   sit subitum quodcumque paras, sit ceca futuri
>   mens hominum fati, liceat sperare timenti'.[1]

Nisi quidem etiam secundum opinionem Epicuri esset Deus, nulla esset complexio rationis qua utitur ibi Lucanus. Obiciet item aliquis: Nonne quidam putabant solem uisibilem esse Deum? Nonne adorabant ipsum et colebant? Nonne et latriam ipsi impendebant? 8 Sed quid? Nonne, ut šupradictum est, omnis pars naturaliter prior est suo toto? Nonne quanto aliquid simplicius tanto natura prius?[2] Nonne ubicumque est compositio, potest naturaliter esse dissolutio? [f. 12v] Sed magis urgebitur pius lector pro opinione antropomorphitarum dicentium Deum habere lineamenta corporis et membra constitutiua ipsius. Quod si est, cum omne corpus sit diuisibile in infinitum, numquid infinita corpora ab eterno fuerunt et sunt coeterna? Omnes quidem Iudei sunt antropomorphite, putantes Deum esse hominem et in trono residere in occidentali parte.[3] Quid est ergo quod scriptum est: 'Ego celum et terram impleo'?[4] Numquid ergo aliqua creatura potest esse, nisi in ea sit essentialiter Creator? Numquid antropomorphite cogitant de spiritu incomprehensibili, cum dicant Deum esse rem compositam? Si non cogitant de spiritu incomprehensibili, ergo non cogitant de Deo. Si enim cogitarent de Deo, cogitarent de eo quod uere est simplex. Et ita oportet quod omnes predictis erroribus inuoluti in alio intellectu utantur hoc nomine 'Deus' quam nos. 9 Sed etiam si dixero aliquem posse putare Deum non esse, non ob hoc censeo dicendum quod aliquis possit intelligere se esse, et Deum non esse. Vnde insipientem dixisse in corde suo 'Non est Deus'[5] non est insipientem intellexisse quod Deus non est. Immo hic est sensus: Insipiens dixit in corde suo (id est in proposito suo infelici dixit se ipsum circumueniendo), 'Geram me et ad nutum meum operabor ac si Deus non sit'. 'Absit', inquit, 'ut delectetur in cruciatu mei. Absit', inquit, 'ut uoluptates momentaneas puniat eternaliter, qui summa misericordia est'. Ecce dum quodammodo dicit Deum non esse iustum, fatetur Deum esse misericordem ut libere peccet. Dum ergo, frustra sibi blandiens, dicit Deum non punire peccata, dicit per consequens Deum non esse iustum, et ita per consequens dicit Deum non esse.
10 Igitur ad propositum reuertamur, ostensuri breuiter quod diuina natura diffiniri non queat. Omnis enim diffinitio constat ex genere et differentia uel

---

[1] Ibid. ii. 14–15.   [2] See above, I. iii. 1.   [3] See above, I. iv. 3.
[4] Ierem. 23. 24.   [5] Ps. 13. 1; 52. 1.

differentiis substantialibus. Si ergo genus predicetur de diuina natura, oportet illud esse Deum cum nichil sit in Deo quod non sit Deus. Si quo ergo modo posset deitas diffiniri, nullo modo uideretur competentius quam sic: Deitas est natura incircumscriptibilis ita ut per hoc nomen 'incircumscriptibilis' excludatur localitas cum temporalitate et sufficiens comprehensio intellectus humani et diffinitionis ambitus, que esse rei includit.[1] Si ergo hoc nomen 'natura', secundum quod in predicta locutione ponitur, significat genus, erit illud genus superius diuina natura et predicabitur de Deo. Quod si est, ipsum erit Deus. Sed illud idem genus predicabitur de natura creata, ergo ipsum non est Deus. Preterea, sola species diffinitur. Si ergo deitas diffinitur, erit species. Erit igitur aut species specialissima aut genus subalternum. Si deitas est species specialissima, habet potestat<iu>e sub se plura indiuidua. Quod si est, dabitur quod plures possunt esse dii, ita uidelicet ut de pluribus rebus predicetur diuina natura. Si ergo dicatur deitas esse genus subalternum, habebit sub se potentialiter plures species specialissimas. Ad id ergo iterato relabitur cursus rationis, ut dicatur quia plures possunt esse dii. 11 Rursum, si [col. 2] deitas species est, dabitur tres personas habere tres singulares naturas contentas sub deitate; quod si est, dabitur tres deitates esse. Preterea, si deitas est natura incircumscriptibilis, eo modo quo pretaxauimus nos uti uelle hoc nomine 'incircumscriptibilis', deducetur res in laborintum tractus insolubilis. Si enim deitas secundum hoc est incircumscriptibilis, ergo non potest diffiniri. Sed condictum est hanc esse diffinitionem deitatis, natura scilicet incircumscriptibilis, ergo diffinitur. Sed dicet quis incircumscriptibilitatem non esse referendam ad diffinitionis ambitum, cum detur deitas posse diffiniri. Esto. Erit ergo incircumscriptibilitas que in Deo est differentia substantialis. Illa ergo differt Deus ab aliqua re. A qua? Dabitur quod ab omni que non est Deus, cum omnis creatura sit circumscriptibilis. Numquid illa differt Deus a diffinitione sua et ab hoc genere 'natura' quod predicatur de Deo, et ab ipsa incircumscriptibilitate? Si ergo Deus incircumscriptibilitate differt a diffinitione sua, dabitur quod diffinitio Dei est circumscriptibilis, sed constat quod nec localitate nec temporalitate. 12 Dabitur ergo quod si circumscriptibilis est, totaliter uel sufficienter comprehendi potest intellectu humano. Quod si est, ergo ipse Deus totaliter uel sufficienter comprehendi potest humano intellectu, cum omnis diffinitio contineat et includat esse diffiniti. Si detur quod per predictam differentiam differat deitas ab hoc genere 'natura', ergo substantialiter differt a genere suo, ergo illud non est Deus, ergo illud non

---

[1] For the notion of God as 'incircumscriptibilis' see John of Damascus, *De Fide Orthodox.* i. 13 (59) and Peter Lomb. *Sent.* I. xxxvii. 6–9 (I. 270–75).

predicatur de Deo, ergo illud non est genus deitatis. Preterea, utrum circumscriptibilius est intellectu, aut quod inferius est naturaliter, aut quod superius? Si quid superius, ergo circumscriptibilior est intellectu deitas quam hoc genus 'natura'. Est enim deitas superior omni natura, ergo deitas superior est hoc genere 'natura', ergo circumscriptibilior intellectu; dabitur ergo quod Deus non est incircumscriptibilis intellectu. Si quid inferius est, est circumscriptibilis naturaliter; ergo deitas est circumscriptibilior suo genere. 13 Omne enim diffinitum inferius est suo genere. Quod si est, ergo deitas est inferior suo genere, ergo circumscriptibilior intellectu, ergo hoc genus 'natura' potius debet dici incircumscriptibile quam deitas. Si alterutrum dici debet incircumscriptibile, si uero deitas per pretaxatam differentiam differt ab ipsa differentia, ergo Deus substantialiter differt ab incircumscriptibilitate per ipsam incircumscriptibilitatem, ergo incircumscriptibilitas est circumscriptibilis. Sed datum est quod est incircumscriptibilis. Preterea, si hoc nomen 'incircumscriptibilis' significat differentiam substantialem, dabitur quod plures possunt naturaliter esse incircumscriptibilitates. Si enim hoc nomen 'incircumscriptibile' significat differentiam substantialem, significabit hec incircumscriptibilitas speciem. Oportet ergo ut plures possint naturaliter esse incircumscriptibilitates. Cum ergo una incircumscriptibilitas sit in Deo, in quo alio poterit alia esse incircumscriptibilitas? Potest ergo creatura esse incircumscriptibilis, sed omnis creatura est circumscriptibilis.

14 Videbitur autem alicui quod [f. 13] sic possit Deus uel deitas diffiniri: 'Deus est spiritus rationalis incomprehensibilis', uel sic: 'Deus est spiritus incomprehensibilis'.[1] Reuera Deus est spiritus, sed non sic predicatur genus de Deo, immo diuina natura. Per superiora ergo patebit progressus improbationis, ut scilicet sustineri non possit Deum uel sic uel alio modo posse diffiniri. Predictis adde, quia si genus et differentia sunt aliqua in rei ueritate, ipsa a Deo sunt. Fuit ergo Deus quando nec genus nec differentia erat. Fuit ergo Deus quando nulla fuit eius diffinitio etiam realis. Deitas igitur non est species, nec persone sunt indiuidua, neque genus neque differentia predicatur de Deo in quantum est Deus. Sicut ergo nec hoc nomen 'natura' nec hoc nomen 'spiritus' significat genus secundum quod dicitur de Deo, ita nec hoc nomen 'incircumscriptibilis' nec hoc nomen 'incomprehensibilis' significat differentiam, secundum quod dicitur de Deo. Nullum enim predicamentale predicatur de Deo in quantum est Deus.

[1] Cf. Ps-Aug. (Alcher of Clairvaux) *De Spirit. et Anim.* xviii (793); closer is Alex. of Hales, *Glo. super Sent.* I. viii. 31 (I. 110), citing 'Augustinus'.

Quomodo intelligendum sit quod unitas diuine essentie est indiuidua et quod Trinitas est indiuidua. xix.

1 Cum ergo deitas sit Deus, cum eciam deitas sit tota Trinitas, oportet quod si deitas diffiniri potest, quod et quelibet personarum possit diffiniri. Si enim deitas diffinitur, predicabitur 'In hac diuina essentia Deus diffinitur'. Quod si est, erit quelibet personarum illa diffinitio que copulatur cum dicitur 'Deus diffinitur', et ita dabitur quod quelibet trium personarum diffinitur. Si autem dicatur quod hoc uerbo 'diffinitur' non copulatur diuina essentia, dato quod deitas diffinitur, quero quid sic predicetur. Numquid sic copulabitur notio? Numquid ergo distinguitur deitas ab aliqua persona, in eo quod diffinitur? Quid? Persona distinguitur a persona, sed deitas non distinguitur a persona nec persona a deitate. 2 Item, dato quod deitas possit diffiniri, quero utrum diffinitio realis (constans ex hoc genere 'spiritus' et hac differentia 'incomprehensibilis') sit Deus, aut aliquid sit in rei ueritate. Cum enim Deus uere sit simplex, ita quod ipsa simplicitas, non habebit locum circa deitatem etiam intellectualis compositio. Item, Deus continet omnia, quare et diffinitionem omnem continet; cum nulla diffinitio sit Deus, ergo Deus continet diffinitionem qua Deus diffinitur, si tamen diffinitur. Sed quid? Diffinitio continet esse diffiniti. Si igitur Deus diffinitur, continetur Deus a diffinitione et eandem continet. Preterea, quicquid diffiniri potest, potestatiue communicabile est diuersis rebus. Deitas ergo non potest diffiniri, cum essentia diuina sit indiuidua. Mirum tamen uidebitur acuto quare unitas essentie diuine sit indiuidua, cum sit communicabilis tribus personis. Vnde uidetur quod unitas que inest creature potius debeat censeri simplex quam unitas essentie diuine, cum unitas creature non sit nisi in uno nec sit in tribus personis. Vnitas uero diuine essentie tribus communicabilis est personis. 3 Ad quod dicendum quod unitas que Deus est, tota et totaliter (ut ita dicam) inest cuilibet trium personarum; ideoque non diuiditur, nec est diuisibilis quamquam tribus insit personis, cum tota (ut dictum est) insit cuilibet illarum. Nisi autem illa unitas esset uere simplex, non posset tribus inesse, ita quod [col. 2] tota totaliter cuilibet illarum. Adde quia totus in Verbo Pater, totus est in Patre Filius, totus in utroque Spiritus Sanctus. Cum ergo tres persone uere sint unum, oportet quod unitas que est in tribus personis sit indiuidua. Et ut accedentius ad rem loquar, cum tres persone sint unum quod est uere simplex, ita eciam quod sunt uera simplicitas, oportet ut uera simplicitas sit unitas, qua unum sunt. Vera autem simplicitas incommutabilis est, immo et incommutabilitas est. Omnis enim unitas que inest creature mutationi et alterationi obnoxia est, alioquin non posset incepisse esse. 4 Hinc est quod eterna et simplex unitas in infinitum (ut ita dicam) simplicior est quam unitas creature esse possit. Male ergo sensere de unitate

simplicitatis et de simplicitate unitatis, dicentes hanc prepositionem 'in' notare auxesim, cum dicitur 'unitas essentie indiuidua', ut sit sensus 'ualde diuidua'. Valde enim, ut aiunt, diuisibilis est illa unitas, que tribus personis communicabilis est. Numquam, ut ait Virgilius in Georgicis,

'imprudentibus imber
offuit,'[1]

id est ualde prudentibus.[2] Quid? Dicimus quod ex hoc patet illam unitatem esse indiuiduam, quia tribus personis diuinis inest que sunt uera simplicitas, ut dictum est. Adde quia unitas illa non potest inesse uni persone, quin insit cuilibet trium. Illa namque unitas est esse cuilibet trium personarum, ita quod illa unitas est id in quo est. Nulla item creatura potest esse, nisi illam unitas summa faciat esse unum. Quicquid autem est ideo est quia unum numero est.[3] 5 Trinitas autem dicitur indiuidua tum propter ueram simplicitatem que ipsi inest, tum quia inseparabilis est operatio, tum personarum inseparabilis uoluntas, inseparabilis potentia.

Vtrum aliqua unitas insit Patri que non inest toti Trinitati. xx.

1 Constat ergo unitatem que Deus est inesse toti Trinitati. Quidni? Vnitas illa essentialis essentia diuina est, ita quod, supposita illa, supponitur diuina essentia. Sed dubitari potest utrum aliqua unitas sit distinctiua uel personalis, que ita insit uni persone, quod eadem non insit alii. Videtur enim quod tres unitates personales insint tribus personis. Quo enim est hec persona una? Si unitate essentiali, dabitur quod tres persone sunt unus. Quod si est, erunt tres persone quis uel una persona. Si autem unitate personali est aliqua persona una, erunt ibi tres unitates personales. Ex duabus ergo unitatibus erit unus binarius ex aliis, alius ex tribus ternarius. Oportet ergo tam illum binarium quam illum ternarium esse compositum. Erit ergo ille ternarius Deus aut non. Si est Deus, dabitur quod Deus compositum est quid, ergo non est uera simplicitas. Preterea, ubicunque est compositio (ut superius dictum est) potest naturaliter esse dissolutio; ergo ille ternarius potest saltem intelligi desinere esse. Quod si est, non erit ille ternarius Deus. Quo dato, dabitur quod ille ternarius est a Deo, si aliquid est. Potest ergo Deus esse, etsi non sit ternarius ille. Potest ergo Deus esse etsi non sint persone

[1] Virg. Georg. i. 373–74.
[2] 'Unde Virgilius de rusticis prognosticantibus ait ibi sic: Nunquam imprudentibus imber obfuit, i.e. ualde prudentibus': Dial. Ratii et Everardi, p. 258.
[3] See above, I. xiv. 6.

tres. 2 Rursum, si ille ternarius non est Deus, nonne tamen ille ternarius fuit
ab eterno? Numquid ergo est coeternus Deo? Erit ergo Deus. Quod si est, a
simili erit et binarius Deus. Sic ergo erit diuina natura tres personales
unitates, erit et binarius, [f. 13v] erit et ternarius, erit et unitas essentialis.
Preterea, dabitur quod Deus est duo binarii et quod binarius est ternarius.
Item, si est ibi ternarius, erit triplus ad unitatem, et sesqualter ad binarium,
qui duplus erit ad unitatem. Erunt igitur ibi tripla proportio et sesqualtera et
dupla, et subtripla et subsequaltera et subdupla. Omnia igitur ista erunt
Deus. Et ita eciam secundum quod Deus est Deus, erit maior se et minor se.
Preterea, quid predicatur in hac, 'Tres persone sunt plures duabus'? Quid
item in hac, 'Due persone sunt pauciores tribus'? Numquid Deus est
pluralitas et paucitas? Item, si tres sunt ibi unitates personales, dabitur quod
unitas essentialis est communis unitas, sed tres unitates erunt singulares.
Erit ergo quelibet trium personarum singularis, quod esse non potest, quia
in Trinitate nec est solitudo nec singularitas neque triplicitas neque
multiplicitas. Est enim Deus trinus et non triplex, est simplex et non simplus,
quamuis in libro Cassiodori De Anima repererim tres personas esse unum
triplex.[1]

3 Ad predicta respondendum est quod non est in Trinitate nisi una unitas
que essentialis est, et illa unitate sunt tres persone unum et non unus.
Nomina enim neutri generis que aut substantiua sunt aut substantiuata, ad
essentiam pertinent. Nomina uero masculini generis substantiuata ad
distinctionem pertinent. Vnde Pater non est idem Filio, masculine retento
hoc nomine 'idem'; quo neutraliter posito, uera est. Si enim Pater est idem
Filio, masculine retento hoc uocabulo 'idem', oporteret hanc personam esse
eandem illi. Quod si est, erit hec persona eadem illi. Et ita tres persone erunt
eadem persona. Videndum tamen quia hoc nomen 'unus', adiectiue
positum, predicat essentiam, quando uidelicet predicatur in propositione in
qua subicitur nomen essentiale, ut si dicatur 'Deus est unus'. Si autem
dicatur 'Persona est una', minus congrua est locutio quemadmodum si
dicatur 'Persona est aliqua'. 4 Constat enim uulgo hanc esse congruam:
'Quidam homo est'. Hanc autem esse incongruam, 'Homo est quidam', et
hanc, 'Homo est aliquis', adiectiue posito hoc nomine 'aliquis'. Si autem hoc
nomen 'unus' substantiuetur, iam erit distinctiuum et personale uocabulum.
Sicut ergo hec falsa, 'Tres persone sunt aliquis' uel 'aliqua persona', ita et
hec, 'Tres persone sunt unus'. Vnde, cum quilibet trium sit Deus, erit hec
uera: 'Et unus et alius et tercius est Deus', ita quod ista nomina, 'unus',
'alius', 'tercius', substantiuentur. Si enim adiectiue retineantur, manifeste
falsa est. Hec ergo duplex est: 'Vnus solus est Deus'. Sed in tanta rerum

---

[1] Cassiod. *De Anim.* xii (1304C).

maiestate nolo esse sillabarum aucupator. Cum ergo dicitur 'Due persone sunt due' aut 'Tres sunt tres', nulla proprietas copulatur. Similiter, nec in his: 'Tres persone sunt plures duabus', 'Due persone sunt pauciores tribus'. Simile reperies (secundum iudicium dicentium formam non inesse forme in huiusmodi locutionibus): 'Due unitates sunt due', 'Tres sunt tres'. Si enim dicatur 'Vnitas est una', nulla sic copulatur unitas secundum eos quia, ut aiunt, unitati non inest unitas. Similiter, nulla proprietas sic copulabitur: 'Tres unitates sunt plures [col. 2] duabus', 'Due sunt pauciores tribus'.[a] 5 Vt autem utar uerbis antiquorum, est numerus numerans, est numerus numeratus.[1] Numerus numerans est quantitas, numerus numeratus est persone uel res ipse. In personis ergo diuinis non est ternarius, non est binarius, non est compositio, non est proportio. Hinc est quod Boetius, loquens de Trinitate, dicit quod numerus subintrat, sed non intrat.[2] Subintrat, inquam, quia uidetur intrare. Vnde hec danda: 'Due persone sunt de numero trium'. Si autem dicatur 'Duo homines sunt de numero trium', non supponit hoc nomen 'numero' pro numero numerante, sed pro numero numerato. Sunt enim duo homines, ut ita dicam, de tribus hominibus numeratis. Sed quid? Distinguenda est hec: 'Due persone diuine sunt de numero trium'. Vera enim est sub hoc intellectu: 'In consortio trium personarum sunt iste due'. Consortium enim trium, ratione omnimode simplicitatis, excludit compositionem numeri. Consortii enim uocabulum excludit et solitudinem et singularitatem. Dignitas enim consortii, quod in communicatione uere et simplicis unitatis consistit, non admittit numeri participationem. 6 Si autem hec prepositio 'de' notat exceptionem aut minorationem aut partialitatem cum dicitur 'Due persone sunt de numero trium', falsa est. Nullum enim nomen aggregatiuum, nullum complexiuum de personis diuinis dicitur. Hoc enim nomen 'Trinitas' non recte dicitur collectiuum, quamuis tres personas coniunctim supponat, sed quasi collectiuum. Non igitur sunt tres persone aut turba aut agmen aut collectio; nec due persone sunt pars trium nec una persona est pars duarum personarum aut trium. In logicis quidem est homo pars populi, et duo sunt pars aggregatiua trium, et turba que est ex tribus hominibus maius aut maior est

---

[a] due sunt pauciores tribus *added in marg.* R

---

[1] Quoted, in the same words, by Alan of Lille, *Serm. de Trin.* (p. 255), *Distinct.* s.v. 'numerus' (877C), *Summa 'Quoniam homines'* 43b (p. 187), and *Anticlaud.* iii. 316, and by Alex. of Hales, *Summa Theol.* I. cxxv (320A). The ultimate source is presumably Boeth. (named by both Alan and Alex.) *De Trin.* iii (1251B). See also Thierry of Chartres *In Boeth. De Trin.* ('*Librum hunc*') iii. 14 (p. 93) and Robert of Melun *Sent.* I. v. 24 (III. ii. 207).
[2] Boeth. *De Trin.* iii (1251A–C) etc.; even closer to Nequam's words is Thierry of Chartres *In Boeth. De Trin.* ('*Aggreditur propositum*') iii. 22 (p. 284): 'i.e. uidetur subintrare sed non intrat'.

duobus hominibus. Tres autem diuine persone non sunt melius quid uel maius quid uel plus aliquid duabus aut una. Licet enim tres persone sint bone, non tamen sunt meliores duabus aut melius quid duabus. Sunt enim summe bone et sunt unum summum bonum et bonitas unius est bonitas cuiuslibet trium. Adde aliquid boni summo bono, ut ita dicam; non aderit amplius bonum quam prius. Quis huic ueritati simile reperire poterit? Sed O Domine Deus, in lumine tuo quod signatum est in superiore parte uultus tui uidemus lumen.[1] 7 Ecce enim tres uirtutes sunt: fides, spes, caritas. Bone sunt et eque bone sunt, nec sunt tres meliores duabus aut una, nec sunt melius quid duabus aut una. O Deus Pater, 'in lumine tuo' (quod est Christus) 'uidemus lumen' ueritatis.[2] Constat ergo quod Christus nec fidem nec spem habuit, set habuit caritatem. Numquid meliorem illum fecissent fides et spes et caritas quam caritas sola? Sed dices 'Quid? Caritas Christi hominis omnem gradum excedebat. Sed transfer te', inquies, 'ad purum hominem'. Cedo. Constat igitur quod fides et spes euacuabuntur; caritas autem superstes erit. Intellige ergo quod anima iusta recedat ab ergastulo corporis, ita quod caritas eius non intendatur. Ecce non minus est bona hec anima caritate sola quam fuerit fide et spe et caritate. 8 Sed ad propositum reuertamur. Nulla ergo est distinctiua unitas in [f. 14] aliqua trium personarum, sed unitas essentialis que est in una est in qualibet trium. Si autem uolueris dare hanc esse congruam, 'Hec persona est una', ita quod hoc nomen 'una' teneatur distinctiue, ac si dicatur 'Persona est distincta', nulla tamen proprietas sic copulabitur. Cum enim dicitur 'Distinctio est in tribus personis', perinde est ac si dicatur 'Tres persone distinguntur ab inuicem'. Si enim dicatur 'Paternitas est distinctio', emphasis est quia paternitate Pater a Filio distinguitur. Non enim plures uolumus assignare proprietates circa personas quam quinque notiones. Visum est tamen quibusdam nomen distinctionis esse superius ad nomen paternitatis et ad nomen filiationis, adeo ut dicant paternitatem eo modo esse distinctionem quo dicitur quia paternitas est relatio. Sed de his inferius disseretur.[3]

9 Videtur autem illa notissima auctoritas michi obuiare. Dicitur enim Christus unus, non confusione substantie, sed unitate persone.[4] Ecce quia hic legitur, ut uidetur, quia aliqua est unitas personalis. Sed dicendum quia emphasis est sub hoc intellectu: Non sunt duo Christi, sed unus est Christus, nulla facta confusione naturarum, sed una remanente persona in duabus naturis. Deo autem annuente, dilucidius explanabitur uersus iste suo loco inferius.[5]

---

[1] Ps. 4. 7.   [2] Cf. Ps. 35. 10; Peter Lomb. *In Pss.* ad loc. (365D–66A).
[3] See below, II. x.   [4] *Symbol. Ps-Athanas. 'Quicumque vult'* xxxiv.
[5] Not extant.

Vtrum Spiritus Sanctus sit unus Patri cum Filio. xxi.

1 'Mendaces', inquit Aristotiles, 'memores esse oportere'.[1] Vnde ne mendacii argui posse uidear de iure, resumo quod predictum est, quia uidelicet tres persone non sunt unus. Quod non uidetur stare posse, cum in illo ymno celebri legatur:

> 'Nunc Sancte nobis Spiritus
> unus Patri cum Filio,
> dignare'[2]

et cetera. Visum ergo quibusdam emendatiorem esse litteram hanc:

> 'Nunc Sancte nobis Spiritus
> unum Patri <cum> Filio,
> dignare'

et cetera. Hinc est quod in alio ymno sic legitur:

> 'Christum rogemus et Patrem
> Christi Patrisque Spiritum
> unum potens per omnia
> foue precantes Trinitas'.[3]

Si enim aliquis uoluerit associare hoc nomen 'unum' huic substantiuo 'Spiritum', scito hanc non esse mentem auctoris. Aliis uisum est hanc esse litteram emendatissimam: 'Nunc Sancte nobis Spiritus, unus Patris cum Filio'.[4] Est enim Spiritus Sanctus unus Patris et Filii. Sed quid? 'Adoramus', inquit Boetius, 'lucos uetustate sacros'.[5] Huic enim littere 'unus Patri cum Filio' patrocinium prestat usus longeui non uilis auctoritas. Sed pubblicissimus, ut ait Aristotiles, deceptionis modus est, qui fit per nomina.[6] Non enim in predicta auctoritate ponitur hoc nomen 'unus' pro hoc nomine 'idem', sed pro hoc nomine 'communis'. Est ergo Spiritus Sanctus unus Patri cum Filio, id est communis Patri et Filio, quia communiter procedit a Patre et Filio. Quociens autem uersum predictum pre oculis mentis constituo, reduco ad memoriam et illud:

> 'Labor omnibus unus',[7]

id est communis. Similiter et illud:

> tribus honor unus',[8]

id est communis.

---

[1] Walther, *Proverbia* 14635 (Quintil. *Inst*. IV. ii. 91).   [2] SK 10768 i. 1–2.
[3] SK 3544 viii. 1–4.
[4] 'Quod non uidetur stare . . . Patris cum Filio': cf. Peter of Poitiers, *Sent*. I. vi (805B–07D).
[5] Cf. Quintil. *Inst*. X. i. 88.   [6] Cf. Arist. *Soph. Elench*. i (165a5).
[7] Virg. *Georg*. iv. 184.
[8] SK 1545 vii. 4; cf. *Brev. Sar*. III. 234 (Vespers for the Annunciation), and below, I. xxviii. 4.

Quod diuersis de causis dicuntur aliqua esse unum. xxii.

1 Sub una ergo et eadem forma uerborum frequenter latet dispar intelligentie causa. Vnde uariis de causis in diuersis celestis pagine locis aliqua leguntur esse unum. Sed in primis illud contemplemur, quod Veritas in Euuangelio [col. 2] Iohannis, dirigens sermonem ad Patrem proponit, dicens: 'Pater sancte, serua eos in nomine tuo quos dedisti mihi, ut sint unum sicut et nos'.[1] Quonam enim modo poterant apostoli esse unum sicut Pater et Filius sunt unum, qui ita sunt unius nature, quod sunt eciam una natura? Set ut subtilius istud intelligatur, inuestigandum est prius de unitate ecclesiastica. Quero ergo que sit unitas ecclesiastica. Videtur enim quod quedam sit unitas spiritualis, que omnibus hominibus inest. Sed si unitas talis pluribus ita inest quod non uni, non erit recte unitas, sed nomine unionis censeri debebit. Nonne enim hac unitate uniuntur sibi fideles, ut ea sint unum? Videbitur ergo alicui acuto quod una et eadem unitas spiritualis ita inest Ecclesie quod cuilibet iusto. Sed si hoc, uidebitur hec unitas dignior esse et communior unitate essentiali, que Deus est. 2 Vnitas enim diuina tribus personis inest tantum, cum ecclesiastica unitas inesse uideatur quamplurimis, ita quod cuilibet eorum. Probabilis quidem uidebitur hec opinio consideranti unum Spiritum inhabitare singulorum iustorum corda. Quid? Immo Spiritus Sanctus non solum dicitur Spiritus iustorum sed eciam Spiritus Moysi, Spiritus Aaron, Spiritus meus, Spiritus tuus. Sed quid? Numquid spiritualis unitas que cuilibet iusto uidetur inesse est unitas Spiritus Sancti? Vtrum autem ita est unitas Spiritus Sancti, quod est unitas que est Spiritus Sanctus, uel unitas que est a Spiritu Sancto? Si dicatur quod hec unitas iustorum est unitas que est Spiritus Sanctus, facilis erit intelligentia eius quod dicitur: 'ut sint unum sicut et nos'. Vnitate enim essentiali que est Spiritus Sanctus sunt omnes iusti unum, secundum hoc. Sed quid? Cum unitas illa sit diuina essentia, non possunt illa esse unum homines iusti, nisi sint diuine nature. Oportet ergo quod illa unitas Spiritus sit a Spiritu Sancto. 3 Sed quid? Nonne ergo illa unitas est quantitas? Nonne ergo ex illa unitate et alia erit binarius? Preterea, si unitas spiritualis inest Petro, nonne illa efficit Petrum unum? Item, unitas que incepit esse in Petro facit Petrum unum. Numquid ergo due unitates insunt Petro, quarum utraque est Petrus unum? Aut numquid una est Petrus unus et altera unum? Numquid ex illis unitatibus que insunt Petro constat binarius? Dicet forte quis quod ille unitates sunt differentes specie, ita quod ex unitate spirituali et alia scilicet naturali unitate non erit binarius. Sed utra illarum simplicior est, aut unitas spiritualis aut alia? Numquid binarius qui est ex duabus unitatibus spiritualibus

[1] Ioh. 17. 11.

inequalis est binario constanti ex duabus unitatibus naturalibus? Que est ergo illa unitas Spiritus de qua apostolus in epistola ad Ephesios loquitur, dicens 'Solliciti seruare unitatem Spiritus in uinculo pacis'?[1] 4 Dicimus quod per emphasim dicitur unitas ecclesiastica que est congregatio fidelium, id est fideles ipsi. Sed sciendum quod accedentius dicuntur fideles unum quam uir et uxor unum, qui quidem dicuntur unum propter unitatem uinculi matrimonialis quo constringuntur. Vnde uir et uxor dicuntur esse una caro.[2] Cum autem iusti efficiuntur unus, efficiuntur Spiritus, quia spirituales sunt et unus et idem Spiritus (scilicet Spiritus Sanctus) ipsos inhabitat et facit unum. [f. 14v] 'Erunt', inquit Scriptura, 'duo in carne una'.[3] Qui autem adheret Domino unus Spiritus est. Seruare ergo unitatem Spiritus est adhibere diligentiam, ne Spiritus Sanctus qui uita est spiritus nostri creati recedat a nobis. Recedit quidem per discordiam, per fraternum odium et huiusmodi. Iubentur ergo iusti seruare unitatem pacis ut sint unum corpus et unus spiritus, per inhabitationem Spiritus Sancti. 'Erat', inquit Scriptura, 'multitudinis credentium cor unum et anima una',[4] quod quidem dicitur propter unanimitatem et consensum spiritualem, immo propter unitatem Spiritus Sancti, qui et omnes et singulos inhabitabat. Quid miri ergo si omnes iusti dicantur unum, cum uno et eodem spiritu scilicet Spiritu Sancto uiuant uita<m> gratie? Spiritus quidem Sanctus cor est cordis, spiritus anime, uita uite.

5 Ecce iam aliquantisper accessimus ad intelligentiam eius quod dicitur 'ut sint unum sicut et nos'. Non dicitur 'ut sint unum unitate qua nos sumus unum', ut scilicet unius sint nature nobiscum, sed dicitur 'ut sint unum sicut et nos'. Pater enim et Filius ita sunt unum, quod unus est Spiritus illorum, ita scilicet quod unus est Spiritus utriusque illorum. Ille idem Spiritus fuit Spiritus apostolorum, fuit et est Spiritus Ecclesie, ita quod ille idem Spiritus est Spiritus cuiuslibet iusti. Cum ergo Spiritus Sanctus sit Spiritus et Patris et Filii, et ille idem sit Spiritus noster ita quod Spiritus est cuiuslibet nostri, sumus unum sicut Pater et Filius. Hinc est quod in eodem Euuangelio dicitur: 'Vt omnes unum sint, sicut tu Pater es in me, et ego in te, ut et ipsi in nobis unum sint'.[5] Pater ita est in Filio et Filius in Patre, quod unus est illorum Spiritus, una uoluntas, unus amor. Et Spiritus Sanctus, ut dictum est, in nobis est, noster Spiritus est. Immo cum iustificamur, in Patre sumus et Filio et Spiritu Sancto, ita quod Pater et Filius et Spiritus Sanctus in nobis sunt, et in nobis manent, iuxta illud: 'Ad eum ueniemus et mansionem apud eum faciemus'.[6] Adde quod Pater et Filius excellenter sunt unum, inseparabiliter sunt unum, incomprehensibiliter sunt unum. Orat ergo Filius

---

[1] Eph. 4. 3.   [2] Matth. 19. 6; Marc. 10. 8.   [3] Matth. 19. 5.
[4] Act. 4. 32.   [5] Ioh. 17. 21.   [6] Ioh. 14. 23.

ut apostoli sint unum, sicut ipse et Pater sunt unum. Quid hoc? Vt uidelicet sint inseparabiliter unum, ut excellenter sint unum. Et ecce omnes iusti, cum sint unum, incomprehensibiliter sunt unum. Neque enim sufficimus comprehendere quonam modo iusti sunt unum.

Quod aliter dicantur mali esse unum, aliter boni. xxiii.

1 Est igitur unitas commendatione digna, est et unitas detestabilis. Sicut enim amicitia in bonis est, ita factio in malis et sodalitium. Mali quidem unum dicuntur, quia quasi unum corpus sunt et membra sui capitis, adeo ut dicat Veritas in Euuangelio 'Vos ex patre diabolo estis'.[1] Sed ne putet quis malos esse filios diaboli nascendo, ut dicunt Manichei, remouet hoc, statim dicens 'et desideria patris uestri uultis facere', ac si dicatur: 'Ideo estis filii diaboli, quia desideria ipsius uultis facere, cum queratis me occidere'. Vnde statim subditur: 'Ille homicida fuit ab initio'.[2] Ipse dicitur 'princeps mundi huius',[3] ut adiectiue[a] pronuncietur pronomen; non quod rector sit rerum istarum inferiorum, sed quia principatum habet in eos qui mundanis rebus prorsus dediti sunt; principatum, inquam, quia primus est inter reprobos tamquam caput eorum. Nichil enim potest, nisi in quantum [col. 2] permittitur a Deo. Apostolus item ad Ephesios ait 'Non est nobis colluctatio aduersus carnem et sanguinem, sed aduersus principes et potestates, aduersus mundi rectores tenebrarum harum'.[4] Ne enim putarentur demones hunc uisibilem mundum regere, ostendit quid nomine mundi intellexerit, dicens 'tenebrarum harum', id est peccatorum. Non enim dominantur demones mundo, id est mundiali machine siue rerum uniuersitati, sed peccatoribus. Harum, inquit, tenebrarum, tam malarum scilicet, quia precipitant peccatores in tenebrosa opera.

2 Quod autem sit unitas mala ostendit Gregorius, explanans illum locum Iob 'Membra carnium eius coherentia sibi'.[5] Ibi autem loquitur Iob de leuiathan.

'Carnes ipsius sunt omnes reprobi qui ad intellectum spiritualis patrie per desiderium non assurgunt. Membra uero sunt carnium ii, qui eisdem peruerse agentibus et sese ad iniquitatem precedentibus coniunguntur, sicut econtra per Paulum dominico corpori dicitur: "Vos estis corpus Christi et membra de membro".[6] Aliud quippe est membrum corporis, aliud membrum membri. Membrum quippe corporis est pars ad totum, membrum uero membri est particula ad partem. Membrum namque

[a] abiectiue R

[1] Ioh. 8. 44.　　[2] Ibid.　　[3] Ioh. 16. 11 etc.　　[4] Eph. 6. 12.
[5] Iob 41. 14.　　[6] I Cor. 12. 27.

membri est digitus ad manum, manus ad brachium. Membrum uero est corporis totum hoc simul ad corpus uniuersum. Sicut ergo in spirituali dominico corpore membra de membro dicimus eos qui in eius Ecclesia ab aliis reguntur, ita in illa leuiathan istius reproba congregatione membra sunt carnium, qui iniquo opere quibusdam se nequioribus coniungunt. 3 Sed quia malignus hostis sibi in peruerso opere a primis usque ad extrema concordat, diuinus sermo in eo membra carnium sibimet coherentia memorat. Sic namque peruersa unanimiter sentiunt, ut nulla contra se uicissim disputatione diuidantur'.

Et post pauca:

'Reproborum quippe unitas bonorum uitam tanto durius prepedit, quanto se ei per collectionem durior opponit'.[1]

Item, circa principium Iob sic legitur de amicis Iob: 'Condixerant enim' sibi 'ut pariter uenientes uisitarent eum'.[2] Quod explanans Gregorius ait:

'Condicunt sibi heretici, quando praua quedam contra Ecclesiam concorditer sentiunt; et in quibus a ueritate discrepant, sibi in falsitate concordant'.[3]

4 Quoniam item mali unum sunt ratione consensum mali et peruerse uoluntatis, dicitur a propheta: 'Eripe me Domine ab homine malo, a uiro iniquo eripe me'.[4] Ne enim opinaretur quis prophetam singulariter locutum esse de uno homine malo personaliter, subdit: 'Qui cogitauerunt iniquitates'[5] et cetera. Est enim unitas mala, ut dictum est, que tamen in multitudine personarum consistit. Sicut enim boni conueniunt in unum sed suo modo, ita et mali sed suo modo. Vnde propheta: 'Astiterunt reges terre et principes conuenerunt in unum', in unam scilicet uoluntatem peruersam.[6] Vnde et idem alibi dicit: 'Verumptamen uani filii hominum, mendaces filii hominum in stateris, ut decipiant <ipsi> de uanitate in id ipsum'.[7] Sicut enim boni conueniunt in id ipsum, iuxta id quod dicitur ibi: 'Magnificate Dominum mecum, et exaltemus nomen eius in id ipsum',[8] ita et mali de uanitate consentiunt in unum. Vnde et alibi in eodem: 'Egre[f. 15]diebatur foras, et loquebatur in id ipsum',[9] in id ipsum uidelicet uanitatis.[10] Vnde et alibi idem propheta ait: 'Qui custodiebant animam meam, consilium fecerunt in unum'.[11] Super quem locum inuenies glosam commendatione dignam: 'Grauior est', inquit, 'fascis qui non diuiditur'.[12] Et idem alibi: 'Quasi in silua lignorum, securibus exciderunt ianuas eius in id ipsum',[13] in id ipsum quia

---

[1] Greg. *Moral. in Iob* XXXIV. iv. 8 (722A–C). [2] Iob 2. 11.
[3] Greg. *Moral. in Iob* III. xxiii. 46 (622D–23A). [4] Ps. 139. 2.
[5] Ps. 139. 3. [6] Ps. 2. 2; cf. *Glo. Ord.* III. 443–44 (interlin.).
[7] Ps. 61. 10. [8] Ps. 33. 4. [9] Ps. 40. 7.
[10] Peter Lomb. *In Pss.* ad loc. (412A). [11] Ps. 70. 10.
[12] *Glo. Ord.* III. 949–50 (interlin.). [13] Ps. 73. 5–6.

conspirati constanter erant.[1] Et alibi: 'Quoniam cogitauerunt unanimiter, simul' <et cetera>.[2]

5 Cauendum est tamen ne prorsus eo modo putentur mali esse unum, quo et boni unum. Vnus enim Spiritus (scilicet Spiritus Sanctus) inhabitat corda fidelium, ita quod ille idem Spiritus qui in qualibet creatura est essentialiter in corde iusti est essentialiter et per inhabitantem gratiam. Propter unitatem ergo unius et eiusdem Spiritus presidentis sunt omnes iusti unum. Sed absit ut putet quis spiritum malignum cor iniusti inhabitare essentialiter. Cor enim humanum thalamus est Trinitatis. Nec in eodem puncto, ut ita loquar, sunt essentialiter anima que est imago Dei et malignus spiritus. Spiritus autem Sanctus in qualibet anima est. Quidni? In qualibet creatura est. Sed in anima iniusta est essentialiter, in anima iusta est et essentialiter et per inhabitantem gratiam. 6 Quod enim dicitur diabolus intrasse in cor Iude,[3] ideo dicitur quia consensit Iudas suggestioni maligni spiritus. Constat ergo quod nullius cor intrat essentialiter malignus spiritus, dum modo de Antichristo non fiat obiectio. De ipso enim legitur quod malignus spiritus ipsum inhabitaturus est corporaliter.[4] Quod tamen intelligo dictum ratione abundantie malitie. Neque enim, ut minus instructi asserunt, erit Antichristus diabolus. Non enim spiritus malignus unietur ei in unitate persone, quamquam sepe legatur Antichristus homo esse assumptus a diabolo et spiritu seductionis repletus.[5] Sed tales locutiones per expressionem dictas esse intelligo. Assumptus enim dicitur propter exercitium peruerse operationis. Nec item assentior asserentibus malignum spiritum in specie ignis esse dandum, quando Antichristus ignem faciet de celo descendere. Finget enim se mortuum et se reuixisse, et ignem faciet, ut dixi, de celo descendere.[6] Legimus in libro Iob diabolum ex permissu Dei fecisse ignem descendere, qui oues Iob et pueros consumpsit.[7] Quamquam autem inter signa et miracula Antichristi hoc sit futurum maximum quod ignem faciet descendere de celo, Helias tamen hoc ipsum legitur fecisse.[8] Sed et apostoli Domini potestatem habebant idem faciendi. Vnde leguntur in Euuangelio dixisse Domino: 'Vis ut dicamus ut ignis descendat de celo',[9] et cetera. Nec sollicitum te esse uolo ambigendo utrum ille ignis materialis sit futurus an fantasticus, cum serpentes in quos mutate sunt uirge magorum Pharaonis, secundum Augustinum, ueri serpentes fuerint.[10]

7 Set ad propositum reuertamur, querentes quid sit unitas reproborum, utrum uera sit unitas, utrum simplex quantitas. Sed nos, ut ex superioribus

---

[1] Peter Lomb. *In Pss*. ad loc. (686C).　　[2] Ps. 82. 6.　　[3] Luc. 22. 3.
[4] Hieron. *In Dan*. II. vii. 8 (431B).
[5] Cf. Ps-Hugh of St. Victor, *Quaest. in Epist. Pauli (II Thess.)* viii (591C).
[6] Apoc. 13. 13.　　[7] Iob 1. 16.　　[8] III Reg. 18. 38.
[9] Luc. 9. 54.　　[10] See above, I. ii. 12.

patet, huiusmodi locutiones per emphasim intelligendas esse putamus. Vnum enim dicuntur esse reprobi, quia unum corpus sunt diaboli. Videbitur tamen alicui unitas Ecclesie esse concordia spiritualis et unitas malorum esse concordia detestabilis. Set numquid una proprietas est concordia que pluribus inest? [col. 2] Numquid unitas talis est unanimitas? Sed quid? Nimis prodigi sumus formarum.

De eo quod legitur 'unus Dominus, una fides, unum baptisma'. xxiiii.

1 Set tempus est ut, ab unitate malorum recedentes, ad unitatem commendatione dignam transeamus. Cum ergo constet unum esse Deum, ut quid uoluit apostolus hoc proponere: 'Vnus est Dominus'?[1] Quis sane mentis super hoc hesitat? Quoniam uero inuitauerat Ephesios ad hoc ut seruarent unitatem Spiritus in uinculo pacis,[2] subiunxit 'unus Dominus, una fides, unum baptisma',[3] ac si dicatur: 'Vnus est Dominus, ita quod unitatis auctor est et amator. Ne sit ergo', inquit, 'inter uos discordia super articulis fidei, super effic<ac>ia baptismi, quia una est fides, unum baptisma'. Vnus quidem est Dominus, a quo et per quem una est fides in Ecclesia, similiter et unum baptisma. Vna quidem est fides quia una communis est assertio fidelium. Non enim ponitur ibi nomen fidei pro uirtute, sed pro communi assertione fidelium. Sic nempe et ibi accipitur nomen fidei cum dicitur 'Fides autem catholica hec est, ut unum Deum in Trinitate et Trinitatem in unitate ueneremur'.[4] Quod autem una est communis assertio fidelium talis, ab uno Deo est, ab unitate Spiritus Sancti est. Fides ergo ibi ponitur pro traditione.[a] 2 Vnde et una dicitur fuisse fides antiquorum et modernorum propter idemptitatem creditorum. Vnum autem dicitur esse baptisma, quia in uno nomine baptizantur omnes, scilicet in nomine Patris et Filii et Spiritus Sancti. Trium enim personarum unum est nomen, id est una uirtus in qua uirtute baptismus confertur. Vnum item est baptisma, quia non potest iterari sacramentum necessitatis. Non enim intelligitur iteratum, quod nescitur esse collatum. Preterea, non imprimitur caracter Christianus nisi semel. Vnum item dicitur esse baptisma, id est unius uirtutis et paris efficacie, siue a bono siue a malo conferatur, dum modo obseruetur forma ecclesiastica. Vna item dicitur esse fides et unum baptisma, quia et ab uno sunt et ad unum finem tendunt, quia beatitudinis eterne collatiua sunt. Si

---

[a] creditione R

[1] Rom. 3. 30.   [2] Eph. 4. 3.   [3] Eph. 4. 5.
[4] *Symbol. Ps-Athanas. 'Quicumque vult'* iii.

tamen placet alicui nomen fidei ibi esse designatiuum uirtutis, dicetur una esse fides omnium, quia unus et idem Spiritus omnes uirtutes inspirat. Vna item dicitur esse fides, id est par, quantum est in uirtute baptismi. Licet enim maior sit fides uirtus que confertur adulto baptizato quam ea que confertur paruulo baptizato, non est tamen hoc ex dispari effectu baptismi, quantum in ipso est.

Quomodo intelligendum sit quod dicitur a Iohanne, quia spiritus et sanguis et aqua unum sunt. xxv.

1 Promissi tenorem ex parte iam compleuimus. Sed non uidebitur mihi absolute consummata promissio, nisi et illud explanemus quod in epistola canonica Iohannis legitur: 'Quia tres sunt qui testimonium dant in terra, spiritus, aqua, sanguis, et hi tres unum sunt'.[1] Sed, O dolor, fuerunt uiri auctoritatis magne qui non solum cancellari sed abradi prorsus iusserunt id quod dicitur 'et hi tres unum sunt'. Sed si inspexissent Augustinum et Ambrosium et epistolam Leonis pape ad Flauianum Constantinopolitanum episcopum de incarnatione Verbi aduersus Euticen, legissent et Bedam expositorem epistole Iohannis et morales tractatus Bernardi Clareuallensis, errorem suum libenter, ut reor, [f. 15v] reuocassent. 2 Beda quidem, predictum locum exponens, ait: Tres sunt qui Christo testimonium dant in celo, id est in celesti natura scilicet in deitate, Pater uidelicet, Verbum et Spiritus Sanctus, et hi tres unum sunt, quia unius nature sunt, immo et una natura sunt.[2]

'Pater dedit testimonium deitatis quando dixit: "Hic est Filius meus dilectus".[3] Ipse Filius dedit, qui in monte transfiguratus potentiam diuinitatis et spem eterne beatitudinis ostendit. Spiritus Sanctus dedit quando super baptizatum in specie columbe requieuit, uel quando ad inuocationem nominis Christi corda credentium impleuit'.[4]

Et tres sunt qui testimonium dant in terra (id est in natura inferiori), spiritus, aqua et sanguis: spiritus, id est humana anima quam Dominus emisit in passione, aqua et sanguis que fluxere de latere Domini. Et hi tres unum sunt quia unius nature comprobatiua sunt. Non enim spiritum emisisset, nec aqua et sanguis de latere emanasset, si non ueram carnis naturam habuisset.

---

[1] I Ioh. 5. 7–8.   [2] Unidentified; not 'Bede' (Walafrid) in PL 93. 119–22.
[3] Matth. 3. 17 etc.
[4] *Glo. Ord.* VI. 1414. Probably the preceding passage 'Tres sunt . . . natura sunt' was part of this gloss in the MS used by Nequam, the whole being ascribed there to Bede.

3 Quero autem quonam modo ueritas humane nature perhibetur[a] per aquam que effluxit de latere Domini, cum hoc miraculosum fuerit. Vnde et Iohannes, innuens hoc supra naturam fuisse, ait: 'Et qui uidit testimonium perhibuit, et uerum est testimonium eius. Et ille scit quia uera dicit, ut et uos credatis'.[1] Sed et Beda, exponens transitum predictum epistole canonice Iohannis, dicit quod contra naturam aqua fluxit de latere Christi, quamquam adiciat de latere iam mortui.[2] Fuere ergo qui dicerent aquam illam flegma fuisse uerum, quod Deo uolente inferius in tractatu de eucaristia instituendo improbabitur;[3] ibi enim docebimus aquam illam ueram fuisse aquam. Sed ut obiectiuncule nostre quoquomodo respondeamus, patet quod secundum naturam deitatis non effluxit aqua de latere, immo per hoc patet quod creatura fuit Christus.

4 Verba autem Leonis pape libet recitare, quia dulcius ex ipso fonte bibuntur aque.

'Tres sunt', inquit, 'qui testimonium dant, spiritus, aqua et sanguis. Et tres unum sunt: Spiritus sanctificationis et sanguis redemptionis et aqua baptismatis: que tria unum sunt et indiuidua manent, nichilque eorum a sua connexione seiungitur; quia Ecclesia catholica hac fide uiuit ac proficit, ut in Domino Iesu Christo uera nec sine diuinitate humanitas, nec sine uera credatur humanitate diuinitas'.[4]

5 Ecce quia Leo papa, uir intelligentie sublimis et autentice dignitatis, dicit de spiritu et aqua et sanguine, quod unum sunt. Vnum quidem sunt Spiritus Sanctus qui nos sanctificat et sanguis qui de latere Christi emanauit et aqua baptismatis; id est unius rei effectiua sunt ista. Spiritus enim Sanctus et sanguis Christi et aqua baptismatis nos mundant.

6 Expositioni uero Ambrosii consona est expositio Leonis pape.[5] Augustinus uero per spiritum intelligit Patrem, qui dicitur spiritus principalis, ut ibi: 'Redde mihi leticiam salutaris tui et spiritu principali confirma me'.[6] Per sanguinem intelligit Filium, per aquam Spiritum Sanctum. Et hi tres unum sunt. Pater quidem et Filius et Spiritus Sanctus in celo dant testimonium Filio et hi testimonium dant ei in terra.[7]

7 Libet autem uerba Augustini proponere disput<ant>is de fide catholica contra Maximinum hereticum:

'Scrutare scripturas canonicas ueteres et nouas et inueni si potes ubi [col. 2] dicta sunt aliqua unum, que sunt diuerse nature atque substantie. Sane falli te nolo in epistola Iohannis apostoli ubi ait: "Tres sunt testes, spiritus, aqua et sanguis, et tres unum

---

[a] prohibetur R

---

[1] Ioh. 19. 35.   [2] Ps-Bede (Walafrid) *In I Ioh*. v (114C).   [3] Not extant.
[4] Leo, *Epist*. xxviii. 5(777A).
[5] Ambr. *Expos. Evang. sec. Lucam* x. 48 (1816A) or *De Spirit. Sanct*. III. x. 67–68 (792A–B).
[6] Ps. 50. 14.   [7] Aug. *Enarr. in Pss*. l. 17 (596); *Glo. Ord*. III. 804.

sunt", ne forte dicas spiritum et aquam et sanguinem diuersas esse substantias tamen[a] dictum esse "tres unum sunt". Propter hoc ammonui te ne fallaris. Hec enim sacramenta sunt in quibus non quid sint, sed quid ostendant semper attenditur, quoniam signa sunt rerum, aliud[b] existentia et aliud significantia. Si ergo illa que his significantur intelliguntur, ipsa inueniuntur unius esse substantie, tamquam si dicamus "Petra et aqua unum sunt", uolentes per petram significare Christum, per aquam Spiritum Sanctum. Quis dubitat petram et aquam diuersas habere naturas? Set quia Christus et Spiritus Sanctus unius eiusdemque nature sunt, ideo cum dicitur "Petra et aqua unum sunt', ex ea parte recte accipi potest, qua iste due res quarum est diuersa natura, aliarum quoque signa sunt rerum quarum est una natura. 8 Tria itaque nouimus de corpore Domini exiuisse cum penderet in ligno: primo spiritum, unde scriptum est: "Et inclinato capite tradidit spiritum",[1] deinde quando latus eius lancea perforatum est, sanguinem et aquam.[2] Que tria si per se intuantur, diuersas habent singula queque substantias, ac per hoc non sunt unum. Si uero his ea que significata sunt uelimus inquirere, non absurde occurrit ipsa Trinitas, que unus, solus, uerus, summus est Deus, Pater et Filius et Spiritus Sanctus, de quibus uere dici potuit "Tres sunt testes et tres sunt unum", ut nomine spiritus accipiamus significatum Deum Patrem. De ipso quoque adorando loquebatur Dominus ubi ait: "Spiritus est Dominus".[3] Nomine autem sanguinis Filium, quia "Verbum caro factum est",[4] et nomine aque Spiritum Sanctum, cum enim de aqua loqueretur Iesus[c] quam daturus erat sitientibus, ait Euuangelista: 'Hoc autem dixit de Spiritu, quem accepturi erant credentes in eum".[5] Testes uero esse Patrem et Filium et Spiritum, quis euuangelio credidit et dubitat, dicente Filio: "Ego sum qui testimonium perhibeo de me ipso, et testimonium perhibet de me qui misit me Pater",[6] ubi etsi non est commemoratus Spiritus Sanctus, non tamen intelligitur separatus. Sed nec de ipso alibi tacuit, eumque testem satis aperte demonstrauit. Nam cum illum promitteret, ait: "Ipse testimonium perhibe<bi>t de me".[7] Hi sunt tres testes et tres unum sunt, quia unius substantie sunt'.[8]

9 Ambrosius autem in libro De Trinitate libro primo de Spiritu Sancto ait:

'Sunt plerique qui[d], eo quod in aqua baptizamur[e] et Spiritu, non putent aque et Spiritus distare[f] naturam. Nec aduertunt quia in illo aquarum elemento sepelimur, ut renouati per Spiritum resurgamus. In aqua enim ymago mortis, in Spiritu pignus est uite, ut per aquam moriatur corpus peccati, que quasi quodam tumulo corpus includit, er per uirtutem Spiritus renouemur a morte peccati. Et ideo hi tres testes unum sunt, sicut Iohannes dixit: "aqua, sanguis et spiritus", unum in ministerio, non in natura. Aqua igitur est testis sepulture, sanguis testis est mortis, Spiritus testis est uite'.[9]

10 Clareuallensis uero, tropologice deseruiens intelligentie, suos semper lectores ad honestatem inuitat. 'Felicibus', inquit, 'spiritualium studiorum exercitiis hilariter indulgeamus, quia "tres sunt qui testimonium dant nobis [f. 16] in celo, Pater, Verbum et Spiritus Sanctus, et hi tres unum sunt". Ac si

---

[a] sic Aug.; et non R   [b] aliquid R   [c] Iohannes R   [d] qui in R   [e] baptizamus R
[f] Ambr. adds munera, et ideo non putant distare, perhaps om. in R by haplography.

[1] Ioh. 19. 30.   [2] Ioh. 19. 34.   [3] II Cor. 3. 17.   [4] Ioh. 1. 14.
[5] Ioh. 7. 39.   [6] Ioh. 8. 18.   [7] Ioh. 15. 26.
[8] Aug. Contra Maximin. II. xxii. 2–3 (794–95).
[9] Ambr. De Spirit. Sanct. I. vi. 76–77 (722C–23A).

dicatur: Commendatione dignum est horum trium testimonium. Cum enim unum sint, nulla potest esse in testimonio eorum dissonantia. Quid hesitatis, deside<n>s? In Patre potentia, in Verbo sapientia, in Spiritu Sancto benignitas. Non potest periclitari causa uestra, fratres, in manu potentie, sapientie et benignitatis. Pater potest uobis prestare patrocinium, Verbum scit, Spiritus Sanctus uult, et hi tres unum sunt. Sunt enim una potentia, una sapientia, una benignitas. Possunt igitur hi tres et sciunt et uolunt patrocinari nobis in causa nostra. "Et tres sunt qui testimonium dant in terra: spiritus, sanguis et aqua". Dant enim conscientie nostre testimonium sanguis laboris et aqua deuotionis et spiritus benignitatis. Quid enim conferunt nobis, fratres, labor feruentissimus et imber lacrimarum, nisi habeamus in nobis benignitatem et mansuetudinem et compassionem? "Et hi tres unum sunt", quia ad unum finem nos perducunt. Vnum sunt in effectu, dum per ista tria nobis remittitur pena culpe debita. Vnum etiam sunt finaliter, quod dum nos ad celestia perducunt, ad unum finaliter tendunt'.[1]

11 Quamquam autem moralis ista intelligentia dignissima sit commendatione, consona tamen minus est intentioni auctoris. Nos ergo aliqua predictis adiciemus, ut dilucidior sit intelligentia. Cum ergo Pater et Filius et Spiritus Sanctus testimonium dent Christo super deitate, spiritus autem, aqua et sanguis testimonium dent de humanitate, uidetur dissonantia esse in his testimoniis, cum aliud probent hi, aliud illi. Sed quid? Ex testimoniis istorum et illorum habetur pro certo quod Christus est uerus Deus et uerus homo. Celum ergo dicitur hic celestis natura, cum alibi dicatur celum Pater. Vnde, ut legitur in euuangelio Iohannis, ait Christus de se: 'Qui de celo uenit, super omnes est'.[2] De celo, inquit, id est de Patre. Tres ergo sunt qui testimonium Christo dant in celo (id est in diuina natura), Pater, Verbum et Spiritus Sanctus. Dant, inquam, testimonium reale Christo, uidelicet quod ipse sit et uerus Deus et uerus homo. Et hi tres dant Christo testimonium de deitate. Pater enim, generando Filium consubstantialem sibi et coeternum et coequalem, testatur et docet Filium esse Deum. Non enim potest generare Deus nisi Deum.[3] Filius autem uidet et probat se

---

[1] Not by Bernard of Clairvaux as it stands, although with 'In Patre potentia . . . benignitas' cf. Bernard, *Sent.* III. lxviii (VI. iii, p. 101): 'Pater, Filius, Spiritus Sanctus. In Patre notatur potentia, in Filio sapientia, in Spiritu Sancto benignitas'. A fainter echo is *Sent.* I. i (ibid., p. 7): 'Tres sunt qui testimonium dant in caelo: Pater et Filius et Spiritus Sanctus. Tres in terra: spiritus, aqua et sanguis. Similiter tres in inferno . . .' (even fainter is I. xli [ibid., pp. 20–21]). In any case how much of this is verbatim quotation? Variants of the expression 'felicibus spiritualium studiorum exercitia' are favoured by Nequam: e.g. above, I. prol. 1, xi. 8 and below, II. xlix. 9, III. xv. 3–4, xxviii. 1.
[2] Ioh. 3. 31.
[3] Cf. Boeth. *De Trin.* v (1254D): 'Nihil autem aliud gigni potuit ex Deo nisi Deus'.

esse Deum dum generatur a Patre. 12 Vnde dicit Filius de se in Euuangelio
Iohannis: 'Qui de celo uenit super omnes est. Et quod uidit et audiuit, hoc
testatur'.¹ Quod scilicet uidit apud Patrem et audiuit a Patre, hoc
testatur, scilicet se esse Verbum. Spiritus uero Sanctus Christo dat
testimonium de deitate, quod procedit eternaliter ab ipso. Pater item
introducitur a propheta loquens ad Filium: 'Ego hodie genui te',² ac si
dicatur: 'Ego eternaliter genero te'. Filius item dicit: 'Ego et Pater unum
sumus'.³ Et iterum: 'Antequam Abraham fieret, ego sum'.⁴ Vtrim-
que ostenditur Filius esse Deus. Sic igitur ostensum est quod de deitate Filii
Christo dant testimonium Pater, Verbum et Spiritus Sanctus. Paucis
deinceps uideamus quonam modo in diuina natura dent Christo testimonium de humanitate Pater, Verbum et Spiritus Sanctus. 13 Pater quidem
dixit: 'Hic est Filius [col. 2] meus dilectus in quo mihi bene complacui; ipsum
audite'.⁵ Per hoc enim quod dicitur 'ipsum audite' denotatur humanitas
Filii, ac si dicatur: Filius meus qui ueritas est in diuina natura, doctor est
ueracissimus in humanitate, et ideo exaudiendus est. Filius autem testimonium sibi dat de humanitate, cum dicit: 'Ego a Patre ueni in mundum'.⁶
Christus enim secundum quod homo missus est a Patre, dum semetipsum
exinaniuit, formam serui accipiendo.⁷ Item, alibi dicit Filius: 'Nunc
autem uado ad eum qui misit me'.⁸ Spiritus autem Sanctus Christo dat
testimonium de humanitate iuxta id quod dicit Filius in Euuangelio
Iohannis: 'Cum autem uenerit ille Spiritus ueritatis, docebit uos omnem
ueritatem'.⁹ Quod si ita est immo quia ita est, docuit Spiritus Sanctus
apostolos quod Christus est uerus homo.
14 Sed dicet aliquis: Si Christus perhibet sibi testimonium de humanitate,
uidetur testimonium eius non esse uerum, cum dicat in Euuangelio Iohannis
'Si ergo testimonium perhibeo de me ipso, testimonium meum non est
uerum'.¹⁰ Si ego, scilicet in quantum homo, perhibeo testimonium de
me ipso, testimonium meum non est uerum. Sed sensus hic est ut docet
Augustinus: 'Si ego homo testimonium perhibeo de me ipso, non uidebitur
uobis uerum testimonium meum'.¹¹ Vnde in sequentibus in eodem sic
legitur: 'Ego sum lux mundi. Qui sequitur me non ambulat in tenebris, sed
habebit lumen uite'.¹² Dixerunt ergo Pharisei: 'Tu de te ipso testimonium perhibes; testimonium tuum non est uerum'.¹³ Respondit Iesus et
dixit eis: 'Etsi ego testimonium perhibeo de me ipso, uerum est testimonium
meum, quia scio unde ueni'¹⁴ et cetera. Et post pauca: 'Ego sum qui

---

¹ Ioh. 3. 31–32.   ² Ps. 2. 7 etc.   ³ Ioh. 10. 30.   ⁴ Ioh. 8. 58.
⁵ Matth. 3. 17; II Pet. 1. 17.   ⁶ Ioh. 16. 28.   ⁷ Philip. 2. 7.
⁸ Ioh. 16. 5.   ⁹ Ioh. 16. 13.   ¹⁰ Ioh. 5. 31.
¹¹ Cf. *Glo. Ord.* V. 1111–12 (interlin.).   ¹² Ioh. 8. 12.   ¹³ Ioh. 8. 13.
¹⁴ Ioh. 8. 14.

testimonium perhibeo de me ipso, et testimonium perhibet de me qui misit
me Pater'.[1]

15 Videndum est postmodum quonam modo spiritus, aqua et sanguis
Christo dent testimonium in terra (id est in humana natura), quod ipse sit
uerus homo et uerus Deus. Spiritus igitur quem emisit Christus moriens
probat ipsum esse hominem. Iterato rediens ad corpus, dum resurrexit ex
uirtute deitatis, docet ipsum esse Deum, iuxta id quod ait Filius: 'Potestatem
habeo ponendi animam meam, et iterum sumendi eam'.[2] Nullus purus
homo hanc habet potestatem. Aqua uero que fluxit de latere attestatur
inferiori nature; miraculi uero excellentia designatiua est deitatis. Per
sanguinem uero passio designatur. Constat autem quod Christus secundum
hominem passus est. Quoniam tamen non potuisset pura creatura fuisse
sufficiens hostia redemptionis humani generis, patet quod qui redemit
mundum et sanguine suo lauit Deus erat; et ita sanguis attestatur et
humanitati et diuinitati, sed humanitati directe, diuinitati per consequens.

16 Quoniam autem uestigia expositionis Bede secuti sumus in hac parte, ut
spiritum et aquam et sanguinem referamus ad humanam naturam, con-
gruum mihi uidetur expositioni Leonis pape etiam super hoc inniti, dum
modo inuestigationi nostre satisfaciamus. Dicatur ergo celum sublimis ille
status in quo Dominus fuit post ascensionem.[a] Patet ergo quod Pater et
Filius et Spiritus Sanctus mundo iam notificauere quod Christus est uerus
Deus et uerus homo. Pater et Filius docent Christum esse uerum Deum, per
hoc quod miserunt Spiritum Sanctum in corda discipulorum die Pentecostes.
Spiritus Sanctus idem docuit apostolos. Pater item docet Christum [f. 16v]
esse uerum hominem, quia dat ei in quantum homo est uti potioribus bonis
suis. Filius uero interpellans pro nobis ueram sui demonstrat humanitatem,
ostentans cicatrices Patri, quas in corpore glorificato miraculose reseruat
usque in diem iudicii. Inspiratione uero et doctrina Spiritus Sancti idem
docetur Ecclesia. 17 Terra uero hic dicetur status ille in quo conuersatus est
nobiscum Dominus ante ascensionem. Spiritus ergo, aqua et sanguis
testimonium dederunt Christo super utraque natura; Spiritus scilicet
sanctificationis et aqua ablutionis et sanguis redemptionis. Spiritus ergo
Sanctus in terra dedit testimonium Christo super humanitate, et in
conceptione quia de ipso conceptus est,[3] et in descensu super ipsum
quando baptizatus est,[4] et tercio quando ab ipso ductus est in
desertum.[5] Idem Spiritus Christo dedit testimonium in terra de

---

[a] ascentionem *always* R

---

[1] Ioh. 8. 18. [2] Ioh. 10. 18. [3] Matth. 1. 18. [4] Matth. 3. 16.
[5] Matth. 4. 1.

diuinitate, quando ad insufflationem ipsius Domini intrauit corda discipulorum. Legitur enim in Euuangelio Iohannis sic: 'Sicut me misit Pater et ego mitto uos. Hoc cum dixisset insufflauit eis et dixit "Accipite Spiritum Sanctum. Quorum remiseritis peccata remittuntur eis, et quorum retinueritis retenta sunt"'.[1] Domino igitur dicente 'Accipite Spiritum Sanctum', acceperunt et ipsi Spiritum Sanctum. Spiritus ergo Sanctus, missus ab eo, docet quod Spiritus Sanctus spiritus est Filii, et ita docet Christum esse Deum. 18 Et uide quod Spiritus Sanctus testimonium dat in celo, testimonium dat in terra, sicut e celo datus est et in terra datus est: e celo, ut diligatur Deus; in terra, ut diligatur proximus. Aqua dedit in terra testimonium Christo super humanitate, quando baptizatus est; quia in quantum homo baptizatus est. Aqua uero dedit testimonium super diuinitate, quia Dominus in baptismo suo uim regeneratiuam contulit aquis. De sanguine uero redemptionis prediximus, ostendentes quonam modo sanguis attestatus est humanitati et diuinitati. Possumus et competenter per sanguinem intelligere misterium eucaristie. Cum ergo sub utraque forma, panis et uini scilicet, totus sit Christus in utraque natura, patet quonam modo sanguis ille preciosus attestetur et humanitati et diuinitati. Adde quia sanguis ille potus est animarum fidelium, quia 'calix' Domini sobrie mentes 'inebrians, quam preclarus est',[2] id est ualde clarus et in se et in effectu. Et hi tres unum sunt, scilicet spiritus, aqua et sanguis; unum, inquam, ab effectu, ut predictum est.

Vtrum Pater et Filius et Spiritus Sanctus sunt tres testes, an unus testis. xxvi.

1 Profunditatem intelligentie Iohannis admiror, dicentis 'Tres sunt qui testimonium dant in celo, Pater, Verbum et Spiritus Sanctus'.[3] Neque enim ait 'Tres testes sunt', sed ait 'Tres sunt'. Item, non ait 'Hi tres unus testis sunt', sed ait 'Hi tres unum sunt'. Vnde quero utrum Pater, Verbum et Spiritus Sanctus sint tres testes, an unus testis. Augustinus manifeste dicit quod sunt tres testes, super illum locum Iohannis: 'In lege uestra scriptum est quia duorum hominum testimonium est uerum'.[4] Super quem locum hac forma uerborum utitur Augustinus:

'"In ore duorum hominum uel trium testium stat omne uerbum".[5] Non quod duo uel plures non sint inuenti sepe fallaces, sed Trinitas in hoc commendatur, in qua perpetua est ueritas. Si ergo uis habere bonam causam, habe duos uel tres testes, Patrem et Filium et Spiritum Sanctum, ut accusata Susanna habuit'.[6]

---

[1] Ioh. 20. 21–23.   [2] Cf. Ps. 22. 5.   [3] I Ioh. 5. 7–8.   [4] Ioh. 8. 17.
[5] Cf. Deut. 19. 15; Matth. 18. 16.
[6] Dan. 13. 36–62; Aug. *In Iohann*. xxxvi. 10 (1669), summarized.

2 Ecce quia Augustinus dicit Patrem et Fili[col. 2]um et Spiritum Sanctum esse tres testes. Profecto non quero utrum Patris et Filii et Spiritus Sancti unum sit testimonium, cum dicat Dominus in Euuangelio Iohannis: 'Ego sum qui testimonium perhibeo de me ipso, et testimonium perhibet de me qui misit me Pater'.[1] Quero item utrum dedisset Dominus Patrem et Filium et Spiritum Sanctum esse tres testes an unum testem, si interrogatus esset a Iudeis super hoc. Si enim diceret quod sunt unus testis propter unitatem essentie, dicerent Iudei: Vnus testis nullus. Si diceret tres esse testes, non uideretur hoc stare posse. Tres enim persone sunt unus creator, unus rerum conditor, unus magister ueritatis. Vnde Veritas ait in Euuangelio Mathei: 'Vnus est magister uester'.[2] Quem locum explanans expositor, ait: 'Vnus qui illuminat hominem, quod non homo qui tantum exercet docendo, non intellectum prestat'.[3] Videntur tamen quedam expositiones uelle quod hoc de Patre intelligendum sit. Sed quid? Subditur ibidem in Matheo: 'Ne uocemini magistri, quia magister uester unus est Christus'.[4] Sed si interius mens littere inspiciatur, ostenditur per hoc quod Pater et Filius sunt unus magister. Vnde et expositor, locum illum explanans, dicit: 'Deus dicitur Pater et magister natura'.[5] 3 Quod si est, copulabit hoc nomen 'magister' diuinam essentiam, dictum de Deo. Sed, inquies, numquid tres persone sunt unus Pater? Legitur enim ibidem: 'Vnus est Pater uester qui in celis est'.[6] Ad quod dicendum quia hoc nomen 'Pater' non ponitur ibi personaliter sed notat auctoritatem. Vnde expositor ait: 'Vnus est Pater auctoritate, quia ex ipso sunt omnia';[7] sicut ergo tres persone sunt auctor rerum, ita et unus Pater. Similiter, tres persone sunt unus redemptor, solus tamen Filius dicitur redemptor. Cum autem dicitur 'Tres persone sunt unus redemptor', notatur auctoritas, quia tota Trinitas nos redemit auctoritate. Cum autem dicitur 'solus Filius redemptor', sic notatur ministerium. Vnde solet queri quonam modo debeat terminari ista oratio que in agendis defunctorum recitatur: 'Fidelium, Deus, omnium conditor et redemptor'.[8] Cum enim tres persone sint unus omnium conditor, oportet quod hoc nomen 'redemptor' quod sequitur notet auctoritatem. Quod si est, oportet quod sic terminetur oratio: 'Qui uiuis <et> regnas Deus[a] per omnia secula seculorum'. Si autem hoc nomen 'redemptor' dicatur ibi notare ministerium, debet terminari oratio sic: 'Qui cum Deo Patre et Spiritu Sancto uiuis et regnas Deus'. Non uidebitur tamen intelligenti quod hoc nomen

---

[a] Qui . . . Deus *suppl. over erasure in another hand* R

---

[1] Ioh. 8. 18.   [2] Matth. 23. 8.   [3] *Glo. Ord.* V. 380.   [4] Matth. 23. 10.
[5] *Glo. Ord.* V. 380.   [6] Matth. 23. 9.   [7] Cf. *Glo. Ord.* V. 379–80 (interlin.).
[8] *Orat. pro omnibus fidelibus defunctis* in *Brev. Sar.* II. 532.

'redemptor' possit ibi teneri personaliter, cum hoc nomen 'conditor' premittatur, quod essentiale est et commune tribus personis. 4 Cum uero dixi hoc nomen 'redemptor' notare auctoritatem, ne referas intellectum ad auctoritatem qua Pater dicitur auctor Filii, uel ad auctoritatem qua Pater et Filius spirant Spiritum Sanctum, sed ad auctoritatem communem tribus qua scilicet Pater et Filius et Spiritus Sanctus sunt unus auctor rerum. Quia igitur tres persone una potestate, una uoluntate, una auctoritate liberauerunt genus humanum, merito dicuntur unus redemptor. Nullo igitur modo uidetur quod sermo possit dirigi ad Patrem in predicta oratione. Vnde nec sic debet terminari: 'per Dominum nostrum Iesum Christum', et cetera. Si enim dicat aliquis suppositionem restringi ad Patrem per hoc quod subditur in fine, 'per Dominum nostrum Iesum Christum Filium tuum', dicetur ei:

> 'Et fortasse cupressum
> scis simulare'.[1]

Quod igitur magis consentaneum est maturo iudicio [f. 17] sapientis, eligendum est in talibus. Sicut ergo tres persone sunt unus redemptor, unus magister, unus assertor ueri, ita et unus testis dici debent. Cum enim dicitur 'Tres persone testantur hoc uel illud', non notat hoc uerbum 'testantur' distinctionem, immo in eo quod 'testantur' hoc uel illud conueniunt. Si quid ergo predicat hoc uerbum 'testantur', dictum de tribus personis, predicat essentiam. 5 Quod si est, erunt necessario tres persone unus testis. Detur item uerbis licentia, pro angustia Latini sermonis. Cum ergo dicitur quod tres persone testantur hoc uel illud, numquid una testificatio inest illis aut plures? Si plures, numquid ille testificationes sunt notiones? Si una, nonne, illa testificatione supposita, supponitur diuina essentia? Quod si est, erunt tres persone unus testis. Preterea, dicit apostolus 'Testis est mihi Deus'.[2] Non est usus plurali numero sed singulari. Cum ergo testis noster sit Deus, nonne Deus est testis noster et ille est tres persone? Cum item dicit propheta 'testis in celo fidelis',[3] quare non dixit pluraliter 'testes'? Preterea, Augustinus super Iohannem dicit: 'Vis habere bonam causam? Habeto duos uel tres testes'.[4] Sed quia tropice se esse locutum sensit Augustinus, subiungit post pauca dicens:

'Eligamus nobis, fratres, contra linguas hominum, circa infirmas suspiciones generis humani Deum iudicem, Deum testem. Non enim dedignatur esse testis qui iudex est, aut promouetur cum sit iudex; quoniam qui testis est, ipse iudex erit. Quare ipse testis? Quia non querit alium unde cognoscat qui[a] sis. Quare ipse iudex? Quia ipse habet

---

[a] quis R

---

[1] Cf. Hor. *Ars Poet.* 19–20; also quoted by Robert of Melun, *Sent.* I. ii. 8 (III. ii. 298 line 10).
[2] Philip. 1. 8.   [3] Ps. 88. 38.   [4] Aug. *In Iohann.* xxxvi. 10 (1669).

potestatem mortificandi et uiuificandi, dampnandi et absoluendi, in Gehennas precipitandi et in celos leuandi, diabolo coniungendi et cum angelis coronandi'.[1]

6 Quamuis autem uideatur Augustinus uelle ista referre ad Christum, tamen interius considerata ad Trinitatem pertinebunt. Sicut enim tres persone sunt unus iudex ratione auctoritatis, cum tamen solus Christus iudex sit ratione ministerii, ita tres persone, me iudice, sunt unus testis. Si uero dicant Iudei aut heretici quia unus testis nullus, respondemus quia ideo acceptabilius est testimonium trium quia qui tres sunt unus testis sunt. Commendabilius quidem uidetur testimonium quia unum sunt, quia unius nature sunt, unus testis sunt, unum et idem testantur, quam si tres testes essent. Cum ergo dicit Augustinus 'Habeto duos uel tres testes, Patrem et Filium et Spiritum Sanctum',[2] perinde est ac si dicat 'Pro tribus testibus sint tibi Pater et Filius et Spiritus Sanctus'. Ne[a] tamen putemur terga dare sagittis obicientium, esto quod plane dixerit Augustinus Patrem et Filium et Spiritum Sanctum esse tres testes. Nonne enim hoc nomen 'testis', cum sit substantiuum constructione, adiectiuum est significatione? Quoniam ergo Pater et Filius et Spiritus Sanctus sunt tres testantes, ideo dici potuit quod sunt tres testes, ita ut hoc nomen 'tres' teneatur quasi substantiue, et hoc nomen 'testes' adiectiue. Vnde et Ambrosius dicit quod hi tres testes unum sunt.[3] 7 'Iunior fui, etenim senui',[4] et uix audiui aliquem theologorum qui admitteret quod Pater et Filius et Spiritus Sanctus sunt iustus, immo, ut aiunt, Pater et Filius et Spiritus Sanctus sunt iustus. Vnde admittunt hanc: 'Pater et Filius et Spiritus Sanctus sunt potentes omnia', sed hanc negant: 'Pater et Filius et Spiritus Sanctus [col. 2] sunt potentes omnium'. Participia enim, etsi predicent diuinam essentiam, uim uerborum retinent. Sicut ergo Pater et Filius et Spiritus Sanctus possunt omnia, ita sunt potentes omnia. Si autem dicatur 'sunt potentes omnium', hec dictio 'potentes' tenetur nominaliter. 8 Cum enim dicitur 'amans illum', hec dictio 'amans' participium est. Cum dicitur 'amans illius', nomen est. Sed nonne hoc nomen 'potens' predicat diuinam essentiam, sicut et hoc participium 'potens' et econuerso? Preterea, nonne tres persone sunt iuste cum iustificent Petrum? Numquid sunt iustificantes Petrum et non sunt iuste? Nonne quelibet illarum est iusta? Ergo sunt iuste. Nonne item tres persone coeterne sibi sunt et coequales? Ergo eterne sunt. Ergo Pater et Filius et Spiritus Sanctus sunt eterni. Sed obiciunt: Quid est ergo quod dicitur, quod Pater et Filius et Spiritus Sanctus non sunt tres eterni sed unus eternus? Sed quid? Nonne si sunt unus eternus, sunt unus potens per omnia? Numquid

---

[a] Nec R

---

[1] Ibid. xxxvi. 11 (1669).   [2] Ibid. xxxvi. 10 (1669).
[3] See above, I. xxv. 9.   [4] Ps. 36. 25.

ergo dici potest quod sicut tres persone sunt unum potens, ita sunt unus potens? Numquid ergo tres persone sunt unus, sicut sunt unum? Hoc negatum est superius.[1]

9 Dicimus ergo quod huiusmodi nomina, 'iusti', 'eterni', 'potentes' et similia possunt teneri nunc substa<n>tiue, nunc adiectiue. Si teneantur substantiue, false sunt iste: 'Pater et Filius et Spiritus Sanctus sunt iusti, eterni, potentes'. Sunt enim Pater et Filius et Spiritus Sanctus iustus, eternus, potens. Sic enim huiusmodi nomina ponuntur substantiue. Similiter, 'Pater et Filius et Spiritus Sanctus sunt sanctus Israel', id est sanctificator Israelis. Hinc est quod propheta ait: 'Psallam tibi in cithara sanctus Israel'.[2] Restringitur tamen quandoque appellatio ista ad Christum. Vnde in cantico Ysaie legitur: 'Exulta et lauda habitatio Sion, quia magnus in medio tui sanctus Israel'.[3] Et propheta: 'Quoniam Domini est assumptio nostra et sancti Israel regis nostri',[4] solus enim Christus carnem nostram assumpsit. 10 Si autem hec nomina, 'iusti', 'eterni' et 'potentes', teneantur adiectiue, dabitur quod Pater et Filius et Spiritus Sanctus sunt iusti, eterni, potentes, fortes. Sicut ergo hanc damus, 'Pater et Filius et Spiritus Sanctus sunt potentes omnia', ita et hanc, 'Sunt potentes omnium', adiectiue retento uocabulo. Hec ergo distinguenda est, 'Pater et Filius et Spiritus Sanctus sunt tres eterni'. Si enim hoc nomen 'tres' teneatur substantiue et hoc nomen 'eterni' adiectiue, dabitur quod Pater et Filius et Spiritus Sanctus sunt tres eterni, tres immensi, tres omnipotentes. Si uero hoc nomen 'tres' teneatur adiectiue et hoc nomen 'eterni' substantiue, dicetur quod non sint tres eterni nec tres immensi nec tres omnipotentes, immo sunt unus eternus, unus immensus, unus omnipotens, unus potens. In his enim locutionibus tenetur hoc nomen 'unus' adiectiue. Si autem dicatur 'Tres persone sunt unus', constat hoc nomen 'unus' substantiue teneri et ideo falsa est, quia substantiuatum pertinet ad distinctionem in masculino genere. 11 Considerandum autem est diligenter quod nomen possit adiectiuari, quod non. Inuitus enim darem hanc, 'Tres persone sunt tres domini', cum tamen sint tres dominantes, ita ut hec uox 'dominantes' teneatur adiectiue. Nec do hanc, 'Tres creatores sunt', neque 'Tres dii sunt', hoc nomen enim 'creator' semper substantiue tenetur, sicut et hec nomina 'gubernator' et 'rector'. Hec uero nomina, 'creatrix' et 'gubernatrix', semper adiectiue tenentur. Vnde in Ecclesia cantatur hec antiphona: [f. 17v] 'Benedicta sit creatrix et gubernatrix omnium, sancta et indiuidua Trinitas, et nunc et semper et per infinita seculorum secula'.[5] Si ergo queratur de hac, 'Creator est creatrix', dicendum absolute quod incongrua est locutio. 12 Predictis adiciendum est quod Augustinus contra Maximinum hereticum utitur hoc nomine 'testes'

---

[1] See above, I. xx. 2–xxi.   [2] Ps. 70. 22.   [3] Is. 12. 6.
[4] Ps. 88. 19.   [5] Antiphon 6 at Lauds for the Trinity in *Brev. Sar.* I. mlv.

adiectiue, cum dicit 'Tres sunt testes'.[1] He igitur uere: 'Tres sunt
dominantes', 'Tres sunt creantes', sed he false: 'Tres sunt creatores', 'Tres
sunt domini' — sicut duo qui possident seruum pro indiuiso sunt 'dominantes huic', sed non sunt 'domini huius'. Similiter, isti sunt 'ferentes lignum',
sed non sunt 'latores ligni'. Hec autem secundum quosdam est uera:
'Potentes omnia sunt Trinitas'. Sed hec est falsa secundum omnes: 'Potentes
omnium sunt Trinitas'. Sed cum hec dictio 'potens', siue participaliter siue
nominaliter teneatur, copulet essentiam, utramque censeo falsam. Sed
nonne tres sunt qui possunt omnia? Immo. Nonne igitur qui possunt omnia
sunt Trinitas? Quid? Nonne qui potest omnia est Trinitas? Sed hec melius
intelligentur per capitulum in quo agetur utrum qui est sit et Pater et
Filius.[2]

Vtrum Deus Pater sit Deus Filius. xxvii.

1 Fuere nonnulli qui hanc negauerunt, 'Deus est Trinitas', dantes tamen
hanc, 'Trinitas est Deus'. Secundum enim iudicium ipsorum, nomen
substantiuum positum in predicato quasi adiectiue tenetur. Vnde nec
admittunt ad ipsum posse fieri relationem. Cum ergo dicitur 'Trinitas est
Deus', pro iudicio istorum hic est sensus: 'Trinitas est unius deitatis'. Sed
quid? Deus est Pater, ergo Deus est Pater et est Filius, uel Deus est Pater et
non est Filius. Si Deus est Pater et est Filius, a simili Deus est Pater et est
Filius et est Spiritus Sanctus, ergo Deus est tota Trinitas; quod isti negant. Si
Deus <est> Pater et non est Filius, ergo Deus non est Filius. Qua admissa,
queratur pro quo fiat suppositio. Si pro Patre, sic contra: Deus est Pater et
Deus non est Filius, sed Deus est Filius, ergo unus Deus est Pater et alius
Deus est Filius, ergo duo dii sunt Pater et Filius. Preterea, pro iudicio
istorum hoc nomen 'Deus', positum in supposito, pro persona supponit; in
apposito, ad naturam diuinam pertinet. Propositis ergo his duabus, 'Deus
est Pater', 'Deus est Filius', dabunt quod hec uera est pro Patre, illa pro
Filio. Et ita cogentur dare hanc: 'Deus est Pater et idem Deus non est Filius,
sed Deus est Filius, ergo Deus est Pater et alius Deus est Filius'. 2 Preterea,
pro persona fit suppositio cum dicitur 'Deus est', ut aiunt, quemadmodum si
dicatur 'Diuina persona est'. Quero ergo ab eis utrum hec danda sit: 'Vnus
solus Deus est'. Aut enim unus solus Deus est, aut non unus solus Deus est.
Si unus solus Deus est, ergo una sola diuina persona est. Si non unus solus
Deus est et unus Deus est, ergo et unus Deus est et alius Deus est. Dicimus

---

[1] See above, I. xxv. 7.   [2] See below, I. xxxi. 10–11.

ergo hoc nomen 'Deus' essentiale esse et pertinere ad essentiam, tam ex parte subiecti quam ex parte predicati. Vnde sicut hanc damus, 'Tres persone sunt unus Deus', ita et hanc, 'Vnus Deus est tres persone'. Coguntur tamen nomina essentialia quandoque personaliter poni propter uirtutem adiectionis cogentis nomen essentiale teneri personaliter. Vnde iste uere sunt, 'Deus est passus', 'Orbis conditor est natus', 'Deus generat Deum'. Vnde de hac dubitari solet, 'Deus Pater est Deus Filius'. Constat quidem hanc esse ueram secundum nos, 'Deus qui est Pater est Deus qui est Filius'. Erit ergo hec uera, 'Deus ens Pater est Deus ens Filius'. Nonne ergo hec erit uera, 'Deus Pater est Deus Filius'? 3 Consueuimus quidem eam dare [col. 2]. Vnde he uere sunt, 'Deus Pater est Deus Filius', 'Deus Pater est Filius Deus', 'Pater Deus est Deus Filius'. Sed hec est falsa, 'Pater Deus est Filius Deus'. Dicimus tamen hanc esse dupplicem, 'Deus Pater est Deus Filius'. Potest enim hoc nomen 'Deus' teneri e<sse>entialiter, et secundum hoc uera est, ut diximus. Licet enim quandoque uocabulum per transumptionem ad aliam transeat significationem uel suppositionem, potest tamen natiuam retinere significationem. Vnde dicimus has esse ueras, 'Pratum ridet', 'Pratum non ridet', 'Secana currit', 'Secana non currit', 'Deus generat Deum', 'Deus non generat Deum'.[1] Multi tamen in logicis aliter iudicant. Potest ergo suppositio huius nominis 'Deus' restringi cum dicitur 'Deus Pater', et secundum hoc falsa erit hec, 'Deus Pater est Deus Filius', sicut et hec, 'Pater Deus est Filius Deus'. Sicut enim Filius est Deus de Deo, ita Deus est Dei Filius, Deus est Dei Pater. Hinc est quod solempniter ab Ecclesia dicitur: 'Deus, Dei Filius nos benedicere et adiuuare dignetur'.[2] Nam in secunda ad Corinthios ait apostolus: 'Deus et Pater Domini nostri Iesu Christi scit qui est benedictus in secula'.[3] Et in epistola ad Romanos: 'Gratia uobis et pax a Deo Patre nostro et Domino Iesu Christo'.[4] Idem in prima ad Corinthios et secunda, et in epistola ad Galatas et ad Ephesios et ad Philippenses.[5] 4 Ad Colossenses autem dicit: 'Gratias agimus Deo et Patri Domini nostri Iesu Christi'.[6] Et propheta: 'Dixit Dominus Domino meo', Pater scilicet dixit Filio.[7] Quonam autem modo hoc debeat intelligi superiora docuerunt.[8] Legitur item in

---

[1] These are common logical exempla used in the twelfth-century Schools: for 'Pratum ridet' cf. Thierry of Chartres In Boeth. De Trin. ('Que sit auctoris') iv. 15 (p. 191), and, for other twelfth-century instances, n. 70, and De Rijk, Logica Modernorum II. ii. 328, 561, 649; for 'Secana currit' etc. cf. Peter of Poitiers, Sent. I. xxxii (921C), and De Rijk, op. cit. II. i. 313, 323, 451.
[2] Opening words of the blessing at Nocturns, Paschaltide, and other festal days, in The Hereford Breviary, ed. W. H. Frere and L. E. G. Brown (Henry Bradshaw Soc., 26 [1911], 40 [1911], 46 [1915]), II. 39, III. 27.
[3] II. Cor. 11. 31.   [4] Rom. 1. 7.
[5] I Cor. 1. 3; II Cor. 1. 3; Gal. 1. 3; Eph. 1. 2; Philip. 1. 2.   [6] Col. 1. 3.
[7] Ps. 109. 1; Peter Lomb. In Pss. ad loc. (997D).   [8] See above, x. 2–3.

Genesi: 'Pluit Dominus a Domino',[1] quod exponens Hilarius in libro De
Sinodis, ait:

'Si quis "pluit Dominus a Domino" non de Filio et Patre intelligat, sed ipsum a se
dicat pluisse, anathema sit. Pluit enim Dominus Filius a Domino Patre'.[2]

Et post pauca:

'Si quis Dominum et Dominum Patrem et Filium, quia Dominum a Domino, duos
dicat Dominos aut Deos, anathema sit. Non enim exequamus uel comparamus
Filium Patri sed subiectum intelligimus. Neque enim descendit in Sodomam sine
Patris uoluntate, neque pluit ex se sed a Domino, auctoritate scilicet Patris, nec sedet
in dextera a semetipso, sed audit dicentem Patrem "Sede ad dexteram meam"'.[3]

5 Quod dicit Hilarius Filium esse subiectum Patri, exponit consequenter
dum ostendit Filium a Patre esse et auctoritate Patris descendisse in
Sodomam.[4]

De quo fiat sermo cum dicitur 'Deus est trinus et unus'. xxviii.

1 Per predicta perspicuum esse potest Deum esse trinum in personis, unum
in essentia. Sed queritur de quo fiat sermo cum dicitur 'Deus est trinus et
unus'. Placuit quibusdam sic fieri sermonem de Trinitate siue de tribus
personis. Contra sic: Numquid Trinitas est una et trina, aut tres persone sunt
trine et une? Sed ecce, iam minus grammatice locuti sumus, hoc enim nomen
'une' in plurali numero non depingit huiusmodi substantiuum 'persone'.
Vsitate quidem dicitur quod une cirotece sunt, una femoralia sunt. Quod
enim legitur in Eneide,

            'Satis una superque uidimus excidia',[5]

non est trahendum ad consequentiam. Numquid ergo Trinitas est una et
trina? Immo Trinitas est una et unitas trina. Videbitur ergo alicui acuto quod
simplex sic fiat suppositio aut confusa, ita quod hoc nomen 'Deus' in hac,
'Deus est trinus et unus', partim pertineat ad essentiam, partim ad
Trinitatem. Quo admisso, sic: 'Deus est unus, et ipse est uel non est trinus. Si
Deus est unus et ipse non est trinus, ergo Deus non est trinus'. 2 A simili,
'Deus non est unus, quia Deus est trinus, et ipse non est unus, ergo Deus non
est unus'. Si autem Deus est unus et ipse est trinus, quero pro quo [f. 18] fiat
suppositio in hac, 'Deus est unus'. Siue enim pro Trinitate siue pro essentia

---

[1] Gen. 19. 24.   [2] Hilar. *De Sinod.* xxxviii. 16 (511A).
[3] Ps. 109. 1; Hilar. *op. cit.* xxxviii. 17 (511B).   [4] Ibid.
[5] Virg. *Aen.* ii. 642–43.

fiat suppositio, oportet quod pro eodem fiat suppositio per relatiuum pronomen. Aut ergo deitas erit una et ipsa erit trina, aut Trinitas erit una et ipsa est trina. Preterea, cum dicitur 'Deus est', suppositio fit pro essentia. Fiat ergo progressus sic, 'Deus est, ergo ipse est, ergo Deus est et ipse est, ergo Deus est unus et ipse est, uel Deus non est unus et ipse est'. Si Deus est unus et ipse est, ergo Deus est unus et ipse est uel non est trinus. Si Deus est unus et ipse est trinus, procedatur ut prius. Si Deus est unus et ipse non est trinus, ergo Deus non est trinus. Si Deus non est unus et ipse est, ergo de Deo non est uerum ipsum esse unum et ipse est, ergo Deus est, et ipse non est unus et ipse est, ergo Deus est, et ipse est et ipse non est unus. Pro quo erit hec uera? 3 Preterea, ille himnus, 'Adesto sancta Trinitas', sic terminatur:

> 'Laus Patri sit ingenito,
> laus eius unigenito,
> laus sit Sancto Spiritui,
> trino Deo et simplici'.[1]

Quero ergo pro quo fiat suppositio, cum dicitur 'Deo trino et simplici'. Si pro Trinitate, erit hec uera pro Trinitate: 'Deus est trinus et simplex, ergo Trinitas est trina et simplex'. Dicimus ergo quod sic fit suppositio pro essentia, ut sit sensus 'Laus Patri sit ingenito, laus eius unigenito, laus sit Sancto Spiritui, scilicet trino Deo et simplici', ac si dicatur 'Laus sit tribus personis, ita quod eadem sit laus Deo qui est trinus et simplex'. Diuina namque essentia trina est et simplex, quia ita est trina quod non est triplex. Hinc est quod in quodam himno legitur:

> 'Monadi trine gloriam canamus'.[2]

Est igitur unitas trina et ipsa est simplex, et ita diuina essentia trina est et simplex. Cum ergo dicitur 'Deus est trinus et unus', sermo fit de essentia. Vnde ille ymnus, 'O Pater sancte', sic terminatur:

> 'Gloria tibi omnipotens Deus
> trinus et unus, magnus et eternus,
> te decet ymnus, honor, laus et decus
> nunc et in euum'.[3]

4 Solet autem queri utrum hoc nomen 'trinus' alii conueniat quam Deo, quidam enim hac littera utuntur:

> 'Sit laus Deo Patri,
> summo Christo decus,

---

[1] SK 296 v. 1–4.
[2] SK 10785 iv. 1; also quoted by William of Auxerre, *Summa Aurea* I. iv. 7 (I. 279 lines 69–70), citing the (unprinted) *Summa* of Prevostin, but it is not found there.
[3] SK 10975 iv. 1–4.

Spiritui Sancto,
trinus honor unus'.[1]

Sed dicendum quod 'trinus' ibi ponitur in alio intellectu quam cum dicitur de
Deo, ut sit sensus 'honor trinus', id est tribus persoluendus, ita quod unus et
idem. Magis tamen placet nobis alia littera, ut dicatur

'Sit laus Deo Patri,
summo Christo decus,
Spiritui Sancto,
honor tribus unus'.

Hoc igitur adiectiuum 'unus' innitetur his tribus substantiuis, 'laus', 'decus',
'honor', sed a proximo mutuatur proprietatem generis. Sicut enim grammatice dicitur 'Et lignum et herba et flos sunt albi', ita grammatice dicitur 'Et
lignum et herba et flos est albus', ita ut hoc adiectiuum 'albus' tribus
substantiuis innitatur. Et est ibi zeuma, ut hic, 'Et Helena et Paris est albus'.
Similiter, cum dicitur 'Appollonius scribit et ego', hoc pronomen 'ego'
construitur cum hoc uerbo 'scribit', et est ibi zeuma.

Sub quo intellectu dictum sit quod in Patre est unitas, in Filio equalitas, in
Spiritu Sancto unitatis connexio.[2] xxix.

1 Diuina igitur natura est unitas principalis, quia ita est unitas, quod ipsa est
principium uniuersitatis rerum. Est item hec unitas principalis tum quia ipsa
est Deus, tum quia tribus personis inest communiter et totaliter; quod
quidem stare non posset, nisi propter ueram sui simplicitatem. Vnitas enim
quantita<ti>s que inest creature, eo ipso accedit ad compositionem quod
uenit in compositionem. Quid? Immo etiam unitas quantita<ti>s potestatiue est quilibet numerus, et ita potestatiue [col. 2] est compositum. Vnitas
uero diuina, a qua est omnis unitas creata, sed et omnis numerus immo etiam
et rerum uniuersitas, non potest uenire in compositionem, cum non possit
esse pars alicuius rei. Hec unitas immensitate sua continet omnia, simplicitate sua in omni re est. De hac unitate dicitur

'O lux beata Trinitas
et principalis unitas'.[3]

---

[1] SK 1545 vii. 1–4; cf. *Brev. Sar.* III. 234 (Vespers for the Annunciation).
[2] Cf. Aug. *De Doctr. Christ.* I. v. 5 (21); a commonplace by the twelfth century: cf. Alan of
Lille, *Serm. de Trin.* (p. 254 n. 12). Other examples are given by Southern, *Platonism*, pp. 37
and n. 57, 38–40.
[3] SK 10920 i. 1–2.

Et iterum:

'Tu Trinitatis unitas
orbem potenter qui regis'.[1]

Sic enim demonstratur Deus unum, et relatiuum nomen sub masculino
genere profertur. 2 Cum ergo unitas superessentialis tribus insit personis
immo etiam sit tres persone, mirum uidebitur alicui quare in Patre dicatur
esse unitas. Preterea, cum tres persone per omnia sint equales, quare dicitur
equalitas esse in Filio? Sed, ut dicunt, sumptum est hoc a prima equalitate
arismetica que in unitate sola reperitur.[2] Sumatur ergo unitas et dicatur
unum. Sumatur item denominatio ab unitate et dicatur semel unum.
Sumatur item eadem denominatio[a] et dicatur semel unum semel. Ecce, si
dicas unum, nondum habes nisi unum: si dicas semel unum, necdum habes
nisi unum. Si item dicatur semel unum semel, necdum habes nisi unum. Est
ergo Pater unum, Filius semel unum, Spiritus Sanctus semel unum semel.
Hinc est, ut aiunt, quod in illo ymno, 'Adesto sancta Trinitas', dicitur:

'Vnum te lumen credimus,
quod et ter idem colimus'.[3]

Est enim, ut aiunt, Trinitas ter idem propter has tres denominationes:
unum, semel, unum. Est enim semel unum semel. Reuera in denominationi-
bus sumptis ab aliis numeris crescit numerositas. Si enim dicas duo, crescit
numerus per adiectionem denominationis binarii. Bis enim duo quattuor
sunt; bis duo bis, octo. Facile est idem uidere in denomi<n>ationibus
sumptis ab aliis numeralibus, ut si dicatur tria ter tria ter tria ter. 3 Sed quid?
Si dicatur semel unum semel semel, nec sic occurrit plusquam unum. Nec
etiam si infinities iteretur idem aduerbium occurret nisi unum. Numquid ob
hoc ostendetur quod infinite possint esse diuine persone et esse unum?
Absit. Si enim infinitatem ars repudiat, multo fortius infinitatem a se procul
relegat summa pulcritudo que in tribus personis est. Sed numquid minor
esset pulcritudo, si quattuor essent diuine persone? Nonne eadem uia posset
intellectus ascendere ad ostendendum quattuor esse diuinas personas, qua
ascendit ad comprehensionem trium? Minime, ut mihi uidetur. Tribus enim
personis adice quartam, per luxuriantem intellectum; ut tantum detur potius
licentia intellectui quam uerbis, illa quarta persona, ut ita loquar, non esset
genitor. Essent enim in Trinitate secundum hoc duo patres, quod indecens
esset. Preterea, si illa quarta persona esset Pater, esset alicuius Pater.

<hr />

[a] denominatiuo R

[1] SK 16594 i. 1–2.   [2] Cf. Boeth. *De Trin*. iii (1251A–B).
[3] SK 296 iv. 1–2.

Cuius? Oporteret adicere quintam, et sic euagabitur intellectus errans discurrendo ad infinitatem personarum. A simili, illa quarta persona non esset Filius sed nec Spiritus Sanctus. 4 Cum enim sibi sufficiat processio Spiritus Sancti qua procedit a Patre et Filio, superflueret omnino alia processio qua quarta procederet a tribus. Si item illa quarta persona procederet a tribus, spiraretur a tribus, sicut Spiritus Sanctus spiratur a duobus, et ita essent ibi duo Sancti Spiritus. Ecce quod intellectus anime, que est imago Trinitatis, fideliter ut potest assurgit ad noticiam Trinitatis, exterminans procul [f. 18v] quartam personam tanquam omnino super-fluam. Putasne, pie lector, sine causa Spiritum Sanctum dictum esse digitum Dei?[1] Filius quidem dicitur brachium Dei Patris, Spiritus Sanctus digitus, quia digitus quasi a brachio procedit et demonstratio que fit per digitum certissima dicitur.[2] Sic, sic et Spiritus Sancti doctrina, qui suos docet omnem ueritatem, certissima est. Illa ergo quarta persona, quo nomine nuncupatiuo partis humane posset censeri? Numquid diceretur pars digiti? Numquid doceret Ecclesiam omnem ueritatem?[3] Numquid missa fuisset cum Spiritu Sancto, uel a tribus personis missa, die Pentecostes? Numquid esset incarnata aut apparuisset in specie columbe? Spiritus Sanctus, qui sanctam Ecclesiam docet omnem ueritatem, eandem Ecclesiam docet hanc ueritatem, quod non possunt esse nisi tres persone diuine.

5 Set ad propositum reuertamur, ostensuri tamen prius qua de causa dictum sit in ymno 'quod et ter idem colimus'.[4] Emergit ergo duplex intellectus secundum dupplicem determinationem huius aduerbii 'ter'. Potest enim hoc aduerbium 'ter' determinare hanc dictionem 'idem', similiter et hanc dictionem 'colimus'. Si determinet hanc dictionem 'idem', erit sensus 'quod colimus ter idem', id est 'in tribus personis idem'. Vnde ubi habetur in nostra translatione 'Quis tribus digitis appendit molem terre',[5] habetur in Hebraica ueritate 'Quis in tribus appendit molem terre'. Quid est autem in tribus nisi in Trinitate siue in uirtute Trinitatis? Ebrei tamen referunt hoc ad tres partes terre, Europam, Affricam et Asiam.[6] Si autem hec dictio

---

[1] SK 17048 iii. 2.   [2] Cf. *Distinct. Monast.* I. lxix (III. 462b).
[3] Cf. Ioh. 16. 13.   [4] SK 296 iv. 2.
[5] Is. 40. 12. Dr R. Loewe, in a letter of 6 November 1984, comments: 'The Hebrew *shalish* (connected with the root $sh-l-sh = 3$) apparently indicates a measure (clearly a small one), rendered in A.V. margin *tierce*. Vulgate "tribus *digitis*" has been inspired by the preceding reference to "hollow of hand" (*Sho'olo*, Lat. *pugillo*) and 'span' (*zereth*, Lat. *palmo*), but *shalish* is clearly an exact quantitative measure. Nequam is therefore right to observe that *digitis* is not in the Hebrew.'
[6] Dr Loewe comments further: 'I cannot identify the reference to Europe, Asia and Africa as a gloss on this verse, and it looks to me like elaboration of Nequam's own; just possibly it elaborates the comment of Rashi who, abandoning the notion that *shalish* is a measure of quantity, renders it "in tripartite form: one third wilderness, one third inhabited land, and one third seas and rivers"'.

'ter' determinet hoc uerbum 'colimus', erit sensus 'Tribus anni uicibus colimus lumen immensum quod est Trinitas', scilicet in Natali, in Pascha, in Pentecoste. Prima enim solempnitas festiuitas est Patris. Vnde et in media nocte celebratur missa, ut obscuritas noctis transmittat nos ad obscuram intelligentiam eternitatis que Patri solet attribui, ut supradictum est.[1] Secunda solempnitas dicitur solempnitas Filii, quia in ipsa Filius resurgendo mortis imperium destruxit. Tercia est festiuitas Spiritus Sancti, qui in centum uiginti discipulorum corda missus est.

6 Sciendum etiam quod interpretatione iuris ecclesiastici trahuntur ad unum instans incarnatio Domini et natiuitas eius. Vnde et solempnitates due coniunguntur in natiuitate Domini: solempnitas de incarnatione et de natiuitate. Hinc est quod diem natiuitatis dominice precedit aduentus. Res autem dicitur fieri quando manifestatur. Manifestata est quodammodo incarnatio per natiuitatem, quando lux de luce prodiit in lucem. Hinc est quod anni incarnationis Domini a natiuitate dominica sumunt exordium. Si enim diuersis temporibus instaurarentur solempnitates, una de incarnatione, reliqua de natiuitate, iuri consentaneum uideretur celebriorem, si fieri posset, agi solempnitatem de incarnatione quam de natiuitate. Maius enim est quod Verbum factum est caro,[2] quam quod Christus natus est ex tempore. Festus autem agitur dies de dominica anuntiatione, in honorem beate uirginis, octo kalendas Aprilis. Eodem autem die passus est Dominus, reuolutis triginta tribus annis quo conceptus est secundum doctrinam sancte matris Ecclesie. 7 Cum ergo dies annuntiationis laudibus gloriose uirginis deseruiat, cui facta est anuntiatio, quando agetur solempnitas ratione incarnationis, nisi in die dominice natiuitatis? Quoniam ergo in die natiuitatis, quadam iuris[a] [col. 2] interpretatione, facta est incarnatio Domini, propter excellentiam potentie solet a maioribus festum illud ascribi Patri. Quoniam autem per sapientiam Filii deuicta est mors in resurrectione eius, ascribitur paschalis solempnitas Filio. In missione autem Spiritus Sancti declarata est benignitas Conditoris que Spiritui Sancto solet attribui, unde et illa solempnitas Spiritu Sancto attribuitur. Superaddita est postmodum a modernis solempnitas Sancte Trinitatis, que et unitatis festum competenter dici potest.

8 Set iam tempus est ut paucis explicemus quid de proposito articulo sentiamus. In Patre ergo dicitur esse unitas, id est principalitas siue primitiuitas ut detur uerbis licentia, siue auctoritas, quia ab ipso sunt alii, et ipse a nullo est. In Filio dicitur esse equalitas, quia licet sit a Patre ne

---

[a] uiris R

---

[1] See above, I. xi. 2.   [2] Ioh. 1. 14.

uideretur minor esse Patre, in suggillationem heresum dicitur quod in Filio sit equalitas. Quoniam uero Spiritus Sanctus est Patris et Filii sacrum spiramen nexusque amorque, dicitur quod in eo est unitatis equalitatisque connexio, ut sit emphasis: Spiritus ergo Sanctus est unitatis equalitatisque connexio, quia Patris cui assignatur unitas et Filii cui attribuitur equalitas nexus est et amor.

Vtrum competenter dicatur quod Pater et Filius et Spiritus Sanctus est. xxx.

1 Cum ergo una sit essentia Patris et Filii et Spiritus Sancti et non plures, uidetur quod potius dicendum sit 'Pater et Filius et Spiritus Sanctus est', quam 'Pater et Filius et Spiritus Sanctus sunt'. Sed quid? Nonne tres persone diuine differunt? Nonne ergo sunt? Nonne item tres persone coeterne sibi sunt et coequales? Nonne ergo sunt? Aut numquid dicetur quod tres persone sint eterne quia hoc uerbum 'sunt' ibi est tertium adiacens et copulatiuum, non tamen 'Tres persone sunt', quia hoc uerbum 'est' hic est essentiale et ut uidetur ad pluralitatem e<ss>entiarum pertinens? Sed numquid minus circumspecte dicitur 'Ad eum ueniemus et mansionem apud eum faciemus'?[1] Numquid item incircumspecte dicitur 'Faciamus hominem ad ymaginem et similitudinem nostram'?[2] Nonne congrue dicitur 'Ego et Pater unum sumus'?[3] Aut numquid dici debet 'Ego et Pater sum'? Sed O dolor! 'Ridicula res est elementarius senex'.[4] Iuuenem enim male instructum senem sillabicare oportet. Sciendum ergo quod nullum uerbum uerbaliter positum consignificat numerum. Nullum item adiectiuum adiectiue retentum consignificat genus. Sicut enim hec uera, 'Femina est alba', ita et hec, 'Petra est alba', quia si lapis est albus, petra est alba. Absit enim ut quecumque res est alba sit res feminei sexus. Licet enim hoc nomen 'albus' restringat suppositionem huius nominis 'ciuis', quod consignificat genus indeterminate, non tamen hoc nomen 'albus' consignificat genus cum dicitur 'Ciuis est albus'.
2 Nonne enim est anima grammatica anima[a] sancta? Sicut ergo nullum adiectiuum adiectiue retentum, ut dictum est, consignificat genus, ita nullum adiectiuum adiectiue positum consignificat numerum. Similiter,

---

[a] anima est R

---

[1] Ioh. 14. 23.　　　[2] Gen. 1. 25.　　　[3] Ioh. 10. 30.
[4] Seneca, *Epist.* xxxvi. 4; also quoted by Alan of Lille, *Serm. de Clericis* and *Serm. ad Sacerdot.* (pp. 275, 286), and by Richard FitzNeal, *Dial. de Scacc.*, prol. (p. 6).

nullum uerbum uerbaliter positum consignificat numerum. Notum autem debet esset uulgo, quia cum dicitur 'Hec dictio "equus" consignificat genus', hoc nomen 'genus' ibi appellat proprietatem que inest appellato, scilicet caracterem sexus. Cum uero dicitur 'Hec dictio est alicuius generis', hoc nomen 'generis' appellat ibi proprietatem que inest dictioni. Similiter, cum dicitur 'Hec dictio "homines" consignificat numerum', hoc nomen 'numerum' appellat [f. 19] ibi proprietatem que inest appellatis. Cum autem dicitur 'Hec dictio est alicuius numeri', hoc nomen 'numeri' appellat proprietatem que inest dictioni. Ex dictis iam patet quia hec uera, 'Populus est albus', sicut et hec, 'Homines sunt albi', et utraque istarum uera, 'Populus albet', 'Populus albent'. 3 Et sicut hec uera, 'Hec ciuitas est magna', ita et hec, 'Thebe sunt magne'. Et sicut hec uera est, 'Hec ciuitas est', ita et hec, 'Thebe sunt'. Similiter et he uere, 'Et lapis et populus est', 'Thebe et lapides sunt'. Sicut ergo hec uera, 'Ciuitas est unum', ita et hec, 'Thebe sunt unum'. Sicut igitur hec uera, 'Trinitas est', ita et hec, 'Pater et Filius et Spiritus Sanctus sunt'. Quamuis autem Augustino aliquando placuisset ut diceretur 'Pater et Filius et Spiritus Sanctus est', tamen hoc retractasse postea fertur.[1] Licet ergo hoc uerbum 'sunt' alium intellectum significet quam hoc uerbum 'est', tamen non exigit ad ueritatem locutionis pluralitatem essentiarum, sicut nec hoc uerbum 'est'. Hoc autem uerbum 'legit', dictum de uno, reddit locutionem ueram pro una lectione; dictum de populo, pro pluribus. Ita et hoc uerbum 'sunt', dictum de tribus hominibus, desiderat pluralitatem essentiarum; dictum de tribus personis diuinis, reddit locutionem ueram pro una essentia. 4 Simile accidit in his duabus locutionibus, 'Connubia sunt', 'Nuptie sunt'. Solet autem dubitari super quadam interlineari que in quibusdam codicibus reperitur super illum locum: 'quia respexit humilitatem ancille sue'.[2] Quia super hoc uerbum 'respexit' hanc reperi interlinearem: 'Pater et Filius, ut unus Deus',[3] uidetur ergo hec esse congrua, 'Pater et Filius respexit'. Sed sciendum quod uigilanter apposita fuit illa interlinearis. Cum enim dicitur 'Magnificat anima mea Dominum', <et cetera>,[4] habetur super hoc nomen 'Dominum' in interlineari 'Patrem', super hoc nomen 'salutari' 'Filio'.[5] Vt ergo ostenderet expositor hoc uerbum 'respexit' pertinere tam ad Patrem quam ad Filium, cum respectum habeat ad utrumque istorum premissorum, 'Dominum', 'salutari', in interlineari posuit 'Pater et Filius', ita ut distincte intelligatur sic: Pater respexit et Filius. Singulariter autem dictum est 'respexit', ut notetur unitas deitatis. Vnde et in interlineari reperies 'ut unus

---

[1] Nequam appears to have taken this opinion from Peter of Poitiers, *Sent*. I. v (801C–02C seq); cf. Aug. *Retract*. I. iv. 3 (590).
[2] Luc. 1. 48.   [3] *Glo. Ord*. V. 691–92 (interlin.) has only 'Ut unus Deus'.
[4] Luc. 1. 46.   [5] *Glo. Ord*. V. 691–92 (interlin.).

Deus'.[1] 5 Sed quid? Numquid si diceretur 'respexerunt' copularentur plures respectiones, ut ita loquar? Quod si est, erit hec falsa: 'Pater et Filius respexerunt humilitatem ancille sue', similiter et hec, 'Pater et Filius et Spiritus Sanctus diligunt Petrum', cum sic non copulentur dilectiones, sed dilectio que Deus est. Sed dicendum quod supradicte uere sunt. Vt enim prediximus, uerbum non consignificat numerum. Per hoc tamen quod dicitur singulariter 'respexit', innuitur Trinitas, cum tamen hoc nomen 'Sanctus' essentialiter teneatur, ut supradiximus.[2] Similiter, essentialis est suppositio, cum dicitur 'ex ipso et per ipsum et in ipso sunt omnia, ipsi honor et gloria'.[3] Interlinearis tamen dicit 'Ex Patre, per Filium, in Spiritu Sancto',[4] ut scilicet sic innuatur distinctio personarum siue per trinam distinctionem siue per consignificationem prepositionum, quod magis reor. Hec enim prepositio 'ex' notat auctoritatem seu potentiam Patris. Hec prepositio 'per' notat sapientiam uel operationem Filii. Hec prepositio 'in' notat benignitatem conseruationis. Visum est tamen quibusdam quod sic supponantur tres persone, sed ut notetur unitas essentie singulariter subditur 'ipsi honor et gloria'. 6 Sed quod istud stare non possit patebit diligenter inspicienti littere [col. 2] seriem. In epistola enim ad Romanos sic legitur: 'O altitudo diuitiarum sapientie et scientie Dei, quam incomprehensibilia sunt iudicia eius et inuestigabiles uie eius. Quis enim cognouit sensum Domini, aut quis consiliarius eius fuit, aut quis prior dedit illi et retribuetur ei? Quoniam ex ipso et per ipsum et in ipso sunt omnia, ipsi honor et gloria'.[5] Cum ergo dicitur 'ex ipso et per ipsum et in ipso sunt omnia', relatio fit ad hoc nomen 'Domini', quod essentialiter ibi tenetur. Oportet ergo relatiua pronomina essentiam referre. Numquid enim hec congrua, 'Deus est creator omnium et ipsi sunt'? Absit. Aut numquid hec congrua, 'Tres persone sunt et ipse est', ut relatio fiat ratione unitatis essentie? Quod si detur, dabitur hec: 'Iste est, demonstratis tribus personis'. 7 Numquid ergo hec erit uera, 'Iste est isti, ut utrimque demonstretur Trinitas'? Numquid erit hec congrua, 'Isti sunt et ipse est'? Numquid et hec congrua, 'Iste est et ipsi sunt'? Quid? Videntur nos quedam auctoritates ad id compellere. Celebris enim est usus illius antiphone: 'Gloria tibi Trinitas'[6] et cetera. Sed ad quem ibi dirigitur sermo? Si ad Trinitatem, erit hec ergo congrua: 'Tu es', demonstratis tribus personis. Sed nonne dicendum 'Vos estis'? Si item hec congrua, 'Tu es', demonstrata Trinitate, poterit introduci Trinitas sic loquens, 'Faciam hominem ad ymaginem et

---

[1] Ibid.
[2] Apparently referring to I. xxii above, though there it is implied rather than stated.
[3] Rom. 11. 36.   [4] *Glo. Ord.* VI. 153–54 (interlin.). See above, I. xi. 3.
[5] Rom. 11. 33–36.
[6] Antiphon 1 for first Vespers, Feast of the Trinity: *Brev. Sar.* I. mxlv.

similitudinem meam'. Quod si est, quonam modo probatur Trinitas personarum per hoc quod dicitur 'Faciamus' et 'nostram'? Item, cum hec congrua sit, 'Vos estis', demonstrata Trinitate, numquid et hec erit congrua, 'Tu es', demonstrata Trinitate? Numquid ergo Trinitas introduci possit sic loquens: 'Ego sum'? 8 Sollicitabitur item aliquis super hoc quod in Genesi legitur: 'Dixit Loth ad eos', angelos scilicet, 'Queso Domine mi'[1] et cetera. Ad quem enim sic dirigitur sermo? Mouebitur item aliquis super hoc quod dicere uidetur Augustinus in secundo libro De Trinitate, quia Trinitas sic potest introduci loquens: 'Ego sum Deus Abraham et Deus Ysaac et Deus Iacob'.[2] Ad predicta ergo responsuri, primo ad ultimo quesitum respondemus, quia omnes expositores sacre Scripture utuntur hoc nomine 'Trinitas' duppliciter, uno modo ut pertineat hoc nomen ad essentiam, secundum quod dicitur 'Trinitas' quasi 'trium unitas', alio modo ut supponat pro tribus personis. Hoc autem secundo modo utuntur hoc nomine 'Trinitas' in exercitio scolastico. In plerisque etiam locis, ut in ymnis et antiphonis et responsoriis in laudem sancte Trinitatis institutis, subaudiendum est hoc nomen essentiale 'Deus', cum dirigitur sermo ad Trinitatem. Vnde cum dicitur

> 'Adesto sancta Trinitas,
> par splendor, una deitas,
> qui extas rerum omnium
> sine fine principium',[3]

subintelligendum uidetur hoc nomen 'Deus', ut sic dicatur 'Adesto tu Deus, sancta Trinitas, cuius par est splendor, una est deitas'. Nisi enim apponatur hoc nomen 'Deus', ad quid fiet relatio per hoc nomen 'qui'? 9 Si dicas quia sic fit relatio ad hoc nomen 'Trinitas' ratione unitatis essentie, dabitur quod hec est congrua, 'Trinitas est et ille creat omnia', quod inuitus admitterem. Cum ergo fit demonstratio per hoc pronomen 'te' substantiue positum, oportet demonstrari essentiam. Si uero adiectiue ponatur, potest demonstrare Trinitatem. Quo uultum auertis, lector? Iste dictiones, 'ego', 'tu', 'nos', possunt poni nunc substantiue, nunc adiectiue, sicut hoc pronomen 'iste'. Vnde, Alexandro supposito, [f. 19v] quelibet istarum congrua est: 'Ego substantia sum albus'; 'Ego substantia sum alba'; 'Ego mancipium sum albus'; 'Ego mancipium sum album', adiectiue retento hoc nomine 'album'. Cum ergo dicitur 'Ego substantia sum albus', potest sic fieri euocatio, ita ut per appositionem construantur iste dictiones, 'ego', 'substantia'. Si ergo hoc pronomen 'ego' tenetur substantiue, erit hec congrua, 'Ego substantia sum albus', sicut et he: 'Ego qui sum substantia sum albus', 'Ego ens substantia sum albus', 'Mons Ossa est albus', ut sit appositio. Si uero hoc pronomen

---

[1] Gen. 19. 18.   [2] Aug. *De Trin.* II. xiii. 23 (860).   [3] SK 296 i. 1–4.

'ego' teneatur adiectiue, ratione constructionis, erit hec incongrua: 'Ego substantia sum alba' nec erit secundum hoc appositio. 10 Cernis quia hec duplex est: 'Iste homo est'; potest enim hoc pronomen 'iste' teneri substantiue, ut sit appositio; potest et teneri adiectiue, ut innitatur huic substantiuo 'homo'. Similiter, congrua est hec: 'Ego mancipium sum albus', substantiue retento pronomine, et hec incongrua: 'Ego mancipium sum album', adiectiue retento hoc nomine 'album'. Si uero hoc pronomen 'ego' teneatur adiectiue, erit hec congrua, 'Ego mancipium sum album', adiectiue retento hoc nomine 'album'. Erit ergo utraque istarum congrua, 'Ego Thebe obsideor', 'Nos Thebe obsidemur', et secundum hoc tenetur hoc pronomen 'ego' substantiue, et est ibi appositio, et hoc pronomen 'nos' tenetur adiectiue. Cum ergo Thebe sint unum, erit hec congrua, 'Tu es', demonstratis Thebis, posito hoc pronomine 'tu' substantiue. 11 Hec autem erit incongrua, 'Vos estis', demonstrata eadem ciuitate; sed hec congrua, 'Vos Thebe estis', posito hoc pronomine 'uos' adiectiue. Introducatur etiam populus loquens; si dicat 'Ego sum', incongrua est pro iudicio dicentium quod, populo supposito, supponuntur homines. Hec tamen congrua, 'Ego populus sum', posito hoc pronomine 'ego' adiectiue. Dicet ergo populus 'Nos sumus'. Similiter, si introducatur Trinitas loquens, dicet 'Nos sumus'. Vnde per hoc quod dicitur 'Faciamus' uidelicet nos 'hominem ad ymaginem et similitudinem nostram', recte probatur personarum pluralitas. Si autem introducatur essentia loquens, dicet 'Ego sum', sed non dicet 'Nos sumus'. Non enim connumerari potest essentia tribus personis, cum essentia sit tres persone. Constat autem quod persona poterit introduci loquens sic: 'Ego hodie genui te'.[1] Similiter, 'Ego et Pater unum sumus'.[2] Et item, 'Antequam Abraham fieret, ego sum'.[3] Potest et Trinitas introduci sic loquens, 'Ego Trinitas sum creatrix omnium', ita ut hoc pronomen 'ego' adiectiue teneatur. 12 Similiter, si ad Trinitatem dirigatur sermo, debet dici 'Vos estis'. Potest etiam et competenter dici 'Tu Trinitas es creatrix omnium', ita ut hoc pronomen 'tu' teneatur adiectiue. Cum igitur dicitur 'Gloria tibi Trinitas',[4] est sensus 'Gloria tibi Trinitati, O Trinitas'. Si enim uolueris per hoc pronomen 'tibi' demonstrari essentiam, erit eliptica[a] locutio et supplenda sic, 'Gloria tibi Deus Trinitas'. Cum enim dicitur 'Tibi soli peccaui',[5] demonstratur essentia ad quam dirigitur sermo cum premittitur 'Miserere mei Deus'.[6] Tediosum quidem erit et mihi et lectori, per singula que possunt introduci in medium exempla discurrere. Sed unius exempli iudicium ceteris

[a] ecliptica R

---

[1] Ps. 2. 7 etc.   [2] Ioh. 10. 30.   [3] Ioh. 8. 58.
[4] Antiphon 1 at first Vespers, Feast of the Trinity: *Brev. Sar.* I. mxlv.
[5] Ps. 50. 6.   [6] Ps. 50. 3 etc.

formam dabit. Ad id uero quod dicitur in Genesi: 'Dixit Loth ad eos, "Queso Domine mi" '[1] et cetera, sic respondemus: In utroque angelorum erat Dominus Deus prout uoluit, ita quod per illos duos intelliguntur Filius et Spiritus Sanctus, ut placet Augustino in secundo libro De Trinitate. 13 Cum ergo ait Loth: [col. 2] 'Domine mi', directus est sermo ad diuinam essentiam, scilicet ad Deum, qui in angelis erat.[2] Similiter et Abraham tres uidit et unum adorauit.[3] Tres uidit in designatione Trinitatis, unum adorauit in designatione unitatis essentie. Dicit tamen marginalis super illum locum quia 'Vnum adorauit, Saluatorem scilicet, ostendens cuius aduentum prestolabatur. Vnde Veritas ait: "Abraham exultauit ut uideret diem meum, uidit et gauisus est".[4] Vidit, inquam, in spiritu, dum preuidit misterium futuri sacramenti'.[5] Sed mirum uidebitur intelligenti quod dicit Hilarius in libro De Sinodis: 'Si quis Filium non dicat Abrahe uisum, sed Deum innascibilem uel partem eius, anathema fit'.[6] Sed quid? Si uisus fuit Filius Dei ante incarnationem, numquid et uisibilis fuit ante incarnationem? Sed dicendum hanc esse inpropriam quam Hilarius proponit, scilicet Filius Dei uisus est Abrahe. Hoc enim dicitur propter interiorem uisionem intellectus aut propter creaturam uisibilem, in qua uisus est Filius Dei. Et notandum quod cum dicitur 'Domine si inueni gratiam in oculis tuis'[7] et cetera, notatur unitas essentie; cum uero subditur 'et lauate pedes uestros',[8] notatur pluralitas personarum. Huiusmodi autem locutiones diligentem desiderant considerationem.

14 Quero autem utrum hec sit congrua: 'Trinitas sunt'. Sed quid? Nec usus huiusmodi lectioni patrocinium prestat

'quem penes arbitrium ius est et norma loquendi',[9]

nec sortitur hoc nomen 'Trinitas' officium tale, quale habent nomina collectiua, cum nec ipsum collectiuum sit.

15 Sed ut ad predicta reuertar, non uidetur per hoc quod dicitur 'Faciamus' et 'nostram' probari[a] pluralitas personarum. Dant enim tractatores 'dicimus', 'asserimus'. Vnde et Lucanus:

'Bella per Emathios plusquam ciuilia campos,
iusque datum sceleri canimus'.[10]

---

[a] probati (*corr. in marg.*) R

---

[1] Gen. 19. 18.   [2] Aug. *De Trin.* II. xii. 22 (859).
[3] Gen. 18. 2; Aug. *De Trin.* II. x. 19–xi. 21 (857–58); 'tres uidit et unum adorauit': Respond 5 for Matins, Quinquagesima Sunday (*Brev. Sar.* I. dxlvi); cf. Alan of Lille, *Serm. de Trin.* (p. 257 and n. 28), and William of Auxerre, *Summa Aurea* I. iv. 7 (I. 59 line 51).
[4] Ioh. 8. 56.   [5] *Glo. Ord.* I. 230.
[6] Hilar. *De Sinod.* xxxviii. 14 (511A).   [7] Gen. 18. 2.   [8] Gen. 18. 4.
[9] Hor. *Ars Poet.* 72.   [10] Lucan, *Phars.* i. 1–2.

Sed et magnates dicunt 'Nos precipimus'. Et ut ait Lucanus, 'Mentimur dominis',[1] scilicet cum dicimus 'Vos estis'. Inproprie ergo sunt huiusmodi locutiones. Nec consueuit sacra Scriptura uti hac forma uerborum in suppositione unius persone. Vnde et ad Iesum dirigit sermonem Petrus sic: 'Tu es Filius Dei uiui'.[2] Secundum analogicam ergo consuetudinem celestis pagine, recte per hoc quod dicitur 'Faciamus' et 'nostram'[3] probatur pluralitas personarum.

De eo quod legitur, 'Qui est misit me ad uos'. xxxi.

1 De unitate essentie nonnulla iam in medium protulimus, premissis adiecturi quia unitas essentie comprobari solet per id quod legitur in Exodo, 'Qui est misit me ad uos'.[4] Sed hoc uidetur obuiare supradictis. Videtur enim hoc nomen 'Qui', cum dicitur 'Qui est', magis spectare ad suppositionem persone quam essentie. Id enim quod est Pater est Filius, sed numquid qui est Pater est Filius? Fiat ergo progressus sic, 'Qui est misit me ad uos', ergo 'Qui est et est Pater, uel est et non est Pater, misit me ad uos'. Si 'qui est et non est Pater', dabitur quod non fit suppositio pro essentia, cum dicitur 'Qui est misit me ad uos'. Si 'Qui est et est Pater misit me ad uos' dabitur quod 'Qui est et est Pater et est Filius misit me ad uos'. Quo dato, infer ergo qui est Pater est Filius, ergo idem sunt Pater et Filius, masculine posito hoc pronomine 'idem', ergo eadem persona sunt Pater et Filius. Ad hoc dicendum quod hec falsa, 'Qui est Pater est Filius', et hec, 'Ille qui est Pater est Filius'. Hec autem uera, 'Deus qui est Pater est Filius', et hec, 'Ille Deus qui est Pater est Filius'. Licet ergo hoc nomen 'qui' [f. 20] distinctiuum sit et pertineat ad personam, tamen hoc uerbum 'est', positum e<ss>entialiter, cogit hoc nomen 'qui' essentialem facere suppositionem. 2 Est ergo hec uera, 'Qui est et est Pater et est Filius misit Moysen', non tamen 'Qui est Pater est Filius'. Cum enim dicitur 'qui est', hoc uerbum 'est' essentiale est et predicat essentiam. Cum autem dicitur 'Qui est Pater est Filius', hoc uerbum 'est' tercium adiacens est et copulat relationem, hinc paternitatem, inde filiationem. Vnde et in hac, 'Qui est Pater est Filius', suppositione distinctiua et quasi propria gaudet hoc nomen 'qui', ideoque falsa est. Hec igitur argumentatio falsa est: 'Qui est et est Pater et est Filius misit Moysen, ergo qui est Pater est Filius'. Possumus autem pro opinione quorundam qualequale simile inducere: 'Homo qui sedet est dux et est episcopus', non

---

[1] Ibid. v. 386.   [2] Matth. 16. 16 etc.   [3] Cf. Gen. 1. 26.
[4] Exod. 3. 14.

tamen, ut aiunt, 'Dux est episcopus'. Item, hec argumentatio est falsa: 'Qui est et est Pater est Trinitas, ergo qui est Pater et est est Trinitas'. 3 In prima enim fit suppositio pro essentia, in conclusione pro persona. Qualequale simile, 'Album erit et est Sortes', non tamen 'Album est et erit Sortes'. Sed familiarius accedamus ad rem. Ex quo hec est uera, 'Deus qui est Pater est Filius', quare non ex ea sequitur hec, 'Qui est Pater est Filius', quemadmodum ex hac, 'Ille qui est Pater est Filius', sequitur hec, 'Qui est Pater est Filius'? Sed etiam quid et quod ex hac, 'Deus qui est Pater est Filius', non sequitur hec, 'Ille qui est Pater est Filius'? Sed si liceat magnis minima conferre,[1] ecce uera est ista, 'Non-asinus qui est albus est Helena', non tamen 'Ille qui est albus est Helena', nec 'Qui est albus est Helena'. Constat autem intelligenti quia cum dicitur 'Deus qui est Pater est Filius', hoc nomen 'qui' facit tantum secundam noticiam. Cum uero dicitur 'Qui est Pater est Filius', hoc nomen 'qui' geminam facit noticiam, et secundum hoc habet hoc nomen 'qui' in se intellectum huius uocis 'ille qui'.

4 Dum autem de huiusmodi locutionibus tracto, reduco ad memoriam quonam modo ludens serio Iudeis consueui respondere obicientibus sic: 'Deus est Pater et Filius, ergo Pater est Filius. Fluuius qui currit Parisius fuit aqua que fuit in tempore Iulii in alueo Secane, et fuit aqua que fuit in tempore Karoli in eodem alueo; ergo aqua que fuit in tempore Iulii in alueo Secane fuit aqua que fuit in tempore Karoli in eodem alueo'. Quoniam tamen placet Augustino in libro De Simbolo et Fide nomen 'aque' esse quasi personale,[2] ponatur loco huius nominis 'aqua' iste terminus 'liquida substantia'. Similiter, 'Cera que est ymago regis est ymago ducis', non tamen 'Hec ymago est illa ymago'. Pro opinione item quorundam erit eadem uox hoc nomen 'liber, libri', et hoc nomen 'liber, liberi', non tamen 'Hoc nomen est illud nomen'. Pro quorundam etiam iudicio, hec uera est: 'Homo est omnis homo', ut simplex fiat suppositio quasi pro manerie rei.[3] 'Homo ergo est et Sortes et Plato', non tamen 'Sortes est Plato'. Preterea, 'Conuentus huius ecclesie fuit homines qui iam cessere in fata, et est isti homines qui modo sunt', non tamen 'Isti homines fuere illi homines'.

5 Videbitur autem alicui quod hec locutio sit incongrua, 'Qui est et est Pater est Trinitas', quia hoc uerbum 'est' primo positum substantiuum est et essentiale, secundo positum copulatiuum. Censent enim multi hanc esse incongruam, 'Sortes est et albet'.

---

[1] Cf. Virg. *Georg.* iv. 176.   [2] Aug. *De Fide et Symbol.* ix. 17 (189–90).
[3] On 'maneries' see William of Conches *In Platonis Tim. 34C* lxxiv (p. 149 and n. b) and lxxv (p. 150): '*Deus locauit* id est in mundo posuit *genus substantie* id est animam que est quedam maneria (*al.* maneries) substantie'. John of Salisbury objected to the use of this term by Jocelin of Soissons: *Metalog.* ii. 17 (pp. 95–96); cf. De Rijk, *Logica Modernorum* II. i. 590; ii. 128.

6 Quod autem ad essentiam referendum sit quod dicitur 'Qui est misit me ad uos', patet ut uidetur tam per id quod [col. 2] precedit quam per id quod sequitur. Precedit enim 'Ego sum qui sum'.[1] Sequitur autem 'Dominus Deus patrum uestrorum, Deus Abraham, Deus Ysac, Deus Iacob, misit me ad uos'.[2] Sed cum ibi supponatur essentia, 'Ego sum qui sum', nonne et hic similiter, 'Ego sum ille[a] qui sum'? Quod autem hec sit congrua, 'Ego sum ille qui sum', nemo ambigit bene instructus. Legitur enim in poeta:

> 'Ille ego sum, lignum qui non admittor in ullum.
> Ille ego sum frustra, qui lapis esse uelim'.[3]

Numquid ergo hec uera, 'Ille qui est est Trinitas', hec tamen falsa, 'Ille qui est Deus est Trinitas'? Nonne enim sic fit personalis suppositio? Quod si est, non erit hec argumentatio rata, 'Ille qui uere est, est Trinitas, sed uere esse par est ei quod est esse Deum, ergo ille qui est Deus est Trinitas'. Similiter,[b] qualequale 'Ciuis albet et est Helena', sed albere par est ei quod est esse album, adiectiue retento hoc nomine 'album', non tamen 'Ciuis et est albus et est Helena'. Hec autem uera, 'Albere par est ei quod est esse album', quia, ut supradictum est, nullum adiectiuum consignificat genus.[4] Iste autem terminus 'est albus' conuenit Helene, quia 'Iste non-asinus est albus', demonstrata Helena. Item, super illum locum 'Et sperent in te qui nouerunt nomen tuum',[5] dicit glosa quod 'Qui est' est nomen Dei.[6] Sed non potest dici, ut uidetur, quod 'Qui est' est nomen persone. Nulla enim esset ratio quare potius esset nomen unius persone quam alterius. 7 Est ergo nomen essentie, ergo 'Qui est est Pater et Filius', non tamen 'Aliquis est Pater et Filius'. Idem enim masculine esset Pater et Filius. Dicit item Priscianus quod 'qui' cum uerbo presenti equipollet participio.[7] Hec ergo uox 'qui est' equipollet huic uoci 'ens'. Et secundum hoc 'qui est' est tota Trinitas, quia 'ens' est tota Trinitas. Hec ergo uox 'qui est' non contrait significationem ex partibus, ut uidetur. Vnde non sequitur 'ergo aliquis est Trinitas'. Si autem proprietatem uocis attendamus, hec uox 'qui est' supponit personam et tenetur orationaliter et est nomen Dei, id est cuiuslibet persone, quia potest supponere pro qualibet persona. Cum ergo dicitur 'Ego sum qui sum', suppositio fit pro Filio. Vnde super illum locum Ysaie 'Ecce ego ad gentes que ne nesciebant',[8] dicit glosa 'Filius qui olim dixit Moysi "Ego sum qui

---

[a] sum ille: sum R, *a caret-mark over. All of the word suppl. in marg. removed in binding except the first letter*, i
[b] Simile R

---

[1] Exod. 3. 14.   [2] Exod. 3. 15.   [3] Ov. *Epist. ex Pont*. I. ii. 35–36.
[4] See above, xxx. 1.   [5] Ps. 9. 11.   [6] *Glo. Ord*. III. 497.
[7] Prisc. *Inst*. XVII. lxxxi–ii (III. 154).   [8] Is. 65. 1.

sum"[1].[2] Et uide quod quandoque perpenditur ex circumstantia Scripture quia persona loquitur, ut ibi, 'Tu es Filius meus dilectus',[3] perpenditur enim quod Pater loquitur, quandoque ratione misterii, ut hic, 'Ego sum qui sum'. Quia ergo missus est Moyses ut educeret filios Israel de captiuitate Egipti (que quidem eductio significat spiritualem eductionem de Egypto uiciorum, factam auctoritate Filii et ministerio); ideo potius loquitur ibi Filius quam alia persona.[4] 8 Licet enim illa eductio spiritualis facta sit auctoritate totius Trinitatis, tamen tantum ministerio Filii. Item, uidetur quod hec sit uera, 'Ille qui est trinus est unus'. Quod si est, ergo aliquis est trinus et unus, et ita aliquis est Pater et Filius. Dicitur enim

> 'Sit salus illi decus atque uirtus,
> qui supra celi residens cacumen,
> totius mundi machinam gubernat,
> trinus et unus'.[5]

Sed dicendum quod masculinum ponitur pro neutro, et est improprietas. Videbitur tamen alicui quod relatio fit ad hoc nomen Domini premissum. Item, cum dicitur 'Deus est et ille est Pater et Filius', hoc pronomen 'ille' refert essentiam in masculino genere. Sed numquid refert essentiam ut quem, non ut quid, quia masculine et non neutraliter? Quod si est, uidetur quod essentia possit demonstrari per hoc pronemen 'iste'. Quod item uidetur per hanc, 'Deus est et illum esse est dictum singulare'. 9 Sed quid? Cum hec dictio 'aliquis' supponat tantum personam, [f. 20v] oportet quod hec dictio 'iste' supponat tantum personam, presertim cum sit dictio partitiua. Vnde incongrue dicitur 'iste Sortes', cum tamen hec sit congrua, 'ego Sortes'. Dicendum est tamen quod hoc pronomen 'iste' posset institui ad supponendum essentiam ita quod non esset partitiuum. Dicunt item quod cum essentia diuina nullius sit sexus, analogice dicendum est, demonstrata essentia, 'Tu es iustum', et non 'Tu es iustus'. Dicitur tamen 'O lux beata Trinitas'[6] et subintelligitur hoc pronomen 'tu', et ita demonstratur essentia in feminino genere. Similiter, cum dicitur 'O tu Domine qui es Trinitas',[7] demonstratur essentia masculine. More igitur disserentis nunc in hanc, nunc in illam partem et rationes et auctoritates induxi, quarum

---

[1] Exod. 3. 14.
[2] *Glo. Ord.* IV. 515–16 (interlin.), also quoted by William of Auxerre, *Summa Aurea* I. iv. 8 (I. 63, lines 57–60).
[3] Marc. 1. 11; Luc. 3. 22.
[4] Cf. William of Auxerre, *op. cit.*, lines 60–64: '... "Ego sum qui sum". Magis autem supponit pro Filio Dei quam pro alia persona, quia ibi agitur de liberatione humani generis que facta est auctoritate et ministerio Filii Dei, et Moyses magis intellexit de Filio Dei quam de alia persona, quia ibi dictum est: "Et descendi liberare eos". . . .'.
[5] SK 8410 v. 1–4 (*Brev. Sar.* II. 410), quoted by William of Auxerre, *op. cit.* (I. 62 lines 25–29).
[6] SK 10920. i. 1.   [7] Not identified.

he uidentur uelle quod hec uox 'Qui est' personalem faciat suppositionem, ille uidentur uelle quod pro essentia sic fiat suppositio. 10 Quid ergo super hoc sentiendum? Libet tamen et adhuc impedire questionem ut tandem melius expediatur. Cum ergo hec sit uera, 'Potens omnium est tres persone', nonne qui potest omnia est tres persone? Similiter, cum creator sit tres persone, nonne qui creauit omnia est tres persone? Vtram istarum, pie lector, libentius admittes: 'Qui creauit omnia est tres persone', 'Qui creauerunt omnia sunt tres persone'? Aut numquid utraque istarum congrua: 'Quis creauit omnia', 'Qui creauerunt omnia'? Nonne autem utraque istarum congrua: 'Quis creauit omnia nisi Deus', 'Quid creauit omnia nisi Deus'? Michi ergo uidetur quod hec uox 'qui creauit omnia' per antonomasiam et articuli subintellectionem debet pertinere ad essentiam communem tribus personis. Idem etiam censeo de hac uoce, 'ille qui creauit omnia'. Si autem antonomasia et articuli subintelligentia excludantur ab intellectu, faciet personalem suppositionem utraque dictarum locutionum. Subsunt ergo amphibolia et equiuocatio. 11 Vtramque ergo istarum censeo dandam, 'Qui creauit omnia est tres persone', 'Qui creauerunt omnia sunt tres persone'. He autem, 'Tres qui creauerunt omnia sunt tres persone', 'Illi qui creauerunt omnia sunt tres persone', docent hanc posse admitti, 'Qui creauerunt omnia sunt tres persone'. Hec ergo uera, 'Ille qui creauit omnia est tota Trinitas', per subintellectionem articuli cum antonomasia. Si autem hec dictio 'ille' teneatur tantum relatiue, falsa est. Si ergo fiat huiusmodi argumentatio, 'Qui est Pater est Filius, ergo Pater est Filius aut Pater idem est Filio', subsunt amphibolia et equiuocatio. Quod ergo dici solet quia masculina uocabula sunt personalia, neutra uero sunt essentialia, intelligendum est de huiusmodi partitiuis, 'unus', 'aliquis', 'iste', 'hic', cum scilicet substantiuantur. Sunt enim uocabula ista personalia; hec uero, 'unum', 'aliquid', 'hoc', 'istud', essentialia sunt. Sub quo autem intellectu maiores negant hac, 'Qui est Pater est Filius', et nos negamus. Si autem usus solempnitati reformides occurrere, dices hoc nomen 'qui' teneri essentialiter, cum sequitur proximo loco dictio copulans essentiam. Vnde hanc admittes, 'Qui creauit omnia et est Pater est Filius', non tamen 'Qui est Pater est Filius'. Sed quid? Sepe uidetur probabilior solutio que est ad hominem, quam que est ad orationem.

De nomine Dei tetragramaton. xxxii.

1 Non solum autem ad intelligentiam diuine essentie, sed etiam ad intelligentiam Trinitatis nos inuitat nomen Domini tetragrammaton. Ad

intelligentiam quidem essentie nos trans[col. 2]mittit nomen illud siue exponatur sic, 'Qui est', siue sic, 'Qui est et fuit et erit'. Diuersi enim modi pronuntiationis illius nominis uarios procreant intellectus. Secundum ergo diuersitates pronuntiationum, diuerse sunt interpretationes illius nominis. Quandoque enim occurrit iste intellectus, 'qui est', quandoque iste, 'qui fuit et est', quandoque iste, 'qui erit et est', quandoque iste, 'qui fuit et est et erit'. Vnde nomen illud dicitur ineffabile, quia aut uix aut nullo modo potest reperiri satis fida interpretatio illius uocabuli. Adde quod illud nomen specialiter est designatiuum potentie diuine, et in tanta ueneratione habitum apud maiores, ut non proferatur nisi in articulo necessitatis aut doctrine causa. Vnde etiam ubi nomen illud scribitur apud Hebreos litteris suis, non pronuntiatur 'Iaua' sed 'Adonay'. 2 Putaui quandoque nomen illud tetragrammaton non scribi a Iudeis litteris propriis, propter simpliciores proferentes quod uisui occurrit; et ita scripto commendaui in notulis quas composui super Psalmos.[1] Sed deceptus fui; in multis enim locis scribitur apud Iudeos. In Exodo enim, ubi ponuntur decem precepta decalogi, scribitur pluries apud Hebreos nomen illud, ubi scilicet habemus scriptum hoc nomen 'Deus'. Deceptus item quandoque putaui nomen illud tetragrammaton semper preponi alii nomini cui associatur. Reuera ubi habemus in Psalmo 'Domine Deus noster',[2] preponitur 'Ieua' huic nomini 'Adonay' apud Hebreos. In Genesi autem capitulo trigesimo tertio, 'His ita transactis',[3] ubi habemus 'Domine Deus',[4] habetur apud Hebreos 'Adonay Ieua'. Ecce ibi preponitur hoc nomen 'Adonay' illi nomini tetragrammaton. In eodem item capitulo ubi habemus 'Ego Dominus',[5] habet Hebreus 'Ani Ieua'. Idem autem est 'Ani' quod 'ego'. Item in Ysaia capitulo xcix, 'Ecce seruus meus',[6] ubi habemus 'Hec dicit Dominus Deus',[7] habet Hebreus 'hel Ieua'. Cum uero subiungitur 'Ego Dominus',[8] habet item in Hebreo 'Ieua'. Cum autem iterum subiungitur 'Ego Dominus', habet Hebreus 'Adonay'. Vnde questio est inter peritos de eo quod sequitur, 'Hoc est nomen meum',[9] quid demonstretur hoc pronomine. 3 Sunt qui dicant sic demonstrari nomen tetragrammaton scilicet Ieua superius positum. Aliis placet hoc nomen Adonay sic demonstrari, ac si dicatur 'Hoc nomen Adonay est usitatum nomen quod mihi conuenit'. Sciendum item quod in Exodo capitulo xiii, 'Locutusque est Dominus ad Moysen',[10] ubi habemus 'et nomen meum Adonay non indicaui eis'[11] ponitur apud Hebreos nomen tetragrammaton

---

[1] Hunt, *Alexander Nequam*, p. 134, listing four MSS, including Oxford, Jesus College 94, f. 6v, where in the margin is the note 'Istud retractat in libro qui intitulatur Speculum Speculationum' (ibid., p. 27 n. 48).

[2] Ps. 8. 2.   [3] Gen. 15. 1.   [4] Gen. 15. 2.   [5] Gen. 15. 7.

[6] Is. 42. 1.   [7] Is. 42. 5.   [8] Is. 42. 8.   [9] Is. 42. 8.

[10] Exod. 6. 2.   [11] Exod. 6. 3.

sic: 'Nomen meum Ieua non indicaui eis'. Quid? Quonam modo stabit littera nostra? Cum enim 'Adonay' interpretetur generaliter 'Dominus', nonne indicatum est Abrahe et Ysaac et Iacob quod Deus esset Adonay? Nonne intellexere quod Deus generaliter est Dominus omnium? Virtutem ergo nominis tetragrammaton indicauit Dominus Moysi, sed non indicauerat Abrahe, Ysaac et Iacob. In hoc ergo notatur excellens familiaritatis prerogatiua, quam adeptus est Moyses in conspectu Domini. 4 Adde quod illud nomen tetragrammaton, ut diximus, specialiter est designatiuum potentie diuine, cuius effectum non ita manifestauerat Dominus Abrahe, Ysaac et Iacob, sicut et Moysi. Vnde et in predicto loco Exodi premittitur 'Dixit Dominus ad Moysen: Nunc uidebis que facturus sum Pharaoni. Per manum enim fortem dimittet eos, et in manu robusta eiciet illos de terra sua'.[1] Sed quid est quod dicitur 'Ego Dominus qui apparui Abraham, Ysaac et Iacob in Deo omnipotente'?[2] Nonne apparuit Dominus in subiecta creatura, puta in angelo? Preterea, si in Deo omnipotente apparuit Dominus [f. 21] Abrahe, Ysaac et Iacob, quid est quod dicitur quod 'Nomen potentie non indicauit eis'? Dicendum ergo quod ita apparuit Dominus in angelo, quod et apparuit in Deo omnipotente, quia ita apparuit in angelo, quod declaratum est Deum omnipotentem esse in illo. Effectum tamen potentie excellentis non ita manifestauit illis, ut dictum est, sicut Moysi, dum ipsum constituit Deum Pharaonis,[3] id est potentem in Pharaonem. Adde quod in diebus Abraham, Ysaac et Iacob non compleuit Dominus promissionem suam quam fecerat eis super eductione filiorum Israel de terra Egypti, sicut in diebus Moysi, ita etiam quod per manum Moysi eduxit eos Dominus.

5 Hoc ergo nomen 'Adonay', positum apud nos, sepe transmittit nos ad nomen tetragrammaton. Hinc est quod non sine causa certa dictum est per Spiritum Sanctum 'Domine Deus noster'.[4] Ieronimus autem ita uerborum usus est eleganti positione quod et misterium decenter uelauit, dicens 'Dominus dominator noster'.[5]

6 Per interpretationem ergo nominis satis liquet nomen tetragrammaton ad intelligentiam unitatis essentie nos transmittere. Restat ut paucis enucleemus quonam modo per ipsum insinuetur personarum Trinitas. Sicut ergo hec dictio 'turtur' est dissillaba, cum tamen non habet nisi unicam sillabam partem sui sed geminatam, ita nomen tetragrammaton tres habet litteras in sui constitutione, scilicet 'iota', 'eta', 'vau', sed 'eta' geminatur. Quid? Prima littera non geminatur, nec tertia, sed secunda, scilicet 'eta'. Vt quid hoc? Sapientia quasi media est inter potentiam et benignitatem, que quidem

---

[1] Exod. 6. 1.   [2] Exod. 6. 2–3.   [3] Exod. 7. 1.
[4] Ps. 8. 1 (LXX).   [5] Ps. 8. 1 (Hebr.).

sapientia, permanens semper in deitate, assumpsit humanam naturam, ita quod in duabus naturis unica subsistit persona. In geminatione ergo littere gemina substantia intelligitur, in idemptitate littere unitas persone.

7 Hec autem dicta sunt pro uocis essentia, non pro lege scripture. In scribendo enim non reperies apud Hebreos 'eta', scilicet 'e' uocalem, sed 'he', scilicet aspirationem que apposita fuit nomini Abrahe, ut dicitur Abraham qui prius dicebatur Abram. Sume ergo tres litteras, 'ioz', 'he', 'vaue', et habebis nomen tetragrammaton. 'Ioz' interpretatur principium, unde per 'ioz' designatur Pater, qui est principium sine principio. Per aspirationem intelligitur Spiritus Sanctus qui est flatus siue flamen Patris et Filii. Per 'vaue', quod interpretatur 'uita', designatur Filius. Ecce personarum Trinitas.

8 Augustinus uero proprietatem idiomatis Grece lingue secutus est, dum nomen tetragrammaton exposuit sic: 'Principium uite, passionis, iste'.[1] Hoc nomen scriptum erat in lamina aurea, frontem summi sacerdotis adornante.[2] Summus autem sacerdos typum gerebat summi sacerdotis ueri, qui est 'sacerdos in eternum secundum ordinem Melchisedech'.[3] Est ergo sensus: Iste sacerdos (hoc est uerus sacerdos quem iste representat) est principium uite, hoc est principalis causa tam uite gratie quam uite glorie. Hec est uita de qua dicitur 'et uita erat lux hominum'.[4] Et quia dictum est principium uite, subditur causa dum dicitur 'passionis', id est per passionem. Est enim grecismus, id est mos Grecorum, dum genitiuus ponitur pro ablatiuo.[5]

Quod deitas sit Deus. xxxiii.

1 Ad unitatem iterum essentie reuertimur, ad quam sponte recurrit unitas fidei catholice. Redit enim ad solem radius solaris, et ad locum unde exeunt flumina reuertuntur. Vnde nimis temerarios illos esse censeo, qui ausi sunt asserere deitatem non esse Deum. Cernunt quidem quod humanitas non est homo, neque natura inferior est id cuius ipsa est natura. Sed quid est deitas? Nonne eternum? Nonne ergo Deus? Preterea, numquid [col. 2] recte potest uel intelligi quod deitas non sit? Preterea, cum Deus intelligatur esse summum bonum, ita quod nec aliquid potest cogitari melius aut eque

---

[1] Glo. Ord. I. 795, there ascribed to Bede.
[2] Exod. 28. 36, 38; Bede De Tabernac. III. vii (478C); Aug. Quaest. in Heptat. II. cxx (638).
[3] Hebr. 6. 20; cf. Ps-Bede In Exod. xxviii–xxxi (328C).   [4] Ioh. 1. 4.
[5] Prisc. Inst. V. lxxx (II. 190 lines 16–18).

bonum, oportet quod deitas sit Deus, cum ipsa sit summum bonum.
Rursum, cum causa in eo quod est causa dignior sit suo effectu in rebus
inferioribus, erit deitas dignior Deo, si non est Deus, cum ipsa Deum faciat
esse Deum. Item, nonne diligis deitatem super omnia? Nonne ei exhibetur
latria? Nonne in personis proprietas et in essentia unitas et in maiestate
adoratur equalitas? Quid est item quod dicitur, 'Gloriam trine monadi
canamus'?[1] Numquid Trinitas personarum est adoranda et non unitas
essentie? Quonam modo presumis preferre Trinitatem unitati? Quicquid in
Deo est Deus est, et quicquid inest Deo Deus est, et quicquid adest Deo
Deus est. Cum autem dicitur 'quicquid', scito quod hoc nomen, ut dicit
Aristotiles, non significat 'uniuersale', sed 'quoniam uniuersaliter'.[2] Non
ergo adhereas distributioni cum dicitur 'Quicquid est in Deo est Deus'. Est
enim sensus 'Omnino quod est in Deo est Deus', ita quod nichil est in Deo
quod non sit Deus. Similiter, cum dicitur 'Per uisibilia peruentum est ad
inuisibilia Dei', ponitur plurale pro singulari. Idem reperies cum dicitur
'Gloria in excelsis Deo'[3] et in multis aliis locis.

De eo quod legitur 'Quod enim de tua gloria reuelante te credimus, hoc de
Filio tuo, hoc et Spiritu Sancto, sine differentia discretionis sentimus'.
xxxiiii.

1 Cum igitur tres persone distincte sint ab[a] inuicem et inter se differant,
mirum uidebitur qua de causa dictum sit in prefatione 'Quod enim de tua
gloria reuelante te credimus, hoc de Filio tuo, hoc de Spiritu Sancto, sine
differentia discretionis sentimus'.[4] Quid? Immo et differunt Pater et
Filius et Spiritus Sanctus et discernuntur ab inuicem. Sed quod dicitur 'sine
differentia discretionis' intelligendum sic: 'sine differentia discretionis glorie
aut nature'. Alium autem intellectum eliciemus ex hac littera, precon-
siderantes tamen quid sit quod dicitur 'Quod enim de tua gloria reuelante te
credimus, hoc de Filio tuo, hoc de Spiritu Sancto sentimus'. Constat quod ibi
dirigitur sermo ad Patrem. Quod ergo dicitur 'de tua gloria' potest intelligi
per emphasim, id est 'de te glorioso' uel 'de gloriosa natura tua'. Secundum

---

[a] ad R

[1] See above, I. xxviii. 3.　　　[2] Arist. *De Interpr.* vii (17b11–12).
[3] Luc. 2. 14; *Ord. Missae (Gloria)*.
[4] *Praef. Ord. Missae de Trin.* in *Brev. Sar.* II. 486.

priorem sensum procedat inquisitio. Numquid ergo quicquid credimus de Patre credimus et de Filio et de Spiritu Sancto? Sed nonne de Patre credimus Patrem generare Filium? Numquid illud idem credimus et de Filio et de Spiritu Sancto? Si uero quod dicitur 'de tua gloria' referatur ad essentiam Patris, sic fiat progressus. 2 Numquid quod credimus de diuina essentia credimus et de Filio et de Spiritu Sancto? Sed nonne unum Deum esse tres personas siue deitatem esse tres personas credimus esse uerum de essentia diuina? Numquid illud idem credimus aut de Filio aut de Spiritu Sancto? Sic igitur intelligenda erit locutio: 'Quod recte credendo attribuimus tibi, O Pater, illud idem sentimus esse attribuendum et Filio tuo et Spiritui Sancto'. Sed quia posset fieri obiectio de disiunctiuis uocabulis que conueniunt uni persone ita quod non alii, ut generare conuenit Patri, similiter et esse innascibilem, nec tamen hoc aut illud conuenit Filio uel Spiritui Sancto, ideo quasi per antipoforam subdit 'sine differentia discretionis', id est exceptis discretiuis uocabulis que pertinent ad differentiam personarum. Omnia enim essentialia uocabula que conueniunt uni persone conueniunt et cuilibet trium, ut 'simplex', 'immensus', 'eternus', 'iustus', 'misericors' et similia. Reor tamen hanc fuisse mentem auctoris, [f. 21v] 'Quod enim de tua gloria credimus O Pater, hoc de gloria Filii tui, hoc de gloria Spiritus Sancti sentimus, ita quod nulla est differentia discretionis glorie tue, ad gloriam Filii uel Spiritus Sancti, cum una et eadem sit gloria Patris et Filii et Spiritus Sancti'. 3 Huic enim intellectui consonare uidetur quod sequitur, 'ut in confessione uere sempiterneque deitatis et in personis proprietas et in essentia unitas et in maiestate adoretur equalitas';[1] quod enim prius gloriam hic dicit maiestatem. Trium siquidem personarum par est gloria, equalis maiestas, quia quanta est gloria unius, tanta est gloria cuiuslibet trium. Opinantur autem nonnulli se difficultatem euadere per hoc quod emendatiorem dicunt hanc esse litteram 'sine differentie discretione'. Sed quid? Nichil sic subtrahitur difficultati questionis. Sciendum tamen hanc esse dupplicem, 'Tres persone discernuntur ab inuicem uel discrete sunt'. Si enim iste dictiones, 'discernuntur', 'discrete', referantur ad distinctionem, uera est. Vnde Hilarius de Sinodis: 'Discernitur persona accipientis et dantis';[2] si ad separationem, falsa. Non enim diuiduntur persone neque separantur ab inuicem. Est enim una substantia personarum et quelibet persona est in alia; et unitas essentialis est indiuisa, similiter et Trinitas. Sed et opera Trinitatis indiuisa sunt, inseparabilia sunt.

---

[1] Ibid.   [2] Hilar. *De Synod.* xiv (491A).

Vtrum generaliter sit uerum quod dicitur ab Aristotile in Topicis, quia diuersum est genus differentis. xxxv.

1 Cum ergo persona differat a persona et distinguatur, queritur utrum persona sit diuersa a persona. Dicit enim Aristotiles in Topicis quia diuersum est genus differentis, id est superius ad differens.[1] Sed quid? Artis doctrina legibus inferiorum naturarum se fatetur obnoxiam, sed ad diuine maiestatem nature non presumit accedere, nisi cum sacra Scriptura eam introducere dignatur quandoque ad rei dilucidiorem intelligentiam. Hoc participium ergo 'differens' pertinet ad distinctionem personarum, sed hoc nomen 'diuersum' ad naturam refertur. Vnde hec falsa est, 'Hec persona diuersa est ab illa', quia non est alterius nature ab illa, nec est eadem illi sed differt ab illa, cum tamen idem sit quod illa. Vnde Hylarius in primo libro contra Arrianos sic ait: 'Vnum sunt Pater et Filius, non unus, quia Deo ex Deo nato, nec eundem natiuitas permittit esse nec aliud'.[2] Sciendum quod dicitur 'Diuerse persone sunt in unitate essentie' sicut et dicitur 'Plures sunt persone in unitate essentie'. Non tamen danda est hec, 'Hec persona est diuersa ab illa'. Hic enim non ponitur hoc nomen 'diuersa' in ui signi, sed ad naturam spectat. Sed uidetur quod persona non differat a persona, cum dicat Hilarius in secundo libro contra Arrianos, 'Non duo dii, sed unus ab uno, non duo ingeniti quia natus est ab innato; alter ab altero nichil differens, quia uita uiuentis in uiuo est'.[3]

2 Ecce quia dicit quod 'alter ab altero nil differens'. Videtur ergo quod alter non differat ab altero. Quid? Immo dicit quod 'alter ab altero nichil differens', hoc est, 'Alter nichil est quod differat ab altero', quia neuter aliquid est quod differat ab altero, quia essentia a neutro differt. Quidni? Sunt enim unius essentie, immo sunt una essentia. Vnde Hilarius se ipsum exponens subdit 'quia uita uiuentis in uiuo est', ac si dicatur 'Vna est ibi uita'. Vita ergo uiuentis Patris est in uiuo siue uiuente Filio. Cum ergo sint una uita, una essentia, una natura, unum omnino, non est aliquid Pater quod differat a Filio. Differt [col. 2] tamen Pater a Filio. Similiter,[a] secundum nonnullos 'Sortes senex differt a se puero', non tamen 'Sortes senex est aliquid quod differat a se puero'. Pro iudicio item quorundam, Sortes non est aliquid quod sit rationale, et tamen Sortes est rationalis. Puer item non est aliquid quod crescat, et tamen puer crescit. Monachus item non est aliquid quod sit album, et tamen monachus est albus.

[a] Simile R

---

[1] Arist. *Top*. VI. vi (143a36).   [2] Hilar. *De Trin*. I. xvii (37C).
[3] Ibid. II. xi (59B).

3 Sed ne mireris super hoc quod diximus hoc nomen 'diuersus' pertinere ad naturam, cum dicat Hilarius in quarto libro contra Arrianos, loquens de hoc quod scriptum est, 'Faciamus hominem ad ymaginem et similitudinem nostram':[1] 'Sustulit singularitatis intelligentiam professione consortii. Consortium autem esse aliquod solitario, ipse sibi non potest. Neque rursum recipit solitarii solitudo "faciamus" neque quisquam alieno a se "nostram" loquitur. Vterque sermo, "faciamus" et "nostram", ut solitarium eundemque non patitur, ita neque diuersum a se neque alienum significat'.[2]

4 Ecce quia dicit 'neque diuersum a se neque alienum'. Sicut ergo hec persona alia est ab illa, non tamen aliena, ita est differens ab illa, non tamen diuersa. Sed quid?

> 'Vulnus Achilleo que quondam fecerat hosti
> uulneris auxilium Pelias hasta tulit'.[3]

In eodem enim exemplo et sauciat uos Hilarius et medelam confert. Sequitur enim ibidem 'Solitario ergo conuenit et "faciam" et "meam", non solitario uero et "faciamus" et "nostram". Cum itaque legimus "Faciamus hominem ad ymaginem et similitudinem nostram", quia sermo uterque ut non solitarium, ita neque differentum esse significat; nobis quoque nec solitarius nec diuersus est confitendus'.[4]

5 Ecce quia dicit 'nec solitarius nec diuersus'. Sic quidem medetur uulneri quod nobis intulisse uidetur premittens 'ut non solitarium, ita neque differentem'. Quod enim dicit 'neque differentem' sic intelligendum est, 'neque differentem scilicet in natura'.

6 Si autem quis instet, dicens 'Pater differt a Filio, ergo Pater diuersus est a Filio', sic resistetur pro quorundam opinione: hoc nomen 'liber', 'libri' differt ab hoc nomine 'liber', 'liberi', non tamen hoc nomen est diuersum uel alia uox ab illo nomine; sunt enim, ut aiunt, duo nomina eadem uox.

7 Quoniam tamen dissimulare ueritatem sub pretextu subtilitatis admodum periculosum est, presertim in iis que spectant ad assertionem ueritatis fidei, sciendum quia tractatores orthodoxi nunc referunt hoc uerbum 'differt' ad naturam, nunc ad distinctionem. Vnde Hilarius in fine octaui libri contra Arrianos ait, loquens de Patre et Filio: 'Ita unum sunt, ut a Deo non differat Deus. Ita Deus a Deo indifferens, ut perfectum Deum substituerit perfecta natiuitas'.[5]

8 Ecce quia Deus non differt a Deo, uidelicet in quantum unum sunt. Boetius item in libro De Trinitate ait: 'Pater est Deus, Filius Deus, Spiritus Sanctus Deus. Igitur Pater et Filius et Spiritus Sanctus sunt unus Deus, non tres dii, cuius coniunctionis ratio est indifferentia'.[6]

---

[1] Gen. 1. 26.   [2] Hilar. *De Trin*. IV. xvii (110C–11A).
[3] Ov. *Remed. Amor*. 47–48.   [4] Hilar. *De Trin*. IV. xvii–xviii (111A–B).
[5] Ibid. VIII. lvi (278B).   [6] Boeth. *De Trin*. i (1249C).

[LIBER II]

Incipit proemium in secundam distinctionem huius operis.

1 Multitudo confusa uirtutem memorie turbat; paucitas ordine congruo distincta fidelius reseruatur. Hinc est quod maiorum sollers prudentia, utilita<ti> successorum affectuose semper prospice<re> parata, tractatus suos uarietate thomorum aut librorum artificiosa partitione distinguere consueuit. Distincta namque melius [f. 22] commendantur memorie; et animus lectoris, in fastidium declinans, nouis recreatur distinctionibus. Adde quod rerum presertim arduarum subtilitas mentem uexat, et dum mens ad sublimium inuestigationum speculationes sese conatur erigere, stupore repentino fatigatur. Quid quod admiratio nouitatum, dum animum delectat, ipsum et dulciter et suauiter ledit? Quid quod difficultas, etiam dum placet, in uehementem applicationem animum exurgere compellit? Dulcis est quies post laborem, iocunda serenitas post nubilum, grata est respiratio post fatigationem. Distinctiones item librorum quidam sunt gradus ascendere uolenti ad rerum subtilium comprehensionem.

2 **Incipiunt capitula in distin<c>tionem secundam.**

[a] *From this point on the chapters are misnumbered by one too many.*

liiii.	Contra eos qui dicunt[a] Deum posse multa que non uult.
lv.	Vtrum Deus potuisset fecisse mundum meliorem quam sit.
lvi.	Vtrum Deus potuisset melius fecisse mundum quam fecerit.
lvii.	Vtrum aliquid possit facere Deus absque certa causa.
lviii.	Vtrum omnes creature sint eque bone in quantum sunt creature.
lix.	Vtrum uerum sit impossibile.
lx.	De uoluntate Dei.
lxi.	Vtrum mala esse sit bonum.
lxii.	De permissione Dei.
lxiii.	De predestinatione et prescientia.
lxiiii.	De iusticia Dei et misericordia.
lxv.	Vtrum hec nomina, 'iustus' et consimilia, equiuoce dicantur de Creatore et creatura.
lxvi.	Quare affirmationes dicte de Deo dicantur incompacte.
lxvii.	Vtrum Deus essentia conueniat cum creatura.
lxviii.	Qua de causa dicatur Deus esse sensibilis.
lxix.	Quid predicetur cum dicitur 'Deus est iustior Petro'.

De significatione huius nominis 'persona'.   Capitulum i.

1 Expedita satis uideretur esse solutio eorum que inquiri solent de significatione huius nominis 'persona', nisi quia difficultatem generantur haut[a] mediocrem uerba que proponit Augustinus in vii. libro De Trinitate capitulo xii., dicens

'Non est aliud Deo esse, aliud personam esse, sed omnino idem'.

Et post pauca:

'Et quemadmodum hoc illi est esse quod Deum esse, quod magnum, quod bonum esse; ita hoc illi est esse, quod personam esse. Cur ergo non hec, "tria simul unam personam", dicimus sicut unam essentiam et unum Deum, sed dicimus "tres personas", cum tres deos aut tres essentias non dicamus; nisi quia uolumus uel unum aliquod uocabulum seruire huic significationi qua intelligitur Trinitas, ne omnino taceremus interrogati, quid tres, cum tres esse fateremur'?[1]

2 Ex his uerbis Augustini magna oritur difficultas, quia uidetur uelle quod hoc nomen 'persona' sit essentiale. Quod si est, dabitur quod in hac,

---

[a] eos qui dicunt: nos qui dicimus R

---

[1] Aug. *De Trin.* VII. vi. 11 (943), also quoted by Peter of Poitiers, *Sent.* I. iv (795C).

'Persona est', supponitur essentia. Et ita dabitur quod una persona est tres persone. Dixere igitur quidam hoc nomen 'persona' esse essentiale quando per se ponitur, et admittunt ipsum esse personale quociens signum particulare ei preponitur aut partitiua dictio aut demonstratiua. Dant ergo hanc, 'Persona est tres persone', non tamen 'Aliqua persona est tres persone'. Sed quid? Nonne hoc nomen 'persone' plurale est huius nominis 'persona'? Quod si est, erit hec falsa, 'Persone sunt', sicut hec falsa, 'Essentie sunt'. Item, persona est Pater et Filius et Spiritus Sanctus, ergo illa est Pater et Filius et Spiritus Sanctus. Nam si persona est, illa est. Si ergo persona est tres persone, illa est tres persone. Cum ergo persona sit tres persone, nonne illam esse tres personas est uerum de essentia? Quod si est, dabitur quod aliqua persona sit tres persone. 3 Item, nonne si tres persone sunt, persone sunt? Item, alia est persona Patris, alia Filii, alia Spiritus Sancti, non tamen alia essentia. Personarum ergo alia est Pater, alia est Filius, alia est Spiritus Sanctus, ergo persone sunt [f. 22v] Pater et Filius et Spiritus Sanctus. Non est ergo hoc nomen 'persone' essentiale in plurali numero. Preterea, 'persona' est tres persone, ergo de persona est uerum ipsam esse tres personas. Dabitur igitur quod persona est et ipsa est tres persone. Item, queratur ab eis utrum persona sciat se esse tres personas. Quod si est, dabitur quod scit se ipsam esse tres personas, ergo persona scit quod ipsa est tres persone, ergo persona est et ipsa est tres persone, ergo aliqua persona est tres persone. Rursum, si hoc nomen 'persona' equipollet huic nomini 'essentia', ut aiunt, queratur utrum hec danda, 'Persona est passa', cum essentia diuina non sit passa. Item, dabitur quod quicquid est uerum de persona est uerum de essentia et econtrario; sed de essentia est uerum ipsam esse tres personas, ergo idem est uerum de persona. Item, persona distinguitur a persona. Numquid autem essentia differt uel a persona uel ab essentia? Nolumus diutius huic opinioni obicere, tum quia competenter sustineri non potest, tum quia abiit in disuetudinem.

4 Aliis ergo subtilius rem inuestigantibus uisum est, quod persona dicitur quasi 'per se unum'.[1] Sed uidetur secundum hoc quod hec locutio sit incongrua, 'Persona est', cum hec sit incongrua, 'Per se unum est'.[2] Sed quid? Non semper ethimologia equis passibus incedit cum ethimologizato. Equipollet ergo hoc nomen 'persona' huic uoci 'quis', 'quid' uel 'que', hoc uero nomen 'persone' in plurali numero equipollet huic uoci 'qui', 'quid' uel

---

[1] For 'Per se unum' (more usually 'Per se una') see N. Häring in MS 13 (1951), p. 19 seq. In the twelfth century it was much used by Gilbert of Poitiers. See also J. de Ghellinck, 'L'histoire de "persona". . .', RNP 36 (1934), 111–27, and N. Häring, 'San Bernardino e Gilberto', in *Studi su San Bernardino* (Bibl. Cist. 6, Rome, 1975), p. 77.

[2] Cf. Robert of Melun, *Sent.* I. iii. 12 (III. ii. 52 and nn.), Peter of Poitiers, *Sent.* I. iv (800C–01B).

'que'. Pater ergo et Filius et Spiritus Sanctus non sunt persona quia non sunt 'quis', sed sunt persone quia sunt 'qui', 'quid' uel 'que', quia ita sunt 'qui' quod sunt 'quid'. Petrus autem et Paulus sunt persone quia sunt 'quid' uel 'que'. Ita enim sunt 'qui' quod sunt 'que'. Sunt enim 'aliqui', ita quod sunt 'aliqua'. Queritur ergo utrum hoc nomen 'persona' sit personale an essentiale. Videtur quod neque sit personale neque essentiale, aut similiter personale et essentiale. Sed dicendum quod personale est tam ratione suppositionis quam ratione predicationis. Licet enim cum dicitur 'Pater est persona' compredicetur essentia, tamen principalis predicatio pertinet ad personam, sicut 'Pater' in hac, 'Pater est quis quid'. 5 Queritur item quo Pater sit persona. Videtur enim quod Pater notione sit 'quis', essentia 'quid'. Ad quod dicendum quod Pater notione est persona, ut notetur causa remota. Pater autem essentia est persona, ut notetur causa remotior. Si uero sumatur causa propinqua, dicetur quod Pater notione et essentia est persona, nisi quia notio non est connumerabilis essentie. Est enim notio essentia. Vnde cum hec incongrua sit, 'Pater notione et essentia est persona', oportet fateri quod Pater nec aliquo nec aliquibus est persona, ita uidelicet ut notetur per ablatiuum causa propinqua. Petrus quidem nec accidente nec specie est albus homo, sed accidente et specie. Intelligenti tamen accedentius uidebitur ad propositum hoc exemplum: 'Iste mons est mons Ossa. Vtrum enim uno aut duobus est iste mons mons Ossa'. Si autem notetur causa remota, dabitur, ut dictum est, quod Pater essentia est persona, quia in hac, 'Pater est persona', compredicatur essentia, ut diximus. Hinc est quod Augustinus, consulens compredicationis legem, dicit quod esse personam est esse Deum, et quod idem est Deo esse Deum et esse personam.[1] Hec ergo dari potest utcumque esse personam est esse quid, ratione compredicationis. 6 Propinquior est autem ueritas huius, 'Esse personam est esse quem'. Ma[col. 2]nifestior est autem ueritas huius, 'Esse personam est esse quem quid'. Et ut ad predicta reuertamur, minus circumspecte ethimologizant uocabulum qui dicunt 'personam' esse quasi 'per se unum'. Non enim habet hoc nomen 'persona' intrinsecam relationem.

7 Viris autem subtilis intelligentie uisum est Augustinum disserendo proponere quod dicit de persona, non asserendo. Boetius uero contra Euticen et Nestorium dicit hec nomina, 'prosopum', 'persona', sumpta esse a recitationibus theatralibus. Dicitur enim prosopum quasi 'ante faciem' eo quod recitator theatralis laruam habebat ante faciem, per cuius concauitatem prodierunt in medium diuerse diuersarum uocum formationes. Vnde sumptum est hoc nomen 'persona', ut dicatur 'persona' quasi

---

[1] Cf. Aug. De Trin. VII. vi. 11 (943).

'personans'. Ad differentiam autem huius uerbi 'persona' positus est accentus super mediam huius nominis 'persoña'.[1] Audent ergo fateri hec nomina, 'prosopum', 'persóna', ab istrionibus sumpta esse, ad supponendum personam diuinam. Sciendum autem hec nomina, 'prosopum', 'persóna', nomina fuisse dignitatum. 8 Dicitur enim 'prósopum' quasi 'ante faciem', eo quod ob reuerentiam magnatibus exhibendam, ante faciem minorum constituendi sunt. Hinc est quod transumptum est nomen prósopi ad supponendum diuinam personam, que pre oculis cordis nostri et ante faciem interioris hominis debet constitui. Adde quod ante faciem ipsius cui omnia aperta sunt, qui scrutatur renes et corda,[2] singula constituta sunt. Persóna uero dicitur quasi 'pars una', eo quod senator uel uir pragmaticus erat una pars curie, ut hoc nomen 'una' cum pondere proferatur. Hinc transumptum est nomen persone ad supponendum diuinam personam. Absit tamen ut dicamus unam trium personarum esse partem essentie diuine, aut etiam partem esse tocius aggregatiui quod sit Trinitas. Nomen enim 'Trinitas', ut supradiximus, non est collectiuum.[3] Et ut dicit Augustinus in libro viii. De Trinitate capitulo secundo, non maius aliquid sunt Pater et Filius quam singulus eorum.[4] Placuit quibusdam personam dici quasi 'per unum', id est perfecte unum. Pars enim alicuius tocius, ut anima, non est persona, quia non est perfecte unum, habito scilicet respectu ad integritatem ipsius compositi, scilicet hominis. Pars ergo prior est toto naturaliter, quoad hoc quod simplicior est et quia compositio est obnoxia suis componentibus. Totum autem dignius est sua parte, si consideretur dignitas perfectionis et integritatis. Dicitur item prosopum quasi 'ante faciem', eo quod coram persona que dignitas dicebatur aut potestas ferebatur aut securis aut gladius, per quem intelligebatur quod prefectus aut consul aut dictator esset.

De his nominibus, 'persona', 'quis'. ii.

1 Si igitur Augustini uestigia sequimur, dicentis 'Cum dicimus personam Patris non aliud dicimus quam substantiam Patris',[5] perspicua erit differentia huius nominis 'persona' ab hoc nomine[a] 'quis', hoc nomen enim 'quis' ita facit personalem suppositionem quod non pertinet ad essentiam.

[a] ad hoc nomen R

[1] Boeth. *Contra Eut.* iii (1343D).   [2] Ps. 7. 10 etc.
[3] See above, I. xx. 6, xxxv. 14.   [4] Aug. *De Trin.* VIII. i. 2 (947–48).
[5] Aug. *De Trin.* VII. vi. 11 (943); cf. Peter Lomb. *Sent.* I. xxiii. 1. 2 (I. 181).

Nisi ergo urgeret nos auctoritas Augustini, idem sentirem de hoc nomine 'persona' quod de hoc nomine 'quis'. Istis enim nominibus, 'persona', 'quis', et supponitur persona et predicatur persona. Non enim censemus inconueniens si dicatur appellatum predicari. Quid enim predicatur hac, 'Diuina natura est homo', nisi appellatum? Hec enim species 'homo' non predicatur de diuina natura sed de persona. De hoc autem latius disseretur inferius.[1] Pater ergo se ipso est [f. 23] persona. Poterit etiam competenter dici quod hoc nomine 'quis' predicatur notio, ut hec sit uera, 'Pater notione est quis', quia 'Paternitate est quis' uel paternitate et innascibilitate. Siue ergo dicatur persona predicari siue notio, dicetur quod Pater eo quo est persona distinguitur a Filio, sed in eo quod est persona conuenit cum Filio. Similiter,[a] sit Sortes albus, Plato niger. Colore quo Sortes est coloratus, dissimilis est Sortes Platoni; in eo tamen quod est coloratus, conuenit Sortes cum Platone. Rudis tamen theologus admittit quod Pater, in eo quod est persona, distinguitur a Filio; quia uidelicet non in quantum est essentia distinguitur a Filio. 2 In quantum igitur Pater est persona, distinguitur a Filio; sed in quantum est substantia, conuenit cum Filio. Cum uero diximus 'Pater in eo quod est persona conuenit cum Filio', proprietatem locutionis attendimus, quia Pater in essentiendo uel in esse personam conuenit cum Filio. Ceterum, si dixeris ut supra declarauimus, hoc nomine 'persona' secundum quosdam compredicari essentiam, dicetur quod Pater eo quo est persona conuenit cum Filio, ita scilicet ut notetur remota causa. Pater item quo est persona distinguitur a Filio, quia notione est 'quis', essentia 'quid'. Sed detur quod connumerari queat essentie notio. Erit ergo hec uera, 'Pater notione et essentia est persona'. Sumatur ergo ablatiuus singularis complexiue, ita quod comprehendat notionem et essentiam, et notetur propinqua causa. Dicetur ergo quia Pater quo est persona nec conuenit cum Filio, nec distinguitur a Filio.

De descriptione persone. iii.

1 Ad dilucidiorem uero intelligentiam eorum que explicare decreuimus, considerandum est que sit persone descriptio. Miror autem Lumbardum alia forma uerborum usum fuisse in assignatione persone quam usus fuerit Boetius describens personam sic, 'Persona est substantia indiuidua, rationalis

---

[a] Simile R

[1] This discussion was presumably part of the section on the Incarnation, which is not extant; but cf. II. xxv–xxvii.

nature'.[1] In primis discutiendum est quonam modo intelligendum sit quod dicitur 'substantia indiuidua'. Nonne enim anima humana est substantia indiuidua rationalis nature? Constat quidem quod rationalis nature est. Nonne autem est substantia indiuidua? Nonne habet singularem naturam aut propriam qualitatem? Nonne ergo anima est indiuiduum, secundum quod indiuiduum dicitur appellatum, naturam habens singularem? Nonne igitur est substantia indiuidua? Constat quidem quod anima substantia est. Nonne autem indiuidua est tum ratione cause predicte, tum quia simplex est? Nonne enim indiuisibilis est? Numquid anima est substantia indiuisibilis, et non est substantia indiuidua? 2 Sciendum ergo quod anima est substantia diuidua, quia cum corpore uenit in compositionem hominis. Diuidunt ergo hominem quodammodo inter se anima et corpus. Est enim anima communicabilis, quia de nature sui uenit in constitutionem hominis. Sed nec homo nec angelus communicabilis est, quia de nature sui renuit esse pars rei. Hinc est quod Filius Dei non potuit assumere hominem uel angelum, quia quod assumitur pars est constitutiua assumentis. Sed Verbum Patris assumpsit humanam naturam, quia assumpsit animam et corpus. Persona quidem nomen est iuris. Quidni? 'Persona' quidem uendicat sibi dominium in re, quia sortitur dignitatem perfecte integritatis. Multi tamen [col. 2] existimauere nomen 'persone' ideo dici nomen iuris, quia 'persona' dicebatur uir auctenticus, ius dictans.[2] Anima ergo non est persona, etiam a corpore seiuncta. Appetit enim et tunc de natura uenire in constitutionem hominis. Et ut ait Boetius in libro Contra Euticen et Nestorium, non potest quicquam ex duabus personis constitui.[3]

3 Cum uero omnis descriptio condeclinari habeat suo descripto, uidetur quod tres persone sint tres substantie. Si enim persone descriptio est substantia indiuidua rationalis nature, oportet quod si aliquid est persona, ipsum est substantia indiuidua rationalis nature. Si ergo persone sunt, ipse sunt substantie indiuidue rationalis nature uel rationalium naturarum. Sed diuina natura est tres persone, ergo est tres substantie indiuidue, ergo est tres substantie. An idem facit quod dicit Boetius in libro predicto; utuntur enim Greci quatuor nominibus istis, 'usia', 'usiosis', 'ypostasis', 'prosopum'.[4] Vsia idem est quod essentia, usiosis subsistentia, ypostasis substantia, prosopum persona. Cum ergo tres persone sint tria prosopa, sint etiam tres ypostases, uidetur quod sint tres substantie; est enim ypostasis idem quod substantia. Preterea, hoc nomen 'substantia' uidetur esse generale uocabulum continens sub se tam usias quam ypostases. Quod si est, erunt tres

---

[1] Boeth. *Contra Eut.* iii (1343D); Peter Lomb. *Sent.* III. v. 3. 2 (II. 48) and III. x. 1. 2 (II. 72), taken from *Summa Sentent.* I. xv (70D). Nequam is closer to Boeth.
[2] Cf. William of Auxerre, *Summa Aurea* III. i. 3.8 (III. i. 36–37 and nn.) and authorities.
[3] Boeth. *Contra Eut.* iv (1345C–D).   [4] Ibid. iii (1343D–45B).

persone tres substantie. Concessere ergo nonnulli unam essentiam esse tres substantias, ut consuetudini Grecorum satisfacerent. Augustinus uero in libro quinto De Trinitate capitulo xii. ait: 'Quia nostra loquendi consuetudo iam optinuit ut hoc intelligatur cum dicimus essentiam, quod intelligitur[a] <cum> dicimus substantiam; non audemus dicere unam essentiam tres substantias, sed unam essentiam uel substantiam, tres autem personas'.[1]

4 <L>ibentius ergo damus hanc, 'Tres persone sunt tres subsistencie', quam hanc, 'Tres persone sunt tres substantie'. Immo et istam negamus; usus enim restrinxit hoc nomen 'substantia' ut parificetur in celesti scriptura huic nomini 'essentia', quando uidelicet ipsum de Creatore dicitur. Licet autem usiosis Grece idem dicatur quod subsistentia Latine, non tamen dicimus tres personas esse tres usioses, quia hoc nomen 'usiosis' secundum usum modernorum equipollet huic nomini 'deitas' in hac facultate. Immo etiam raro utimur hoc nomine 'usiosis', cum frequenter his nominibus utamur, 'usia', 'essentia', 'ypostasis', 'persona', 'prosopum', 'quid', 'quis'. Sunt enim tres 'qui', siue tres persone, tres hypostases, similiter tria prosopa, tres subsistentie; sed una sola est usia, una sola essentia, una sola substantia. Nec solliciteris super hoc quod aliter medicus, aliter metaphisicus, aliter theologus utitur hoc nomine 'ypostasis'. Sed nec obstupescas etsi frequenter legas tria esse unum, unum tria, quia etiam dictio substantiua neutri generis quandoque personaliter ponitur. Vnde Didimus in libro De Spiritu Sancto, loquens de Spiritu Sancto, ait: 'Non potest audire Filium loquentem que nescit, cum hoc ipsum sit quod profertur a Filio, id est procedens Deus de Deo, Spiritus ueritatis procedens a Veritate, et consolator est manans de Consolatore'.[2]

5 Ecce 'hoc ipsum' dicitur pro 'hic ipse'. Solent enim dictiones substantiue neutri generis poni in designatione essentie, masculine in designatione persone. Similiter reperis quia rerum alie sunt quibus fruendum, ut persone diuine; alie quibus utendum, ut uirtutes; alie que fruuntur et utuntur, ut homines. [f. 23v]

6 Ecce quia tres persone dicuntur res pluraliter, cum tamen potius debeant dici una res. Sunt enim tres persone omousion, id est unius substantie. Sed in hoc nomine 'omoeusion', id est 'similis substantie', aliquid fellis latet.

---

[a] *End of line, caret-mark* R

---

[1] Aug. *De Trin*. V. ix. 10 (917–18).
[2] Didym. *De Spirit. Sanct*. xxxvi (1064C–65A).

De his nominibus, 'essentia', 'substantia', 'subsistentia'. iiii.

1 Ne autem perfunctorie pertranseam de istis, uidetur probari posse quod tres persone sicut sunt una essentia ita sunt una substantia, una subsistentia. Dicit enim Augustinus in libro vii. De Trinitate in fine capituli decimi quod hoc est Deo esse, quod est subsistere.[1] Cum ergo unum sit esse Trinitatis, ita et unum subsistere. Quod si est, sicut una sola est diuina essentia, ita et una sola subsistentia. Preterea, cum hoc uerbum 'subsistit' copulet diuinam essentiam, oportet ut uidetur quod tres persone sint una subsistentia. Dicet aliquis quod 'substantia' dicitur a 'subsistere'. Hec enim manifeste dicit Augustinus, in libro vii. De Trinitate capitulo ix. sic inquiens: 'Sicut ab eo quod est esse appellatur essentia, ita ab eo quod est subsistere, substantiam dicimus'.[2] Sed quid? Satis idem reputauit Augustinus subsistere et substare. Eadem autem est obiectio de hoc uerbo 'substare', si ab eo dicatur sumi hec nomen 'subsistencia'. Vt ergo satisfaciamus consuetudini colloquentium, sumatur ab esse 'essentia', a substare 'substantia', a subsistere 'subsistentia', et obiciatur ut prius. 2 Ad hoc dicendum quod penes usum ius est et norma loquendi.[3] Cum ergo usus hanc neget, 'Tres persone sunt tres substantie', et nos eam negamus. Augustinus uero in libro v. De Trinitate in fine xii. capituli dicit quod non audemus dicere 'unam essentiam, tres substantias', ut in precedenti capitulo prenotauimus.[4] Idem tamen in libro viii. De Trinitate capitulo primo innuit tres personas esse tres substantias, dicens subiunctiue 'tres personas uel tres substantias'.[5] Et notandum quod licet uterque istorum uerborum, 'substare', 'subsistere', copulet diuinam essentiam, non tamen dabitur quod essentia diuina substet uel subsistat, nominatiue accepto hoc nomine 'essentia'. Preter principalem enim significationem uel predicationem huius uerbi 'substat' uel 'subsistit', connotat uterque istorum uerborum statum personalem, ut ita dicam, siue personalem distinctionem. Vnde persona accedentius dicitur subsistere uel substare, quia persone substant uel subsistunt notionibus. 3 Notiones autem non insunt essentie sed personis. Augustinus autem, licet non hoc prorsus considerauit quod nos, dicit in septimo[a] libro De Trinitate in fine capituli noni,

'Omnis', inquit, 'res ad se ipsam subsistit. Quanto magis Deus, si tamen dignum est ut Deus dicatur subsistere'.[6]

---

[a] nono R

---

[1] Aug. *De Trin.* VII. v. 10 (943).   [2] Ibid. VII. iv. 9 (942).
[3] Cf. Hor. *Ars Poet.* 72.   [4] Aug. *De Trin.* V. ix. 10 (918).
[5] Ibid. VIII. proem. 1 (947).   [6] Ibid. VII. iv. 9–v. 10 (942).

In decimo autem capitulo eiusdem libri septimi dicit Augustinus quod corpus subsistit et ideo substantia est.[1] Et paulo post:

'Res autem mutabiles neque simplices proprie dicuntur substantie.

Et paulo post:

'Manifestum est Deum abusiue uocari substantiam ut nomine usitatiore intelligatur essentia, quod uere ac proprie dicitur, ita ut fortasse solum Deum dici oporteat essentiam. Est enim uere solus, quia incommutabilis est, idque suum nomen Moysi enunciauit cum ait "Ego sum qui sum, et dices ad eos: Qui est misit me ad uos".[2] Sed tamen siue essentia dicatur quod proprie dicitur siue substantia quod abusiue; utrumque ad se dicitur, non relatiue, ad aliquid. Vnde hoc est Deo esse quod subsistere'.[3]

4 Ecce quia inuitus dat hanc Augustinus, 'Deus subsistit', sed hanc [col. 2] admittit, 'Deus est'. Si uero in hoc uerbo 'subsistit' connotetur personalis distinctio, ut diximus, erit hec falsa: 'Hoc est Deo esse quod subsistere'. Sed cum hoc dicit Augustinus, respexit principalem significationem huius uerbi 'subsistit'. Dicit etiam frequenter Augustinus quod 'esse bonum' idem est Deo quod 'esse magnum', que tamen locutio secundum proprietatem sui est falsa.[4] Hec est autem causa dicti 'Id quo Deus est bonus est id quo Deus est magnus'. Similiter, 'Id quo persona est' idem est quod 'Id quo persona subsistit', persona enim subsistit essentia, ablatiue posito hoc nomine 'essentia'. Hoc autem nomen 'subsistentia' appellat personam et supponit, et hoc habet ex connotatione huius uerbi 'subsistit', quod connotat personalem distinctionem. Sicut igitur hec uera, 'Burnellus hac specie "asinus" est asinus',[5] licet hoc nomen 'asinus' consignificet sexum, ita hec uera, 'Persona subsistit essentia', ablatiue posito hoc nomine 'essentia', quamuis hoc uerbum 'subsistit' connotet distinctionem. Danda est ergo utraque istarum, 'Persona est', 'Persona subsistit'; hec autem inpropria, 'Diuina natura subsistit', cum hec propria sit et uera: 'Deus est'. Distingunt autem quidam sic, dicentes genus generalissimum esse species subsistere, indiuidua substare; sed non egemus ad presens hac distinctione.

---

[1] Ibid. VII. v. 10 (942).   [2] Exod. 3. 14.
[3] Aug. De Trin. VII. v. 10 (942–43).   [4] E.g. De Trin. VII. i. 1 (931–33).
[5] Burnellus the ass is the hero of Nigel Longchamp, *Speculum Stultorum*, written at Canterbury c. 1180, ed. J. H. Mozley and R. Raymo (California, 1960). The name is also used in exempla given in earlier works on logic: De Rijk, *Logica Modernorum*, II. ii. 858.

Item de hoc nomine 'persona'. v.

1 Diuerse a tractatoribus enumerantur opiniones, ut e multis unam sibi eligat lector prudens, dicens 'Tu mihi sola places'.[1] Secundum opinionem igitur quorundam superius diximus hoc nomen 'persona' supponere 'quem' et compredicare essentiam,[2] ac si hoc nomen 'persona' equipolleat huic uoci 'quis quid'. Vnde, ut aiunt, in descriptione persone posita a Boetio, quod dicitur 'substantia indiuidua' referendum est ad 'quem', ita ut hec uox 'indiuidua substantia' ponatur pro hoc nomine 'subsistentia', quod uero dicitur 'rationalis nature' referendum est ad 'quid'.[3] Cum autem, ut aiunt, posset equus dici persona cum sit quis quid, restrinxit tamen Boetius nomen persone ad Deum et angelum et hominem.[4] Quod ergo, dicit Augustinus, sumptum esse nomen persone a catholicis propter instantiam hereticorum interrogantium 'Quid tres?', cum dicerent catholici diuinam essentiam esse tres; ideo dictum puta secundum istos, quia catholici aduerterunt hoc nomen 'persona' idoneum esse et competens ad suppositionem Trinitatis.[5] Aliis uero uidetur quod 'persona' dicitur quasi 'pars una'. Est enim species totum esse suorum indiuiduorum. Particularis igitur homo est quasi una pars hominis. Secundum hos transsumptum est a catholicis hoc nomen 'persona' ad supponendum unum trium. Habet enim species qualemqualem similitudinem cum deitate, indiuidua cum personis. Ideoque dixi 'qualemqualem', quia diuina natura longe remota est a lege uniuersalium. Constat autem quod nec deitas est species, nec persone sunt indiuidua.

2 Nec solliciteris super hoc quod grammaticus aliter utitur nomine persone quam theologus. Est enim persona, secundum acceptionem grammatici, idem quod suppositum locutioni. Erit igitur secundum hoc hec uera: 'Pater et Filius et Spiritus Sanctus sunt persona', quia sunt unum suppositum locutioni. Sunt enim tres una deitas que supponitur locutioni, cum dicitur 'Deitas est'. Sed theologus grammatico suam relinquit acceptionem, dicens Patrem et Filium et Spiritum Sanctum non esse personam sed personas.

3 Sciendum uero quod licet superius dixerimus pro quorundam opinione nomen persone compredicare essentiam,[6] in disputationibus tamen [f. 24] scolasticis indistincte utimur his nominibus, 'persona', 'quis'. Vtemur ergo de cetero hoc nomine 'persone' eo modo quo et hoc nomine 'quis'.

---

[1] Cf. Ov. *Ars Amor.* i. 42, quoted also by Peter of Poitiers, *Sent.* I. xxix (902D), and in the *Ars Meliduna* (De Rijk, *Logica Modernorum* II. i. 327).
[2] See above, II. i. 4–6.   [3] Boeth. *Contra Eut.* iii (1343D).
[4] Ibid. ii (1343A–C).
[5] Aug. *De Trin.* VII. iv. 7–9 (939–42); cf. Robert of Melun, *Sent.* I. iii. 16 (III. ii. 64–65); Peter of Poitiers, *Sent.* I. iv (799B–C).
[6] See above, II. i. 4, ii. 2.

De his nominibus, 'persona', 'quis', 'quid'. vi.

1 Videbitur autem alicui quod hec nomina, 'persona', 'quis', predicent substantiam. Nonne enim esse quem est substantiale? Esse enim ypostasim est esse quem. Sed esse ypostasim est substantiale, ergo esse quem est substantiale. Quod si est, dabitur quod esse quem est esse quid. Quod si est, predicabit hoc nomen 'quis' essentiam sicut et hoc nomen 'quid'. Quo dato, dabitur tres personas esse quem, sicut datur tres personas esse quid. Ad hec dicendum quod hoc nomen 'substantia' restringitur a theologo, ut dictum est superius, ut equipolleat huic nomini 'essentia', quando scilicet hoc nomen 'substantia' predicatur aut de persona aut de essentia.[1] Hec ergo falsa: 'Esse ypostasim est substantiale', similiter et falsa 'Esse quem est substantiale'; sed esse quid est substantiale, quia est essentiale. Esse ergo quem siue esse ypostasim siue esse personam est distinctionale, ut ita dicam, hec namque nomina distinctiua sunt. Hoc autem nomen 'quid' essentiale est et non distinctiuum. 2 Sed obicio sic: Quero igitur utrum congrue dicatur 'Quis creauit celum? Deus', 'Quid creauit celum? Deus'. Immo utrum istorum magis congrue dicitur? Videtur quod magis congrue dicatur 'Quis creauit celum? Deus', si usum communiter loquentium attendas. Quod si est, uidebitur quod hoc nomen 'quis' sit interrogatiuum essentie. Quo dato, uidebitur dandum quod tres persone sint quis siue aliquis. Vrgentius sic. Nullus angelorum, nullus hominum est Trinitas, sed solus Deus est Trinitas. Nonne ergo hec erit congrua questio, 'Quis nisi Deus est Trinitas'? Quod si est, nonne hec erit congrua, 'Quis est Trinitas'? Numquid ergo aliquis est Trinitas? Sed nonne et hec congrua, 'Quid est Trinitas'? Videbitur ergo alicui quod hoc nomen 'Deus' quandoque personaliter teneatur in talibus, quandoque essentialiter. Sed dici potest quod secundum usum theologi ad hanc interrogationem, 'Quis creauit celum et terram?', respondere debet 'Pater'. Licet enim hoc nomen 'Pater' relatiuum sit, subintelligitur tamen articulus per antonomasiam quo caret Latinitas. Sed ad interrogationem factam per hoc nomen 'Quid?' responderi debet hoc nomen 'Deus'. 3 Videbitur tamen alicui bene instructo quod ad hanc, 'Quis creauit celum?', congrue respondetur 'Deus'. Vt enim docet Priscianus in primo Constructionum, ad hoc nomen 'Quis?', quandoque respondetur congrue nomen proprium, quandoque nomen speciale, ut si dicam 'Quis currit? Tripho', 'Quis inuenit litteras? Homo', 'Quis est utilis aratro? Bos', 'Quis natat in mari? Piscis'.[2] Licet ergo ad hanc, 'Quis creauit celum?', congrue respondeatur 'Deus', non tamen esse Deum est esse quem, sed esse quid. Sicut in hanc, 'Quis inuenit litteras?', congrue respondetur 'Homo', non

---

[1] See above, II. iii. 4.   [2] Prisc. *Inst*. XVII. xxxvii–xliii (III. 131–34).

tamen esse hominem est esse quem, immo est esse quid. Sed uidetur quod
hec locutio, 'Quis est Trinitas?', implicet aliquem esse Trinitatem, quod non
oportet. Hec enim, 'Quis est utilis aratro?', non implicat aliquem esse utilem
aratro. Sic enim fit interrogatio ratione maneriei, non ratione particularis
rei. Bos igitur est utilis aratro ratione maneriei, licet nullus bos sit utilis
aratro. 4 Constat item quod hec congrua, 'Quis uocatur iste?', non tamen
hec congrua, 'Aliquis uocatur iste'. Videbitur alicui quod ad propositum
pertineat ad quod ait Pharao: 'Quis est Dominus ut audiam uocem eius
[col. 2] et dimittam Israel'?[1] Sed hoc nomen 'quis' quandoque refertur
ad potentiam, quando scilicet admiratiue tenetur, quandoque notat abiec-
tionem, ut quando indignanter profertur. Videbitur autem alicui quod hec
interrogatio pertinere queat ad essentiam, 'Quis creauit omnia?' Secus erit
de hac, 'Quis est Trinitas?'. Intellectum tum iuuare poterit Anglicum
ydioma super his: 'Quis creauit omnia?', 'Quid creauit omnia?'

Vtrum hec nomen 'persona' uniuoce dicatur de Deo et Creatura. vii.

1 Oritur hec questio difficilis scilicet[a] intelligenti, utrum nomen persone
uniuoce dicatur de Deo et creatura. Videtur quod non. Cum enim
supponitur persona diuina, supponitur 'quis', ita quod non supponitur
'quid'. Supposita autem persona creata, ita supponitur 'quis' quod supponitur 'quid'. Supposito namque Petro, supponitur 'quis', ita quod supponitur
'quid'. Demonstrato enim Petro, erit hec congrua, 'Istud est'. Demonstrata
autem diuina persona, erit hec incongrua, 'Istud est'; debet namque dici
'Iste est'. Solet autem in logicis queri utrum esse Petrum sit esse quem, et
utrum esse Petrum sit esse quid. Quibus datis, infer ergo 'Esse quem est esse
quid' uel econtrario. Multi sunt et presertim nominales, qui eodem modo
prorsus iudicant de suppositione persone create, quo et de suppositione
persone diuine.[2] Dicunt ergo quod esse Petrum est esse quem et non
esse quid. Vnde et ad hanc, 'Quis currit?', dicunt respondendum 'Petrus'.
Ad hanc autem, 'Quid currit?', dicunt respondendum 'Substantia'. Vt enim
aiunt, 'Petrus crescit', non tamen 'Substantia crescit'. Sed nonne crementum
quod est in Petro est in substantia? Nonne homo species est huius generis
'substantia'? Nonne esse Petrum est inferius ad esse substantiam? Nos uero
dicimus quod hoc nomen 'Petrus' significat quasi concretiue, unde esse

[a] sed R

---

[1] Exod. 5. 2.   [2] Cf. William of Auxerre, *Summa Aurea* I. vii. 1 (I. 115 and n.).

Petrum non est esse quem sed est esse quid. 2 Ad utramque tamen istarum, 'Quis currit?', 'Quid currit?', congrue respondetur 'Petrus'. Hec autem est discretio inter suppositionem persone diuine et suppositionem persone create, quod, supposita persona diuina, supponitur 'quis' et non 'quid'. Supposita autem persona creata, supponitur 'quis' ita quod supponitur 'quid'. Vnde et incarnato Domino supponitur 'quis' et supponitur 'quid'. Eo autem supposito ante incarnationem, supponebatur 'quis' et non 'quid'. Licet ergo aliter accidat in creatura quam in creatore, habebit tamen hoc nomen 'persona' ampliatum intellectum, ita ut uniuoce dicatur de diuina persona et de creata. Dabitur ergo hec, 'Et Pater et Petrus est persona', sicut et hanc damus, 'Et substantia et accidens est', cum tamen alio modo sit substantia quam accidens. Incompetenter quidem descripsisset Boetius personam, nisi uniuoce conueniret diuine persone et create nomen persone. 3 Si uero dicatur quod nomen persone ita conueniat equiuoce persone diuine et create quod non uniuoce, dabitur quod Filius Dei et Petrus sunt persone et non sunt persone. Constat autem quod Pater et Filius sunt persone; constat quod Christus et Petrus sunt persone. Nonne autem dicetur quod Pater et Christus et Petrus sunt persone? Numquid hoc nomen 'persona' in duabus significationibus conuenit Christo? Numquid in alia significatione conuenit Filio Dei, et in alia conuenit filio uirginis? Numquid ergo Christus incepit esse persona ex tempore? Numquid persona assumpsit personam, pro opinione dicentium Christum assumpsisse hominem?
4 Sed ut ad superiora [f. 24v] reuertar, uidetur quod creatura ita personaliter supponatur, quod dum supponitur 'quis' non supponatur 'quid'. Augustinus enim in libro quinto De Trinitate tam capitulo viii. quam ix. utitur hoc infinito nomine 'non-filius'.[1] Et ut idem dicit, relatiue autem negamus dicendo 'non-filius'.[2] Sicut ergo hoc nomen 'filius' est personale, ita et hoc nomen 'non-filius' erit personale. Sicut item hoc nomen 'filius' supponit 'quem' et non 'quid', ita et hoc nomen 'non-filius'. Dicit autem Aristotiles quod de quolibet dicitur affirmatio uel negatio.[3] Quidlibet ergo est filius uel non-filius. Iste igitur lapis, cum non sit filius, erit non-filius, ergo 'Non-filius est iste lapis', ergo 'Non-filius est et ille est iste lapis'. Dicatur ergo sic, 'Iste non-filius est'. Nonne sic supponitur 'quis', ita quod non 'quid'? 5 Si autem dicatur 'Iste non-asinus est', demonstrato lapide, supponetur 'quid'. Dicendum quod regula Aristotilis non habet locum nisi in terminis rerum inferiorum. Iste ergo terminus 'non-filius' tam Patri conuenit quam Spiritui Sancto. Vrgentius sic. Sumatur ergo hoc nomen 'a' ita ut superius sit ad hec tria nomina, 'pater', 'filius', 'Ruha'. Infinitetur ergo hoc nomen 'a'.

---

[1] Aug. *De Trin*. V. vii. 8 (915–16).   [2] Ibid. (916).
[3] Arist. *Metaphys*. IV. iv (1007b30).

Quidlibet ergo est 'a' uel 'non-a'. Erit ergo iste lapis 'non-a', cum non sit 'a'. Dicatur ergo iste: 'Non-a est'. Dabitur ergo quod sic supponitur 'quis' et non 'quid', cum hoc nomen 'a' supponat 'quem' et non 'quid'. Debet autem eadem esse lex suppositionis in nomine infinito que et in nomine finito. Dicendum quod hoc nomen 'a' non potest infinitari.

6 Cum autem de incarnatione Verbi Deo annuente tractabitur inferius,[1] multa expedientur scitu digna, que ad intelligentiam personalis suppositionis pertinere dinoscuntur. Licet autem in sacra Scriptura utamur hac diuisione suppositionum, 'Alia est personalis, alia essentialis', in logicis tamen non habet locum hec diuisio secundum multorum assertionem. Notum est autem etiam uulgo que sit personalis suppositio, secundum quod distinguitur a simplici suppositione. Personalis enim suppositio dicitur, cum de re manerei agitur. Simplex est suppositio, cum pro manerie redditur uera locutio. Vnde et hoc relatiuum 'qui' uel 'que' quandoque dicitur facere personalem relationem, quandoque simplicem; personalem ut cum dicitur 'Mulier que fuit Eua causa fuit nostre dampnationis', simplicem ut cum dicitur 'Mulier que dampnauit, saluauit'. Sed quid? Ad aliud tendit consideratio nostra.

7 <Q>uero autem utrum hoc nomen 'persona', prout dicitur de creaturis, predicamentale sit et ad quod predicamentum spectet, et utrum substantiale uel accidentale sit esse personam. Dicimus quod ista nomina, 'persona', 'quis' seu 'aliquis', non sunt predicamentalia. Cum autem ex distinctione sint imposita, non est admittendum quod 'esse personam' uel 'esse quem' sit substantiale.

De notionibus.[2] viii.

1 Personarum alia est Pater, alia est Filius, alia Spiritus Sanctus. Personas autem notificant proprietates. Vnde quia persone distinguntur et notificantur proprietatibus, dicuntur huiusmodi proprietates notiones — quamuis pro quorundam iudicio a 'nothis' Greco dicantur notiones. Vnde et poeta ait:

'Descendit de celo nothis elithos',[3]

---

[1] Not extant.
[2] Cf. Robert of Melun, *Sent.* I. iv. 23–26 (III. ii. 146–57); William of Auxerre, *Summa Aurea* I. vii. 1 (I. 110 and nn. to lines 3–4), on this topic.
[3] Juv. *Sat.* xi. 27, in the corrupted form common by the twelfth century: see B. Bischoff, 'The Study of Foreign Languages in the Middle Ages', *Speculum*, 36 (1961), p. 216.

id est 'Cognosce te ipsum'. Quidam uero uiri maturi pectoris tantum tres dicunt esse notiones, paternitatem uidelicet et filiationem et processionem qua Spiritus Sanctus procedit tam a Patre quam a Filio, sicut tantum [col. 2] tres sunt persone, Pater et Filius et Spiritus Sanctus. Communis tamen opinio theologorum est quinque esse notiones, innascibilitatem uidelicet et paternitatem et spirationem et filiationem et processionem.[1] Tres istarum insunt Patri, scilicet innascibilitas et paternitas et spiratio; due insunt Filio, spiratio scilicet et filiatio; una inest Spiritui Sancto, processio scilicet.

De innascibilitate. ix.

1 Innascibilitatem dicunt esse proprietatem que inest Patri, eo quod Pater a nullo est, et alie persone sunt ab illo. Negatio pura non inducit proprietatem, sed ex negatione et affirmatione concurrentibus nascitur proprietas, sicut genus dicitur generalissimum quia habet genus sub se, ita quod nullum habet supra se. Sed numquid aliqua proprietas inest Patri, ex hoc quod non est a Filio, et ab ipso Patre sunt Filius et Spiritus Sanctus? Minime. Nec aliqua inest Patri ex eo quod non est a Spiritu Sancto et ab ipso Patre sunt Pater et Filius et Spiritus Sanctus. Sed nec aliqua inest Patri, ex hoc quod a nullo est et Filius est ab eo, nec aliqua inest Patri ex hoc quod a nullo est et Spiritus Sanctus est ab illo. Aliqua tamen proprietas inest Patri ex hoc quod Filius ab eo est per generationem. Queri autem solet quare proprietas que inest Patri, ex hoc quod a nullo est et alii sunt ab eo, potius dicatur innascibilitas quam inprocessibilitas. Ad quod dicendum quod pari censura iuris posset hoc dici, sicut et illud; sicut et uerbum impersonale posset dici innumerale, si placuisset institutori. In huiusmodi autem nominibus, 'innascibilis', 'impersonale', plus tollit negatio quam ponat affirmatio. Sicut autem hoc nomine 'impersonale' tollitur et persona et numerus, ita hoc nomen 'innascibilis' priuatiuum est et nascibilitatis et processibilitatis. Esse ergo innascibilem et esse inprocessibilem conuertuntur inter se. Hac tamen uoce 'inprocessibilis' raro utimur, cum tamen hoc nomen 'innascibilis' auctenticum sit.
2 Solet item queri utrum innascibilitas sit relatio. Nonne enim innascibilitate distinguitur Pater a Filio? Nonne ergo differt? Nonne ergo refertur? Que est ista relatio? Numquid ipsa est una notionum? Quod si est, dabitur quod illa relatio est innascibilitas. Si autem dicatur quod illa relatio non est una

---

[1] See above, I. xiv. 7. Cf. the various opinions listed by Prevostin (William of Auxerre, *Summa Aurea* I, p. 110 n. to lines 3–11).

notionum, dabitur quod plures sunt notiones quam quinque. Dicunt quod innascibilitas est proprietas notificans statum Patris, ut ita loquar, sed non est distinctiua proprietas. Vnde hec falsa secundum eos: 'Innascibilitate distinguitur Pater a Filio'. Dicimus autem quod hec duplex: 'Innascibilitate distinguitur Pater a Filio'. Si igitur per ablatiuum notetur formalis causa, falsa est; si efficiens, uera est. Est enim innascibilitas quedam causa paternitatis. Vnde forte innascibilitas appellatur ab Hilario eternitas, cum dicit eternitatem esse in Patre.[1] Innascibilitate ergo refertur Pater ad Filium, ut notetur causa efficiens. Innascibilitas tamen non est relatio, sicut 'Albedine est Sortes similis Platoni', non tamen 'Albedo est similitudo'.

3 Predictis adice quod non sine causa dicitur unitas esse in Patre, in quo est innascibilitas. Vnitas quidem est innascibilis, a qua ceteri oriuntur numeri. Sicut autem unitas est radix sui ipsius, est enim unitas linearis, est et tetragona, est et cubica, ita et Pater a se est, non tamen ab aliquo; sicut hoc aduerbium 'sepe' dicitur nasci a se, cum sit primitiue speciei. Quid quod Adam, primus [f. 25] hominum, dici potest fuisse innascibilis?

4 Et uide quia ista nomina, 'innascibilis', 'ingenitus', eandem copulant notionem. Et ne mireris huiusmodi nomine quasi priuatiuo siue abnegatiuo copulari notionem, cum dicat Augustinus in quinto libro De Trinitate capitulo vii. quia alia notio est qua intelligitur genitor, alia qua ingenitus.[2] Inuitus tamen dicerem huiusmodi nominibus designari notiones, nisi quia maiorum nos auctoritati obsequi oportet.

De paternitate et filiatione. x.

1 Sciendum est his nominibus, 'Pater', 'Genitor', eandem copulari notionem, cum tamen in logicis generatio naturaliter precessiua sit paternitatis. Cum ergo ad personam diuinam considerationem transferimus, absit ut dicamus generare esse agere. Est enim generare distingui. Si enim generare esset agere, aliquid ageret Pater quod non Filius, quod esse non potest. Notandum postea est quod in logicis esse paternitatem est esse quid. In theologia autem esse paternitatem non est esse quid. Nominum ergo aliud est essentiale ut 'Deus', 'iustus', 'fortis', aliud est personale ut 'Pater' et 'Filius', aliud notionale ut 'paternitas', 'filiatio'. Sicut ergo esse personam uel quem non est esse quid, ita esse notionem non est esse quid. Vnde ad interrogationem factam per 'Quid?' non potest responderi congrue 'Paternitas'. Sed nec demonstrari potest notio hoc pronomine 'istud'. Immo dicetur

---

[1] Cf. Hilar. De Trin. III. ii–iii (76C–77A).   [2] Aug. De Trin. V. vii. 8 (916).

hec notio 'est'. Si autem queratur quid est paternitas, respondendum 'Deus est' uel 'Diuina essentia'. Sunt igitur quinque notiones unum, sicut tres persone unum. Deus igitur qui est tres persone est quinque notiones. Sicut item deitas est Deus, ita paternitas est Pater.

2 Queri autem solet utrum paternitas sit adoranda. Quidni? Nonne in essentia unitas, in personis proprietas, in maiestate adoranda est equalitas? Numquid paternitas est res bona siue res sancta, et non est bona neque sancta? Absit. In Gallico idiomate dicitur 'Sancta paternitas miserere mei'.[1]

3 Queri autem solet utrum paternitas generet Filium. Si enim paternitas tam potens est ut Pater, nonne paternitas creauit celum? Nonne ergo generat Filium? Item, absurdum uidetur si dicatur quod paternitas que est Deus nichil potest. Si autem detur quod aliquid potest, quid potest? Nonne creare animam? Quod si est, quero utrum paternitas sciat creare animam. Numquid enim creat et non scit creare? Preterea, iste dictiones, 'bona', 'iusta', 'scit', 'regit', copulant diuinam essentiam. Numquid ergo quedam dictiones essentiales predicantur de paternitate, quedam non? Que sic, que non? Numquid paternitas potest quicquid et Pater, non tamen 'Aliquid scit quod sciat Pater'? Nonne paternitas preuidit mundum fore? Dicunt quod filiatio est a Patre per generationem, non tamen generatur, sicut ex precepto regis suspenditur iste, non tamen rex precepit istum suspendi. Pauci ergo admittunt paternitatem generare uel filiationem generari. Nomina uero essentialia admittimus uere predicari de paternitate. Vnde et hec uera, 'Paternitas colenda est latria', similiter et hec, 'Paternitas scit se esse', et hec, 'Paternitas scit quicquid scit Pater'. Dant etiam quidam has, 'Paternitas generat', 'Filiatio generatur'. Sed he false, 'Innascibilitas generat', 'Spiratio generat'. 4 Sed mihi ipsi sic insto. Nonne tota Trinitas auctoritate redemit mundum? Nonne filiatio re[col. 2]demit mundum? Sed numquid usu ministerii filiatio redemit mundum sicut et Filius? Numquid filiatio passa est, sicut et Filius? Dicendum quod filiatio non est passa, quia neque eterna neque temporalis. Secundum communem etiam opinionem antiquorum, paternitas non generat. Quero item, cum persona sit incarnata, similiter et diuina essentia, quare non dicenda sit notio incarnata esse. Item, nonne filiatio est Deus et est homo? Nonne ergo filiatio est diuine nature et humane? Nonne ergo est duarum naturarum? Et aduerte quod sicut diuina essentia est homo et est composita res et est res constans ex corpore et anima, non tamen est composita neque constat ex corpore et anima, ita et

---

[1] Not identified. In Old French literature, such as the *Chanson de Roland*, the word often used for 'God' is 'paterne' (e.g. lines 2394, 3100): A. Tobler and E. Lommatzsch, *Altfranzösisches Wörterbuch*, VII. iii (Wiesbaden, 1966), pp. 480–81.

filiatio. Et sicut diuina natura est homo sed non est humane nature, ita et filiatio. Est enim filiatio Filius qui est homo; qua re filiatio est homo.

5 Si cui autem lectori acuto minus sedet communis opinio, declinet non ut in hospicium sed ut in domum, in alteram opinionum commemorandarum. Prima hec est, quia persona supponi potest nunc ut quis, nunc ut notio. Cum ergo dicitur quinque esse notiones, figuratiua est locutio, et referenda ad hunc intellectum. Quinque modis usitatissimis notificantur persone. Persona enim notificatur sic, quandoque sic uel sic. Cum ergo dicitur 'Paternitate distinguitur Pater', uerum est quia se ipso distinguitur Pater a Filio. Nonne enim emphasis est, cum dicitur 'Misericordiam tuam imploro'?[1] Similiter et hec dabitur, 'Paternitas est in Patre', quia persona intellecta ut notio est in se ipsa. Si quis tamen inficietur appellatum[a] predicari, dicens quod una persona non differt se ipsa ab alia persona, dabit necessario quod notio est. Quo enim differt una persona ab alia, nisi notione aut se ipsa?

6 Alia est opinio, quia notio potius est intellectu quam in re. Huiusmodi igitur locutiones admittentur, 'Paternitas est proprietas', 'Paternitate distinguitur Pater a Filio', non tamen 'Paternitas est aliquid quod sit'. Hec autem censebitur duplex, 'Paternitas est'. Si enim hoc uerbum 'est' copulet essentiam, falsa censebitur; si sit nota confirmationis, dabitur. Ita sentiunt quidam de hac, 'Yle est'.

7 Solet item queri de hac, 'Filiatio est in Patre'. Sed quid? Si hec prepositio 'in' nota est idemptitatis nature, uera est. Est enim filiatio eiusdem nature cuius et Pater, quia est id quod est Pater. Sicut ergo hec uera, 'Filius est in Patre', ita et hec, 'Filiatio est in Patre'. Si autem sic notetur informatio, falsa dicetur, sicut et hec, 'Filiatio inest Patri'.

8 Quero item quid predicetur in hac, 'Diuina essentia est Pater'. Si enim relatio, dabitur quod illa est in diuina essentia. Dicimus quod sic nichil predicatur nisi terminus, nisi uelis dicere quod appellatum predicatur. Quid enim predicatur in hac nisi appellatum, 'Diuina essentia est paternitas'?

Contra eos qui negant paternitatem esse Patrem. xi.

1 Sicut ergo deitas est Deus, ita paternitas est Pater. Sunt tamen qui hoc negent, dicentes paternitate supposita supponi 'quid', adeo ut paternitatem censeant demonstrari congrue sic: 'Ista res est'. Vt enim iudicant in logicis,

---

[a] appellant R

---

[1] *Missa pro defunctis, or. (Brev. Sar.* II. 523, 529).

ita et in theologia.[1] Sed quid? Si hoc nomen 'paternitas', secundum quod dicitur de paternitate eterna, significat speciem, dabitur quod hoc genus 'relatio' est genus coeternum Deo; similiter et iste species, 'paternitas', 'filiatio'. Item, nonne secundum istos [f. 25v] paternitas est aliquid eternum quod non est Deus? Sed quid? Nonne si quid est eternum est immensum? Si ergo paternitas est immensa, dabitur quod ipsa continet mundum et includit. Quod si est, paternitas est Deus. Item, constat quod Filius est a Patre; aut ergo filiatio est a Patre aut non. Si filiatio est a Patre et non est Deus et est aliquid quod est de numero rerum, ergo filiatio est creatura uel concreatum quid, quod addo propter illos qui dicunt accidentia non esse creaturas. 2 Si autem filiatio est creatura, a simili et paternitas. Si autem dicatur quod filiatio non est a Patre, dabitur quod non est a Deo. Oportet ergo quod sit Deus aut non sit. Item, si paternitas est et non est Deus, nonne Deus potest precipere ut paternitas non sit? Nonne item paternitas, cum non sit Deus, potest intelligi non esse? Si item paternitas non est Pater, nonne prior est Patre in quantum Patrem efficit Patrem? Vrgentius sic: Dabunt isti quod processio qua Spiritus Sanctus procedit tam a Patre quam a Filio est aliquid quod non est Deus. Si ergo paternitas est res alicuius speciei, a simili et processio. Cum ergo omnis species naturaliter de pluribus predicetur, dabitur quod plures possunt esse processiones Spiritus[a] Sancti. Numquid ergo alia processione procedit Spiritus Sanctus a Patre quam a Filio? Numquid item paternitas Patris summi et paternitas Priami sunt indifferentes specie? Quod si est, ergo et generationes ipsorum sunt indifferentes specie. Si autem dicatur quod paternitates ipsorum sunt indifferentes specie, numquid paternitas Patris summi est res specie que nullam aliam paternitatem potest continere? Nonne item secundum istos paternitas et filiatio sunt differentes specie?

3 Dubitari item solet utrum isti cogitent de paternitate, prout uidelicet communis opinio utitur hoc nomine 'paternitas'. Dicendum autem quod nichil demonstrant isti dicentes 'istud est', uolentes demonstrare paternitatem. Putant tamen se demonstrare aliquid.

De eterna generatione Filii. xii.

1 Temporalem Filii generationem quis enarrabit sufficienter, nedum eternam? Pater ergo sicut est eternus, ita eternaliter generat Filium secundum

---

[a] spiritu R

[1] It was commonly held at the time that Gilbert of Poitiers had denied that 'deitas' and 'paternitas' were identical with 'deus': Landgraf, 'Untersuchungen', 184–88, no. 3.

illud: 'Ego hodie genui te';[1] hoc enim aduerbium 'hodie' demonstratiuum est eternitatis. Hoc igitur uerbum 'genui' perfectam notat esse generationem, hoc aduerbium 'hodie' eternam. Cum ergo audis Patrem generare Filium, a carnali generatione remoue intellectum, transferendo te ad generationem qua cor generat uerbum intellectuale, ut supradictum est.[2] Transfer item considerationem ad lucem generantem ex se lucem; dum candela accenditur ex candela, lux ibi generatur ex luce sine diminutione, sine diuisione lucis.[3] Sic et Pater de substantia sua generat Filium sine omni diminutione, sine omni diuisione substantie. Quod autem legitur quia Pater de utero suo genuit Filium,[4] ideo dictum est quia de intimis substantie sue genuit Pater Filium, id est ex secreto et occulto essentie diuine, id est de ipsa substantia diuina. 2 Hinc est quod Pater a Dauid introducitur, loquens ad Filium sic: 'Tecum principium in die uirtutis tue',[5] sub hoc sensu: 'Tecum, O fili, est mihi principium, ne dicam tibi mecum, ne scilicet alicui posterior uidearis. Ego quidem et tu sumus unum principium omnium. Tecum ergo est mihi principium in die, id est in claritate deitatis, et cum Spiritu Sancto qui sanctos splendificat et illuminat'. Vnde subditur 'in splendoribus [col. 2] sanctorum'.[6] Dicitur autem pluraliter 'in splendoribus', quia a Spiritu Sancto est omnis splendor sanctorum. Subditur 'ex utero ante luciferum genui te',[7] Filius enim in eternitate, antequam essent aut stelle aut angelica natura, genitus est a Patre. Hec ergo dictio 'ante' nota est eternitatis, nota est et preminentie dignitatis et uirtutis. Quo uultum auertis, Manichee? Ante luciferum tuum quem colis genitus est Filius. Quid subsannas, Arriane? Ante omnem creaturam, ita scilicet quod antequam esset creatura aliqua, genitus est Filius. Filius ergo, O Arriane, Deus est et non creatura, eo scilicet modo quo tu opinaris Filium esse creaturam. Generat Deus Deum, eternus eternaliter generat eternum. Vbi omnimoda est simplicitas nulla potest esse substantie decisio, nulla diminutio, nulla transfusio. 3 Non est, O Arriane, Filius minor Patre, qui Filio ait: 'Tecum mihi principium in die uirtutis tue'. Omnia per Filium facta sunt; una est operatio, una est substantia, una uirtus Patris et Filii. Cum audis, O Arriane, quia de essentia sua generat Pater Filium, non notat hec prepositio 'de' materiam sed ueritatem. Sunt enim Pater et Filius ita unius essentie, quod sunt una essentia. Quid cogitas, heretice, audiens 'Ex utero genui te'? Credisne Patrem esse minoratum in substantia ratione particule decise ab eo? Reuera hereticus es, reuera diuisus es, qui talem fingis diuisionem, ubi uera simplicitas est. O Arriane, Patrem saltem fateris Deum. Quonam ergo modo audes dicere Patrem esse minoratum? Vnitas

---

[1] Ps. 2. 7.   [2] See above, I. x. 2–3.   [3] Ibid., I. x. 2.
[4] Ps. 109. 3.   [5] Ibid.   [6] Ibid.   [7] Ibid.

sine omni diminutione ex se generat. Sed dices 'Quid generat unitas per se multiplicata?' Equalitatem. Semel unum unum est. Generat unitas equalitatem, et non potest Deus generare Filium equalem sibi?

4 Licet autem uere dicatur quod Pater de sua essentia generet Filium, tamen tres personas ex eadem essentia non dicimus, si per ablatiuum notetur materia. Vnde Augustinus in septimo libro De Trinitate capitulo quarto decimo dicit 'Tres personas eiusdem essentie uel tres personas unam essentiam dicimus, tres autem personas ex eadem essentia non dicimus, quasi aliud ibi sit quod essentia est, aliud quod persona, sicut tres statuas ex eodem auro dicere possumus'.[1] Item, Hilarius in libro tertio Contra Arrianos ait: 'Ex toto Patre natus est Filius totus; non aliunde, quia nichil antequam Filius; non ex nichilo, quia ex Deo Deus Filius; non in parte, quia plenitudo deitatis in Filio'.[2]

Vtrum essentia communis tribus generet essentiam. xiii.

1 Placuit uiris inquisitionis acute dicere quod essentia communis tribus personis generet essentiam. Quod enim dicit Augustinus in libro <primo> De Trinitate in fine scilicet capituli primi, 'Nulla omnino res est que se ipsam gingnat ut sit',[3] sic exaudiunt: Diuina, inquiunt, essentia generat se ipsam, non ut sit, sed ut Filius sit. Ecce, ut inquiunt, magister aliquis scit artem, docet illam discipulum suum. Hec ars, ut aiunt, generat se ipsam, non ut sit, sed ut a discipulo sciatur. Sed ad hoc dicimus quod licet eadem sit ars, diuerse tamen sunt scientie. Ars ergo quam nouit magister non generat se ipsam, sed generat nouam scientiam in discipulo qua scit artem eandem. Cum igitur generare in hac facultate sit distingui, oportet quod essentia distinguatur ab essentia, si generat se ipsam. Dicimus ergo quod Pater generat Filium, sed essentia [f. 26] non generat essentiam. Absit enim ut essentia miserit essentiam, quando Pater misit Filium in mundum. Absit quod essentia spiretur ab essentia, licet Spiritus Sanctus procedat tam a Patre quam a Filio. Videtur autem contra nos facere quod dicit Augustinus in libro De Fide et Simbolo: 'Deus cum Verbum genuit, genuit id quod ipse est. Neque de nichilo neque de aliqua iam facta conditaque materia, sed de <se> ipso, id quod ipse est'.[4] Sed ideo dicit Augustinus Deum genuisse quod ipse est, quia genuit Filium qui est unius substantie cum Patre.

---

[1] Aug. *De Trin*. VII. vi. 11 (945).   [2] Hilar. *De Trin*. III. iv (77C).
[3] Aug. *De Trin*. I. i. 1 (820).   [4] Aug. *De Fide et Symbol*. iii. 4 (183).

Vtrum potentia generandi insit Filio, actiue accepto uocabulo generandi. xiiii.

1 Cum constet hoc uerbo 'generat' copulari distinctionem, queritur quid predicetur hac, 'Pater potest generare'. Si dicatur quod essentia, quare ergo non potest Filius generare? Dicendum quod potentia qua potest Pater generare est potentia qua possit Filius generari. Hac ergo, 'Pater potest generare', predicatur essentia respectu distinctionis que non inest Filio, quare hec falsa, 'Filius potest generare'. Eadem ergo potentia siue essentia predicatur in his, 'Pater potest generare', 'Filius potest generari', non tamen posse generare est posse generari. Sicut idem predicatur in istis, 'Sortes uidet Platonem', 'Sortes uidet Ciceronem', non tamen uidere Platonem est uidere Ciceronem. Hec ergo argumentatio nullius est: 'Potentia generandi inest Patri, et eadem inest Filio; ergo potentia generandi inest Filio, actiue accepto uocabulo generandi'. Similiter[a], 'Voluntas scribendi inest Sorti, et eadem inest anime eius', nec tamen uoluntas scribendi inest anime. Anima enim non uult scribere, sed uult Sortem scribere.

2 Queritur postea de hac, 'Pater potest generare et Filius potest uel non potest idem'. Si potest idem, ergo Filius potest generare. Si non potest idem, ergo aliquid potest Pater quod non potest Filius, ergo non sunt omnino unius et eiusdem potentie. Ad hoc dicendum quod ad hanc, 'Quid potest Pater?', non respondetur congrue 'Generare', quia generare non est agere, nec posse generare est posse quid. Sed creare animam et huiusmodi est posse quid. Hec ergo uidetur incongrua, 'Pater potest generare et Filius potest uel non potest idem'. Vt tamen satisfiat usui, detur hec, 'Pater potest generare et Filius non potest idem', quia Filius non potest generare, non tamen 'Aliquid potest Pater quod non Filius'; sicut pro opinione quorundam 'Sortes uult scribere et anima uult idem', non tamen 'Anima uult scribere sed uult Sortem scribere'; uel sic, 'Antichristus potest legere et lapis non potest legere', non tamen 'Aliquid potest Antichristus'.

Vtrum Pater generet in hoc instanti Filium. xv.

1 Solet item queri utrum Pater in quolibet instanti generet Filium, cum constet Patrem eternaliter generare Filium. Ausa est eciam humana curiositas, ne dicam temeritas, querere utrum Pater generet hic Filium. Numquid enim Pater est hic, et non generat hic Filium? Dicendum quod

[a] Simile R

Pater ubique est, et ubique Pater generat Filium. Similiter, in quolibet instanti generat Pater Filium, non tamen sepe generat neque uicissim, sed semel, perfecte, eternaliter. Et uide quia licet Pater generet hic Filium, non tamen hic creat animam. Vbi enim anima creatur, ibi creat Deus animam.

2 Dicimus item quia Pater eterna generatione generat compositum ex corpore et anima, quia generat hominem, Filium scilicet uirginis, sicut dicimus quod quidam homo est ubique. Sed de talibus inferius.[1][col. 2]

De nasci et esse nascibilem. xvi.

1 Quero autem utrum, nascibilitate supposita, supponatur essentia diuina. Nonne enim sicut gressibilitas est potentia gradiendi, ita nascibilitas est aptitudo uel potentia nascendi? Sed cum dicitur 'Filius est aptus uel potens nasci', copulatur diuina essentia. Qua re uidetur quod hac, 'Filius est nascibilis', copuletur diuina essentia. A simili et in hac, 'Pater est innascibilis', predicabitur essentia. Supposita ergo innascibilitate, supponitur essentia. Dicendum quod secus accidit in hac facultate quam in logica. Diuersa enim predicantur in his, 'Sortes graditur', 'Sortes est gressibilis'. Sed in his, 'Filius nascitur', 'Filius est nascibilis', eadem notio predicatur, scilicet filiatio. Filium ergo esse nascibilem non est Filium esse potentem nasci. Qua ergo circumlocutione depingam hoc nomen 'nascibilis'? Nonne nascibilis est nasci habilis? Sed quid copulatur hoc nomine 'habilis'? Nonne idem quod hoc nomine 'aptus'? Nonne autem idem predicatur his dictionibus, 'aptus', 'potens'? 2 Sed quid? Videbitur alicui quod una sit habilitas essentialis, alia personalis. Sed nonne illa personalis habilitas est una notionum? Preterea, in his, 'Pater habet in se personalem proprietatem', 'Filius habet in se personalem proprietatem', idem predicatur hoc uerbo 'habet', scilicet essentia. Nulla ergo uidetur esse habilitas nisi essentialis. Nonne autem diuersos concipis intellectus, auditis his uocibus, 'distinguitur', 'distinguibilis'? Similiter et diuersos concipis intellectus, auditis his uocibus, 'nascitur', 'nascibilis'. Videtur quidem quod eadem notio copuletur his uocibus, sed una ut in usu, altera ut in aptitudine.

3 Sed altius libet rem inuestigare. Pater ergo ut diximus de essentia sua generat Filium; Filius igitur de essentia generatur, Pater ergo est generans de essentia, Pater ergo est generabilis. Hoc nomen ergo 'generabilis' predicat generationem, habito respectu ad essentiam. Hoc igitur nomen 'generabilis' principaliter significat generationem et connotat essentiam.

---

[1] Not extant.

Simile iudicium do de hac dictione 'nascibilis'. Copulat enim filiationem sed connotat essentiam, quam non connotat hoc uerbum 'nascitur'. Caueto autem ne putes in his nominibus, 'generabilis', 'nascibilis', 'processibilis', principalem significationem esse essentiam. Sed neque putes intellectum huius nominis 'habilis' includi in intellectibus predictorum nominum. Si enim hoc uel illud esset, oporteret predictis nominibus principaliter copulari essentiam. Quod si est, oportet his nominibus, 'innascibilitas', 'nascibilitas', 'processibilitas', supponi essentiam. Quod si est, erit innascibilitas nascibilitas.

4 Quero item, cum gressibilitas prior sit natura quam gressus, utrum prius sit esse nascibilem quam nasci. Absit ut prioritatem attendas temporis uel eternitatis in his. Prius siquidem quoad naturalem comprehensionem uidetur esse hoc ipsum quod est esse, quam generare uel nasci. Priora autem uidentur esse ista duo insimul accepta, esse <et>ᵃ generare, quam ex essentia generare. Priora ergo uidentur esse et generare quam esse generabilem. Sed utrum prius est generare quam esse generabilem? Forte prius est generare quam esse generabilem, prius, inquam, ratione considerationis. Sed utrum prius est dignitate? Falluntur qui putant omnem potentiam dignitate priorem esse ipso usu. Melius est enim esse bonum quam posse esse bonum; melius est saluari quam posse saluari. Quero [f. 26v] ergo utrum esse Deum in se consideratum prius sit dignitate quam generare. Quod si est, uidebitur quod dignius est esse Deum quam esse Patrem. Numquid ergo deitas dignior est paternitate? Absit. Deitas enim non distinguitur a paternitate nec econtrario, cum paternitas sit deitas. Preterea, si dignius est esse Deum quam esse Patrem, nonne melius? 5 Sed quid? Nonne esse Patrem est summum bonum? Videtur autem quod esse Patrem sit dignius quam esse Filium. Nonne enim paternitas est superpositio, filiatio autem est suppositio? Sed si hoc, numquid esse Patrem est melius quam esse Filium? Numquid esse Spiritum Sanctum est minus bonum quam esse Patrem uel Filium? Absit. Sed quid? Nonne prius dignitate est spirare quam spirari? Nonne prius est generare quam generari? Dicendum quod ea que accidere solent in inferioribus, in personis diuinis locum non habent. Hec ergo diuisio relationum, 'Alia est superpositio, alia suppositio, alia equiperantia', logicas et naturales relationes comprehendit, non theologicas. Similiter, in inferioribus accidit quod esse prius est dignitate quam referri. In hac autem facultate secus est. Tam bonum enim est generare quam <bonum est> esse Patrem, et tam bonum est esse Patrem quam bonum est esse diuinam personam, et tam bonum est esse diuinam personam quam bonum est esse Deum. Si tamen notetur auctoritas, dici potest quod prius est esse Patrem quam esse Filium.

ᵃ *Caret-mark* R

De uariatione suppositionis personalis transeuntis in essentiam. xvii.

1 Paucis postmodum nos absoluamus super quibusdam que inquiri solent circa hec, que etsi non sit gloriosum scire, turpe tamen est ignorare. Hoc nomen 'Deus' proprie positum essentiale est, sed ex ui adiuncti sepe ponitur personaliter, ut in his, 'Deus generat', 'Deus generatur'. 'Deus ergo generat Deum et ille est', non tamen 'Deus generat Deum qui est'. Iam enim essentialiter tenetur hoc nomen 'Deum', sicut 'Aliquis homo fuit Cesar et ille non est', non tamen 'Aliquis homo fuit Cesar qui non est'. Item, 'Deus generat Deum et ille est una sola persona' fiat relatio ad suppositum, ergo 'Deum uerum est generare Deum et ille est una sola persona', ergo 'De Deo est uerum ipsum generare Deum et ille est una sola persona', ergo 'De Deo est uerum A et ille est una sola persona', ergo 'Deus est una sola persona'. Hanc igitur admittimus, 'De Deo est uerum ipsum generare Deum' et cetera, non tamen 'De Deo est uerum A' et cetera. In appellatione enim enuntiabilis obseruanda est lex constructionis. Vnde et hoc uerbum 'generare' cogit hoc nomen 'Deo' facere personalem suppositionem. 2 Hec ergo uera, 'De Deo est uerum ipsum generare Deum quod est A et ille est una sola persona'. Hec autem dubia, 'Deo est uerum A quod est ipsum generare Deum, et ille est' et cetera. Numquid enim hec uera, 'Deus est una sola persona, et ille generat'? Nonne autem ex ea sequetur quod Deus sit una sola persona? Sed quid?

'Non lusisse pudet, sed non incidere ludum'.[1]

Ecce enim ad considerationem talium reuocamur 'Ciuis non est et ipse fuit, ergo ciuis non est'. Inuitus quidem darem dictionem positam in consequenti propositione restringere nomen positum in antecedenti. Vnde et hanc nego, 'Deus est una sola persona et ille generat', cum tamen constet ueram esse hanc, 'Deus generat et ille est una sola persona'. Et ut ad premissa reuertar, uide quod hec dari potest, 'Deus preuidit Antichristum fuisse futurum quod est A, non tamen preuidit A', ut dicetur inferius.[2] 3 Multi enim dant hanc, 'De aliquo est uerum Cesarem non esse quod est ipsum non esse', negantes tamen hanc, [col. 2] 'De aliquo est uerum ipsum non esse quod est Cesarem non esse'. Videbitur autem alicui hanc argumentationem nullius

---

[1] Hor. *Epist.* I. xiv. 36 (Walther, *Proverbia* 17980), quoted by William of Conches *In Platonis Tim. 18D* xviii (p. 78).
[2] See below, II. xlviii. 6.

esse: 'Deum uerum est generare Deum, ergo de Deo est uerum ipsum' et cetera, sicut 'Ciuem est uerum esse', non tamen 'De ciue est uerum ipsum esse'. Item, unus Deus generat uel generatur, ergo unus solus Deus uel non unus solus Deus. Si unus solus Deus, dabitur quod tantum Pater uel tantum Filius generat uel generatur. Si non unus solus Deus generat uel generatur, ergo et unus et alius Deus generat uel generatur, ergo deorum uterque generat uel generatur. 4 Dicimus hanc argumentationem falsam esse: 'Vnus Deus generat uel generatur et non unus solus, ergo et unus et alius'. Inferendum enim esset 'ergo unus Deus generat uel generatur, et Deus alius generat uel generatur'. Hec quidem uera est: 'Deus generat Deum alium a se', non tamen 'Deus generat alium Deum'. In prima est hoc nomen 'alius' nota differentie; in secunda partitiuum est, sicut 'Coloratum uel nigrum aliud ab illo est album', non tamen 'Coloratum uel aliud nigrum est album'. Similiter, 'Si una turba est, turba alia ab illa est, quia turba est alia a se'; non tamen 'Si una turba est, alia turba est'. Vt ad predicta reuertar, 'Vnus ciuis est et non unus solus ciuis est', non tamen 'Et unus et alius ciuis est, cum sint duo ciues, Paris et Helena'. Item dicunt hanc esse congruam, 'Deus uel eius Filius generat', sed hanc arguunt incongruitatis, 'Deus uel eius Filius generatur'. 5 Dicunt enim quod hoc ucrbum 'generatur' cogit hoc nomen 'Deus' supponere pro Filio. Sed quid? Nonne hec est congrua, 'Deus uel eius Filius est'? Nonne sic cogitur hoc nomen 'Deus' personaliter teneri et supponere pro Patre? Erit ergo hec uera, 'Deus uel eius Filius generatur', quia Pater uel eius Filius generatur. Dant item has tres: 'Persona Patris est genitor', 'Persona Patris est genitor', 'Persona Patris est generator', 'Persona Patris est generatrix'. Sed hanc negant, 'Persona Patris est genitrix'. Dicunt enim hoc nomen 'generatrix' adiectiue teneri posse. Hoc autem nomen 'genitrix' dicunt semper substantiue teneri cum consignifica- tione sexus.

6 Solet autem dubitari de hac, 'Deus distinguitur a Deo', cum constet de ueritate huius, 'Deus generatur a Deo'. Nonne enim distingui est superius ad generari? Sed sepe accidit restrictionem fieri per inferius uocabulum, qualis non potest fieri per superius. Si ergo detur quod Deus distinguitur a Deo, infer 'ergo Deus est alius a Deo, ergo Deus Deus non est'.

7 Sicut ergo hoc nomen 'Deus' ratione adiuncti tenetur personaliter, ita et hoc nomen 'sapientia'. Hec ergo uera, 'Sapientia genita est sapientia non genita', quia Filius est sapientia communis tribus personis. Hec autem falsa, 'Sapientia genita est sapientia ingenita', sicut hec falsa, 'Filius est Pater'; licet enim Spiritus Sanctus dicatur non genitus, non tamen dicitur ingenitus, nisi ponatur hoc nomen 'ingenitus' pro hac uoce 'non genitus'. Item utraque istarum est falsa, 'Aliquid generat Deum', 'Nichil generat Deum'. Hec enim dictio 'nichil' remouet tam personam quam essentiam.

Vtrum generatio sit naturalis. xviii.

1 Constat per superiora quia Pater de essentia sua generat Filium, ergo de
natura sua generat Filium, ergo de natura generat Filium, ergo naturaliter,
ergo generatio est naturalis, cum dici soleat quod notiones sint personales,
non essentiales, non substantiales, non naturales. Deitas uero siue forma
diuina dicitur naturalis, similiter et essentialis. Dicendum ergo quod hec
duplex, 'Pater de natura generat'. Si enim teneatur hec uox proprie et in ui
orationis uera est, quia sic fit [f. 27] suppositio pro essentia. Si uero teneatur
predicta uox in ui dictionis ut equipolleat huic aduerbio 'naturaliter', falsa
est. Dicitur quidem uulgariter quia illud de iure accidit quod iuste accidit. Et
secundum hoc, hec uox 'iure' pro nullo ibi supponit, sed tenetur sillabice.
2 Sciendum etiam quod sicut Pater ab eterno genuit Filium, ita et sapientia
ab eterno fuit genita, similiter et ab eterno concepta. Sed quid est quod
dicitur 'ab initio et ante secula creata'?[1] Hoc quidem ideo dicitur, quia ab
eterno preuisa et preordinata est dispensatio diuine benignitatis, qua Filius
Dei erat futurus creatura.

De spiratione. xix.

1 Compendiose satis nos expediuimus de innascibilitate, paternitate et
filiatione. Exigit ergo debitus ordo ut de proprietate que inest tam Patri
quam Filio respectu Spiritus Sancti, que potest appellari spiratio, agamus.
Hec ergo proprietas inest duabus personis, ita quod utrique earum. Hinc est
quod hec proprietas, cum sit distinctiua, non solet dici personalis, quia non
est incommunicabilis, cum sit communicabilis duabus personis. A spiratione
igitur dicitur spirator, qui usitatiore uocabulo dicitur principium.
2 Vt ergo dilucidius intelligantur sequentia, uide quod hoc nomen 'principium' quandoque tenetur essentialiter, quandoque personaliter; essentialiter, ut cum dicitur 'Tota Trinitas est principium creaturarum', sunt enim tres
persone unus creator. Personaliter tenetur hoc nomen 'principium' quando
dicitur de solo Patre. Solus enim Pater est generator Filii siue principium
Filii. Tenetur item hoc nomen 'principium' personaliter quando de Patre et
Filio dicitur, itaque non de Spiritu Sancto, secundum quod tam Pater quam
Filius est principium Spiritus Sancti, quia tam Pater quam Filius est spirator
Spiritus Sancti. Oritur autem difficultas ex uerbis Augustini, quia in quinto
libro De Trinitate in fine capituli octaui decimi dicit 'Fatendum est Patrem et

[1] Ecclus. 24. 14.

Filium esse principium Spiritus Sancti, non duo principia. Sed sicut Pater et Filius unus Deus et ad creaturam relatiue unus creator et unus Deus, sic relatiue ad Spiritum Sanctum unum principium'.[1]

3 Videtur autem necessario posse probari quod Pater et Filius sunt duo principia Spiritus Sancti. Nonne enim hoc nomen 'principium' est nomen personale? Nonne uniuoce conuenit duabus personis? Nonne item due persone sunt persone spirantes Spiritum Sanctum? Nonne ergo sunt spiratores Spiritus Sancti? Sic ergo duo spiratores Spiritus Sancti sunt; quare ergo non sunt duo principia Spiritus Sancti? Item, demonstrentur Pater et Filius sic: Nonne iste spirator et ille spirator sunt? Nonne ergo duo spiratores sunt? Nonne item duo sunt qui spirant? Preterea, unus spirator est, ergo aut unus solus aut non unus solus. Si unus solus, quis solus? Si non unus solus, ergo et unus et alius spirator est. Hilarius item in secundo libro contra Arrianos, loquens de Spiritu Sancto, ait 'Qui a Patre et Filio auctoribus confitendus est'.[2] Ecce quia Pater et Filius sunt auctores Spiritus Sancti; quare ergo non sunt principia Spiritus Sancti? Fuere qui dicerent Patrem esse principium Spiritus Sancti, similiter et Filium, non tamen Filium esse idem principium cum Pater neque aliud. Non est, inquiunt, Filius idem principium Spiritus Sancti cum Patre, quia non est eadem persona spirans; sed neque aliud, quia non alia spiratione spirat. Sed quid? Nonne anima Sortis est aliud rationale a Sorte, licet eadem sit rationalitas? Nonne corpus est aliud coloratum a superficie, cum proprium [col. 2] sit superficiei primo loco colorari? Preterea, obuiant istis predicte obiectiones.

4 Alii dixere unum solum esse spiratorem. Est enim, ut aiunt, hoc nomen 'spirator' nomen personale, quod tamen non supponit Patrem neque Filium neque Spiritum Sanctum sed spiratorem. Si ergo, ut aiunt, dicatur 'Iste spirator est', demonstratur spirator, sed neque Pater neque Filius neque Spiritus Sanctus demonstratur. Pater ergo et Filius, ut aiunt, sunt unus spirator Spiritus Sancti et ille est tam Pater quam Filius, ergo unus spirator est et Pater et Filius, ergo aliquis est et Pater et Filius, non ergo si aliquis est Pater, ille non est Filius. Preterea, dabunt quod duo sunt tres persone. Ad quod sic: Spirator et Spiritus Sanctus est tertia persona, ergo spirator et Spiritus Sanctus sunt tres persone. Demonstrentur ergo spirator et Spiritus Sanctus sic: 'Iste et iste sunt tres persone, ergo unus et alius sunt tres persone'. Preterea, nonne istorum uterque est, demonstratis spiratore et Spiritu Sancto? 5 Item, sumatur hoc nomen A ita quod contineat spiratorem et processorem. Dabitur ergo secundum istos quod sicut spirator est due persone, ita A est tres persone; A ergo est tres et est qualibet trium, et illum esse non est uerum de diuina essentia, neque de notione, neque de

[1] Aug. *De Trin*. V. xiv. 15 (921).   [2] Hilar. *De Trin*. II. xxix (69A).

personis; ergo illum esse est uerum de persona. De qua? Preterea, spirator qui est Pater et Filius aut generat aut non generat. Si generat, a simili generatur, ergo spiratori insunt paternitas et filiatio, ergo eidem insunt, ergo in aliquo est paternitas in quo est filiatio. Si spirator est Pater et Filius et non generat, dabitur quod aliquis est in Trinitate qui neque generat neque generatur neque procedit. Preterea, nonne idem sunt Pater et Filius, masculine accepto hoc nomine 'idem', ex quo spirator sunt Pater et Filius? Dicimus ergo quod hoc nomen 'principium' supponit personam et predicat notionem et connotat essentiam. 6 Vnde hec falsa, 'Pater et Filius sunt principia Spiritus Sancti', cum non sit in personis pluralitas essentiarum. Cum uero dicitur ab Augustino quod Pater et Filius sunt principium Spiritus Sancti, hoc nomen 'principium' tenetur complexiue.[1] Dicuntur item Pater et Filius esse principium Spiritus Sancti propter spirationem eandem qua spirant Spiritum Sanctum. Est ergo sensus: Sunt una notione spirantes, et secundum hoc hoc nomen 'principium' non supponit pro aliquo, nec ad illud potest fieri relatio, et tenetur adiectiue significatione, uoce autem substantiue. Sed quid? Teneatur nomen proprie. Hec ergo argumentatio falsa est, 'Pater et Filius sunt unum principium et aliud principium Spiritus Sancti, ergo sunt duo principia Spiritus Sancti', quemadmodum si dicatur 'Vnus quis quid et alius quis quid sunt Pater et Filius, ergo duo qui que sunt Pater et Filius'. Detur uerbis licentia; est autem argumentatio predicta similis huic, 'Vna persona diuine nature et alia persona diuine nature sunt, ergo duo dii sunt', hoc nomen enim 'principia' connotat essentiam pluraliter. Hanc autem libenter damus, 'Duo spiratores Spiritus Sancti sunt'.

Tam de Patris quam de Filii auctoritate. xx.

1 Solet autem dubitari de his, 'Pater est principium Filii et Spiritus Sancti', 'Pater est principium et Filii et Spiritus Sancti'. Constat autem de ueritate huius, 'Pater est et Filii et Spiritus Sancti principium'. Tota ergo Trinitas est essentia principium creaturarum [f.27v] quia creator. Tota item Trinitas est essentia unus auctor rerum. Solus autem Pater est auctor siue principium Filii, quia solus Pater est generator Filii. Hec autem auctoritas est paternitas. Pater autem et Filius sunt principium siue auctor Spiritus Sancti, acceptis his nominibus, 'principium', 'auctor', complexiue. Pater ergo et Filius illa auctoritate sunt principium Spiritus Sancti, qua tam Pater quam Filius est principium Spiritus Sancti. Hec autem auctoritas est spiratio. Demonstretur ergo spiratio. Hac auctoritate sunt Pater et Filius principium

---

[1] Aug. *De Trin.* V. xiv. 15 (920–21); cf. Peter of Poitiers, *Sent.* I. xxx (903D–14A).

Spiritus Sancti, et eadem tam Pater quam Filius est principium Spiritus Sancti, et eadem sunt Pater et Filius spiratores Spiritus Sancti siue auctores, ut dicit Hilarius.[1] Pater autem duabus auctoritatibus, paternitate scilicet et spiratione, est principium Filii et Spiritus Sancti. 2 Hanc autem solent negare, 'Pater est principium et Filii et Spiritus Sancti', quia neque est creator neque generator neque spirator et Filii et Spiritus Sancti. Quod tamen predicta propositio sit uera, sic constabit: 'Pater est principium a quo est et Filius et Spiritus Sanctus', et 'Pater est tam Filii quam Spiritus Sancti principium, ergo Pater est principium et Fili<i> et Spiritus Sancti'. Acutius sic, dum detur modo licentia uerbis: 'Pater est persona principans siue preminens et Filio et Spiritus Sancto, ergo Pater est principium et Filii et Spiritus Sancti', quod admittimus. Si inferatur 'ergo est creator uel generator uel spirator et Filii et Spiritus Sancti' sic refellatur. Hec sillaba 'ui' est pars utriusque istarum dictionum, 'uini', 'aui', ergo hec sillaba 'ui' est principium uel medium uel finis in utraque istarum dictionum. Hec item argumentatio nullius est, 'Pater est principium et Filii et Spiritus Sancti, ergo auctoritate uel auctoritatibus est principium et Filii et Spiritus Sancti', sicut 'Albus est uterque istorum', non tamen 'Albedine uel albedinibus albus est uterque istorum'. Nonne enim Pater refertur et ad Filium et ad Spiritum Sanctum? Nonne item Pater est persona relata et ad Filium et ad Spiritum Sanctum? Nonne enim Pater est persona distincta tam a Filio quam a Spiritu Sancto? 3 Sed quid? 'Pater est auctor et Filii et Spiritus Sancti, et Pater est auctor Filii, ergo Pater est idem auctor Spiritus Sancti', quod admittimus. Alia tamen auctoritate est auctor Spiritus Sancti quam Filii. Pater enim paternitate est auctor Filii, sed spiratione est auctor Spiritus Sancti. Sed queritur de hac, 'Pater est auctor Filii et Filius est idem auctor uel alius auctor Spiritus Sancti'. Dicimus quod est alius auctor Spiritus Sancti; hec ergo uera, 'Pater et Filius sunt duo principia Filii et Spiritus Sancti, quia generator et spirator', nisi dicere uelis hoc nomen 'principia' consignificare essentiam pluraliter. Quidam tamen subterfugii causa constituunt equiuoca-tionem in his nominibus, 'auctor', 'principium', secundum quod copulant notionem uel notiones. Secus autem est cum ista nomina tenentur nunc essentialiter, nunc personaliter. Vnde nullius momenti est hec illatio: 'Pater est principium creaturarum uel auctor, Pater est principium Filii uel auctor, ergo Pater est idem principium uel aliud principium Filii, uel idem auctor uel alius auctor'. 4 Cum enim dicitur 'Pater est principium creaturarum siue auctor', pertinet appellatio principii siue auctoris ad essentiam; cum uero dicitur 'principium Filii', personalis suppositio. Similiter,[a] 'Deus est tres

---

[a] Simile R

---

[1] Hilar. *De Trin*. VIII. xx (250C–52A).

persone, Deus generat Deum, ergo idem Deus uel alius Deus'. Sed nec tenet hec illatio, 'Pater auctoritate est auctor rerum, Pater auctoritate est auctor Filii, ergo eadem auctoritate uel alia'. Sumatur ergo hoc nomen 'aliquo' in ampla suppositione, communi[col. 2]ori scilicet, essentiali suppositione et personali. Dicat ergo unus homo 'Hec essentia est'. Alter dicat 'Hec notio est, demonstrata paternitate'. Nullius est hec argumentatio, 'Iste loquitur de aliquo determinate'. Similiter, 'Ille de aliquo determinate, ergo de eodem uel alio'. Sed iste loquitur de aliquo quod est id quod illud.

5 Vulgo autem notum est quod hec locutio, 'principium sine principio', duppliciter accipitur.[1] Restringitur enim quandoque hec appellatio ut soli Patri conueniat quia ipse est auctor aliorum, ita quod non habet auctorem; alio modo conuenit dicta appellatio toti Trinitati, quia tota Trinitas est principium rerum, non habens inceptionem siue carens initio. Hec autem appellatio, 'principium de principio', conuenit tam Filio quam Spiritui Sancto. Filius enim est principium creaturarum et est etiam principium Spiritus Sancti, ita quod ipse Filius et hoc habet a Patre et est a Patre. Spiritus autem Sanctus est principium creaturarum ita quod et hoc habet tam a Patre quam a Filio, et est tam a Patre quam a Filio. Sicut ergo Filius est Deus de Deo, similiter et Spiritus Sanctus; ita Filius est principium de principio, similiter et Spiritus Sanctus. Principium ergo de principio est principium sine principio, quia Filius est essentia; ergo principium habens principium est principium non habens principium. Et hec uerum. Ergo 'Principium habens principium non est principium habens principium' non sequitur; sicut 'Videns hominem est uidens non-hominem', non tamen 'Videns hominem non est uidens hominem'. 6 Solet et ab antiquioribus queri utrum Filius sit principium Spiritus Sancti in Trinitate, cum constet Patrem dici principium in Trinitate. Sed quid? Nonne Filius est spirator Spiritus Sancti in Trinitate? Ergo principium, et hoc uerum. Querunt item utrum Spiritus Sanctus habeat principium, quia a Patre habet principium; sed dicendum quod statur in equiuoco. Habet enim Spiritus Sanctus auctorem quia a Patre procedit, sed non ideo Spiritus Sanctus incepit esse, quia a Patre procedit. Constat autem quod Spiritus Sanctus tam a Patre quam a Filio procedit. Cum item super Iohannem dicit Augustinus quia Pater est principium Filii et Spiritus Sancti et creaturarum,[2] ampliat et extendit hoc nomen 'principium', ut semel positum copulet notiones et essentiam.

---

[1] Cf. Aug. *Contra Maximin.* II. xvii. 4 (784–85); Peter Lomb. *Sent.* I. xxix. 1. 3 (I. 216); Peter of Poitiers, *Sent.* I. xxxvii (939B).
[2] Cf. Aug. *De Trin.* V. xiii. 14–xiv. 15 (920–21); but verbatim as in Robert of Melun, *Sent.* I. iv. 4 (III. ii. 103 lines 21–24), who also names as his source 'Augustinus super Iohannem'.

De processione Spiritus Sancti. xxi.

1 De innascibilitate, paternitate et filiatione et spiratione qua Pater et Filius spirant Spiritum Sanctum nonnulla utinam lectori utilia premisimus; restat ut de processione Spiritus Sancti paucis nos expediamus. Errant igitur qui putant Spiritum Sanctum illa processione procedere in hunc hominem qua eternaliter procedit tam a Patre quam a Filio. Hoc enim dato, dabitur a simili quod Filius procedit in istum processione illa qua eternaliter generatur a Patre. Quod si est, oportet necessario Filium generatione sua procedere in istum. Cum ergo dicitur aut Filius aut Spiritus Sanctus procedere in istum aut mitti aut dari isti, predicatur essentia diuina. Cum uero dicitur aut Filius aut Spiritus Sanctus eternaliter procedere a Patre, copulatur notio. Filius enim generatione qua generatur a Patre procedit a Patre. Processio enim Filii generatio est. Processione uero qua Spiritus Sanctus procedit tam a Patre quam a Filio, spiratur tam a Patre quam a Filio. Siue ergo dixeris hoc uerbum 'procedere' equiuoce conuenire Filio et Spiritui Sancto siue uniuoce, constet tibi quod alia ratione predicatur de Filio quam de Spiritu Sancto. Aliter procedit radius a corpore solari, aliter calor. 2 Cum uero dicitur aut Filius aut Spiritus Sanctus procedere in istum, connotatur quod iste suscipit et Filium et Spiritum Sanctum, [f.28] ita quod innuitur persona procedens esse ab alio. Vnde Pater nec procedit nec mittitur in istum, quia a nullo est. Iste tamen suscipit totam Trinitatem, quando tota Trinitas ad eum uenit et mansionem apud eum facit.[1] Tota autem Trinitas infunditur cordi humano siue in cor humanum.[2] Est enim cor uas naturale quod recipit Trinitatem inhabitantem cor per gratiam. Aque uero nomine solet designari tam dator gratie quam donum. Vnde et in euuangelio legitur quia fluent flumina aque uiue de uentre[3] et cetera. A liquore cuius est infundi dicitur et Trinitas et gratia infundi. Spiritus ergo Sanctus dicitur aqua, tum quia mundat, tum quia refrigerium dat contra incentiua uiciorum, tum quia mollificat cor, iuxta illud: 'Cor carneum dabo uobis',[4] quamuis cor carneum datum sit nobis quando Verbum factum est caro.[5] Verbum enim quod essentialiter procedit a Patre tanquam a corde, cor nostrum est. 3 Dicitur item Spiritus Sanctus aqua uiua, saliens in uitam eternam;[6] uiua, quia emanat iugiter tam a Patre quam a Filio ut a fonte, quamuis et ipse fons dicatur, ut supradictum est. Viua item est hec aqua et saliens ab effectu. Constat item quia Spiritus Sanctus dicitur ignis. Hinc est quod ignis repertus fuit in aqua crassa.[7] Crassa dicitur hec aqua, quia per ipsam pingues- cunt speciosa deserti.[8] Quidni? Omnis adeps Domini. Ignis iste urit

---

[1] Cf. Ioh. 14. 23.   [2] See above, I. xv. 1.   [3] Ioh. 7. 38.
[4] Ezech. 36. 26.   [5] Ioh. 1. 14.   [6] Ioh. 4. 14.
[7] II Macc. 1. 20.   [8] Ps. 64. 13.

renes et corda,[1] depurat, purgat et repurgat, et consolidat, accendit et inflammat, comburit uitia sed non naturalia. Adde quod ignis dura mollificat et liquefacit, mollia indurat et consolidat.

4 Cum autem constet quia Trinitas infunditur cordi,[2] queritur utrum essentia diuina infundatur. Dicunt quod sic. Tota ergo Trinitas infunditur ab essentia, ita quod essentia infundit totam Trinitatem. Tota item Trinitas se ipsam infundit, ita quod tota Trinitas a tota Trinitate infunditur.

5 Cum item Pater neque procedat neque mittatur, queritur utrum detur. Cum autem Filius detur, queritur utrum sit donum, cum constet Spiritum Sanctum esse donum. Dicendum quod hec appellatio 'donum Dei' quandoque conuenit uirtuti, large accepto nomine uirtutis, quandoque conuenit datori uirtutis, cum itaque possit hec appellatio conuenire tam Filio quam Spiritui Sancto. Restringitur tamen per subintellectionem articuli, ut conueniat soli Spiritui Sancto. Potest item Pater dici et datus et donum, quia dat se ipsum. Reperitur tamen quod Pater non datur, quia scilicet non est ab aliquo.

6 Solet item queri utrum Spiritus Sanctus ab eterno fuit datus. Legitur enim.[3] Constat quia a Patre procedit amor ad Filium et a Filio procedit ad Patrem suum. Iste amor est Spiritus Sanctus qui ab utroque ita procedit, ut semper in utroque maneat; et ita in utroque semper manet, ut ab utroque semper procedat. Nonne ergo Spiritus Sanctus eternaliter datur Filio a Patre? Hoc quidem dari potest. Dicit tamen Augustinus in quinto libro De Trinitate capitulo uicesimo quod Spiritus Sanctus sempiterne est donum, temporaliter autem donatum.[4] Sed quid? Temporalem susceptionem qua quis suscipit Spiritum Sanctum respexit hoc dicens Augustinus.

7 Solet item queri utrum tam Pater quam Filius habuit ab eterno Spiritum Sanctum. Nonne enim ab eterno habuit Filium? Nonne ergo a simili Spiritum Sanctum? Nonne enim ab eterno habuit Pater Spiritum sicut et uitam? Legitur enim in euuangelio Iohannis 'Sicut Pater habet uitam in semetipso, ita et Filio dedit habere uitam in semetipso'.[5] Constat ergo quod hoc nomen 'Spiritus' quandoque tenetur personaliter, quandoque [col. 2] essentialiter. Vna ergo sola persona est Spiritus Sanctus, et tamen tota Trinitas est Spiritus Sanctus. Est enim tota Trinitas spiritus. Reperiuntur quidem sepe communes appellationes restringi et appropriari. Audi quid super hoc sentiat Augustinus in libro quinto De Trinitate in fine capituli duodecimi:

'Spiritus Sanctus ineffabilis est quedam Patris Filiique communio. Et ideo fortasse sic appellatur, quia Patri et Filio potest eadem appellatio conuenire. Nam hoc ipse

---

[1] Ps. 25. 2.   [2] See above, I. xv. 1.   [3] Aug. *De Trin.* V. xv. 16 (921).
[4] Ibid. V. xvi. 17 (922).   [5] Ioh. 5. 26.

proprie dicitur quod illi communiter, quia et Pater spiritus et Filius spiritus, et Pater sanctus et Filius sanctus. Vt ergo ex nomine quod utrique conuenit utriusque communio significetur, uocatur donum amborum Spiritus Sanctus'.[1]

8 Habuit ergo tam Pater quam Filius ab eterno Spiritum Sanctum, quia Patris et Filii una est essentia, una est uoluntas. Cum ergo legitur quod Spiritus Domini ferebatur super aquas,[2] potest hoc intelligi de uoluntate que est communis tribus. Voluit enim Dominus conseruare in esse res iam creatas. Nomine ergo aquarum mundialis machina ibi appellatur. Potest et in predicta locutione personalis fieri suppositio. Est ergo hec multiplex, 'Filius ab eterno habuit Spiritum Sanctum'. Filius enim ab eterno habuit essentiam, habuit et uoluntatem sanctam. Frequentissime tamen restring-itur hec appellatio, 'Habet Spiritum Sanctum', ut hic sit sensus 'Habet Spiritum Sanctum per inhabitantem gratiam'. Et secundum hoc, Filius incepit habere Spiritum Sanctum, quando scilicet Verbum caro factum est.

9 Et ut ad predicta reuertar, queritur utrum processio qua Spiritus Sanctus procedit in istum dicenda sit temporalis uel eterna. Nonne enim, ut dictum est, sic supponitur essentia diuina? Sed sciendum quia improprie locutiones sepe magis usitate sunt quam proprie. Processio ergo dicitur eterna notio illa qua Spiritus Sanctus spiratur tam a Patre quam a Filio. Processio uero temporalis dicitur quando quis suscipit Spiritum Sanctum. Cum ergo dicitur 'Processio est temporalis', nichil sic attribuitur processioni ratione essentie in se considerate, sed notatur quod temporalis est susceptio, sicut cum dicitur 'Spiritus Sanctus descendit in columba'[3] notatur de<s>census infuisse columbe. Similiter si dicatur 'Spiritus Sanctus descendit in col-umba'. Damus autem utramque istarum, 'Hec processio est temporalis', 'Hec processio est eterna', demonstrata uidelicet essentia. Hec ergo argumentatio nullius est: 'Processione eterna procedit in istum Spiritus Sanctus, ergo eternaliter, sicut Deus est rerum conditor eternus, non tamen ab eterno conditor'. Hec item argumentatio non est rata: 'Processione procedit Spiritus Sanctus eternaliter a Patre et idem processione temporali-ter procedit in hunc hominem, ergo eadem processione uel alia'. Reducatur ad memoriam quod supradiximus de auctoritate.[4] Figuratiua ergo ista est locutio, 'Gemina est processio Spiritus Sancti'.

10 Quero autem utrum missio insit Patri, passiue accepto uocabulo mis-sionis. Nonne enim sic supponitur essentia? Si quis uoluerit hic constituere fallaciam secundum accidens, non displicet mihi. Dicimus tamen quod missio inest Patri, non tamen 'Pater mittitur'; sicut 'Albedo Sortis erit', non tamen 'Sortes albus erit'. Eadem enim albedo est in Sorte que et in corpore

[1] Aug. *De Trin.* V. xi. 12 (919).   [2] Gen. 1. 2.   [3] Luc. 3. 22.
[4] See above, II. xx.

eius. Sed quero quem effectum habeat in Patre missio. Dicimus quod facit Patrem infundi. Et licet hoc uerbum 'mittitur' copulat diuinam essentiam, tamen hoc nomen 'missus' supponit tantum personam, sicut et hoc nomen 'incarnatus'. Hec ergo solet negari, 'Missio est eterna', quia connotatur gratie infusio que est temporalis.

11 Cum item una sit auctoritas Patris et Filii et Spiritus Sancti, dabitur quod auctoritate Spiritus Sancti inhabitat istum tota Trinitas. Vnde solet queri de hac, 'A Spiritu Sancto est quod Pater inhabitat istum'. [f. 28v] Et est danda 'Non tamen a Spiritu Sancto habet Pater quod inhabitat istum'.

12 <S>ciendum item quod Spiritus Sanctus mittitur ad locum in quo prius fuit, non ad hoc ut ibi sit, sed ut aliter ibi sit. Vbi enim Spiritus Sanctus prius fuit per essentiam, iam incipit esse per gratiam.

13 Queri item solet de hac, 'Filius mittitur a Spiritu Sancto in cor istius'. Constat quidem quod Filius missus est in mundum et a Patre et a se ipso et a Spiritu Sancto in incarnatione Verbi. Videtur quidem quod Filius mittatur in cor istius a Spiritu Sancto, cum Filius sit ab aliquo et infundatur a Spiritu Sancto cordi istius. Videbitur tamen alicui quod ad ueritatem dicte locutionis oporteat Filium infundi a Spiritu Sancto, et esse a Spiritu Sancto, quod quia falsum est, erit et predicta locutio falsa. Sed quid? Sepe reperitur quod Spiritus mittitur a se, et quod procedit a se ipso in cor humanum. Infunditur enim a se et est ab aliquo. Quid ergo? Profecto negarem utramque istarum, 'Spiritus Sanctus mittitur a se', 'Spiritus Sanctus a se procedit in istum', nisi quia maiores admiserunt eas. Hanc uero, 'Spiritus Sanctus datur a se', libenter do. Immo et Augustinus eam dat, cum tamen dicat in quinto libro De Trinitate capitulo decimo octauo: 'Quod aut datum est et ad eum qui dedit refertur et ad eos quibus dedit'.[1] Et item in quinto decimo capitulo libri quinti ait: 'Donum ergo donatoris et donator doni cum dicimus, relatiue utrumque adinuicem dicimus'.[2] Sed quid? Si dari est referri, oportet Spiritum Sanctum referri ad se cum detur a se. Quod si est, ergo distinguitur a se, ergo est alius a se, quod absit. Si item donum relatiue dicitur ad datorem, non uidetur quod Spiritus Sanctus detur a se. Si enim hoc, nonne ergo et est dator sui et est donum sui? Dicimus ergo tam hoc uerbo 'dare' quam hoc uerbo 'dari' copulari essentiam diuinam. 14 Dicit ergo Augustinus 'datorem' relatiue dici ad donum, hoc est respectiue. Sed quid? Dicit Augustinus in quinto libro De Trinitate capitulo sexto decimo, 'Non possumus dicere Patrem doni aut Filium doni, cum tamen dicamus donum Patris et Filii'.[3] Sed quid? Nonne Spiritus Sanctus est donum cum subintellectione articuli? Nonne ergo Pater est Pater doni? Sed quod

[1] Aug. *De Trin*. V. xiv. 15 (921).   [2] Ibid. V. xi. 12 (919).
[3] Ibid. V. xii. 13 (919–20).

dicit Augustinus, 'Non possumus', intelligendum est sic, 'Non consueuimus'. Adde quod non ita sibi uicissim respondent Pater et donum sicut
donator et donum. Vnde Augustinus statim in fine capituli predicti subdit:
'Sed ut hec uicissim respondeant, dicimus donum donatoris et donatorem
doni'.[1] Sed quid est quia quod sentio non exprimo? Interius lege et
relege quinti libri capitulum decimum nonum quod incipit 'Interius', et
cernes disserendo dicta esse multa consimilia ab Augustino.[2]

15 Caute item intelligendum est quod reperitur scriptum sic: 'Non procedit
Spiritus Sanctus a Patre in Filium, et a Filio in creaturas'.[3] Sic enim
suggillatur error quorundam hereticorum dicentium Spiritum Sanctum non
procedere a Patre in creaturas, nisi mediante Filio. Dicendum est igitur
Spiritum Sanctum procedere a Patre in creaturas, similiter et a Filio. Aliter
autem processit ab eterno Spiritus Sanctus a Patre in Filium, et aliter ex
tempore. Ab eterno enim processit Spiritus Sanctus a Patre in Filium et a
Filio in Patrem, tanquam amborum sacrum spiramen, nexus amorque. Vt
enim dictum est superius, Pater et Filius in se suum reflectunt ardorem.[4]
Ex tempore autem processit Spiritus Sanctus tam a Patre quam a Filio quam
a Spiritu Sancto in Filium tanquam inhabentem dona Spiritus Sancti sine
men[col. 2]sura. Filius enim Deus sibi homini dedit Spiritum Sanctum; a se
exiuit Filius in mundum. Quid est ergo quod dicit Filius, 'Non ueni a
me',[5] nisi quia Filius non uenit a se homine, id est a se in quantum est
homo? Diuersas Christi attende naturas in talibus, ne erres.

16 Caute item intelligendum est quod reperitur, quia processio Filii est
natiuitas, sed processio Spiritus Sancti non est natiuitas. Hoc enim obuiare
uidetur predictis. Diximus enim hoc uerbo 'procedit' copulari diuinam
essentiam in his, 'Filius procedit in istum', 'Spiritus Sanctus procedit in
istum'. Processio ergo qua Filius procedit in istum est processio qua Spiritus
Sanctus procedit in istum. Cum ergo, illa processione supposita, supponatur
diuina essentia, erit processio Spiritus Sancti, qua procedit in istum,
natiuitas eterna. Dicendum ergo quasdam locutiones intelligenda esse per
emphasim. Processio ergo Spiritus Sancti temporalis ideo dicitur non esse
natiuitas, quia Spiritus Sanctus procedens non est natiuitas, cum Filius
procedens sit natiuitas.[6]

---

[1] Ibid. (920).   [2] Ibid. V. xv. 16 (921).
[3] Cf. Aug. *De Trin*. XV. xxvii. 48 (1095), cited from *In Iohann*. xcix. 9 (1890); closer to
Nequam's wording is Gandulf of Bologna, *Sent*. I. lxxxvi (p. 57 lines 19–20).
[4] See above, I. v.   [5] Ioh. 8. 42.
[6] Peter Lomb. *Sent*. I. xviii. 2. 7 (I. 155): 'Filii enim processio genitura est uel natiuitas;
Spiritus Sanctus uero processio natiuitas non est'.

Vtrum tam Pater quam Filius quam Spiritus Sanctus debeat dici paraclitus.
xxii.

1 Veniunt ergo ad nos et inhabitant et consolantur nos Pater et Filius et
Spiritus Sanctus et infunduntur, sed Pater neque procedit neque mittitur.
Consolantur ergo nos una consolatione, et sunt unus consolator. Numquid
ergo sunt unus paraclitus? Legitur quidem quod Spiritus Sanctus est alius
paraclitus a Filio,[1] licet quidam sic exponant quod legitur alium
paraclitum, id est alium qui est paraclitus. Filius ergo et Spiritus Sanctus
utrum sunt unus paraclitus aut duo paracliti? Si unus, nonne ergo Pater et
Filius et Spiritus Sanctus sunt unus paraclitus quia sunt unus consolator? Si
Filius et Spiritus Sanctus sunt duo paracliti, nonne ergo sunt duo consola-
tores? Dicendum est quod noc nomen 'paraclitus' personale est et connotat
essentiam. Est ergo paraclitus aduocatus consolans. Filius ergo et Spiritus
Sanctus sunt duo aduocati consolantes et ideo sunt duo paracliti. 2 Pater
uero non est aduocatus quia non est ab alio, et ideo non est ad alium uocans,
ut ita loquar, cum tam Filius quam Spiritus Sanctus legatur interpellare pro
nobis Patrem.[2] Cum enim apostolus in epistola ad Romanos dicat quod
Spiritus Sanctus secundum Deum postulat pro sanctis,[3] ausus est
Didimus dicere in libro De Spiritu Sancto paraclitum Spiritum fungi persona
legati ad Patrem.[4] Sed quid? Numquid aliud est Spiritum Sanctum
postulare pro nobis gemitibus inenarrabilibus quam facere nos
postulare?[5] Sed nonne idem facit Pater? Quicquid enim facit una
persona, facit et quilibet trium. Hoc quidem absolute uerum est. Spiritus
Sanctus tamen dicitur postulare uel interpellare Patrem, quia auctoritas in
Patre est, a quo sunt Filius et Spiritus Sanctus.
3 Quero autem quid predicetur in talibus, utrum essentia uel notio. Reor
quidem figuratiuas esse huiusmodi locutiones. Si quid autem predicatur
huiusmodi uerbis, 'interpellat', 'postulat', dicetur quod essentia sic predicatur, sed cum connotatione distinctionis. Falsa igitur est regula quam
quidam dare presumpserunt. Si dictio, inquiunt, predicat essentiam,
denominatio masculine sumpta supponit essentiam. Verbi gratia, cum dicitur
'Deus est iusticia', predicatur essentia. Hoc ergo nomine 'iustus' substan-
tiuato supponitur essentia. Si enim generalis esset hec regula, supponerent he
dictiones, 'missus', 'procedens', 'incarnatus', essentiam. Constat autem quod
in istis est suppositio personalis. Similiter, ista uerba, 'postulat', 'interpellat',
copulant essentiam si quid [f. 29] tamen copulant. His tamen nominibus,
'postulator', 'interpellator', 'aduocatus', supponitur persona.

---

[1] Ioh. 14. 16.   [2] Rom. 8. 26–27, 34.   [3] Rom. 8. 27.
[4] Didym. *De Spirit. Sanct.* xxvii (1058A).   [5] Rom. 8. 26.

Quod solus Deus repleat cor humanum. xxiii.

1 Sciendum est postea quod cor humanum est thalamus Trinitatis, et est uas naturale quod a summa natura sola impletur. Vicium enim, cum nichil sit, non replet cor. Malignus autem spiritus non intrat cor in sua substantia, sed per suggestionem. Hinc est quod dicitur Sathanas intrasse cor Iude,[1] quando Iudas adquieuit maligne suggestioni. Et ut ait Didimus in libro De Spiritu Sancto, introiuit Sathanas cor Iude non secundum substantiam sed secundum operationem.[2] Obseruans, inquit, diabolus quibusdam motibus et operationum signis, ad que potissimum uicia cor Iude esset procliuius, deprehendit eum patere insidiis auaricie. Reperta ergo cupiditatis ianua, misit in mentem eius quomodo desideratam pecuniam posset accipere, ut per occasionem lucri proditor magistri et Saluatoris existeret. Hec ergo cogitationis occasio locum tribuit Sathane ut, cor eius introiens, impleret eum pessima uoluntate. Introiuit uero non secundum substantiam sed secundum operationem.
2 Ad consimilem intellectum trahi debet quod legitur in Actibus Apostolorum a Petro dictum: 'Anania, quare impleuit Sathanas cor tuum?'[3]

Vtrum una notio insit Filio et Spiritui Sancto. xxiiii.

1 Dubitatur a quibusdam utrum una notio insit Filio et Spiritui Sancto. Videtur enim quod una insit auctoritas Patri, qua est auctor Filii et Spiritus Sancti. Quod si est, uidebitur quedam notio inesse Filio et Spiritui Sancto, que sit quasi correlatio illius auctoritatis. Erit ergo illa notio sexta notio. Sed quid? Numquid illa notione distinguntur a Patre Filius et Spiritus Sanctus? Sed filiatione et processione distinguntur a Patre Filius et Spiritus Sanctus; ergo tribus notionibus distinguntur a Patre Filius et Spiritus Sanctus. Dicendum est quod est auctor Pater Filii et Spiritus Sancti duabus auctoritatibus et non una. Vnde nec aliqua notio inest Filio et Spiritui Sancto. Si autem queratur quare una notio non insit Filio et Spiritui Sancto, quando quidem una inest Patri et Filio, spiratio scilicet, dicendum quod a simili posset queri quare tres notiones insunt Patri, cum neque Filio neque Spiritui Sancto insint tres.

---

[1] Luc. 22. 3.   [2] Didym. *De Spirit. Sanct.* lxi (1083B–C).   [3] Act. 5. 3.

Vtrum persone diuine habere possint nomina propria. xxv.

1 Nanciscor occasionem inquirendi utrum diuine persone possint habere propria nomina, ex hoc quod inuestigare decreui, utrum plures sint notiones quam quinque. Constant autem quod ista nomina, Pater et Filius et Spiritus Sanctus, non sunt nomina propria, licet sint personis appropriata. Sicut enim hoc nomen 'Deus' non significat discrete sed communiter, licet non sint plures dii, ita et hoc nomen 'Pater'. Hinc est quod legitur 'Vnus ergo Pater, non tres patres, unus Filius'[1] et cetera. Esset autem locutio incongrua si dicta nomina essent propria. Sed constat quia hec congrua est, demonstrato Patre: 'Iste est'. Cum igitur sic demonstratur Pater, quero ratione cuius proprietatis fiat illa demonstratio. Dicet aliquis quod ratione deitatis. Vnde uidebitur alicui quod in hac, 'Pater est iste', predicetur essentia, licet pronomen appellet personam. Et secundum hoc supponet hoc nomen 'quis' personam, sed significabit essentiam. Idem iudicium dabitur de hoc nomine 'persona'. Et ita aliquantisper accedetur ad id quod sentire uidetur Augustinus de hoc [col. 2] nomine 'persona', nisi quia hoc nomine 'persona' supponetur 'quis'. Si ergo demonstratur Pater ratione essentie, poterit Pater habere proprium nomen ratione essentie. 2 Quod si est, dabitur quod istis tribus nominibus, A, B, C, predicabitur diuina essentia. Idem ergo predicabitur in his, 'Pater est A', 'Filius est B', 'Spiritus Sanctus est C'. Idem enim secundum hoc predicabitur in his, 'Pater est iste', 'Pater est istud', 'Pater est quis', 'Pater est quid'. Sed quid? Videbitur secundum hoc hec esse falsa propter copulationem: 'Tres persone sunt A et B et C'. Videtur enim ex illa inferri posse 'Tres persone sunt Deus et Deus et Deus'. Quid? Immo tres persone sunt unus Deus. Item, nonne 'Esse A est inferius ad esse Deum'? Quod si est, dabitur quod Deus et Deus sint, cum A et B sint. Preterea, proprii nominis est singularem naturam significare seu propriam qualitatem. Deitas autem, ut dictum est superius, non est singularis natura, cum sit communis tribus.[2] Oportet ergo quod proprium nomen non possit imponi persone ratione deitatis. Numquid proprium nomen posset imponi alicui homini, ratione communis nature? Sed nec dici potest quod persona aliqua diuina habeat singularem naturam sibi soli conuenientem, ut supra ostensum est.[3] Si enim hoc esset, alterius nature esset Pater quam Filius. Pater item secundum hoc differret a Filio essentialiter. Oporteret etiam tres personas tres habere essentias.

3 Videbitur ergo alicui quod persone possit imponi proprium nomen ratione

---

[1] Symbol. Ps-Athanas. 'Quicumque vult' xxiii.   [2] See above, I. xviii–xix.
[3] Ibid., I. xviii. 11 seq.

distinctionis qua una persona distinguitur ab alia, non ratione essentie. Imponetur ergo Patri proprium nomen, ratione huius paternitatis. Sed quid? Ecce latenter accedimus ad illam logicorum questionem, qua queri solet utrum aliquod singulare accidens sit predicabile. Visum est enim quibusdam quod ratione huius albedinis possit proprium nomen imponi huic homini. Sit illud nomen A. Numquid ergo tam huic homini quam huic corpori conuenit hoc nomen A, cum albedo huius hominis sit albedo huius corporis? Quod si est, non erit hoc nomen A proprium nomen, nisi sit equiuocum. Si item quoddam singulare accidens est inferius hoc accidente 'album', non erit album denominatiue sumptum a specie specialissima. Si item hec albedo facit Sortem esse A, dabitur quod Sortes est albus et Plato non est talis, posito quod uterque sit albus. Sortes enim est A et A non est Plato. Numquid ergo ob hoc Sortes est dissimilis Platoni? Dabitur item quod albus est Plato et albus non est Plato, sicut dicitur quod coloratus est Plato, coloratus non est Plato. 4 Numquid item singule paternitates Priami habent diuersos singulares effectus in Priamo? Numquid Pater summus duo habebit propria nomina, ratione innascibilitatis et paternitatis? Cum item una spiratio insit Patri et Filio, utrum imponerentur duo propria nomina Patri et Filio, ratione illius spirationis, an unum? Sciendum ergo quod diuerse sunt species propriorum nominum. Sunt enim quedam nomina propria imposita rebus per antonomasiam quasi cum subintellectione articuli, ut 'Gradiuus', 'Quirinus', 'Ennosigeus'. Ista autem nomina imposita sunt ex accidentalibus proprietatibus. Romulus enim dicitur Quirinus a 'quiris' quod est hasta, quia, proficiscens in expeditionem, misit hastam suam in signum clarigationis, que terre adherens excreuit in arborem.[1] Mars dicitur Gradiuus, quia gradatim itur ad conflictum rei [f. 29v] militaris; uel dicitur Gradiuus quasi 'craton diuus', id est potens Deus.[2] Neptunus dicitur Ennosigeus, quasi habitator illius promontorii.[3] Sed improprie dicuntur ista nomina esse nomina propria. Restricta ergo appellatione proprii nominis, non possunt diuine persone habere propria nomina. Absit enim ut in celum os ponamus,[4] contradicendo domino pape Innocentio scilicet tertio qui in

---

[1] Cf. Isid. *Etym.* IX. ii. 84 (336B), but neither this nor any source known to me provides the detail of the spear growing into a tree.

[2] These alternatives are given by *Mythogr. Tert.* xi. 10 (I. 234). For '"gratus diuus" id est "potens est diuus"', 'Remigius' is cited.

[3] 'Ennosigeus' properly means 'earth-shaker' (so *Mythogr. Tert.* v. 1 [I. 171]); Nequam's etymology is much the same as that found in John of Salisbury, *Policrat.* VIII. xxiv (817a lines 23–24, and see Webb's note), and in Bernard Silvester, *Comm. in Aen. I–VI*, p. 10 line 10.

[4] Ps. 72. 9.

consultatione quadam docet quid super hoc sentiendum.[1] Vtrum autem yle possit habere proprium nomen dubitatur a uiris bene instructis. Sed de yle agetur inferius.[2]

Vtrum diuina essentia habere possit proprium nomen.   xxvi.

1 Nonnullis autem uisum est proprium nomen posse imponi omni rei que demonstrari potest. Vnde negant diuinam essentiam posse demonstrari, cum eandem negent posse habere proprium nomen. Sed quid? Numquid persona diuina habebit proprium nomen, cum demonstrari queat? Sed dicunt secus esse in persona, secus in essentia. Persona enim est distinguibilis in quantum est persona. Natura autem diuina tribus est communicabilis personis. Sed quid? Nonne etiam genus generalissimum demonstrari potest? Non tamen potest habere proprium nomen, cum non habeat singularem naturam. Sed dicent quia diuina natura omnibus generalissimis est communior, quia omnia includit. Vnde licet genus generalissimum possit demonstrari, non ob hoc poterit demonstrari diuina natura. Quonam enim modo potest demonstrari quod incomprehensibile est, quod etiam est incircumscriptibile? Numquid potest demonstratione includi, quod intellectu capi non potest? Quonam modo potest demonstratione certificari, quod omnino uidetur incognitum? Quonam modo potest demonstratione discerni, quod in se distinctionem non admittit?
2 Sed quid? Nonne diuina natura est, et ipsam esse est dictum singulare uerum de illa? Nonne item Deus qui est Trinitas scit quod ipse sit? Nonne ergo diuina essentia scit quod ipsa sit? Numquid Deus scit se esse, et nescit quod ipse sit? Si ergo introducatur una persona querens ab alia quid est Deus, nonne respondere poterit 'istud'? Vtrum autem Deus, cum sit incomprehensibilis, cum etiam sit infinitus et immensus comprehendat se, discutietur inferius.[3] Nonne item diuina essentia potest introduci loquens sic: 'Ego impleo celum et terram'?[4] Nonne potest summa natura inuocari? Nonne ad Deum dirigitur sermo cum dicitur 'Miserere mei Deus'?[5] Preterea, in illa oratione qua beatus Augustinus feliciter nobile opus De Trinitate terminat, reperies dictum 'Domine Deus, une Deus,

---

[1] A. Potthast, *Regesta Pontificum Romanorum* (2 vols., Berlin, 1874–75), no. 1199, probably issued in December 1200. Professor C. R. Cheney suggests that it was known to Nequam as ch. 1 of Rainer of Pomposa, *Coll. Decretal. Innocent. III* (1175A–79B), compiled after May/ June 1201 (S. Kuttner, *Repertorium der Kanonistik*, Studi e Testi 71 [1937], p. 310) either directly, or indirectly, through one of the Anglo-Norman collections compiled early in Innocent III's reign, deriving from Rainer: C. R. and M. G. Cheney, *Studies in the Collections of XII Century Decretals* (Rome, 1979), pp. 159, 307.
[2] See below, III. ix, lxxviii.   [3] See below, II. xlviii. 1, 3.
[4] Ierem. 23. 24.   [5] Ps. 50. 1, 55. 1, 56. 1.

Trinitas, quecumque dixi in his libris de tuo agnoscant et tui, si qua de meo, et tu ignosce et tui'.[1] Super illum item locum Psalmi, 'Complaceat tibi Domine ut eruas me',[2] dicit glosa 'tibi uni Deo',[3] et super hoc uerbum 'complaceat' in parua glosatura habetur 'Trinitati'[4] et in magna glosa habetur 'complaceat, id est communiter placeat Trinitati tibi uni Deo'.[5] Ibi ergo demonstratur essentia per hoc nomen 'tibi' et hec dictio 'Trinitati'. Non est glosa huius dictionis 'tibi', sed huius dictionis 'complaceat', quia innuitur Trinitas ex ui inseparabilis prepositionis connotantis associationem.[6] 3 Multotiens enim supponitur essentia et innuitur Trinitas ut ibi: 'Benedicat nos Deus Deus noster'[7] et cetera. Similiter, in epistola ad Romanos, 'Inuisibilia Dei per ea que facta sunt, intellecta conspiciuntur, sempiterna quoque eius uirtus et diuinitas',[8] super 'inuisibilia Dei' ponitur 'Pater', super hoc nomen 'uirtus' 'Filius', [col. 2] super hoc nomen 'diuinitas' 'Spiritus Sanctus'.[9] Tribus uocabulis innuitur Trinitas, et tamen quodlibet illorum supponit pro essentia. Vel potest dici quod hec dictio 'Trinitati' in supradicta auctoritate tenetur appositiue, ut apponatur huic nomini 'Deo'. Quamplurimas possem inducere auctoritates ad idem, sed quas inducerem in probationem demonstrationis essentie referret quis ad demonstrationem persone, ut 'ego Dominus'. Etiam parum intelligenti plurime occurrerent auctoritates in utroque Testamento ad propositum facientes. Sed quid miri si inpropria dicatur esse demonstratio, ubi uix aliqua potest reperiri locutio propria, si tamen aliqua? Licet ergo admittamus essentiam demonstrari, non tamen potest habere proprium nomen. Cum autem legitur decem esse nomina Dei propria,[10] intellige 'propria' pro 'appropriata', quia nulli conueniunt nisi Deo.

De idemptitate. xxvii.

1 Querendum est postea utrum quelibet persona referatur ad se, eo quod quelibet persona est eadem sibi. Ille enim qui est Pater generat Filium, et ille

---

[1] Aug. *De Trin*. XV. xxviii. 51 (1098).   [2] Ps. 39. 14.
[3] *Glo. Ord*. III. 715–16 (interlin.) has 'uni Deo'.   [4] Ibid.
[5] Peter Lomb. *In Pss*. ad loc. (405B).
[6] Cf. William of Auxerre, *Summa Aurea* I. iv. 8 (I. 63 lines 38–45): 'Secundum illos qui dicunt quod hoc nomen "Deus" naturaliter non habet supponere nisi pro essentia, dicendum est quod cum dicitur: *Complaceat tibi Domine* etc., hoc pronomen "tibi" tenetur pro diuina essentia et adiectiue, et subintelligitur: "Tibi uni Deo", sicut adiungit Glosa. Quod autem dicit alia Glosa: *Tibi Trinitati*, exponendum est sic: tibi essentie que est Trinitas. Nos uero dicimus quod hoc pronomen "tibi" tenetur pro Trinitate et tenetur adiectiue, unde subintelligitur "Tibi Trinitati"'.
[7] Ps. 66. 7.   [8] Rom. 1. 20.   [9] Peter Lomb. *In Rom*. ad loc. (1328C).
[10] Hieron. *Ep*. xxv (428–30); Isid. *Etym*. VII. i. 1–17 (259–61).

12

non est alius a se, sed indifferens sibi, ergo est idem sibi. Cum ergo dicitur quia hec persona est eadem sibi, nonne sic copulatur idemtitas distinctiua? Erunt ergo tres idemtitates in tribus personis, cum quelibet sit eadem sibi. Erunt ergo proprietates in personis alie a quinque notionibus. Numquid enim idemptitas qua persona Patris est eadem sibi est paternitas aut innascibilitas aut spiratio, ita scilicet quod illa supposita supponatur aliqua illarum? Numquid item hec persona refertur ad se, quia est eadem sibi? Nonne enim idemptitas talis est relatio? Numquid autem persona refertur ad se, et non distinguitur a se? Non<ne> enim si distinguitur a se, est alia a se? Ad hec dicimus quod persona est eadem sibi, nullo tamen est eadem sibi, nisi dicatur quod se ipsa. Nec predicatur aliqua proprietas cum dicitur 'Persona est eadem sibi'. Nulla est ergo idemptitas nisi essentialis, qua persona Patris est idem Filio. Sed numquid hac idemptitate est hec persona eadem illi? Dicunt quod hoc nomen 'eadem' non retinet illam significationem, nisi cum nomine essentiali. Si ergo dicatur quod hec persona est eadem illi, falsa est, quia cogitur hoc nomen 'eadem' propter personalem suppositionem esse distinctiuum et non essentiale, ita quod nichil sic copuletur. 2 Erit ergo hec argumentatio falsa: 'Idemptitas inest huic persone ad illam, ergo hec persona est eadem illi', sicut hoc accidens 'fieri' predicatur de ere, non tamen 'es' fit sed 'statua' fit. Albedo eciam inest monacho, non tamen monachus est albus sed homo. Ceterum, si dicatur 'Hec persona est eadem illi in essentia', cogitur hoc nomen 'eadem', ratione determinationis associate, teneri in copulatione idemptitatis essentialis. Subtracta autem determinatione, redit hoc nomen 'eadem' ad distinctionem personalem. Similiter,[a] 'Homerus uiuit memoria'; non tamen uiuit. Sed quero de hac, 'Essentia uel persona est eadem sibi', <si> licita sit disiunctio. Vtrum enim tenetur ibi hoc nomen 'eadem' essentialiter aut personaliter? Dicendum quod uera est locutio, sicut et hec: 'Deus est Deus uel generat'. Potest enim hoc nomen 'Deus' teneri ibi et essentialiter et personaliter. Dum de his cogito, reduco ad memoriam istas, 'Lignum uel lectio agitur', 'Homo uel Secana currit', 'Lapis uel monachus est albus'. Et uide quod hec duplex, 'Hec persona est idem illi, siue eadem res illi'. Vno modo intellecta est uera, alio incongrua. Hec enim incongrua: 'Eadem [f. 30] essentia persone est'. 3 Si uero hoc nomen 'idem' respiciat nominatiuum supponentem et datiuum, uera est hec, 'Hec persona est idem illi', sub hoc sensu, 'Hec persona est res que est illa persona'. Memor ergo sis huiusmodi locutionum, 'Sortes uidet plura Platone', 'Sortes uidet idem asino'; siue enim Sortes

[a] Simile R

uideat asinum siue uideat rem quam uidet asinus, erit dicta locutio uera. Erit
ergo hec uno modo incongrua, 'Filius est idem Patri'. Sed hec, 'Pater est
idem Filio', tamen congrua, neutraliter sumpto hoc nomine 'idem'. Sed uno
modo falsa, alio uera. Hoc autem prouenit ex hoc quod, supposito Patre,
non supponitur quid, cum, supposito Filio, supponatur quid. Item, hec
falsa: 'Christus est aliqua res, et ipsa est alia res siue dicatur alia res ab illa,
siue alia res quam illa'. Hec enim dictio 'alia' in omnibus istis exigit
diuersitatem. Hoc intellecto, sic obicitur: 'Christus est persona alia quam
Pater et supposita persona Filii supponitur res, ergo Christus est res alia
quam Pater', et hoc uerum; non tamen 'Christus est res alia quam essentia
diuina'; cum enim Christus sit essentia diuina, homo ille non est diuersus a
diuina essentia. 4 Sed hec incongrua, 'Alia res quam Pater est Christus', quia
collatio huius dictionis 'alia' non solum exigeret quod Pater esset res, sed
quod supposito Patre supponeretur res, sicut hec est incongrua, 'Alia
persona quam essentia diuina est', quia supposita essentia non supponitur
persona'. Sed quid subicitur in hac, 'Idem Patri est Filius', retento hoc
nomine 'idem' neutraliter? Sed queratur de hac, 'Essentia est eadem
persone, cum essentia sit persona'. Qua data, infer 'ergo persona est eadem
essentie'. Negant quidem utramque illarum dicentes quod officium huius
nominis 'eadem' tale est quod respicere debet aut terminos essentiales
tantum, aut terminos personales tantum. Cum ergo hoc nomen 'idem'
debeat notare conuenientiam in personali proprietate, erit hec falsa, 'Hec
persona est eadem essentie', quantum ad statum deitatis. Dant tamen hanc,
'Paternitas est eadem Patri'. Maior enim, ut inquiunt, est conuenientia inter
terminos notionales et personales quam inter terminos essentiales et
personales. Multi tamen predictas locutiones admittunt. Vnde acuto
uidebitur hec duplex: 'Hec persona est eadem essentie'. Sub hoc enim sensu
est uera 'Hec persona est ens essentia'. Si uero connotetur conuenientia in
personali proprietate, falsa est.

5 Sunt autem quidam doctrine maiorum obuiantes, dicendo hanc esse
ueram: 'Hec persona est eadem illi persone ratione scilicet essentie; hec
tamen persona est alia ab illa, ratione scilicet distinctionis'. Sed nonne
persona Patris est eadem persona Filio, si est persona eadem Filio?
Numquid eadem est persona Patri et Filii? Absit. Et uide quia cum dicitur
'Pater est alius in persona a Filio', hoc nomen 'persona' simplicem habet
suppositionem, ita ut non liceat descendere ad discretam suppositionem,
sicut cum dicitur 'Iste habet in consuetudine hoc uel illud'. Non enim
congrue dicitur 'Iste habet in hac consuetudine hoc uel illud'. Videbitur
alicui quod hoc nomen 'persona' ibi ponatur pro personali proprietate. Quid
ergo dicetur de hac, 'Hec persona est eadem in essentia illi persone'? Prior
solutio est ad orationem.

Vtrum infinite sint proprietates in personis. xxviii.

1 Prolixum nimis faceremus tractatum si singulis immoraremur. Paucis ergo perstringamus multarum questionum materiam, ut ex dictis discat animus lectoris ad multa [col. 2] consimilia progredi. Si igitur infinite proprietates inessent personis, dari oporteret pro communi opinione quod infinite proprietates sunt persone. Quid autem dicemus de huiusmodi uerbis, 'differt', 'distinguitur'? Si enim copulant proprietates, dabitur quod sex sunt differentie in personis, similiter et sex distinctiones. Quid item dicetur de his nominibus, 'unus', 'alius', 'tertius', 'duo', 'tres', 'plures', 'pauciores'? Quid item copulatur hoc nomine 'quinque', cum dicitur de notionibus? Numquid Deus est quinarius? Estne quinarius ille simplex an compositus? Boetius item dicit quod persone tres non differunt genere uel specie sed numero.[1] Augustinus autem dicit quod uerus est in personis ternarius.[2] Reperies item quod ternarius est pulcher numerus, conueniens Trinitati. Et, ut dicunt, merito conuenit diuinis personis ternarius, quia excellenti perfectione perfectus est. Habet enim principium et medium et finem, prorsus eiusdem nature, ita etiam quod per medium coniunguntur principium et finis. 2 Sed quid? Binarius qui inest duabus personis non habet medium; numquid ergo est minus pulcher illo ternario qui inest tribus? Numquid due persone secundum aliquid minus sunt pulcre quam tres? Absit. Dicimus predictas dictiones non copulare proprietates. Cum ergo dicitur quod paternitas est differentia uel distinctio, per causam dicitur, quia paternitas facit differre uel distingui. Non est ergo aliqua differentia uel distinctio in his nisi notio. Verus item dicitur esse ternarius in tribus personis, quia uere sunt tres. Dicitur item ternarius esse pulcher numerus, quia Trinitas est summa pulcritudo, ita quod eadem pulcritudo est quelibet personarum. Et, ut diximus superius, non est hic unitas personalis, nec binarius nec ternarius qui sit quantitas.[3]

Vtrum essentia diuina differat a creatura. xxix.

1 Nec est alienum a proposito nostro si queratur utrum creatura differat a creatore uel econuerso. Procliuior quidem est animus ad dandum quod persona differat a creatura, quam quod essentia. Essentia enim non est distinguibilis sicut persona. Nonne autem persona diuina et persona humana

---

[1] Cf. Boeth. *De Trin.* i (1249C–D).
[2] Cf. Aug. *De Trin.* VII. iv. 9 (941–42); Peter Lomb. *Sent.* I. xxiv. 1. 6 (I. 188).
[3] See above, I. xx.

sunt persone? Nonne Filius est alia persona a Petro? Nonne similiter et
Pater? Nonne item homo est similis Deo? Nonne ergo differt a Deo?
Numquid conrelatio illius differentie est in Deo? Nonne conrelationes sunt
coeque[a]? Quid quod nullum accidens est in Deo? Nonne item homo est
seruus Dei? Nonne Deus dominus hominis? Nonne dominus et seruus
relatiue dicuntur? Cum item Deus sit ex tempore dominus, nonne ex
tempore conuenit ei relatio? Estne ergo aliqua relatio Deus que non fuerit
Deus ab eterno? Numquid ergo aliquid est Pater quod ex tempore inceperit
esse? Preterea, legitur quod quicquid est, est creator uel creatura. Sunt ergo
aliqua Deus et creatura. Est ergo creatura aliud quam Deus et econuerso. Et
hoc admittimus. 2 Cum ergo dicitur 'Deus differt a creatura', aut nichil
predicatur aut essentia. Similiter, cum dicitur 'Deus est dominus creature',
predicatur essentia sed respectiue. Et hoc reperies relationem inesse
creature et non habere conrelationem. Sed quid? Numquid Pater summus
paternitate eterna est alius a Petro? Ergo ea Pater refertur ad Petrum.
Numquid ergo Petrus filiatione sua refertur ad Patrem summum? Constat
quod tota Trinitas est Pater, secundum quod hoc nomen [f. 30v] 'Pater' notat
auctoritatem respectu creaturarum. Eternus ergo generator Verbi est Pater
noster qui est in celestibus spiritibus. Sed sic hoc nomine 'Pater' predicatur
essentia diuina. Nos autem sumus filii eius per adoptionem.[1] Cum ergo
dicitur 'Petrus est filius Dei per adoptionem', non copulatur filiatio
naturalis, ut ita dicam, sed filiatio adoptionis que est per gratiam. Sed ad hoc
non tendit inquisitio nostra. Quero enim utrum Petrus naturali filiatione
referatur ad genitorem Verbi. Videtur enim quod genitor Verbi sit Pater et
Verbi et Petri, si genitor Verbi sua paternitate scilicet notione referatur ad
Petrum, quod non oportet. 3 Priamus enim sua paternitate differt a Pirro, et
ita paternitate sua refertur ad Pirrum, similiter et Pirrus sua filiatione
refertur ad Priamum; non tamen Pirrus est filius Priami. Filius ergo filiatione
eterna differt a Petro, sed filiatione temporali conuenit cum Petro. Quamuis
enim miraculosa fuerit temporalis filiatio Christi, tamen illa et filiatio Petri
sunt res eiusdem speciei specialissime. Sed quid? Numquid generatio qua
Filius genitus est de uirgine et generatio Petri sunt res eiusdem speciei
specialissime? Numquid conceptio qua Christus conceptus est de Spiritu
Sancto et conceptio qua Petrus conceptus est sunt indifferentes specie? Tam
Pater autem quam Filius notione eterna est alius a Petro; essentia autem
diuina est uterque aliud a Petro, sicut essentia sua est tam Pater quam Filius
aliquid. 4 Eo autem quo Petrus est persona est alius tam a Patre quam a

---

[a] coequeue R

---

[1] Cf. Rom. 8. 23.

Filio; sed quo est Petrus aliud a Filio? Nonne Petrus indiuiduo suo
singularem loquor naturam conuenit cum Christo? Nonne enim indiuidua
Christi et Petri sunt indiuidua eiusdem speciei specialissime? Illis ergo
conueniunt Christus et Petrus secundum doctrinam quorundam. Sed quid?
Quo est Petrus aliud a Patre, nisi suo indiuiduo? Nonne ergo eodem
indiuiduo est Petrus aliud a Filio? Quia ergo Christus est 'gigas gemine
substantie',[1] accidit quod Petrus indiuiduo suo conuenit cum Christo, et
eodem differt a Christo. Conuenit cum Christo, si humanitatem Christi
respicias; differt a Christo ratione deitatis. Vtrum tamen Christus habeat
indiuiduum sicut et ceteri homines inquiretur inferius.[2] Pater autem
paternitate sua distinguitur ab alio, et tamen Pater est sua paternitas; sicut
uocalis suo nomine distinguitur a consonante, et tamen uocalis est suum
nomen, cum secus sit de consonante.

De essentialibus nominibus. xxx.

1 Tractatus instituendi debitus ordo exigere uideretur, ut prius de essentialibus nominibus quam personalibus aut notionibus ageretur. Sed naturalem
ordinem commutaui in artificialem, eo quod plura dicenda erant de
essentialibus quam de aliis. Etsi igitur dixerimus hoc nomen 'Deus' ex
primitiua institutione esse essentiale, sentiunt tamen quidam ipsum esse
medium inter essentiale et personale. Hinc est quod adeo propriam censent
hanc, 'Deus generat', ut hanc, 'Deus est'. Sed secundum hoc, oportet dici
quod Deus generat se Deum uel alium Deum, cum tamen id neget
Augustinus.[3] Oportet etiam eos fateri quod unus Deus est et alius Deus
est. Numquid ergo plures dii sunt? Absit. Dabunt item hanc, 'Pater Deus
non est', sicut 'Plato homo non est'. Quod si est, dabitur quod unus Deus et
alius Deus sunt. 2 Quid ergo super [col. 2] his sentiendum superiora
docuerunt.[4] Constat autem uulgo quod hoc nomen 'Deus' uarias habeat
significationes. Est enim essentiale uocabulum, toti Trinitati conueniens, et
secundum hoc, unus solus Deus est. Dicitur item quis Deus per adoptionem
siue gratiam, et secundum hoc plures dii sunt. Vnde legitur 'Ego dixi Dii
estis',[5] et cetera. Accipitur item nomen Dei pro potente, ut ibi: 'Ego

---

[1] Cf. Aug. *Contra Maximin.* II. x. 2 (765) 'persona . . . geminae substantiae', Ambr. *De
Incarn. Dom. Sacrament.* v. 35 (817C) and SK 8189 (Ambr. *Hymn* 5) v. 3 'geminae gigas
substantiae', quoted in *Distinct. Monast.* III. cxii (III. 467). 'Gigas geminae substantiae' is
found in Gilbert of Poitiers *In Boeth. Contra Eut.* iv. 75 (p. 303), and in the *Sent. Divin.* iv
(p. 69*); Ambr. is quoted in Peter Lomb. *Sent.* III. xxi. 2. 5 (II. 135).
[2] Not extant.   [3] Aug. *De Trin.* I. i. 1 (820).   [4] See above, I. xxvii.
[5] Ps. 81. 6.

constituam te Deum Pharaonis',[1] id est facientem mirabilia siue potentem in Pharaonem, et item, 'Vidi faciem tuam, quasi uiderim[a] uultum Dei',[2] id est hominis potentissimi. Hec autem nomina, 'eternus', 'immensus', 'iustus', 'misericors', 'bonus', 'benignus', 'sapiens', 'fortis', 'potens', omnes admittunt esse essentialia. Similiter et hec, 'preuidet', 'prouidet', 'scit', 'intelligit', 'comprehendit', 'cognoscit'. De his autem suis locis dicemus.[3]

Vtrum enuntiabile subsit hac uoci 'dii sunt'. xxxi.

1 Secundum quod igitur hoc nomen 'Deus' essentiale est, conueniens toti 'Trinitati' et soli, quero utrum aliquod enunciabile subsit huic uoci 'Dii sunt'. Legitur enim 'Non tres dii sed unus est Deus'.[4] Circa hec sic: Si dii sunt, ipsi sunt. Aliquid est, ergo dii sunt et ipsi sunt, uel aliquid est. Ergo dii sunt et ipsos esse est uerum, uel aliquid est. Enunciabile ergo quod supponitur hac appellatione, 'ipsos esse', estne uerum uel falsum de diis? Numquid de diis aliquid est uerum? Pro quibus sic fit suppositio? Preterea, non 'Dii sunt' uel 'Ipsi sunt'. Ergo nec dii sunt nec ipsi sunt. Numquid hec congrua? Dicendum, ut mihi uidetur, quod cum dicitur 'Dii sunt' suppositio fit pro Deo sed geminate, et ideo falsa est. Non enim potest Deus sibi consupponi uel connumerari. Hanc autem nego, 'De diis aliquid est uerum'. Hec ergo falsa, 'De diis est uerum ipsos esse uel non esse', sed et hec falsa, 'De diis non est uerum ipsos esse'. Hec autem uera, 'Non de diis est uerum ipsos esse'. Videbitur alicui quod non est relatio admittenda in talibus.

De his uerbis, 'loqui', 'audire'. xxxii.

1 Sunt autem quedam dictiones que predicant essentiam cum connotatione distinctionis, ut 'loqui', 'audire'. Patrem enim loqui Filio est indicare uel manifestare uoluntatem suam Filio, ita quod connotatur quia auctoritas est in Patre. Hec ergo falsa, 'Filius loquitur Patri', cum non sit auctor Patris; Filius ergo audit Patrem loquentem, quia intelligit uoluntatem Patris, ita quod est a Patre. Similiter, Filius loquitur Spiritui Sancto, sed Spiritus

---

[a] uiderint R

---

[1] Exod. 7. 1.   [2] Gen. 33. 10.   [3] See below, II. xlv–li, lxiii–lxv etc.
[4] Symbol. Ps-Athanas. 'Quicumque vult' xvi.

Sanctus audit Filium loquentem. Similiter, tam Pater quam Filius loquitur Spiritui Sancto, et Spiritus Sanctus audit tam Patrem quam Filium loquentem. Oportet ergo ut sane intelligatur quod dicit Didimus in libro De Spiritu Sancto, loqui Patrem et audire Filium uel econtrario Filium loquentem audire Patrem eiusdem est nature in Patre et Filio consensus.[1] Hoc ergo participium 'loquentem' non innititur huic nomini 'Filium', sed huic nomini 'Patrem'. Corrupti sunt ergo codices qui hanc habent litteram, 'Filium loqui et audire Patrem' et cetera. 2 Gracianus quidem in fine operis sui ponit capitulum sumptum de libro Didimi.[2] Quoniam autem corrupta est littera qua utuntur decretiste, placet litteram proponere que habetur in originali:

'Ad Dominum Patrem quidam allegans preces loquitur: "Dirige me in ueritate tua",[3] id est in unigenito tuo, propria uoce testante "Ego sum ueritas".[4] Quam perfectionem tribuit Deus mittens Spiritum [f. 31] ueritatis, qui credentes in totam dirigat ueritatem. Sed quia a Patre mittatur et sit Paraclitus, Saluator ait "Non enim loquetur a semetipso",[5] hoc est "Non sine me et sine meo et Patris arbitrio, quia inseparabilis a mea et Patris est uoluntate", hoc enim ipsum quod subsistit; et sequitur "Ego ueritatem loquor",[6] id est "Inspiro que loquitur" siquidem Spiritus ueritatis est. Dicere autem et loqui in Trinitate non est secundum consuetudinem nostram, qua nos ad inuicem sermocinamur et loquimur, accipiendum, sed iuxta formam incorporalium naturarum et maxime Trinitatis, que uoluntatem suam inserit in corde credentium, et eorum qui eam audire sunt digni'.[7]

3 Et post pauca:

'Si quando ergo legimus in Scripturis "Dixit Dominus Domino meo",[8] et alibi, 'Dixit Deus Fiat lux",[9] et si qua his similia, digne Deo accipere debemus'.[10]

Et post pauca:

'Loqui ergo Patrem et audire Filium, uel econtrario Filium loquentem audire Patrem, eiusdem est nature in Patre et Filio consensusque significatio est. Spiritus, qui est Spiritus ueritatis Spiritusque sapientie, non potest Filio loquente audire que nescit, cum hoc ipsum sit quod profertur a Filio. Denique ne quis illum a Patris et Filii uoluntate et societate discerneret, scriptum est "Non enim a semetipso loquetur, sed sicut audiet loquetur".[11] Cui simile etiam de se ipso Saluator ait, "Sicut audio iudico".[12] Et alibi, "Non potest Filius facere quicquam, nisi uiderit Patrem facientem"[13].'[14]

4 Ecce litteram ipsius originalis posui. Absit autem ut ex his uerbis concipiat quis minoritatem unius persone ad aliam. Sed cum legatur quia Spiritus Sanctus loquetur sed non a semetipso, queratur cui loquatur. Si enim

---

[1] See below, sects. 2–3.   [2] Grat. *Decret.* III. v. 40 (1869B–70B).
[3] Ps. 24. 5.   [4] Ioh. 14. 6.   [5] Ioh. 16. 13.   [6] Ibid.
[7] Didym. *De Spirit. Sanct.* xxxiv (1063C–64B).   [8] Ps. 109. 1.
[9] Gen. 1. 3.   [10] Didym. *De Spirit. Sanct.* xxxvi (1064C).
[11] Ioh. 16. 13.   [12] Ioh. 5. 30.   [13] Ioh. 5. 19.
[14] Didym. *De Spirit. Sanct.* xxxvi (1064C–65A).

loquitur Filio, a simili Filius loquitur Patri. Dici potest quod Spiritus Sanctus loquitur nobis, similiter et tota Trinitas. Tota namque Trinitas instruit nos et gratiam infundit. Sicut ergo hoc uerbum 'loqui' connotat auctoritatem, ita et hoc uerbum 'audire' connotat esse ab alio. Vnde et Veritas ait 'Non possum a me facere quicquam; sed sicut audio, iudico'.[1] Solet tamen ista auctoritas sub alio intellectu introduci ad probandum, quod secundum allegata iudicandum. Erit ergo secundum hoc intellectus talis: Non ex potestate mea facio quod placet mihi homini, considerato homine in genere, sed sicut audio iudico, allegatis adquiescendo. 5 Constat autem quod quelibet persona loquitur alii, secundum quod 'loqui' accipitur pro 'introduci loquens'. Accipitur item hoc uerbum 'loqui' pro manifestatione, sine connotatione auctoritatis, ut ibi, 'Ego ueritatem loquor'. Et secundum hoc Filius locutus est se ipsum, quia manifestauit se ipsum. Cum autem dicitur quia Pater loquitur Verbum siue Filium, ponitur 'loqui' pro 'generare', ut superius diximus.[2] 'Loqui' item ponitur pro 'intelligere', ut legitur in Monologio Anselmi capitulo xxxii. Loquens ergo de Spiritu summo, ait: 'Si eterne se intelligit, eterne se dicit. Si eterne se dicit, eterne est uerbum eius apud ipsum'[3] Secundum hoc ergo quelibet persona dicit et se ipsam et aliam. Vnde idem Anselmus in eodem libro capitulo lxii. dicit quia 'Pater et Filius et eorum Spiritus unusquisque se ipsum et alios ambos dicit, sicut se et alios intelligit'.[4] Et in capitulo sequenti, 'Nichil aliud est summo Spiritui huiusmodi dicere quam quasi cogitando intueri'.[5]

6 Cum ergo una sit intelligentia trium, erit una locutio trium. Erit ergo quelibet persona locu[col. 2]tio. Numquid ergo quelibet persona est uerbum? Sed maiorem parit difficultatem, quod in eodem libro premittitur in capitulo xxxiii: 'Si nichil aliud dicit creator quam se aut creaturam, nichil dicere potest nisi aut suo aut eius uerbo. Si ergo nichil dicit uerbo creature, quicquid dicit, uerbo suo dicit. Vno igitur eodemque uerbo dicit se ipsum et quecunque fecit'.[6]

7 Videtur ergo Anselmus uelle quod hoc nomen 'uerbum' sit equiuocum, ita ut nunc appellet intelligentiam uel preceptionem communem tribus, nunc appellet Filium Patris. Sciendum tamen quod Creator dicitur dicere omnia que fecit Verbo suo, quia in Filio et per Filium operatur omnia que facit — id est in sapientia, cum nomen sapientie approprietur Filio. Hoc ergo nomen, locutio siue dictio supponit essentiam; hoc nomen 'uerbum' supponit personam. Reperies tamen sepe hoc nomen 'uerbum' poni nunc pro preceptione que est Trinitas, nunc pro precepto, id est eo quod precipitur.

[1] Ioh. 5. 30.   [2] See above, I. x. 3.
[3] Anselm, *Monolog*. xxxii (I. 51 lines 15–17).   [4] Ibid. lxii (I. 72 lines 7–8).
[5] Ibid. lxiii (I. 73 lines 10–11).   [6] Ibid. xxxiii (I. 53 lines 9–12).

Item, super illum locum 'Dixit Deus Fiat lux'[1] dicit glosa 'id est genuit Verbum in quo erat ut fieret lux'.[2] Sic ergo hoc uerbum 'dixit' copulat notionem. Contra. Res huius uerbi 'dixit' conuenit Patri respectu creationis lucis. Sed nulla notio inest Patri respectu creature. Videtur ergo quod non copuleter notio. Dicendum quod copulat essentiam principaliter, ut patet per hanc, 'Dixit Dominus Domino meo, sede'[3] et cetera. Est enim sensus 'Pater contulit Filio generando ipsum, ut esset equalis ei uel frueretur potioribus bonis eius'. 8 Similiter, cum dicitur 'Dixit Deus Fiat lux', est sensus 'Pater Filio, generando ipsum, contulit ut per ipsum fieret lux', ita quod Pater uoluit ita fieri. Hinc est quod propter uoluntatem executionis hec uera: 'Pater temporaliter dixit ut fieret lux'. Dicit tamen Augustinus quod non temporaliter dixit 'Fiat lux', sed eternaliter, eo quod eterna est generatio.[4] Si enim ab eterno dixit Deus 'Fiat lux', oportet quod ab eterno facta sit lux. Connotatur enim preceptio in uerbo dicendi. Vnde 'Dixit et facta sunt', 'Pater ergo dixit Filio Fiat lux'. Sic connotatur generatio. Hec etiam uera, 'Pater dixit Filio et Spiritui Sancto, Fiat lux', et sic connotatur generatio et spiratio. Licet ergo non ab eterno fuerit uerum Deum dicere 'Fiat lux', tamen ab eterno fuit uerum Patrem dicere Filium, similiter loqui, quia sic copulatur generatio cum dicitur 'Deus dicit' uel 'loquitur Verbum'. Cum autem dicitur 'Dixit Deus Fiat lux', hec uox 'Fiat lux' non supponit ibi pro enunciabili nec pro euentu, sed intelligitur de re, quasi 'de luce dixit quod fiat'. 9 Item in his, 'Dico opera mea regi, que audio loquor',[5] copulatur essentia, ac si dicatur 'manifesto'. Item Augustinus, cum dicitur 'Dixit Deus' et cetera, intelligitur Pater per hoc nomen 'Deus', per 'dixit' Filius, per 'uidit' Spiritus Sanctus.[6] Sed quid? Nonne 'uidit' ponitur pro 'approbauit'? Nonne tota Trinitas hoc approbauit? Respondeo: Hoc uerbum 'uidit' significat essentiam; nec consignificat ibi notionem, sed in approbatione notatur benignitas. Benignitas uero solet attribui Spiritui Sancto. Ideo apposui 'ibi', quia 'alibi' connotat notionem, scilicet cum legitur in Iohanne 'Non potest Filius a se quicquam facere, nisi quod uiderit Patrem facientem'.[7] Per hoc enim quod dicitur 'uiderit' notatur filiatio siue quod Filius est a Patre tanquam uera ymago Patris. 10 Sic etiam notatur quod Filius est ars seu sapientia que est a Patre tanquam auctore. Item, 'Hic est Filius meus dilectus';[8] illa uox fuit opus tocius Trinitatis, non tamen fuit uox Trinitatis, quia pertinebat ad solum Patrem. Similiter queratur quare Spiritus Sanctus dicitur apparuisse in columba, in qua non fuit alio modo quam in aliis creaturis, sed ad aliud. Sed numquid ad significandum

[1] Gen. 1. 3.   [2] Cf. *Glo. Ord.* I. 8.   [3] Ps. 109. 1.
[4] Aug. *De Gen. ad Litt.* I. ii. 6 (248).   [5] Ps. 44. 2.
[6] Aug. *De Gen. ad Litt.* I. v. 11–vi. 12 (250–51).   [7] Ioh. 5. 19.
[8] Matth. 3. 17.

presentiam gratie Spiritus Sancti? Quod si est, dicetur tota Trinitas ad idem [f. 31v] fuisse in columba. Dicitur ergo Spiritus Sanctus apparuisse in illa, quia creata est ad hoc ut significaret Spiritum Sanctum, sicut dictio dicitur significare id propter quod instituta est ad significandum.[1] Spiritus ergo Sanctus apparuit in columba, Filius in humana natura, Pater intonuit in nube.[2]

De his uerbis, 'predicatur', 'subicitur'. xxxiii.

1 Ausa est eciam curiositas disputantium querere utrum his uerbis, 'predicatur', 'subicitur', predicetur diuina essentia. Cum enim dicitur 'Deitas est', subicitur diuina essentia. Quid ergo predicatur in hac locutione, 'Diuina essentia subicitur'? Quid item in hac, 'Diuina essentia predicatur de Deo'? Si dicatur quod in utroque uerborum istorum predicatur diuina essentia, dabitur quod his uerbis idem predicatur. Numquid ergo subiectio est predicatio? Numquid diuina natura est predicabilis? Numquid autem est predicabile? Quod si est, uidebitur quod sit predicamentale. Dicendum quod huiusmodi uerbis, 'supponitur', 'demonstratur', 'predicatur', 'subicitur', nichil de Deo predicatur nisi terminus. Hoc autem nomen 'predicabile' restringitur ad predicamentalia.

Vtrum odium sit dilectio. xxxiiii.

1 Constat per superiora diuinam predicari essentiam per hoc uerbum 'diligit'. Deus ergo, dilectione que ipse est, diligit et nos et uirtutes. Sed quid predicatur hac, 'Deus odit uicia'? Si enim diuina essentia sic predicatur, dabitur quod dilectio est odium. Immo eciam dabitur quod Deus est odium. Dicendum quod hoc uerbo 'odit' nichil predicatur de Deo. Vbi item est antropospatos, magna subest improprietas, adeo quod nichil predicatur de Deo; ut cum dicitur 'Domine ne in furore tuo arguas me, neque in ira'[3] et cetera. Cum ergo dicitur quia Deus nascitur nichil predicatur. Constat autem quia furor refertur ad punitionem iehennalem ira, ad cruciatum ignis purgatorii.

2 Sciendum est autem quia super illum locum, 'Perfecto odio oderam illos',[4] dicitur quia perfectum odium est perfecta dilectio.[5] Perfectum enim odium

---

[1] Cf. Prisc. *Inst.* II. xiv (II. 53).   [2] Cf. Luc. 3. 22; Ps. 17. 14; Ecclus. 46. 20, etc.
[3] Ps. 6. 2; 37. 2.   [4] Ps. 138. 22.
[5] Cf. Aug. *Enarr. in Pss.* cxxxviii. 28 (1801–02); Peter Lomb. *In Pss.* ad loc. (1222A).

est, cum ita diligitur natura ut uitia odio habeantur. Sed quid? Istud ad aliam tendit considerationem. Dicitur autem perfectum odium esse perfecta dilectio, eo quod perfectum odium prouenit ex perfecta dilectione.

De eternitate. xxxv.

1 Subtilissima questio et difficilis expedienda est pro modulo nostro, super iis que inuestigare consueuimus circa eternitatem. Prius tamen quedam communia explicabuntur, ut ita pedetentim ad subtiliora accedamus. Hoc igitur nomen 'eternus' quandoque ponitur pro sempiterno, quandoque pro perpetuo, sed secundum hoc improprie ponitur. Anima enim rationalis est perpetua, sed non est eterna. Mundus est sempiternus sed non est eternus. Quidam autem, inani philosophia gloriantes, dicunt Aristotilem dixisse 'Omne esse superius aut est superius eternitate et ante ipsam, aut est cum eternitate, aut post eternitatem et supra tempus'.[1] Et ut dicunt, esse quod est ante eternitatem est causa prima, quoniam est causa rei; sed esse quod est cum eternitate est intelligentia, id est angelica natura, quoniam est esse, quod secundum beatitudinem unam non patitur neque destruitur. Esse uero quod est post eternitatem et supra tempus est anima, que est in orizonte eternitatis inferius et supra tempus.

2 Huiusmodi autem uerba reor esse minus digna commendatione, quia fere heresim sapiunt. Improprie item ponitur hoc nomen 'eternum', cum dicitur

'Seruiet eternum qui paruo nesciet uti'.[2]

3 Queritur autem [col. 2] quonam modo intelligenda est hec auctoritas: 'Dominus regnabit in eternum et ultra'.[3] Quid enim potest esse aut intelligi esse ultra eternitatem? Sed dicunt hunc esse sensum: in eternum, id est in seculum et ultra, scilicet in eternitate ubi non est terminus.[4] Vnde et propheta: 'Nomen eorum delesti in eternum et in seculum seculi'.[5] Est ergo exegesis[a]: 'Vel distingue, ut "in eternum" ponatur pro "in seculum", scilicet in hoc presens quod uoluitur. Seculum seculi dicit eternitatem, cuius istud est ymago'.[6] Aliis uidetur quod in predicta locutione ponitur hoc nomen 'eternum' distributiue sub hoc sensu: Per quantamlibet moram et ultra regnabit Christus integer, scilicet caput cum

[a] esexsegesis R

---

[1] Cf. Ps-Arist. *De Causis* ii (p. 162).   [2] Hor. *Epist.* I. x. 41.
[3] Exod. 15. 18.   [4] Cf. *Glo. Ord.* I. 626.   [5] Ps. 9. 6.
[6] Cf. *Glo. Ord.* III. 495.

membris.[1] Fuere qui dicerent hoc nomen 'eternum' ibi proprie poni, scilicet pro eternitate. Hoc autem aduerbium 'ultra' dicunt pertinere ad temporalitatem, ut sit uulgaris locutio sub hoc sensu: Dominus Iesus Christus, 'gigas gemine substantie',[2] regnabit in eternitate tanquam Deus, et ultra id est eciam preter hoc, regnabit scilicet in temporalitate secundum quod homo. Et est aliquantisper locutio similis illi qua dici solet quod aliquis habet decem marcas et plus, quia habet decem marcas et sex denarios. 4 Magis placet paruitati mee ut hoc nomen 'eternum' ponatur ibi pro perpetuitate que numquam habitura est finem. Quid ergo ultra perpetuitatem? Respondeo, 'Eternitas'. Licet enim perpetuitas sit duratura semper, non tamen poterit esse par aut equalis aut eque durans eternitati. Etsi enim perpetuitas sit infinita duratione, ipsa tamen infinito maior est eternitas, cum tamen sit uere simplex. Perpetuitas enim habet inchoationem ita quod antequam illa esset, fuit eternitas tanta quanta erit quamdiu perpetuitas erit. Infinitum ergo includit infinitum, adeo ut infinitum inclusum uix uicem puncti obtineat, respectu infiniti includentis. Intellige igitur mundum sensilem esse infinitum, ut quidam errantes putauere. Eciam secundum hoc erit Deus extra mundum sicut et modo. Et sicut hoc aduerbium 'extra' supponit pro immensitate que Deus est, ita et hoc aduerbium 'ultra' pertinet ad eternitatem que est Deus. Et sicut mundus, eciam si infinitus esset, includeretur et contineretur ab immensitate diuina, ita perpetuitas clauditur ab eternitate que Deus est. 5 Dilucidior tamen est ueritas huius, 'Fuit quando non fuit tempus', quam istius, 'Erit quando non erit perpetuitas'. Quod tamen et hec sit uera, sic uidetur: 'Dominus regnabit in perpetuitate et ultra', quia regnabit in eternitate que erit ulterior perpetuitate. Ex quo ergo eternitas erit ultra perpetuitatem, ergo eternitas erit quando perpetuitas non erit. Preterea, eternitas erit ultra perpetuitatem et tunc erit uel non erit perpetuitas. Si tunc erit perpetuitas, quonam ergo modo erit ultra illa eternitas? Si tunc non erit perpetuitas, ergo aliquando non erit perpetuitas, ergo erit quando non erit perpetuitas. Et item, numquid eternaliter erit perpetuitas? Sumatur hoc aduerbium 'eternaliter' non prout distribuit inter moras temporales, sed prout designatiuum est uere eternitatis que est Deus. Est enim eternitas, ut dicit Augustinus, mora sine mora.[3] Boetius uero sic notificat eternitatem: 'Eternitas est interminabilis uite possessio tota simul scilicet existens'.[4] Dicimus autem quod

---

[1] Cf. 'Christus integer, caput cum membris', the opening words of Gilbert of Poitiers, *Glo. in Pss. (Glossa media)*.

[2] See above, II. xxix. 4.

[3] I cannot find any statement such as this among the works of Augustine; cf. Gilbert of Poitiers *In Quicumque vult* lx (p. 41): 'Eternitas, ut quidam dicunt, est mora, comes essentie, non essentia'.

[4] Boeth. *De Consol. Phil*. V. prosa vi. 4.

eternitas est status uere simplicitatis soli Deo conueniens, carens tam initio quam fine. 6 Si igitur eternaliter sit futura perpetuitas, accepto proprie [f. 32] hoc uocabulo 'eternaliter' ut diximus, coequabitur eternitati perpetuitas. Quod quia esse non potest, restat ut censeatur hec falsa, 'Perpetuitas erit eternaliter'. Ex quo ergo eternaliter erit eternitas, et non erit eternaliter perpetuitas; erit ergo eternitas quando non erit perpetuitas. Quod si est, uidetur quod non semper sit futura perpetuitas. Sed quid? Altius ducendum est rete. Quero igitur utrum he sint dande: 'Est quando non est tempus', 'Est quando non est creatura', 'Est quando non est Deus'. Nonne enim in statu eternitatis est solus Deus? In statu ergo eternitatis nec est tempus nec aliqua creatura. Demonstretur ergo eternitas per hoc aduerbium 'hodie', quemadmodum dicitur 'Ego hodie genui te', uel per hoc aduerbium 'modo'. Aut ergo modo est tempus aut modo non est tempus. Si modo est tempus, ergo eternaliter est tempus. Si non modo est tempus et modo est Deus, est ergo Deus quando non est tempus, est ergo quando non est tempus. 7 Sumatur hoc uerbum 'est' impersonaliter, sicut et hoc uerbum 'fuit', cum dicitur 'Fuit quando non fuit tempus'. Si autem detur hec, 'Est quando non est creatura', uidetur et hec danda, 'Est quando non est Deus'. Numquid enim modo est Deus, demonstrato instanti? Quod si est, uidetur quod temporaliter sit Deus. Si autem modo non est Deus et modo est tempus, ergo est tempus quando non est Deus. Numquid ergo est quando non est Deus? Preterea, aut dum est tempus est Deus, aut dum est tempus non est Deus. Si dum est tempus est Deus, sed non nisi modo est tempus, ergo modo est Deus. Videtur ergo quod temporalis sit Deus. Si dum est tempus non est Deus, uidetur haberi propositum. 8 Preterea, si dum est tempus est Deus, aut dum est Deus est tempus, numquid ergo simul sunt Deus et tempus? Vtrum ergo simul tempore aut simul eternitate? Sciendum ergo quia sepissime reperitur quod Deus non est in loco nec est in tempore, ut per prepositionem notetur circumscriptio aut inclusio siue continentia. Reperitur eciam quod Deus est in tempore, similiter in loco, ut per prepositionem notetur presentia uel conseruatio. Constat autem quod omnia sunt in Deo, in quo uiuimus, mouemur et sumus.[1] Vnde et he dari possunt: 'Omnia sunt in immensitate diuina', 'Omnia sunt in eternitate'. Immensitas enim omnia continet, eternitas omnia tempora comitatur et omnia temporalia includit. Solus item Deus dicitur esse in eternitate, eo quod solus Deus sit eternitas, solus eciam Deus sit eternus. Hec autem argumentatio nullius est: 'In eternitate est tempus, ergo hodie uel modo est tempus, demonstrata eternitate'. Hec enim aduerbia significant eternitatem et consignificant solam eternitatem. Numquid enim audebimus dicere quod homo purus sit

---

[1] Act. 17. 28.

genitus hodie, demonstrata eternitate? Dicta ergo aduerbia ita supponunt eternitatem, quod connotant quod eternaliter. 9 Non omnes tamen admittunt aduerbia facere suppositionem. Aduerbia uero temporalia quandoque solam temporalitatem connotant, quandoque consignificant temporalitatem uel eternitatem. Similiter et aduerbia localia quandoque connotant immensitatem. Vnde cum dicitur 'Deus est hic', demonstrato loco, copulari potest immensitas, sicut cum dicitur 'Deus est in hoc instanti' copulari potest eternitas siue eternalitas. Hec igitur uera, 'Erit quando non erit perpetuitas, quia non semper erit perpetuitas', ita ut hec dictio 'semper' nota sit eternitatis. Semper item erit perpetuitas, ita ut aduerbium distribuat inter moras. [col. 2] Si queratur quando non erit perpetuitas, respondeatur 'in A', dum modo admittatur eternitas posse habere proprium nomen. Vsus tamen aliam uim constituit in locutione, uolens hanc uocem 'quando' teneri sincathegorematice, sub hoc sensu: 'Eueniet quod non erit perpetuitas', quod falsum. 10 Damus et hanc, 'Dum est tempus est Deus', quia in hoc instanti sunt Deus et tempus, ita ut copulentur eternitas et temporalitas. Vera est eciam dicta locutio, si hec dictio 'dum' sit sincathegorema, sub hoc intellectu, 'Et Deus est et tempus est'. Hanc autem negamus, 'Simul sunt Deus et tempus', similiter et hanc, 'Simul sunt Deus et lapis'. Hec enim dictio 'simul' quandam notat parilitatem, ratione status. Constat tamen quod nobiscum dicitur esse Deus, quando nos protegit et tuetur. Sed ad predicta reuertor. Videtur enim posse ostendi quod quam diu erit Deus, tam diu erit hec anima. Ad quod sic: 'Quam diu erit uerum Deum esse, tam diu erit Deus', et uice uersa, et 'Quam diu erit uerum Deum esse, tam diu erit uerum Deum non esse lapidem' et econuerso. Sed quam diu erit uerum Deum non esse lapidem, tam diu erit uerum hanc animam non esse lapidem, et conuertitur. Et quam diu erit uerum hanc animam esse, tam diu erit uerum hanc animam non esse lapidem, et uice uersa; ergo a primo, quam diu erit Deus, tam diu erit uerum hanc animam esse. Sed quam diu erit uerum hanc animam esse, tam diu hec anima erit, et econuerso; ergo quam diu Deus erit, tam diu hec anima erit. 11 Quod si est, dabitur quod quam diu erit eternitas, erit perpetuitas, quia quam diu erit hec anima, erit perpetuitas et econuerso. Si ergo quam diu erit eternitas erit perpetuitas, commensurabitur perpetuitas eternitati. Quid? Nonne eternitas est immensa? Et perpetuitas non est immensa. Est ergo eternitas maior perpetuitate, et ita diutior. Videbitur alicui quod soluendum est per interemptionem huius: Quam diu erit uerum Deum non esse lapidem, tam diu erit uerum hanc animam non esse lapidem. Contra. Quam diu erit uerum Deum esse, erit uerum Deum esse uel non esse, et conuertitur. Et quam diu erit uerum Deum esse uel non esse, erit uerum hanc animam esse uel non esse lapidem, et uersa uice. Et quam diu hoc erit uerum, erit uerum hanc animam non esse lapidem. Alii uidebitur soluenda ratio superior, per interemptionem huius: Quam diu erit uerum hanc animam non esse lapidem, tam diu erit uerum hanc animam esse. Similiter, uidebitur et hec falsa: Quam diu erit uerum uel falsum hanc animam esse, tam diu erit uerum hanc animam esse, sicut et hec: Quam diu erit uel non erit hec anima, tam diu erit hec anima. 12 Sumatur ergo hec uox 'quam diu' uniuersaliter, ac si dicatur 'Quantumcumque[a] diu', ita eciam ut suppositio fiat pertinens tam ad eternitatem quam ad perpetuitatem. Diu enim fuit Deus antequam esset mundus. Est enim eternitas mora sed sine mora.[1] Expergiscere ergo, lector, et uide quia de omni, eo quod fuit incepturum esse, dicendum uidetur quod diutius fuit uerum ipsum esse, quam sit futurum uerum ipsum esse. Demonstretur ergo anima humana. Diutius ergo fuit uerum hanc anima<m> non esse, quam sit futurum uerum ipsam esse. Videbitur alicui hic locum habere id quod dici solet quia infiniti ad finitum nulla est comparatio. Sed hoc intelligendum est de collatione proportionali. Nonne enim Deus est melior Petro? Nonne [f. 32v] est potentior creaturis? Oritur hic difficillima questio, me iudice, quare scilicet aliqua creatura possit incipere esse ita quod numquam desitura sit, cum tamen nulla creatura possit ab eterno fuisse ita quod aliquando desinat esse. Sed de hoc mentio fiet inferius, quando agetur de immortalitate anime.[2]

13 Libet postmodum intueri qualiter Anselmus Cantuariensis intelligat quod legitur, 'Dominus regnabit in eternum et ultra'.[3] Et quia dulcius ex ipso fonte bibuntur aque, uerba ipsius proferamus in medium.

'Quoniam', inquit, 'nec Deus habet partes, nec eius eternitas que ipse est, nusquam et numquam est pars eius aut eternitatis eius, sed ubique totus est et eternitas ipsius tota est semper. Sed si per eternitatem suam fuit Deus et est et erit, et fuisse non est futurum esse, et esse non est fuisse uel futurum esse, querendum est quomodo eternitas Dei tota est semper. Si enim semper, ergo heri fuit et erit cras.[4] Sed de eternitate Dei, nichil preterit, ut iam non sit, nec aliquid futurum est, quasi nondum sit. Non ergo dicendum est de Deo, fuit aut erit cras, nec hodie nec cras est, sed simpliciter est extra omne tempus. Nam nichil est aliud hodie, heri, cras quam esse in tempore. Deus autem, licet nichil sit sine eo, non est tamen in tempore aut in loco, sed omnia sunt in eo. Nichil enim Deum continet, sed ipse continet omnia. Deus uero implet et complectitur omnia, et ipse est ante et ultra omnia. 14 Ante omnia est, quia antequam fierent ipse est. Vltra omnia uero quomodo est? Qualiter enim est Deus ultra ea que finem non habebunt? Hoc modo scilicet, quia illa sine Deo nullatenus esse possunt. Deus autem nullo modo minus est, etsi illa redeant in nichilum. Si enim quodammodo est Deus ultra illa, uel hoc modo, quia illa cogitari possunt habere finem, Deus uero nullo modo. Et certe quod nullo modo habet finem, ultra illud est quod aliquo modo finitur. Vel hoc modo transit Deus omnia eciam eterna, quia eius et illorum eternitas tota ipsi Deo presens est, cum illa nondum habeant de sua

---

[a] quamtumcumque R

---

[1] See above, sect. 5.   [2] See below, III. lxxxvii. 4.   [3] Exod. 15. 18.
[4] Cf. Hebr. 13. 8.

eternitate quod uenturum est, sicut iam non habent quod preteritum est. Sic quippe semper est Deus ultra illa, cum semper ibi sit presens, seu cum semper illud sit ei presens, ad quod illa nondum peruenerunt. Hoc eciam est "seculum seculi" siue "secula seculorum". Sicut enim seculum temporum continet omnia temporalia, sic eternitas continet etiam ipsa secula temporum. Que eternitas dicitur seculum propter indiuisibilem unitatem, secula uero propter interminabilem immensitatem'.[1]

15 Ecce usi sumus uerbis Anselmi, uiri sublimis intelligentie, quibus ostendit quonam modo ultra res perpetuas sit eternitas. In his etiam uerbis continetur quod Deus sit eternitas. Videtur eciam uelle quod non sit dandum Deum fuisse uel fore, quamuis mentem suam satis dilucidet super hoc. Videtur etiam alibi uelle idem, dicens,

'Quamuis Deus ita sit magnus ut omnia sint eo plena et in eo sint, sic tamen est sine omnia spacio, ut nec medium nec dimidium nec ulla pars sit in eo. Est igitur Deus quod est, et est qui est. Nam quod aliud est in toto et aliud in partibus, et in quo aliquid est mutabile, non omnino est quod est. Et quod incepit esse et potest cogitari non esse, et nisi per aliud subsistat redit in non-esse; et quod habet fuisse quod iam non est et futurum esse quod nondum est, id non est proprie et absolute. Deus uero proprie est quod est, quia quicquid aliquando aut aliquo modo est, hoc totus et semper est [col. 2]. Et ipse est simpliciter, quia nec habet fuisse nec futurum esse sed tantum presens esse, nec potest cogitari aliquando non esse. Est itaque uita et lux et sapientia et beatitudo et eternitas et multa huiusmodi bona, et tamen non est nisi unum et summum bonum, quo omnia indigent ut sint, et bene sint'.[2]

16 Ecce quia dicit Anselmus quia Deus nec habet fuisse, nec futurum esse, sed tantum presens esse. Quod item Deus sit eternitas docet Gregorius in xvi. Moralium, exponens illud Iob, 'Qui nouerunt eum, ignorant dies illius':[3]

'Quid dies Domini nisi ipsa eternitas appellatur,[a] que nonnunquam unius diei pronuntiatione exprimitur, sicut scriptum est, "Melior est dies una in atriis tuis super milia".[4] Nonnunquam uero pro sua longitudine dierum multorum appellatione signatur, de quibus scriptum est "in seculum seculi anni tui".[5] Nos itaque intra tempora uoluimur, per hoc quod creatura sumus. Deus autem, quia creator est omnium, eternitate sua tempora nostra comprehendit. Sed cum natura Dei simplex sit, mirandum ualde est cum dicitur "Qui nouerunt eum, ignorant dies illius". Neque enim aliud ipse atque aliud dies eius sunt. Deus namque hoc est quod habet. Eternitatem quippe habet, sed ipse est eternitas; lucem habet, sed lux sua ipse est; claritatem habet, sed ipse est claritas sua. Non est ergo in eo aliud esse et aliud habere. Quid est itaque dicere "Qui nouerunt eum ignorant dies eius", nisi quia et qui cognoscunt eum adhuc nesciunt? Nam et qui eum iam fide tenent, adhuc per speciem ignorant. Et cum ipse sibi sit eternitas, quem ueraciter credimus, qualiter tamen sit ipsa eius eternitas ignoramus'.[6]

[a] appellantur R

---

[1] Anselm, *Proslog.* xviii–xxi (I. 115 line 1–116 line 9).
[2] Ibid. xxi–xxii (I. 116 line 10–117 line 2).   [3] Iob 24. 1.   [4] Ps. 83. 11.
[5] Ps. 101. 25.   [6] Greg. *Moral. in Iob* XVI. xliii. 54 (1147A–C).

17 Et post pauca:

'Ibi scilicet in eternitate est quod nec initio incipitur, nec in fine terminatur, ubi nec expectatur quod ueniet,[a] neque precurrit quod debeat recordari, sed est unum quod semper est esse'.[1]

Et infra:

'Etsi iam Deum per fidem nouimus, qualiter tamen sit eius eternitas sine preterito ante secula, sine futuro post secula, sine mora longa, sine prestolatione perpetua, non uidemus'.[2]

Item, Gregorius in omelia qua illud euuangelium exponit, 'Qui ex Deo est uerba Dei audit',[3] ad illum locum perueniens 'Antequam Abraham fieret ego sum'[4] ait,

'"Ante" preteriti temporis est, "sum" presentis. Et quia preteritum et futurum non habet diuinitas sed semper esse habet, non ait "Ante Abraham ego fui", sed "Ante Abraham ego sum". Vnde et ad Moysen dicitur "Ego sum qui sum"[5].'[6]

Augustinus autem in libro De Fide et Simbolo ait, 'Secundum id quod unigenitus est Dei Filius, non potest dici "fuit et erit", sed tantum "est". Nam quod fuit iam non est, et quod erit nondum est'.[7]
18 Sed mentem suam explanat Augustinus, subdens: 'Ille ergo est incommutabilis, sine conditione temporum et uarietate'.[8] Quamplurimas reperies auctoritates quibus dicitur quod Deus nec fuit nec erit.[9] Sed quid? Nonne 'In principio creauit Deus celum et terram'?[10] Nonne ergo Deus fuit? Nonne item Deus fuit quando non fuit tempus? Nonne 'In principio erat Verbum'?[11] Iohannes item in epistola canonica ait 'Quod fuit ab initio'[12] et cetera. Nonne item Pater ab eterno genuit Filium, cum legatur 'Ego hodie genui te'?[13] Veritas item in Euuangelio ait 'Pater, clarifica me apud temetipsum ea claritate qua fui apud te [f. 33] prius quam mundus esset'.[14] Clarificauit enim Pater Filium et Filius clarificauit Patrem manifestando ipsum. Sed quid? Reperies item plures auctoritates quibus dicitur quod Deus fuit et erit. Intelligamus item utcumque nos esse in statu eternitatis ante creationem mundi. Cum ergo Deus sit, ergo Deus est et fuit, uel Deus est et non fuit. Si Deus est et fuit, habet propositum. Si Deus est et non fuit, numquid ergo Deus incipit esse? 19 Preterea, nonne mundus

---

[a] ueniat R

---

[1] Ibid. XVI. xliii. 55 (1147D).   [2] Ibid. (1148B).   [3] Ioh. 8. 47.
[4] Ioh. 8. 58.   [5] Exod. 3. 14.
[6] Greg. *Hom. in Evang.* I. xviii. 3 (1152B).
[7] Aug. *De Fide et Symbol.* iv. 6 (185).   [8] Ibid.
[9] Some authorities are given in Peter Lomb. *Sent.* I. viii. 1 (I. 95–96).
[10] Gen. 1. 1.   [11] Ioh. 1. 1.   [12] I Ioh. 1. 1.   [13] Hebr. 1. 5; 5. 5.
[14] Ioh. 17. 5.

erit? Nonne ergo Deus creabit mundum? Nonne ergo Deus erit? Sciendum ergo quod huiusmodi uerba dicta de Deo quandoque consignificationem retinent, quandoque cadunt ab omni consignificatione. Hoc ergo uerbum 'est' dictum de Deo consignificat presentiam, hoc uerbum 'fuit' quandoque consignificat preteritionem uel processionem, hoc uerbum 'erit' consignificat consecutionem. Secundum ergo hoc, Deus est, sed nec fuit nec erit. Erit ergo hec argumentatio falsa: 'Deus est et non fuit, ergo incipit esse'. Hinc est quod sepe legitur, ut dictum est, quod Deus non habet fuisse nec futurum esse. Posito ergo quod simus in eternitate, distinguenda est hec: 'Deus erit'. Si enim uerbum connotet consecutionem, falsa est. Ita enim Deus est in eternitate, quod non erit post eternitatem. Si autem hoc uerbum 'erit' significet essentiam connotando quod tempus erit, dabitur quod Deus erit. 20 Sed quid? Referamus locutiones ad statum eternitatis, ac si simus ante creationem mundi. Numquid tempus erit? Videtur quod tempus sit. Nonne enim tempus est presens Deo?[1] Sed quid? Reseruetur istud usque in sequentia.[2] Dicatur ergo quod tempus erit, et quod mundus est futurus, siue hec dictio 'futurus' sit participium huius uerbi 'fio' siue sit participium huius uerbi 'sum', dum modo non connotet consecutionem. Sed numquid in statu eternitatis dabitur quod Deus sit futurus? Si participium connotet consecutionem, negabitur; si non connotet, dabitur. Subest enim equiuocatio. Et uide quod hac negata, 'In statu eternitatis Deus fuit', dabitur tamen quod Deus erit, propter respectum qui habetur ad statum temporis. Sed esto quod hec uerba 'fuit' et 'erit' cadant ab omni consignificatione. Numquid Deum fuisse est Deum esse? Nonne enim esse album adiectiue posito uocabulo est esse albam? Dico quod alius est intellectus huius uerbi 'fuit' quam huius uerbi 'est', propter diuersum modum significandi etiam circumscripta consignificatione; sicut dico quod esse immensum non est idem quod esse eternum, quamuis iste dictiones non habeant respectum ad temporalia. 21 Secus de his nominibus, 'immensus', 'eternus', quam de his, 'iustus', 'misericors', que respiciunt effectus circa temporalia. Aliter quidem intelligitur Deus esse immensus, aliter intelligitur esse eternus.[a] Licet enim localitas que inest creature sit quasi quedam ymago immensitatis, sicut tempus eternitatis, non tamen connotant ista nomina, 'immensus', 'eternus', effectus circa temporalia. Cum autem reperitur quod esse immensum est esse eternum, intelligendum dictum esse sub hoc sensu, 'Immensitas est eternitas'. Et uide quod respectu eternitatis non erit millesima dies remotior quam prima dies. Notum est item quia

---

[a] esse eternus *twice* R

---

[1] Boeth. *De Trin.* iv (1253A).   [2] See below, II. xxxvii–xxxviii.

eternitas precessit tempus, tempus tamen non est secutum eternitatem; sicut hec dies precessit horam sui terciam, non tamen illa hora secuta est [col. 2] diem. 22 Simus item in statu eternitatis. Eternitas est et statim uel non statim erit tempus. Si statim, ergo non precedet eternitas tempus. Si non statim, ergo mora erit antequam sit futurum tempus. Nonne item diu fuit eternitas antequam esset tempus? Similiter, sic fieri solet progressus. Simus in statu eternitatis. Nunc est Deus, ergo nunc primo uel non nunc primo est Deus. Si nunc primo, ergo aliquando primo, ergo incipit esse. Si non nunc primo, ergo fuit prius. Dicendum quod he uoces, 'statim', 'nunc', 'primo', notant temporalitatem. Vnde incongruitatis arguende sunt dicte locutiones. Damus autem hanc, 'Diu fuit antequam esset tempus'. Teneatur hoc uerbum 'fuit' impersonaliter. Similiter hec danda, 'Diu fuit Deus antequam esset tempus', quia eterna mora fuit antequam esset tempus. Quandoque enim dicitur eternitas mora.

23 Solet item queri utrum Deus potuerit creasse mundum prius quam crearet. Sit ergo nomen eternitatis A. Deus creauit mundum in A et non potuit creare mundum ante A nec potuit creare mundum in A, ergo non potuit creare mundum antequam creauerit, maxime cum hec dictio 'quam' sit abnegatiua. Vnde uidetur abnegare tam tempus quam eternitatem. Sed quid? Nonne Deus posset creasse tempus quod esset prius tempore in quo creauit mundum? Ergo posset creasse mundum antequam crearet. Dicendum est quod Deus potuit creare mundum antequam crearet, quia in priori tempore. Habet enim hec dictio 'quam' respectum ad tempus. Hec ergo argumentatio falsa est: 'Non potuit Deus creare mundum in tempore quod esset prius eternitate in qua creauit mundum, ergo non potuit creare mundum antequam crearet'. Similiter,[a] 'Adam non fuit in tempore quod esset prius omni tempore in quo fuit Abel et tamen fuit prius quam Abel'. Prima ergo argumentatio progressus primi in qua illatum est 'ergo non potuit Deus creare mundum prius quam crearet, eo quod ipsum creauerit in A', falsa est et subest fallacia secundum consequens. 24 Similiter,[b] detur quod non posset aliud tempus totale fuisse quam istud totale tempus quod fuit ab initio mundi, et erit usque in finem status qui erit usque ad diem iudicii. Adam ergo fuit in B et non potuit fuisse nisi in B. Similiter, Abel fuit in B et non potuit fuisse nisi esset in B. Adam tamen fuit prius quam Abel. Habet enim hec dictio 'quam' simplicem positionem in talibus et non generalem. Hoc autem dilucide perspicere poteris in hoc exemplo: 'Iste est propheta et plus quam propheta'.[1] Hec autem manifeste uera est, 'Deus in A potuit

---

[a] Simile R   [b] Simile R

---

[1] Cf. Matth. 11. 9.

creare mundum', ita ut hec uox 'in A' determinet hoc uerbum 'potuit'. Hec autem dubia, 'Deus potuit creare in A mundum', ut ex sequentibus patebit.
25 Queritur item de hac, 'Deus eternaliter preconcepit mundum, cum ab eterno preconceperit mundum'. Dicendum est quod si hec dictio 'eternaliter' distributiue comprehendat tam eternitatem quam tempora generaliter, falsa est. Si non est distributiuum et conuenit Deo ratione status eternitatis, uera est.
26 Queritur item de hac: 'In infinitum diu fuit Deus, antequam esset tempus'. Videtur enim falsa, cum tam diu fuerit Deus et non magis, demonstrata mora eternitatis. Sed non tenet hec ratio. Angulus enim rectus in infi[f. 33v]nitum est maior angulo contingentie; non dico quod infinito sit maior, sed in infinitum. In tantum tamen est maior et non plus angulo contingentie, demonstrato angulo curuilineo. Solutio tamen ad orationem erit, si dicatur non posse demonstrari eternitas hoc aduerbio 'tam'. Sed nec hec argumentatio rata est: 'In infinitum diu fuit Deus antequam esset tempus, ergo quamtumlibet diu'. Non enim 'Tam diu fuit Deus antequam esset tempus, demonstrata hora diei'; sicut in infinitum potest decrescere angulus rectilineus, non tamen quantumlibet, quia non tantum, demonstrato angulo contingentie. Hec item argumentatio nullius est: 'Numquam preconcepit Deus mundum quando non sciuerit se esse, sed aliquando se sciuit esse quando non preconcepit mundum; sed in tempore se sciuit esse, diu se sciuit esse, diu preconcepit mundum; ergo diutius se sciuit esse quam preconceperit mundum'. Mora namque temporis eternitati nichil adicit.
27 Similiter,[a] nullam scientiam habuit Christus ante incarnationem quam non habuit post. Aliquam autem habuit post quam non habuit ante, non tamen scientior fuit post quam ante. Item, eternitas precessit omne tempus, ergo et totale tempus, ergo est prior totale tempore, ergo totale tempus est posterius eternitate. Dicendum quod equiuocatio subest. Si enim notatur antiquitas, uerum est, quia eternitas est antiquior tempore; si ordo, falsa. In eternitate enim non est ordo successionis. Item, Deus ab eterno potuit creasse mundum, sed non est uerum quod ab eterno potuerit creasse mundum tunc. Item, eternitas magis precessit finem huius diei quam principium huius diei precesserit finem eiusdem, sed nec aliquanto magis nec infinito magis, quia si infinito, aliquanto; quod falsum est, cum nulla sit proportio temporis ad eternitatem.
28 Sed ad subtiliora progrediamur. Simus ergo in statu eternitatis. Vera est hec, 'Si Deus scit se creaturum esse mundum, Deus sciet se creaturum esse mundum'. Hec autem argumentatio falsa, 'Deum scire se creaturum esse mundum erit falsum in primo instanti temporis', sed illud est uerum, 'ergo

[a] Simile R

fuit desiturum esse uerum'. Si enim hoc est, igitur illud desiit uel disinit uel
desinet esse uerum. Sed cum simus in statu eternitatis, non desiit nec desinit
esse uerum. Si autem desinet esse uerum, quando? Vtrum in eternitate aut
in tempore? In eternitate autem nulla erit desitio. Si dicatur quod in primo
instanti temporis desinet esse uerum, ergo tunc erit uerum. Immo tunc
incipiet esse falsum.

29 Sed tempus est ut, memor promissionis, aliquid subtilius proponam. Dico
quod si desineret omnino tempus et post inciperet aliquod tempus,
necessario oportet illa tempora fuisse futura continua, ad quod sic: Sit ergo
A dies naturalis qui desinit esse, C dies naturalis qui postmodum incipiet
esse. Absorbeatur autem dies intermedius, scilicet B ita ut nullum tempus
uice ipsius substituatur. Nonne inter A et C posset interponi quantumlibet
tempus? Numquid ergo dum unicus dies completur, potest elabi et compleri
quantumlibet tempus? Nonne enim tota Trinitas erit inter A et C? Cum ergo
nulla distantia futura fuerit inter A et C, nonne ad unum terminum erant
copulanda? Nonne ergo continuanda? Ecce quia non potest sustineri positio
nec intelligi, nisi intelligatur [col. 2] quod A et C fuerint continuanda.

Vtrum Deus taliter creat animam qualiter ipse est. xxxvi.

1 Ad ea que possunt inquiri de statu eternitatis pertinet inuestigatio
inquirendi utrum Deus eternaliter creet hanc animam. Augustinus quidem
contra Vincentium Victorem dicentem quod sicut Deus eternaliter est, ita
eternaliter creat animam, anathematizat hoc dicentes.[1] Sed quid?
Nonne in statu eternitatis est Deus, et in eo creat hanc animam, ergo in statu
eternitatis creat hanc animam? Nonne ergo eternaliter? Nonne item in statu
eternitatis et est Deus et creat hanc animam? Numquid ergo in statu
eternitatis creatur hec anima? Ergo in statu eternitatis est hec anima.
Quidni? Nonne in Deo omnia? Cum ergo Deus sit eternitas, nonne in
eternitate sunt omnia? Similiter, cum Deus sit status eternitatis, nonne in
statu eternitatis sunt omnia? Quid? Licet Deus sit iusticia, numquid iusticia
est in hoc lapide etsi Deus sit ibidem? Videtur subesse accidentia. Sed, ut
diximus superius, frequenter accidit ut proprias et ueras locutiones habeat
suspectas usus communiter loquentium.[2] 2 Cum igitur eternitas omnia
includat, uera est hec: 'In eternitate sunt omnia'. Vsus tamen eam negat,
dicens creaturas esse in tempore, Deum in eternitate. Dicentes ergo hoc
uerbo 'creat' nichil predicari de Deo, simpliciter negant hanc: 'In statu

---

[1] Aug. *De Anim. et eius Orig.* III. vi. 8 (515).   [2] See above, II. vi. 2; xxxv. 1–2.

eternitatis creat Deus hanc animam, quia hec anima non creatur in statu eternitatis'. Cum ergo dicitur, ut inquiunt, 'Deus creat hanc animam', nulla attribuitur creatio Deo, sed innuitur creatio inesse anime. Sed nonne aliquid attribuitur Deo, cum dicitur 'Deus precipit uel uult ut hec anima sit'? Nonne item aliquid attribuitur Deo, cum dicitur 'Deus facit ex nichilo hanc animam'? Nonne item cum dicitur 'Deus est creator' attribuitur essentia Deo, habito respectu ad creaturas? Sic, ut reor, copulat hoc uerbum 'creat' essentiam, sed respectiue. Propter respectum ergo quem notat hoc uerbum ad creaturam, dicetur quod temporaliter creat Deus animam, eo quod temporalis est creatio qua creatur anima. Sed cum creatio que inest Deo sit eterna, quare non eternaliter creat animam? 3 Reduc ad memoriam ea que superius dixi de processione temporali.[1] Solet item queri de hac: 'Vbique est Deus creando hanc animam'. Sed dicendum quod uera est, quia ubique est dum creat hanc animam, non tamen ubique creat hanc animam. Acutius sic: Qualis est Deus, taliter est, et qualis est creatio qua Deus creat hanc animam, taliter creat hanc animam. Sed qualis est Deus, talis est creatio que ipse est; ergo qualiter est Deus, taliter creat hanc animam; sed eternaliter est Deus siue eterniter, ut ita dicam, ergo eternaliter creat hanc animam. Videtur enim quod esse eternum sit esse qualem. Cum enim dicitur 'Qualis Pater talis Filius'[2] et cetera, subiungitur 'Eternus Pater, eternus Filius'[3] et cetera. Sed quid? Nonne dicitur ibidem 'increatus Pater, increatus Filius'[4] et cetera? Numquid ergo esse increatum est esse qualem? Videtur quod nichil aliud sit esse increatum quam esse non creatum. 4 Adde quia ibidem dicitur 'immensus Pater' et cetera.[5] Esse tamen immensum non uidetur esse qualem, sed potius esse magnum uel quantum. Dicendum ergo quod large sumitur hoc nomen 'qualis'. Licet ergo [f. 34] iste terminus 'eternus' non sit predicamentalis, uidetur tamen se conformare nominibus copulantibus quantitatem more. Detur ergo uerbis licentia. Numquid ergo quam diu durans est Deus, tam diu creat hanc animam? Absit. Ampliato ergo uocabulo qualitatis, dicetur hec falsa: 'Qualitercumque est Deus, taliter creat hanc animam'. Ratiocinatio ergo superior soluenda est per interemptionem huius: Qualis est creatio que Deus est, taliter creat. Sed quid? Nonne potenter creat Deus animam? Nonne hac dictione 'potenter' modificatur uerbum creandi, adeo ut oporteat creationem Dei esse potentem? Cum ergo Deus potenter creet, quare non dicetur eterniter uel eternaliter creare? Quid? Numquid ista aduerbia uniformiter prorsus modificant sua uerba? Minime. Per hanc ergo, 'Deus potenter creat', uidetur liquere quod hoc uerbum 'creat' copulet essentiam

[1] See above, II. xxxv. 21–22.   [2] Symbol. Ps–Athanas. 'Quicumque vult' vii.
[3] Ibid. x.   [4] Ibid. viii.   [5] Ibid. ix.

diuinam. Aduerte quia usus negat hanc, 'Si extra domum ridet Sortes, extra domum Sortes est', ridet enim extra domum, caput emittens per fenestram. Ridet ergo quis extra domum et ibi non est. Sic et temporaliter creat Deus, et tamen non temporaliter est. Si falsitatis arguas exemplum, dicendo quod Sortes non ridet extra domum sed in loco totali quo circumscribitur, non curo, dum modo certificeris super proposito, dum modo per te non stet quo minus fiat.

Vtrum dandum sit in statu eternitatis Antichristum esse. xxxvii.

1 Discutere iam libet utrum in statu eternitatis dandum esset Antichristum esse. Intelligamur ergo esse ante creationem mundi. Nonne ergo Deus perfecte uidet Antichristum? Nonne item Deo presens est Antichristus? Ergo coram Deo presentialiter est Antichristus. Sic ergo uidetur quod Antichristus sit. Nonne item adeo perspicue et limpide uidet Deus ea que possunt esse et non sunt, sicut et ea que sunt? Nonne item quicquid factum est in tempore, in Deo uiuebat ab eterno? Cum enim dicitur 'Quod factum est in ipso uita erat',[1] potest hec dictio 'uita' teneri et nominatiue et ablatiue. Vnde eciam subiungitur 'Et uita erat lux hominum'.[2] In illo ergo qui est uita uiuebant ab eterno omnia. Si ergo Antichristus ab eterno fuit in illo qui est uita, nonne ab eterno fuit? Ausi ergo sunt quidam dicere quoniam quidlibet antequam sit in actu est Deus. Nonne item ab eterno Deus fuit ydea rerum? Sed de talibus infra.[3] Nichil tibi, lector, ad presens et tropologie, ut dicas scilicet quia quod factum est in tempore in Christo erat uita, id est causa uite nostre. Per uulnera enim ipsius et languores quos tulit sponte medicus, sanatus et saluatus est egrotans homo. Sed ad propositum reuertamur. 2 Reperitur ergo quia cum dicitur 'Dixit Deus Fiat lux,' hoc uerbum 'fiat' notat conditionem rei, non que est in essentia rei, sed que est in eius dispositione uel prescientia, et hac conditione condite fuerunt res ab eterno. Vnde dicit auctoritas quia cum multi sint modi quibus operatur Deus, iste est quidam modus operandi scilicet dispositione.[4] Est ergo sensus: Dixit Deus 'Fiat lux', id est Pater genuit Verbum in quo disponebatur de luce futura. Illud autem quod sequitur, scilicet 'Facta est lux', notat conditionem que est in essentia rei. Quid tibi applaudis, Arriane, dum studes — sed frustra — huiusmodi auctoritatibus euin[col. 2]cere, Filium esse minorem Patre? Cum dicitur 'Fiat lux', non ponitur hoc uerbum 'fiat' imperatiue, sed notat

---

[1] Ioh. 1. 4. [2] Ibid. [3] See below, III. iii. 2–4.
[4] Cf. Alcuin, *Interrog. et Resp. in Gen.* xix (519A); Robert of Melun, *Sent.* I. i. 21 (III. i. 224 lines 13–18); Peter Lomb. *Sent.* II. xii. 6 (I. 388–89), drawing on *Glo. Ord.* I. s. n. col. 2E (*Proth. in Gen.*).

dispositionem consilii Trinitatis. Patet ergo per auctoritatem predictam quod res ab eterno fuerunt condite, dispositionis scilicet conditione. Quod si est, nonne ab eterno conditus fuit Antichristus? Nonne ergo ab eterno fuit? Non solum tamen conditionem dispositionis considero ad presens, sed eciam quietem status eternitatis siue statum quietis, secundum quem dicendum potius uidetur 'Antichristus est' quam 'Antichristus erit', intellecto quod simus in statu eternitatis. Nonne item in statu eternitatis dicere potuit Deus 'Antichriste tu es, eo quod mihi presens es'? 3 Preterea, uidetur quod in statu eternitatis oporteat nos uti uerbis circumscripta omni consignificatione. Sicut enim uerba quibus utimur in statu temporis conformant se legi temporalitatis ratione consignificationis, ita in statu eternitatis conformare se debent uerba statui eternitatis. Constat autem quia si hoc uerbum 'est' consignificet eternitatem, falsa est hec: 'Antichristus est'. Exclusa ergo consignificatione omni, dabitur in statu eternitatis quod Antichristus est. Sed si hoc, dabitur quod album est nigrum, eo quod Antichristus albet et Antichristus est niger. Immo et secundum hoc, dandum est in statu eternitatis quod duo contradictorie opposita sint uera; quia cum dico in statu eternitatis 'Circumscripta consignificatione sunt uera', perinde est fere ac si dicam in tempore 'Fuerunt futura uera'. Si autem queratur in statu eternitatis que contradictorie opposita sint uera, responde 'A et B', scilicet enunciabilia que dicimus existentes in tempore, his uocibus: 'Antichristus est', 'Antichristus non est'. 4 Si autem in statu eternitatis utaris hac uoce 'Antichristum esse et Antichristum non esse sunt uera', falsum dices. Vnde si in statu temporis dicam quod duo contradictorie opposita fuerunt uera in statu eternitatis, falsum dico. Quidni? Mutata est significatio uocum. Item, iuxta factam positionem, dices hanc argumentationem esse falsam in statu eternitatis: 'Inceptio Antichristi est, ergo Antichristus incipit esse'. Cum enim hoc uerbum 'esse' nichil consignificet, parificatur ei quod est esse uel fuisse uel fore cum consignificatione. Iuxta pretaxatam igitur positionem, dabuntur he in statu eternitatis: 'Antichristus est', 'Antichristus est albus', 'Antichristus est niger', 'Antichristus est albus et est niger'. Hec autem dubia: 'Antichristus est et albus et niger'. Similiter et hec dubia: 'Album est nigrum', quia propter officium copulationis uerbi uidetur falsa. Sed quid? Nonne Antichristus fuit futurus et albus et niger?

Contra dicentes uerbum presens consignificare presens determinatum. xxxviii.

1 Difficultas autem non modica imminet in talibus eis qui dicunt uerbum consignificare presens determinatum. Secundum hoc enim, si dicam 'In

tempore Sortes currit', perinde est ac si dicam 'Sortes currit in hoc instanti'. Si autem dicam 'Sortes curret', perinde est ac si dicam 'Sortes curret post hoc instans'. Simus ergo in statu eternitatis et utamur uerbis cum consignifica- tione. Quero igitur ab his utrum hec danda: 'Mundus creabitur'. Sit ergo A nomen eternitatis, B nomen primi instantis temporis. Numquid ergo mundus crea[f. 34v]bitur post A? Nequaquam, quia eternitas concomitabi- tur omne instans. Cum item eternitas diu duret et diu durauerit ante creationem mundi, quero ab eis utrum hec, 'Deus est', uariet significa- tionem suam in statu eternitatis. 2 Intellige ergo unum solum instans esse terminum omnium temporum. Nonne tamen hec, 'Sortes currit', uariat suam significationem successiue? Cum ergo uerum sit omne tempus esse compositum, quod tempus determinate consignificat hoc uerbum 'est', cum dicitur 'Sortes est'? Si dicatur quod uerbum presens consignificet hoc instans, dabitur quod semper habebit eandem consignificationem, cum unum solum futurum fuerit instans, iuxta dictam <pro>positionem. Numquid ergo hec uera: 'Sortes curret post hoc instans'? Sortes tamen non curret in instanti posteriori hoc instanti. Numquid ergo in statu eternitatis fingentur esse diuersa instantia? Dabunt ergo etiam in statu eternitatis quod Deus fuit, etiam retenta consignificatione uerbi. Quod si est, dabitur quod processio et consecutio fuerint in statu eternitatis.

Contra eos qui negant Deum esse eternitatem. xxxix.

1 Opinioni dicte consentanea uidetur esse ex parte opinio dicentium Deum non esse eternitatem. Est enim, ut aiunt, eternitas mora assistens creatori.[1] Superius autem posuimus auctoritatem Anselmi dicentis eternitatem esse Deum.[2] Reperies hoc idem sepius in libro Augustini De Trinitate, et ut ad certum locum te transmittam, lege duodecimum capitulum libri quinti, et inuenies Deum esse suam eternitatem.[3] Super etiam illum locum prophete, 'Tu autem idem ipse es et anni tui non deficient',[4] reperies quod eternitas sit Deus.[5] Super illum item locum, 'In generationem et generationem anni tui',[6] reperies quod anni Dei qui non transeunt sunt eternitas Dei, que est ipsa substantia Dei, nichil habens mutabile.[7] Oportet ergo sustinentes dictam opinionem fateri

---

[1] The opinion was held by Gilbert of Poitiers In Quicumque vult lx (p. 41; cf. p. 27 and n. 30); see above, II. xxxv. 5.
[2] See above, II. xxxv. 13–14.   [3] Aug. De Trin. V. xvi. 17 (922).
[4] Ps. 101. 28.   [5] Aug. Enarr. in Pss. ci. 12 (1312).   [6] Ps. 101. 25.
[7] Aug. Enarr. in Pss. ci. 10 (1311); Peter Lomb. Sent. I. xix. 2. 4 (I. 160); idem In Pss. ad loc. (915C–D).

quod Deus ab eterno fuit creator, quia ab eterno creauit partes eternitatis, que secundum ipsos est successiua. Fuerunt ergo in statu eternitatis inceptiones et desitiones tam morarum quam ueritatum et falsitatum enunciabilium. Ab eterno ergo fuit uerum aliquid incipere esse uerum. Cum item Deus sit eternus, numquid eternitate successiua est Deus eternus? Preterea, si mora successiua est eterna, numquid mora illa et Deus sunt eterna? Numquid item Deum esse est eternum? Et aduerte quia dant eternitatem incepisse esse tempus. Accidentale enim est, ut aiunt, esse tempus. Astipulari uidetur huic opinioni auctoritas Ieronimi dicentis 'Quot nouimus eternitates et secula precessisse tempora?'[1] Sed disserendo hoc dicit Ieronimus.

Vtrum Deus sit enuntiabile, quod est Deum esse. xl.

1 Difficilia difficilibus adicientes, querimus utrum Deus sit enunciabile quod est Deum esse. Cum ergo dicitur 'Deus est', subicitur diuina natura, predicatur etiam diuina natura. Aut ergo aliqua est compositio predicati ad subiectum, aut nulla. Si aliqua, cui ergo inest illa compositio? Si dicatur quod illa compositio inest diuine nature que [col. 2] predicatur, illa erit diuina natura. Quicquid enim inest uel adest Deo, est Deus. Si dicatur quod nulla est ibi compositio siue coniunctio predicati ad subiectum, uidetur quod nullum sit ibi enunciabile. Preterea, cum dicitur 'Deus est', per subiectum terminum intelligis Deum; similiter per predicatum intelligis Deum. Quid autem intelligis per connexionem predicati ad subiectum nisi Deum? Dicet quis quod intellectus compositus sic intelligitur. Sed numquid intellectus est enunciabile? Preterea, licet homo comprehendat enunciabile, mediante intellectu, numquid ita est de Deo? Si ergo intellectu mediante comprehendit Deus ante creationem mundi se esse, nonne ille intellectus fuit Deus? Nonne enim fuit eternus? Dicendum est quod Deus intelligentia que ipse est intelligit se et eadem intelligit se esse; nullo autem intellectu mediante comprehendit Deus se esse. 2 Quod cum ita sit, se ipso comprehendit se esse. Cum ergo comprehendit Deus se esse, quid sic comprehendit nisi se ipsum? Videtur ergo quod Deus sit enunciabile, quod est Deum esse. Nonne item quam bonus est Deus, tam bonum est esse Deum? Cum ergo nichil sit summe bonum nisi Deus, nonne tamen esse Deum est summe bonum? Quonam ergo modo distingues inter Deum et esse Deum? Numquid est aliud esse Deum quam esse Dei, cum constet esse Dei esse Deum? Qua item

[1] Cf. Hieron. *In Tit.* i. 2 (560A); Peter Lomb. *Sent.* II. ii. 3. 2–3 (I. 338–39).

ueritate est uerum Deum esse, nisi illa qua Deus est uerus? Cum ergo
constet quod Deus sit ueritas qua Deus est uerus, nonne Deus est ueritas qua
uerum est Deum esse? Data ergo quod Deus sit enunciabile, oportet dici
quod enunciabile quod est Deum esse, est Deum esse Deum. Si ergo iste
propositiones, 'Deus est', 'Deus est Deus', idem prorsus significant, quere
de hac, 'Deus est Deus uel lapis'. Numquid enim enunciabile quod illa
significatur est Deus? Numquid idem dicetur de hoc enunciabili, 'Deus est
uel Deus est lapis'? Numquid antecedens illius disiuncte est idem Deo?
Nonne item ista enunciabilia, 'Deum esse', 'non Deum esse', sunt contradictorie opposita? Quod cum ita sit, non potest Deus esse enunciabile.

Quid sit enunciabile. xli.

1 Sed non poterit expediri difficultas ista, nisi preconsideretur quid sit
enunciabile. Materiam ergo obiectionum ponemus, ad utiliora festinantes.
Placuit ergo nonnullis asserere quod enunciabile nichil sit nisi compositio
predicati ad subiectum. Quid ergo dicetur de enunciabili quod significatur
hac, 'Deus est'? Quid item dicetur de enuntiabilibus que significantur
negatiuis propositionibus? Numquid hoc enunciabile, 'Deus non est lapis',
est diuisio? Quid item dicetur de enuntiabilibus que significantur copulatiuis
et disiunctis et conditionalibus? Numquid item aliquid enunciabile significatur hanc, 'Sortes erit'? Dant uiri maturi pectoris idem enunciabile significari
istis tribus: 'Sortes est', 'Sortes fuit', 'Sortes erit'. Quod si est, dabitur quod
quicquid semel est uerum, semper erit uerum. Sed alia erit consideratio
istorum quam eorum qui ad id asserunt propter consignificationem presentis
determinati. Numquid ergo Sortem esse est Sortem fore? Nonne Sortem
esse est uerum, etsi Sortem fore sit falsum? [f. 35]

Contra eos qui asserunt enunciabilia incepisse esse. xlii.

1 Volentes autem quidam uitare Scillam, incidunt in Caribdim, dicentes
enunciabile esse substantiam uel intellectum uel quoddam genus rerum per
se. Queratur ergo ab eis utrum hec danda: 'Si Deus est, uerum est Deum
esse; sed ab eterno Deus est, ergo ab eterno est uerum Deum esse, non ergo
ex tempore est uerum Deum esse'. Preterea, necessario est Deus, ergo
necesse est Deum esse, ergo necessario est uerum. Vtrum ergo est
necessarium Deum esse, necessitate determinata aut absoluta? Sed non

determinata, ergo absoluta. Nonne ergo Deum esse est necessarium per se? Item queratur utrum hec danda: 'Deum esse potest non esse uerum'. Numquid item ab eterno se sciuit esse Deus, non tamen ab eterno sciuit se esse? Queratur item utrum hec enuntiabilia conuertantur inter se, scilicet Deum esse et Deum esse uerum. Non enim potest dari unum esse uerum, quin detur et alterum esse uerum. Non enim potest unum esse uerum, quin reliq<u>um sit uerum. Aut si potest, ponatur. Qua positione ergo facta uerum erit Deum esse, quin sit uerum Deum esse esse uerum? Si autem dicatur quod dicta enuntiabilia conuertuntur inter se, ergo si Deus est, Deum esse est uerum et econtrario. Sed nunc primo Deum esse est uerum, simus in primo instanti temporis; ergo nunc primo est Deus, non ergo ab eterno fuit Deus. 2 Item, queratur utrum hec sit uera: 'Nunc primo scit Deus se esse, simus in primo instanti temporis'. Numquid item huiusmodi enunciabilia, 'Sortem fuisse futurum', 'Sortem fuisse lecturum', possunt incipere esse uera? Vrgentius sic: Tota, ut inquiunt, Trinitas creauit omne enunciabile. Queratur ergo de hac, 'A Filio est quod Pater est, cum a Filio sit hoc uerum, scilicet Patrem esse'. Numquid enim a Filio est Patrem esse, non tamen a Filio est quod Pater est? Sed quid? Nonne hec uox 'quod Pater' est appellatio enunciabilis? Item, constat quod hec falsa, 'Pater generatur a Filio'. Si ergo omne enunciabile est a Deo, nonne falsum est a Deo? Nonne ergo Patrem generari a Filio est a Deo? Ergo Patrem generari a Filio est a Filio, ergo a Filio est quod Pater generatur a Filio. Si uero dicatur quod falsa non sint a Deo, eo quod non sunt, queratur utrum a Filio sit quod Pater generat. Dicet aliquis quod statur in equiuoco. Si enim hec uox 'quod Pater generat' est appellatio enunciabilis, dabitur dicta locutio, sed si est appellatio euentus, negabitur. Quid? Nonne si euentus est aliquid, est a Deo? Item, numquid quod iste fornicatur est a Deo, cum sit uerum?

Contra eos qui dicunt enunciabilia fuisse ab eterno. xliii.

1 Aliis uisum est quod enunciabilia fuerint ab eterno. Ipsorum autem quidam dicunt enunciabile esse aliquid in rerum natura, alii negant. Si ergo enunciabile est aliquid quod sit, dabitur quod plura que sunt fuerint ab eterno. Si ergo Deum esse est aliud a Deo, numquid Deum esse differt a Deo? Numquid aliquid est quod non est Deus cuius Deus non est auctor? Numquid [col. 2] aliquid est in numero rerum, de quo non potest precipere Deus ut non sit? Nonne solus Deus est, quod non potest intelligi non esse? Potestne ergo Deum esse intelligi non esse? Si ergo Deum esse est aliquid in rei ueritate quod non potest intelligi non esse, oportet quod illud sit Deus, et

ita enunciabile est Deus. Si autem dicatur quod Deum esse est aliquid quod sit et non est Deus, nonne ergo Deum esse est a Deo? Nonne enim Deus est auctor ueritatis qua uerum est Deum esse? Ergo illa ueritas est a Deo, sed illa non est Deus; ergo potest intelligi Deus esse, eciam intellecto quod non sit illa ueritas.

2 Visum est aliis, ut diximus, quod enunciabile nichil sit in rei ueritate. Cum autem dicitur quod Deum esse est aliquid, hoc nomen 'aliquid' sumitur improprie eo scilicet modo quo dici solet quia est aliquid 'iacuisse thoro'[1] et cetera. Hec autem incongrua, 'Deum esse est homo uel non homo', similiter et hec, 'Deum esse est uel non est Deus', similiter et hec, 'Deum esse differt a Deo'. Sed he sunt congrue et uere: 'Deum esse est uerum', 'Deum esse significatur aliqua locutione; scitur, intelligitur, comprehenditur'. Enunciabile ergo non est compositio predicati ad subiectum, sed est complexum intelligibile. Enunciabile ergo quod significatur hac, 'Pater generat', non est generatio Patris, quia si hoc, oporteret quod Patrem generare esset idem quod Patrem generare Filium. Diuersa enim enunciabilia significantur his, 'Pater generat Filium', 'Pater generat', similiter et his: 'Deus est', 'Deus est Deus'. Deum igitur esse fuit uerum ab eterno.

3 Enunciabile ergo in rei ueritate non potest habere proprium nomen, licet demonstretur demonstratione ad intellectum, et ualde improprie. Enunciabilia ergo fuerunt ab eterno, sed non sunt eterna. Est enim eternitas, ut diximus, interminabilis uite possessio tota simul.[2] Si quid ergo est eternum, uiuit. Cum ergo dicitur quod enunciabile est uel quod differt ab alio enunciabili, nulla proprietas sic copulatur. Cum item dicitur 'Esse Deum est bonum', non est aliquid in re quod supponatur hac uoce 'esse Deum'. Idem sentio et in logicis, quia cum dicitur 'Esse Sortem conuenit Sorti', nichil est quod supponatur hac uoce 'esse Sortem'; hec ergo incongrua: 'Tam bonum est esse Deum, quam bonus est Deus', sicut et hec incongrua: 'Tam bonum est esse in Gallia, quam bonus est lapis'. Margarita quidem est bona bonitate naturali, sed cum dicitur 'Esse in Gallia est bonum', nulla proprietas copulatur. 4 Similiter in proposito. Si item obiciatur quia enunciabile quod significatur hac, 'Deus est', non potest intelligi non esse, ergo est Deus, dicendum quod non potest recte intelligi non esse uerum, sed ita intelligitur esse uerum, quod non est aliquid quod sit; qua re non est Deus. Damus ergo hanc: 'Si Deus est, uerum est Deum esse'. Damus et hanc, quam multi negant, 'Si nichil est, uerum est nichil esse', non tamen 'Si nichil est, aliquid est', si directam attendas consecutionem. Enunciabilia ergo fuerunt ab eterno, non tamen multa fuerunt ab eterno. Quidni? Nonne notiones sunt Deus, non tamen plura sunt Deus?

---

[1] Ov. *Heroid*. iii. 117.   [2] See above, II. xxxv. 5.

Quicquid [f. 35v] ergo est aliquid in re uel est Deus uel est a Deo, sed sic non fit suppositio pro enunciabili. Videbitur tamen alicui acuto quod ex quo per hanc appellationem, 'Deum esse', supponitur aliquid et id non est Deus, 'quod Deum esse' non fuit uerum ab eterno sed incepit esse uerum in tempore; et ita esse bonum conuenit Deo ex tempore.

5 Quero ergo utrum ante creationem mundi fuit uerum aliquid incipere esse uerum, aut nichil incipere esse uerum. Ecce iam occurrit mihi uetus illa querela logicorum, utrum scilicet sit necessarium per se aliquid esse uerum non necessarium.[1] Sed cum ante creationem mundi nec fuerit inceptio nec desitio, dicimus quod ante creationem mundi fuit uerum nichil incipere esse uerum; in primo autem instanti temporis incepit esse uerum aliquid incipere esse uerum; numquam tamen fuit desiturum esse uerum nichil incipere esse uerum.

6 Fateor autem hanc dubiam esse: 'Mundus fuit creandus, simus in primo instanti temporis'. Si enim detur, quero utrum in eternitate fuerit creandus mundus; ergo mundus in eternitate fuit creandus, ita ut hec uox 'in eternitate' sit determinatiua tantum huius uerbi 'fuit', ergo mundus in eternitate fuit futurus. Numquid ergo eternalis fuit futurus? Sed quid? Nonne mundus antequam esset fuit futurus? Numquid ab eterno fuit falsum mundum fuisse futurum? Sed quid? Nonne mundus fuit futurus, quandoquidem mundus est uel fuit uel erit? Nemini uenit in dubium quin in quolibet instanti post primum instans fuit uerum, mundum fuisse futurum. Esto ergo quod intelligamus nos esse ante creationem mundi; nonne quandoquidem mundus erit, mundus est futurus? Numquid modo est futurus ita quod hoc aduerbium 'modo' sit determinatiuum tantum huius uerbi 'est'? Liceat demonstrare eternitatem per hoc aduerbium 'modo'. 7 Si ergo dederis hanc esse ueram, 'Mundus fuit futurus', posito quod simus in primo instanti, numquid igitur mundus ab eterno fuit futurus, et eternaliter fuit futurus, dum modo non teneantur distributiue uoces iste, eo scilicet modo quo superius notauimus? Si ergo eternaliter fuit futurus, nonne eternaliter est uel fuit uel erit? Sed nonne temporaliter est uel fuit uel erit?

8 Sciendum item quod hec locutio 'uita eterna' duppliciter accipitur. Quandoque enim dicitur ipse Deus uita eterna. Est enim tota Trinitas una uita, una beatitudo, eterna uita, eterna beatitudo. Vita ergo qua uiuunt tres persone est Deus. Vita item eterna dicitur gloriosa uita, quali uita uiuit quilibet regnans cum Deo. Fruemur ergo eternitate que est Deus, regnaturi in eternitate que est perpetuitas glorie.

---

[1] Cf. Oxford, Bodleian Libr. MS Digby 24, f. 69: 'Si aliquid est uerum, ipsum esse est necessarium' (De Rijk, *Logica Modernorum* II. i, p. 64 [80]).

De ueritate et falsitate. xliiii.

1 Licet autem censeamus Deum non esse enunciabile, dubitari tamen potest utrum Deus sit ueritas enunciabilis. Deus enim est ueritas; et Deum esse uerum qua ueritate est uerum, nisi ueritate que Deus est? Quod si est, erit ueritas enunciabilis Deus. Preterea, reperies quia quicquid est uerum, ueritate que Deus est uerum <est>.[a] [col. 2] Numquid ergo ueritas qua Deum esse est uerum est a Deo? Numquid Deus est auctor illius ueritatis? Audemus item querere non causa curiositatis sed gratia dilucidande ueritatis, utrum Deus sit falsitas. Apostolus enim ipse, uas electionis,[1] ausus est dicere, in epistola ad Romanos, 'Numquid iniquitas est apud Deum?'[2] Cum ergo Deum esse asinum ab eterno fuerit falsum, nonne ab eterno fuit falsitate falsum? Falsitas illa cum non fuerit creatura quid fuit? Non reperies quid fuerit nisi dicatur quod fuerit Deus. Numquid ergo ueritas est falsitas? Si item ueritas huius, 'Iste fornicatur', est a Deo, ergo a Deo est uerum istum fornicari; nonne ergo a Deo est quod iste fornicatur?

2 Solet item queri de huiusmodi locutionibus, 'Deum uerum est esse', 'Deum falsum est esse asinum'. Nonne enim iste equipollent, 'Deum uerum est esse', 'Deus uere est'? Sed in hac, 'Deus uere est', modificat hoc aduerbium 'uere' hoc uerbum 'est'. Sic ergo ostenditur ueritas inesse essentie. Nonne et in hac, 'Deum uerum est esse', ostenditur ueritas inesse essentie? Cui ergo ostenditur falsitas inesse, cum dicitur 'Deum falsum est esse asinum'? Preterea, nonne modales sunt iste: 'Deum possibile est esse', 'Deum necesse est esse'? Nonne isti modi, 'possibile', 'necesse', modificant principale predicatum? Numquid ergo essentia Dei est possibilitas aut necessitas? Dicimus ergo quia est ueritas nature, est ueritas doctrine, est ueritas uite, est ueritas iudicii siue iusticie. Veritas nature est, ut cum dicitur homo uerus ad differentiam picti hominis. Et secundum hoc, omnis homo est uerus homo. 3 Dicitur tamen omnis homo mendax,[3] ratione fragilitatis et insufficientie. Hoc autem intellexit propheta ad superna uectus in excessu mentis,[4] dum mente scilicet et contemplatione transcendit temporalia, immo et mentem suam et se ipsum transcendit et excessit. Licet ergo omnis homo uerus sit ueritate nature, tamen omnis homo mendax est, habito respectu ad superessentialem ueritatem que Deus est. Hinc est quod in Iob legitur quod 'Deus in angelis suis reperit prauitatem, quanto magis ii qui habitant domos luteas, qui terrenum habent fundamentum, consumentur[b] uelut a tinea'.[5] Quid est ergo quod dicitur quod Deus in angelis

---

[a] *Caret-mark* R   [b] consummentur R

---

[1] Act. 9. 15.   [2] Rom. 9. 14.   [3] Ps. 115. 11.   [4] Ibid.   [5] Iob 4. 18–19.

suis repperit prauitatem, nisi quia etiam boni angeli nec boni sunt, respectu bonitatis diuine? Vnde et alibi dicitur 'Stelle non sunt munde in conspectu eius'.[1] Iusticia enim nostra quasi pannus menstruate est.[2] 4 Potest tamen hoc referri ad casum angelorum qui ceciderunt. Vnde uerba ipsius Gregorii dulciora super mel et fauum[3] libet in medium proponere:

'Natura', inquit, 'angelica etsi contemplatione auctori<s> inherendo in statu suo immutabiliter permanet; eo ipso tamen quo creatura est in semetipsa uiciscitudinem mutabilitatis habet. Mutari autem ex alio ad aliud ire est et in semetipsa stabilem non esse. Vnaqueque enim res quasi tot passibus ad aliud tendit, quot mutabilitatis sue[a] motibus subiacet. Sola autem natura incomprehensibilis a statu suo nescit moueri, [f. 36] que ab eo quod semper idem est, nescit immutari. Nam si angelorum substantia a mutabilitatis motu fuisset aliena, bene ab auctore condita, nequaquam in reprobis spiritibus a beatitudinis sue arce cecidisset. Mire autem omnipotens Deus naturam summorum spirituum bonam sed mutabilem condidit, ut et qui permanere nollent, ruerent, et qui in conditione persisterent, tanto in eo iam dignius, quanto ex arbitrio starent. Et eo maioris apud Deum meriti fierent, quo mutabilitatis sue motum, uoluntatis studio fixissent'.[4]

Secundum moralem autem intelligentiam, angeli dicuntur sacerdotes.[5]

5 At ut ad premissa reuertar, solet et aliter intelligi quod legitur, 'Ego dixi in excessu meo'[6] et cetera, ut uidelicet timore passionum perturbatus hoc dixerit. Vnde et alia translatio habet 'in extasi'.[7] Cum ergo dicitur quod omnis ueritas est a Deo,[8] intelligendum est hoc tam de ueritate nature quam de ueritate uite, iudicii et iusticie et doctrine. Licet enim enunciabile sit uerum, non est tamen in re aliqua ueritas que insit enunciabili. Quidni? Enunciabile non est aliquid quod sit. Cum ergo dicitur 'Aliquod enunciabile est uerum uel falsum', nulla proprietas que sit sic copulatur. Constat autem quod tam in bonis quam in malis hominibus est ueritas nature, sed in solis iustis est ueritas uite. Sciendum item quia cum dicitur quod 'quicquid est uerum est uerum ueritate que Deus est', non sic comprehenduntur enunciabilia sed ea que in re sunt. Quicquid ergo in re est et est uerum ueritate que sit in re, est uerum ueritate superessentiali, ita ut per hunc ablatiuum 'ueritate' non notetur causa formalis sed efficiens. 6 In huiusmodi autem locutionibus, 'Deum uerum est esse', 'Deum falsum est esse asinum', 'Deum possibile uel necesse est esse', nulla proprietas attribuitur Deo. Scio

---

[a] siue R

---

[1] Iob 25. 5. [2] Is. 64. 6. [3] Ps. 18. 11.
[4] Greg. *Moral. in Iob* V. xxxviii. 68 (717D–18A).
[5] Cf. ibid. 69 (719A): 'sancti doctores'. [6] Ps. 115. 11.
[7] Ibid., as in Aug. *Enarr. in Pss.* cxv. 3 (1492) and *Glo. Ord.* III. 1322.
[8] Cf. Aug. *De Doctr. Christ.* prol. 8 (18), *De Divers. Quaest* i (11); closer to Nequam's wording are Peter Lomb. *Sent.* I. xlvi. 7. 3 (I. 320) and, especially, Peter of Poitiers, *Sent.* I. xxxiv (929B) and William of Auxerre, *Summa Aurea* I. xii. 3 (I. 227 and n.).

tamen quosdam admittere quia Antichristus est in possibilitate. Sed si hac
dictione 'possibile' attribuitur proprietas uel Antichristo uel ei quod est esse,
cum dicitur 'Antichristum possibile est esse', quid dicetur de hac, 'Antichristum necesse est non esse asinum'? Putauere quidam huiusmodi modos
proprietates notare que insint enuntiabilibus. Ideo enim Antichristum
possibile est esse, quia possibile est Antichristum esse. Quid? Nonne album
possibile est esse nigrum, cum tamen impossibile sit album esse nigrum?
Nonne omnem hominem possibile est habere filium, cum tamen sit
impossibile omnem hominem habere filium?

7 Sed ad predicta reuertor, tam additionis quam euidentie gratia. Veritas
ergo que Deus est, est ueritas qua Deus uere est. Et ueritas qua Deus uere
est, est ueritas qua Deum uerum est esse. Et ueritas qua Deum uerum est
esse, est ueritas qua uerum est Deum esse; ergo ueritas que Deus est, est
ueritas qua uerum est enunciabile; ergo ueritas que Deus est, est ueritas
enunciabilis. Quod si est, dabitur quod Deus sit enunciabile. Dicendum ergo
quod hec duplex est: 'Deus uere est'. Si enim hoc aduerbium [col. 2] 'uere'
teneatur chategorematice, dabitur hec: 'Veritas que Deus est, est ueritas
qua Deus uere est'. Si autem teneatur sinchategorematice, erit falsa. Veritas
enim qua Deum uerum est esse, est ueritas qua Deus uere est, et illa ueritas
non est aliquid quod sit. Dialetico quidem uel mediocriter instructo patet
hanc esse duplicem: 'Cesar necessario uicit Pompeium'. Est enim uera et
falsa. Similiter et hec duplex: 'Quicquid est in re uere est'. Quicquid enim est
in re, uerum est esse. Quicquid item est in re, est ueritate essentie. Prima
ueritas non est aliquid quod sit. Secunda est aliquid quod est a ueritate que
est Deus. A ueritate enim que Deus est, habet esse ueritas propositionis,
cogitationis, uoluntatis, que cum recta est, uera est secundum Anselmum.[1]
A ueritate item que Deus est habet esse ueritas discretionis, similiter et
essentie rei et iusticie et doctrine et uite. Licet ergo dixerim quia quicquid est
in re uere est, solus tamen Deus uere est, id est incommutabiliter.

8 Et ut dicit Augustinus in libro Soliloquiorum, 'Vera est arbor si arbor est'.[2]
Vera etiam pictura, ut ait idem in eodem, est falsus equus, et uerus
tragedus est falsus Priamus, dum Priamum representat tragedus.[3] Anselmus
eciam in libro De Veritate censet quamlibet falsam propositionem esse
ueram, quia ueritatem facit dum significat quod debet. Ignis enim, ut ait,
facit rectitudinem et ueritatem dum calefacit.[4]

9 Scio quia ridebit dialeticus audiens talia, sed non ob hoc contempnenda est
maiorum auctoritas. Deridebor et ego dicens ueritatem propositionis esse a

[1] Anselm, *De Verit*. ii (p. 178), iv (p. 181).
[2] Cf. Aug. *Solil*. II. v. 7–8 (888–89), with 'lignum' for 'arbor'.
[3] Ibid. vi. 10 (889), x. 18 (893).   [4] Anselm, *De Verit*. v (p. 182 lines 8–9).

Deo, ueritatem autem enunciabilis non. Sed quid? Propositio est aliquid, sed enunciabile non est aliquid quod sit. Sed numquid a Deo est quod hec propositio 'Iste fornicatur' est uera? Nonne ergo a Deo est quod significat uerum? Significatio enim eius si quid est, a Deo est; similiter et ueritas eius est a Deo. Nonne ergo a Deo est quod significat uerum? Immo, non tamen a Deo est quod hoc significatum est uerum, quia non est a Deo quod istum fornicari est uerum. Distingunt quidam, ut dictum est, inter euentum et enunciabile. Sed quid? Nec euentus nec enunciabile est aliquid quod sit. Diuisim ergo ita ut agatur de re intelligende sunt tales, sicut cum dicitur 'Ego iubeo istum facere ignem'.

10 Et uide quia tam secundum Augustinum quam secundum Anselmum uera est hec: 'Si nulla ueritas est, ueritas est', quia si nulla ueritas est, uerum est nullam ueritatem esse. Per hoc patet quod ueritas talis non est aliquid quod sit. Patet item per hoc quod si nichil est, uerum est nichil esse, quod quidem eos negare oportet qui putant enunciabilia incepisse esse. Cum ergo dicitur quia ueritas talis est, confirmatiue tenetur hoc uerbum 'est', nec copulat essentiam. Hoc enim uerbum 'est' diuersos significat intellectus.

De immensitate Dei que Deus est. xlv.

1 Veritas que in Ieremia ait 'Ego impleo celum et terram'[1] est Deus immensus, qui est ubique non solum per potentiam sed eciam per essentiam.[2] Si ergo radius solaris non inquinatur propter loci feditatem, multo fortius lumen incomprehensibile, lumen immensum, quod est Deus, [f. 36v] non contaminatur propter loci immundiciam, cum sit ipsa mundicia. Si enim 'Omnia sunt munda mundis',[3] multo magis ipsi mundicie omnia loca sunt munda. Deus ergo, cum sit uere simplex, ubique est totus, ut ita loquar; cum sit immensus, omnia continet. Vnde secundum unam expositionem Spiritus Sanctus qui continet omnia scientiam habet uocis, quia donum eius est scientia uocum.[4] Quod autem ubique sit Deus docet propheta, dicens 'Si ascendero in celum' et cetera, 'Si descendero in infernum'[5] et cetera. Et Iob ait 'Excelsior celo est, et quid facies? Profundior est inferno, et unde cognoscis? Longior est terra mensura illius et latior mari'.[6] 2 Salomon item, in oratione sua supplicans Deo, ait 'Si celum et celi celorum non te capiunt, quanto magis domus ista quam edificaui'?[7] Et Ysaias: 'Celum sedes mea, terra scabellum pedum

[1] Ierem. 23. 24.   [2] Ps-Hieron. *De Essent. Divin*. 1 (1199).
[3] Tit. 1. 15.   [4] Cf. Act. 2. 4.   [5] Ps. 138. 8.   [6] Iob 11. 8–9
[7] III Reg. 8. 27.

meorum'.[1] Ieronimus item, in libello quem inscripsit De Essentia et Inuisibilitate et Immensitate Dei, ait

'Super omnia est Deus, regnando atque imperando. Subtus omnia est sustinendo atque portando, non pondere laboris, sed infatigabili uirtute. Nulla enim creatura subsistere ualet, nisi ab ipso sustentetur qui illam creauit. Extra omnia est, non exclusus; intra omnia, non inclusus'.[2]

Vnde et quidam ait

> 'Intra cuncta nec inclusus,
> extra cuncta nec exclusus;
> subter cuncta nec substratus,
> super cuncta nec elatus,
> super totus presidendo,
> subter totus sustinendo,
> extra totus complectendo,
> intra totus es implendo.
> Intra nusquam coartaris,
> extra nusquam dilataris,
> subter nullo fatigaris,
> super nullo sustentaris'.[3]

3 Sed ne uelle ludere uidear, difficilibus operam dabo enucleandis. Intelligatur ergo mundus proxima hora futura suscipere duplo maiorem quantitatem quam habeat, in secunda triplam, in tercia quadruplam, in quarta quintuplam, et ita per singulas futuras in perpetuum. Scito ergo quod numquam erit mundus nisi quasi punctum respectu immensitatis Dei. Vnde quando mundus creatus est, sita est tota mund<i>alis machina quasi in uno puncto immensitatis Dei. Vnde quero utrum omnia localia simul sint, cum omnia localia sint in puncto simplicissimo, immo in ipsa simplicitate. Non quero utrum omnia localia simul sint localiter, sed utrum simul sint ratione simplicitatis in qua sunt, ut ita loquar. Miraris me uocare punctum simplicitatem? Mirare ergo ueram simplicitatem esse immensitatem. Vocaui punctum quod est simplicius puncto. Quid miraris, heretice, corpus magnum, longum et latum contineri sub forma panis qui iam non est ibi sed fuit, cum linea etiam mille pedum sit in puncto? Quidni? Totus mundus in puncto est. Omne compositum, quantumcumque sit magnum, minus est simplici.

4 Solus item Deus est incircumscriptus. Vnde Anselmus Cantuariensis:

'Quomodo solus Deus est incircumscriptus? An creatus spiritus ad eum collatus est circumscriptus, ad corpus uero ut incircumscriptus? Nempe omnino circumscriptum est, quod cum alicubi simul totum est, non potest esse simul totum alibi, [col. 2] quod

---

[1] Is. 66. 1.   [2] Ps-Hieron. *De Essent. Divin.* i (1199).
[3] Hildebert, *Carm.* lv. 9–20. Cf. William of Auxerre, *Summa Aurea* I. xiv. 1 (I. 266 lines 160–63): 'est in mundo non inclusus, extra mundum non exclusus, supra mundum non elatus, infra mundum non prostratus', citing 'Augustinus'.

de solis corporeis cernitur. Incircumscriptum uero quod simul est ubique totum, quod de Deo solo intelligitur. Circumscriptum autem et incircumscriptum simul est, quod cum alicubi sit totum potest esse simul totum alibi, non tamen ubique quod de creatis spiritibus agnoscitur. Si enim non esset anima tota in singulis membris sui corporis, non sentiret tota in singulis'.[1]

Logici tamen dant spiritum creatum esse incircumscriptibilem loco, quia nullus locus ex equo se commetitur spiritui. Nos uero dicimus angelos circumscribi loco, quia ita est angelus in uno loco, quod non est in omni loco. 5 Quid autem miraris compositum esse in simplici, cum scientia pro quorundam iudicio sit composita et tamen tota est in anima? Adde quod angulus, cum sit in infinitum diuisibilis, est compositus, et tamen totus est in puncto in quo concurrent linee. Si enim citra illud punctum dicatur esse angulus, oportebit dari quod etiam angulus acutus habet in sui constitutione tres angulos equales duobus rectis. Quid? Immo etiam dabitur quod acutus angulus habet infinitos rectos partes sui. Sed etiam necessario probabitur quod angulus contingentie, qui minor est omni rectilineo, habet rectum angulum partem sui. Quid ergo miri si totus mundus dicatur esse in re simplici, cum id quod in infinitum est maius mundo, est totum in puncto? Sed quero a te, pie lector, utrum in maiorem tibi cedat admirationem, scilicet quia quod in infinitum est simplicius puncto continet totum mundum, an quia quod immensum est et in infinitum maius mundo totum est in puncto? 6 Et uide quod simplicitas non adducit paruitatem, cum tamen immensitas inducat magnitudinem. Deus enim dicitur magnus tam ratione potencie quam ratione immensitatis. Notandum item quia nichil potest moueri nisi in re immobili. Vnde oportet Deum esse immobilem in quo mundus mouetur. Hinc est quod locus est quedam ymago immensitatis, cum et immensitas et locus sit immobilis. Sed in quo est tempus eternitatis ymago, cum illa semper stet, illud autem successiue elabitur? In hoc uidelicet quia si aliquod tempus est, illud fuit totum futurum. Vnde si dies naturalis incipit esse, future sunt uiginti quattuor hore. Vnde non est possibile diem naturalem aut etiam quodcumque tempus incipere esse et mundum desinere esse. Si enim aliquod tempus incipit esse, ipsum totum erit.

7 <I>ntellecto item quod duo mundi sint, oportet quod sese contingant in puncto, ita quod neuter sit superior altero. Nisi enim se contingant, numquid immensitas tota erit inter illos? Numquid ergo per infinitam lineam distant? Sicut ergo polus articus non est superior antartico, cum eque distent a centro terre, ita duobus mundis se contingentibus non erit alter superior altero. Si enim antipodes essent (qui tamen in rei ueritate non sunt, ut docet Augustinus), non essent inferiores nobis.[2] Licet enim uulgo dicatur

---

[1] Anselm, *Proslog.* xiii (p. 110 line 18–111 line 3).   [2] Aug. *De Civ. Dei* XVI. ix (487–88).

quod antipodes sunt sub pedibus nostris, non tamen ita sentiendum, sunt enim superiores centro terre, si sunt, sicut et nos.

8 <S>ed ut ad propositum reuertamur, patet per supradicta [f. 37] quod hec multiplex, 'Deus est in loco', sicut et hec, 'Deus est in tempore'. Cum autem dicitur quia 'extra omnem locum est Deus', hoc aduerbium 'extra' pertinet ad immensitatem, ut dictum est. Si ergo proprie accipitur locutio, nusquam est nisi ubi fuit ab eterno. Vbi ergo fuit Deus ante creationem mundi? In immensitate siue apud semetipsum, et ibi modo est. Dicimus item quod Deus est in omni loco, ita ut hec prepositio 'in' notet immensitatem. Sed cum Deus sit in omni re per conseruationem essentie, numquid dabitur quod sit in omni actione, in habitibus et sitibus et relationibus? Dicimus quod quicquid est in re est a Deo uel est Deus.[1] Et cum Deus omnem rem conseruet in esse, est in omni re. Boetius uero, tamquam uir sublimis intelligentie admittit substantias et qualitates et quantitates esse cetera predicamentalia, dicit 'esse' obnoxia soli intellectui.[2] Si autem detur quod actiones in re sint, dicimus Deum esse tam in malis actionibus quam in bonis, ut patebit ex sequentibus.

9 Potest item queri utrum immensitas possit demonstrari hoc aduerbio 'hic'. Numquid ergo 'hic' et 'hic' est Deus, demonstratis immensitate et loco? Numquid dabitur quod Deus est 'modo' et 'modo', demonstratis eternitate et tempore? Minime. Proueniret enim ex his quod Deus est immensus et immensus, similiter eternus et eternus. Cum enim dicitur 'Deus est in tempore', copulatur eternitas; similiter, cum dicitur 'Deus est in loco', copulatur immensitas. Rei tamen ueritas est, quod impropria est huiusce-modi demonstratio. Dicendum item quod cum Deus sit magnus, non est aliquantum magnus, quia nulla quantitas est in Deo. Vnde non est dandum quod Deus sit aliquantus. Sed quid? Nonne Pater est equalis Filio? Nonne ergo tantus est Pater quantus est Filius? Dicendum quod dicta locutio congrua est et uera. Vnde Augustinus, in septimo libro De Trinitate capitulo octauo, dicit 'Cum itaque tantus est solus Pater uel solus Filius uel solus Spiritus Sanctus, quantus est simul Pater et Filius et Spiritus Sanctus, nullo modo triplex dicendus est'.[3] Sed quid? Nonne cum Deus sit immensus, dabitur quod Deus est tam magnus, demonstrata immensitate? Quod si est, numquid Deus et tam magnus et maior uel tam magnus et non maior? Dato quod sit tam magnus et non maior, prefigetur terminus magnitudini diuine, quod esse non potest. Dato quod sit tam magnus et maior, ergo est immensus et maior. 10 Dici potest quod Deus est tam magnus et non maior, non tamen ob hoc prefigitur terminus magnitudini diuine. Immo quia est

---

[1] Cf. Aug. *Enchirid*. ix (236): '. . . nullamque esse naturam quae non aut ipse sit, aut ab ipso'.
[2] Boeth. *De Trin*. iv (1252A–53D).   [3] Cf. Aug. *De Trin*. VII. vi. 11 (945), not verbatim.

tam magnus et non maior, patet quod non est terminus magnitudinis Dei. Ex hoc enim quod est tam magnus, habetur quod est immensus. Nec ualet hec argumentatio, 'Deus est tam magnus, ergo est aliquantum magnus'. Hec tamen danda, 'Quam magnus est Pater, tam magnus est Filius'. Similiter, 'Quam sciens est Christus in quantum homo, tam sciens est anima Christi', non tamen 'Aliquantum sciens est anima Christi, cum tamen sit multum sciens'. Hoc enim aduerbium 'aliquantum' in predicta locutione notat intensionem. Scientia [col. 2] autem anime Christi excedit omnem intensionem et omnem gradum. Hec autem dictio 'multum', etsi quandoque notet intensionem, in predicta tamen locutione notat eleuationem supra omnem gradum. Rei tamen ueritas est quod non potest immensitas demonstrari per hoc aduerbium 'tam'. Discretio enim certitudinis huiusmodi demonstrationis innuitiua est termini magnitudinis. Vnde innuitio restrictionis contraria est infinitati immensitatis; hec tamen congrua: 'Tam magnus est Pater quam magnus est Filius'. Vnde Augustinus in viii. libro De Trinitate capitulo ii. dicit quia ipsa Trinitas tam magnum est quam unaqueque ibi persona.[1] Et uide quia nec etiam intellectus dare potest immensitati formam uel figuram. Si enim hoc esset, iam intelligeretur immensitas esse finita, et si hoc, iam intelligeretur immensitas non esse immensitas.

Quod locus non sit immensitas. xlvi.

1 Visum est quibusdam quod sicut Deus ex tempore est dominus creature, ita et immensitas cepit esse locus ex tempore. Deus enim est, ut diximus, in quo mouemur et sumus.[2] Sed cum Deus sit intra mundum et sit extra mundum, nonne immensitas que Deus est similiter? Numquid ergo immensitas prout est intra mundum est locus; prout uero est extra mundum non dicetur esse locus, cum ibi non contineat res locatas? Preterea, cum Deus sit in immensitate que caret et initio et termino, improprie dicentur esse he: 'Deus est intra mundum', 'Deus est extra mundum'. He autem magis improprie: 'Immensitas est intra mundum', 'Immensitas est extra mundum'. Non enim est immensitas nisi in se ipsa. Cum ergo immensitas improprie dicatur esse intra mundum siue in mundo, numquid improprie dicetur locus esse intra mundum uel in mundo? Rursum, nonne multa loca sunt, cum tamen una sola sit immensitas? Ad hec, nonne qui est in Britannia[a] multum

---

[a] Brutannia R

---

[1] Ibid. VIII. i. 2 (947–48).   [2] Act. 17. 28.

distat ab eo qui est in India? Nonne ergo spatium interest? Nonne spacium est locus? Sic ergo liquet quod immensitas non est locus. Nonne item lapis circumscribitur loco? Sicut item iuxta lapidem est lapis, nonne ita iuxta locum est locus? Nonne item locus remotus a loco? Nonne quis mutat locum? Constat autem quod nullus potest egredi immensitatem, cum tamen certum sit aliquem transire de loco in locum. Nonne item locus est maior loco, siue inane dicatur esse locus, siue superficies rem includens?

2 Si autem inane dicatur esse locus, quonam modo intelligentur spacium et corpus simul esse? Due enim nigredines non possunt esse simul. Sed quid? Nonne simul sunt quantitas et color et corpus? Constat autem quod cum omne spacium sit diuisibile in infinitum, dato quod locus sit mathematica soliditas, dabitur quod in quantumlibet paruo loco est mundus. Dicto autem quod locus sit superficies, queratur utrum illa superficies sit mobilis uel immobilis. Si mobilis, [f. 37v] dabitur quod rota molendini singulis instantibus est in alio loco quam prius. Superficies enim que est terminus rote est et terminus aeris. Dum modo ergo aer mutat locum, numquid et rota? Si superficies est immobilis, dabitur quod corpus quod mouetur de loco in locum singulis instantibus alio colore coloratur quam prius, cum proprium sit superficiei primo loco colorari.

3 Miror autem quosdam uene diuitis[1] putasse quod celum empireum termino careat. Si enim aliquod corpus est, ipsum est finitum et in infinitum diuisibile.

Quod eternitas non sit tempus. xlvii.

1 Sicut ergo immensitas non est locus, cum ipsa minor sit in infinitum omnis locus, ita et eternitas non est tempus, cum ipsa in infinitum minus sit omne tempus. Quid quod omne tempus obnoxium est successioni, cum eternitas prorsus sit expers successionis? Eternitas item nec prius habet nec posterius. Nonne item Deus creauit mundum cum tempore? Augustinus item, in xii. libro De Ciuitate Dei capitulo xii., loquens de tempore dicit:

'Illud temporis spacium quod ab aliquo initio progreditur et aliquo termino cohercetur, magnitudine quantacumque tendatur, comparatum illi quod initium non habet, nescio utrum pro minimo, an potius pro nullo deputandum est'.[2]

Item, Augustinus capitulo xv. eiusdem libri xii. ait:

'Vbi nulla creatura est, cuius mutabilibus motibus tempora peraguntur, tempora omnino esse non possunt'.[3]

---

[1] Cf. Ov. *Ars Poet*. 409.   [2] Aug. *De Civ. Dei* XII. xii (360).
[3] Ibid. XII. xv (364).

2 Et paulo post:

'Tempus quoniam mutabilitate transcurrit eternitati immutabili non potest esse coeternum'.[1]

Et in capitulo sequenti dicit:

'Dicit apostolus tempora eterna nec ea futura, sed quod magis est mirandum preterita. Sic enim ait: "In spem[a] uite eterne, quam promisit non mendax Deus ante tempora eterna, manifestauit autem temporibus suis uerbum suum".[2] Ecce dixit retro quod fuerint tempora eterna, que tamen non fuerint Deo coeterna. Siquidem ille ante tempora eterna non solum erat, uerum etiam promisit uitam eternam, quam manifestauit temporibus suis, id est congruis'.[3]

Sed dubitationem parit quod idem ait in xiii. libro capitulo xi:

'In transcursu temporum queritur presens, nec inuenitur; quia sine ullo spacio est, per quod transitur ex futuro in preteritum'.[4]

Quid? Deo quo presenti hoc dicitur, cum omne tempus et successiuum sit et compositum? Sed aduerte, quia non ait 'presens tempus', sed 'presens', designando sic instans.

3 Quero autem utrum esse temporis includatur intra duo instantia, et utrum ipsum esse sit continuum et successiuum. Reor autem quod esse temporis est in instanti, cum esse temporis sit simplex. Nonne item, si tempus in instanti, esse temporis est in instanti? Numquid igitur tempus esse est uerum in instanti, non tamen tempus est in instanti? Sed quid? Nonne tempus habet esse successiue? Nonne ergo esse temporis [col. 2] est successiuum? Sed dicitur quod tempus habet esse successiuum, ratione sibi succedentium. Acute autem inspicienti uidebitur utraque istarum uera: 'Hec dies est', 'Hec dies non est'. Cum enim nullum sit instans huius diei preter hoc, uidetur quod quelibet pars huius diei tota non sit. Et ita quelibet pars huius diei non est et tamen aliqua est, sed et dies est. Sed cum hec dies dicatur esse ratione unici instantis, nonne potius debet dici non esse, ratione tam partium elapsarum quam futurarum quam instantium? 4 Hec igitur dies non est, sed hec falsa: 'Hec dies non est'. Scio quod aliter usum est logicis, quorum exercicio illa questiuncula relinquenda est, utrum aliquod tempus fuerit prius alio, et utrum relatio aliquando fuerit sine correlatione. Hoc enim admittunt nonnulli, dicentes aliquem fuisse similem alicui, licet non in uno instanti. Sed secundum hoc, dabitur quod iste, 'tota hac die', fuit dissimilis illi, et tamen 'in hac die' fuit similis illi, posito quod in quocumque instanti fuit unus albus, fuit reliqu<u>s niger. Sed dubitabit intelligens utrum hoc

---

[a] specie R

---

[1] Ibid.   [2] Tit. 1. 2–3.   [3] Aug. *De Civ. Dei* XII. xvi (365–66).
[4] Ibid. XIII. xi (384).

instans sit in se ipso. Cum enim dicitur quia hoc instans est, aut hoc est
uerum gratia instantis, aut gratia temporis; si gratia instantis, habetur
propositum; si gratia temporis tantum, dabitur quod totale tempus non est,
aut est in se ipso, posito quod post diem iudicii non erit tempus.

5 Sunt autem qui dicant tempus esse accidens, et esse ipsius pendere ex motu
aut firmamenti, aut[a] celi empirei. Sed quid? Cuius accidens est tempus?
Numquid rei existentis in tempore? Numquid ergo infinita sunt tempora?
Nec potest esse temporis se prorsus debere motus firmamenti, cum
firmamentum factum fuerit secundo die. Cum uero mundus fuisset ante
conditionem firmamenti, et tempus cum maxime lucida nubes,[1] primo
die moueretur de loco in locum. Quid quod firmamentum stabit post
iudicium? Numquid post iudicium non erit tempus? Quid est ergo quod
legitur in propheta: 'Et erit tempus eorum in secula'?[2] Iob enim ait
'Transibunt ad calorem nimium, ab aquis niuium'.[3] Nonne ex quo erit
transitus, erit et tempus? Quid quo ii qui cum Christo regnabunt citissime
erunt ubicumque esse uoluerint? Nonne eciam in motu quantumlibet ueloci
erit successio? Quid si uocalis erit laus in patria, ut placet Cassiodoro?[4]
Nonne uocis prolatio aut concentus modulatio exigit more successionem?

6 Quid est ergo quod dicitur in Apocalipsi, iam non erit tempus?[5] Sed
hoc referendum est ad statum glorie. Tempus ergo tunc non erit iustis, id est
nulla uarietas mutabilitatis. Erunt enim immutabiles in mente et incorrupti-
biles in corpore. Adde quia uulgo solet dici quia tempus est uiciscitudo
dierum et noctium. Fuit tamen tempus antequam esset dies uel nox. Inter
instans enim creationis mundi et creationem lucide nubis, quando precepit
Deus ut fieret lux, aliqua fuit morula temporis. In creatione autem illius lucis
cepit esse dies. [f. 38] Fuit enim dies in superiori emisperio antequam esset
nox in eodem, quod patet per hoc quod dicitur 'Factum est uespere et mane
dies unus'.[6] Sed de hoc agetur inferius.[7] Reperies tamen quandoque
noctem fuisse ante creationem lucis. Sed hoc dicitur quia tenebre erant
super faciem abyssi.[8] Si enim proprie accipitur nomen noctis, non potest
nox esse sine umbra terre. Sed nec umbra potest esse, nisi lux sit. Cum ergo
creata est lux, incepit esse umbra.

---

[a] aud R

---

[1] For 'nubis lucida' see Matth. 17. 5. For its application in this context cf. Peter Lomb.
Sent. II. xiii. 2. 3 (I. 390): 'Si uero corporalis fuit lux illa, quod utique probabile est, corpus
lucidum fuisse intelligitur, uelut lucida nubes'.
[2] Ps. 80. 16.   [3] Iob. 24. 19.
[4] Cassiod. *Exposit. in Pss.* CIII. xxxii (740C–D); cf. Peter of Poitiers, *Sent.* I. xiv (845C)
and William of Auxerre, *Summa Aurea* IV. xviii. 3 (IV. 491 lines 27–28).
[5] Apoc. 10. 6.   [6] Gen. 1. 5.   [7] See below, III. xi. 2.
[8] Gen. 1. 2.

7 Si uero dicatur quod esse temporis pendet ex motu celi empirei, eo quod uelocissime, ut inquiunt, mouetur, nonne posset fieri a Deo corpus quod multo uelocius moueretur celo empireo? Nonne et ipsum celum empireum multo uelocius posset moueri quam moueatur? Si enim hoc esset, numquid festinantius elaberetur tempus quam modo elabatur? Quod si esset, numquid citius uergerent animalia in senium quam modo? Sed quid? Numquid aque que supra firmamentum sunt mouentur localiter, etsi firmamentum moueatur? Vnde etiam habent quod celum empireum moueatur? Videtur potius dicendum quod stet, quam quod moueatur. Visum est autem quibusdam tempus presens nichil aliud esse quam intuitum uel proprietatem qua attendimus res; futurum aiunt esse expectationem, preteritum recordationem. Quid? Nonne dum intuitus uel aspectus talis est in mente unius hominis, possunt esse recordatio et expectatio in mentibus aliorum duorum hominum? Nonne ergo simul sunt presens, preteritum et futurum? Numquid item necessario oportet rationalem creaturam esse ad hoc ut tempus sit? Magis ergo placet paruitati mee antiquorum opinio, dicentium tempus esse moram. 8 Nec te moueat quod dicit Augustinus in quinto libro De Trinitate capitulo xx. tempus non cepisse esse in tempore. Causam enim dicti dilucidat, subiungens 'Non enim erat tempus antequam inciperent tempora'.[1] Questio tamen est apud logicos, utrum tempus ist in se ipso. Similiter, dicit Augustinus in libro De Ciuitate Dei xi. capitulo vi. quod mundus non est factus in tempore, sed cum tempore. Sed se ipsum statim explanat, dicens 'quod enim fit[a] in tempore, et post aliquod tempus fit et ante aliquod, post id scilicet quod preteritum est, et ante id quod futurum est'.[2] In eodem item capitulo reperies quia 'tempus sine aliqua mobili mutabilitate non est, in eternitate autem nulla mutatio est'.[3] Patet ergo quod eternitas non est tempus.

De scientia Dei. xlviii.

1 In Deo idem est scientia, sciens et scitum. Scientia enim qua se scit est Deus. Dubitant autem quidam utrum Deus sciat singularia, cum ipse sit, ut aiunt, uniuersalis scientia. Dicendum est autem quod eadem scientia qua scit Deus uniuersalia, scit et singularia. Qua enim scientia scit quidlibet esse,

---

[a] sit R

[1] Aug. De Trin. V. xvi. 17 (922).
[2] Aug. De Civ. Dei XI. vi (322); cf. William of Conches In Platonis Tim. 38B xcvii (p. 180).
[3] Aug. De Civ. Dei XI. vi (321); William of Conches, as above.

scit et Sortem esse. Sed queritur utrum Deus sciat omnia que possunt esse
uera, cum sciat sufficientissime [col. 2] et singulas causas, et omnia que
circumstant. In una ergo significatione huius uerbi 'scit', scit omnia possibilia.
In alia significatione oportet quicquid scitur esse uerum. Est enim scientia
impermixta falsitati. Cum autem dicitur 'Deus incipit scire hoc instans esse',
nulla inceptio attribuitur Deo, sed notatur quia ipsum scitum uerum est cum
non prius fuerit uerum. Si enim Deus est inceptio, dabitur quod inceptio est
desitio. Sicut enim Deus incipit scire hoc instans esse, ita et disinit.
2 Nec mireris me dixisse Deum scire omnia possibilia, cum dicat Augustinus
in xi. libro De Ciuitate Dei capitulo x. quod mundus esse non posset, nisi
Deo notus esset. Ait ergo,

'Dictus est spiritus sapientie multiplex,[1] eo quod multa in sese habeat. Sed que habet
hec et est et ea omnia unus est. Neque enim multe, sed una sapientia est in qua sunt
infinita quedam, eique infiniti thesauri rerum intelligibilium, in quibus sunt omnes
inuisibiles atque incomutabiles rationes, eciam rerum uisibilium et mutabilium, que
per se ipsam facte sunt. Quoniam Deus non aliquid nesciens fecit, quod nec de
quolibet homine artifice recte dici potest. Porro si sciens fecit omnia, ea utique fecit
que nouerat. Ex quo occurrit animo quiddam mirum sed tamen uerum, quod iste
mundus nobis notus esse non posset, nisi esset. Deo autem nisi notus esset, esse non
posset'.[2]

Solet item queri qualiter intelligendum sit quod legitur: 'Sapientie eius non
est numerus'.[3] Quid enim miri si sapientie que unum est non est
numerus, cum non nisi plurium sit numerus? Habet ergo hec dictio
'sapientie' simplicem suppositionem. Posset enim uideri alicui quod infinite
scientie sint in Deo, eo quod infinita sciat. 3 Sed cum diuersa sint scita, unica
est scientia. Est et alia expositio, ut dicatur quod sapientie Dei non est
numerus, quia sapientie eius non est finis.[4] Recte enim ponitur
'numerus' pro 'fine', eo quod omnis numerus finitus est. Expositores tamen
sancti referunt intellectum ad aliud, dicentes sapientie Dei non esse finem,
quia non potest, ut inquiunt, ab aliquo comprehendi.[5] Sed quid? Nonne
comprehendimus intellectum huius nominis 'Deus'? Numquid ergo comprehendimus Deum esse et non comprehendimus Deum? Quid? Immo etiam
dubium est utrum Deus comprehendat se ipsum. Numquid enim Deus
intelligentia sua claudit et ambit, ut ita loquar, quod immensum est? Nonne
item, si Deus comprehendit se ipsum, comprehensibilis est sibi ipsi.
Numquid est Deus comprehensibilis sibi et tamen non est comprehensibilis?
Aut numquid est comprehensibilis et incomprehensibilis? Comprehensibilis, quia Deo; incomprehensibilis, quia nobis est incomprehensibilis. 4 Sed
quid? Nonne comprehensiua scientia comprehendimus in futuro Deum,

[1] Sap. 7. 22.   [2] Aug. De Civ. Dei XI. x. 3 (327).   [3] Ps. 146. 5.
[4] Cf. Aug. Enarr. in Pss. cxlvi. 11 (1906).   [5] Peter Lomb. In Pss. ad loc. (1275D–76B).

quando cognoscemus sicut et cogniti sumus?[1] Nonne ergo ex quo cogniti sumus [f. 38v] perfecte, perfecte cognoscemus? Quomodo autem perfecte cognoscemus Deum, nisi comprehensuri simus ipsum? Dicit Boetius quod semipleno intellectu intelligimus Deum in presenti, sed comprehensiua scientia comprehendemus eum in futuro perfecte.[2] Hec tamen perfectio censetur nomine perfectionis, respectu scientie presentis. Ista tamen perfectio censeri potest nomine imperfectionis, habito respectu ad comprehensionem Dei. Deus enim qui est immensus comprehendit immensum sufficienter. Non tamen intelligentia Dei claudit immensitatem. Dicitur autem Deus incomprehensibilis eo quod nos insufficienter ipsum comprehendimus. 5 Et, ut ait quidam, nec totus scitur a nobis nec totus ignoratur Deus. Si totus, inquit, absconditus esset, fides quidam ad scientiam non adiuuaretur, et infidelitas de ignorantia excusaretur. Quocirca oportuit ut proderet se occultum Deus, ne totus celaretur, et prorsus nesciretur: et rursum ad aliquid proditum se et agnitum occultaret, ne totus manifestaretur, ut aliquid esset quod cor hominis enutriret cognitum; et rursus aliquid quod absconditum prouocaret. Vnde Augustinus in viii. libro De Trinitate capitulo vii. ait: 'Amatur quod ignoratur, sed tamen creditur'.[3] Sed quid? Quonam modo ignoratur Deus a nobis, cum sciamus Deus esse? Scimus enim quod inferior natura non potest subsistere, nisi summa natura sit. Scitur ergo a nobis Deus esse Deus, creditur esse trinus et unus, ignoratur ratione insufficientie comprehensionis nostre. Quid miri si dicamus Deum sciri et ignorari a nobis, cum quicquid scitur a puro homine ignoretur ab eodem? Cum enim scire apodicticum sit causam rei nosse atque aliter esse non posse, plures tamen cause ignorantur a nobis quam sciantur.

6 Notum est autem quod si nichil fuisset creandum a Deo, non esset prescientia Dei, esset tamen scientia. Cum item eadem prescientia presciuerit Deus Antichristum fore et Sortem fore, non uariaretur prescientia Dei, etsi Antichristus non fuisset futurus. Queritur autem utrum hec danda: 'Deus presciuit Antichristum fuisse futurum, cum ab eterno fuerit uerum'. Pauci admittunt eam. Si ergo queratur ab eis quid presciuerit Deus, respondent 'Antichristum'. Non enim presciuit Deus Antichristum esse, quia nec ipsum sciuit cum sit falsum et numquam fuerit uerum. Consueui tamen dare hanc, 'Deus presciuit Antichristum fuisse futurum, ut respectus designatus per prepositionem referatur ad essentiam appellati huius nominis 'Antichristum'. Deus ergo presciuit Antichristum fuisse futurum quod

---

[1] I Cor. 13. 12.
[2] Not in Boeth.; cf. Alan of Lille, *Expos. Pros. de Angelis* (p. 205): '. . . Deum intelligimus non plenarie, sed semiplane; quod imperfectum est tamen euacuabitur in futuro'.
[3] Aug. *De Trin*. VIII. iv. 6 (951).

est A, non tamen presciuit A. Appellatio enim enunciabilis predicta seruat legem constructionis.

De predestinatione. xlix.

1 Sunt qui putent predestinationem non esse Deum, dicentes nullam esse predestinationem, nisi illam que inest rei predestinate. Contra quos facit illa notissima auctoritas, qua dicitur quod predestinatio est causa infusionis gratie et est causa glorie eterne; [col.2] et infusio gratie est causa glorie.[1] Similiter, predestinatio est causa gratie et meriti, ita quod et gratia est causa meriti. Sed queritur utrum debeat dici quod reprobatio sit causa obstinationis similiter et causa punitionis eterne, et utrum obstinatio causa sit punitionis. Solet dici quod reprobatio non est causa pene. Sed quid? Nonne sicut Deus predestinans est causa glorie, ita Deus reprobans est causa pene eterne? Nonne Deus est auctor pene eterne? Nonne Deus creauit ignem eternum in primo instanti temporis, ut docet Gregorius?[2] Constat item quod punitio passio, si quid est, a Deo est. Deus enim est causa omnium rerum que in re sunt, quod addo propter uicia que non sunt et enunciabilia et huiusmodi. Dicendum ergo quod Deus predestinans est causa glorie et est causa quare quis saluetur, sed Deus non est causa quare puniatur quis; est tamen causa et pene materialis et punitionis. Peccatum autem hominis est causa quare puniatur homo, sicut furtum est causa quare fur suspendatur, et iusticia non est causa quare suspendatur. 2 Potest tamen in hoc nomine 'causa' constitui equiuocatio, ut dicatur quod Deus est causa quare iste puniatur, quia iusticia Dei exigit ut puniatur. Est etiam peccatum causa quare quis punitur, causa scilicet meritoria. Theologus autem admittit hanc: 'Quia Deus predestinat istum, ideo saluabitur'. Hanc autem negat: 'Quia Deus reprobat istum, ideo punietur'. Predestinationis enim duo sunt effectus: infusio gratie et saluatio. Sed reprobationis, in quantum est reprobatio, nullus est effectus talis. Igitur per primum effectum predestinationis, scilicet infusionem gratie, saluabitur iste; et ideo quia Deus predestinat istum, saluabitur. Adde quod in hoc uerbo 'predestinat' intelligitur ordinaria Dei uoluntas, que causa est et gratie et glorie. Sed quid? Nonne et in hoc uerbo 'reprobat', cum dicitur de Deo, intelligitur ordinaria Dei uoluntas? Nonne Deus uult reprobare istum? Nonne etiam uult istum dampnari? Immo, quia iusticia hoc exigit, scilicet ut iste dampnetur propter malitiam uidelicet finalem. Hoc autem uerbum 'reprobat', dictum de Deo,

[1] Cf. William of Auxerre, *Summa Aurea* I. ix. 3 (I. 182 lines 8–10).
[2] Greg. *Moral. in Iob* XV. xxix. 35 (1099A).

quasi abnegatiue tenetur, et nichil attribuit Deo. Vnde cum dicitur reprobatio Dei, per emphasim dicitur. 3 Sed nonne ex quo Deus uult istum reprobari, iustum est ita esse? Quare enim est iustum, nisi quia Deus ita uult? Sed nec Deus hoc uellet nisi iustum esset. Sed quero utrum hec danda, 'De iusticia reprobatur iste cum iuste reprobetur'. Dicendum quod hec duplex: 'De iusticia reprobatur iste'. Si enim sic notatur causa ratione effectus qui attenditur circa meritum hominis, falsa est. Hec autem uera, 'De iusticia dampnabitur iste'. Si autem hec uox 'de iusticia' circumlocutio sit eius quod est iustum, danda quia iustum est istum reprobari. Me autem iudice magis se habet dicta propositio [f. 39] ad falsitatem quam ad ueritatem. Iustum quidem est Deum esse misericordem; numquid ideo Deus de iusticia est misericors? Hoc nomen 'iustum' sepe suas uariat significationes. Dicunt tamen expositiores ex occulta iusticia Dei esse, quod Deus reprobauit Esau.[1] Numquid ergo hec est ex iusticia Dei? Numquid iusticia Dei exegit uel desiderauit, ut Esau reprobaretur? Sed hoc ideo dicitur quia occulta est nobis causa, cum tamen iuste hoc fecerit Deus. 4 Et uide quia falluntur putantes ideo Deum ab eterno reprobasse Esau, quia erat futurus malus finaliter. Si enim hoc esset, ut ait Gregorius, esset temporale quid causa eterni, id est eius quod ab eterno fuit, sed tamen temporale potest esse causa eius quod in eternum durabit.[2] Meritum enim est causa fruitionis eterne. Hec ergo falsa: 'Quia quis bonus est, ideo Deus predestinauit eum; sed quia est bonus, ideo est saluandus'. Licet ergo malicia finalis sit causa dampnationis, non est tamen causa reprobationis diuine; sed nec malicia finalis effectus est reprobationis. Malicie enim nulla est causa efficiens; bonitatis uero uel hominis uel uoluntatis efficiens causa est Deus. Queritur item utrum hec danda: 'Quia Deus predestinauit, iustificauit'. Reuera apostolus dicit 'Quos Deus predestinauit, hos et uocauit; et quos uocauit, iustificauit'.[3] Sed expositores apponunt hanc dictionem, quia sic: 'Quia Deus predestinauit, uocauit; quia uocauit, iustificauit'. Numquid ergo quia Deus predestinauit Iacob, ideo iustificauit eum? Numquid ergo predestinatio est causa iustificationis que est Deus? Numquid ergo predestinatio est causa sui? 5 Dicunt item expositores quod ideo predestinauit Deus Iacob, quia uoluit. Numquid ergo uoluntas Dei est causa predestinationis que est Deus? Dicendum quod cum dicitur 'Quia Deus predestinauit ideo iustificauit', notatur quod predestinatio Dei est causa iustificationis que est in re iustificata. Similiter respondeatur ad id quod quesitum est de uoluntate. Similiter, cum dicitur 'Quia Iudas meruit

[1] Cf. Mal. 1. 3; below, III. xlvi. 20–24.
[2] Cf. Greg. *Dial.* IV. xliv (404A); Peter of Poitiers, *Sent.* III. iv (1051B); William of Auxerre, *Summa Aurea* I. xiii. 2 (I. 249).
[3] Rom. 8. 30.

puniri, uult Deus punire Iudam', intelligitur meritum Iude esse causa punitionis passionis. Sepe item disserui mecum utrum aliquam causam occultam aut rationem nouerit Deus quare predestinauerit Iacob, quam nos non nouerimus cum nos sciamus uoluntatem Dei esse causam. Sed si uoluntas Dei est causa sufficiens, ad quid fatebimur Deum aliam causam nosse super hoc? Aut si aliam causam nouit Deus, nonne et illa sufficiens est, sicut et uoluntas Dei? Numquid item illa alia causa est causa temporalis uel eterna? Si est eterna, que est illa? Deus nouit. 6 Consueuere item magistri dicere quod Petrus modo non predestinatur quia iam habet id ad quod fuit predestinatus. Sed cum habeat primam stolam, patet quod nondum habet secundam. Nonne igitur potest dici quod Petrus predestinatur ad secundam? Nonne ergo ratione secunde stole predestinatur Petrus? Reor sic esse. [col. 2] Comprehensor ergo predestinatur, sed comprehensor eius quod habet predestinatur ad id quod nondum habet. Me item iudice, angeli merentur usque ad diem iudicii. Quod enim dicitur quod patria non est locus meriti sed remunerationis, causa nostri dictum est. Constat ergo etiam secundum iudicium omnium, quod post diem iudicii maius gaudium habebit quam modo. Numquid ergo predestinantur ad gaudium quod habent, quia predestinantur ad augmentum illius gaudii? Minime. Non enim gaudium quod habent ipsis preparatur. Numquid similiter Petrus predestinatur ad fruitionem quam habet, quia ad augmentum eius? In iudicio enim erit Ecclesia ut luna, post iudicium ut sol. Reor quod ad augmentum predestinatur, sed non ad fruitionem quam habet.

7 Quero item utrum possibile sit predestinatum esse dampnatum. Nonne enim Traianus est dampnatus, cum fuerit in inferno inferiori? Nonne autem idem est predestinatus ad uitam? Nonne enim ex quo saluatus est, est et predestinatus ab eterno? Dicendum quod impossibile est dampnatum eternaliter esse predestinatum. Sed numquid idem fuit prescitus et predestinatus, secundum quod prescitus solet accipi de dampnato? Dicendum est quod Traianus non fuit prescitus. Vtrum autem Traianus fuerit in inferno inferiori nolo determinare, cum legatur quia in inferno nulla est redemptio.[1] Multi tamen sunt qui fidem non adhibent illi miraculo. Nolo item querere utrum Petrum, cum sit predestinatus et comprehensor, ·

---

[1] The widespread story of Trajan's salvation through Gregory's prayers first appears in the various Lives of Gregory: The Anonymous of Whitby, ed. B. Colgrave, *The Earliest Life of Gregory the Great* (Lawr., Kansas, 1968), ch. 29, pp. 126–29, John the Deacon xliv (104D–06A) and Paul the Deacon xxvii (56D–57C). See Colgrave n. 122 pp. 161–63 for discussion and bibliography. It is alluded to by William of Auxerre, *Summa Aurea* I. xi. 5 (I. 212) and, in the same connection as Nequam, IV. xviii. 4 (IV. 534). 'In inferno nulla est redemptio': Respond 3 in third Nocturns, Office for the Dead (*Brev. Sar.* II. 278), quoted by Richard of St. Victor, *De Differenti Pena Peccati Mortal. et Venial.* (p. 291), by Simon of Tournai, *Disputat.* xl (p. 119 lines 16–17), and by William of Auxerre, *Summa Aurea* IV. xviii. 4 (IV. 527).

possit esse prescitus. Nonne enim posset Deus infundere animam corpori
Petri non glorificato? Nonne ergo anima sociata corpori non glorificato
posset peccare? Numquid anima sic infusa contraheret originale peccatum
ex coniunctione corporis? Fortasse de hoc agetur inferius.[1]

8 Solet item queri utrum posset alicui reuelari quod sit prescitus, cum legatur
quod de nemine desperandum est, quamdiu est uiator. Responsio magis-
trorum est quod non possit Dominus reuelare alicui quod sit prescitus,
superfluum enim uideretur. Dicunt etiam quod etiam si constaret alicui
Deum esse, qui uteretur hac forma uerborum, 'Tu es prescitus', uel 'Tu
dampnaberis', opinari deberet Deum non uti his uerbis in significatione
propria. Dicimus autem quod si alicui hoc reuelaretur a Deo, misericorditer
ageretur cum ipso. Multa enim uitaret, que forte non premunitus perpet-
raret. Petro quidem reuelatum fuit Ananiam et Saphiram esse prescitos.[2]

9 Consueui item querere utrum hec danda: 'Quicquid agat iste, demonstrato
Samsone, saluabitur'. Non quero de hac, 'Quicquid eueniat isti saluabitur'.
Si enim eueniat ei quod decedat finaliter impenitens, non saluabitur. Nonne
autem saluabitur iste, et se ipsum interficiat? Immo, interfecit enim Samson
se ipsum, lege priuata ductus.[3] Sed numquid hec danda, 'Samson etsi
committat adulterium, saluabitur'? Eciam, hec tamen falsa, 'Si committit
adulterium, saluabitur'. Potest [f. 39v] ergo in hac dictione 'quicquid' notari
tam adiunctio quam consecutio, et secundum hoc duplex est propositio
predicta. Vnde et usus hanc negat: 'Qui uidet te uidet latronem'. Sed quid?
Numquid secundum quod adiunctiua causa intelligitur in hac, 'Quicquid
agat, iste saluabitur', uera est? Numquid ergo de quocumque predestinato
dici uere potest, quoniam quicquid agat saluabitur? Numquid ergo siue oret
siue non oret siue det elemosinam siue non det pro loco et tempore, cum ei
suppetat facultas, saluabitur? Nonne orationes sanctorum et felicia spiritualium exercitiorum studia cum operibus misericordie sunt in predestinatione diuina? Immo etiam sunt ex predestinatione. Cum ergo operari et non
operari partes sint adoperari, dicetur hec falsa, 'Quicquid agat iste,
saluabitur'. Demonstretur item quidam predestinatus alius a Samsone, falsa
erit hec, 'Iste saluabitur etsi se interficiat'. Licet enim in Samsone accidat
quod interficere se ipsum non auferat immo potius afferat salutem, secus
tamen est in alio.

10 Consueui item querere utrum hec danda: 'Iste prescitus potest promereri
quod Deus predestinet eum ad uitam'. Constat enim quod qui est prescitus
potest esse predestinatus. Numquid ergo prescitus potest merito suo efficere
quod uerum erit Deum predestinasse ipsum ad uitam? Non. Potest tamen
mereri uitam eternam; qua habita, uerum erit Deum predestinasse ipsum ad

---

[1] Not extant.   [2] Cf. Act. 5. 3–10.   [3] Iud. 16. 29.

uitam. Non tamen potest promereri quod Deus predestinauerit eum ad uitam. Non enim potest mereri quod Deus hoc preordinauerit ab eterno. Hinc est quod iste non potest mereri quod Deus predestinet eum ad uitam. Si enim Deus predestinat, ab eterno predestinauit. Potest tamen iste mereri, ut Deus det ei uitam eternam. Patet item quia licet ista conuertantur inter se scilicet istum esse saluandum, istum esse predestinatum, non tamen iste potest mereri se esse predestinatum, licet mereatur reliqu<u>m. Meretur quis consequens, etsi non antecedens ut remissionem peccati, non tamen infusionem gratie. Quod ergo dicitur quia predestinatio precibus adiuuatur, hoc ideo dicitur, quia ad uitam eternam que est effectus predestinationis peruenitur orationibus et bonis operibus. 11 Sed quid? Nonne potest iste promereri, ut Deus paret ei locum mansionis in celo? Sciendum ergo quod hoc uerbum 'parare' quandoque refertur ad preordinationem diuinam, quandoque ad operationem. Hinc est quod Dominus legitur dixisse in euuangelio Iohannis: 'In domo Patris mei multe mansiones sunt. Si quo minus, dixissem uobis, quia uado parare uobis locus. Et si abiero et preparauero uobis locum, iterum uenio et accipiam uos ad me ipsum'.[1] Domum Patris sui dicit Dominus Ecclesiam triumphantem, uel ipsum celum empireum. Mansiones uocat diuersitates status glorie. 'Differt enim stella a stella in claritate'.[2] 'Si quo minus', hoc est 'Si non esset ita, dix[col. 2]issem uobis hoc quod sequitur', scilicet 'quia uado parare uobis locum'. Hic quidem refertur hoc uerbum 'parare' ad predestinationem. Cum uero subditur 'et si abiero et preparauero uobis locum' et cetera, refertur hoc uerbum 'preparauero' ad operationem. 12 Quem locum exponens Augustinus super Iohannem, ait:

'Quomodo uadit et parat locum si iam multe sunt mansiones? Si quo minus dixisset "uado parare". An iste mansiones et sunt et parande sunt? Si quo minus enim essent, dixisset "uado parare". Et tamen quia ita sunt ut parande sint, non eas uadit parare sicut sunt. Sed si abierit et parauerit sicut future sunt, iterum ueniens accipiet suos ad se ipsum, ut ubi est ipse, sint eciam ipsi. Quomodo mansiones in domo Patris non alie sed ipse et sine dubio iam sunt sicut parande non sunt, et nondum sunt sicut parande sunt? Quomodo ergo putamus nisi quomodo etiam propheta predicat Deum, quia fecit que futura sunt? Non enim ait "qui facturus est que futura sunt", sed "qui fecit que futura sunt".[3] Ergo et fecit ea et facturus est ea. Nam neque facta sunt, si ipse non fecit; neque futura sunt, si ipse non fecerit. Fecit ergo ea predestinando, facturus est operando, sicut discipulos quando elegerit satis indicat euuangelium, tunc utique quando eos uocauit.[4] 13 Et tamen ait apostolus "Elegit nos ante mundi constitutionem",[5] predestinando utique non uocando. "Quos autem predestinauit, illos et uocauit".[6] Elegit predestinando ante mundi constitutionem, elegit uocando ante mundi consummationem. Sic mansiones preparauit et preparat, nec alias sed quas preparauit has preparat, qui fecit que futura sunt. Quas preparauit predestinando,

---

[1] Ioh. 14. 2–3.   [2] I Cor. 15. 41.   [3] Is. 45. 11 (LXX).
[4] Luc. 6. 13.   [5] Eph. 1. 4.   [6] Rom. 8. 30.

preparat operando. Iam ergo sunt in predestinatione. Si quo minus, dixisset "ibo et parabo", id est "predestinabo". Sed quia nondum sunt in operatione, "et si abiero", inquit, "et preparauero uobis locum; iterum ueniam et accipiam uos ad me ipsum". Parat autem modo mansiones, mansionibus parando mansores'.[1]

14 <E>cce quia in medium protulimus uerba expositionis Augustini. Sed quonam modo stabit hec expositio? 'In domo Patris mei multi mansiones sunt', sed in predestinatione. 'Si non esset ita, dixissem uobis quia ibo et parabo' id est 'predestinabo'. 15 Quid? Si ergo non essent mansiones parate per predestinationem, Dominus pararet eas per predestinationem, ergo si non essent preparate per predestinationem, essent preparate per predestinationem; ergo si non essent preordinate, essent preordinate. Quid? Nonne possibile fuit mansiones tales non fuisse preparatas siue preordinatas? Immo; quod enim disponit Deus, possibile est eum non disposuisse, et quem predestinauit, possibile est non predestinasse. Cum enim legitur quia 'si quis[a] predestinatus est a Deo necessario saluabitur', dicendum quia si hec dictio 'necessario' determinatiua est consequentis, est falsa locutio; si est nota consecutionis, uera est. Ieronimus autem Contra Iouinianum sic exponit quod legitur 'In domo Patris mei multe sunt mansiones':

'In domo', inquit, [f. 40] 'Patris mei multe sunt mansiones, uobis scilicet adquirende per opera bona. Si quo minus, dixissem uobis quia uado et cetera'.

Sed ipsa Ieronimi uerba libet in medium proferre.

'Locus', inquit, 'et mansiones quas preparare se dicit Christus apostolis, in domo utique sunt Patris, id est in regno celorum, non in terra, in qua ad presens apostolos relinquebat. Simulque sensus intuendus. 16 "Dicerem", inquit, "uobis quia uado et preparabo uobis locum, si non mansiones multe essent apud Patrem — hoc est, si non unusquisque mansionem sibi non ex largitate Dei sed ex propriis operibus prepararet. Et ideo non est meum parare sed uestrum, quia et Iude nichil profuit paratus locus, quem suo uicio perdidit". Iuxta quem sensum et illud intelligendum, quod ad filios dicitur Zebedei, quorum alter a sinistris, alter cupiebat sedere a dextris: "Calicem quidem meum bibetis, sedere autem a dextris meis siue a sinistris non est meum dare uobis, sed quibus paratum est a Patre meo".[2] Non est dare Filii, et quomodo Patris est preparare? Parate, inquit, sunt in celo diuerse et plurime mansiones, plurimis diuersisque uirtutibus, quas non accipiunt persone sed opera. Frustra ergo a me petitis quod in uobis situm est, quod Pater meus illis parauit, qui dignis uirtutibus ad tantam ascensuri sunt dignitatem'.[3]

17 Ecce uerba Ieronimi proposuimus. Sed quid est quod dicit, 'nichil profuit Iude paratus locus' et cetera? Numquid fuit Iude locus in celo paratus? Numquid Iudas parauit sibi locum et non Pater? Aut si Pater parauit Iude

---

[a] R adds est.

[1] Aug. *In Iohann.* lxviii. 1–2 (1813–14).   [2] Matth. 20. 23.
[3] Hieron. *Adv. Iovin.* II. xxviii (324C–D).

locum, nonne ergo ab eterno preordinauerat hoc Deus? Quod si est, nonne Iudas fuit predestinatus? Intelligendum ergo Iude fuisse paratum locum conditionaliter, si scilicet perseuerasset in caritate quam habuit, qua merebatur uitam eternam. Sed nonne merendo locum celestem parauit sibi locum? Non. Sed nonne, si tunc decessisset in caritate, parasset sibi locum? Immo, quia si hoc esset predestinatus, sed non fuit predestinatus, ergo non parauit sibi locum. Quid est ergo <quod> dicitur, 'quem suo uicio perdidit'? Numquid perdidit quod numquam fuit habiturus? Ideo igitur dicitur Iudas perdidisse locum, quia quem esset habiturus si perseuerasset in bono, non est adeptus. Dicitur item perdidisse locum, quia deletus fuit de libro uite in quo scriptus fuit, non ratione predestinationis sed ratione iusticie quam habuit, ut dicetur in hoc eodem capitulo.[1] Adde quod Iudas aliquando dignus fuit uita eterna, sed hanc dignitatem perdidit meritis malis.

18 Salua tamen pace maiorum difficile erit euadere inextricabilem difficultatem, nisi distinctio fiat sic: 'In domo Patris mei multe mansiones sunt. Si quo minus, dixissem uobis'. Sequitur: 'Quia uado parare uobis locum'. Continuabitur ergo sic: Reuera in domo Patris mei multe sunt mansiones, in predestinatione Dei, quod quidem liquido manifestum esse potest, quia uado parare uobis locum, non dico per predestinationem, [col. 2] sed per operationem. Hec ergo dictio 'quia' non est hic nota cause, immo pocius est nota euidentie. 'Dico quod uado parare uobis locum, et hoc non fiet sine multa utilitate uestri'. Vnde subditur 'Et si abiero', id est 'cum abiero et preparauero uobis locum, iterum uenio apparaturus[a] in iudicio et introducam uos in mansiones ubi maneatis eternaliter perfruendo tota Trinitate'. Parauit quidem Dominus locum apostolis excitando desiderium et feruorem amoris spiritualis in ipsis. Subtracta enim carnali presentia Saluatoris, subtractus est et amor carnalis, ita quod creuit in ipsis amor spiritualis. Vnde et Dominus suos alloquens ait, 'Expedit uobis ut ego uadam. Si enim non abiero, Paraclitus non ueniet ad uos. Si enim carni carnaliter adheseritis, capaces Spiritus non eritis'.[2] Sed quid? Nonne prius acceperant apostoli Spiritum Sanctum?[3] Immo, propter tamen corporalem presentiam Domini erat carnalis in eis amor quem expelli oportuit ad hoc ut ignem amoris Spiritus Sancti acciperent in igne, non solum iam igniti, sed et ignei. Adde quia Dominus preparauit suis locum in ascentione quia non erat iustum ut membra intrarent celum antequam caput intraret. Si quis melius explanauerit transitum predictum nec inuideo nec miror.

[a] apariturus R

---

[1] See above, sect. 5.   [2] Ioh. 16. 7.   [3] Ioh. 20. 22.

19 Queritur autem utrum hec danda: 'Iste predestinatus meretur fuisse saluandus'. Dicendum quod non, quamuis acutus dubitaturus sit de ueritate ipsius. Hec autem uera: 'Iste meretur ut saluetur'. Preterea, cum legitur quod predestinatio non est necessaria causa standi, ideo dicitur quia non est causa standi necessario.[1] Quid? Visum est quibusdam quod predestinatio non est etiam causa standi. Vnde dicunt hanc esse falsam: 'Iste, quia predestinatus est, saluabitur'. Nonne enim, inquiunt, falsa est ista: 'Quia Deus preuidit res futuras, ideo future sunt'? Sed quid? Non sunt dicte locutiones eiusdem iudicii. Cum enim dicitur quod Deus preuidit hoc uel illud, non reperitur aliquis effectus qui sit causa quare res futura sit. Predestinationis autem, ut diximus, multiplex est effectus, scilicet infusio gratie cum conseruatione et saluatione. 20 Adde quia in hoc verbo 'predestinauit' intelligitur uoluntas diuina. Vnde cum dicitur 'Deus predestinauit istum', intelligitur quod Deus preordinauit istum ad uitam, et quod uult eum habiturum esse uitam eternam. Augustinus etiam dicit quod Deus predestinat iustos quia uult, et eius uoluntas non est iniusta. Venit enim ex occultis meritis, et ita predestinatio uenit ex meritis, ergo homo meretur predestinationem.[2] Sed istud numeratur inter retractanda.[3] Et uide quia licet Deus ab eterno predestinauerit istum, non tamen predestinatio istius fuit ab eterno, secundum quod predestinatio supponit pro dono illo Spiritus Sancti quod est in isto, preueniens omnen uirtutem et omnem motum uirtutis. Constat item quod antequam homo sit, est predestinatus participialiter sed non nominaliter. Et uide quia licet hoc nomen 'predestinatus' soleat dici tantum de electis, reperis tamen quod Iudas [f. 40v] predestinatus fuit perditioni, super illum locum Iohannis: 'Quos dedisti mihi custodiui et nemo ex iis periit nisi filius perditionis'.[4] Licet ergo dici queat quod Iudas est predestinatus ad penam eternam, non tamen dicendum quod predestinatus sit ad maliciam. Pena enim et est a Deo et ordinatur a Deo, malicia non.

21 Sciendum est eciam quod dicitur quis scribi in libro uite,[5] tum ratione predestinationis, tum ratione iusticie. Hinc est quod quandoque reperitur quod Iudas scriptus fuit in libro uite, eo quod aliquando habuit caritatem. Sed secundum quod liber uite dicitur predestinatio Dei, nullus potest deleri de libro uite. Si enim quis deletur de libro uite, scriptus erat in libro uite, et iam non est scriptus in eo, quod quidem est impossibile. Quonam ergo modo intelligendum est quod dicitur: 'Deleantur de libro uiuentium?' Quod ergo sequitur, 'et cum iustis non scribantur',[6] expositio est precedentis. Ac si

[1] 'Predestinatio multis fuit causa standi et nulla causa ruendi': Prosper, *Resp. ad Cap.* xii (1847), cited from 'Augustine' by William of Auxerre, *Summa Aurea* I. ix. 3 (I. 189 lines 8–9).
[2] Cf. Aug. *De Divers. Quaest.* lxviii. 4 (72); Peter Lomb. *Sent.* I. xli. 2. 3–4 (I. 290–91).
[3] Cf. Aug. *Retract.* I. xxvi (628).   [4] Ioh. 17. 12, *Glo. Ord.* V. 1289–90 (interlin.).
[5] E.g. Philip. 4. 3; Apoc. 13. 8 etc.   [6] Ps. 68. 29.

dicatur: Putant se scriptos esse, sed constet ipsis illos non ibi esse. Preterea, sane intelligendum est quod dicitur, quia 'certus est numerus predestinatorum'.[1] Licet enim certus sit Deo, plures tamen possunt esse predestinati quam sint predestinati. Non enim sunt predestinati, nisi tot et plures possunt esse predestinati. 22 Adicere uolumus predictis illud Ysaie, loquentis in persona Dei de choro apostolorum: 'Venerabilis', inquit, 'Factus est in oculis meis, ideo dilexi te'; et glosa dicit quod 'prior dilexi'.[2] Vnde dilexit nos ante mundi constitutionem,[3] ut habetur in epistola canonica, et ita innuit glosa quod ibi fit sermo de dilectione predestinationis,[4] et ita quia uenerabilis factus est in oculis Domini dilexit eum Dominus, sed factus est uenerabilis per uirtutes, ergo per bonitatem uirtutum,[a] ergo quia erat bonus dilexit eum Dominus, et loquitur de dilectione predestinationis, ergo quia erat bonus predestinauit eum Dominus. Cum ergo dicitur 'Venerabilis factus es in oculis meis, ideo dilexi te', ita intellige ut hec dictio 'ideo' non notet causam efficientem sed finalem, sub hoc sensu, 'Hoc fine dilexi te, ut sis uenerabilis in oculis meis'. Item quia iste est bonus, diligitur a Deo; ergo quia est bonus, diligit eum Deus. Si ergo hec est uera ratione cuiusdam effectus connotati per uerbum, quare non est hec uera: 'Quia iste est bonus, est predestinatus, ratione cuiusdam effectus scilicet collationis glorie'? 23 Dicendum quod hoc uerbum 'diligit' connotat plura sub disiunctione, et ita ad ueritatem huius, 'Quia iste est bonus, diligit eum Dominus', sufficit quod bonitas sit causa alterius effectus connotati per uerbum. Sed hoc uerbum 'predestinat' connotat ista duo coniunctim, gratiam in presenti, gloriam in futuro, et ideo falsa est hec: 'Quia iste est bonus, Deus predestinauit istum ratione scilicet effectus qui est appositio gratie'. Cum tamen dilectio Dei sit causa bonitatis huius, potius est hec uera, 'Quia Deus diligit istum, iste est bonus', quam econtrario. Item, queritur de illo qui peccat mortaliter, utrum mereatur numquam habere gratiam, quia meretur dampnari eternaliter, [col. 2] ergo semper carere gratia, et ita numquam habere gratiam. Et si hoc, a simili: Iste qui habet caritatem meretur perseuerare in caritate et ita meretur perseuerantiam finalem. Sed dicendum quod licet mereatur quis eternaliter dampnari, non tamen semper carere gratia. Item, 'Iste bonus predestinatus meretur esse glorificatus cum angelis, et meretur esse coheres Christi'. Hec autem dubia: 'Iste meretur esse de numero predestinatorum', propter particionem connotatam per hanc uocem 'de numero'. Hec autem falsa: 'Iste meretur esse predestinatus'. De predestinatione Christi dicetur inferius.[5]

---

[1] Cf. Aug. *De Corrept. et Grat.* xiii. 39 (940).
[2] Cf. Is. 43. 4; *Glo. Ord.* IV. 373–74 (interlin.).   [3] See above, I. vi. 2.
[4] Wrong; cf. Eph. 1. 4; *Glo. Ord.* VI. 525–26 (interlin.).   [5] Not extant.

De prouidentia Dei. 1.ᵃ

1 Sicut autem predestinatio non infert necessitatem collationi glorie, ita nec prouidentia infert necessitatem essentie rei preuise a Deo. Et ut ait Boetius in libro De Consolatione Philosophie prope finem,

'Non preuidentia sed prouidentia potius dicitur, quod porro ab rebus infimis constituta, quasi ab excelso rerum cacumine cuncta prospiciat. Quid igitur postulas ut necessaria fiant que diuino lumine lustrentur, cum ne homines quidem necessaria faciat esse que uideant? Num enim, que presentia cernis, aliquam eis necessitatem tuus addit intuitus? Minime. Atqui si est diuine humanique presentis digna collatio uti uos uestro hoc temporario presenti quedam uidetis, ita ille omnia suo cernit eterno'.¹

In libro item sententiarum Prosperi collecto de opusculis sancti Augustini: Neminem Deus ad peccandum cogens,

'preuidet tamen eos qui propria uoluntate peccabunt. Cur ergo non iudicet iustus, que fieri non cogit prescius? Sicut enim nemo memoria sua cogit facta esse que preterierunt, sic Deus prescientia sua non cogit facienda que futura sunt. Et sicut homo quedam que facit meminit, nec tamen omnia que meminit fecit, ita Deus omnia quorum ipse est auctor prescit, nec tamen omnium que prescit ipse est auctor. Quorum autem non est malus auctor, iustus est ultor'.²

2 Solet autem dubitari a quibusdam utrum fatum aliquid sit. Dicendum autem quod hoc nomen 'Fatum' equiuocum est. Si enim appellet quandam necessitudinem impositam rerum euentui, fatum nichil est. Et ita utitur uulgus hoc nomine 'fatum'. Si uero dicatur fatum ordinis temporalium rerum explicatio, fatum aliquid est. Et ut ait Boetius,

'Sicut artifex faciende re formam mente precipiensᵇ mouet operis effectum et quod simpliciter presentarieque prospexerat per temporales ordines ducit, ita Deus prouidentia quidem singulariter stabiliterque facienda disponit, fato uero hec ipsa que disposuit multipliciter ac temporaliter administrat'.³

3 Et uide quod hoc nomen 'fatum', secundum quod fatum est aliquid, potest nunc pertinere ad explicationem qua Deus ipse explicat temporalia, nunc ad explicationem ipsarum rerum temporalium. Similiter et hoc nomen 'casus' est equiuocum. Vnde Boetius:

'Si quis', inquit, 'euentum temerario motu nullaque causarum connexione productum diffiniat esse casum, nichil omnino casum esse confirmo et preter subiecte rei significationem [f. 41] inanem prorsus uocem esse decerno. Quis enim cohercente in ordinem cuncta Deo locus esse ullus temeritati potest reliquus?'⁴ 'Quociens autem aliquid cuiuspiam gratia rei geritur aliudque quibusdam de causis quam quod

---

ᵃ L< >X R   ᵇ percipiens R

¹ Boeth. De Consol. Phil. V. prosa vi. 17–20.
² Prosper, Liber Sentent. ccclxxxiii (492C–93A) = Aug. De Lib. Arbitr. III. ix. 10–11 (1276).
³ Boeth. De Consol. Phil. IV. prosa vi. 12.   ⁴ Ibid. V. prosa i. 8.

intendebatur contingit, casus uocatur, ut si quis colendi agri causa fodiens humum defossi auri pondus inueniat. Hoc igitur fortuitu quidem creditur accidisse, uerum non de nichilo est, nam proprias causas habet, quarum improuisus inopinatusque concursus casum uidetur operatus. 4 Nam nisi cultor agri humum foderet, nisi in eo loco pecuniam suam depositor obruisset, aurum non esset inuentum. He igitur sunt fortuiti cause compendii quod ex obuiis atque sibi confluentibus causis, non ex gerentis intentione prouenit. Neque enim uel qui aurum obruit uel qui agrum exercuit ut ea pecunia reperiretur intendit, sed uti dixi quo[a] ille obruit, hunc fodisse conuenit atque concurrit. Licet igitur diffinire casum esse inopinatum ex confluentibus causis in iis que ob aliquid geruntur euentum. Concurrere uero atque confluere causas facit ordo ille ineuitabili connexione procedens, qui de prouidentie fonte descendens cuncta suis locis temporibusque disponit'.[1]

5 Sciendum est item quod secus se habet diuina prouidentia quam humana. Posito enim quod rex non preuiderit heri se daturum tibi hoc castrum, non est possibile ipsum heri preuidisse quod hoc castrum tibi daturus esset. Licet autem Deus non preuiderit heri istum esse saluandum, tamen possibile est Deum hoc heri preuidisse. Si enim Deus heri hoc preuidit, ab eterno preuidit; et si ab eterno, dum modo hesterna dies fuerit futura, heri preuidit dum modo hoc nondum sit adimpletum. Quia igitur possibile est Deum hoc preuidisse ab eterno, possibile est eum heri preuidisse hoc. Cum item in infinitum sit futura mora, dandum est quod Deus semper preuidebit res futuras. 6 Preterea, cum astronomia sit disciplina necessariis utens demonstrationibus, uidetur quod quicquid sequitur ex preceptis illius artis necessario eueniat. Sed sciendum quod quedam sunt ex quibus est ars, quedam sunt spectantia ad artem. Demonstratiue ergo negociatur circa quedam, ut cum probat solem esse maiorem terra centies sexagies sexties et fractione.[2] Cum uero per quasdam coniecturas connicit artifex uentum impetuosum fore ex planetarum concursu qui fiet in libra, non eueniet necessario quod preuidet esse futurum: unde et bene instructi in predicta facultate utuntur hac forma uerborum: 'Si talis fiat concursus planetarum, eueniet hoc uel illud, si Deus uoluerit'.

7 Solet item queri de eo quod legitur in Iob: 'Constituisti terminos eius', scilicet hominis, 'qui preteriri non poterunt'.[3] Quid? Esto quod terminus uite istius hominis erit A. Nonne iste poterit uiuere ultra A? Immo, cum non sit necessarium istum esse moriturum in A. Cum ergo dicitur quod termini hominis non poterunt preteriri, dictum est sub hoc intellectu scilicet quod

---

[a] quo *Boeth.*; quod R

---

[1] Ibid. V. prosa i. 13–19.
[2] So also in Alexander Nequam, *De Nat. Rer.* I. viii (p. 44), II. prol. (p. 126). The source is presumably Al-Battani, *Opus Astronomicum*, transl. Plato of Tivoli, xxx (I. 60), where the figure is given as 166 3/8. I owe this identification to Dr C. S. Burnett.
[3] Iob 14. 5.

quilibet morietur termino sibi a diuina prouidentia prefixo. Cum autem [col. 2] dixit 'prefixo', ne referas hoc ad necessitatem sed ad preordinationem. Vnde Gregorius in duodecimo libro Moralium, explanans illum locum 'Constituisti terminos eius qui preteriri non poterunt',[1] ait:

'Nulla que in hoc mundo hominibus fiunt absque omnipotentis Dei occulto consilio ueniunt. Nam cuncta Deus secutura presciens, ante secula decreuit, qualiter per secula disponantur. Statutum quippe iam homini est, uel quantum hunc mundi prosperitas sequatur, uel quantum aduersitas feriat, ne electos eius aut immoderata prosperitas eleuet, aut nimia aduersitas grauet. Statutum quoque est, quantum in ipsa uita mortali temporaliter uiuat. 8 Nam etsi annos quindecim Ezechie regi ad uitam addidit omnipotens Deus, cum eum mori permisit, tunc eum presciuit esse moriturum.[2] Qua in re questio oritur, quomodo ei per prophetam dicitur: "Dispone domui tue, quia morieris tu et non uiues".[3] Cui cum mortis sententia dicta est, protinus ad eius lacrimas et uita addita est. Sed per prophetam Dominus dixit quo tempore mori ipse merebatur. Per largitatem uero misericordie illo eum tempore ad mortem distulit, quod ante secula ipse presciuit. Nec propheta igitur fallax, quia tempus mortis innotuit, quo uir ille mori merebatur, nec dominica statuta conuulsa sunt, quia ut ex largitate Dei anni uite crescerent, hoc quoque ante secula prefixum fuit; atque spacium uite quod inopinate foris est additum, sine augmento prescientie fuit intus statutum'.[4]

9 Ecce quia dicit Gregorius 'prefixum' et cetera. Caute item intelligendum est quod dicitur, quod uite Ezechie superadditi sunt quindecim anni. Nonne enim uita qua uixit ante quindecim annos uixit per illos quindecim annos? Hoc ergo ideo dicitur, quia meruit uitam terminare tunc. Adde eciam quia tunc adeo defecerat in ipso natura, ut nulla ratione posset ei subsidium humanum opem ferre absque spirituali adiutorio diuine clementie.

10 Augustinus item in libro sexto Super Genesim ad Litteram ait:

'Secundum quasdam futurorum causas moriturus erat Ezechias, cui Deus addidit quindecim annos ad uitam,[5] id utique faciens quod ante constitutionem mundi se facturum esse presciebat, et in sua uoluntate seruabat. Non ergo id fecit quod futurum non erat; hoc enim magis erat futurum, quod se facturum esse presciebat. Nec tamen illi anni additi recte dicerentur, nisi aliquid adderetur, quod se aliter in aliis causis habuerit. Secundum aliquas igitur causas inferiores iam uitam finierat; secundum illas autem que sunt in uoluntate et prescientia Dei, qui ex eternitate nouerat quid illo tempore facturus erat (et hoc uere futurum erat), tunc erat finiturus uitam quando finiuit uitam. Quia etsi oranti concessum est, eciam sic eum oraturum ut tali orationi concedi oporteret ille utique presciebat, cuius prescientia falli non poterat; et ideo quod presciebat, necessario futurum erat'.[6]

[1] Ibid.   [2] IV Reg. 20. 1.
[3] Is. 38. 1. 'Auctoritates' on the problem of Hezekiah's augmented life-span are collected in *Liber Pancrisis* (BL Harl. 3098, ff. 50v–52v).
[4] Greg. *Moral. in Iob* XII. ii. 2 (986D–87B).   [5] Is. 38. 5.
[6] Aug. *De Gen. ad Litt*. VI. xvii. 28 (351).

11 Necessario dicit, non necessitate absoluta, sed ratione prescientie infallibilis. Gregorius item in xvi. Moralium, explanans illud Iob loquentis [f. 41v] de iniquis 'Qui sublati sunt ante tempus suum',[1] ait:

'Cum tempus uite a diuina nobis prescientia sit procul dubio prefixum, querendum ualde est qua ratione nunc dicitur quod iniqui ex presenti seculo ante tempus proprium subtrahantur. Omnipotens enim Deus etsi plerumque[a] mutat sententiam, consilium numquam. Eo igitur tempore ex hac uita quisque subtrahitur, quo ex diuina potentia ante tempora prescitur. Sed sciendum quia creans et ordinans nos omnipotens Deus, iuxta merita disponit singulorum et terminos, ut uel malus ille breuiter uiuat, ne multis bene agentibus noceat, uel diutius bonus iste in hac uita subsistat, ut multis boni operis adiutor existat; uel rursum malus longius differatur in uita ut praua adhuc opera augeat, ex quorum temptatione purgati iusti uerius uiuant, uel bonus citius subtrahatur, ne si hic diu uixerit, eius innocentiam malicia corrumpat. 12 Sciendum tamen quia benignitas Dei est peccatoribus spacium penitencie largiri. Sed quia accepta tempora non ad fructum penitencie sed ad usum iniquitatis uertunt, quod a diuina misericordia mereri poterant, amittunt. Quamuis omnipotens Deus illud tempus uniuscuiusque ad mortem presciat quo eius uita terminatur, nec alio in tempore quisquam mori potuit nisi ipso quo moritur. Nam si Ezechie anni additi ad uitam quindecim memorantur,[2] tempus quidem uite creuit ab illo termino quo mori ipse merebatur. Nam diuina dispositio eius tempus tunc presciuit, quo hunc postmodum ex presenti uita subtraxit. Cum ergo ita sit, quid est quod dicitur "quia iniqui sublati sunt ante tempus suum", nisi quod omnes qui presentem uitam diligunt, longiora sibi eiusdem[b] uite spatia promittunt? Sed cum eos mors superueniens a presenti uita subtrahit, eorum uite spatia que sibi longiora quasi in cogitatione tendere consueuerant intercidit'.[3]

13 Ecce quia secundum Gregorium iniqui sublati sunt ante tempus suum, id est ante tempus quo se uicturos fore sperauerunt sed frustra. Vel tempus suum uocat tempus ad quod peruenire potuissent, si prudentie moderamini se subdidissent. Dicitur igitur quis anticipare diem extremum, qui aliquo casu mortem incurrit ante defectum nature. Diem tamen quo unusquisque moritur, ab eterno preuidit Deus fore terminum uite illius qui decedit. Sed quid est quod dicit Gregorius, 'quia non alio in tempore quisquam mori potuit, nisi ipso quo moritur'? Licet enim tempus illud preuiderit Deus fore terminum uite, potuit tamen Deus hoc non preuidisse, quia alio tempore posset mori quam illo quo morietur. Cum enim moriturus sit quis in A, poterit mori ante A aut post A. Quod ergo dicit Gregorius, referendum est ad prescientiam Dei sub hoc sensu: Non potuit esse quod quis preuisus fuerit a Deo mori in A et moriatur in alio tempore quam in A.

14 Queritur item utrum hec argumentatio sit rata: 'Lazarus decessit in caritate ergo saluabitur; sed necessarium est primum, simus in tempore

---

[a] plurumque R   [b] sibi eiusdem *Greg.*; sub eius R

[1] Iob 22. 16.   [2] IV Reg. 20. 6.
[3] Greg. *Moral. in Iob* XVI. x. 14 (1127B–28A).

intermedio inter primam mortem et secundam, [col. 2] ergo necessarium est secundum, ergo necessarium est Lazarum esse saluandum'. Sed nonne resuscitatus poterit peccare mortaliter? Ergo possibile est eum decedere in mortali peccato, ergo possibile est eum fuisse dampnandum, ergo compossibilia sunt Lazarum fuisse saluandum, Lazarum fuisse dampnandum. Si enim est alterum necessarium et reliquum est possibile, ipsa possunt esse simul uera. Dicatur quoniam non si aliquis decedit in caritate saluabitur, nec si decedit in mortali dampnabitur, dum modo sumatur hec coniunctio 'si' conditionaliter, non adiunctiue. Sed si decedet in caritate et detinendus sit in morte usque in generalem resurrectionem, saluabitur. Sicut ergo non sequitur 'Christus mortuus est, ergo non fuit resurrecturus ante generalem resurrectionem', ita non sequitur 'Aliquis decessit in caritate, ergo saluabitur. Omnis tamen qui decedit in caritate, saluabitur'. 15 Queritur item utrum prima mors Lazari fuerit naturalis. Videtur quod non, cum dicat Dominus 'Infirmitas hec non est ad mortem, sed pro gloria Dei ut glorificetur Filius Dei per eam'.[1] Super quem locum dicit Augustinus, quia 'et ipsa mors non erat ad mortem, sed pocius ad miraculum, quo facto crederent homines in Christum et uitarent ueram mortem'.[2] Dicunt ergo primam mortem Lazari fuisse miraculosam, sicut et de commotione uentorum dicit Origenes, exponens illud euuangelicum 'Ascendente Iesu in nauiculam, secuti sunt eum discipuli eius. Et ecce motus magnus factus est in mari, ita ut nauicula operiretur fluctibus'.[3] Ait ergo Origenes:

'Ingressus est Iesus in nauiculam, fecit turbari mare, commouit uentos, concitauit fluctus. Cur hoc? Ideo ut discipulos mitteret in timorem et suum auxilium postularent, suamque potentiam rogantibus manifestaret. Illa tempestas non ex sese oborta est sed potestati paruit imperantis, cuius iussione et precepto orta est tempestas in mari'.[4]

16 Dicunt ergo quidam quod mors naturalis duppliciter dicitur, uel quia est ex naturalibus causis, ut ex infirmitate que naturaliter est illatiua mortis, uel quia naturaliter completur per separationem corporis et anime. Primo modo, ut aiunt, non fuit naturalis prima mors Lazari, sed secundo modo. Primam ergo mortem censent fuisse miraculosam, secundam naturalem. Infirmitas ergo Lazari dicitur non fuisse ad mortem, quia non fuit illatiua mortis naturalis. Alii sic exponunt: Non est ad mortem, id est non est ad detentionem mortis. Consueuimus tamen illud sic exponere: Infirmitas hec non est ad mortem, mihi scilicet siue potentie mee, mihi inquam, qui possum quicquid uolo. Constat autem quod utramque mortem preuidit Deus ab

---

[1] Ioh. 11. 4.   [2] Aug. *In Iohann.* xlix. 6 (1749).   [3] Matth. 8. 23–24.
[4] Ps-Origen, *Hom. vii in Matth. 6. 23–27*, included in the Homiliary of Paul the Deacon (1196D).

eterno. Vtrum autem utraque mors fuerit pena debita originali peccato dicetur inferius.[1]

17 Solet item queri utrum ante partum uirginis fuerit necessarium Christum esse incarnandum. Dicitur enim quod prophetia predestinationis est, quam necesse est omnibus modis impleri. Quid est quod dicitur 'omnibus modis'? Dici potest quod hec uox 'omnibus modis' ponitur pro hoc aduerbio 'omnino'. Vnde [f. 42] et Boetius, respiciens solitum cursum nature, ait: 'Si aliqua peperit, omnibus modis cum uiro concubuit', id est omnino.[2] Ac si dicatur: Omnino est uerum, secundum consuetum nature inferioris cursum, quod si aliqua peperit, ipsa cum uiro concubuit. Similiter et prophetiam predestinationis necesse est omnino adimpleri, id est omnino est necessarium quod si aliquid est prophetatum prophetia tali, illud adimplebitur. Numquid ergo necessarium est illud esse prophetatum tali? Non, sicut non est necessarium istum esse predestinatum. 18 Solet item dicta auctoritas sic exponi: Prophetia predestinationis est que necessario adimplebitur, ita scilicet quod non impedimento erit liberum arbitrium, quo minus adimpleatur. Etsi enim non consensisset beata uirgo annuntiationi angelice, compleretur tamen prophetia Ysaie in aliqua uirgine. Quid est autem quod dicitur 'omnibus modis', nisi quod adimplebitur et litteraliter et spiritualiter? Hoc autem dictum est ad differentiam prophetie comminationis que non semper adimpletur litteraliter. De prophetiis autem plenius agetur in sequentibus.[3]

19 Queritur item, cum Deus preuiderit primum instans diei esse, similiter preuiderit ultimum instans diei fuisse, utrum preuiderit hoc totum primum esse et ultimum fuisse. Non oportet. Deus enim preuidit Sortem esse album, similiter et Sortem non esse album, non tamen preuidit hoc totum scilicet Sortem esse album et Sortem non esse album. Secus tamen uidetur in proposito.

20 Dicit item Augustinus quod ideo res sunt future, quia Deus preuidit ipsas futuras.[4] Origenes uero dicit quod quia res future sunt, ideo preuidit illas Deus.[5] Vter istorum proprie usus est locutione? Neuter satis proprie, nisi hec dictio 'quia' adiunctiue uel concomitatiue ponatur. Simile quidem reperies prope principium epistole ad Galathas, ubi dicitur 'Audistis conuersationem meam'[6] et cetera. Dicit enim marginalis: '<Pre>uidit Deus bonam eius conuersationem, sed deesse scientiam; et preuidit idoneum

---

[1] Not extant.
[2] Boeth. *De Diff. Top.* iii (1198C); cf. Abelard, *Theol. 'Christiana'* III, cxxix (1245D); *Theol. 'Scolarium'* II. x (1063A); William of Auxerre, *Summa Aurea* I. xi. 2 (I. 206 lines 10–11).
[3] See below, IV. xxv. 21. But prophecy is not treated extensively in what is extant.
[4] Cf. Aug. *De Trin.* XV. xiii. 22 (1076); cf. Peter Lomb. *Sent.* I. xxxviii. 1. 4, 7, 8 (I. 276–78).
[5] Origen, *In Rom.* vii. 8 (Rom. 8. 30; 1126B–C).   [6] Gal. 1. 13.

<quia> qui tam fidus fuit in re minima, constantior erit in maxima, et ideo preuenit eum uocando'.[1] Istud ideo non ponitur causatiue sed adiunctiue uel concomitatiue, alioquin heresim sapere uideretur glosa. De mera enim gratia uocauit eum Dominus. Sed quero uter eorum accedentius locutus sit ad ueritatis elucidationem. Videtur paruitati mee quod Augustinus. Cum enim dicit ideo res futuras esse quia Deus preuidit eas, notantur duo per hoc uerbum 'preuidit'. In eo enim quod dicitur 'uidit' notatur quod Deus res nouit et comprehendit in scientia, que licet essent future quantum in ipsis erat (quod notatur per prepositionem hanc, 'pre'), tamen ei presentes erant per cognitionem et comprehensionem. Hoc ergo aduertens Augustinus, dixit quod ideo res erant future, quia preuidit eas Deus. Origenes uero mens hec fuisse uidetur, quia res future sunt, ideo ueredici potest quod Deus eas preuiderit. Alioquin non haberet locum respectus designatus per prepositionem.

De potentia Dei. li.[a]

1 Exigit tractatus nostri series, ut post predictam de potencia Dei agamus, etsi minus potentes [col. 2] simus ipsam explicare. Queratur ergo in primis utrum omnia possit Deus. Dicit enim Ieronimus in epistola ad Eustochium filiam sancte Paule de uirginitate seruanda directam, quod 'cum omnia possit Deus, suscitare uirginem non potest post ruinam'.[2] Ecce innuit quod omnia potest Deus. Augustinus autem in quinto libro De Ciuitate Dei dicit quod non esset omnipotens Deus, si posset omnia facere.[3] Ideo enim est omnipotens, quia potest omnia que debet posse et que decet eum posse. Augustinus item in libro De Spiritu et Littera: 'Omnipotens est Deus, non quod possit omnia facere, sed quia potest perficere quicquid uult, ita ut nichil ualeat resistere eius uoluntati quin compleatur, aut aliquo modo impedire eam'.[4] Cum ergo legitur quia 'Deus omnia potest', hic est intellectus, 'Omnino potens est Deus', hoc est 'Omnipotens est Deus'. 2 Vnde Anselmus Cantuariensis:

'Omnipotens quomodo est, si omnia non potest? Nam si non potest corrumpi nec mentiri nec facere uerum esse falsum, aut[b] quod factum est non esse factum et plura

---

[a] LXI R   [b] ut Anselm; aut R

[1] Peter Lomb. In Gal. ad loc. (100B).
[2] Hieron. Epist. xxii. 5 (397). Quoted in Vita Divi Hieron. incert. auct. (208); Abelard, Sic et Non xxxv (1395D–96A); Peter of Poitiers, Sent. I. viii (818A); William of Auxerre, Summa Aurea I. xi. 6 (I. 214 lines 3–4), discussed III. xxiii. 2. 5 (III. i. 433–34).
[3] Aug. De Civ. Dei V. x. 1 (152).
[4] Not there, but cited by Abelard, Theol. 'Scolarium' III. iv (1093A), and Peter Lomb. Sent. I. xlii. 3. 2 (I. 296).

similiter, quomodo potest omnia? Sed hec posse non est potentia sed impotentia.
Nam qui <hec> potest, quod sibi non expedit et quod non debet potest. Cum igitur
dicitur quis habere potentiam faciendi aut patiendi quod sibi non expedit aut quod
non debet, inpotentia intelligitur per potentiam; quia quo plus habet hanc
potentiam, eo aduersitas et peruersitas sunt in illum potentiores, et ille contra eas
impotentior. Ideo igitur Deus uere est omnipotens, quia nichil potest per
impotentiam, et nichil potest contra eum'.[1]

3 Ecce uerbis Anselmi usi sumus. Sed quid? Nonne Deo Moyses restitit, qui
pro cadente populo erectus, ipsum superne percussionis impetum mortis sue
oblatione restringit, dicens 'Dimitte illis hanc noxam, alioquin dele me de
libro quem scripsisti?'[2] At item Dauid: 'Et dixit ut disperderet eos, si non
Moyses electus eius stetisset in confractione in conspectu eius, ut auerteret
iram eius ne disperderet eos'.[3] Quid est 'in confractione', nisi in plaga qua
erant feriendi, ut se obiceret pro illis? Super quem locum reperis: 'Si non
dimittis illis, dele me de libro. Quantum ualet intercessio sanctorum?
Securus Moyses de iusticia Dei qua eum delere non posset, impetrauit
misericordiam iis qui iuste perirent'.[4] Consueuimus autem exponere illam
auctoritatem Exodi, ut Moyses typicus gerat personam ueri Moysi sup-
plicantis Patri, ut parcat humano generi. 4 Vt quid ait, 'Scriptus sum in libro
uite ratione preordinationis quoad hoc scilicet ut ego incarnatus patiar pro
genere humano', nisi ei parcatur? Nonne item Deo Aaron restitit, cum inter
uiuentes ac mortuos turribilum sumpsit, atque animaduersionis ignem
incensi fumo temperauit?[5] An non Phinees ire Dei restitit qui luxuriantes
cum alienigenis in ipso coitu trucidans, zelum suum diuine indignationi
obtulit, et furorem gladio placauit?[6] Sed quid est quod Iob dicit, 'Deus cuius
ire nemo resistere potest?'[7] Sed ut ait Gregorius: 'Ire Dei et resisti ualet
quando ipse qui [f. 42v] irascitur opitulatur, et resisti omnino non ualet
quando se et ad ulciscendum excitat et ipse precem que ei funditur non
aspirat'.[8] Hinc ad Ieremiam dicitur: 'Tu ergo noli orare pro populo hoc, et
ne assumas pro eo laudem et orationem, quia non exaudiam in tempore
clamoris eorum ad me'.[9] Et rursum: 'Si steterit Moyses et Samuel coram me,
non est anima mea ad populum istum'.[10]
5 Si diffusiorem, lector, expositionem desideras, seriem expositionis Gregor-
iane legas. Miror autem quare in interlineari scolastica exponenti locum
illum, 'Deus cuius ire resistere nemo potest', habeatur super hoc uocabulum,
'ire', 'prescite et diffinite'.[11] Quid? Nonne ire prescite potest resisti a sanctis?
Sed ecce, iam reuertor ad prouidentiam Dei, que rebus infert necessitatem, ut
diximus. Perinde ergo est ac si dicatur 'Ire prescite et diffinite non resistunt

[1] Anselm, *Proslog.* vii (I. 105 lines 9–18, 24–27 — 106 lines 1–2).   [2] Exod. 32. 31–32.
[3] Ps. 105. 23.   [4] *Glo. Ord.* III. 1255.   [5] Num. 16. 45.   [6] Num. 25. 6–11.
[7] Iob 9. 13.   [8] Greg. *Moral. in Iob* IX. xvi. 23 (873B).   [9] Ierem. 12. 14.
[10] Ierem. 15. 1.   [11] Iob 9. 13. The gloss is unidentified.

sancti, sed non diffinite sancti resistunt precibus'. Similiter, cum dicitur 'Constituisti terminos eius qui preteriri non poterunt'[1] hic est sensus: 'Non poterunt preteriri', id est 'non preterientur'. Accidet enim sicut preuisum est a Deo.

6 Sed reuerti libet ad auctoritatem Ieronimi superius positam.[2] Quid est quod dicitur quod Deus non potest uirginem suscitare post ruinam? Numquid hoc ideo dicitur, quia non potest facere quin fuerit corrupta? A simili posset Ieronimus dixisse 'Cum omnia possit Deus, non potest facere quin Sortes fuerit albus'. Dicunt eum eo modo multa alia potuisse dixisse uere, sed ad commendationem uirginitatis hoc eum dixisse aiunt. Alii sic intelligunt: Non potest de corrupta quam diu manet in hac uita facere Deus, ne facilius in ipsa pruritus carnis surgat, quam si non fuisset corrupta. Sed quid? Non<n>e posset Deus in uita presenti, eciam in ea que corrupta est, tirannum nature prorsus exterminare? Nonne item quod dicunt de pruritu carnis posset Ieronimus dixisse a simili de castrimargia in habitum uersa?

7 Quid igitur? Inciuile est de lege iudicare, nisi tota lege prospecta. Statim enim subiungit ibidem Ieronimus: 'Valet quidem liberare de pena, sed non uult coronare corruptam'.[3] Sic quidem non abstulit Deo omnipotentiam, sed iusticiam iusti iudicis manifestauit. Audent item querere utrum Deus possit dampnare Petrum. Si enim, ut aiunt, districte ageret Deus cum Petro, ponendo in statera bona opera cum malis eiusdem, preponderarent mala bonis, et ita de iure posset eum dampnare. Nonne item posset infundere animam corpori quod prius habuerat? Nonne ergo ens uiator posset peccare mortaliter? Hanc questionem uidetur soluere auctoritas que dicit 'Deus potest dampnare Petrum de potentia, non de iusticia'.[4] De primaria ergo potentia potest eum dampnare, sed iusticia et misericordia Dei non sustinerent hoc fieri. Viderentur enim sic abrogari instituta iusticie, uideretur et misericordia sic priuari suo effectu. Adde quod non deceret sic fieri.

8 Solet item omnipotens describi sic: 'Omnipotens est qui potest omnia que uult'.[5] Sed secundum hoc [col. 2] uidetur Petrus esse omnipotens. Adeo enim se conformat uoluntas Petri uoluntati Dei, ut nichil uelit Petrus fieri quod non possit a Deo fieri. Sed dicendum quia omnipotens est ille qui potest facere omnia que uult fieri. Non est autem omnipotens quicumque potest facere omnia que uult facere. Petrus ergo, cum uelit istum saluum esse, non tamen hoc potest facere, sed nec uult hoc facere, cum non possit

---

[1] Iob 14. 5.   [2] See above, II. li. 1.   [3] Hieron. *Epist.* xxii. 5 (397).
[4] Cf. Aug. *Contra Gaudent.* I. xxx. 35 (727); Peter Lomb. *Sent.* I. xliii. 1 (I. 299–303); William of Auxerre, *Summa Aurea* I. xi. 5 (I. 211, 329–31).
[5] Peter Lomb. *Sent.* I. xlii. 3. 1–4 (I. 295–97).

hoc facere. Omnia tamen potest Petrus facere que uult facere, sed non potest omnia facere que uult fieri.

9 Solet item queri utrum hoc nomen 'omnipotens' possit habere superlatiuum, ut dicatur 'omnipotentissimus'. Constat quidem quod uere dicitur Deus potentissimus. Vnde dicit propheta 'Accingere gladio tuo super femur tuum potentissime'.[1] Si enim hec uox 'omnipotentissimus' est superlatiui gradus, poterit nunc notare abundantiam, nunc superabundantiam. Queratur ergo de ista: 'Deus aliquorum est omnipotentissimus'. Cum enim superlatiuum sit connumeratiuum, oportet quod Deus sit de numero illorum ita quod ipsi sint omnipotentes. Ergo alii a Deo sunt omnipotentes. Quid igitur? Non recolo me reperisse in sacra Scriptura hanc uocem 'omnipotentissimus'. Si autem eciam alicubi reperiatur, expressionem notabit et non erit superlatiui gradus, sed equipollebit huic uoci 'uere omnipotens'.

10 Consueui item querere utrum Deus possit facere quod eueniat album esse nigrum. Sed reseruetur istud usque ad tractatum instituendum de incarnatione Verbi.[2] Sed ad difficiliora accedamus. Simus ergo ante incarnationem. Quero ergo utrum aliquid possit Filius quod non potest diuina natura. Filius enim potest esse rationalis rationalitate creata, cum tamen diuina natura non possit esse rationalis rationalitate creata. Persona item diuina potest esse humana, diuina tamen natura non potest esse humana; Filius item potest pati, potest gradi. Constat ergo quod Filius potest gradi, eo modo quo dicitur 'Antichristus potest esse', sed quero utrum Filius potestate diuina posset gradi, posito quod simus ante incarnationem. Nonne ergo Filius potestate diuina potest gradi, cum potestate diuina possit esse humane nature? Filius item, uoluntate que ipse est uult esse moriturus in humana natura, uult esse gressurus, uult gradi. Non autem utor hoc uerbo 'uult' cum dicitur 'Filius uult gradi', ita ut sequatur ex hoc, 'quod gradiatur', immo ut sequatur ex hoc, 'quoniam graditur uel gradietur'. 11 Cum ergo Filius diuina essentia uelit esse gressurus, nonne Filius diuina essentia potest esse gressurus? Notandum ergo quod Filius diuina natura potest gradi, quia Filius diuina natura potest esse homo. Diuina tamen natura non potest gradi uel esse gressura, licet possit esse homo. Hec ergo argumentatio, licet admodum probabilis uideatur esse in superficie, tamen nullius est momenti: 'Filius potentia potest gradi, ergo Filius est gressibilis'. Deberet enim premitti [f. 43] 'Filius humana potentia potest gradi', ex hoc enim sequeretur Filium esse gressibilem. Sed quid? Nonne posse gradi est posse? Nonne item posse gradi est inferius ad posse aliquid? Sed Filius potest gradi et diuina natura non potest gradi; ergo Filius aliquid potest eciam secundum diuinam naturam, quod non potest ipsa deitas. Quidni? Dictum est iam quia non

---

[1] Ps. 44. 4.   [2] Not extant.

omnia potest Deus. Nonne quidem Alexander potest scribere, et deitas non potest idem? Sic ergo aliquid potest et purus homo quod non potest deitas. Hoc tamen, quod Alexander potest scribere, facit Deus, et illud posse est a Deo; sic et Filius etiam diuina potentia potest gradi uel scribere, quod non potest deitas. 12 Nichil tamen subiectum est aut subditum potentie Filii quod non sit subiectum potentie deitatis, cum potentia Filii sit potentia deitatis, immo eciam sit ipsa deitas. Filium enim gradi subditum est potentie diuine. Ea autem que ad presens tetigimus dilucidabuntur suo loco.[1] Vtrum item posse peccare sit posse suo loco dicetur.[2] Solet item queri utrum quicquid Deus potest facere, possit facere in hoc instanti. Non. Potest enim facere Antichristum esse, sed non potest facere Antichristum esse in hoc instanti. Sed esto quod corpus Antichristi sit formatum in utero materno, transactis iam quadraginta sex diebus, ita quod nondum sit anima infusa corpori, dicimus quod Deus potest infundere animam huic corpori in hoc instanti. Similiter, Deus potest non infundere hanc animam in hoc instanti. Sunt tamen qui dicunt nichil posse esse uerum in hoc instanti quod non sit uerum in hoc instanti.

Contra eos qui dicunt Deum nil posse facere nisi quod facere uult. lii.[a]

1 Petro Alardi, uiro acutissimo et subtilissime inuestigationis, uisum est Deum nichil posse facere nisi quod fuerat facturus.[3] Vnde idem dicebat Deum nil posse facere nisi quod uult facere.[4] Sed contra. In auctoritatibus sanctorum reperitur quia multa potest facere Deus que nec facit nec uult.[5] Potuit enim hoc efficere, ut duodecim legiones angelorum pugnarent contra eos qui eum ceperunt. Ait enim Dominus, ut legitur in euuangelio Mathei, 'An putatis quia non possum rogare Patrem et exhibebit mihi plus quam duodecim legiones angelorum'?[6] Augustinus item in libro De Spiritu et Littera:

'Absurdum uidetur tibi dici aliquid fieri posse, cuius desit[b] exemplum, cum sicut credo non dubites numquam factum esse ut per foramen acus transiret camelus,[7] et

---

[a] LXII R   [b] dedit R

---

[1] Not extant; it would have been treated in the projected section on the Incarnation (See above, I. prol. 6 and II. li. 10).
[2] See below, IV. ix.
[3] Cf. *Cap. Haeres. Petri Abelardi* iii (1049C–50A). This position is also criticized, without naming Abelard, by Peter of Poitiers, *Sent.* I. viii (813C seq).
[4] Cf. Abelard, *Theol. 'Scolarium'* III. v (1098C–D): 'id tantum Deus facere possit quod eum facere conuenit . . . profecto id solum eum posse facere arbitror quod quandoque facit'.
[5] Cf. Peter Lomb. *Sent.* I. xliii. 1. 9 (I. 302–03).   [6] Matth. 26. 53.   [7] Matth. 19. 24, 26.

tamen ille hoc quoque dixit Deo esse possibile. Legas eciam duodecim milia legiones angelorum pro Christo ne pateretur pugnare potuisse,[1] nec tamen est factum. Legas fieri potuisse ut semel gentes exterminarentur a terra que dabatur filiis Israel,[2] Deum tamen paulatim fieri uoluisse; et alia sescenta possunt occurrere que fieri uel potuisse uel posse fateamur, cum eorum tamen exempla quod facta sunt proferre nequeamus'.[3]

2 In eodem:

'Hiis etiam addi [col. 2] possunt illa que leguntur in libro Sapientie: "Quam multa posset noua tormenta Deus exerere in impios ad nutum sibi seruiente creatura,[4] que tamen non exeruit"? Potest et de monte illo quem fides in mare transferret,[5] quod tamen nusquam factum legimus uel audiuimus'.[6]

Idem in Encheridion:

In clarissima sapientie luce uidebitur quod nunc piorum fides habet antequam manifesta cognitione uideatur, quam certa et immutabilis et efficacissima[a] sit uoluntas Dei, quam multa possit et non uelit, nil autem uelit quod non possit'.[7]

Item, Augustinus in Encheridion:

'Apertissime Dominus dicit "Ve tibi Corozaim, Ve tibi Bethsaida, quia si in Tyro et Sidone facte essent uirtutes que facte sunt in uobis, olim in cilicio et cinere penitentiam egissent".[8] Nec utique iniuste Deus noluit saluos fieri, cum posset salui esse si uellent'.[9]

3 In eodem:

'Quis porro tam impie desipiat, ut dicat Deum malas uoluntates hominum quas uoluerit, quando uoluerit, ubi uoluerit, in bonum non posse conuertere? Sed cum facit, per misericordiam facit, cum autem non facit, per iudicium non facit'.[10]

Augustinus item, in libro secundo De Baptismo Paruulorum:

'Si a me queritur utrum homo sine peccato possit esse in hac uita, confitebor posse per Dei gratiam et liberum eius arbitrium'.[11]

Item Augustinus:

'Suscitauit Lazarum, quia potuit et uoluit. Quia uero Iudam non suscitauit, numquid non potuit? Potuit quidem sed noluit. Nam si uoluisset, hoc eadem potestate fecisset; Filius enim quos uult uiuificat'.[12]

4 Multe quidem reperiuntur auctoritates euidenter ostendentes quod Deus aliquid potest quod non uult. Rationibus autem idem potest euinci. Nonne

---

[a] efficassissima R

---

[1] Matth. 26. 53. [2] Deut. 31. 3; Iud. 2. 3. [3] Aug. *De Spirit. et Litt.* i. 1 (201).
[4] Cf. Sap. 16. 24. [5] Marc. 11. 23. [6] Aug. *De Spirit. et Litt.* xxxv. 62 (242).
[7] Aug. *Enchirid.* xcv (275–76). [8] Matth. 11. 21; Luc. 10. 13.
[9] Aug. *Enchirid.* xcv (275). [10] Ibid. xcviii (277).
[11] Aug. *De Peccat. Merit.* II. vi. 7 (155). [12] Aug. *De Nat. et Grat.* vii. 8 (250–51).

enim Sortes potest legere, etsi numquam fuerit lecturus? Sed si Sortes potest legere, nonne Deus potest efficere ut Sortes legat? Potest ergo aliquid Deus quod non uult. Preterea, si contingit esse, contingit non esse. Nonne ergo Deus potest facere quod Sortes sit albus, et potest facere quod Sortes non sit albus? Potest ergo Sortes esse albus, etsi numquam fuerit futurus albus.

Quod multa potest Deus que non uult fieri. liii.[a]

1 Sed cum potentia Dei sit uoluntas Dei, quonam modo maior est potentia eius quam uoluntas? Nonne item quicquid est subiectum potestati Dei, subditum est et uoluntati ipsius? Esto ergo quod Sortes numquam fuerit lecturus. Nonne Sortem legere subditum est potestati Dei? Nonne ergo idem subditum est uoluntati Dei? Dicendum est quod posse Dei est uelle Dei, ita ut hee dictiones, 'posse', 'uelle', teneantur nominaliter. Hec autem falsa: 'Deum posse est Deum uelle'. Hec autem duplex: 'Posse est uelle'. Positis enim dictionibus nominaliter, uera est; uerbaliter, falsa. Et uide quod licet potentia Dei sit uoluntas Dei, eo quod his nominibus supponitur diuina essentia, potestas Dei tamen dicitur id quod potest, uoluntas id quod uult. Dicitur ergo amplior esse potentia Dei quam uoluntas, eo quod multa potest que non uult. Scientia quidem Dei est prescientia eiusdem. [f. 43v] Scit tamen Deum esse et non presciuit Deum esse. Dicitur ergo aliquid subditum potentie Dei quod non est subditum uoluntati eius, eo quod aliquid potest quod non uult.

Contra eos qui dicunt[b] Deum posse multa que non uult. liiii.[c]

1 Reperies scriptum quia id solum quod non uult Deus non potest. Quod si est, uidetur quod nichil possit quod non uelit. Sed quid? Fallacia secundum consequens hic interponit partes suas. Est enim regula necessaria que docet quia oppositum superiori est inferius eo quod opponitur inferiori. Verbi gratia: Animal est superius homine, ergo non-homo est superius ad non-animal.[d] Quod etiam demonstratiue potest probari ad oculum, ut patet in subiecta figura.[e]

2 Cum enim quelibet creatura sit animal uel non-animal, similiter quelibet sit homo uel non-homo, cum plus in se contineat animal quam homo,

[a] LXIII R   [b] eos qui dicunt: nos qui dicimus R   [c] LXIIII R
[d] ad non-animal: non ad animal R   [e] *Not supplied: 9 lines left blank* R

oportet ut plus contineat non-homo quam non-animal. Sicut ergo solum id quod est alius est homo, ita solum id quod est non-homo est non-animal. A simili: Cum posse sit generalius quam uelle, erit non uelle generalius quam non posse. Sicut ergo hec uera, 'Solum id quod potest Deus uult', ita et hec uera, 'Solum id quod non uult non potest'. Si ergo inferatur 'ergo nichil potest nisi quod uult', fallacia est secundum consequens; quemadmodum si dicatur 'Id solum quod non est homo non est animal, ergo nichil est animal quam non sit homo'. Constat ergo hanc ueram esse: 'Id solum quod non uult Deus non potest'. Hec autem falsa: 'Id solum quod non potest non uult'. Scito, lector, quia non agerem de talibus, nisi quia Augustinus dicit quia solum id non potest Deus quod non uult, quia id solum quod non uult non potest.[1] Multos etiam noui paralogizatos esse ob dictam Augustini auctoritatem.

3 Consueui autem acutius obicere mei ipsi circa hec. Dicatur ergo A res que potest fuisse futura, sed non fuit futura. Producendum enim esset pomum ex gemma pullulante, si non affuisset uredo. Quelibet ergo creatura existens est ydos siue exemplum sui exemplaris quod est in Deo. Cum igitur illa ydos fuisset habitura suam ydeam, si fuisset futura illa ydos, quero utrum ydea eius sit uel non sit. Si enim est, uidetur quod illa ydos fuisset futura. Respectiue enim dicuntur ad se mutuo ydea et ydos. Si illa ydea dicatur non esse cum[a] possit esse, dabitur quod aliquid potest esse Deus quod non est Deus. Nonne enim quicquid est in Deo est Deus? Nonne ergo ydea est Deus? Nonne ergo si aliqua ydea potest esse Deus, illa est Deus? Dicendum est unum solum esse exemplar quod est Deus, secundum quod condita sunt diuersa [col. 2] exempla. Ydea ergo unius rei est ydea cuiuslibet rei. Licet ergo A non sit futurum, est tamen ydea eius ad quam condita esset ydos illa, si fuisset futura. Dicuntur autem esse diuerse ydee, ratione diuersarum ydon. De architipo autem mundo, de ydea, de rationibus que ab eterno fuerunt in mente diuina agetur inferius.[2]

4 Solet item queri utrum Deus possit facere quod non est faciendum. Nonne enim facit quod non est faciendum? Cum enim quicquid est in re et non est Deus, me iudice, sit a Deo, dabitur quod actio que est adulterium est a Deo. Cum ergo id quod est adulterium faciat Deus, nonne facit quod non est faciendum? Dicendum est quod quicquid facit Deus, bene facit et iustum est ut fiat. Quicquid ergo facit est faciendum, quia quicquid ei est faciendum, est faciendum. Aliquid tamen facit Deus quod non expedit homini facere. Sed numquid aliquid facit Deus quod non est faciendum homini? Ita uidetur. Sed de talibus plenius tractabitur inferius.[3]

---

[a] *Twice* R

---

[1] Cf. Aug. *Serm*. CCXIV. 4 (1067–68). [2] See below, III. iii.
[3] Not extant.

Vtrum Deus potuisset fecisse mundum meliorem quam sit. lv.ᵃ

1 Ausi sunt etiam quidam asserere Deum non potuisse facere aliquam rem meliorem quam futura esset, nec potuisse facere alium mundum quam istum. Sed quid? Nonne Deus potuisset fecisse meliorem Petrum quam sit? Nonne item et ipsi mundo posset Deus contulisse decentiores ornatus quam contulerit, et tam elementis quam aliis rebus creatis effectus utiliores? Preterea, aut mundus est summe bonus aut non. Si est summe bonus, adequatur Conditori suo in bonitate, quod absit. Si non est summe bonus, nonne bonitas eius posset intendi? Sed quid? Exilis uidebitur hec ratio acute inspicienti. Idem enim obici potest de bonitate creata, collata Christo homini. Constat enim quod illa bonitas supra omnem intensionem est, non tamen illa adequatur bonitati que est Deus. Sed quero utrum Adam posset factus fuisse melior quam fuerit factus. Nonne enim potuisset Deus anime Ade in ipsa creatione sui contulisse uirtutes? Nonne similiter et angelis? Superfluum censeo diu immorari circa talia, cum rei ueritas sit in propatulo euidentie constituta. Constat enim nobis quod Deus et Petrum et mundum posset fecisse meliorem quam fecerit.

Vtrum Deus potuisset melius mundum fecisse quam fecerit. lvi.ᵇ

1 Difficilior autem est questio utrum Deus potuisset melius fecisse mundum quam fecerit, et utrum omnia que facit eque bene faciat. Nonne igitur maior est effectus potentie diuine facere animam ex nichilo, quam facere corpus ex preiacenti materia? Nonne item maius est iustificare impium quam creare celum et terram? Immo. Sed cum Deus faciat animam meliorem quam corpus, ut docet Augustinus in libro De Vera Religione, numquid melius facit animam quam corpus, posito hoc uocabulo 'melius' aduerbialiter?¹ Si item mundum fecisset meliorem quam sit, nonne melius fecisset quam fecerit? Quare Deus, cum sit perfectissimus [f. 44] et in scientia et in potentia et benignitate, eligit sciens et prudens quod minus bonum est? Nonne enim melius esset Petrum esse tam bonum quam tam bonum, ita ut primo demonstretur bonitas intensissima, secundo demonstretur bonitas minus intensa? Ipse quidem archanum sue uoluntatis nouit. Quis enim eius consiliarius?² Distingunt quidam hanc: 'Deus potest melius facere

ᵃ LXV R   ᵇ LXVI R

¹ Cf. Aug. De Vera Relig. lii. 101 (166–67) etc., but closer is Aug. De Civ. Dei VIII. vi (231), quoted by Peter Lomb. Sent. I. iii. 1. 3–5 (I. 69–70).
² Cf. Is. 40. 13 (Rom. 11. 34).

aliquid quam facit'. Si enim hoc aduerbium 'melius' modificet hoc uerbum 'facere', ratione actionis que est in Deo, falsa est; si ratione compositionis que est in re facta, uerum est. 2 Vt enim dicunt: 'Ille qui natus est cecus et claudus, si natus fuisset cum decenti integritate membrorum, melius factus esset quam sit, quia meliori modo'. Sed numquid hoc nomen 'modo' aliquid appellat quod in re sit? Numquid illud est proprietas rei facte? Multis uisum est hoc nomen 'modo' aduerbialem dumtaxat habere significationem. Sed numquid Deus melius creat animam quam corpus? Numquid Deus posset melius regere mundum quam regat? Numquid ergo sciret melius regere mundum quam regat? Vereor ne putet, lector, me potius uenari ea que curiositatis sunt quam fructuosis indulgere meditationibus. Latet tamen aliquando publicissimus locus, qui est per nomina. Latet enim equiuocatio in hoc aduerbio 'melius'. Quamuis enim non omnia faciat eque bona Deus, tamen omnia que facit eque benefacit. Non ergo posset melius regere mundum quam regat, nec melius creare animam quam creet, id est non circumspectius, non prudentius, non sapientius. 3 Ita quidem uulgo dicitur quia melius respondet, qui acutius uel circumspectius respondet. Vnde Augustinus De Confessione libro tercio decimo: 'Et si ego', inquit, 'non intelligo quid hoc eloquio significes, utantur eo "melius" meliores, id est intelligentiores quam ego sum'.[1] Dicitur item melius fieri, quod fit decentius. Melius ergo formauit Deus mundum processu temporis quam in initio creationis. Melius item ornauit Deus animam Christi uirtutibus quam animam Petri, quia perfectius. Melius item fecit Dominus redimendo nos quam sanando leprosis, quia hoc ad maiorem cessit utilitatem. Melius item faciet nobiscum Deus quam faciat, eo quod feliciorem nobis conferet statum. Melius item remunerabit Petrum quam Linum, quia gloriosius. Melius item est ut Dominus remuneret Petrum quam Linum, quia iustius. Dignius etiam est ut Petrus remuneretur quam Linus, quia quod iustius est magis placet Deo. Petrus quidem magis est dignus uita eterna quam Linus. Consueuimus tamen sic obicere: Quam dignus est Petrus sua stola, tam dignus est Linus sua stola, sed quam dignus est Petrus sua stola, tam dignus est Petrus uita eterna; et econtrario, quam dignus est Linus sua stola, tam dignus est uita eterna; ergo quam dignus est Petrus uita eterna, tam dignus est Linus. 4 Sed soluendum est per interemptionem prime. Magis enim dignius est Petrus suo premio quam Linus suo. Et uide quod licet multi censeant Deum nichil facere imperfecte, super hoc [col. 2] tamen articulo disserens Augustinus in secundo libro Super Genesim ad Litteram, ait: 'Quamquam si aliquid Deus imperfectum fecisse diceretur, quod deinde ipse perficeret, quid reprehensionis haberet ista sententia? Iure autem

---

[1] Aug. *Confess.* XIII. xxiv. 36 (860).

displiceret, si id quod ab illo inchoatum esset, ab alio diceretur <esse> perfectum'.[1] Nonne item melius faceret Deus, si rem quam facit in melius promoueret? Videtur tamen secundum usum quod hoc aduerbium 'melius' notet defectum in talibus locutionibus circa operantem. Sed quid? Notat quidem quendam perfectionis defectum in re que fit; defectum, inquam, respectu habito ad maiorem perfectionem ipsius rei.

5 Si autem queratur utrum Deus possit facere quod non est bonum fieri, dicendum quod sic. Potest enim Deus facere quod Antichristus magis sit oppressurus bonos quam tantum quantum scilicet est oppressurus eos. Posset Deus et alium mundum creasse aliosque planetas et plures.

Vtrum aliquid possit facere Deus absque certa causa. lvii.[a]

1 Dicitur quod homo fuit factus ad reparationem ruine angelorum.[2] Simus ergo in illo intersticio in quo angeli sunt creati et homo restat creandus. Necessarium est angelos cecidisse et possibile est hominem non esse creandum, ergo ista duo sunt compossibilia, ergo possibile est angelos cecidisse et hominem non esse creandum. Ponatur. Cum ergo homo non sit creandus, quonam modo restaurabitur ruina angelorum? Videtur ergo quod creatio hominis sit necessaria causa reparationis ruine. Dicendum quod Deus posset alios angelos creare et illos cum stantibus confirmare. Cum item bestie create fuerint prius quam homo et causa hominis, que esset causa creationis bestiarum, si non fuisset homo creandus? Dicendum quod licet homo non esset creandus, laudarent angeli potentiam diuinam in bestiis creatis, et delectarentur in effectu potentie sui Conditoris.

2 Cum item resurrectio Christi causa sit resurrectionis nostre, numquid necessarium est nos esse resurrecturos, cum necessarium sit Christum resurrexisse? Si enim possibile est nos non esse resurrecturos, cum necessarium sit Christum resurrexisse, ergo possibile est hoc totum, scilicet Christum resurrexisse et nos non esse resurrecturos. Quod si est, ponatur. Numquid ergo Christus sine causa resurrexit? Absit. Que ergo dicetur esse causa resurrectionis dominice? Sed ipsa resurrectio Domini, cuius rei erit causa? Nonne aliqua proueniet utilitas ex ipsa? Immo. Contulit enim resurrectio Domini multam exultationem supernis ciuibus et ipsis discipulis

---

[a] LXVII R

---

[1] Aug. *De Gen. ad Litt.* II. xv. 30 (276).
[2] Cf. Grat. *Decret.* III. i. 55 (1724B–C), not verbatim; referred to by Alexander of Hales, *Glo. super Sent.* II. i. 27 (II. 12), quoting in much the same words as here.

Domini. Facta est enim fides discipulis per ueritatem resurrectionis quod Christus fuerit uerus homo; potentia autem resurgentis docuit Christum esse Deum. Adde quod iam tunc in surrectione scilicet Domini necessarium fuit antiquos patres preelectos eductos esse ab inferno. Quid quod per humilitatem passionis meruit sibi Dominus gloriam resurrectionis? Sunt tamen qui dicant Christum sibi nichil meruisse, sed nobis. Sed de hoc inferius.[1]

3 Sed numquid post resurrectionem Domini possibile fuit ipsum non ascensurum esse in celum? Numquid hoc Deus facere potuit? Quid? [f. 44v] Numquid hoc decuisset? Scio quosdam fuisse sublimis intelligentie uiros, qui dicebant necessarium fuisse nos resurrecturos esse, quando necessarium fuit Christum resurrexisse. Secundum ipsos etiam, tunc fuit necessarium Christum esse ascensurum. Si enim Christus non fuisset resurrecturus, quonam modo remunerandi essent electi? Dici potest quod alio modo posset Dominus liberasse genus humanum quam per passionem, sed nullus modus fuit conuenientior miserie nostre.

4 Queri item solet utrum ante incarnationem necessarium fuisset Abraham decessisse in fide tali. Hoc enim dato, dabitur quod necessarium fuit ante incarnationem Christum fuisse incarnandum. Hec autem questio sortitur efficatiam ex hoc quod uidetur fidei meritorie non subesse falsum. Sed de hoc agetur inferius.[2] Dicunt magistri quod licet Abraham hoc crediderit, non fuit tamen ante incarnationem necessarium ipsum credidisse hoc, quia non fuit necessarium tunc Christum esse incarnandum.

Vtrum omnes creature sint eque bone in quantum sunt creature. lviii.

1 Multa quidem uidentur hesitationis scrupulo carere que, considerata interius, anxiam in animo pariunt ambiguitatem. Cum igitur dicat Boetius omnia esse bona quia sunt a summo bono, uidetur quod omnia sint eque bona, cum sint ab eo qui non est nisi unica bonitate bonus.[3] Constat item quod tres persone sunt eque bone, a quibus omnia sunt bona. Numquid ergo ob hoc omnia sunt eque bona? Querit item Boetius utrum dandum quod omnia sint iusta, eo quod omnia sunt a iusto. Ad quod respondet in libello de bono ad Iohannem in fine opusculi, dicens:

'Bonum esse essentiam, iustum uero esse actum respicit. Idem autem est in Deo esse quod agere; igitur idem bonum esse quod iustum esse. Nobis uero non est idem esse quod agere; non enim simplices sumus. Non est igitur nobis idem esse boni quod iusti, sed idem nobis est esse omnibus bonis, in eo quod sumus. Bona igitur omnia

---

[1] Not extant.   [2] See below, IV. xvi.   [3] Boeth. *Quomodo Subst.* (1313A).

sunt, non eciam iusta. 2 Amplius. Bonum generale est, iustum speciale, nec species descendit in omnia'.[1]

Si tibi, lector, placet hec solutio, placeat. Dicimus tamen quod in qualibet creatura est bonitas naturalis, sed una eciam naturalis bonitas melior est alia. Vnde, ut ait Augustinus in libro tercio decimo De Confessione, 'Spirituale informe prestantius est quam corpus formatum. Corporale autem informe prestantius est quam si omnino nichil esset'.[2] Quedam eciam gemme meliores sunt aliis, sicut et quedam herbe sunt aliis meliores. In qualibet creatura est bonitas, sed non in qualibet creatura est iusticia. Quid ergo miri si omnia sint bona, etsi non omnia sint iusta? Reuera, bonitas naturalis creature est a bono Conditore. Et ideo dicitur quod omnia, in quantum sunt, bona sunt. Vnde Augustinus in libro undecimo De Confessione, loquens ad Deum, ait: 'Quid enim est, nisi quia tu es?'[3] 3 Sed quid? Nonne creatura, in quantum est creatura, est mutabilis? Nonne in quantum est mutabilis, est uanitati obnoxia? Cum [col. 2] ergo creatura in quantum est creatura sit bona, numquid in quantum est bona est uana? Sed patet intelligenti quia hec uox 'in quantum' quandoque nota est cause, quandoque nota est concommutacione. Potest autem proponi obiectiuncula, qualis et in pluribus locis occurrit, ut iam patet per precedens capitulum.[4] Nonne enim quam bonus est homo in suo genere, tam bona est rosa in suo genere? Sed quam bonus est homo in suo genere, tam bonus est et econtrario. Et quamcumque bona est rosa in suo genere, tam bona est; ergo quam bonus est homo, tam bona est rosa. Quid igitur? Prima neganda est.

Vtrum uerum sit impossibile. lix.

1 Dum autem de potentia Dei agimus, non erit alienum a proposito nostro si inquiramus utrum possibile sit quicquid Deo est possibile, cum sepe legatur quod impossibilia sunt Deo possibilia.[5] Hinc est quia quibusdam uisum est multa uera esse impossibilia, ut uirginem parere et huiusmodi. Dicuntur ergo quedam cause superiores, quedam inferiores, cum tamen in rei ueritate una sola causa superior sit, scilicet Deus, multe autem sunt inferiores. Dicitur ergo possibile quicquid aliquo modo susceptiuum est ueritatis. Quandoque autem notat hoc nomen 'possibile' facilitatem, ita quod refertur illa facilitas ad causas inferiores siue ad solitum cursum nature. Sed queratur

---

[1] Ibid. (1314B–C).   [2] Aug. Confess. XIII. ii. 2 (845).
[3] Ibid. XI. v. 7 (812).   [4] See above, II. lvii.   [5] Luc. 18. 27.

utrum secundum causas inferiores fuerit possibile uirginem parere. Reperitur enim in Iohanne Damasceno quod cum uirgo peperit, create sunt quedam cause inferiores per quas uirgo potuit concipere Deum, ens uirgo.[1] Item Augustinus in libro De Cura pro Mortuis Agenda: 'Alia sunt que naturaliter, alia que mirabiliter fiunt, quamuis et nature assit Deus ut sit, et miraculis natura non desit'.[2]

2 Ecce quia miracula non fiunt contra[a] naturam, licet fiant contra solitum cursum nature.[3] Dicimus ergo quod possibile fuit uirginem parere, si enim Deus facit uirginem parere, uirgo parit; possibile est primum, ergo secundum. Vnde et hanc negamus: 'Si uirgo parit, cum aliquo concubuit',[4] similiter et hanc: 'Si femina parit, cum aliquo concubuit'. Hac enim data, infer a destructione consequentis 'ergo si non concubuit cum aliquo, non parit'. Dicit item Augustinus Super Genesim libro ix., quod in natura coste fuit, ut ex ea posset fieri Eua, non ut ex ea sic fieret.[5] Sed quid? Nonne natura est ratio uel uis quedam qua astricta est creatura ad obediendum Creatori? In predicta ergo auctoritate Augustini ponitur hoc nomen 'natura' pro quadam ui insita rei, ad procreandum similia ex similibus.[6] Et secundum hoc non erat in natura coste ut ex ea[b] fieret Eua. Si ergo in natura coste fuit ut ex ea posset fieri Eua, ergo ex costa potuit fieri Eua, ergo possibile fuit ex illa fieri Euam, quod negant dicentes uerum esse impossibile. 3 Quero ergo ab eis utrum possibile sit Deus esse Deum, et utrum ab eterno fuit possibile. Constat enim non fuisse ab eterno [f. 45] causas inferiores, propter quas hoc esset possibile. Nonne item possibile est Patrem generare Filium? Nonne item possibile est Deum creare animam, etsi creatio anime non sit obnoxia cause inferiori? Dato autem quod hoc sit impossibile et tamen uerum, dabitur quod impossibile est hominem esse, quia impossibile est constans ex corpore et anima esse. Dabunt item quod impossibile est Deum iustificare impium; similiter, dicetur esse impossibile aliquem esse iustum. Quid? Numquid impossibile est aliquem saluari? Absit. Simus item in instanti in quo uirgo parit. Si ergo impossibile est uirginem parere, ergo necessarium est uirginem non parere, ergo necessario est uerum, ergo uerum, ergo duo contradictorie opposita sunt uera. 4 Et

[a] circa R   [b] Eua R

[1] Cf. Ioh. Damasc. De Fide Orthodox. (transl. Burgundio) xlvi. 2 (p. 171); but Nequam's source is more likely to have been Peter Lomb. Sent. III. iii. 1. 3 (II. 32–33).
[2] Aug. De Cura pro Mort. xvi. 19 (606–07).
[3] Cf. Aug. De Civ. Dei XXI. viii (720–23); Gerald of Wales, Top. Hibern. II. prol. (74–75).
[4] See above, II. 1. 17.
[5] Cf. Aug. De Gen. ad Litt. IX. xv. 26 (403–04), xviii. 34 (407); cf. William of Auxerre, Summa Aurea I. xi. 1 (I. 203 lines 21–22).
[6] Cf. the discussion of 'anima mundi' below, III. lxxxiii. 2.

uide quod licet beata uirgo peperit ens uirgo, Elizabet tamen non peperit ens sterilis neque concepit.[1] Collata est enim ei celitus fecunditas, ut posset concipere et conciperet. Quid ergo miri, inquies, si Elizabet concepit? Sed quid? Nonne mirum fuit quod sterilitas sublata est et fecunditas ei est collata? Quid item miri, inquies, si uirgo parit? Nonne Eua permansisset uirgo, etsi cognita fuisset a uiro suo ante peccatum? Nonne enim permansisset integritas carnis, etsi cognita esset a uiro suo ante peccatum? Adde quod nulla esset delectatio in coitu tali, procreatrix peccati. Sed quid? Licet Eua in statu tali conciperet uirgo, non tamen sine uirili semine. Beata ergo uirgo concepit sine uirili semine, concepit de Spiritu Sancto, concepit creatura omnipotentem. Dicimus item quia possibile fuit asinam loqui,[2] tum quia uerum, tum quia facultas quedam collata est lingue formandi uoces articulatim.

5 Sed numquid hec, 'Deus est homo', est de remota materia? Eciam, me iudice, quia secundum cursum nature inferioris solitum non posset accidere quod Deus esset homo. Similiter, cecum et uidens sunt opposita ut priuatio et habitus; quid tamen est cecus uidebit. Fiet enim regressus a priuatione ad habitum, sed miraculose. Esto ergo quod qui fuit cecus uideat. Vtrum uidet iste miraculose an naturaliter? Nonne per obticum neruum exit radius? Cum ergo instrumenta naturalia suum exerceant officium naturale, cum etiam potentia uidendi insit isti cum actu suo, dandum quod iste naturaliter uidet, sed miraculose restitutus est ei uisus. Sed nonne miraculosum est quod iste uidet naturaliter? Nonne item naturale est quod iste uidet naturaliter? Ergo idem miraculosum et naturale; et hoc uerum. Natura enim facit quod iste uidet, et miraculum facit quod iste uidet, quia admiratione digna operatio Dei talis facit quod iste uidet. Si itaque nosse Aristotiles quod cecis restituendus esset uisus, numquam dixisset quod si aliquis est cecus, numquam uidebit.[3] Quid putas eum sensisse qui, transiens Tiberim in nauicula dum pateretur Christus Ierosolimis, legitur dixisse 'Aut mundus ruit aut auctor rerum patitur'?[4] [col. 2]

6 Solet item queri utrum Deus possit facere in hoc instanti quod non facit in hoc instanti. Hanc quidem questionem posui superius, dicens quod sic.[5] Possibile est enim Deum creare hanc animam in hoc instanti, adhibitis circumstantiis quas superius posui.[6] Cum tamen necessarium sit Sortem

---

[1] Luc. 1. 5–57.   [2] Num. 22. 21–30.

[3] Arist. *Top.* VI. vi (143b34) is the nearest to this statement, which Arist. does not make in so many words; cf. *Categ.* x (12a25–b25).

[4] A slightly different version of this story is given in Otto of Freising, *Chron.* III. xi (147), by Peter Comestor, *Hist. Schol. in Evang.* clxxv (1631D), by John Holywood, *De Sphaera* iv (p. 117) and by Edmund of Abingdon, *Spec. Eccles.* xxiii. 106 (p. 95). In the margin of R is the attribution 'philosophus'.

[5] See above, II. li. 12.   [6] See above, II. xxxvi. 4.

stetisse in quolibet instanti huius diei ante hoc instans, non do quod possibile sit Sortem sedere in hoc instanti, cum stet in hoc instanti. Non enim simul possunt esse uera hec duo: 'Sortes stetit in quolibet instanti huius diei ante hoc instans', 'Sortes sedet in hoc instanti', oportet enim infinita elabi instantia a statu in sessionem, ratione scilicet mutationis situs siue positionis. 7 Hesitant item minus instructi utrum possibile sit hominem esse bouem, putantes Nabugodonosor ratione corporis mutatum esse in bouem.[1] Sed quid? Reuera non fuit bos formatus ex corpore eius, sed uixit cum bobus, uescens herba et huiusmodi pabulis. Sed nonne adeo opposita sunt homo et Deus, ut homo et asinus? Cum ergo possibile sit Deum esse hominem, quare non est possibile hominem esse asinum? Istud et consimilia reseruanda sunt in locum suum.[2]

8 Quoniam uero eciam magni uiri dubitare solent utrum aliqua facultas collata fuerit asine ut loqueretur, tutum est proponere uerba Augustini, quibus quid super hoc sentiendum declaratur in libro ix. Super Genesim ad Litteram:

'Vt autem lignum', inquit, 'de terra excisum, aridum, perpolitum, sine radice ulla, sine terra et aqua, repente floreat et gignat fructum,[3] ut per iuuentam sterilis femina in senecta pariat,[4] ut asina loquatur,[5] et si quid huiusmodi est, dedit quidem naturis, quas creauit, ut ex eis et hec fieri possent (neque enim ex eis uel ipse faceret quod ex eis fieri non posse, ipse prefigeret, quoniam se ipso non est nec ipse potentior); uerumtamen alio modo dedit ut non hec haberent in motu naturali, sed in eo quo ita creata essent, ut eorum natura uoluntati potentiori subiaceret'.[6]

De uoluntate Dei. lx.

1 Tractatui instituto de potentia diuina, consequenter adiungendus est breuis tractatus de uoluntate Dei instituendus. Dicitur ergo uoluntas Dei que inest ipsi Deo et est Deus, dicitur et uoluntas Dei ipsum uolitum, ut ita dicam, scilicet quod ip<s>e uult. Dicitur autem Deus uelle quod placet ei, quod precipit, quod disponit, scilicet quod operatur aut permittit. Voluntate ergo que Deus est una et eadem uult diuersa, sicut diximus de scientia. De uoluntate autem beneplaciti ait apostolus 'Deus est qui operatur in nobis uelle et perficere, pro sua bona uoluntate'.[7] De uoluntate preceptionis intelligitur quod ait Dominus in euuangelio: 'Qui facit uoluntatem Patris mei qui in celis est, ipse meus frater est, soror et mater'.[8] Dicit item

---

[1] Dan. 4. 28–30.   [2] Not extant.   [3] Num. 17. 8.
[4] Gen. 18. 11; 21. 2.   [5] Num. 22. 28.
[6] Aug. *De Gen. ad Litt.* IX. xvii. 32 (406).   [7] Philip. 2. 13.
[8] Marc. 3. 35.

Augustinus in libro De Spiritu et Littera: 'Infideles contra uoluntatem Dei faciunt, cum eius euuangelio non credunt'.[1] Potest et hoc modo accipi nomen uoluntatis, [f. 45v] cum dicitur: 'Fiat uoluntas tua sicut in celo et in terra',[2] ut nomine terre designentur electi militantes, nomine celi triumphantes. 2 De uoluntate dispositionis ait Augustinus in libro xii. De Ciuitate Dei, capitulo septimo decimo:

'Nouit Deus et agens quiescere et quiescens agere. Potest ad opus nouum non nouum sed sempiternum adhibere consilium; nec penitendo quia prius cessauerat, cepit facere quod non fecerat. Sed et si prius cessauit et posterius operatus est (quod nescio quemadmodum ab homine possit intelligi), hoc procul dubio quod dicitur prius et posterius, in rebus prius non existentibus et posterius existentibus fuit. In illo autem non alteram precedentem altera subsequens mutauit aut abstulit uoluntatem, sed una eademque sempiterna et immutabili uoluntate, res quas condidit, et ut prius non essent egit quam diu non fuerunt, et ut posterius essent quando esse ceperunt'.[3]

De uoluntate item dispositionis dicitur omnia quecumque uoluit fecit. Hec autem uoluntas (scilicet dispositionis) diuiditur in efficientem et permittentem; efficientem quantum ad bona, permittentem quantum ad mala. Vnde Augustinus in Enchiridion:

'Non fit aliquid nisi omnipotens fieri uelit, uel sinendo ut fiat, uel ipse faciendo. Nec dubitandum est Deum facere bene, eciam sinendo fieri quecumque fiunt male. Non enim hoc nisi iusto iudicio sinit. Et profecto bonum est omne quod iustum est'.[4]

3 Cum ergo legitur quod fecit primus homo contra uoluntatem Dei, intelligendum est de preceptione Dei, quia non fecit contra uoluntatem dispositionis diuine. Sed quare precepit Deus quod fieri non uoluit? Ideo scilicet quia si fecisset homo quod precepit Deus, bonum esset homini hoc facere et expediret; cum uero non exsecutus est homo preceptum, elicuit bonum ex mala operatione hominis. Tam ex actionibus enim malis quam ex uoluntatibus malis semper elicit Deus bonum, alioquin non sineret eas esse. Et ut ait Augustinus in libro quinto De Ciuitate Dei: 'Bonas uoluntates adiuuat Deus, malas iudicat, omnes ordinat'.[5] Et ut ait Augustinus in undecimo libro De Ciuitate Dei capitulo vii. decimo: 'Malarum uoluntatum iustissimus ordinator est Deus, ut cum ille male utuntur naturis bonis, ipse bene utatur etiam uoluntatibus malis'.[6]

4 Per predicta liquet ex parte quod semper adimpletur uoluntas Dei siue faciamus quod precepit Deus siue non. Predictis adiciendum est quod uoluntas Dei dicitur quandoque quam ipse operatur in cordibus fidelium. Vnde Augustinus in Enchiridion:

---

[1] Aug. *De Spirit. et Litt.* xxxiii. 58 (238), quoted by Peter Lomb. *Sent.* I. xlv. 6. 3 (I. 310).
[2] Matth. 6. 10.　　[3] Aug. *De Civ. Dei* XII. xvii (367).
[4] Aug. *Enchirid.* cxv–vi (276).　　[5] Aug. *De Civ. Dei* V. ix. 4 (151).
[6] Ibid. XI. xvii (332).

'Aliquando autem bona uoluntate homo uult aliquid quod Deus non uult, tanquam si bonus filius patrem uelit uiuere, quem Deus bona uoluntate uult mori. Et rursus fieri potest ut hoc uelit homo uoluntate mala quod Deus uult bona, uelut si malus filius uelit mori patrem, uelit hoc eciam Deus'.[1]

5 Solet item queri quonam modo intelligendum sit quod legitur: 'Deus uult omnes saluuos fieri'.[2] Quid est enim quod dicitur quod Deus neminem uult perire?[3] Nonne uult [col. 2] eternaliter Iudam puniri? Nonne hoc exigit iusticia Dei? Dicitur ergo hoc uelle Deus scilicet ut nemo pereat, quia non placet ei malicia ob quam puniendus homo. Augustinus ergo in Enchiridion duobus modis exponit quod dicitur quia Deus uult omnes saluos fieri, uno modo quia nullus saluatur nisi quem uelit saluari, alio modo ut hec dictio 'omnes' referatur ad genera singulorum, sub hoc sensu: Nobiles, ignobiles, doctos, indoctos, integri corporis, debiles, ingeniosos, tardiores, diuites, pauperes, mediocres, mares, feminas, infantes, pueros, adolescentes, iuuenes, senes, uult saluos fieri.[4] Reperies alibi hoc nomen 'omnes' referri in predicta auctoritate ad predestinatos tantum; mali enim homines quodammodo non sunt.[5] Sepe autem mihi uisum est hoc referendum esse ad gratuitam bonitatem Dei, qua inspecta neminem uult perire.

6 Solet et a quibusdam sic exponi: Deus uult scilicet in suis omnes saluos fieri,[a] quia Ecclesia omnem uiatorem uult saluum fieri, dum cuilibet optat uitam eternam. Sed cum de dilectione et odio tractabitur inferius, istud non effugiet operam nostram.[6]

7 Patet item per predicta quia licet una sit uoluntas Dei que est Deus, plures tamen dicuntur uoluntates eius, ratione eorum que subsunt uoluntati eius. Vult enim punire iniquitatem, uult parcere penitenti, uult hominem non peccare, et tamen permittit hominem peccare. Vnde psalmista: 'Magna opera Domini exquisita in omnes uoluntates eius'.[7] Quod Augustinus exponens in xi. libro Super Genesim, ait:

'Preuidet bonos futuros et creat, preuidet malos futuros et creat, se ipsum ad fruendum prebens bonis, multa munerum suorum largiens et malis misericorditer ignoscens, iuste ulciscens, itemque misericorditer ulciscens, iuste ignoscens'.[8]

Augustinus item in Enchiridion, tangens illud prophete, 'exquisita' scilicet 'in omnes uoluntates eius', ait:

'Tam sapienter exquisita, ut cum angelica et humana natura peccasset, id est non quod ille sed quod uoluit ipsa fecisset, etiam per eandem creature uoluntatem qua factum est quod Creator noluit, impleret ipse quod uoluit, bene utens et malis,

[a] a fieri salvos R

---

[1] Aug. *Enchirid*. ci (279).   [2] I Tim. 2. 4.   [3] Cf. II Pet. 3. 9.
[4] Aug. *Enchirid*. ciii (280).   [5] Cf. Aug. *De Corrept. et Grat*. xiv. 44 (943).
[6] Not extant.   [7] Ps. 110. 2.   [8] Aug. *De Gen. ad Litt*. XI. xi. 15 (435).

tanquam summe bonus, ad eorum dampnationem quos iuste predestinauit ad penam et ad eorum salutem quos benigne predestinauit ad gratiam. 8 Quantum enim ad ipsos attinet quod Deus noluit fecerunt, quantum uero ad omnipotentiam Dei, nullo modo id efficere ualuerunt. Hoc quippe ipso quod contra uoluntatem Dei fecerunt, de ipsis facta est uoluntas eius. Propterea namque "magna opera Domini; exquisita sunt in omnes uoluntates eius", ut miro et ineffabili modo non fiat preter uoluntatem eius, quod eciam contra uoluntatem eius fit. Quia non fieret, si non sineret. Nec utique nolens sinit, sed uolens; nec sineret bonus fieri male, nisi omnipotens et de malo facere posset bene'.[1]

Dicit item Gregorius in expositione Iob libro vi. capitulo lxx:

'Iustus et misericors, mortalium acta disponens, alia concedit [f. 46] propitius, alia permittit iratus, atque ea que permittit sic tolerat, ut hec in sui consilii usum conuertat. Vnde miro modo fit, ut et quod sine uoluntate Dei agitur, uoluntati Dei non sit contrarium, quia dum in bonum usum mala facta uertuntur, eius consilio militant etiam que eius consilio repugnant'.[2]

9 Licet autem tractatores dicant factum esse quod Deus noluit, tamen non consueuerunt disputatores hanc dare: 'Deus uult istum peccare'. Si enim, ut aiunt, Deus nollet istum peccare, iste non peccaret. Non uult autem istum Deus peccare, ita ut hec uox 'non uult' teneatur in ui orationis. Si enim tenetur in designatione dictionis, falsa censetur. Sed quid? Vix decent operam uirilem, huiusmodi minime.

Vtrum mala esse sit bonum. lxi.

1 Si uero interius considerentur predicta, patebit quod mala esse est bonum. Vnde Augustinus in Enchiridion:

'Quamuis ea que mala sunt, in quantum mala sunt non sunt bona, tamen ut non solum bona sed eciam sint mala, bonum est. Nam nisi esset hoc bonum, ut essent et mala, nullo modo esse sinerentur ab omnipotente bono, cui sine dubio semper quam facile est quod uult facere, tam facile est quod non uult esse non sinere; hoc nisi credamus, periclitatur ipsum nostre confessionis inicium, qua nos in Deum Patrem omnipotentem credere confitemur. Neque enim ob aliud uocatur ueraciter omnipotens, nisi quoniam quicquid uult potest, nec uoluntate cuiuspiam creature[a] uoluntatis omnipotentis impeditur effectus. Sed quid? Quonam modo ergo intelligendum est quod legitur Dominus dixisse in Euuangelio, compellans impiam ciuitatem, "Quociens uolui congregare filios tuos sicut gallina congregat pullos suos et noluisti"?[3] Numquid uoluntas Dei superata est hominum uoluntate? Sed hoc ideo dicitur, quia ea quoque nolente, collegit filios eius ipse quos uoluit'.[4]

[a] nature R

---

[1] Aug. *Enchirid*. c (279).   [2] Greg. *Moral. in Iob* VI. xviii. 33 (747B–C).
[3] Matth. 23. 37.   [4] Aug. *Enchirid*. xcvi–vii (276–77).

2 Liquet igitur quia bonum est mala esse. Et ut ait Augustinus in Enchiridion: 'Melius iudicauit Deus de malis bene facere quam mala nulla esse permittere'.[1] Sed quid? Nonne bona esse est bonum? Sed et mala esse est bonum. Numquid ergo mala esse est tam bonum quam bonum est bona esse? Numquid est melius sola bona esse, quam et bona et mala esse? Nonne melius esset omnes saluari quam quosdam saluari, quosdam dampnari? Quid? Numquid melius est solam misericordiam suum exercere effectum, quam misericordiam et iusticiam suos exercere effectus? Preterea, esto quod tam malus fuerit in fine Iudas quam bonus fuit Petrus. Nonne ergo tam bonum est Iudam dampnari quam bonum est Petrum saluari? Nonne enim tam iustum est Iudam dampnari quam iustum est Petrum saluari, cum eque meruit Iudas dampnari ut Petrus saluari? Hec autem limpidius intelligentur, si de permissione Dei uel paucis disseramus.

De permissione Dei. lxii.

1 Dilucidior ergo erit intelligentia dictorum, si de permissione Dei aliqua predictis adiciamus. Ait ergo Augustinus Super Genesim libro xi:

'Non mihi uidetur [col. 2] magne laudis futurum fuisse hominem, si propterea posset bene uiuere, quia nemo male uiuere suaderet, cum et in natura posse et in potestate habeat uelle non consentire suadenti, adiuuante tamen illo qui "superbis resistit, humilibus autem dat gratiam".[2] Cur itaque temptari non sineret quem consensurum esse ipse presciebat, cum id facturus esset propria uoluntate per culpam et ordinandus esset illius equitate per penam, ut eciam sic ostenderet anime superbe ad eruditionem futurorum sanctorum, quam recte ipse uteretur animarum uoluntatibus eciam malis, cum ille peruerse uterentur naturis bonis? Nec arbitrandum est quod esset hominem deiecturus ipse temptator, nisi precessisset in anima hominis quedam elatio comprimenda, ut per humiliationem peccati, quam de se falso presumpserit, disceret. Verissime quippe dictum est "Ante ruinam exaltatur cor, et ante gloriam humiliabitur"[3].'[4]

2 Sed cur permittit eciam Deus uniuersum genus humanum diaboli insidiis sine cessatione temptari? Ideo scilicet quia probatur et exercetur uirtus, et est palma gloriosior non consensisse temptatum quam non potuisse temptari. Vt ergo dicit Augustinus paulo post, libro xi. Super Genesim:

'Cum per iniustos iusti ac per impios pii proficiunt frustra dicitur: Non crearet Deus quos presciebat malos futuros. Cur enim non crearet quos presciebat bonis profuturos, ut et utiles eorum bonis uoluntatibus exercendis admonendisque nascantur, et iuste pro sua mala uoluntate puniantur? Talem, inquiunt, faceret hominem, qui nollet peccare omnino. Ecce nos concedimus meliorem esse naturam

---

[1] Ibid. xxvii (245).   [2] Iac. 4. 6.   [3] Prov. 16. 18.
[4] Aug. De Gen. ad Litt. XI. iv. 6–v. 7 (431–32).

que omnino peccare nolit. Concedant et ipsi non esse malam naturam, que sic facta est ut posset non peccare si nollet, et iustam esse sententiam qua punita est, que uoluntate, non necessitate peccauit. Sicut ergo ratio uera docet meliorem esse creaturam, quam prorsus nichil delectat illicitum, ita[a] ratio uera nichil minus docet, etiam illam bonam esse que in potestate habet illicitam delectationem, si extiterit, ita cohibere ut non solum de ceteris licitis recteque factis, uerum eciam de ipsius praue delectationis cohibitione letetur. Cum ergo hec natura bona sit, illa melior, cur illam solam et non utramque pocius faceret Deus? Ac per hoc qui parati erant de illa sola Deum laudare, uberius eum debent laudare de utraque. Illa quippe est in sanctis angelis, hec in sanctis hominibus'.[1]

3 Et post pauca:

'Cur ergo eos creauit, quos tales futuros esse presciebat? Quia sicut preuidit quid mali essent facturi, sic eciam preuidit de malis factis eorum quid boni esset ipse facturus. Sic enim eos fecit, ut eis relinqueret unde et ipsi aliquid facerent, quo quicquid eciam culpabiliter eligerent illum de se laudabiliter operantem inuenirent. A se quippe habent uoluntatem malam, ab illo autem et naturam bonam et iustam penam, sibi debitum locum, aliis exercitionis adminiculum et timoris exemplum. Sed posset, inquit, eciam ipsorum uoluntatem in bonum conuertere [f. 46v] quoniam omnipotens est. Posset plane. Cur ergo non fecit? Quia noluit. Cur noluerit penes ipsum est'.[2]

4 Vt ergo predictum est, non permitteret Deus mala esse nisi mala esse esset bonum. Sed sciendum quia cum dicitur 'Bona esse est bonum', uerum quidem est, quia bona esse est de genere bonorum, ita quod in se bonum est bona esse. Mala autem esse non est in se bonum, sed est utile ita eciam quod hoc ipsum cedit in pulcritudinem uniuersitatis rerum. Quod ergo bonum est in se et utile, melius solet censeri quam quod[b] utile est et non est bonum in se. Melius est ergo bona esse quam mala esse. Sed quid? Numquid melius est bona esse quam Deum permittere mala esse? Numquid melius est Deum precipere bona esse, quam Deum permittere mala esse? Nonne enim Deum permittere mala esse bonitatis est gratuite et iusticie, cum iustum sit Deum permittere mala esse? Sed quam bonum est Deum permittere mala esse, tam bonum est Deum precipere bona esse. Quam bonum est ergo bona esse, tam bonum est mala esse. Videtur ergo ad presens mihi dicendum quod magis bonum est Deum permittere mala esse, quam mala esse. Melius est enim permissio permittens quam permissio permissa, id est permissum. 5 Sed quid? Nonne quicquid fit ab homine, fit a Deo? Quicquid enim in re est, a Deo est. Actio ergo mala que fit ab homine, id est exercetur, fit a Deo, quia creatur ab eo. Constat ergo scilicet[c] intelligenti, quia quicquid male fit, bene fit, quia quicquid male fit ab homine, bene fit a Deo. Omnia ergo que mala sunt et sunt in re, bona sunt. Licet ergo Deus uelit mala esse, non tamen uult

---

[a] ibi R   [b] quod quam R   [c] sed R

[1] Ibid. XI. vi. 8–viii. 9 (432–33).   [2] Ibid. XI. xi. 12–x. 13 (434).

mala in quantum sunt mala. Non enim est malum in ciuitate quod non faciat Deus,[1] non solum dico 'quod non faciat', id est 'non permittat fieri', sed quia creat et conseruat in esse. Vnde Gregorius, explanans illum locum prophete, 'Ego Dominus formans lucem et creans tenebras, faciens pacem et creans malum',[2] ait:

'Creasse Dominus mala dicit, dum res bene conditas male agentibus in flagella format, ut ea ipsa dolore quo feriunt delinquentibus mala sint et per naturam qua existunt bona et dum per flagella doloris exterius tenebre creantur, interius lux mentis reformatur, et pax nobis cum Deo redditur, dum ea que sunt bene condita sed non bene concupita in flagella que nobis mala sunt uertuntur'.[3]

Quod autem omnis actio sit a Deo, uolente Deo monstrabitur inferius.[4]

De predestinatione et prescientia. lxiii.

1 Me autem superius egisse de predestinatione et prescientia memoriter teneo.[5] Sed quia super eadem re diuersis considerationibus uariisque de causis diuersi possunt institui tractatus, non sit tibi, lector, molestum si aliqua pretaxatis superaddam. Augustinus in libro De Gratia et Perseuerantia dicit:

'Si discutiatur et queratur unde quisque sit dignus, non desunt qui dicant "uoluntate humana". Nos autem dicimus "gratia uel predestinatione diuina". Inter gratiam [col. 2] porro et predestinationem hoc interest, quod predestinatio est gratie preparatio, gratia uero iam ipsa donatio. Quod itaque ait apostolus, "Non ex operibus, ne forte quis extollatur; ipsius enim simus[a] figmentum, creati in Christo Iesu in operibus bonis",[6] gratie est. Quod autem sequitur, "preparauit Deus ut in illis ambulemus', est predestinationis, que sine prescientia esse non potest. Potest autem esse sine predestinatione prescientia. Predestinatione quippe Deus ea presciuit, que fuerat ipse facturus. 2 Vnde dictum est "Fecit que futura sunt".[7] Prescire autem potens est etiam que ipse non facit, sicut quecumque peccata. Quia etsi sunt quedam que ita peccata sunt, ut pene sint etiam peccatorum, unde dictum est "Tradidit illos Deus in reprobam mentem, ut faciant que non conueniant",[8] non ibi peccatum Dei est, sed iudicium. Quocirca predestinatio Dei que in bona est, gratie est, ut dixi, preparatio. Gratia uero est ipsius predestinationis effectus. Quando ergo promisit Deus Abrahe in semine eius fidem gentium, dicens "Patrem multarum gentium posui te"[9] (unde dicit apostolus "Ideo ex fide, ut secundum gratiam firma sit promissio omni semini"),[10] non de nostre uoluntatis potestate sed de sua predestinatione

---

[a] *Corr. over line to* sumus R

---

[1] Amos 3. 6. [2] Is. 45. 7.
[3] Cf. Greg. *Moral. in Iob* III. ix. 15 (607A–B). [4] See below, IV. xxv.
[5] See above, II. xlix. [6] Eph. 2. 9–10. [7] Is. 45. 11 (LXX).
[8] Rom. 1. 28. [9] Gen. 17. 5. [10] Rom. 4. 16.

promisit. Promisit enim quod ipse facturus fuerat, non quod homines. Quia etsi faciunt homines bona que pertinent ad colendum Deum, ipse facit ut ille faciant que precepit, non illi faciunt ut ipse faciat quod promisit'.[1]

3 In eodem item libro dicit Augustinus:

'"Non uos me elegistis", ait Dominus, "sed ego uos elegi".[2] Electi sunt ante mundi constitutionem ea predestinatione in qua Deus sua futura facta presciuit. Electi sunt autem de mundo ea uocatione qua Deus id quod predestinauit impleuit. Vnde non ob aliud dicit "Non uos me elegistis sed ego uos elegi", nisi quia non elegerunt ut eligeret eos sed ut eligerent eum elegit eos; quia misericordia eius preuenit eos[3] secundum gratiam, non secundum debitum. Elegit ergo eos de mundo cum hic ageret carnem, sed eciam electi sunt in ipso ante constitutionem mundi'.[4]

Et paulo post:

'Elegit Deus in Christo ante mundi constitutionem membra eius; et quomodo eligeret eos qui nondum erant, nisi predestinando? Elegit ergo predestinans nos. Presciebat ergo, ait Pelagius, qui essent futuri sancti et inmaculati per libere uoluntatis arbitrium, et ideo eos ante mundi constitutionem in ipsa sua prescientia qua[a] tales futuros esse presciuit, elegit. Sed econtra ait apostolus: "Elegit nos ante mundi constitutionem, ut essemus sancti et inmaculati".[5] Non ergo quia futuri eramus, sed "ut essemus". Ideo quippe tales futuri eramus quia elegit ipse, predestinans ut tales per gratiam eius essemus'.[6]

4 Augustinus item in eodem opere ait de electione Iacob:

'Ad hoc perduxi raciocinationem[b] alibi ut dicerem: Non ergo elegit Deus opera cuiusquam in prescientia que ipse daturus est, sed fidem elegit in prescientia, ut quem sibi crediturum esse presciuit, ipsum eligeret cui Spiritum Sanctum daret, ut bona operando eciam uitam eternam consequeretur. Nondum diligentius quesiueram nec adhuc inueneram [f. 47] qualis sit electio gratie, de qua dicit apostolus "Reliquie per electionem gratie salue facte sunt".[7] Que utique non est gratia, si eam merita ulla precedunt. Nam quicquid datur non secundum gratiam sed secundum debitum, redditur pocius meritis quam donatur'.[8]

5 Solet item dubitari de illo quod legitur in libro Sapientie: 'Raptus est ne malicia mutaret intellectum eius'.[9] Quid? Nonne preuisum fuit a Deo quod malicia non esset mutatura intellectum eius? Cum ergo malicia non esset mutatura intellectum eius, quid est cum dicitur 'raptus est ne' et cetera? Sed quid? Potuit accidere quod malicia mutaret intellectum eius, sed ne hoc accideret raptus est. Augustinus autem in libro De Gratia et Perseuerantia, explanans auctoritatem predictam, ait:

---

[a] qua *Aug.*; qui R   [b] rocionationem R

---

[1] Aug. *De Praedest. Sanct.* x. 19 (974–75).   [2] Ioh. 15. 16.   [3] Ps. 58. 11.
[4] Aug. *De Praedest. Sanct.* xvii. 34 (985–86).   [5] Eph. 1. 4.
[6] Aug. *De Praedest. Sanct.* xviii. 35–36 (986–87).   [7] Rom. 11. 5.
[8] Aug. *De Praedest. Sanct.* iii. 7 (964).   [9] Sap. 4. 11.

'Dictum est secundum pericula uite huius, non secundum prescientiam Dei qui hoc presciuerit quod futurum[a] erat, id est quod ei mortem immaturam fuerat largiturus, ut temptationum subtraheretur incerto, non quod peccaturus esset, qui mansurus in temptatione <non> esset. De hac quippe uita legitur in libro Iob: "Numquid non temptatio est uita humana super terram?"[1][2]

6 Sed dum de predestinatione tractamus et prescientia Dei, inexplicabilis oritur difficultas. Queritur enim cur apud eos tanta miracula facta sunt, qui uidentes ea non fuerant credituri, et apud eos facta non sunt, qui crederent si uiderent. Vnde et Dominus ait: 'Ve tibi Corozain et Bethsaida, quia si in Tyro et Sydone facte fuissent uirtutes que facte sunt in uobis, olim in cilicio et cinere penitenciam egissent'.[3] Et ut ait Augustinus in libro sepe iam dicto,

'Quidam disputator catholicus non ignobilis hunc euuangelii locum sic exposuit, ut diceret prescisse Dominum Tyrios et Sydonios a fide fuisse postea recessuros, cum factis apud se miraculis credidissent, et misericordia pocius non eum illic ista fecisse, qu<oni>am grauiori pena obnoxii fierent, si fidem quam tenuerant reliquissent, quam si eam nullo tempore tenuissent'.[4]

7 Sed quid? Quare post fidem ipsorum non raperet eos Dominus, ne malicia mutaret intellectum eorum? Quid quod Iude proditori contulit Dominus caritatem quam postea meritis suis malis amisit? Grauiori ergo pena dignus erat affligi quoad hoc, quam si numquam credidisset. Nonne ergo idem potuit accidisse Tyriis et Sidoniis? Numquid ergo minus misericorditer egit Dominus cum Iuda, et misericorditer cum Tiriis et Sidoniis? Quis item scire potuit, utrum Dominus presciuisset Tyrios et Sidonios recessuros fuisse a fide si credidissent? Quid ergo super his dicendum? Certe, quod iudicia Dei abyssus multa.[5]

8 In fine autem huius capitulo predictis adicimus, quod aliquando predestinatio significatur nomine prescientie. Vnde apostolus: 'Non reppulit Deus plebem suam quam presciuit',[6] id est 'predestinauit'. Quod enim sic debeat intelligi, circumstantia ipsius lectionis ostendit.

De iusticia Dei et misericordia. lxiiii.

1 De iusticia Dei tractaturi et misericordia [col. 2] misericordie ipsius imploremus dulce subsidium, ut ea que proposituri[b] sumus fructuosam

---

[a] R *adds* non; *Aug. adds* erat, non quod futurum non   [b] proposuturi R

[1] Iob 7. 1.   [2] Aug. *De Praedest. Sanct.* xiv. 26 (979).   [3] Matth. 11. 21; Luc. 10. 13.
[4] Aug. *De Dono Persev.* x. 24 (1006).   [5] Ps. 35. 7.   [6] Rom. 11. 2.

procreent intelligentiam in animo lectoris.[1] In primis ergo uerbis Anselmi Cantuariensis utemur:

'Quomodo', inquit, 'est Deus misericors simul et impassibilis? Nam si est impassibilis, non compatitur. Si non compatitur, non est ei miserum cor ex compassione miseri, quod est esse misericordem. Aut si non est misericors, unde miseris est tanta consolatio? Quomodo ergo est et non est misericors, nisi quia est misericors secundum nos, et non secundum se? Est quidem secundum nostrum sensum, et non est secundum suum. Etenim cum ipse respicit nos miseros, nos sentimus misericordis effectum, sed ipse non sentit affectum. Et misericors est, quia miseros saluat et peccatoribus suis parcit; et misericors non est, quia nulla miserie compassione afficitur'.[2]

2 Idem alibi:

'Cum Deus sit summe iustus et totus, quare parcit malis, cum parcere illis uideatur esse iniustum? Que enim iusticia est merenti mortem eternam, dare uitam sempiternam? Vnde ergo de Deo procedit bonos saluare et malos, si hoc non est iustum, et ipse non facit aliquid iniustum? Sed sciendum est quia bonitas Dei est incomprehensibilis, et hoc latet in luce illa inaccessibili quam ipse bonus inhabitat, unde manat fluuius misericordie ipsius. Nam cum totus et summe iustus sit, tamen iccirco eciam malis est benignus, quia totus summe bonus est. Minus namque bonus esset, si nulli malo esset benignus. Melior enim est qui et bonis et malis bonus est, quam qui tantum bonis bonus est. Et melior est qui malis et puniendo et parcendo est bonus, quam qui puniendo tantum. Ideo ergo misericors est, quia totus et summe bonus est. Et cum forsitan uideatur, cur bonis bona et malis retribuat mala, illud certe penitus est mirandum, cur Deus ipse totus iustus et nullo egens malis et reis suis bona tribuat. 3 O altitudo bonitatis tue, Deus, et uidetur unde sis misericors, et non peruidetur. Cernitur unde flumen manat, et non perspicitur unde fluminis fons nascatur. Nam et de plenitudine bonitatis est quia peccatoribus tuis es pius, et in altitudine bonitatis latet qua ratione hoc es. Etenim Domine licet bonis bona et malis mala ex bonitate retribuas, ratio tamen iusticie hoc postulare uidetur. Cum uero malis bona tribuis, scitur quia summe bonus hoc facere uoluit, mirum tamen est cur summe bonus uel iustus hoc uelle potuit. O immensitas bonitatis Dei, quo affectu amanda es peccatoribus! Iustos enim saluas, iusticia comitante, peccatores uero liberas, iusticia dampnante; illos meritis adiuuantibus, istos meritis repugnantibus; illos bona que dedisti cognoscendo, istos mala que odisti ignoscendo'.[3]

4 Et alibi:

'Ideo Deus misericors est, quia iustus est. Et quodammodo oritur misericordia eius ex ipsius iusticia. Quod cum ita sit, queritur an ex iusticia parcat Deus malis, quod sic esse dicitur. Est etenim iustum, Deum sic esse bonum, ut nequeat intelligi melior, et sic potenter [f. 47v] operari, ut non possit cogitari potentius. Quod quidem non fieret, si ipse esset bonus, retribuendo tantum et non parcendo. Hoc itaque modo iustum est ut parcat malis, et faciat eciam bonos de malis. Iustum est item ut Deus malos puniat. Quid namque iustius quam ut boni bona et mali mala recipiant? Quomodo ergo et iustum est ut malos puniat Deus, et iustum est ut malis parcat? An

---

[1] Cf. the quite different discussion of this question, not using Anselm, in Peter Lomb. *Sent.* IV. xlvi. 3–5 (II. 532–37).

[2] Anselm, *Proslog.* viii (I. 106 lines 5–14).   [3] Ibid. ix (I. 106 line 18 — 107 line 26).

alio modo iuste punit malos et alio modo iuste parcit malis? Cum enim punit malos, iustum est, quia illorum meritis conuenit; cum uero parcit malis, iustum est, non quia illorum meritis, sed quia bonitati Dei condecens est. Nam parcendo malis iustus est Deus secundum se et non secundum nos, sicut misericors secundum nos et non secundum se. Nam saluando nos quos iuste perderet, sicut misericors est non quia ipse sentiat affectum, sed quia nos sentimus effectum; ita iustus est, non quia nobis reddat debitum, sed quia facit quod decet se summum bonum. Sic itaque sine repugnantia iuste punit et iuste parcit'.[1]

5 Et alibi:

'Iustum est ut Deus malos puniat. Iustum quippe est illum sic esse iustum, ut iustior[a] nequeat cogitari. Quod nequaquam esset, si tantum bonis bona et non malis mala redderet. Iustior enim est qui et bonis et malis, quam qui bonis tantum merita retribuit. Iustum igitur est secundum Deum, iustum et benignum, et cum punit et cum parcit. "Vniuerse quidem uie Domini misericordia et ueritas",[2] et tamen "iustus Dominus in omnibus uiis suis". Et hec utique sine repugnantia, quia quos uult perire uel punire, non est iustum saluari, et quibus uult parcere, non est iustum dampnari. Nam id solum iustum est quod uult, et non iustum quod non uult. Sic ergo nascitur de iusticia Dei misericordia ipsius, quia iustum est illum sic esse bonum, ut et parcendo sit bonus. Et hoc est forsitan, cur summe iustus potest uelle bona malis. Sed si utcumque capi potest, cur malos potest uelle saluare Deus; illud certe nulla ratione potest comprehendi, cur de similibus malis hos magis saluet quam illos per summam bonitatem, et illos magis dampnet quam istos per summam iusticiam'.[3]

6 Patet per predicta quod Deus ex iusticia parcit malis. Numquid ergo effectus est iusticie parcere? Eciam, secundum quod nomen iusticie comprehendit et misericordiam. Sed quandoque quasi ex diuersa regione se respiciunt hec nomina, 'iusticia', 'misericordia', licet numquam sit iusticia sine misericordia. Secundum hoc ergo queri solet utrum Deus iusticia sua sit misericors. Quam quidam admittunt, eo quod in utraque istarum, 'Iusticia est', 'Misericordia est', supponitur diuina essentia. Sed quid? Numquid Deus eternitate sua est iustus? Numquid simplicitate sua est magnus, cum immensitate sua siue potentia sit magnus? Numquid Deus eternitate sua misericorditer agit cum isto? Numquid item effectus iusticie est esse eternum? Numquid effectus potentie est uelle et effectus uoluntatis est posse? Quod si est, uidetur quod quicquid potest Deus uult Deus. Dicendum ergo quod Deus eo quo est iustus, [col. 2] est et misericors et eternus, non tamen iusticia est Deus aut misericors aut eternus, quia non in eo quod est iustus est uel misericors uel eternus, licet eo quo est iustus sit tam misericors quam eternus. 7 Sed quid? Si eo quo est iustus est misericors, nonne eodem est iustus et misericors? Ergo aliquo est iustus et misericors.

[a] iusticior R

[1] Ibid. ix–x (I. 108 line 9 — 109 line 6).   [2] Ps. 24. 10.
[3] Anselm, *Proslog.* xi (I. 109 lines 10–24).

Sed quid? Inferendum esset 'Ergo aliquo est iustus quo est misericors'. Sed quo? Dicunt quod diuina essentia. Sed quid? Nonne Deus essentia est, sicut iusticia est iustus? Nonne enim essentia facit esse, sicut effectus iusticie est iustum? Dicendum ergo quod eo quo Deus est iustus est misericors, quia Deus se ipso est iustus et misericors. Et sic potest notari tam causa efficiens quam formalis. Et uide quia hec uox 'diuina essentia' quandoque a theologis ita accipitur, ut hec appellatio superior sit his numcupationibus, 'iusticia', 'misericordia', 'bonitate', 'eternitate', 'simplicitate', 'immensitate' et huiusmodi, quandoque coartat suam suppositionem ita ut notet formalem causam. Et secundum hoc dicetur quod Deus essentia sua est, et negabitur hec, 'Deus essentia sua est iustus'. 8 Reor tamen hanc esse dupplicem: 'Deus iusticia est misericors'. Multiplex est enim ablatiuitas, ut ita loquar. Potest igitur notari causa sub hoc sensu, 'Ex iusticia est misericors', siue 'Iusticia in quantum est iusticia facit Deum misericordem', et secundum hoc est falsa. Si autem supponatur essentia siue causa sub hoc sensu, 'Essentia que est iusticia est Deus misericors', uera est. Similiter, hec duplex: 'Misericordie est punire'. Hec igitur falsa: 'Deus ex misericordia punit, quia non in quantum est misericors'. Vt ergo dicit Hilarius, 'Filius est sapiens se ipso, sed non a se ipso'.[1] Sic et misericordia, ut aiunt, Deus punit, non tamen ex misericordia. Item Deus misericordia relaxat isti penam tantam. Sumatur pena qua posset punire ex condigno, ergo Deus ex misericordia punit istum minus quam meruit; et hoc uerum. Sed non punit nisi tantum demonstretur pena[a] qua punitur, ergo ex misericordia punit tantum. Non sequitur 'Quia ex iusticia punit tantum, ergo quantum Deus punit istum de iusticia, tantum de misericordia punit'. Sed numquid ex iusticia punit istum Deus modica pena? Cur non? Nonne Deus ex magna caritate diligit istum parum? Numquid ex iusticia et misericordia est quod Deus punit istum minus condigno? Quod autem hec uno modo sit falsa, 'Misericordie est punire', patet per hanc que secundum usum falsa est: Proprium est musici scire grammaticam; musicum tamen <non> est grammaticum.

9 Solet item dubitari utrum hec sit uera, 'Deus misericorditer punit', cum constet de ueritate huius, 'Deus unicuique punito misericorditer relaxat de pena'. Augustinus enim in libro xi. Super Genesim dicit de Deo: 'Misericorditer ignoscens, iuste ulciscens, item misericorditer ulciscens, iuste ignoscens'.[2]

---

[a] prima R, *corr. in marg. with pencil*

---

[1] Not Hilary; cf. Aug. *De Trin.* VII. i. 2 (934–36). Closer to Nequam is Peter of Poitiers, *Sent.* I. xx (871B): 'Filius est sapiens se ipso uel per se ipsum. Si enim sui natura et essentia sapiens intelligatur, uerum est; si uero a se uel de se, falsum'. In support of this he does indeed cite Hilar. *De Trin.* IX. xlviii (319C): 'Haec est unitas ut ita per se agat Filius ut non a se agat'; cf. Peter Lomb. *Sent.* I. xxxii. 3. 3 (I. 236–37).
[2] Aug. *De Gen. ad Litt.* XI. xi. 15 (435).

Videtur ergo equiuocatio constituenda in huiusmodi aduerbiis, 'misericor-diter', 'iuste'. Deus ergo misericorditer ignoscit, id est de misericordia misercorditer ulciscitur, id est cum misericordia. Aut si uolueris rem interius indagare, dices quod illud Augustini referendum est ad penas tempora[f. 48]les et non ad eternas. Cum enim Dominus punit aliquem in presenti, ne puniatur in futuro secundum quod dicitur 'Domine hic ure, hic seca',[1] misericorditer punit, similiter et iuste punit. Sed iusticie est quod punit, misericordie quod sic uel hic punit.

10 Consueui autem querere utrum hec danda: 'Iustius est ut Deus relaxet Iude aliquid de sua pena, quasi ei qui duplo est minus malus'. Nonne enim qui magis meruit cruciari, magis eget misericordia diuina? Quanto ergo quis magis est malus, tanto magis eget relax<at>ione pene. Sed quid? Nonne quanto quis minus est malus, tanto minus est dignus pena? Nonne Iudas est magis dignus pena quam Achitofel? Nonne ergo dignius est Iudam puniri quam Achitofel, cum sit iustus? Vtrum magis placet Deo istum puniri an illum? Aut numquid ista eque placent Deo? Nonne magis placet Deo Petrum remunerari quam Linum? Dicendum ergo quod iustius est aliquid relaxari de pena minus malo, quam ei qui magis est malus, quia qui minus est malus, minus est dignus pena. Iustum tamen est ut plus relaxetur de pena magis malo quam minus malo, quia qui magis est malus, magis est miser, et quia magis est miser, magis eget misericordia Dei. 11 Sed quid? Numquid plus de pena remittitur Iude quam Achitofel? Eciam. Deus tamen omnibus dampnatis est eque misericors, licet enim maior pars pene condigne remittatur Iude quam Achitofel; in proportione tamen pari remittitur ipsis de penis suis. Intellige ergo quod Iudas meruit trecentos ictus, Achitofel sexaginta. Iude ergo remittet Dominus terciam partem scilicet centum; similiter Achitofel terciam partem, scilicet uiginti. Ecce, maior pena remittitur Iude quam Achitofel, cum tamen Deus sit eque misericors ipsis, ratione proportionis. Possunt ergo aduerbia nunc notare quantitatem excessus, nunc proportionem. Constat ergo de ueritate huius: 'Deus maius quid remittit Iude de pena quam Achitofel'. Sed numquid magis? Eciam, si hoc aduerbium nota est quantitatis; secus est si sit nota proportionis. Maiori quidem excessu excedit duodenarius senarium quam quaternarius binar-ium, cum senarius maior sit binario. Eque tamen excedit quaternarius binarium et duodenarius senarium. Omnes enim duple proportiones pares sunt. 12 Item, Augustinus uidetur uelle quod licet Deus misericordius agat

---

[1] Cf. Peter Lomb. *In Ps.* 6. 1 (105A) and Walter Map, *De Nugis Curial.* II. ii (p. 132): 'Hic ure, hic puni', ascribed by him to Augustine, and William of Auxerre, *Summa Aurea* III. xxvii. 3. 1 (III. i. 519 lines 72–73), IV. xviii. 4 (IV. 535 lines 79–80), in the same words as Nequam, also citing 'Augustine'. The ultimate source seems to be Aug. *In Epist. Ioh.* vi. 8 (2024).

cum uno quam alio, nullum tamen punit iustius alio.[1] Sed quid? Nonne Iudas est dignior pena quam Achitofel? Nonne igitur iustius est Iudam puniri quam Achitofel? Nonne ergo iustius punit Deus hunc quam illum? Nonne item magis meruit Petrus coronari quam Linus? Ergo iustius est Petrum coronari quam Linum. Item, cum dicitur 'Tam iustum est Petrum coronari', sic non demonstratur iusticia Dei sed meritum Petri. Cum ergo maius sit eius meritum, iustius est eum coronari. Nonne item iuste iudicare est secundum merita unicuique tribuere?[2] Cum ergo maiora sint huius merita quam illius, uidetur quod iustius agat Deus cum isto quam cum illo, [col. 2] non quidem ratione iusticie diuine in se considerate sed ratione meritorum; quod reor esse uerum. Sed numquid Deus magis est iustus respectu istius quam illius? Nonne ergo aliquantum est iustus et magis? Et uide quod iusticia creata non est effectus iusticie Dei sed misericordie, quia ex misericordia est quod Deus iustificat, sed effectus iusticie est quod punit. 13 Quero item utrum Deus sit eque iustus et misericors uel magis misericors quam iustus. Videtur quod sit magis misericors quam iustus, cum dicat Iacobus in epistola sua 'Superexaltat autem iudicium uel iudicio'.[3] Quicunque enim regnabit cum Christo magis coronabitur quam meruerit, quia preter premium condignum habebit supererogationem in gloria. Premium condignum erit ex iusticia et misericordia, supererogatio autem misericordie erit obnoxia. Quicumque autem damnabitur, citra penam condignam punietur. De stricto iure iudicii iusticie puniretur pena condigna quilibet dampnatus, sed misericordia superexaltat et quodammodo nobilitat iudicium, dum equitas prefertur stricto iuri, adeo ut multum relaxetur unicuique de pena condigna, dum modo non obiciatur de pena persoluenda peccato quod est in Spiritum Sanctum. Adde quia dum quis penitens conuertitur ad Dominum, concurrunt simul tempore fides, credere, contritio et remissio peccatorum. Fides autem et credere de misericordia siue gratia sunt, similiter et remissio peccatorum. Contritio autem penam habet sui comitem, dum quis fremit spiritu et conterit se ipsum. Misericordia ergo preuenit iudicium ratione effectus, quia fides prior est natura quam contritio. Superexaltat autem se misericordia iudicio, id est respectu iudicii, dum adest remissio peccatorum, que magis se debet misericordie quam iusticie. 14 Solet autem et sic intelligi id quod legitur, scilicet quia misericordia superexaltat iudicium. Ille enim qui propter originalem uel propriam culpam iudicandus erat, per misericordiam Dei superexaltatus, iudicat cum electis. Idem eciam accidit quando Deus bona tribuit malis.

---

[1] Not in Aug.; cf. Peter of Poitiers, *Sent*. III. ix (1059D); William of Auxerre, *Summa Aurea* I. xiii. 3 (I. 254 lines 29–30).
[2] Cf. Aug. *De Lib. Arbitr.* I. xiii. 27 (1235), and in other works.   [3] Iac. 2. 13.

Quid quod, cum omnes sint natura filii ire,[1] dampnarentur omnes, nisi misericordia quod suum est uendicaret? Beda autem, in expositione[a] epistularum canonicarum, in aliam partem suam flectit considerationem, dicens:

'Quemadmodum dampnatus, in iudicio Dei dolebit qui non fecit misericordiam, ita qui fecit remuneratus exultabit atque gaudebit. Aliter: "Superexaltat misericordia iudicium."[2] Non dictum est "Vincit misericordia iudicium", non enim aduersa est iudicio, sed "superexaltat", quia plures per misericordiam colliguntur, sed qui misericordiam prestiterunt. "Beati" enim "misericordes, quoniam ipsorum miserebitur Deus".[3] Item, "Superexaltat misericordia iudicium";[4] superponitur misericordia iudicio in quo inuentum fuerit opus misericordie. Et si habuit aliquid forte in iudicio quo puniatur, tanquam unda misericordie peccati ignis extinguitur'.[5]

15 Sed quid? Etsi respondeat quis dicturus Deum magis esse misericordem quam iustum, quero tamen utrum in puniendo Iudam magis sit misericors quam iustus. Videtur quidem quod in hoc sit Deus magis iustus [f. 48v] quam misericors. Quidni? Equum est ut plus reseruetur Iude de pena quam remittatur. Si enim merita Iude respicias, nichil esset ei remittendum de pena. Sed que misericordia Dei reperietur in paruulo recens nato, qui propter originale peccatum punietur eternaliter? Sed quid? Manifesta est ibi iusticia, sed misericordia occulta.

16 Quid est item quod ait Iacobus, 'Iudicium sine misericordia illi qui non fecit misericordiam',[6] cum 'Vniuerse uie Domini sint misericordia et ueritas'?[7] Iudicium quidem erit ei sine misericordia saluante, quamuis non sine misericordia relaxante.

17 Quid est item quod dicit propheta: 'Misericordia Domini ab eterno et usque in eternum'?[8] Patet quidem quod effectus misericordie Dei erit in remuneratione eterne glorie. Sed quonam modo fuit misericordia Domini ab eterno? Quia ab eterno gratuita bonitate sua predestinauit suos ad uitam eternam. Interlinearis tamen exponit quod dicit 'ab eterno' sic, scilicet 'cum mundus cepit administrari'.[9] Seruit enim mundus homini ratione multimode utilitatis.

18 Notum est autem quia Dominus dicitur misericors natura, miserator miseratione uel exhibitione. Deus ergo ab eterno fuit misericors, quia sic notatur aptitudo, sed ex tempore fuit miserator. Sed quid? Intellige utcumque quod nulla creatura potuisset fuisse futura. Nonne hoc impossibili intellecto esset Deus in se iustus? Nonne hoc eciam intellecto iustum esset

---

[a] expotisitione R

---

[1] Eph. 2. 3.   [2] Iac. 2. 13.   [3] Matth. 5. 7.   [4] Iac. 2. 13.
[5] Bede, *In Epist. Can.* ad loc. (20D–21A); *Glo. Ord.* VI. 1279.   [6] Iac. 2. 13.
[7] Ps. 24. 10.   [8] Ps. 102. 17.   [9] *Glo. Ord.* III. 1223–24 (interlin.).

Deum diligere se? Nonne Deus est summum bonum? Nonne Deum esse iustum est summum bonum? Nonne Deum esse conuertitur, cum Deum esse iustum? Vt autem dicit Augustinus in libro De Vera Religione, summum bonum est summe esse.[1] Nonne ergo summum bonum est Deum esse iustum? Quonam ergo modo posset intelligi Deum esse et non esse iustum? 19 Sed quid? Numquid minus bonum est Deum esse misericordem, quam Deum esse iustum? Sed quid? Nonne Deus potest intelligi esse iustus etsi intelligatur non esse misericors? Intellecto ergo quod nulla creatura posset fuisse futura, numquid intelligeretur Deus esse misericors? Quonam modo posset tam bonum quid subtrahi per intellectum a summe bono? Quid est misericordia Dei, nisi gratuita benignitas ipsius? Quonam modo possent intelligi tres persone esse Deus nisi cointelligeretur quod benigne se diligerent, iocunde se fruerentur, iuste se mutuo uenerarentur? Solet tamen dici quod hoc nomen 'misericordia', dictum de Deo, connotat effectum circa creaturas. Fateor me dubitare de his. Magis enim nocent mihi iacula propria quam aliena.

20 Solent item quidam iaculis harundineis sese impetentes querere utrum qualiscumque est Pater sit Filius, et inter que sic fiat distributio. Si enim dicatur quod distributio fiat ratione diuersitatis nominum, quid ergo si nullum nomen esset? Dicendum ergo quod distributio fit ratione effectuum. Videbitur tamen intelligenti quod non fiat ibi distributio, et quod hoc nomen 'qualiscumque' non teneatur ibi distributiue. Erit ergo sensus: Omnino talis est Filius qualis est Pater, et econtrario. [col. 2] Sunt eciam quidam qui, uno solo phenice existente, dant quod omnis phenix est, eo quod omnino phenix est. Quid est item omne id quod currit moueri, nisi omnino id quod currit moueri? Si enim dicatur istud, 'Id quod currit mouetur', incongrua est locutio, habenda est enim discretio inter has: 'Omne id quod currit mouetur', 'Omne quod currit mouetur', 'Quidlibet quod currit, mouetur'. Quia ergo talis est Pater qualis est Filius, et non potest reperiri quod alicuiusmodi sit Pater quin talis sit Filius, dicitur quod qualiscumque est Pater est Filius. Solent item querere utrum Deus sit uniusmodi et alteriusmodi, eo quod ipse est misericors et iustus. 21 Si enim, ut aiunt, detur quod Deus est uniusmodi et alteriusmodi, dabitur quod Deus est unius nature et alterius nature. Quid enim, ut aiunt, est modus talis, nisi Deus? Hinc est quod negant hanc, 'Deus operatur uno modo et alio modo'. Sed quid? Nonne Deus aliter est in homine iusto et aliter in lapide? Dicunt ergo quod Deus est uniusmodi et alteriusmodi, non ratione sui, sed ratione effectuum. Punit enim et saluat. Sed quid? Nonne Deus est eternus et simplex? Numquid ergo Deus est uniusmodi et alteriusmodi? Nonne enim, ut superiora docuere, esse eternum est esse qualem?[2] Nonne similiter esse

---

[1] Cf. Aug. *De Vera Relig*. xi. 21–22 (131–32).   [2] See above, II. xxxvi. 3.

simplicem est esse qualem? Dicimus ergo quod hec neganda: 'Deus est uniusmodi et alteriusmodi', quia he uoces spectant ad qualitates predicamentales. Nonne enim insultaret hereticus, audito quod Deus heri fuit uniusmodi et cras erit alteriusmodi? Damus tamen hanc: 'Deus aliter est in iusto quam in lapide, et eciam alio modo propter respectum uidelicet qui habetur ad creaturas'. Nonne item multifariam multisque modis Deus est locutus in prophetis? 22 Sed quid? Diuersitas talis refertur ad locutiones prophetarum; locutiones ergo tales admittimus in quibus potest notari diuersitas ratione effectuum, ut cum dicitur 'Aliter operatur Deus in corde istius, aliter in corde illius'. Cayphe enim confert prophetiam Deus sed non gratiam; Martino gratiam, sed non prophetiam. Diuidit enim Spiritus Sanctus singulis prout uult. Dicitur item quod Filius aliter procedit a Patre quam Spiritus Sanctus, quia ille per generationem, iste per spirationem.
23 Et uide quod antiquioribus placuit ad hanc, 'Quid est Deus?', congrue responderi, 'Iustus', eo quod hoc nomen 'iustus' predicat essentiam. Sed quid? Vt superiora docuere, hoc nomen 'iustus' significat essentiam, sed qualitatiue.[1] Vnde, salua pace maiorum, incongrua est predicta responsio. Ad hanc ergo, 'Quid est Deus?', congrue respondetur 'Iusticia'. Sed ad hanc, 'Qualis est Deus?', respondetur congrue 'Iustus'. Modus enim significationis cum officio in multis preiudicat principali significationi. Sed sedens quis in insidiis dicet: 'Numquid Deus est iusticia et misericordia, eo quod est iustus et misericors'? Respondeo 'Nequaquam'. 'Cur ergo', inquiet, 'intitulasti capitulum istud "De iusticia Dei et misericordia?"' Sed sciendum quod copulatiua coniunctio etsi quandoque sit nota diuersitatis, quandoque tenetur aggregatiue, ac si fungatur uice puncti. Vnde et Ieronimus opusculum [f. 49] quoddam intitulat 'De Essentia et Inuisibilitate et Immensitate Dei',[2] cum tamen immensitas sit essentia, similiter inuisibilitas essentia.

<Vtrum> hec nomina, 'iustus' et consimilia, equiuoce dicantur de Creatore et creatura. lxv.

1 Nolo diu tempus consumere querendo utrum hoc nomen 'iustus' et consimilia equiuoce dicantur de Creatore et creatura, an uniuoce. Constat enim quod hoc nomen 'iustus' significat accidens quod spectat ad predicamentum qualitatis in una sui significatione, in alia soli Deo conuenit, in tercia habet quandam significationem communem, qua conuenit Creatori et

---

[1] See above, I. xiv. 4.   [2] Ps-Hieron. *De Essent. Divin.* (1199–1208).

creature. Cum ergo hoc nomen in una sui significatione sit predicamentale, in duabus predicamentale non est. Licet ergo des has, 'Quicquid est iustum non est Deus', 'Nullum iustum est Deus', non tamen ob hoc dabis hanc, 'Deus non est iustus'. Talia enim sint predicata, qualia permiserint subiecta. De huiusmodi autem nominibus, 'aliquid', 'ens', que excedunt ambitum seriei predicamentalis, solent dicere magistri quod ipsa uniuoce conueniunt Creatori et creature. Quicquid enim est in re, aut est Deus aut est a Deo.[1] Sed quid? Nonne hoc nomen 'aliquid' impositum est ex forma et connotat particionem, sed nonne eciam hoc nomen 'Deus' significat formam? Quidni? Forma Dei Deus est.

Quare affirmationes dicte de Deo dicantur incompacte. lxvi.

1 Si tamen interius consideremus ueritatem consistentie rei, uidebuntur magis esse proprie negationes in diuinis quam affirmationes. Vnde Dionisius ait in Ierarchia:

'"Aliquando uero dissimilibus manifestationibus ab ipsis eloquiis supermundane[a] laudatur, eam (diuinam scilicet naturam) inuisibilem et infinitam et incomprehensibilem uocantibus, et que, ex quibus non quid est sed quid non est, significatur". Cum enim inuisibilis et infinitus et incomprehensus dicitur Deus, non quid est dicitur, sed quid non est. Sequitur: "Hoc enim, ut estimo magis proprium, potentius est in ipsa"; hoc uidelicet ex quo non quid est, sed quid non est significatur, potentius est, id est efficacius, et magis proprium et expressum in ipsa. Quoniam qui dicit quod non est dicit quod aliquo modo potest intelligi; qui autem dicit quod est dicit quod nullo modo potest comprehendi. Ergo potentius est et excellentius quantum ad ueritatis expressionem dicere quod non est Deus, quam quod Deus est'.[2]

2 Et post pauca:

'"Si igitur negationes in diuinis uere sunt, affirmationes uero incompacte, obscuritati archanorum magis apta est per dissimiles formationes manifestatio". Negationes ergo dicuntur esse uere, id est proprie, affirmationes incompacte, id est improprie'.[3]

Hinc tamen sumpsere quidam occasionem dicendi quod nullum enunciabile significatur his, 'Deus est', 'Deus est Deus', et huiusmodi, quia, ut aiunt, nulla est compactio, id est coherentia predicati ad subiectum, in talibus.

[a] supernum dane R

---

[1] See above, II. xlv. 8.
[2] Hugh of St Victor, *Expos. in Hierarch. Dionys.* iii (972C–73B), commenting on Dionys. *De Cael. Hierarch.* ii, transl. John the Scot (1041B–C).
[3] Hugh of St Victor, as above (974A–B), commenting on Dionys. as above (1041C). This comment is referred to by Prevostin, *Summa* (Oxford, Bodleian Libr. MS Bodl. 133, f. 126rb).

Quid autem sentiamus super his docuere superiora.[1] Cum ergo dicis 'Deus est', quid cogitas aut quale cogitas? Quod enim sonat, hoc est inspiciens uel currens siue timor. Ergo cum dicis 'Deus', inspicientem [col. 2] dicis et contemplantem et considerantem omnia. Et quid est hoc? Quomodo inspicit Deus et quomodo uidet? Quid est uidere eius, nisi esse eius? Et hoc quale est? Si autem currentem intelligis, quia penetrat omnia et apprehendit et continet omne quod est currere illi, hoc est stare. 3 Et hoc quis capiat? Si uero timorem interpretaris, et ipsum sub hoc nomine cogitandum asseras, cum dicitur 'Deus', quis explicare possit quomodo timor sit Deus? Quomodo timetur quod non potest cogitari aut sciri? Constat quidem quia cum dicitur 'Deus' ignis aut lumen aut splendor, figuratiue sunt locutiones. Reperies tamen quod Deus proprie dicitur esse, quod intelligendum est dictum esse respectu creaturarum. Reperies item quod Deus proprie dicitur ueritas. Sed quid? Vtrum imposita sunt huiusce-modi nomina, Creatori prius an creature? Adam enim, cultor Dei ueri, indidit nomina rebus.[2] Sed nonne par erat ut prius mens ipsius erigeretur in Creatorem? Nonne ergo prius imposuit nomina Creatori?

Vtrum Deus essentia conueniat cum creatura. lxvii.

1 Cum item constet per superiora hominem esse similem Deo in gratuitis,[3] numquid dicetur Deus essentia sua conuenire cum Petro? Si enim iusticia sua conuenit cum Petro, nonne et essentia? Supposita enim iusticia, supponitur essentia. Numquid item Deus in eo quod est conuenit cum Petro? Nonne enim esse quod est Deus causa est essentie Petri? Diuina enim subsistentia uere existit et subsistentia omnia facit subsistere. Sed econtrario. Quonam enim modo existentia conuenit Deus cum Petro, cum Deus uere sit, nulla autem creatura sit respectu habito ad Deum? Hec enim uox 'on' quando scribitur per otomicron, id est 'o' breue, neutrale est et interpretatur 'quod est'. Quando uero scribitur per otomega, id est 'ω' longum, masculinum est et interpretatur 'qui est'; 'on' ergo ipse est creator omnium et principium, qui est et quod est proprie in se, et uniuersale ad omnia. Quonam ergo modo conuenit Deus qui uere est cum Petro, qui aut non est aut improprie dicitur esse? Nonne item, si essentia conuenit Deus cum Petro, deitate sua conuenit cum Petro? Ad hoc dicendum quod Deus dicitur iusticia conuenire cum Petro, non solum ratione effectus, sed eciam

---

[1] See above, I. xviii. 10–14.   [2] Gen. 2. 20.
[3] See above, I. vii. 2; xii. 4; xiii. 1–2.

quia hoc nomen 'iustus' connotat effectum. 2 Vnde et hanc damus: 'Deus est iustus et Petrus est talis'. Cum autem dicitur 'Deus est', hoc uerbum 'est' non connotat effectum, et ideo solet hec negari: 'Deus essentia sua conuenit cum Petro'. Sed quid? Nonne essentia Dei est ymago omnium essentiarum creaturarum? Omnis ergo essentia creata est idos essentie Dei. Nonne autem ydos censetur similis ydee? Adde quod, ut expositores sancti dicunt, alia est similitudo creationis, alia recreationis, alia glorie. Nonne ergo similitudine creationis, omnis essentia creata similis est essentie creanti? Consueui igitur dicere quod Deus essentia conuenit cum creatura, non tamen deitate conuenit cum creatura neque disconuenit, licet essentia supposita supponatur deitas, sicut Deus misericordia est misericors, non tamen eternitate est misericors. Deus ergo in quantum est conuenit cum esse [f. 49v] creature, tanquam exemplar cum exemplo, causa cum creato. Non tamen in quantum Deus est Deus conuenit Deus cum creatura, nisi hec uox 'in quantum est' notat concomitantiam.

3 De huiusmodi autem similitudine loquitur Anselmus in Monologio capitulo xxx. primo:

'Quemadmodum', inquit, 'illud natura prestantius est, quod per naturalem[a] essentiam propinquius est prestantissimo, ita utique illa natura magis est, cuius essentia similior est summe essentie. Quod sic quoque facile animaduerti posse existimo. Nempe si cuilibet substantie, que et uiuit et sensibilis et rationalis est, cogitatione auferatur quod rationalis est, deinde quod sensibilis et postea quod uitalis, postremo ipsum nudum esse quod remanet, quis non intelligat quod illa substantia que sic paulatim destruitur, ad minus et minus esse, et ad ultimum ad non esse gradatim perducitur? Que autem singulatim absumpta quamlibet essentiam ad minus et minus esse deducunt, eadem ordinatim assumpta illam ad maius et maius esse perducunt. Patet igitur quia magis est uiuens substantia quam non uiuens, et sensibilis quam non sensibilis, et rationalis quam non rationalis. Non est dubium quod omnis essentia eo ipso magis est et prestantior est, quo similior est ille essentie que summe est et summe prestat'.[1]

Qua de causa dicatur Deus esse sensibilis. lxviii.

1 Ad tractatum de sensibilibus instituendum pedetentim accedens, dignum duxi considerare, sed paucis, quare Deus dicatur sensibilis. Vt ait ergo Anselmus Cantuariensis,

'Si sola corporea sunt sensibilia, quoniam sensus circa corpus et in corpore sunt; quomodo est sensibilis Deus, cum non sit corpus sed summus spiritus qui omni corpore est melior? Sed si sentire non nisi cognoscere est — qui enim sentit,

[a] per naturalem: personalem R

---

[1] Anselm, *Monolog.* xxxi (I. 49 line 21 — 50 line 7).

cognoscit secundum sensuum prorietatem, ut per uisum colores, per gustum sapores
— non inconuenienter dicitur Deus aliquo modo sentire quicquid aliquo modo
cognoscit. Ergo Deus, quamuis non sit corpus, uere tamen eo modo est sensibilis,
quo summe omnia cognoscit'.[1]

Augustinus item, in quinto decimo libro De Trinitate capitulo quinto, dicit
'Simplex illa natura sicut intelligit sentit, sicut sentit intelligit; idemque
sensus qui intellectus est illi'.[2] Aristotiles eciam in Topicis dicit quod sentire
dicitur multipliciter, secundum corpus scilicet et secundum animam.[3]

Quid predicetur cum dicitur 'Deus est iustior Petro'. lxix.

1 Succincte pertransire libet de hoc quod queri solet, quid scilicet predicetur
in hac: 'Deus est iustior Petro'. Si enim sic copulatur relatio, que erit
conrelatio illius? Sed quid? Numquid cum dicitur 'Sortes est albior quam
fuerit', copulatur Sorti relatio? Non, sed notatur eleuatio albedinis in puncto
uel numero gradus. Cum ergo dicitur 'Deus est iustior Petro', copulatur
iusticia cum preminentia.

---

[1] Anselm, *Proslog*. vi (I. 104 line 23 — 105 line 6).
[2] Aug. *De Trin*. XV. v. 7 (1062).   [3] Arist. *Top*. I. xv (106b23–25).

[LIBER III]

Incipit prologus in terciam distinctionem. lxx.

1 Manna celestis doctrine, manna iocundissimi saporis te, lectore, recreare decreui, sed uereor ne ad pepones et allia Egipti [col. 2] suspires.[1] Quidni? Non numquam plus sapiunt frumini palati acumina[a] quam fauus mellis nectarei. In Egipto primo repertus est usus mathematicarum, et in rupe Egyptiaca uehementer se affligens Parmenides, septem adinuenit maximas dialectice adhuc in sinu natura latentis primitias.[2] Per allia ergo et pepones Egipti recte designantur logicorum exercitia quibus et pascuntur et delectantur, per manna dulcedo pagine celestis. Memorem igitur te esse desidero eius quod legitur in Exodo: Quia panibus proponis, thus[b] superponebatur.[3] Prestat enim deuotio scientie siue doctrine. Scribenti ergo deuotis succurre piarum orationum obsequiis, ut que feliciter sunt inchoata felicius consummentur. Iosue expugnanti Amalechitas uictoriam contulit eleuatio[c] manuum Moysi orantis.[4] Felices haberem ad uota successus si manus tuas sustentarent et Aaron feruor scilicet deuotionis et superexcellens constantie perseuerantia.

2 Explicit distinctio secunda. Incipiunt capitula iii. distinctionis.

i.   De diuina essentia.

ii.   Quia una sit causa rerum principalis et eadem causa finalis, formalis et efficiens.

iii.   De archetipo mundo et ydeis.

iv.   De mundo.

v.   De eo quod scriptum est: 'In principio creauit Deus celum et terram'.

vi.   De eo quod scriptum est: 'Quod factum est in ipso uita erat'.

vii.   Item de eo quod legitur quia 'In principio creauit Deus celum et terram'.

viii.   De tempore.

ix.   De yle.

---

[a] acrumina R   [b] thiis R   [c] elauatio R

---

[1] Num. 11. 5.   [2] R. Klibansky, 'The Rock of Parmenides', MARS 1 (1941–43), 178–86.
[3] Cf. Levit. 5. 11, Num. 5. 15.   [4] Exod. 17. 12.

xli. Quod ideo non dedit perseuerantiam angelo cadenti, quia ipse non accepit.

xlii. Quod boni angeli tunc confirmati fuerint, quando mali ceciderunt.

xliii. Quod boni angeli ante casum malorum peccare potuerunt.

xliiii. Vtrum in angelis cadentibus mala uoluntas precesserit uicium.

xlv. Vtrum angeli suscepti ab Abraham in rei ueritate comederint.

xlvi. Vtrum mala actio uel mala uoluntas sit a Deo.

xlvii. Item de casu diaboli.

xlviii. Quid sit quod apostata in ueritate non stetit.

xlvix. Vtrum malus angelus aliquando habuerit uirtutes.

l. Cur Deus creauit malos angelos cum presciret eos casuros et dampnandos.

li. Quod non possit esse uitium nisi in bono.

lii. De eo quod legitur quod 'in ueritate non steterit, quia non est ueritas in eo'.

liii. Quod ruentibus malis, etiam electi angeli expauerint.

liiii. Vtrum omni motu suo peccet diabolus.

lv. Vtrum diabolus habeat spem.

lvi. Vtrum diabolus uelit esse bonus.

lvii. Quod in multis sit perplexus diabolus.

lviii. Quod diabolus non sciat cogitationes hominis.

lix. Vtrum diabolus semel uictus iterato redeat ad temptandum eundem.

lx. Quid sit quod draco miserit caudam et traxit terciam partem stellarum.

lxi. Quid sit quod Sathan affuisse dicitur inter electos angelos.

lxii. Quod Sathan eciam elementa concutere ualeat.

lxiii. Vtrum bonus angelus meruit sibi confirmationem.

lxiiii. Vtrum diabolus ante peccatum dilexerit Deum.

lxv. Vtrum ruina malignorum spirituum fuerit causa confirmationis bonorum.

lxvi. Quod peccatum fuisset, licet aut nullum preceptum datum esset, aut[a] prohibitio facta.

lxvii. Quod angeli non constent ex materia et forma.

lxviii. Quod angeli mali post diem iudicii grauius puniendi sint quam modo puniantur.

lxix. De premio angelorum et supererrogatione.

lxx. Vtrum superni spiritus sua compleant officia circa nos sine corporum adminiculo.

---

[a] R *adds* nulla

De diuina essentia. i.

1 Diuine ergo maiestati, sine cuius presidio nichil aut inchoatur aut perficitur, feliciter primitias huius tercie distinctionis cum Abel offero, etsi Cain inuidie liuore tabescat.[1] Est ergo diuina essentia summa pulcritudo, quam summam

---

[a] *The numerals* lxxxvii–lxxxxv *misnumbered by one too few* R

[1] Gen. 4. 4–5.

nominamus ierarchiam, secundum quam cetere facte sunt ierarchie. Est
ergo simpla unitate, optima bonitate, consummatiua perfectione. Vbi enim
unitas est, diuersitas non est, dissimilitudo nulla esse potest. Vbi item
perfectio est et gradus non est, hinc est quod Dominus ait 'Non ascendes ad
altare meum per gradus'.[1] Altare istud est diuina essentia ad quod
ascendit Arrius per gradus, dum Filium minorem Patre, Spiritum Sanctum
minorem esse tam Patre quam Filio impudenter presumpsit asserere. Diuina
ergo pulcritudo que forma et exemplar est bene et pulcre dispositorum
omnium, que una est, pluralitatem non recipit, et quia optima est et
consummata sed et consummandorum omnium consummatiua et consum-
mationis causa diuersitatem non admittit, ac per hoc omnino dissimilitudinem nescit, que una est simplicitate et eadem perfectione.

2 De diuina autem essentia loquens Anselmus in Monologio capitulo vi., ait

'Licet summa substantia non sit per aliquid efficiens aut ex aliqua materia nec
aliquibus sit adiuta causis ut ad esse perduceretur: nullatenus tamen per nichil aut ex
nichilo, quia per se ipsam et ex se ipsa est quod est. Quomodo ergo esse intelligenda
est per se et ex se, si nec ipsa se fecit, nec ipsa sibi materia extitit, nec ipsa se quolibet
modo, ut quod non erat, adiuuit? Nisi forte eo modo intelligendum uidetur, quo
dicitur quia lux lucet uel lucens est per se ipsam et ex se ipsa. Quemadmodum enim
sese habent ad inuicem lux et lucere et lucens, sic sunt ad se inuicem essentia et esse
et ens. Summa ergo essentia et summe ens, id est summe existens siue summe
subsistens, non dissimiliter sibi conueniunt, quam lux et lucere et lucens'.[2]

Quia una sit causa rerum principalis, et eadem causa finalis, formalis et
efficiens. ii.

1 Diuina ergo essentia est causarum causa causalissima et est causa rerum
prima et principalis, [f. 50v] ita quod eadem est causa rerum finalis, formalis
et efficiens. Absit enim quod Deus sit materialis causa siue materia
creaturarum. Falluntur autem qui putant Patrem et Filium et Spiritum
Sanctum esse tres rerum causas. Error autem iste ex hoc sumpsit exordium,
quod Patri quandoque apropriatur nomen potentie, Filio nomen sapientie,
Spiritui Sancto benignitatis. Licet enim hoc ex certa causa dicatur, ut
superius diximus,[3] quicquid tamen potest Pater potest tam Filius quam
Spiritus Sanctus, et quicquid scit Filius scit tam Pater quam Spiritus Sanctus,
et quicquid uult Spiritus Sanctus uult tam Pater quam Filius. Absit ergo
quod sentiamus solum Patrem esse causam efficientem rerum, solum Filium
causam formalem, solum Spiritum Sanctum causam finalem.[4] Tota ergo

---

[1] Exod. 20. 26.   [2] Anselm, *Monolog.* vi (I. 20 lines 7–19).   [3] See above, I. xi. 1.
[4] This is said by (?)William of Conches, *Philosoph.* ii ('Un Brano ined.' p. 43 lines 23–25).

Trinitas est causa rerum efficiens, tota est causa formalis, tota est causa finalis, ita quod, diuina essentia supposita, supponitur causa effectiua, supponitur et causa formalis, supponitur et causa finalis.

De archetipo mundo et ydeis.[1] iii.

1 Legitur Augustinus dixisse 'Qui negat archetipum mundum esse, negat Filium Dei esse, negat Dei sapientiam esse'.[2] Videtur ergo Augustinus uelle quod qui loquitur de archetipo mundo loquitur de Filio. Sed quid? Nonne archetipus mundus est ordinatissima preconceptio qua tota Trinitas preconcepit mundum et preordinauit?[3] Nonne ergo archetipus mundus est tota Trinitas, cum tota Trinitas sit preconceptio diuina? Quid autem aliud est ydea quam exemplar omnium formarum creaturarum? Cum ergo preconceptio Dei sit exemplar formarum, oportet quod archetipus mundus sit ydea;[4] quod quidem opinamur uerum esse. Cum ergo tota Trinitas sit archetipus mundus, tota eciam Trinitas sit ydea, quare ait Augustinus 'Qui negat archetipum mundum esse negat Filium Dei esse', ac si solus Filius sit archetipus mundus? Hoc quidem ideo dicitur quia sapientia solet appropriari Filio, ut sepedictum est.

2 Sed difficultatem parit quod legitur Augustinus dixisse quia qui negat ydeas esse quas Plato philosophorum doctissimus esse dogmatizauit, catholice fidei particeps esse non poterit.[5] Si enim ydea est exemplar formarum, erunt ydee exemplaria formarum. Numquid ergo Deus est diuersa formarum exemplaria? Nonne ergo Deus est plura? Quid est item quod sepe reperies, quoniam plures rationes[a] fuerunt in Deo ab eterno?[6] Augustinus enim, in vi.[b] libro De Trinitate capitulo decimo, ait:

---

[a] orationes R   [b] xi R

---

[1] For this section see the authorities listed by Martin in his edition of Robert of Melun, *Sent.* I. ii. 2 (III. ii. 266 n. 11), and William of Conches *In Platonis Tim. 51A* clxviii (p. 278). On the notion of the 'mundus archetypus' see William of Conches op. cit. *30C* lvi (p. 126), and Daniel of Morley, *De Nat. Inf. et Sup.* pp. 9–10.
[2] So also Alan of Lille, *Summa 'Quoniam homines'* 5a (p. 127), also naming Augustine, and William of Auxerre, *Summa Aurea* II. i. 1 (II. i. 12 lines 2–3 and n.). The general sense only is to be found in Aug. *Retract.* I. iii. 2 (588–89); *De Divers. Quaest.* xlvi. 2 (30–31); *De Trin.* VI. x. 11 (931–32).
[3] Cf. William of Conches *In Platonis Tim. 27D* xxxii (p. 99 and n.c.).
[4] Ibid., and *51A* clxviii (p. 278).
[5] Cf. Aug. *De Divers. Quaest.* xlvi. 1–2 (29–31); William of Auxerre, *Summa Aurea* II. i. 3 (II. 29 lines 193–94); closest to Nequam is Alan of Lille, *Summa 'Quoniam homines'* 5a (p. 127).
[6] Cf. Aug. *De Divers. Quaest.* xlvi. 2 (31); Robert of Melun, *Sent.* I. ii. 2–3 and notes (esp. p. 266 n. 11).

'Vna sapientia est in qua sunt infinita quedam, eique infiniti thesauri rerum intelligibilium, in quibus sunt omnes inuisibiles atque incommutabiles rationes rerum eciam inuisibilium et mutabilium'.[1]

3 Sed que sunt iste rationes incommutabiles que sunt in thesauris sapientie Dei? Augustinus item in libro quinto Super Genesim dicit:

'In illo uiuimus, mouemur [col. 2] et sumus.[2] Istorum autem pleraque remota sunt a mente nostra propter dissimilitudinem sui generis, quoniam sunt corporalia; nec idonea est ipsa mens nostra, in ipsis rationibus quibus facta sunt, ea uidere apud Deum'.[3]

4 Ecce quod ait 'rationibus', sed eciam in libro Retractionum dicit Augustinus quod multe rationes in Deo subsistunt.[4] Augustinus item in libro quinto Super Genesim ait

'Cum ergo aliter se habeant omnium creaturarum rationes incommutabiles in Verbo Dei, aliter illa eius opera a quibus in die septimo requieuit, aliter ista que ex illis usque nunc operatur, horum trium hoc quod extremum posui nobis utcumque notum est per corporis sensus et huius consuetudinem uite. Duo uero illa remota a sensibus et ab usu cogitationis humane prius ex diuina auctoritate credenda sunt, deinde per hec que nota sunt, utcumque[a] noscenda, quanto quisque magis minusue potuerit, pro sue capacitatis modo, diuinitus adiutus ut possit. De primis ergo illis diuinis incommutabilibus eternisque rationibus, quoniam ipsa Dei sapientia, per quam facta sunt omnia, priusquam fierent ea nouerat, sic Scriptura testatur: "In principio erat Verbum, et Verbum erat apud Deum",[5] et cetera, "Omnia per ipsum facta sunt"[6] et cetera'.[7]

Dicendum ergo quod una sola est ydea; dicuntur tamen plures esse ydee, ut supradictum est, ratione diuersarum ydon. Similiter, una est ratio que est Deus; dicuntur tamen plures rationes esse in Deo, quia ipse nouit rationes et causas inditas rebus, cum tamen ipse sit causa causalissima. Minus autem intellectum est quod Augustinus dicit, quia rationes que in Patre ingenite sunt in Filio sunt genite. Sed hoc ideo dictum est quia Pater Filium gignendo in ipso cuncta disposuit. Rerum igitur dispositio est in Patre ingenita, quia Pater disponit non habens auctorem, cum Pater sit auctor Filii per generationem.

---

[a] utcumque *Aug.*; ut cum R

---

[1] Cf. Aug. *De Trin.* VI. x. 11 (931).   [2] Act. 17. 28.
[3] Aug. *De Gen. ad Litt.* V. xvi. 34 (333).   [4] Not in *Retract.*; see above n. 6.
[5] Ioh. 1. 1.   [6] Ioh. 1. 3.
[7] Aug. *De Gen. ad Litt.* V. xii. 28 – xiii. 29 (331).

De mundo. iiii.

1 Consequens est ut de creatione mundi agamus. Vt ait Augustinus in xi. libro De Ciuitate Dei capitulo quarto, 'Mundus ipse ordinatissima sua mutabilitate et mobilitate et uisibilium omnium pulcher<r>ima specie quodammodo tacitus et factum se esse et non nisi a Deo ineffabiliter atque inuisibiliter magno et ineffabiliter atque inuisibiliter pulcro fieri se potuisse proclamat'.¹
2 Hinc est quod quidam asseruere mundum nichil aliud esse quam Deum ipsum manifestantem se uisibiliter. Immo eciam ausi sunt dicere unum solum esse, scilicet Deum.² Sed quid? Numquid celum est terra aut id quod est celum est terra? Numquid lignum est lapis? Nonne a Deo sunt omnis compago partium et forma et species et ordo? Nonne Deus creauit mundum? Nonne ergo mundus est creatura? Nonne omnia creauit Deus in mensura, numero et pondere?³ Nonne omnia per ipsum facta sunt et sine ipso factum est nichil?⁴ Numquid omnia sunt ipse Deus? Absit.

[f. 51] De eo quod scriptum est: 'In principio creauit Deus celum et terram'. Cap. v.

1 In principio ergo creauit Deus celum et terram, id est in sapientia uel in Filio. Filius enim est summa sapientia siue summa ratio in qua sunt omnia que facta sunt. In principio item, id est in se ipso, creauit Deus celum et terram. Potest enim hoc nomen 'principio' teneri ibi essentialiter et secundum hoc ponetur eciam hoc nomen 'Deus' essentialiter, quia Deus Trinitas creauit celum et terram. Potest et hoc nomen 'principio' poni ibi personaliter, et secundum hoc, hoc nomen 'Deus' supponit pro Patre, sub hoc intellectu: In principio, id est in Filio, creauit Deus Pater celum et terram. Ecce quod ait propheta: 'Principium uerborum tuorum ueritas'.⁵ Veritas enim que est Filius est principium uerborum celestis pagine, cum scilicet dicitur 'In principio' et cetera. Cum autem dicitur 'In principio erat Verbum', hoc nomen 'principio' tenetur personaliter, scilicet pro Patre.
2 Quonam autem modo possit reduci principium Iohannis ad principium Geneseos, declaraui in opere quod composui super Ecclesiasten.⁶

---

¹ Aug. *De Civ. Dei* XI. iv. 2 (319).
² Cf. Ambr. *Hexaem*. I. i. 4 (123C–24A): '. . . alii mundum ipsum Deum esse dicant, quod ei mens diuina, ut putant, inesse uideatur'.
³ Cf. Sap. 11. 21.   ⁴ Cf. Ioh. 1. 3.   ⁵ Ps. 118. 160.
⁶ Alex. Nequam, *De Nat. Rer*. I. i (pp. 3–11).

De eo quod scriptum est, 'Quod factum est in ipso uita erat'. vi.

1 Omnia igitur in sapientia fecit Dominus, 'quoniam', ut ait apostolus, 'In ipso[a] condita sunt omnia in celo et in terra'.[1] 'Quod autem factum est in illo, uita erat'.[2] Libet ergo proponere uerba Augustini, dicentis in quinto libro Super Genesim:

'Consequens ergo erit, si ita distinxerimus, ut in ipsa terra et quecunque in ea sunt, uita sit. Que cum absurde dicantur uiuere, quanto absurd<i>us ut eciam uita sint? Presertim quia distinguit de quali uita loquatur, cum addit "et uita erat lux hominum".[3] Sic ergo distinguendum est, ut cum dixerimus "quod factum est", deinde inferamus "in illo uita est". Non in se scilicet, hoc est in sua natura, qua factum est ut conditio creaturaque sit, sed in illo uita est, quia omnia que per ipsum facta sunt, nouerat antequam fierent; ac per hoc non sicut creatura quam fecit, sed sicut uita et lux hominum, quod est ipsa sapientia et ipsum Verbum, unigenitus Dei Filius. 2 Eo modo ergo in illo uita est quod factum est, quomodo dictum est: "Sicut habet Pater uitam in semetipso, sic dedit et Filio uitam habere in semetipso".[4] "Quod ergo factum est", iam "uita erat in illo", et uita non qualiscumque; nam et pecora[b] dicuntur uiuere, que frui non possunt participatione sapientie; sed "uita erat lux hominum". Mentes quippe rationales, purgate gratia eius, possunt peruenire ad eiusmodi uisionem qua nec superius quicquam sit nec beatius'.[5]

Et paulo post:

'Porro si nouerat ea priusquam faceret ea, profecto priusquam fierent apud illum erant eo modo nota, quo sempiterne atque incommutabiliter uiuunt, et uita sunt. Facta autem eo modo quo unaqueque creatura in genere suo est'.[6]

Et infra:

'Hec igitur antequam fierent, utique non erant. Quomodo ergo Deo nota erant que non erant? Et rursus: Quomodo ea faceret que sibi nota non erant? Non enim [col. 2] quicquam fecit ignorans. Nota ergo fecit, nondum facta cognouit. Proinde antequam fierent et erant et non erant; erant in Dei scientia, non erant in sua natura. Ipsi autem Deo non audeo dicere alio modo innotuisse, cum ea fecisset, quam illo quo ea nouerat ut faceret, apud quem non est commutatio, nec momenti obumbratio.[7]'[8]

3 Anselmus autem in Monologio capitulo xxx. quarto, subtiliter de talibus disserens, diligentiam uigilantissimi lectoris desiderat, dicens:

'Quomodo tam differentes res, scilicet creans et creata[c] essentia, dici possunt uno uerbo, presertim cum uerbum ipsum sit dicenti coeternum, creatura autem non sit illi coeterna? Forsitan quia ipse est summa sapientia et summa ratio, in qua sunt omnia que facta sunt — quemadmodum opus quod fit secundum aliquam artem, non solum quando fit, uerum et antequam fiat et postquam dissoluitur, semper est in ipsa arte

---

[a] decimo R   [b] peccora R   [c] creatura R

[1] Cf. Col. 1. 16.   [2] Cf. Ioh. 1. 3–4.   [3] Ioh. 1. 4.   [4] Ioh. 5. 26.
[5] Aug. *De Gen. ad Litt.* V. xiv. 31–32 (332).   [6] Ibid. V. xv. 33 (333).
[7] Iac. 1. 17.   [8] Aug. *De Gen. ad Litt.* V. xviii. 36 (334).

non aliud quam quod est ipsa ars — iccirco cum ipse summus Spiritus dicit se ipsum, dicit omnia que facta sunt. Nam et antequam fierent, et cum iam facta sunt, et cum corrumpuntur seu aliquo modo uariantur: semper in ipso sunt, non quod sunt in se ipsis, sed quod est idem ipse. Etenim in se ipsis sunt essentia mutabilis secundum immutabilem rationem creata; in ipso uero sunt ipsa prima essentia et prima existendi ueritas, cui prout magis utcumque[a] illa similia sunt, ita uerius et prestantius existunt'.[1]

4 Et in capitulo sequenti sic ait:

'Verum cum constet quia uerbum eius <con>substantiale illi est et perfecte simile, necessario consequitur, ut omnia que sunt in illo, eadem et eodem modo sint in uerbo eius. Quicquid igitur factum est siue uiuat siue non uiuat, aut quomodocumque sit in se: in illo est ipsa uita et ueritas. Quoniam autem idem est summo Spiritui scire quod intelligere siue dicere, necesse est ut eodem modo sciat omnia que scit, quo ea[b] dicit aut intelligit. Quemadmodum igitur sunt in uerbo eius omnia uita et ueritas, ita sunt in scientia eius'.[2]

Et in capitulo sequenti subditur:

'Nulli dubium est creatas substantias multo aliter esse in se ipsis quam in nostra scientia. In se ipsis namque sunt per ipsam suam essentiam; in nostra uero scientia non sunt earum essentie, sed earum similitudines. Restat igitur ut tanto uerius sint in se ipsis quam in nostra scientia, quanto uerius ali<cu>bi sunt per suam essentiam quam <per> suam similitudinem. Cum ergo et hoc constet, quia omnis creata substantia tanto uerius est in uerbo, id est <in> intelligentia creatoris, quam in se ipsa, quanto uerius existit creatrix quam creata essentia: quomodo comprehendat humana mens cuiusmodi sit illud dicere, et illa scientia, que sic longe superior et uerior est creatis substantiis, si nostra scientia tam longe superatur ab illis, quantum earum similitudo distat ab earum essentia?'[3]

5 Expergiscere ergo, lector, uarie sunt et dispositiones mentis et cogitationes, cum in Deo [f. 51v] non sit nisi una cogitatio que ipse est. Cum ergo legitur quod cogitationes diuine distant a cogitationibus nostris,[4] referenda est pluralitas talis ad ea que subsunt cogitationi. Detur ergo licentia uerbis, ut intellectum meum quali possum exprimam forma uerborum. Cum ergo non sit aliquis motus in Deo sed ipse scit sua cogitatio siue meditatio siue ordinatio siue dispositio, erit archetipus mundus idem quod archetipus sol. Si enim quod meditatione depingis sortitur idem nomen quod sortitur res existens in opere — puta forma cifi concepti —, censetur nomine cifi sicut et cifus uisibilis; ita et ydea rei que est Deus censetur nomine ipsius ydos. Mundus ergo intellectualis siue archetipus sortitur nomen mundi. Hinc est quod legitur: 'Quod factum est in illo (scilicet in uerbo Dei), erat uita; id est

---

[a] utcumque *Anselm*; ut cum utrumque R   [b] ea *Anselm*; postea R

---

[1] Anselm, *Monolog.* xxxiv (I. 53 line 15–54 line 1).
[2] Ibid. xxxv (I. 54 lines 6–13).   [3] Ibid. xxxvi (I. 54 line 18–55 line 10).
[4] Is. 55. 9.

quod preordinatum erat in sapientia ab eterno, ut fieret ex tempore, erat uita',[1] ac si dicatur: 'Preordinatio Dei, siue conceptio qua preconcepta est quecumque res, est uita que est Deus, quia est Deus'. Dicitur enim figuratiue dispositio disponens preordinata esse ratione dispositionis disposite, id <est> ratione rerum dispositarum a sapientia que est Deus. Cum ergo dicitur 'quod factum est', non est referendum secundum hanc expositionem ad inceptionem factitionis rei sed ad conceptionem ordinantis. 6 Quo uultum auertis, lector? Indignaris, ut reor, quod non sequor uestigia Augustini, qui litteram sic distinguit: 'Quod factum est, in illo uita erat'.[2] Ergo uero sic distinxi: 'Quod factum est in illo, uita erat'. Condescendam tamen uoluntati tue, tibi morem gerens in hac parte. Quod ergo factum est ratione preconceptionis, in illo erat uita, quia erat uita que et uerbum. Flectamus item considerationem in aliam partem. Res ergo uisibilis fuit uita non in se sed in illo qui est uita. Quicquid ergo factum est ex tempore prodiens in esse, in illo qui est uita fuerat ab eterno uita, ratione dispositionis diuine, siue ipsius disponentis. Et ut reor, hec fuit mens tam Augustini quam Anselmi. Memini autem me dixisse superius quod hoc nomen 'uita' potest teneri et nominatiue et ablatiue. Crisostomus[a] uero longe aliter distinguit litteram, scilicet sic:

'"Omnia per ipsum facta sunt et sine ipso factum est nichil quod factum est". Quicquid enim factum est etiam a Deo factum est nichil (id est redactum est in nonesse), si factum est ab homine sine ipso (id est sine beneplacito eius), hoc est si ita fiat ab homine quod non placeat Deo. 7 Factum est item nichil in quantum male fit ab homine, dum sic fit quod non placet Deo. Quod ergo factum est a Deo, in quantum factum est a Deo est aliquid, et id ipsum in quantum male fit ab homine nichil est. Malus enim in quantum malus est non est, quia malicia nichil est. Secundum hoc ergo sequetur "In ipso uita erat, et hec uita erat lux hominum".'[3]

Hilarius uero sic distinguit: 'Et sine ipso factum est nichil quod factum est in ipso'.[4] Vsus autem Ecclesie conformat se distinctioni Augustini sic: 'Omnia [col. 2] per ipsum facta sunt, et sine ipso factum est nichil'. Sequitur 'Quod factum est, in ipso uita erat', sub hoc intellectu: Quod factum est in tempore, in mentali siue intellectuali factoris ratione, semper uiuit et uixit. Illud item cuius forma et exemplo fuerit temporalia, erat uita in ipso, id est in Patre. 8 Magis autem placet paruitati mee ut relatio facta per pronomen pertineat ad Filium quam ad Patrem.[5] In uerbo enim sibi coeterno creauit Pater celum et terram, tanquam in arte, tanquam in sapientia, tanquam in ratione. Quod

---

[a] Crisostonus R

---

[1] Ioh. 1. 3–4.   [2] See above, sect. 1.
[3] *Glo. Ord.* V. 1020 (Ioh. Chrysost. *Hom. in Ioh.* v. 1 [53]).
[4] *Glo. Ord.* ut supra (Hilar. *De Trin.* II. xviii–xix [62–63]).
[5] The pronoun referred to must be *ipso* in Ioh. 1. 4.

ergo factum est in illo, uita erat. Mundus enim intelligibilis qui in uerbo intellectuali fuit, uita erat. Dicitur autem mundus intelligibilis factus ratione mundi sensibilis. Adde etiam quia non dicitur 'quod factum est' sed 'quod factum est in illo'. Mundus enim intelligibilis etsi non est factus, factus tamen dicitur in uerbo intellectuali, scilicet in uerbo coeterno Patri, quia ordinatus est in sapientia. Dispositio namque diuina ordinata est in sapientia. Archa intelligibilis non fit in se sed in opere,[1] que eciam etsi non fiat, fieri tamen dicitur in mente artificis preconcipientis formam rei. Quod item factum est, erat uita in illo, scilicet in uerbo. Factus est enim mundus sensilis, qui antequam fieret, uiuebat in uerbo. Ars enim est uita operis. Sed nec displicet mihi si dicatur subesse diasirtos in hunc modum: Quod factum est in illo, in illo uita erat. Similiter:[a] 'Fructum eorum de terra[b] perdes'.[2]

9 Scito ergo, lector, quod usus his appellationibus, 'mundus archetipus', 'mundus intelligibilis', secutus sum potius Augustinum quam philosophos, qui tamen primo libro Retractionum sic ait c. iiii:

'Displicet mihi quod duos mundos, unum sensibilem, alterum intelligibilem, non ex Platonis uel ex platonicorum persona sed ex mea sic commendaui, tanquam hoc eciam Dominus significare uoluerit, quia non ait "Regnum meum non est de mundo", sed "Regnum meum non est de hoc mundo",[3] cum possit et aliqua locucione dictum inueniri et, si alius a Domino Christo significatus est mundus, ille congruentius possit intelligi, in quo erit "celum nouum et terra noua",[4] quando complebitur quod oramus dicentes "Adueniat regnum tuum".[5] Nec Plato quidem in hoc errauit, quia esse mundum intelligibilem dixit, si non uocabulum (quod ecclesiastice consuetudini in re illa inusitatum est) sed rem ipsam uelimus attendere. Mundum quippe intelligibilem numcupauit ipsam rationem sempiternam atque incommutabilem qua Deus fecit mundum, quam qui esse negat, sequitur, ut dicat irrationabiliter Deum fecisse quod fecit, aut cum faceret uel antequam faceret nescisse quid faceret, si apud eum ratio faciendi non erat. Si uero erat sicut erat, ipsam uidetur Plato uocasse intelligibilem mundum; nec tamen isto nomine nos uteremur, si iam satis essemus litteris ecclesiasticis eruditi'.[6]

10 Ecce quia ipsa appellatio displicet Augustino, licet uerius fuerit intellectus Platonis.

11 Doctrinalibus quidem usus sum uerbis [f. 52] in hoc capitulo. Sed numquid hec[c] danda in disputatione: 'Quod factum est in Filio, erat uita', aut hec: 'Quod factum est, in illo erat uita'? Causa dicti est attendenda. Ratio enim cuiuslibet rei que facta est, est Deus, et erat uita, et erat in Filio tanquam in sapientia Patris. Quicquid eciam factum est uiuebat in Filio, eo

---

[a] Simile R   [b] de terra *twice* R   [c] hi R

[1] 'Archa' is Nequam's transliteration of the Greek αρχη; the sense of the passage is 'The beginning is not intelligible in itself but in the thing made'.
[2] Ps. 20. 11.   [3] Ioh. 18. 36.   [4] Apoc. 21. 1 etc.   [5] Matth. 6. 10; Luc. 11. 2.
[6] Aug. *Retract*. I. iii. 2 (588–89).

modo quo opus uiuit in arte aut in preordinatione artificis. Queritur igitur utrum hec danda: 'Que ab eterno a Deo sunt disposita, sunt ab eo in tempore facta'. Dicunt ergo nonnulli eam negandam, quia, ut aiunt, sic agitur de rationibus que eterne sunt et ab eterno a Deo siue sapientia Dei disposite. Sed quid? Nonne ista temporalia disposuit Deus ab eterno? Veram igitur censeo predictam locutionem, quia sic agitur de rebus dispositis. Sed numquid quia ab eterno in mente Dei fuerunt ista, ideo sunt eterna? Non. Sed cum ista modo sint in Deo et ab eterno fuerint in Deo, numquid eo modo sunt in Deo quo fuerunt in Deo? Nonne immutabiliter fuerunt in Deo, quando uiuebant in ipso? Nunc autem mutationi sunt subiecta, sed cum dicitur quia immutabiliter fuerunt in Deo, notatur immutabilitas fuisse in disponente, quia ista preconcepit. 12 Satis autem subtiliter dicunt sed falso, qui hanc dant: 'Quicquid autem factum est, antequam fieret, fuit Deus'. Sed nec illorum approbo subtilitatem qui dicunt rationes rerum infra Creatorem esse et super creaturas. Nonne enim rationes rerum sunt dispositiones quibus sunt res disposite, aut ipse res disposite? Constat autem quod ipse res disposite sunt creature. Si autem uoces dispositiones rerum proprietates que insunt rebus dispositis, nonne ille sunt a Deo et non sunt Deus? Quicquid autem est in re, aut est Deus aut creatura,[1] ut sub 'creatura' intelligatur 'concretum'. Si autem dicas dispositiones disponentes, scito quod non est nisi una dispositio que Deus est. Vt enim dictum est supra, una sola est ydea, una sola est ratio, scilicet sapientia Dei siue preordinatio Dei.[2] Exemplar autem unum solum est, secundum quod omnia condita sunt exempla, unde et hominis ydea est ydea asini, et ita de aliis rebus. Multas uero euitabis difficultates auctoritatum, si intellexeris quod hoc nomen 'ratio' siue 'ars', dictum de Deo, quandoque est essentiale et conuenit toti Trinitati, quandoque est personale et conuenit soli Filio. Et uide quod licet mala precognita fuerint a Deo ab eterno, non tamen dicuntur ab eterno fuisse in Deo, quia Deus non disponit ea in quantum sunt mala, licet utilitates quas elicit ex illis disponat.

13 Et ut ad expositionum seriem reuertar, potest et sic intelligi quod legitur, 'Quod factum est in illo, uita erat':[3] Quid factum est in Deo? Coniunctio anime et corporis. Illa ergo persona que Deus est, facta est secundum humanitatem. In Verbo igitur quod factum est, uita fuit, quia deitas et Verbum quod factum est fuit uita, quia Deus. Quod enim factum est eternum est, quia Verbum caro factum est. Vnde sequitur 'Et uita erat lux hominum'.[4] Moralis uero expositio est, quia quod factum est in illo erat causa uite nostre, scilicet tam uite gratie quam uite glorie, scilicet re[col. 2]demptio qua redemit nos uel passio. Vulnera eciam que facta sunt in ipso sunt causa salutis nostre.

[1] See above, II. xxix. 1.   [2] See above, III. iii.   [3] Ioh. 1. 3–4.   [4] Ioh. 1. 4.

Item de eo quod legitur quia 'In principio creauit Deus celum et terram'. vii.

1 Materia sublimis uendicare sibi uidetur de iure subtilem iuestigationem. In Verbo igitur sibi coeterno creauit Deus Pater celum et terram, ita tamen quod in se ipsa creauit tota Trinitas celum et terram. In sapientia ergo Patris, ut transitiua sit constructio, id est in sapientia que est a Patre scilicet in Filio, creauit Deus Pater celum et terram, ita quod in sapientia Patris, id est in sapientia que est Pater (ut intransitiua sit constructio), id est in sapientia communi tribus personis, creauit Deus celum et terram, quia in se ipsa creauit diuina essentia celum et terram. In se ipso igitur creauit Deus Trinitas celum et terram. Quidni? Nulla creatura subsistere potest nisi sit in Deo; nulla creatura creari potest, nisi in Deo et a Deo. Continet et claudit uniuersa in se, immo et intra se immensitas diuina, ita quod Deus continens omnia intra se est intra omnia. Sustinet et sustentat omnia potentia diuina. Disponit et moderatur et regit omnia sapientia diuina, attingens a fine usque ad finem fortiter et disponens omnia suauiter.[1] Conseruat omnia benignitas diuina. Est ergo tota Trinitas creatrix omnium, gubernatrix et conseruatrix. 2 In principio item temporis creauit Deus Trinitas celum et terram, non enim fuit tempus antequam essent celum et terra. Reperies tamen sepe quia non in tempore creauit Deus celum et terram, sed cum tempore.[2] Quod ideo dictum puta, quia non precessit tempus creationem celi et terre. Et tamen et in tempore et cum tempore creauit Deus celum et terram.

De tempore. viii.

1 Licet autem superius egerim de tempore, ut ostenderem scilicet aliud esse tempus, aliud esse eternitatem,[3] iterato tamen sed paucis agam de tempore. Nullum ergo erat tempus ante celum et terram. Et ut dicit Augustinus in xi. libro de Confessione,

'Precedit Deus omnia tempora preterita celsitudine semper presentis eternitatis, et superat omnia futura, quia illa futura sunt, et cum uenerint, preterita erunt. "Tu autem idem ipse es, et anni tui non deficient".[4] Anni tui non eunt nec ueniunt quoniam stant'.[5] 'Dicenti ergo quid faciebat Deus antequam faceret celum et terram, respondeo non illud quod quidam respondisse perhibetur, iocular iter eludens questionis uiolentiam: Alta, inquit, scrutantibus Gehennas parabat. Audenter autem dico: Antequam faceret Deus celum et terram, non faciebat aliquid. Si enim faciebat, quid nisi creaturam faciebat?'[6]

---

[1] Sap. 8. 1.   [2] See above, II. xlvii. 8.   [3] See above, II. xxxv.
[4] Ps. 101. 28.   [5] Aug. *Confess*. XI. xiii. 16 (815).
[6] Ibid. XI. xii. 14 (815).

Sed numquid per innumerabilia secula cessauit Deus a tanto opere? Non.

'Nam unde poterant innumerabilia secula preterire, que tu Deus non feceras, cum sis omnium seculorum auctor et conditor? Aut que tempora fuissent, que a te condita non essent? Aut quomodo preterirent, si numquam fuissent?'[1]

2 Sed numquid Deus antequam crearet celum et terram fuit ociosus? Absit. Sapientia enim uera [f. 52v] non est ociosa. Preconcepit ergo Deus et preordinauit futura in se ipso, delectatus uera delectatione que ipse est. Vt enim sepedictum est, fruebantur sese mutuo persone diuine diligentes se amore eterno qui Deus est. Licet autem Augustinus dicat Deum non fecisse aliquid antequam crearet celum et terram, attende tamen cum quo conferas sermonem, si forte aut hereticus aut eciam laicus in sermone gallico querat a te utrum nichil fecerit Deus antequam crearet celum et terram. Asserit enim usus communis locutionis illum non nichil facere, qui discretis indulget meditationibus. Quod autem cogitatio sit in Deo docetur cum dicitur 'Non enim cogitationes mee cogitationes uestre'[2] et cetera.

3 Recolo autem me quisiuisse superius utrum tempus presens sit intuitus, preteritum recordatio, futurum expectatio.[3] Quod autem hoc stare non possit docuere superiora. Adde quod dabitur mille tempora esse, quia mille sunt intuitus presentes aut recordationes aut expectationes. Nonne item dies est maior hora? Nonne, ais, simplex intuitus est presens? Numquid aliquod tempus est simplex? Reuera Augustinus uidetur esse auctor predicte opinionis in xii. libro De Confessione.[4] Scito ergo, lector, quod multa dicuntur ab Augustino in xi. et xii. et xiii. libro de Confessione, disserente potius quam asserente, presertim de tempore et primordiali materia.

4 Dictis adice quia uidetur Augustinus uelle in sepedicto opere quod neque angeli neque primordialis materia sit in tempore. De primordiali autem materia disseretur inferius.[5] De angelis autem hoc dicit Augustinus ratione contemplationis, cui dum indulgent, quasi unum efficiuntur cum Deo. Vnde in xii. libro de Confessione sic ait, dirigens sermonem ad Deum:

'Qui sunt dies tui, nisi eternitas tua, sicut anni tui qui non deficiunt, quia idem ipse es? Hinc ergo intelligat anima que potest, quam longe super omnia tempora sis eternus, quando tua domus que peregrinata non est, quamuis non sit tibi coeterna, tamen indesinenter et indeficienter tibi coherendo, nullam patitur uicissitudinem temporum'.[6]

5 Si enim dicatur quod angeli non sint in tempore dum sunt in celo empireo, numquid non dicentur esse in tempore quando mittuntur ad nos? Nonne enim mouentur? Nonne omnis motus est in tempore? Et uide quia tempus

---

[1] Ibid. XI. xiii. 15 (815).   [2] Is. 55. 8.   [3] See above, II. xlvii. 7.
[4] See rather Aug. *Confess.* XI. xiv–xviii (815–19).   [5] See below, III. ix, lxxviii.
[6] Aug. *Confess.* XII. xi. 13 (831).

quandoque dicitur temporalitas, quandoque spacium siue mora. Angeli ergo qui sunt in statu perpetuitatis non sunt in statu temporalitatis, sunt tamen in tempore, quia in spacio siu<e> mora tali.

6 Deus ergo qui in principio temporis creauit celum et terram, in principio id est in Filio siue uirtute Patris siue sapientia siue ueritate creauit celum et terram. Vnde propheta: 'Quam magnificata sunt opera tua Domine; omnia in sapientia fecisti';[1] et illa est principium, et in eo principio fecisti celum et terram. [col. 2]

De yle. ix.

1 In illo ergo nobili principio celestis pagine, scilicet 'In principio creauit celum et terram', multe auferuntur de medio hereses, multe eciam exterminantur philosophorum opiniones. Parmenides ergo dixit amorem esse principium rerum. O felicem, si amorem nosset esse Spiritum Sanctum! Empedocles censuit concordiam esse causam bonorum, discordiam malorum. Ex hac autem opinione potest sumpsisse exordium heresis Manicheorum dicentium Deum esse auctorem spirituum, diabolum corporum. Thales asseruit aquam esse principium rerum eternum, qui et terram fundatam esse super aquam putauit. Huic autem opinioni adherent litteratores Hebrei, sinistre interpretantes illud propheta: 'Qui fundasti terram super aquas'.[2] Anaxagoras et Diogenes dominium rerum ascripsere aeri, Ypassus et Eraclitus igni.[3] Placuit quibusdam figuram et disposicionem et ordinem esse causas rerum. Censuere nonnulli materiam et formam et operatorium esse rerum principia. Nonnulli eciam sensere materiam et priuationem esse principia rerum. Achademicorum autem opinio putantium materiam esse coeternam Deo eliminata est a palatio sancti matris Ecclesie.

2 Quid autem sit yle, quid primordialis materia inuestigauerunt multi, sed pauci ueritatem assecuti sunt.[4] Putauere ergo nonnulli ylen esse omnino simplicem.[5] Sed quid? Nichil uere simplex nisi Deus. Preterea,

---

[1] Ps. 103. 24.

[2] Pss. 103. 5 and 23. 2, conflated. Dr R. Loewe writes (letter of 6 November 1984): 'I know of no awareness of Thales' monist water theory in Jewish sources and suspect that Nequam's claim of Jewish agreement is gratuitous'.

[3] Cf. Ambr. *Hexaem*. I. ii. 6 (125A): '... ex aqua constarent omnia, ut Thales dixit'. Thales' and some of the other opinions mentioned here are also described by Daniel of Morley, *De Nat. Inf. et Sup*. p. 13, and by Nemesius, *De Nat. Hom*. v (630B–31A).

[4] See Gregory, *Anima Mundi*, pp. 201–12.

[5] See William of Conches *In Platonis Tim. 30A* li (p. 120 and n.b.), and in several other places (cf. the note in Jeauneau's edition).

'Ex insensibili ne credas sensile nasci'.[1]

Si ergo yle est simplex, quonam modo ex ipsa procreabuntur res aut multiplicabuntur? Philosophicum item est quod motus generationis et corruptionis circa quiddam immobile uersantur.[2] Cum enim transubstantiatur ignis in aerem aut econuerso, remanet ibi quiddam quod diuersarum formarum est susceptibile, scilicet materia siue yle. Associatur ergo illi materia nunc igneitas, nunc aeritas. Cum ergo transustantiatur minus subtile in subtilius, maius erat quantitate quod est rarius. Cum itaque transit aer in ignem, maior erit ignis quam fuerit aer. Nonne ergo maior erit materia ignis quam aeris? Ergo materia remanens una et eadem nunc erit minor, nunc maior; nunc comprimetur, nunc dilatabitur. Quod si est, dabitur quod yle formam habet. Nonne enim alicubi terminatur illa ignis materia? Cum enim sit composita, nonne distenditur et extenditur per partes? Cum ergo non extendatur in immensum, alicubi terminabitur. Si ergo habet longitudinem, latitudinem et spissitudinem et terminatur in longitudine, terminum habens in latitudine similiter et in spissitudine, dabitur quod figuram habet et formam. 3 Quare ergo dicitur informis? Proponatur item lignum quadratum. Constat quod hoc lignum est usya composita; ergo partes illius philosophice sunt ypostasis et usiosis scilicet yle siue materia et forma substantialis. Cum ergo forma substantialis non sit quadrata, nonne materia est quadrata? [f. 53] Quero item utrum in transubstantione ignis in aerem maneat eadem corporeitas, scilicet forma substantialis. Materia enim manens que uestita fuit igneitate, spoliata est illa igneitate, ita quod associatur illi materie aeritas. Sed utrum remanet corporeitas prior, an noua superuenit? Si dicatur quod remanet prior corporeitas, dabitur quod non solum materia manet ibi immobilis sed et forma substantialis. Preterea, nonne si eadem manet corporeitas, erit ibi idem corpus quod prius? Sed quid? Nonne genus poterit superesse, uariata specie specialissima? 4 Quid? Nonne si nouus est aer, nouum est corpus? Numquid error erit in demonstratione, prolata hac propositione 'Hoc corpus est'? Nonne hoc corpus est hic aer? Nonne aliud corpus fuit ille ignis? Maior autem occurrit difficultas si solum pronomen subiciatur. Si enim dicatur 'Hoc est', uidebitur demonstratio fieri ratione ypostaseos. Videtur enim pronomen significare materiam sine forma.[3] Conuertatur ergo ignis in aerem. Numquid ergo uerum erit hoc esse, demonstrato igne? Numquid 'Hoc est ignis et illud erit aer', non tamen 'Aliquid est ignis et illud erit aer'?

---

[1] Lucret. *De Rer. Nat.* ii. 888 (Prisc. *Inst.* IV. xxvii [II. 132 line 22]). The quotation is common in the twelfth century (Gregory, *Anima Mundi*, pp. 210–11); cf. William of Conches as above, and Daniel of Morley, *De Nat. Inf. et Sup.* p. 10.
[2] Cf. Arist. *Phys.* 260a1–5; Alan of Lille, *Contra Heret.* i. 5 (311).
[3] Cf. William of Conches *In Platonis Tim.* 49E clxiv (p. 273); Prisc. *Inst.* XII. xv (II. 585–86).

Nomen enim uidetur significare materiam cum forma. Numquid ergo hoc erit hoc, demonstrato hinc igne, inde aer? Sed quid? Nonne esse hoc est substantiale? Numquid aliquid manens unum et idem mutat substantialia? 5 Quero item acutius utrum infinita sunt futura corpora intermedia inter ignem et aerem in conuersione tali. Cum ergo desinat ignis esse, numquid aer incipiet esse? In quo instanti? Quid erit in tempore intermedio, cum inter quelibet instantia sint infinita? Ad hec: In tali conuersione manet materia, fit spoliatio coloris, transpositio partium, dilatatio quantitatis aut contractio. Nonne hec fuerit successiue? Quod si est, dabitur aliquod corpus esse intermedium inter ignem et aerem. Quod si est, oportebit necessario infinita corpora esse intermedia. Adde quod bene instructi in fisicis dicunt primordialis materie suum colorem esse albedinem.[1] Quod si est, nonne erit yle colorata, cum sit alba? Quare ergo dicitur informis? Dicunt nonnulli 'ylen' ideo dici informem, quia ualde est susceptibilis formarum.[2] Potest ergo propositio notare auxesim, ut cum dicitur

'Numquam imprudentibus imber obfuit'[3]

id est ualde prudentibus.[4] Placet aliis ylen dici informem, quia nulli forme est addicta, cum nunc uni nunc alii forme associetur.
6 Vt autem planius enucleem quid sentiam super his, uide quod multiplex est compositio. Est enim compositio geometrica, est philosophica, est phisica, est et theologica. Geometrica compositio est qua totum constat ex partibus suis, ita quod totum est maius sua parte, et illa pars sua parte maior. Arismetica itaque compositio, que est numeralis, sub geometrica continetur. Phisica compositio est compositio hominis constantis ex anima et corpore. Anima enim creatur in corpore, et de natura sui [col. 2] inhabitat corpus. Theologica compositio dicitur diuersarum formarum concursus siue mutatio aut alteratio per aduentum noue forme. Hinc est quod theologus censet animam eciam rationalem esse compositam, tum quia partes habet potentiales, tum quia alteratur a tristicia in gaudium, aut uersa uice a gaudio in tristiciam. Deus autem solus uere simplex est, in quo nichil est quod non sit Deus, apud quem non est transmutatio nec uicissitudinis obumbratio.[5]

---

[1] The nearest opinion to this that I can find is the faint echo, perhaps confused by Nequam, in Urso, *De Commixt. Element.* ii (p. 43): 'Licet enim aliquod corpus sit simplicis, quia albi, et saporis, quia insipidi, et simplicis corpulentie, quia subtilis substantie, et ex his mutabile, tamen ex his non facile est mutabile. Nam cum hec naturaliter insint suo subiecto alligata, utcumque suis resistunt contrariis, ne perimantur ex ipsis, et laborant contrariorum compositiones soluere et in suas simplicitates reducere. Sicque predictum corpus contrariorum accidentium susceptioni repugnat predictis expoliatum contrariorum actione suum esse egrediatur per corruptionem, cum et albedine resistat actioni coloris contrarii et insipiditate actioni saporis contrarii et subtili corpulentia grossitiei agenti ad immutandum sue essentie subtilitatem repugnet'.
[2] William of Conches *In Platonis Tim. 50E* clxvii (p. 277), *51A* clxix (p. 279).
[3] Virg. *Georg.* i. 373–74.   [4] See above, I. xix. 4.   [5] Iac. 1. 17.

Philosofica compositio est qua usia constat ex materia et substantiali forma. Yle ergo est phisica pars usie. Sed numquid dicetur yle esse? Dicunt quod yle est potentia et non in actu. Sed quid? Quonam modo erit pars rei nisi sit? Si autem detur 'quid sit', quid predicabitur de yle hoc uerbo 'est'? Dicunt hoc uerbum 'esse' esse equiuocum. 7 Quandoque enim copulat formam et secundum hoc yle non est, ut aiunt; quandoque hoc uerbum 'est' nota est confirmationis et secundum hoc dabitur quod yle est. Sed quid? Nonne hoc nomen 'yle' inditum est ex forma? Quid predicatur cum dicitur 'Yle est yle'? Numquid una sola est yle? Numquid ergo pars ligni est pars ignis? Numquid una est pars omnium rerum uisibilium? Aut si plures sunt materie tales, nonne indifferentes sunt secundum speciem? Nonne ergo materie tales conueniunt in eo quod sunt tales? Nonne ergo hoc nomen 'yle' significat speciem? Hoc quidem alicui uisum est. Dicitur ergo yle esse informis quia forma caret, antonomasice accepto nomine forme. Caret enim usiosi, que per antonomasiam dicitur forma. Cum ergo dicitur yle susceptibilis diuersarum usiosum, hoc ideo dicitur quia yle associatur diuersis usiosibus in compositione rei, non quia usioses insint ei. 8 Potest tamen competenter dici quod yle habet accidentales formas etsi non substantiales, sicut genera generalissima habent accidentales formas secundum quosdam, sed non substantiales. Habet ergo yle colorem, formam, figuram, longitudinem, latitudinem, spissitudinem, quantitatem, extensionem, coartationem. Vnde et crescente arbore, crescit yle eius. Similiter, in reciproca conuersione elementorum (id est elementatorum), nunc extenditur yle, nunc comprimitur.[1] Hinc est quod cum terra mutatur in aquam, maior erit aqua quam terra, maior aer quam aqua, maior ignis quam aer. Cum ergo dicitur in conuersione tali materia manere immobilis, hoc ideo dicitur quia una et eadem superstes est materia, que tamen mouetur nunc crescendo, nunc decrescendo. Cum ergo reperis apud philosophos quia materia habet esse per associationem forme substantialis, hoc ideo dicitur quia sic manifestatur esse materie. Ex materia ergo et corporeitate constat hoc corpus, scilicet in quantum est corpus. Ex eadem materia et ligneitate constat idem corpus, in quantum est lignum. 9 Sed cum proprium sit animalis constare ex corpore et anima,[2] maior occurrit dubitatio de phisica compositione animalis quam ligni. Nonne enim eadem est materia hominis que et corporis eius? Numquid ergo illi materia associantur [f. 53v] tam forme substantiales anime quam forme substantiales corporis? Eciam. Materie enim corporis humani associantur corporeitas et rationalitas et animalitas et humanitas. Solent

---

[1] On the distinction between 'elementum' and 'elementatum', first made by the Platonists of the early twelfth century, see T. Silverstein, '*Elementatum*: Its Appearance among the Twelfth-Century Cosmogonists', MS 16 (1954), 156–62.

[2] See above, I. i. 18.

autem quidam subtiles dubitare utrum anima habeat spiritualem materiam. Quod si est, non erit anima creata de nichilo. Preterea, hoc dato uidetur quod anima sit ex traduce, quod heresim sapit. Dicimus ergo quod nulla est materia anime rationalis neque corporalis neque spiritualis; sed de talibus agetur inferius. Ad id autem quod quesiui, utrum aliquid corpus sit intermedium inter ignem et aerem, respondeo opinans id ita esse, quamuis in contrarium possit haberi refugium per infinitatem instantium. Data enim quod ignis desinit esse, potest dici quod aer non incipiet esse, erit tamen.

10 Contra id autem quod dixi in conuersione tali minorem esse aquam quam aerem, sic mihi obicio: Ponatur uas uitreum in niue ita opilatum ut nichil queat subintrare. Aer ergo qui est in uase mutabitur in aquam. Aqua ergo illa erit tanta quantus fuit aer, aut aliquis locus relinquetur uacuus. Super hoc mecum dubitare, lector, poteris. Sed quid? Nonne uitrum poros habet? Nonne per poros illos subintrabit aqueus humor ex niue resolutus?

11 Sed ad ylen reuertor, quam philosophi appellant medium quid inter aliquid et nichil.[1] Vnde Augustinus in libro xii. De Confessione eam uocat 'nichil aliquid', <et> 'est non est'.[2] Cur hoc? Propter intellectum quo solet comprehendi materia. Proponatur ergo lignum, quod ut dixi secundum phisicam compositionem constat ex materia et forma substantiali. Subtrahe ergo ligneitatem ita quod intelligatur remanere materia. Deinde subtrahe per intellectum ab ipsa materia formam, figuram, colorem et huiusmodi. Quid ergo erit materia superstes? Nonne de iure dicetur informis, ratione huiuscemodi abstrahentis intellectus? Vnde, ut ait Calcidius super Thimeum Platonis, sicut nichil uidendo uidemus tenebras, nichil audiendo audimus silentium, ita nichil intelligendo intelligimus ylen.[3] Sepe autem mecum hesitaui utrum idem sit ypostasis quod usia, sed sic intellectum sit ypostasis, sic intellectum censeatur usia.

12 Dictis adiciendum quia hoc nomen 'materia' diuersis modis accipitur. Dicitur enim glans materia huius quercus, dicitur et yle que est secundum philosophicam compositionem materialis pars huius quercus, materia eiusdem quercus. Dicitur et primordialis materia quam creauit Deus in principio temporis esse materia rerum. Hec autem materia nichil aliud est, secundum quosdam, quam mundialis machina in prima sui confusione intellecta.[4] De hac confusione, ait poeta, sed in hoc philosophus,

---

[1] Plato, *Tim.* 51A; cf. William of Conches *In Platonis Tim. 47E* clv (p. 260); Clarembald of Arras, *De Trin.* i. 22 (p. 94), and *Tract. in Gen.* xx (p. 235); Thierry of Chartres often: N. Häring, *Life and Works of Clarembald of Arras* (Toronto, 1965), p. 94 n. 21.
[2] Aug. *Confess.* XII. vi. 6 (828).
[3] Cf. Calcidius *In Platonis Tim.* cccxlv (337 line 5–338 line 6).
[4] Cf. William of Conches *In Platonis Tim. 47E* cliv–v (pp. 258–60); Robert of Melun, *Sent.* I. i. 22 (III. i. 228–29).

'Vnus erat toto nature uultus in orbe',[1]

quem dixere chaos. Aque enim operiebant faciem terre, attingentes usque ad celum empireum. Vnde et secundo die factum est firmamentum ex aquis, ita quod adhuc remanent aque super firmamentum. Alii autem uocant chaos materiam informem que secundum quosdam nomine terre censetur, cum dicitur 'In principio creauit Deus celum et terram'.[2] 13 Vnde Augustinus, in xii. libro De Confessione, uocat celum angelicam [col. 2] naturam; terram, materiam informem.[3] Dirigens ergo Augustinus sermonem ad Deum, ait: 'Vnde fecisti celum et terram, duo quedam, unum prope te, alterum prope nichil'.[4] Celum dicit prope Deum factum propter contemplationem inhabitantium celum qui propinqui sunt Deo fruitione, familiaritate, cognitione, dilectione. Terram dicit prope nichil factam propter suam informitatem, quia inanis erat et uacua, inuisibilis et incomposita. Vnde Augustinus paulo inferius ait in eodem libro: 'Illud autem totum prope nichil erat, quoniam adhuc omnino informe erat; iam tamen erat quod formari poterat. Tu enim Domine fecisti mundum de materia informi quam fecisti de nulla re, pene nullam rem, unde faceres[a] magna que mirantur filii hominum'.[5]

14 Informem uocat materiam Augustinus propter intellectum abstractiuum forme, quo solet comprehendi materia primordialis. Et uide quod ibidem dicit Augustinus angelicam naturam et materiam esse duo carentia temporibus.[6] Vnde quidam ausi sunt opinari Deum in eternitate res preordinasse, in tempore fecisse nubem lucidam,[7] in statu quodam intermedio qui nec fuit eternitas neque tempus creasse materiam primordialem. Sed Augustinum illa, reor, dixisse disserendo, non asserendo. Vnde in tercio x. libro De Confessione, in aliam transiens opinionem, ait, loquens de materia primordiali: 'Eius informitatem sine ulla temporis interpositione formasti. Nam cum aliud sit celi et terre materies, aliud celi et terre species, materiam de omnino nichilo, mundi autem speciem de informi materia, simul tamen utrumque fecisti, ut materiam forma, nulla more intercapedine, sequeretur'.[8]

15 Quid? Numquid ergo illa materia simul erat informis et formata? Informis erat, quoad intellectum abstrahentem; formata erat secundum ueritatis rei consistentiam. Augustinus uero in eodem libro aliquantisper

---

[a] feceras R

[1] Ov. *Met.* i. 6.   [2] Gen. 1. 1.   [3] Aug. *Confess.* XII. viii. 8 (825).
[4] Ibid. XII. vii. 7 (828–29).   [5] Ibid. XII. viii. 8 (829).
[6] Ibid. XII. xii. 15 (831).   [7] See above, II. xlvii. 5, note 1.
[8] Aug. *Confess.* XIII. xxxiii. 48 (866).

intentionem suam declarat, dicens 'Precedit aliquid eternitate, tempore, electione, origine: eternitate sicut Deus omnia; tempore sicut flos fructum; electione sicut fructus florem; origine, sicut sonus cantum'.[1] Et paulo post: 'Non formatur cantus ut sonus sit, sed sonus formatur ut cantus sit. Hoc exemplo qui potest intelligat materiam rerum primo factam et appellatam celum et terram, quia inde facta sunt celum et terra'.[2]

16 Ecce Augustinus hic uocat celum celum empireum quod factum fuit in principio temporis. In eodem autem libro sepe uocat celum angelicam naturam.[3]

17 Licet autem informitatem materie referamus ad comprehensionem intellectus, multis tamen uisum est materiam esse informem, adeo ut dicant ylen non esse corpoream, non esse compositam, non esse simplicem, non esse quid. Vnde ex hac, ut aiunt, 'Yle est yle', non sequitur quod yle sit aliquid, sicut esse maliciam non est esse quid, nec esse chimeram est esse aliquid. Et secundum hoc, non est impositum ex forma, sed quasi ex forma hoc nomen 'yle', ut informitas sit materie pro forma. Vnde secundum hoc, non potest hoc yle habere proprium nomen.

18 Sed quid moror? Habet yle multas formas, me iudice. [f. 54]

De eo quod scriptum est: 'In principio creauit Deus celum et terram'. x.

1 Quamuis super illum locum, 'Ex quo omnia, per quem omnia, in quo omnia', dici soleat a Patre esse omnia, per Filium facta esse omnia, in Spiritu Sancto esse omnia,[4] tamen in hoc sublimi principio dicuntur omnia facta esse in Filio, secundum quod hoc nomen 'principio' tenetur personaliter. Potest tamen et idem nomen poni essentialiter. In se ipso enim, qui est principium uniuersitatis rerum, creauit Deus celum et terram. O quot hereses, quot ficte opiniones philosophorum hic extirpantur! Quo uultum auertes, Manichee? Deus est principium uniuersitatis rerum. In se ipso creauit Deus celum et terram. In se, quia in sua potentia, in sua sapientia, in sua benignitate. 'A fine' enim, id est a statu eternitatis, 'attingit sapientia usque in finem', usque scilicet in statum eternitatis; 'fortiter', id est potenter; 'disponens omnia suauiter', id est benigne.[5] A principio item mundi usque in finem seculi siue usque in finem, qui est status perpetuitatis, 'attingit sapientia' et cetera. In se ipso item creauit Deus celum et terram,

---

[1] Ibid. XII. xxix. 40 (842).   [2] Ibid. (843).
[3] Ibid. XII. vii (828–29), xv, xvii (832–35).
[4] See above, I. xi. 3, xxx. 5; cf. Aug. De Trin. I. vi. 12 (827), VI. x. 12 (932).
[5] Cf. Sap. 8. 1.

quia in ipso conseruantur omnia in quo uiuimus, mouemur et sumus.[1] In simplici fixa sunt composita, in immensitate continentur omnia. In se fecit Deus materiam celi et terre, non aliunde, non ex aliqua materia, non ex se tanquam ex materia, sed in se tanquam in principio rerum, tanquam in fundamento, tanquam in ipsa stabilitate, tanquam in causa rerum et effectiua et formali et finali.

Quod prius fuit uespere quam mane. xi.

1 In principio ergo (id est in sapientia eterna) creata est angelica natura que et nonnumquam sapientie nomine censetur que et celum dicitur, ita quod in principio temporis creatum est celum, secundum dupplicem methonomiam, scilicet celum empireum cum angelis, et terra ut nomine terre designentur quatuor elementa, id est elementata. In primo ergo instanti temporis creata sunt celum et angelica natura et tempus et materia primordialis et ignis et aer et aqua et terra. In aquis tamen latebant quodammodo ignis et aer, usque dum aque in locum suum ordinate resident. Preenumeratis ergo creatis, cum tempore elapsa est aliqua morula a primo instanti temporis usque ad creationem nubis lucide, que in aquis creata est et posita in oriente, que in aquis peragens cursum suum, euoluto die artificiali, tetendit ad occasum.[2] Tunc ergo factum est uespere, initium scilicet noctis subsequentis et terminus primi diei artificialis. Nube ergo illa lucida in aquis peragente cursum suum etiam recedente a superiori hemisperio, facta est nox in superiori hemisperio. 2 Descripto autem arcu inferioris hemisperii, reuersa est nubes lucida ad orientem et factum est mane primum quod erat pars primi diei naturalis. Primus ergo dies naturalis, constans ex die artificiali et nocte, incepit esse a creatione nubis lucide et terminatus est in mane consummatiuo prime noctis. Erat ergo tempus scilicet a primo instanti usque ad creationem nubis lucide, antequam esset dies artificialis uel nox. Antequam enim [col. 2] fieret lux lucida scilicet nubes sepe iam dicta, erant tenebre super faciem abyssi. Vnde quandoque reperies noctem fuisse ante creationem lucis. Sed talis obscuritas immo carentia lucis dici potest tenebre, sed improprie censetur nomine noctis. Nox enim proprie dicitur obscuritas proueniens ex umbra terre. Vmbra uero esse non potest nisi ex oppositione lucis, id est lucidi corporis. Facta ergo luce in superiori hemisperio, cepit esse nox in inferiori. Sed quid? Cum ergo factum est uespere in superiori hemisperio, factum est mane in inferiori, non ergo prius

[1] Act. 17. 28.   [2] For 'nubis lucida' see above, II. xlvii. 5, note 1.

uespere erat quam mane. 3 Sed ecce iam ad aliud se transfert obiectio quam mens expositionis orthodoxorum patrum qui, dicentes prius fuisse uespere quam mane, ad unum et idem hemisperium suam dirigebant intentionem. Sed adhuc reseruatur locus obiectioni. Nonne enim primus dies artificialis, qui cepit ab creatione nubis lucide, habuit initium? Quare non dicitur illud initium mane? Dicendum est quod tali inicio accidentale est esse mane. Mane enim dicitur talis rarefactio obscuritatis, qualis solet esse in aurora que precessiua est lucis diurne. Quoniam ergo primus dies artificialis non habuit auroram cum rarefactione dicta, dicendum est quod primus dies artificialis non habuit mane.[1] Constituta ergo lucida nube in oriente, non sunt rarefacte tenebre, sed ut ita dicam prorsus exterminate. Primus ergo dies artificialis, quo nubes illa lustrauit inferius emisperium, habuit uesperam;[a] primus tamen dies artificialis non habuit mane.

Quod dies precesserit noctem, cum modo nox precedat diem. xii.

1 Cum ergo uespere precesserit mane, patebit intelligenti diem artificialem precessisse noctem. Nunc autem nox precedit diem, ratione obseruationis ecclesiastice.[2] Vnde missa que celebratur in uigilia pasche, interpretatione iuris ecclesiastici celebratur in ipso die pasche. Hinc est quod fere consummata die debet missa celebrari. Quidni? Agnus paschalis in uespera precessiua diei paschalis comedabatur. Vnde duobus modis exponitur quod in lege scriptum est: 'A uespera in uesperam celebrabitis solempnitatem altissimo'.[3] A uespera enim in uesperam protendebatur solempnitas, sicut et hodie obseruatur in tempore gratie. Luna enim quarta decima ad uesperam, inchoante iam luna quinta decima, comedebatur agnus paschalis, ita quod inter uesperam et uesperam celebrabatur esus agni. Obseruabatur igitur uespera in occasu solis; altera attendebatur in apparitione lune, parua interiacente morula temporis. Inter has ergo uesperas uorabatur festinanter caput agni cum intestinis. A uespera ergo in uesperam celebrabatur solempnitas quoad esum agni ita quod ille due uespere precessiue erant eiusdem noctis. A uespera item in uesperam celebrabatur solempnitas, ita quod dies naturalis dicabatur solempnitati, extendens se a uespera quinte decime lune inchoantis ad uesperam sexte decime lune inchoantis. 2 Falluntur ergo qui putant noctem incepisse precedere diem, in nocte qua Christus

---

[a] mane R, *corr. in marg. with plummet.*

[1] Peter Lomb. *Sent.* II. xiii. 4. 2 (I. 391).   [2] Cf. ibid. II. xiii. 5. 1 (I. 392).
[3] Levit. 23. 32.

rediit ab inferis. Toto enim tempore legis precedebat nox diem, ratione obseruationis solempnitatum. Sancta autem [f. 54v] mater Ecclesia huiusce-modi obseruationem solempnitatum inchoauit a nocte resurrectionis domi-nice pro statu temporis gratie. Hinc est quod in euuangelio Mathei sic legitur: 'Vespere sabbati que lucessit in prima sabbati, uenit Maria Magdalene et altera Maria uidere sepulcrum'.[1] Vbi autem habemus 'uespere', habet alia translatio 'sero'. Est ergo synedochica locutio sub hoc sensu: 'Nocte sabbati que' et cetera 'uenit Maria' et cetera. Expergiscere ergo, lector, et attende quia nox consecutiua sabbati, id est septime diei, fictione iuris ecclesiastici intelligenda est iterari et quasi geminari ad hoc ut intelligas uerum Ionam quieuisse in corde terre tribus diebus et tribus noctibus. 3 Diei ergo Parasceues associanda est nox sequens, septime diei connectenda est nox sequens. Huic autem nocti consecutiue sabbati secundum intellectum repetite, adiungenda est dies dominice resurrec-tionis, ut ita triduum habeatur. Nox ergo sabbati consecutam, que eciam pro consideratione iam dicta se debebat sabbato, lucescebat in prima sabbati, id est in die dominica, ita quod illa nox per intellectum iterata precessiua fuit diei dominice, et ei associata. Nox ergo illa que illuxerat in fine septime diei lucescebat, id est cepit lucere, in prima sabbati ita quod diei dominice se specialiter debebat. Est enim uerbum 'lucescendi' inchoatiue forme. Licet autem, ut diximus, tempore gratie precedat nox diem, non tamen pro omni consideratione hoc est obseruandum. Secundum hoc enim abstinendum esset a carnibus in finali parte quinte ferie, cum uespertina sinaxsis pertineat ad sextam feriam subsequentem. Huiusmodi autem abstinentia suam habet obseruationem a nocte intempesta usque ad medium sequentis noctis, ut docetur in tractatu de consecratione.[2]

4 Variis autem utuntur considerationibus qui de talibus agunt. Vnde quandoque reperies Dominum natum esse in die sabbati, tanquam nox in qua natus est Dominus obnoxia sit diei sabbati precedentis. Augustinus autem super Psalmos docet Dominum natum die dominica.[3] Nonne ergo secundum Augustinum nox tunc precedebat diem? Immo.

Quod Deus sit principium principiorum, causa causarum, ratio rationum, natura naturarum. xiii.

1 Opera igitur prime diei fuere angeli et celum empireum, et si quid celum illo celo est superius, et tempus, et elementa cum elementaribus proprietati-bus, et nubes lucida de qua formatus est sol quarto die, et motus et cause, et

[1] Matth. 28. 1.   [2] Not extant.   [3] Not identified.

nature rebus creatis indite a summa natura que Deus est. Ampullosis ergo utuntur uerbis qui se philosophos iactitant, dicentes Aladith (quod interpretatur uisus anime) esse principium principiorum.[1] Deus enim est principium principiorum, causa causarum, natura naturarum, ratio rationum, esse essentiarum. Ipse et materiam primordialem et angelicam naturam et tempus et motum fecit ex nichilo, sed ex materia ceteras fecit creaturas uisibiles, qui formas rerum ex nichilo fecit. Ipse condidit causas uniuersales que notiores sunt secundum intellectum, et specialissimas que dicuntur notiores secundum naturam. 2 Ipse et motibus et elementaribus proprietatibus contulit poten[col. 2]tias et effectus et naturas certas. Aqua frigida posita in uase uitreo calefit ex motu, et sagitta plumbea liquescit. Aqua item ex calore suscipit incrementum, et uinum nobile ex feruore caloris despumans multiplicatur adeo ut in uase dedignetur contineri. Igne etiam supposito, frangi cogitur olla enea opilata plena aqua. In rerum item crementis calor aptus est ad mouendum materias; frigiditas facit eas quiescere in suis perfectionibus; humiditas que primum instrumentum est passiuarum receptibilis est figure, quam sequitur siccitas que conseruat figuram et consummat. Licet enim aqua suscipiat impressiones sigillorum, non tamen eas retinet.

3 Cum item Deus sit causalissima causa causarum, inter causas tamen sunt quedam causa remotiores, quedam propinquiores. Si enim dicatur planta non spirare quia non est animal, remota causa assignata est. Si uero dicatur non spirare quia non habet pulmonem, propinquior est causa. Hinc est quod pisces non spirant, cum pulmones non habent.[2] Planete item non scintillant quia prope sunt, sed trabem faciunt.[3] Sic, sic ludit sapientia coram eo qui uera est sapientia, dum facillime ad nutum eius res mandantur executioni: 'Dixit enim et facta sunt'[4] et cetera. Lusit et sapiens quidam, lusit sed serio, dicens apud Sclauos non esse sibilatores quia uineas non

---

[1] Probably a corruption of *aladuth*, from Arabic *al-huduth*, the verbal noun of *hadatha* 'to arise, appear'. It was used by Arabic philosophers in the genitival construction *huduth al-'alam*, 'the beginning of the world', this 'beginning' being the basis of proof for God's existence. Thus Ghazali argued that every being with 'a beginning in time' (*hadith*) has a cause that brings it into being (*ahdatha*): see G. C. Anawati, 'Une preuve de l'existence de Dieu chez Ghazzali et S. Thomas', *Mélanges de l'Institut Dominicain d'études orientales, Cairo*, 3 (1956), 207–58. I owe this note to Professor J. D. Latham, who comments that while this explains Nequam's reference to 'Aladith' as 'principium', he can think of no explanation for its interpretation as 'uisus animae'.

[2] Cf. Alex. Nequam, *De Laudibus Div. Sap.*, p. 404.

[3] Cf. Alex. Nequam, *De Nat. Rer.* I. vi (pp. 37–38): 'Sciendum uero est quoniam stellae scintillant cuius rei causa haec est, ut dicit Aristotiles in *Posterioribus Analecticis*, quia remotissimae sunt a terra. Planetae autem non scintillant, quia prope sunt'. Cf. Arist. *Anal. Post.* I. xiii (78a31–40), though he does not specifically refer to the stars.

[4] Ps. 32. 9.

habent, cum tamen accedentius causam tetigisset si dixisset 'quia uinum non bibunt'.

4 Ob causas ergo rerum et effectus minus diligenter inuestigatos parologizantur multi, puta dum opinantur ignem minus esse calidum quam metallum calefactum, quia minus uritur manus tangentis ignem quam tangentis metallum calefactum. Hoc enim faciunt densitas partium metalli et uiscositas. Adde quia aer se immiscet interserens se partibus ignis. Manus item tangentis ignem citissimo motu pertransit. A Deo item est omnis natura. Natura quidem est ut lapis proiectus sursum tendat deorsum, ut quies fit in centro; et hoc a Deo est. Sed numquid de potentia naturali est quod ponderosum ascendit? Nonne hoc facit uiolentia impulsionis? Quid sedes in insidiis, Manichee? Eciam sonus a Deo est siue sonus sit qualitas aeris siue aliud. Tonitrua sunt a Deo. Quid enim est tonitruum nisi extinctio ignis in nube?[1] Ecco si quid est, a Deo est. Quid est autem ecco nisi resultatio aeris siue repercussio?[2]

5 Sed quid moror? Ratio considerat potentiam Creatoris per creationem rerum et multitudinem; intelligentia considerat sapientiam per decorem et dispositionem; memoria recolit benignitatem per beneficiorum fructum et utilitatem.

De eo quod legitur quia 'Spiritus Domini ferebatur super aquas'. xiiii.

1 Potentia ergo diuina preest potentiis a Deo rebus inditis, quas sapientia moderatur, conseruat benignitas. Hinc est quod legitur quia 'Spiritus Domini ferebatur super aquas',[3] id est super mundialem machinam que ibi censetur nomine aquarum. Nomine autem 'Spiritus' congrue designari potest 'Spiritus Sanctus', siue uoluntas diuina que superferebatur tanquam potentior, tanquam regens, tanquam conseruans. [f. 55]

2 Aquis item superius erat celum empyreum. Spiritus ergo Domini ferebatur super aquas, quia ad ea que superiora erant transiit effectus potentie diuine cum effectu sapientie et benignitatis. Sepe enim indifferenter ponuntur he dictiones, 'super', 'supra'. Placuit quibusdam nomine spiritus designari aerem, qui intersertus aquis super quasdam partes aquarum ferebatur. In hoc item quod dicitur quia 'Spiritus Domini ferebatur super aquas', prefiguratum est misterium baptismi. Aquis enim contulit Dominus uim

---

[1] Cf. Arist. *Anal. Post.* II. viii (93b7–13), ii. 9 (94a3–10).
[2] Cf. Alex. Nequam, *De Nat. Rer.* I. xx (p. 66): 'Echo igitur nihil aliud est quam quaedam resultatio aeris informati repercussione uocis prolatae'.
[3] Gen. 1. 2.

regeneratiuam tactu sacratissimi corporis sui, super quem descendit Spiritus Sanctus in specie columbe.[1]

De angelis. xv.

1 In illa superna ciuitate 'unusquisque ordo illius rei censetur nomine, quam plenius possedit in munere', id est in officio.[2] Licet ergo ordo qui dicitur seraphin maiorem habeat scientiam quam cherubin, quia in illa ciuitate qui preditus est maiori caritate illustratur et pleniori cognitione, ab officio tamen sibi iniuncto sortitur nomen suum ordo qui dicitur cherubin. Etsi ergo omnes spiritus superni suis ordinibus dispositi dicantur angeli, appropriatur tamen commune uocabulum ordini inferiori. Angeli ergo dicuntur qui ad minora mittuntur, archangeli qui ad maiora. Virtutes tam choruscantibus presunt miraculis, quam uiribus quas et rebus et uerbis summa natura contulit; potestates iusta mouent bella et pacem reformant; principatus regna et imperia transferunt; dominationes potestates aerias arcent et premunt; troni iudicia promulgant; cherubin nobis scientiam ministrant et dictant sententiam.[3] Maius autem est dictare sententiam et iura decernere quam sententiam dictatam promulgare. Seraphin nos incendunt ad spiritualia caritatis studia. 2 Sciendum autem quia troni non solum presunt iudiciis iustis et discretis et ueris pubblicis, tam ciuilibus quam ecclesiasticis, sed et priuatis. Est enim forum Ecclesie pubblicum, est et priuatum, scilicet personale. Iudicium autem Ecclesie priuatum duplex est: sacerdotale scilicet et priuate legis. Sacerdotale est personale. Iudicium priuate legis licet uocetur priuatum, tamen ad quodlibet spectat scilicet ut nullus promptus sit alium condempnare sed se ipsum. Sed cum personale forum sepe aliter iudicet quam pubblicum ecclesiasticum, quero utrum troni dictent contraria iudicia super eadem re. Qui enim in pubblico iudicio iubetur ut suam cognoscat, in personali iubetur ne cognoscat. Si ergo adeas iudicium illius ordinis qui dicitur troni, utrum dicet marito 'Cognosce' uel 'Non cognosce'?
3 Sed et nos, si continentie mundicia ornamur, angeli sumus, dum communia docemus dum modo sint utilia; archangeli, dum arduis et subtilibus

---

[1] Luc. 3. 22 etc.
[2] Cf., ultimately, Greg. *Hom. in Evang.* II. xxxiv. 14 (1255B–C); in the same words as Nequam, and ascribed to Gregory, in Peter Lomb. *Sent.* II. ix. 3. 2 (I. 372), Peter of Poitiers, *Sent.* II. v (952B), and William of Auxerre, *Summa Aurea* II. iv. 1 (II. i. 87 lines 53–55), who also adds the gloss 'id est in officio'.
[3] Cf. Col. 1. 16.

sentenciis auditores recreamus aut lectores; uirtutes, dum ab erroris inuio ad
iusticie tramitem alios reducimus. Aut certe uirtutes sumus dum opprobria,
contumelias, insidias, iniurias nobis illatas equani[col. 2]miter sustinemus.
Vnde uidebitur alicui sic distinguendum: Angeli sumus per innocentiam,
archangeli per munditiam, uirtutes per pacientiam; potestates dum, bonum
concordie fouentes, inter discordes pacem formare studemus; principatus,
dum per humilitatem superborum elationes euertimus; dominationes, dum
et uiciis et antiqui hostis suggestionibus potenter resistimus. Aut certe
potestates nos mundana contempnere, principatus carnem domare, dominationes conatus malignorum spirituum elidere docent; throni, dum de
aliorum gestis et excessibus propriis recte iudicamus. Adde quia, ut ait
apostolus, spiritualis omnia iudicat et a nemine iudicatur.[1] Cherubim
sumus, dum felicibus exerciciis caritatis que est scientie plenitudo
indulgemus; seraphim dum iocundis contemplationis deliciis fruimur.

4 Angeli item sumus exhortando, archangeli instando uirtutes obsecrando,
potestates arguendo, principatus cohercendo, dominationes corrigendo,
troni circumspecte iudicando, cherubin prouide regendo, seraphin ardenter
amando. Angeli eciam sumus per sanam doctrinam; archangeli doctrine
ueritatem honestate uite decorando; uirtutes per fidelem eruditionem et
felicia exercitia cecos illuminando et mortuos spiritualiter suscitando.
Potestates sumus, dum malitiam persequentium sustinemus pacienter;
principatus, dum malitiam odientium nos benignitate lenimus; dominationes, dum malignitatem infestantium nos humilitatis gratia et
beneficiorum grata supererogatione exterminamus. Troni sumus, dum in
nos districti, in alios benigni iudices existemus; cherubin, dum tam aduersa
quibus exercemur quam prospera quibus demulcemur, ex diuina dispositione procedere prudenter intelligimus; seraphin, dum tribulationum press-
uras et successus felicitatis temporalis in laudem Dei et gratiarum actiones
deuote referimus.

5 Predictis adice quia placet quibusdam potestates arctare insidias malignorum spirituum, principatus docere nos rite exhibere reuerentiam iis
quibus exhibenda est, dominationes instruere nos quomodo dominari recte
debeamus. Michi autem non satisfaciunt dicentes potestates preesse malis
angelis, principatus quibusdam angelis bonis, dominationes preesse eciam
principatibus, et ex hoc nomen suum sortitos esse. Quare enim non dicuntur
angeli eciam aliorum ordinum eadem de causa dominationes?

6 Quamuis autem Ariopagites primum angelos ponat, deinde archangelos,
deinde principatus; in secundo autem ternario primum potestates, deinde

[1] I Cor. 2. 15.

uirtutes, demum constituit dominationes, nos tamen maluimus usum sancte matris Ecclesie sequi.[1] In tercio quidem ternario non discrepat a nobis.

7 Errant autem qui putant in supradicta auctoritate Gregorii hoc nomen 'munere' poni pro 'dono', ut sit sensus 'In illa superna ciuitate unusquisque ordo illius rei censetur nomine quam plenius [f. 55v] possedit in dono, respectu scilicet inferiorum ordinum'.[2] Quid? Inferior ordo qui censetur nomine communi non habet ordinem inferiorem, ergo non censetur illius rei nomine quam plenius possedit in dono, respectu inferioris ordinis. Preterea, secundum hanc expositionem posset de iure superior ordo dici cherubin, quia plenius possidet rem illius nominis quam inferiores ordines. Sed a simili, ordo qui dicitur cherubin recte deberet dici seraphin, quia plenius possidet rem illius nominis quam ordines inferiores. Sed nec stare potest quod quidam dant, unumquemque ordinem nomine illius rei censendum esse quam in munere cetera excellente dona possidet. Aiunt eciam quod caritas est maius et in munere plenius et perfectius omnibus aliis donis. Quid? Debet ergo unusquisque ordo nomen sortiri a caritate. Adde quia in patria cognitio par est dilectioni. Quid ergo est quod dicunt? Exponimus igitur, ut supradictum est, ut nomen muneris teneatur in designatione officii.

8 Patet autem eciam mediocriter instructo, quia ista nomina, 'seraphin', 'cherubin', pluralis numeri sunt et neutri generis, et sunt nomina ordinum; cherubim uero et seraphim masculini generis sunt et pluralis numeri, et sunt nomina angelorum, non ordinum. Ista autem nomina, 'cherub' et 'seraph', masculini generis sunt et si<n>gularis numeri. Vniuersitas ergo angelorum constituentium primum ordinem est seraphin, similiter ordo secundus est cherubin. Nulli autem de primo ordine sunt seraphin, nulli de secundo sunt cherubin. Qui autem sunt de primo ordine sunt seraphim, qui de secundo ordine sunt cherubim, siue sint plures siue pauciores. Vnusquisque autem de superiori ordine est seraph, de secundo ordine est cherub. Deliquit ergo Bernardus Siluester dicens 'Sancta cherub', nisi censueris eum necessitate metri excusandum.[3] Corrupti item sunt missales qui hanc habent litteram in prefatione: 'Quem laudant angeli atque archangeli, cherubin quoque ac seraphin, qui non cessant clamare iugiter una uoce dicentes'.[4] Deberet enim dici 'que non cessant clamare iugiter una uoce dicentia'. Sed nec erit missalis corruptus in hac parte, si in littera habeatur

---

[1] Dionys. *De Cael. Hierarch.* vi–ix (1049B–58B). But Nequam has reversed Dionysius' orders 1 and 3, perhaps by misreading Peter Lomb. *Sent.* II. ix. 1 (I. 370–71; esp. 370 lines 18–22, 371 line 1); cf. William of Auxerre, *Summa Aurea* II. iv. 1 (II. i. 85–103), for an elaborate discussion of the problem (esp. 99 lines 399–412).

[2] See above, sect. 1.

[3] Bernard Silvester, *Cosmograph.* I. iii. 13 (p. 104), but with 'perfecta' for 'sancta'.

[4] Praef. for Trinity Sunday etc. in *The Sarum Missal*, ed. J. Wickham Legg (Oxford, 1916), p. 214.

sic: 'Cherubim quoque ac seraphim, qui non cessant clamare iugiter una uoce dicentes'. In lectionibus autem quas sancta recitat Ecclesia in festo beati Michaelis, circumspecte dictum reperies 'Cherubin atque seraphin adiuncta sunt'.[1]

9 Predictis adice quia tres sunt ierarchie, id est sacri principatus. Prima et summa ierarchia est potestas diuinitatis, secunda potestas angelica ad similitudinem prime potestatis facta et sub prima potestate constituta, tercia potestas humana ad similitudinem angelice facta et sub ea constituta. Dionisius autem ipsam angelicam in tres subdiuidit ierarchias, et unamquamque trium per tres ordines distinguit, ut nouem angelicorum ordinum numerus compleatur.[2] In unaquaque ergo ierarchia constituit et primos et medios et ultimos, et primos quidem illuminare, ultimos uero illuminari; [col. 2] medios autem et illuminari a primis et ultimos illuminare. Et uide quod in ipsis quoque ordinibus in quibus secundum parem dispositionem multi equales sunt, hec lex seruatur, ut sint in gratie diuine perceptione, alii primi, alii secundi, alii ultimi. Vt et ii eciam qui ordine pares sunt, non sint in gratie perceptione equales.

Quare in secunda feria celebretur missa de angelis. xvi.

1 Creati sunt ergo angeli in inicio temporis, sed in creatione nubis lucide consummati sunt stantes, ruentibus aliis. Visum est tamen quibusdam angelos stantes fuisse confirmatos secunda die. Vnde et in laudem stantium celebratur in secunda feria missa.[3] Sed quoniam hec opinio non innititur fundamento ueritatis, ad aliud decet confugere remedium. Prima igitur ierarchia trina est et simplex, sed neque simpla neque triplex, licet Dionisius dicat summam Trinitatem esse simplam,[4] cum tamen sit tripla et non triplex.[5] Secunda ierarchia est tripla et triplex, cum consistat in triplici ordine, scilicet quod una series ordinis tres ordines in se continet. Prime ergo ierarchie primus honos debetur, secunde secundus. Hinc est quod in prima feria, scilicet die dominica, celebratur missa in laudem summe ac uenerande Trinitatis, in secunda feria in laudem supernorum ciuium siue triumphantis Ecclesie. 2 Adde quod dies dominicus dies est solis. Per solem autem uisibilem designatur sol iusticie, scilicet Deus, cui in prima die prima laus persoluitur. Per lunam designatur sancta Ecclesia, que tanquam una

---

[1] *Lectio* ii for the Feast of St. Michael in *Brev. Sar*. III. 868.
[2] See above, sect. 6.   [3] Cf. John Beleth, *De Div. Offic*. li (57B).
[4] Dionys. *De Cael. Hierarch*. i (1037C–39B).
[5] Cf. Aug. *De Trin*. VI. vii. 9 (929), cited in Peter of Poitiers, *Sent*. I. xxxiii (926B).

respublica constat ex Ecclesia triumphante et Ecclesia militante. Vnde a quibusdam cantatur missa de angelis in secunda feria, ab aliis pro defunctis. Angeli item creati sunt et confirmati in prima feria, scilicet die dominica, que erat prima dies mundi. Vnde prima feria persoluenda esset laus in honorem stantium, nisi quia die dominica resurrexit Dominus, et quia prima feria in qua creatus est mundus debet obsequi laudi Creatoris uniuersitatis rerum. Quia ergo prima feria seruire debuit laudibus Creatoris, decuit secundam feriam esse obnoxiam ministerio Ecclesie. Vnde per firmamentum quod factum fuit secunda die significatur Ecclesia.

3 Ei autem quod diximus angelos creatos fuisse in initio temporis uidetur obuiare quod in libro Sapientie legitur: 'Ab initio et ante secula creata sunt'.[1] Angeli enim ad Deum conuersi sapientia dicuntur. Sed quid? Et apostoli dicuntur lux.[2] Hoc ergo intelligendum est de Filio qui est sapientia increata et a Deo genita. Sola quidem eternitas tempus precessit; si ergo angeli creati sunt, non in eternitate creati sunt. Adherent tamen quidam ei quod dicitur 'ante secula'. Non enim dicitur, ut aiunt, 'ante seculum'. Sed quid? Vtraque illarum uocum est designatiua eternitatis. Ponitur ergo 'creata' pro 'genita'. Filius enim ab eterno genitus est. Vel quia Verbum erat futurum caro, dicitur sapientia Patris ab eterno fuisse creata ratione diuine preordinationis. Dicit item Ieronimus: 'Arbitrandum est multas in eternitate origines seculorum ante mundi creationem fuisse, in quibus angeli, troni, [f. 56] dominationes seruierunt Deo, et absque temporum uicibus et mensuris Deo iubente substiterunt'.[3] Sed hoc disserendo aut pro opinione Grecorum dictum est.

De perfectione senarii. xvii.

1 Tempus est ut paucis explicemus quod in paucorum peruenit noticiam, quare scilicet sex diebus res creauerit Deus. Vt ergo ait Augustinus, non ideo perfectus est senarius quia Deus creauit omnia sex diebus; sed quia perfectus est senarius, ideo creauit Deus omnia sex diebus.[4] Quid? Numquid senarius talis est discreta quantitas? Dicendum est quod per senarium significatur summa perfectio que est Deus. Senarii enim partes multiplicatiue reddunt summam equalem, toti scilicet unitas, binarius

---

[1] Cf. Ecclus. 24. 14.   [2] Cf. Matth. 5. 14.
[3] Hieron. *In Tit*. i. 2 (560A); cf. Peter Lomb. *Sent*. II. ii. 3. 2–3 (I. 338–39).
[4] The sense in Aug. *De Gen. ad Litt*. IV. ii. 6 (298–99); closer to Nequam is *Sent. Div. Pag.* p. 13.

ternarius. Cum ergo dicis unum, duo, tria, exurgit senarius. Numera ergo personas diuinas dices una, due, tres; exurgit ergo intellectualis senarius qui, si quid est, est Deus. Iste senarius est perfectus, immo ipsa perfectio. In isto igitur senario creauit Deus omnia, quia in se ipso. Sic, sic, quia perfectus est senarius, creauit Deus omnia sex diebus. Predicti enim senarii perfectio, que est Deus, perfecta est causa creationis rerum.

Quod primus perfectus numerus conueniat Deo, secundus angelice nature. xviii.

1 Prime ergo ierarchie conuenit prima perfectio per primum numerum perfectum designata; secunde, secunda perfectio per secundum perfectum designata. Primus ergo perfectus est senarius, secundus uicenarius octonarius. Secunda ergo ierarchia est triplex, ut diximus, ita quod una series continet tres ordines, alia alios tres ordines, tercia tres ordines. Trina ergo series ordinata continet nouem ordines, ita quod quilibet nouem ordinum subdiuiditur in tres partes ordinatas, scilicet in perfectos et perfectiores et perfectissimos, pro statu sui ordinis. Ter autem nouem reddunt xxvii. quibus superaddenda est unitas, ut habeatur secundus perfectus, qui est xxviii. Nulla enim potest consummari perfectio, nisi assit principalis unitas que est prima perfectio, scilicet Deus. Summa ergo perfectio perficit angelicam naturam, dum unitas associata uicenario septenario reddit xxviii. 2 In hac unitate que est origo omnium numerorum, immo et omnium rerum, consummata est archa Noe tanquam in uno cubito. Quidni? Non sanatur in piscina nisi unus.[1] Currunt multi sed unus accipit brauium.[2] Sanantur et multi, sed unus gratias persoluit.[3] Diuiduntur uestimenta, sed super unam missa est sors gratie.[4] Vnitas ergo perficit omnia, tanquam prima et summa perfectio. Cum ergo senarius sit primus perfectus, erit secundus perfectus xxviii, quia partes eius multiplicatiue reddunt summam equalem toti, que sunt xiiii, vii, ii, i. Secunda ergo perfectio per secundum perfectum significata conuenit angelice nature, immo ut uerius et perfectius loquar, conuenit perfectioni angelice nature. Omnis enim perfectio unitati est obnoxia. Subtrahe unitatem, iam deerit perfectio. Adde ergo unitatem numero qui est xxvii, et habebis secundum perfectum.

---

[1] Ioh. 5. 4.   [2] I Cor. 9. 24.   [3] Luc. 17. 17–18.   [4] Matth. 27. 35 etc.

20

De angelorum casu. xix.

1 Lucifer ergo decoro naturalium ornatu pre ceteris [col. 2] insignitus, uidens Filium esse equalem Patri, inuidit Filio, uolens sibi rapere equalitatem ut ipse esset equalis Patris, id est ut non subesset. Numquam enim uoluit esse Creator. Hinc est quod uero Ione queunt adaptari uerba Ione typici: 'Si propter me orta est tempestas, mittite me in mare'.[1] Et secundum hoc dirigetur sermo ad Patrem et Spiritum Sanctum, ita ut per mare intelligatur seculum presens, per tempestatem motus inuidie, procreator seditionis. Sed quonam modo consenserunt Lucifero alii angeli? Numquid et ipsi inuiderunt sapientie Patris? Sciendum ergo spiritus habere quosdam nutus siue signa familiaria nota sibi, per que suos exprimunt et mutuo cointelligunt affectus. Vnde et alii angeli uoluntatem Luciferi intellexerunt, ita quod quidam consenserunt, alii contradixerunt. 2 Ruerunt deorsum consentientes, unde et sumptum est nomen diaboli; contradicentes firmati sunt in bono. Obstinati ergo corruerunt in hunc aerem caliginosum, qui quanto nequiores sunt, tanto remotiores sunt a nostra cohabitatione, et in hoc prospexit infirmitati nostre diuina clementia. Et ut dicit Augustinus super Genesim ad Litteram, per superbiam cecidit Lucifer, que causa est inuidie.[2] Solet autem queri utrum omnes qui ruerunt affectauerunt idem quod et Lucifer. Sed quid? Nonne ille uoluit esse sine dominio? Illi autem consenserunt ut essent subditi Lucifero, et ita uoluerunt habere superiorem. Voluerunt tamen et ipsi non subici dominio Altissimi, et ita cuidam uoluntati Luciferi consenserunt. Hinc est quod solet dici propter consensum, quod omnes spiritus maligni idem peccatum perpetrauerunt. Licet autem alii ut uidetur tenerentur recedere a consensu, cernentes ruinam principis presumptionis, magis tamen peccauit Lucifer propter maiorem contemptum.
3 Sed quonam modo stabit id quod prediximus, scilicet Luciferum inuidisse Filio Dei, si uerum est quod a quibusdam proponitur, uidelicet quod Lucifer uidit rationalem creaturam assumendam in unitatem Filii Dei, unde putans se illam fore, optauit hoc superbiendo? Sed quid? Non est istud satis autenticum.

Quare decime soluende fuerit. xx.

1 Cum ergo sint nouem angelorum ordines, dicitur decimus ordo cecidisse, eo quod tot cecidere quot sufficerent ad constitutionem unius ordinis.[3]

[1] Ionas 1. 12.   [2] Aug. *De Gen. ad Litt.* XI. xiv. 18 (436).
[3] Cf. Peter of Poitiers, *Sent.* II. iv–v (944D–54B).

Reparabitur ergo quasi decimus ordo per numerum hominum electorum. Hinc est quod decime persoluende sunt a fidelibus in signum restaurationis angelice ruine. Vnde eciam legitur quia 'qui decimas non persoluerit, ad decimam reuocabitur',[1] cum potius uideretur dicendum quia 'e decima reuocabitur'. Sed cum dicitur 'ad decimam', intelligendum est de decima eorum qui ceciderunt, quibus associabitur decimarum detentor. Adde quod per nouennarium significatur imperfectio, per denarium perfectio. Nouem ergo partes sibi retineat homo, quia quod imperfectionis est in homine sibi debet homo attribuere. Decimam uero debet Domino persoluere, quia si quid perfectionis est in homine, illud debet ascribi Deo. Per denarium [f. 56v] ergo significatur perfectio, tanquam per primum limitem qui omnem numerum intra se continet. In ipso completur omnis numerus, ita quod ipse est secunda unitas, centenarius tercia, millenarius quarta unitas.

De dispositione duorum parietum triumphantis Ecclesie. xxi.

1 Frequenter autem reperies de reparatione angelice ruine auctoritates diuersas, tanquam e diuersa regione sese respicientes. Reperies enim quan<do>que tot ex hominibus assumendos esse quot ceciderunt ex angelis. Non numquam reperies tot ex hominibus esse preelectos quot steterunt angeli. Vt ergo hec superficiaria de medio tollatur contrarietas, notandum est quod utrinque subest ueritas. Cum ergo legitur decimus ordo cecidisse, falsa est locutio secundum intellectum quem uerba faciunt. Causam autem dicti superius explicuimus.[2] Depingat ergo animus in celo empireo seriem quandam ex nouem ordinibus angelorum collectam, quasi unum parietem in quo multa sint foramina siue cauerne, in quibus erant constituti angeli qui ceciderunt. Sepe pro cantu gemitum edit columba nunc constituta in foraminibus petre,[3] id est uulneribus Saluatoris, nunc constituta in cauernis macerie parietis angelici. 2 Has cauernas siue distantias, ut ita dicam, implebunt uirgines dumtaxat, quia qui angelicam uitam duxerunt in terris, angelice puritati quasi familiarius interserentur in celis. Erigat intellectus alium parietem ex solis hominibus suis ordinibus decenter dispositum, in quo tot constituantur homines, quantus est numerus angelorum et uirginum constituentium alterum parietem. Ecce quia plures erunt homines electi quam angeli stantes. Quidni? Tot erunt homines electi quot fuerunt angeli creati. Homines enim preelecti sunt termini populorum,

---

[1] Cf. Ps-Aug. (Caesarius) *Serm. App.* CCLXXVII. 2 (2267): 'si tu decimam illi non dederis, tu ad decimam reuocaris'.
[2] See above, III. xx.   [3] Cant. 2. 14.

id est suppremi fines et excellentissimi de quibus dicitur: 'Constituit Altissimus terminos[a] populorum iuxta numerum filiorum Dei',[1] ut habet alia translatio. Angeli enim cadentes antequam ruerent dici potuere filii Dei, ratione status illius in quo miro naturalium ornatu refulgebant.

A quo tempore deputati sunt angeli custodie hominum. xxii.

1 Quam perniciosa autem sit diuisio unitatis et concordie docet non solum casus hominum, sed et diuisio linguarum que facta est in constitutione turris Babel.[2] Elationis comes est confusio, unde ut destrueretur artificium presumtuose temeritatis, facta est et confusio intelligentiarum, facta est et confusio linguarum, confusum est et opus superbie sese confundentis. In tantam ergo maliciam, excrescente hominum temeritate, opus erat humilitatis remedio, opus erat et tutela custodie angelice. Hinc est quod ab illo tempore 'deputati sunt unicuique homini duo angeli, unus ad custodiam, alter ad exercitium'.[3] Nimia quippe securitas solet esse desidie procreatrix. Timor autem circumspectus cautelam adhibet prouidentie, humilitatis conseruator. Vnde et ad cautelam et ad [col. 2] exercitium et conseruationem humilitatis insidias parare homini angelus malus permittitur, cuius insidias arcet et reprimit bonus angelus, custodie hominis deputatus.

2 Sicut ergo post baptismum reseruantur primi motus et ad cautelam et ad exercitium et humilitatis conseruationem, ita ob consimiles causas permittitur diabolus tanquam familiari hosti multiplici conflictu insurgere in hominem. Sed O clementia diuina, non potest diabolus deseuire in hominem nisi in quantum a Deo permittitur. Hostem ergo efficiunt potentem in nos desidia et consensus noster.

3 Audiui autem quosdam dicentes eciam prothoplausto duos fuisse angelos deputatos eciam ante peccatum. Sed quid? Numquid si stetisset angelus ei fuisset necessarius ad sui custodiam uel ad exercicium? Numquid item angelus malus impulit eum ad casum, qui scilicet deputatus fuit ei ad exercicium? Solet item queri utrum Antichristus sit habiturus tales angelos.

---

[a] terminus R

---

[1] Deut. 32. 8 (vet. lat.), given in Peter Lomb. *Sent.* II. ix. 7. 1 (I. 376, and cf. p. 334 n. 1).
[2] Gen. 11. 6–9.
[3] Cf. William of Auxerre, *Summa Aurea* II. v. prol. (II. i. 104 lines 7–8): 'cuilibet enim anime, sicut dicit auctoritas, deputati sunt angeli duo: unus ad custodiam, relicus ad exercitium'. Versions of this Authority are given in Peter Lomb. *Sent.* II. xi. 1. 2 (I. 380), and *Summa Sentent.* II. vi (88A–B), both citing 'Gregorius'; cf. Greg. *Moral. in Iob* IV. xxix. 55 (665C–66A), but remotely, and the sources listed for Peter Lomb. *Sent.* as above.

Dicunt quod sic. Legitur tamen quod ipse erit destituta omni presidio angelorum, id est auxilio. Sed quid? Nonne bonus angelus eius erit ei in aliquo utilis? Difficilis autem est obiectio utrum angelus bonus custos hominis dampnandi sciat ipsum esse dampnandum. Quod si est, numquid ei persuadere intendit bonum? Nonne hoc est eius officium? Reuera non nichil est reuocare hominem ab aliquo malo etsi non ab omni. Licet ergo Gregorius uideatur uelle angelos in speculo eternitatis uidere omnia et intelligere,[1] dicunt tamen quod angelus bonus non scit illum cui preest esse dampnandum, etsi sit dampnandus. Scit ergo angelus bonus omnia que expedit ei scire. Esto igitur quod angelus bonus istum dampnandum non sciat esse dampnandum. Numquid angelus optat ei uitam eternam? Nonne beatus est cui omnia succedunt ad uotum?[2] Nonne angelus est beatus? Dicendum quod angelus optat isti uitam eternam, sub conditione scilicet si Deo placet. Sed cum uoluntas angeli teneatur se conformare uoluntati diuine et se conformet, numquid si scit eum cui preest esse dampnandum, uult illum dampnari? Nonne enim uult quod scit Deum uelle? Ad quid ergo persuadet ei ut faciat bonum? Vt minus scilicet puniatur.

4 Et notandum quod angelus bonus deputatus Herodi Agrippe ad custodiam recessit ab eo ex quo permisit se adorari ab hominibus.[3] Quid? Nonne multi enormius peccant Herode? Solet item queri utrum angelus bonus doleat de malo sui clientis, sicut gaudet de bono ipsius. Numquid ergo dolor est in eo? Minime, quia nec dolet, si in propria significatione sui accipiatur locutio. Solet item queri utrum ydiota quis peccet, adquiescens consilio angeli mali transfigurantis se in angelum lucis, cum putet ipsum esse bonum. Sed quid? Teneretur consulere super hoc uirum discretum et prudentem.

5 Constet ergo unumquemque hominem habere angelum sibi deputatum, siue pluribus similis sit destinatus, siue uni singulariter. [f. 57]

Vtrum homo peccans bene custodiatur a bono angelo. xxiii.

1 Solet autem a maioribus queri utrum homo, dum peccat mortaliter, bene custodiatur a bono custode.[4] Ad quod consueuerunt respondere theologi quia angelus bene custodit istum, non tamen iste bene custoditur ab angelo. Simile autem pretendebant in hunc modum: Homo, ut inquiunt,

---

[1] Cf. Greg. *Hom. in Evang.* II. xxxiv. 14 (1255B–C), *Dial.* IV. xxxiii (376A–B); closer is Peter Lomb. *Sent.* II. xi. 2. 10 (I. 383).
[2] Cf. Peter Lomb. *In Ps.* 1. 1 (61B): 'Beatus dicitur cui omnia optata succedunt . . .'.
[3] Cf. Act. 12. 21–23, although this passage does not specifically mention the withdrawal of angelic protection.
[4] Cf. William of Auxerre, *Summa Aurea* II. v. 1–3 (II. i. 104–08).

iuste detenebat a diabolo, diabolus tamen iniuste detinebat hominem. Actio enim detinentis iniusta fuit, quia mala uoluntate fuit informata siue deformata; passio uero detenti iusta fuit, ut aiunt. Sed quid? Equiuocatio latet in huiusmodi aduerbiis, 'iuste', 'iniuste'. Diabolus ergo iuste detinuit hominem, id est iusticia Dei hoc permittente, iuste eciam, id est malis meritis hominis hoc exigentibus. Idem etiam iniuste detinuit hominem propter fraudem et maliciam detentoris. Hec eciam distinguenda est: 'Homo iniuste detentus est a diabolo'; est enim et uera et falsa. Pretendunt et aliud simile: 'Curauimus Babilonem et non est curata'.[1] Sed quid? 'Curauimus' dicitur, scilicet quantum in nobis erat, 'sed in rei ueritate non est curata'. Proponamus autem exemplum sed litigiosum. Medicus efficaci uirtute medicine dicitur sanare aliquem dum, egritudinem fugans, ipsum reducit ad statum neutralitatis. Sed numquid sanatur susceptus, cum non efficiatur sanus? Qui enim neuter est, nondum sanus est. Emendatior tamen littera est hec: 'Curauimus et non est sanata'. Doctores enim Ecclesie sacramentorum uirtute et uerbo exhortationis mederi multis student, qui tamen sanari spiritualiter renuunt. 2 Sed quid moror? Dicimus, salua pace maiorum, quia et angelus bene custodit istum, et iste bene custoditur ab angelo, qui licet prorsus non repellat omnes temptatoris insidias, aliquas tamen aut inminuit aut arcet. Peccans ergo mortaliter bene custoditur, quia bene ab angelo bono, qui multa repellit incommoda, sed male custoditur a se ipso, dum seductori adquiescit et uincitur. Laborans quis terciana, bene custoditur a medico, qui licet per propriam incuriam iterato uexetur terciana, ope tamen medici fortiorem euitat egritudinem. Adde quia non est in medico ut semper releuetur eger.[a]

'Interdum docta plus ualet arte malum'.[2]

Medicus ergo morbum leniens incurabilem, multum confert egrotanti. 3 Similiter et angelus bonus multum confert committenti furtum, dum non sinit ipsum superaddere homicidium. Similiter, de paruulo baptizato qui statim ductus est a paganis in desertum, ubi nichil de cultu diuino audit sed adorat ydola, dicimus quod bene custoditur ab angelo, quia per custodiam eius multa euitat enormia. Vnde non placet mihi opinio dicentium custodiam angeli non extendi nisi ad ea in quibus consistit exercitium diaboli. Sepe enim habens quis uoluntatem fornicandi, non efficitur compos desiderii, et hoc prouenit tam ex custodia [col. 2] angeli quam ex gratia Dei, licet peccet mortaliter ex ipsa uoluntate. Sed mihi sic obicio. Si eger modo

---

[a] medico semper releuetur ut eger R

---

[1] Ierem. 51. 9, quoted in this connection by William of Auxerre, *Summa Aurea* II. v. 6 (II. i. 115 lines 9–10).
[2] Ov. *Ex Pont.* I. xiii. 18; Walther, *Proverbia* 12639.

incurrit mortem per propriam incuriam quam posset ad presens euitasse, numquid dicetur medicus bene custodire eum modo? Non uidetur. Cum ergo omne peccatum mortale sit mors anime, non uidetur quod bene custodiatur ab angelo, qui mortem incurrit. Sed dico quod secus est in morte naturali, secus in morte spirituali, hinc enim sunt plures mortes, inde unica. 4 Intellige gratia intelligentie dilucidioris aliquem habere plures uitas naturales insimul. Licet igitur eger incurrat unicam mortem naturalem et aliam beneficio custodie medici non incurrat, dicetur bene custodiri a medico. Ita accidit in angeli custodia. Quamuis enim homo incurrat unum mortale, tamen aliud mortale per diligentiam custodie angeli euitat. Si autem queratur quare angelus sinat clientem suum incurrere aliquod mortale, indiscreta est questio. Quare enim permittit eciam hoc Deus? Liberum arbitrium habet homo. Permittitur ergo homo quandoque peccare mortaliter ut, agnoscens propriam fragilitatem, recurrat ad gratiam tanquam ad medicum, etsi multi sint alie cause huiuscemodi permissionis. 5 Sed queres utrum in hoc quod quis mortaliter peccat, bene custodiatur ab angelo. Respondeo: In hoc quidem nec bene ne male custoditur ab angelo; non bene, propter impedimentum obstantis et infelicem euentum, sed quantum est in angelo bene custoditur ab eo; non male, quia angelus non omittit aliquid ex contingentibus. Sed quid dicemus de homine pessimo quem diabolus non exercet, qui non solum succumbit sponte temptationibus, sed et ipsas preuenit? Numquid diabolus datus est ei ad exercitium? Eciam, ita ut hec dictio 'ad' sit nota debiti et non cause uel executionis; cause, ut stimulus datus est Paulo ad conseruationem humilitatis;[1] executionis, ut exiuit homo ad hoc ut moreretur. Datus est diabolus isti ad exercitium, quia Deus exigit ab isto ut ex facto diaboli exerceatur. Diabolus autem numquam habet intentionem exercendi sed precipitandi. Probatio autem assertionis nostre elucebit sic: Nonne Deus bene regit et custodit omnia? Ergo et diabolum qui, licet peccet mortaliter, nichil tamen potest nisi in quantum permittitur.

De prelio commisso inter Michaelem et draconem. xxiiii.

1 Errant opinantes materiale prelium commissum esse in celo empireo inter Michaelem et Luciferum. In celo enim, id est in Ecclesia militanti, fit hoc bellum, dum mali conantur expugnare bonos. Et interim sepe silentium fit in celo, dum in Ecclesia militanti quidam solite non indulgent contemplationi.

[1] II Cor. 12. 7.

Adde quod Michael custos est et prepositus paradisi (id est Ecclesie militantis), adeo ut arceat insidias aeriarum potestatum, et cum cetu uenerabili angelorum animas euolantes ad regionem spirituum deducat in locum iocunde quietis. Sed quid si due [f. 57v] anime, eque bone cum paribus circumstanciis, simul exeant a corporibus suis; numquid utramque deducit Michael? Quid enim dicetur si mille eque bone simul egrediantur? Numquid cuilibet earum prebet Michael commeatum? Sed quid? Tanta est uelocitas agilitatis angelice, ut nunc interesse possit Michael cetui angelorum hanc animam deducenti, nunc cetui illam deducenti. 2 Adde quod ipse auctoritate preest uniuersis cetibus, siue simul siue successiue animas transeuntes ad delicias beatitudinis conducant. Dum ergo aerie potestates obstinata uoluntate cupiunt resistere auctoritati Michaelis, committitur prelium inter Michaelem et draconem, qui fideles deuorare molitur. Fit autem eciam interim silentium in celo, dum in angelos iocunda tranquillitate deliciantes nulla prorsus cadit perturbatio. Potest eciam commissio prelii referri ad contrarias uoluntates angelorum stantium et ruentium. He enim Deo adheserunt, illi uoluntati diuine quantum in ipsis erat restiterunt. In celo ergo empireo factum est silentium, quia post ruinam illorum qui sediciosis motibus turbabantur, non erat in celo tumultus seditionis. Solet eciam sub prophetica certitudine hoc referri ad statum futurum, quando iusti sicut scintille discurrent in harundineto,[1] scilicet in congregatione dampnandorum, et Michael cum angelis preelectis propellet malos in tenebras exteriores, et tunc fiet silentium in celo empireo siue in preelectis, quia non erit ultra luctus neque clamor neque dolor, quoniam priora transierunt.

3 Dubitatur autem de hoc quod angelus bonus, loquens cum Daniele, ait: 'Nunc reuertar ut prelier aduersus principem Persarum'.[2] Neque enim inter bonos prelia fieri conuenienter uidetur dici, nisi forte prelia dicantur eo quod angeli, diuersis regionibus presidentes, suos protegere satagunt, usque dum eis manifestius innotescat uoluntas diuina.

Quod regnis diuersis diuersi angeli preficiantur tanquam custodes. xxv.

1 Omnis ergo anima et omnia regna custodiis angelorum mancipata creduntur. 'Statuit enim Dominus terminos gentium iuxta numerum angelorum Dei',[3] quia sicut unicuique homini custos angelus deputatur, sic et angelos et principes gentium credimus constitutos. Vnde et Michael

---

[1] Sap. 3. 7.   [2] Dan. 10. 20.   [3] See above, III. xxi. 2, note 1.

princeps dicitur Iudeorum, et angelus quidam fuit princeps Persarum uel Grecorum. Et uide quod Michael, relictis Iudeis, nos custodit. Liquet eciam quod angeli uirgultis presunt.

Iterum de Michaele. xxvi.

1 Sciendum item quod Michael cum suis, ac precipue per proprium cuiusque angelum, preces perfert ante tribunal iudicis, non quod absque ministerio eorum desideria sanctorum ignoret Dominus, sed quia obsequi gaudent auctori et prodesse homini, dum preces nostras celicolis annunciant, ac pro nobis Deum interpellant. Vnde orationem Danielis angelus eius ad Dominum pertulit adiutoremque Micha<e>lem habuit. Licet autem angelus scilicet princeps Persarum obstiterit, uicit tamen pars Danielis. Raphael item ad Tobiam ait 'Quando orabas cum lacrimis et sepeliebas mor[col. 2]tuos et derelinquebas prandium, et mortuos abscondebas per diem in domo tua et nocte sepeliebas, ego obtuli orationem tuam Domino. Ego enim sum Raphael angelus, unus ex septem qui astamus ante Dominum.'[1] Per septenarium uniuersitas angelorum designatur. Est enim septenarius numerus uniuersitatis.[2] Adde quod omnes angeli boni Spiritu Sancto replentur, et donis Spiritus septiformis ditantur.[3] Conuenit item septenarius angelice nature eo quod septenarius uirgo est et uirginibus consecratus. Adde quia, ut diximus superius, secundus perfectus est uicenarius octonarius, qui et perfectioni angelice competit.[4] Hunc autem numerum reddunt partes aggregatiue septenarii, exurgentes in septenarium. Dic ergo unum, duo, tria, quatuor, quinque, sex, septem, et habebis uiginti octo.

Iterum de Michaele. xxvii.

1 Non est autem existimandum Michaelem corpore assumpto animam in paradisum introducere, nec animam tunc corpore uestiri. Michael uero, ut dictum est, in paradisum dicitur deferre animas, tum quia animas e corpore migrantes ab incursu spirituum malignorum defensat, tum quia eius ministerio circa animas in carne degentes hoc agitur. Vnde post uitam hanc

[1] Tob. 12. 12, 15.   [2] Aug. *De Civ. Dei* XI. xxxi (345).
[3] So Peter Lomb. *Sent.* III. xxxiv. 2. 1–2 (II. 190–91); cf. *Summa Sentent.* III. xvii (114D).
[4] See above, III. xviii. 1.

paradisum ingrediuntur, locum scilicet quietis. Paradisus item dicitur fruitio
Dei qua fruitur anima, statim dum egreditur de corpore. Friuola ergo est
obiectio qua queritur a quibusdam, utrum iniuste agatur cum anima illius qui
magis distat localiter a celo empireo. Ponunt enim duos homines esse bonos
et pares in omnibus circumstantiis, nisi quia unus decedit in uertice Olimpi,
alter in radice illius montis. Nonne ergo, ut inquiunt, anime istorum eque
digne sunt ingressu regni celestis? Sed quid? Nonne prius una perueniet ad
locum quietis quam reliqua? O uana curiositas! Anime enim istorum,
migrantes e corporibus, statim fruuntur uisione Dei. Locus autem non est de
substantia premii. Statim ergo sunt in paradiso, hoc est in beatitudine. De
hoc paradiso facta est promissio sancto latroni.[1] Nomen ergo paradisi
equiuocum est ad plura. Michael igitur, ut dictum est, prepositus est
paradisi, id est Ecclesie militantis, ob causas iam assignatas. Est eciam
prepositus paradisi, id est spirituum celestium, quia spiritus ei subditi arcent
insidias malignorum spirituum cum ipso. Singulari eciam excellentia fungi-
tur Michael in adiuuando populum Dei, ut dignus sit ad paradisi gaudia
peruenire. Hinc est quod eciam prepositus paradisi dici potest, id est celi
empirei.

Quid sit angelos offere Deo orationes nostra. xxviii.

1 Audet item nunc curiositas inquisitionis, nunc pietas deuotionis inuestigare quonam modo intelligendum sit quod legitur, quia non solum Michael
sed et alii preces nostras Deo offerunt.[2] Sed huius dicti multiplex esse
causa potest. Agunt enim spiritus celestes quedam circa nos, per que in
conspectu Altissimi redolent suauiter preces odorifere. Eorum enim
ministerio incenduntur corda nostra igne caritatis, ita ut exeat fumus
deuotionis in odorem suauitatis in conspectu Domini. Adde quia custodes
nostri, [f. 58] aduertentes nos felicibus exercitiis spiritualium studiorum
feruere, congratulantur clementie diuine, exultando et supplicando pro
nobis et intercedendo ut Deo placeant orationes nostre. Sed quid? Nonne
sciunt eas placere Deo? Immo. Ideo securius intercedunt pro nobis.
Commendando eciam orationes nostras Domino, dicuntur offerre eas
Domino.

---

[1] Luc. 23. 43.
[2] Cf. Ps-Chrysost. *Opus Imperf. in Matth*. xiii. 5 (708–09); Robert of Melun, *Quaest. de
Div. Pag*. xx (p. 14), xliv (p. 25) and *Sent*. I. xi. 196–99 (unprinted; cf. III. ii. 105).

Vtrum sancti regnantes cum Christo sciant quando ipsos exoramus. xxviiii.

1 Dubitari item solet utrum sancti regnantes cum Christo sciant quando exoramus eos, supplicantes ut orent pro nobis. Reor igitur Deum, cui omnia peruia sunt, intimare affectum nostrum sanctis quos exoramus. Vult enim Pater misericordiarum[1] exorari a sanctis, quos benigne exaudire decreuit. Legunt eciam in speculo eternitatis uoluntatem diuinam. Petimus autem ut merita ipsorum nos adiuuent apud Deum per affectum quem erga eos habemus, quia scimus eos placere Deo. Sed super hiis diligentius tractabimus cum de communione sanctorum agetur.[2]

De ministeriis tam bonorum quam malorum angelorum. xxx.

1 Dispositio igitur sapientie diuine bene utentis etiam malis, non solum bonis angelis sed et malis diuersa contulit ministeria, ut et iusticie et uoluntatis diuine effectus mandetur executioni. Dominus igitur Deus per bonos angelos Sodomam subuertit; per exterminationem iniquum iniquorum primogenita iustus occidit iudex. Exterminator iniqu<u>s apparuit, dum suos Deus transiens liberauit. Torquet ergo Deus homines malos per angelos malos; similiter et per bonos. Ipsi enim messores in fine mundi, zizania et tritico separaturi,[3] auferent de regno eius omnia scandala. Spiritus autem maligni cotidie animas ad inferos trahunt. Vnde Dominus: 'Stulte, hac nocte animam tuam repetent'.[4] Quid? Exactores mali. Nam si anima Lazari a bonis angelis portata est in sinum Abrahe,[5] nonne decet ut anima diuitis, ministerio demonum, in inferno sit sepulta? Ministerio quidem angelorum bonorum sancte anime transferuntur in quietem, ministerio demonum iniqui in Gehennam. Nec solum in malos sed eciam in bonos impetum faciunt angeli mali, dampna rerum, lesiones corporum, mortem ipsam secum ferentes. Vnde Sathan, concusso triclinio, filiis sanctis sanctiorem patrem orbauit, scilicet Iob.[6]

Vtrum omnes angeli mittantur. xxxi.

1 Ab aliis autem satis diffuse tractatur, utrum omnes angeli a Deo mittantur. Didimus tamen in libro De Spiritu Sancto sic intelligit illud apostoli dicentis

[1] II Cor. 1. 3. [2] Not extant. [3] Matth. 13. 24–30.
[4] Luc. 12. 20. [5] Luc. 16. 23. [6] Iob. 1. 19.

quod omnes sunt administratores Spiritus, in minist<er>ium missi.[1]
'Licet', inquit, 'non omnes si<n>gillatim inuisibiles creature misse sint,
tamen quia eiusdem generis et honoris alie misse sunt, quodammodo et ipse
possibilitate sunt misse, missarum consortes equalisque substantie'.[2]
2 Ecce quia Didimus dicit omnes angelos esse missos, id est missibiles.
[col. 2] Quidni? Nonne Filius Dei, qui maior est omnibus angelis, missus est?
3 Patet item non omnes angelos eiusdem ordinis pares esse in gratie
perceptione. Placet eciam quibusdam nomina inferiorum a superioribus
assumi, sicut etiam aliquando inferiores quando superiorum proprietatem
ex officii qualitate suscipiunt, nomen quoque illorum in significatione
assumunt. Vnde, ut aiunt, angelus qui prophete labia accendere et purgare
uenerat,[3] seraph dicitur, quia in huius operis qualitate accendentis siue
inflammantis proprietatem exsequebatur. Dionisius autem assentitur
dicentibus quia angelus qui hoc fecit, id post Deum principaliter a seraphin
accepit.[4] Visio ergo quam uidit Ysaias a prima ierarchia descendit, et
allata est ipsi prophete per unum angelum de nouissimo ordine eorum qui in
angelis extremi sunt, et nobis tantum presunt. Omnes ergo superni spiritus
communi uocabulo censentur angeli, tum quia omnes sunt missibiles, tum
quia diuina secreta (que ab inferioribus angelis exterius ad hominum
cognitionem deferuntur) eisdem a superioribus denunciantur. Cum uero
missi ad exteriora exeunt, ab interiori tamen contemplatione non recedunt,
quia illum aspiciunt qui presens ipsis est, quocumque uadunt. Vnde in illa
oratione, 'Deus qui miro ordine'[5] et cetera, oratur ut ab iis in terra
muniatur uita nostra, quibus Deo semper assistitur in celo, id est in fruitionis
diuine gaudio.

Quod angelus malus non intrat per essentiam cor humanum. xxxii

1 Satis autem diligenter docuere superiora quod angelus malus non intret
cor humanum per essentiam, quamdiu homo uiuit, qui tamen dicitur cor
intrare quando homo suggestioni hostis consentit.[6] Quid ergo Didimus
sentiat super hoc in libro De Spiritu Sancto superius explanauimus.[7]

---

[1] Hebr. 1. 14.   [2] Didym. *De Spirit. Sanct.* xiii (1046A).   [3] Is. 6. 6.
[4] Hugh of St Victor, *Expos. in Hierarch. Dionys.* v (1019C–20A).
[5] Prayer for St Michael: *Brev. Sar.* III. 866; P. Bruylants, *Les Oraisons du Missel Romain*
(Louvain, 2 vols, 1952), II no. 387.
[6] Cf. Alan of Lille, *Summa 'Quoniam homines'* 136 (pp. 274–75) and, more remotely,
Peter Lomb. *Sent.* II. viii. 4 (I. 369–70).
[7] See above, II. xxiii. 1.

2 De energuminis autem solet queri utrum diabolus sit intra corpora ipsorum. Salomon quidem per exorcismos coegit spiritus malignos exire ab obsessis corporibus. Quomodo autem exirent nisi essent in corporibus? Quomodo item loquerentur in homine nisi essent in homine? Quomodo locutus fuisset diabolus in serpente tanquam organo nisi fuisset in serpente? Nonne item missi sunt in gregem porcorum?[1] Dicimus ergo quod sunt intra corpora, et sunt in corporibus in quibusdam scilicet concauitatibus, sed non sunt eo modo in corporibus quo anime.

Vtrum angeli proficiant in scientia et premio usque ad diem iudicii. xxxiii.

1 Solet item queri utrum angeli proficiant in premio uel scientia usque ad iudicium. Super illum autem locum Ysaie: 'Quis est iste qui uenit de Edom'[2] et cetera, uidentur sibi aduersari Ieronimus et Augustinus. Dicit enim Ieronimus angelicas dignitates prefatum misterium ad purum (id est plene) non intellexisse, donec completa est passio Christi.[3] Augustinus autem sic ait: 'Non latuit angelos misterium regni celorum, quod oportuno tempore reuelatum est pro salute nostra'.[4] Dicunt ergo <ut> 'angelis qui maioris dignitatis sunt et per quorum mi<ni>sterium ista nunciata sunt, ex parte [f. 58v] cognita a seculis fuisse, utpote familiaribus et nuntiis.[5] Illis uero qui minoris sunt dignitatis exstitisse incognita usquequo impleta sunt, et tunc ab omnibus angelis perfecte fuerunt cognita'.[6] Super hoc autem quod queritur, utrum angeli proficiant in premio, diuersi diuersa sentiunt. Quod autem ita sit, mihi uidetur ualde probabile. Putant eciam nonnulli animas sanctorum cum Christo uiuentes in celo mereri usque ad iudicium. Sed quid? Non uidetur celum esse locus merendi animabus, que in hoc incolatu sortite sunt locum merendi.

2 Quod autem angeli boni mereantur usque ad diem iudicii, uidetur eo quod mali demerentur, iuxta illud: 'Superbia eorum qui te oderunt ascendit semper'.[7] Si enim dicatur quod boni non merentur quia Deo fruuntur, igitur nec Christus meruit, ens simul uiator et comprehensor. Licet ergo caritas inferiorum crescat, non tamen equabuntur superioribus, quia et illorum caritas crescit. Sed cum quilibet comprehensor infinito maiorem caritatem habeat quam uiator, non tamen maius premium meretur, tum

---

[1] Matth. 8. 31.   [2] Is. 63. 1.   [3] Glo. Ord. IV. 501.
[4] Aug. De Gen. ad Litt. V. xix. 38 (334).
[5] Haimo of Auxerre In Ephes. iii. 10 (715A).
[6] Peter Lomb. Sent. II. xi. 2. 5 (I. 382). The section from 'Solet item queri' is based upon Sent. II. xi. 2. 1–5 (I. 381–82).
[7] Ps. 73. 23.

propter laborem hominis, tum quia angelus meretur quod habet, sed homo quod habiturus est. Similiter:[a] Seruiant duo milites regi, unus statim remuneretur, alter post obsequium. Ille qui meretur quod habet melius potest obsequi regi quam alter, tamen alter post obsequium eque debet remunerari, cum pro posse suo laboret. Constat autem quod beata uirgo maius habebit premium quam angeli. Magis ergo meretur angelus quam homo, non tamen maius. Item, cum angelus mereretur antequam esset homo factus, meretur tam motu fruitionis quam motu quo in nostrum obsequium dirigitur. Superiores eciam nunciant inferioribus consilium Dei. Angelus ergo duobus motibus simul mouetur, similiter et homo. Item, cum premium angeli non sit futurum maius quam hominis, licet angelus habeat maiorem caritatem, numquid demeritum angeli non debuit esse maius peccato hominis, precipue cum homo ceciderit a maiori? Dicendum quod circumstantia non auget meritum, sed aggrauat peccatum; non tamen quanto maior est, tanto magis aggrauat. Caritas enim est melius bonum quam scientia; theologus tamen peritus magis peccat quam uetula simplex in eodem genere peccati, quia magis aggrauat scientia huius quam caritas uetule.

Vtrum angeli sint in loco. xxxiiii.

1 Spiritus quidem in tempore moueri et per tempus, non tamen per locum, plane fatetur Augustinus in octauo libro Super Genesim.[1] Corpus autem moueri per loca fatetur, eo quod locale est et loci repletiuum. Sed quid? Nonne angeli discurrunt intra ambitum immensitatis diuine quocumque mittantur? Nonne cum mittuntur pertranseunt loca intermedia? Nonne Gabriel, missus ad beatam uirginem, erat in ciuitate Nazareth?[2] Dicimus quod angelus et in tempore est et in loco. De talibus autem egimus superius.[3] [col. 2]

Vtrum Lucifer presciuerit casum suum. xxxv.

1 Querit item tam Augustinus quam Anselmus utrum desertor angelus presciuerit ruinam suam. Quod autem non presciuerit probat Anselmus in libro De Casu Diaboli inscripto, capitulo uicesimo primo, sic: 'Si angelus

---

[a] Simile R

[1] Aug. *De Gen. ad Litt.* VIII. xx. 39 (388).   [2] Luc. 1. 26.
[3] See above, III. xxii. 4; xxiv. 3; xxvi. 1.

adhuc in bona uoluntate stans presciebat se casurum, aut uolebat ut ita fieret, aut non uolebat. Si uolebat, iam ipsa mala uoluntate ceciderat. Si nolebat, iam miser erat dolendo de casu suo'.[1] Sed multo difficilius est quod subnectit Anselmus, utrum scilicet scire non debuit quod puniretur si peccaret, cum dicat certum esse, quia se debere punire si peccaret, ignorare non potuit.[2] Sed quid? 'Quomodo ignorauit se puniendum esse si peccaret, qui ita rationalis erat ut eius rationalitas non impediretur ueritatem cognoscere, sicut sepe nostra impeditur grauante corruptibili corpore?'[3] Ad quod respondet Anselmus sic: 'Qui<a> rationalis erat, potuit intelligere quia iuste puniretur si peccaret; sed quoniam iudicia Dei "abissus multa"[4] et "inuestigabiles uie eius",[5] nequiuit comprehendere an Deus feceret quod iuste facere posset'.[6] 2 Sciuit ergo secundum Anselmum quod si peccaret dignus erat puniri, sed non sciuit quod si peccaret puniretur. Sed quid? Si iste peccat, dignum est eum puniri. Si dignum est eum puniri, iustum est eum puniri. Si iustum est, Deus hoc uult. Si Deus hoc uult, ita fiet. Ergo si iste peccat, iste punietur. Cum ergo diabolus sciuerit antecedens, nonne sciuit et consequens? Soluenda est obiectio hec per interemptionem. Hec enim falsa: 'Si iustum est istum esse puniendum, Deus hoc uult'. Vult enim Deus quicquid iustum est eum uelle, sed non uult quicquid iustum est fieri secundum merita nostra. Si enim meritum istius peccantis mortaliter consulas, iustum dicetur istum puniri eternaliter; non tamen Deus hoc uult, quia iste penitebit et predestinatus est. 3 Michi autem uidetur quod neuter istorum sciuit Lucifer, in actu scilicet quod si peccaret puniretur; aut quod si peccaret, deberet de iure puniri. De neutro enim istorum cogitauit ante casum. Quid enim conferret ipsi cogitatio talis aut talis? Verumtamen, ut sentit Anselmus, non oportet quod utrumque sciuerit in habitu, etsi alterum sciuerit in habitu.[7] Item Augustinus: 'Non poterant angeli prescii fuisse sui casus, quia sapientia est fructus pietatis';[8] ac si dicat: Cum constet eos preditos fuisse pietate, constare debet sapientiam eis datam fuisse ad utilitatem et fructum, non ad hoc ut esset inutilis. Quod accideret, si presciuissent casum suum. Adde eciam quia prescientie talis necessario comes fuisset miseria.

Vtrum angeli in initio creationis sue habuerint uirtutes. xxxvi.

1 Constat autem omnes angelos ante casum apostatarum fuisse subtilitate naturalium preditos, sed utrum gratuitis ornarentur questio est. Anselmus

---

[1] Anselm, *De Casu Diaboli* xxi (I. 267 line 26–268 line 13), extracts.
[2] Ibid. xxiii (I. 269–71).   [3] Ibid. (I. 270 lines 1–3).   [4] Ps. 35. 7.
[5] Rom. 11. 33.   [6] Anselm, *De Casu Diaboli* xxiii (I. 270 lines 4–6).
[7] Ibid (I. 269 lines 28–29).   [8] Aug. *De Gen. ad Litt.* XI. xxiii. 30 (441).

uero uidetur uelle quod uirtutes habuerint in initio sue creationis.[1] Si enim Lucifer non habuerit uirtutes et [f. 59] Adam habuerit uirtutes, uidetur peccatum Ade grauius fuisse peccato Luciferi. Quanto enim gradus altior, tanto casus grauior. Sed dicet quis Luciferi peccatum ideo grauius fuisse, quia ex malitia propria peccauit, nullo impellente, cum Adam peccauerit, alio grauiter impellente. Sed quid? Magis uidetur aggrauare peccatum Ade circumstantia ista quod scilicet habuit uirtutes antequam peccaret, quam quod uehementer impulsus est ab alio. Dicendum ergo quod alie circumstantie adiungende sunt, ob quas grauius liquebit fuisse peccatum Luciferi quam peccatum Ade. Inter omnes autem circumstantias spectantes ad propositum, magis aggrauat peccatum Luciferi circumstantia que attendit ex magnitudine elationis superbe. Licet autem Anselmus senserit Luciferum habuisse uirtutes, plerique[a] tamen adherent parti opposite. Vnde et angeli ante casum secundum quid dicuntur fuisse perfecti, secundum quid imperfecti.

Quod peccatum diaboli fuerit irremediabile, cum tamen peccatum hominis fuerit remediabile. xxxvii.

1 Moyses igitur, Spiritu Sancto repletus, nullam mentionem fecit de casu diaboli neque de creatione angelorum, tum quia peccatum ipsorum fuit irremediabile, tum quia intentio ipsius finaliter tendebat ad incarnationem Verbi. Erat enim secundus Adam, secundum carnem descensurus de primo Adam. Angelicam enim naturam non apprehendit Filius Dei sed semen Abrahe, ita ut non fieret angelus sed homo ex semine Abrahe. Angelus ergo, tanta subtilitate naturalium preditus, tanta scientie luce lustratus, in tam sublimi ordine constitutus, nimis contumaciter superbiens, erexit se contra Creatorem suum, ita quod ex elatione fastus nimii primo inuidit Filio Dei, postea homini. Vt enim ait Augustinus in xi. libro Super Genesim, 'Causa inuidendi est superbia, non causa superbiendi est inuidia. Merito ergo initium omnis peccati superbiam Scriptura definiuit, dicens: "Initium omnis peccati superbia"[2].'[3] Adde quia dum Lucifer uoluit esse equalis Deo, et ita dum usurpauit sibi quantum in ipso erat deitatis maiestatem, plusquam rapinam, plusquam peculatum, plusquam sacrilegium commisit. Licet autem dicatur Eua appetisse ut esset sicut Deus, non tamen uoluit esse

[a] plurique R.

---

[1] Anselm, *De Casu Diaboli* xxvii (I. 275).   [2] Ecclus. 10. 15.
[3] Aug. *De Gen. ad Litt*. XI. xiv. 18– xv. 19 (436).

equalis Deo, sed quasi libere uiuere sine domino. Homo item non inuidit Deo, cum Luciferum constet inuidisse Deo. 2 Adde quod Lucifer, per nimiam maliciam tam superbie quam rapine quam inuidie, peccauit in Spiritum Sanctum. Vnde peccatum ipsius deleri non debuit.[1] Homo uero peccauit in Patrem, quia per infirmitatem. Habuit enim carnem alimentis sustentandam. Quidni? Habuit corpus animale, habuit sensualitem, habuit appetitum cibi. Vnde et femina per esum pomi pulchri,[a] uisu et tactu suauis et ad esum appetibilis, temptata est, minus prouida ab astutissimo, simplex a fallaci, parum sciens a scientissimo, sola sine [col. 2] uiri presentia, blandiciis promissionis securitatis uite, libertatis et potentie et scientie circumuenta; securitatis uite, per id quod dictum est a seductore, 'Nequaquam moriemini';[2] libertatis et potentie, dum dictum est 'Eritis sicut dii'; scientie, cum superadditum est 'scientes bonum et malum'. O fallacem seductionem, 'scientes bonum et malum' — ac si diceretur 'Scientia prediti eritis cum discretione electionis boni et fuge mali'. Insitum est autem animo humano, ut auidus sit scientie. Que autem mentem hominis nondum bene se cognoscentis, nondum exercitatam per certam rerum experientiam, magis inclinare possunt ad consensum quam uite diuturnitas, libertatis honor et gloria potentie, cum moderamine sublimis intelligentie? 3 O blanda seductio, O rerum appetibilium alta promissio! Sed eciam, ut facilius seduceretur femina sed et maritata, non solum ipsi facta est promissio, sed eciam ad maritum, quasi liberalis munificentie amplitudine, quasi certa, fiducialiter est extensa. Nonne item Eua potuit oculum considerationis flectere ad misericordiam Dei, ut eciam peccans, ueniam speraret se consecuturam? Adam enim tanquam maritus sed et tanquam ipsius maritus, nolens contristare delicias suas, uxori adquieuit, opinans peccatum sic commissum esse ueniale, id est de facile consecutiuum uenie. Peccatum ergo tam in Patrem quam in Filium, quod scilicet fit per infirmitatem uel ignorantiam, remediabile est. Quod uero fit in Spiritum Sanctum per nimis temerariam scilicet presumptionem et finalem impenitentiam aut desperationem finalem, non remittetur in presenti neque in futuro. Hinc est quod peccatum hominis censetur remediabile, peccatum diaboli irremediabile.

4 Cum autem dixi Moysen non fecisse mentionem de creatione angelorum, dictum puta ratione historialis intelligentie. Secundum intellectum namque spiritualem dicitur quia 'in principio creauit Deus celum et terram', id est angelicam naturam cum materia quatuor elementorum.

---

[a] pulcrhi R

[1] Marc. 3. 29 etc.   [2] Gen. 3. 4.

Quod bonum male appetatur. xxxviii.

1 Queritur autem quonam modo peccauerit angelus, appetens se equalem Deo aut similem. Nonne enim Filius est equalis Patri? Nonne et similis? Nonne et homo iustus est similis Deo? Sed quid? Quod bonum est male appeti potest, sicut quod bonum est in genere male fit. Bonum enim est dare elimosinam; male tamen datur cum propter inanem gloriam datur. Malum est item interficere hominem; lex tamen iuste interficit hominem. Malum est item ut homo interficiat se ipsum; Samson tamen, familiari consilio Spiritus Sancti adquiescens, se ipsum meritorie occidit.[1]

2 Lucifer igitur non appetiit similitudinem gratie qua iustus quis est similis Deo, nec similitudinem glorie qua in futuro erimus similes Deo, sed similitudinem equalitatis. Sed nonne sciuit creaturam non posse esse equalem Creatori? Dicendum quod non appetiit esse Creator, nec par esse ei simpliciter, sed quoad quid scilicet [f. 59v] ut minime esset subditus Deo. Sed quid? Nonne aduertit impossibile esse quod creatura sit et non sit subdita Deo? Respondeo: Non aduertit hoc quia superbia, uoluntatem ultra possibilitatis terminos extendens, in hac parte excecauit eum. Sed numquid esse et non esse subditum Deo est bonum? Eciam, quia Trinitas est et non est subdita alicui. Sed hoc non est bonum creature. Lucifer igitur appetiit quod non erat bonum sibi, licet appeteret id quod erat in se bonum. Sed de qua similitudine intelligendum quod legitur dixisse 'Ponam sedem ad aquilonem et ero similis Altissimo'?[2] Dicendum quod in malis qui designantur per aquilonem uoluit sedem ponere, ut ita dominaretur suis sicut Altissimus suis. In hoc tamen non est similis Deo, quia nec eciam in malos aliquid potest facere nisi permissus. Similitudinem igitur dominii appetiit.

Quod eciam angelorum uirtutes non sint naturales, sed gratuite. xxxix.

1 Opinati sunt nonnulli angelos esse sanctos naturaliter, ita quod non de gratia sibi celitus collata. Quod autem hoc sit falsum docet Didimus in libro De Spiritu Sancto, dicens

'Sancti sunt angeli participatione Spiritus Sancti et inhabitatione unigeniti Filii Dei, qui sanctitas est et communicatio Patris, de quo Saluator ait "Pater sancte".[3] Si igitur angeli non ex propria substantia sancti sunt, sed ex participatione sancte Trinitatis, alia angelorum ostenditur a Trinitate <esse> substantia. Vt enim Pater sanctificans alius est ab iis quos efficit sanctos, ita et Spiritus Sanctus alterius est

---

[1] Iud. 16. 25–29.   [2] Cf. Is. 14. 13–14.   [3] Ioh. 17. 11.

substantie ab iis quos sui largitione sanctificat. Si uero heretici proposuerint ex natura conditionis sue angelos esse sanctos, consequenter cogentur dicere omousios esse Trinitati, et inconu<er>tibiliter <eos> iuxta substantiam sanctos esse. Si autem hoc refugientes dixerint unius quidem nature esse cum ceteris creaturis, non tamen eandem habere quam habent homines sanctitatem necessario deducentur, ut dicant multo melioris homines esse substantie, cum hi per communionem Trinitatis habeant sanctitatem, et angeli, propria natura sancti, ab ea sint alieni. Sed uota sunt hominum perfectorum et ad consummationem sanctitatis uenientium, equales angelis fieri, angeli quippe hominibus et non homines angelis auxilium tribuunt, ministrantes eis salutem et annuntiantes largiora eis. Ex quod liquido ostenditur honorabiliores et multo meliores esse angelos hominibus, per germaniorem ut ita dicam et pleniorem Trinitatis assumptionem'.[1]

2 Per hec constat angelos esse sanctos sanctitate a Deo sibi collata sicut et homines.

Quod diabolus uideatur ideo non accepisse perseuerantiam, quia Deus non dedit, cum tamen hoc sit falsum. xl.

1 Sciendum eciam quod illud apostoli, 'Quid habes quod non accepisti',[2] tam angelis dicitur quam hominibus. Nulla enim creatura habet aliquid a se. Quod enim se ipsum a se non habet, quomodo a se habet aliquid? Denique si non est aliquid nisi unus qui fecit, et que facta sunt ab uno, clarum est quia nullatenus potest haberi aliquid nisi qui fecit aut quod fecit. Quicquid ergo [col. 2] est a Deo est, et a Deo nichil est nisi bonum et omne esse est bonum. Constat ergo quia ille angelus qui stetit in ueritate sicut ideo perseuerauit, quia perseuerantiam habuit, ita non habuit perseuerantiam quia accepit, et ideo accepit quia Deus dedit. Videtur ergo quia si bonus angelus ideo accepit quia Deus dedit, malus ideo non accepit quia Deus non dedit. Quod si est, malo angelo non est imputandum quod malus est.

Quod ideo Deus non dedit perseuerantiam angelo cadenti, quia ipse non accepit. xli.

1 Aliud est ergo alius sequi ad aliud, aliud est aliquid esse causam alterius. Datio ergo est causa acceptionis. Vnde quia Deus dedit angelo bono perseuerantiam, ideo eam habuit. Deus uero ideo malo angelo non dedit quia ille non accepit, et ideo non accepit quia non accipere uoluit.

---

[1] Didym. *De Spirit. Sanct.* vii (1038C–39A).   [2] I Cor. 4. 7.

Quod boni tunc confirmati fuerunt quando mali ceciderunt. xlii.

1 In principio ergo temporis creauit Deus celum, id est angelicam naturam.[1] Consequenter uero cum facta est lux corporalis, stantes confirmati sunt in bona. Et tunc diuisa est lux a tenebris, quia in celo permanserunt boni, iam luce gratie illustrati plenissime, angelis tenebrarum deorsum ruentibus qui permansere obstinati in malo.

2 Et, ut aiunt, non erant nouem ordines ante casum apostatarum, sed, his cadentibus, stantibus collata sunt munera gratie in quorum participatione conuenerunt. Eis uero qui ceciderunt collata fuissent eadem dona si prestitissent. Ideoque Scriptura dicit de singulis ordinibus aliquos cecidisse, non quia fuissent in ordinibus et postea corruerint, sed quia si perstitissent, in ordinibus congrue fuissent dispositi pro subtilitate nature et naturalium illustratione.[2]

Quod boni angeli ante casum malorum peccare potuerunt. xliii.

1 Cum ergo angeli stantes ante casum malorum non ita fuissent confirmati ut postea fuerunt, patet quia ante ruinam aliorum potuerunt et ipsi peccari. Habuerunt ergo potentiam peccandi tunc quam et modo habent, sed nunc non dicitur potentia peccandi, cum iam non possint peccare. Dicit tamen Ieronimus, loquens de Deo, quia cetera, cum sint liberi arbitrii, in utramque partem flecti possunt.[3] Numquid ergo qui confirmati sunt possunt peccare? Quod ergo dicit Ieronimus sic intellige: possunt, id est possent, quantum scilicet est in natura, si non adesset confirmatio ex gratia. Preterea, numquid angelus potuit in initio creationis sue moueri ad peccandum? In initio quidem potuit moueri ad peccandum, sed non potuit moueri in initio ad peccandum. Habuit tamen tunc liberum arbitrium. Vtrum autem quis possit, peccare potentia aut impotentia discucietur inferius.[4]

Vtrum in angelis cadentibus mala uoluntas precesserit uicium. xliiii.

1 Quicquid autem est, et bonum est et a Deo est.[5] Potestas ergo faciendi malum et uolendi malum bona est, sed et ipsa uoluntas bonum est. Quid est

---

[1] See above, III. ix. 13, 16.   [2] Peter Lomb. *Sent.* II. vi. 1. 1–2 (I. 354–55).
[3] Hieron. *Epist.* xxi. 40 (393), quoted by Peter Lomb. *Sent.* II. vii. 2. 1 (I. 359).
[4] See below, IV. ix.
[5] Cf. Boeth. *Quomodo Subst.* (1313A); see above, II. lviii. 1.

ergo [f. 60] quod dicit Augustinus, quod potestas est a Deo, uoluntas autem mala non est a Deo?[1] Hoc ideo dictum puta quia potestas est bona. Malitia autem uoluntatis siue inordinatio non est a Deo, nec est aliquid quod sit. Vnde, ut ait Anselmus, potestas uolendi quod uelle non debuit angelus, bona fuit semper et ipsum uelle bonum scilicet quantum ad esse.[2] Malitia autem qua uoluntas est mala non est aliquid quod sit, nec est aliquid efficiens causa malitie. Malum tamen non est nisi ex bono, scilicet ex libero arbitrio. 2 Quero ergo utrum mala uoluntas precesserit uicium, an uitium malam uoluntatem. Non quero utrum precesserit tempore sed quasi naturaliter. Ideo dico 'quasi', quia uitium non habet naturam. Constat quod fides prior est natura quam credere, cum tamen sepe simul sint tempore. Omnis enim uirtus naturaliter est prior suo motu uel usu siue effectu. Videtur quidem quod in malo angelo prior fuerit uoluntas ipso uitio. In nobis autem uidetur esse uitium prius motu tali. Nonne enim cum dicitur angelus inordinate uoluisse, prius concipis uoluntatem fuisse in angelo, postea ipsam esse deformatam per inordinationem? Sed quid? Nonne idem reperies nunc et in mala uoluntate hominis? Numquid ergo aut diabolus aut homo, ideo male uult quia est malus, aut quia est malus ideo male uult? Hanc questionem refero ad inceptionem malitie, dum quis incipit esse malus et incipit uelle male. Reuera per hoc quod male uult quis uidetur quodammodo manifestari malitia eius. 3 Quid ergo sentiendum super his? Malitia quidem etsi non sit aliquid quod sit, loquimur tamen de ea tanquam de qualitate et ipsa intelligitur ut qualitas, et ut forma uoluntatis uel actionis male. Sicut ergo hec uera, 'Quia iste habet fidem ideo credit', uidetur et hec uera, 'Quia quis est malus, ideo male uult', sed non 'Quia male uult, ideo est malus'. Verisimile ergo est quod uitium prius sit usu malo. Reor tamen non esse obseruandum ordinem naturalem in uitiis que non habent naturam. Vnde nec uitium prius est usu malo nec econtrario. Hinc est quod neutra istarum uera est, 'Quia iste est male, ideo male uult', 'Quia iste male uult, ideo est malus'. Multis tamen uidetur quod usus precedat uitium naturaliter. Constat autem quod usus uitii precedat naturaliter reatum. Sed nonne et uitium precedit naturaliter reatum? Vsus igitur, ut aiunt, in uitiis precedit habitum naturaliter. Sed in uirtutibus precedit naturaliter habitus usum, ut dicetur infra.[3]

Vtrum angeli suscepti ab Abraham in rei ueritate comederint. xlv.

1 Fuere autem qui dicerent angelos in sui creatione habuisse corpora. Sed numquid corpora sunt partes angelorum? Numquid ex spiritu angelico et

[1] Aug. *De Trin*. III. viii. 13 (876); Peter Lomb. *Sent*. II. vii. 8. 4 (I. 363–64).
[2] Anselm, *De Casu Diaboli* xx (p. 265 line 21–266 line 2).   [3] Not extant.

corpore constat angelus? Nonne ergo est angelus animal? Dicimus quidem angelos esse spiritus et illos creatos esse in corporibus negamus. Spiritus ergo angelicus et anima rationalis sunt spiritus [col. 2] rationales sed diuersarum specierum et diuersarum naturarum, adeo ut anima in corpore creetur, et corpus uegetet[a] et regat. Angelicus uero spiritus non uiuificat corpus quod quandoque assumit angelus ut compleat officium sibi iniunctum, nec est illud corpus pars angeli, nec uegetatur, cum sit partim aerium, partim igneum. Quidni? In corpore tali non sunt uene aut nerui, neque ossa neque caro, sed sunt ibi lineamenta forme similis humane, cum decenti figura et colore uenusto. Cum ergo uox sit sonus ab animalis ore prolatus, numquid uere locuti sunt angeli? 2 Sed quid? Nomen uocis quandoque large accipitur, unde et uox Patris audita esse dicitur. Immo eciam legitur 'Eleuauerunt flumina uocem suam',[1] et iterum, 'A uocibus aquarum multarum',[2] quamuis per flumina prophete,[b] per aquas populi queant designari.[3] Numquid autem angeli sic missi loqu<u>ntur, cum careant instrumentis naturalibus per que uox formetur? Sed quid? Quis audebit negare Gabrielem salutasse uirginem?[4] Quis negabit inter eos fuisse colloquium? Sed numquid angeli suscepti ab Abraham uere comederunt?[5] Constat quod cibi illi non transierunt in alimoniam corporis. Quid igitur? Dicendum est quod conuersi sunt in materiam suam. Aduerte etiam quid legatur in libro Tobie, dicente angelo 'Videbar quidem uobiscum manducare et bibere, sed ego cibo inuisibili et potu qui ab hominibus uideri non potest utor'.[6]

Vtrum mala actio uel mala uoluntas sit a Deo. xlvi.

1 Iteraui sepius et repetii, dicens quia quicquid in re est et non est Deus, est a Deo.[7] Sed et duo capitula in initio operis istius huic deseruiunt intentioni.[8] Hereses enim extirpare decreui in hoc opere, sed precipue Manicheorum, duo rerum prima principia constituentium. Augustinus ergo in libro De Vera Religione, uerax ueri assertor, loquens de rebus mutabilibus, ait:

'Quare deficiunt? Quia mutabilia sunt. Quare mutabilia sunt? Quia non summe sunt. Quare non summe sunt? Quia inferiora sunt eo a quo facta sunt. Quis ea fecit? Qui

---

[a] uegitet R   [b] propheti R

[1] Ps. 92. 3.   [2] Ps. 92. 4.
[3] Cf. *Glo. Ord*. III. 1165–66 (interlin.) which, however, gives 'apostoli' for 'prophete'.
[4] Luc. 1. 26–28.   [5] Gen. 18. 8.   [6] Tob. 12. 19.
[7] See above, II. xlv. 8, lxv. 1.   [8] See above, I. i–ii.

summe est. Quis est hic? Deus incommutabilis Trinitas, quoniam et per summam sapientiam ea fecit et summa benignitate conseruat. Cur ea fecit? Vt essent. Ipsum enim quantulumcumque esse bonum est, quia summum bonum est summe esse. Vnde fecit? Ex nichilo. Quoniam quicquid est, quantulacumque specie sit, necesse est. Ita etsi minimum bonum, tamen bonum erit et ex Deo erit. Nam quoniam summa species summum bonum est, minima species minimum bonum est. Omne autem bonum aut Deus aut ex Deo est. Ergo ex Deo est eciam minima species. Sane autem quod de specie, hoc eciam de forma dici potest. Neque enim frustra tam speciosissimum quam eciam formosissimum in laude ponitur. 2 Id ergo est unde Deus fecit omnia, quod nullam speciem habet nullamque formam, quod nichil est aliud quam nichil. Nam illud quod in comparatione perfectorum dicitur informe, si habet aliquid forme quamuis exiguum, quamuis inchoatum, nondum est nichil. Ac per hoc, id quoque [f. 60v] in quantum est, non est nisi ex Deo. Quapropter eciam si de aliqua informi materia factus est mundus, hec ipsa facta est de omnino nichilo. Nam et quod nondum formatum est, tamen aliquo modo ut formari possit inchoatum est, Dei beneficio formabile est. Bonum est enim esse formatum. Nonnullum ergo bonum est et capacitas forme. Et ideo bonorum omnium auctor qui prestitit formam, ipse fecit eciam posse formari. Ita omne quod est, in quantum est, et omne quod nondum est, in quantum esse potest, ex Deo habet. 3 Quod alio modo sic dicitur: Omne formatum, in quantum formatum est, et omne quod nondum formatum est, in quantum formari potest, ex Deo habet. Nulla autem res optinet integritatem nature sue nisi in suo genere salua sit. Ab eo autem est omnis salus, a quo est omne bonum. Et ex Deo est omne bonum. Salus igitur omnis ex Deo est. Si ergo saluti aduersatur uitium et nullo dubitante salus bonum est, bona sunt omnia quibus aduersatur uitium. Quibus autem aduersatur uitium, ipsa uiciantur. Bona ergo sunt que uiciantur. Sed ideo uiciantur quia non summa bona sunt. Quia igitur bona sunt, ex Deo sunt; quia non summa bona sunt, non sunt Deus. Bonum ergo quod uiciari non potest, Deus est. Cetera omnia bona ex ipso sunt, que per se ipsa possunt uitiari, quia per se ipsa nichil sunt. Per ipsum autem partim non uitiantur, partim uitiata sanantur. Est uitium primum spiritus rationalis, uoluntas ea faciendi que uetat summa et intima ueritas.'[1]

4 Ecce quia quicquid est in re et bonum est et a Deo est.[2] Vitium autem nature aduersatur et contra naturam est. Vnde Augustinus in eodem libro inferius dicit quia uitium non natura est, sed contra naturam est.[3] Super illum item locum, 'Omnia per ipsum facta sunt',[4] dicitur quia omnis actio, omnis forma, omnis compago partium a Deo est.[5]

5 Audent tamen quidam dicere corpora esse a diabolo, cum dicat apostolus 'Stulte, quod tu seminas non uiuificatur, nisi prius moriatur, et quod seminas non corpus quod futurum est seminas, sed nudum fere granum tritici aut alicuius ceterorum'.[6] Deus autem illi dat corpus quomodo uoluerit et unicuique seminum proprium corpus. Adde quod Dominus in euuangelio dicit unum passerem non cadere in terram sine uoluntate Dei,[7] et quod fenum agri, post paululum mittendum in clibanum, ipse tamen uestiat.[8] Hic

[1] Aug. *De Vera Relig.* xviii. 35–xx. 38 (137–38).
[2] Cf. Boeth. *Quomodo Subst.* (1313A); see above, II. lviii. 1; III. xliv. 1.
[3] Aug. *De Vera Relig.* xxiii. 44 (141).   [4] Ioh. 1. 3.   [5] Aug. *In Iohann.* i. 13 (1386).
[6] I Cor. 15. 36–37.   [7] Matth. 10. 29.   [8] Matth. 6. 30; Luc. 12. 28.

confirmat Dominus non solum totam istam mundi partem, rebus mortalibus et corrupti\<bi\>libus deputatam, uerum etiam uilissimas eius particulas diuina prouidentia regi. Sed quid? Sunt et theologi, magne opinionis uiri, dicentes actiones que sunt male non esse a Deo, bonas uero et indifferentes esse a Deo. Actio ergo, ut aiunt, que est mala, est a diabolo tanquam auctore uel ab homine. Sed quid? Nonne illa actio habet esse? Illud esse a quo est? 6 Numquid a Deo? Quod si est, igitur illa actio in quantum est, est a Deo. Si eius esse dicatur esse a diabolo uel ab homine et non a Deo, dabitur quod multe nature sunt que non sunt a Deo. Cum ergo [col. 2] hoc genus 'actio' contineat tam bonas quam malas actiones, si he sunt a Deo, ille non, a quo erit hoc genus 'actio'? Numquid ipsum partim est a Deo, partim a diabolo? Vrgentius sic: Proponantur mas et femina, qui cras carnaliter conueniant.[a] Demonstretur ergo futura actio masculi ad intellectum. Hec ergo actio a quo erit? Dices te nescire. Si enim bona erit, erit a Deo. Si mala, erit a diabolo. Quid? Nonne una et eadem actio erit, siue deformata fuerit mala uoluntate, siue informanda bona uoluntate? Nonne item hec actio potest esse fornicatio? Nonne eadem actio erit legitima, si eam precedat bonum matrimonii? Nonne ergo actio que erit a diabolo poterit esse a Deo? Quod si est, ergo eiusdem rei possunt auctores esse Deus et diabolus. Ergo res que potest laudare Deum auctorem, potest laudare diabolum auctorem. 7 Dices forte necessario oportere aliam esse actionem si fuerit bona, aliam si fuerit mala. Sed quid? Quas alias partes dabis huic actioni quam illi? Proponatur ergo lictor iam exurgens in ictum gladio exerto; quas alias partes, quos alios motus dabis actionem lictoris si fuerit bona, quam si fuerit mala? Si uero uoluntatem dixeris uariare essentiam actionis de ipsa uoluntate que est motus animi, quero utrum eadem possit esse a Deo et a diabolo. Quis item nisi Deus contineat[b] partes actionis cuiuscumque, et eas conseruat in esse? Quid quod infinite clamant auctoritates Deum eciam malis uoluntatibus bene uti? Quonam modo hoc intelligetur nisi detur ipsas esse a Deo? Numquid enim Deus bene eis utitur, aut in quantum sunt actiones, aut in quantum sunt male? Nonne in quantum sunt actiones? Quo admisso, dabitur quod in quantum sunt actiones, sunt bone uel bona. Si enim Deus bene utitur actionibus in quantum sunt male, nonne ergo eis bene utitur in quantum non sunt? 8 Preterea, quero utrum actio que est fornicatio et coitus qui fit cum legitima uxore ob procreatione sobolis ad cultum unius Dei sint indifferentes specie. Nonne enim accidentale est huic actioni esse malam? Quod si est, subtrahe per intellectum malitiam ab actione illa, ita quod maneat illa actio in esse. Subtrahe et informationem bone uoluntatis a bona actione, ita quod maneat illa actio in esse. Nonne ergo oportet illas actiones

---

[a] conueniaent R   [b] continuat R

esse indifferentes specie? Quo admisso, non poterit negari quin actio que est futura bona possit esse mala. Sed pro dolor, dicunt quod oportet eos fateri actionem substantialiter esse malam. Sed quid? Nonne dicitur philosophus in Posterioribus Analecticis quod omnis differentia substantialis est saluatiua rei?[1] Numquid ergo malitia conducit rem ad esse? Quid est ergo quod expositores sancti, immo eciam Boetius in Philosophia sua, docent quod eciam homines in quantum sunt mali, non sunt?[2] Rursum, quicquid [f. 61] conducit ad esse, est bonum. 9 Si ergo malitia conducit ad esse, dabitur quod ipsa fit bonum. Nollem autem simplicem lectorem circumueniri ex equiuocatione huius nominis 'malitia'. Hoc enim[a] nomen quandoque copulat acerbitatem siue grauitatem sustinentie, ut ita dicam; et secundum hoc, pena inflicta a Deo dicitur mala propter acerbitatem, aut quia grauis est ad sustinendum. Vnde et Augustinus in libro De Vera Religione dicit mortem esse malum, quia punit.[3] Omnis tamen pena que in re est, et bona est et a Deo est. Ipsa quoque necessitas uite presentis a Domino appellatur malitia. Nos autem utimur hoc nomine 'malicia' secundum quod nichil est quod sit malicia, ut cum dicitur quia peccatum in quantum est peccatum est malum. Malitia ergo non potest esse nisi in re bona. Peccatum enim, ut ait Augustinus, corrumpit naturalia. Hinc est quod quanto magis intenditur malitia, tanto magis corrumpuntur naturalia.[4] Corruptio autem non potest esse in re nisi ipsa res sit. 10 Sed ad prius quesita reuertamur. Si ergo dicatur quod actioni su<b>stantiale est esse malam, dabitur quod omnis malicia est bonum, ergo Deus est auctor malitie, ergo est auctor peccati in quantum est peccatum. Quod si est, iniuste punitur quis pro peccato. Preterea, quero a theologis nostris utrum actio que erit indifferens, ut incessus quo quos deducit se spaciando causa retractionis, possit esse bona aut mala. Cum enim media sit inter bonam et malam, qua ratione poterit esse bona, poterit esse et mala, ergo actio que potest esse bona potest esse mala, ergo actio bona potest esse mala, ergo rei cuius auctor potest esse Deus potest esse auctor diabolus. Sed quid? Scio quia fatebuntur quod actioni substantiale est esse indifferentem. Quod si est, indifferentia erit bonum. Nonne ergo actio indifferens est bona? Preterea, si esse malam et esse bonam et esse indifferentem sunt substantialia tribus actionibus, dabitur quod indifferentia et malitia sunt res bone; ergo actionem esse malam et actionem esse indifferentem sunt duo bona. Vtrum ergo istorum est melius alio?

---

[a] R adds malus, *marked for erasure.*

---

[1] Arist. *Anal. Post.* II. xiii (97a10–22), or a misreading of I. vi (74b32–36).
[2] Boeth. *De Consol. Phil.* IV. prosa ii. 33–34.
[3] Cf. Aug. *De Vera Relig.* xi. 21–22 (131–32), but closer is Aug. *De Civ. Dei* XIII. v (380).
[4] Aug. *Enchirid.* xi (236), quoted in Peter Lomb. *Sent.* II. xxxiv. 4. 2 (I. 527).

11 Ignoscendum est autem dialecticis putantibus malitiam esse qualitatem que sit in numero rerum et falsitatem esse aliquid quod sit. Licet enim ista nomina, 'malum', 'falsum', significent qualitates morales, ut utar uerbis aliorum, malitia tamen et falsitas non sunt aliqua in numero rerum. Absit enim quod Creator rerum sit creator malitie aut falsitatis. Sed nec ueritas enuntiabilis est aliquid quod sit, cum nec enuntiabile sit aliquid quod sit. Si enim Deum esse est aliquid quod sit, dabitur quod illud est Deus. Quod si est, dabitur quod Deum esse est Deum esse Deum. Sed numquid Deum esse Deum est Deum generare Deum? Esse enim Dei est Deus et esse Dei est generatio Dei. His autem admissis, dabitur [col. 2] quod Deum esse est Deum esse uel fuisse. Numquid ergo Deum esse est Deum esse Deum uel lapidem? Sed quid? De talibus egimus superius, satis diligenter, ut reor.[1] Sed nonne omne uerum est a Deo? Sed istum fornicari est uerum, ergo istum fornicari est a Deo, ergo a Deo est quod iste fornicatur. 12 Sed, ut diximus superius, omne uerum quod est aliquid quod sit, est a Deo, ut iusticia, uita, doctrina.[2] Immo et omne esse rei uerum est etsi dialeticus talia contempnat. Veritas item hominis ueri uel ueracis est aliquid et est a Deo. Enunciabile autem, cum non sit aliquid quod sit, non est a Deo. Fuere tamen qui dicerent hanc esse dupplicem: 'A Deo est quod iste fornicatur'. Si enim, ut aiunt, hec appellatio, 'quod iste fornicatur', appellet enunciabile, uera est propositio predicta. Si autem appellet euentum, falsa est. Sed quid? Euentus nichil est, sicut nec attributum, nec omen, nec fortuna, nec casus, secundum unam significationem huius nominis 'casus'. Sed quid? Nonne a Deo est quod hec propositio est uera, 'Iste fornicatur'? Ergo a Deo est quod significat uerum, ergo a Deo est quod eius significatum est uerum, sed eius significatum nichil est nisi 'istum fornicari', ergo a Deo est quod 'istum fornicari' est uerum, ergo a Deo est quod iste fornicatur. 13 Dicunt ueras esse illas locutiones in quibus ponitur hoc nomen 'uerum'; quo subtracto, arguunt falsitatis locutionem. Vnde et ultimam illationem dicunt esse falsam. Videntur alii sibi subtilius dicere, censentes hanc ueram esse: 'A Deo est quod hec propositio significat hoc uerum, non tamen a Deo est quod hoc significatum est uerum'. Similiter,[a] pro iudicio quorundam, mater uult dicere medico hoc uerum, scilicet quod filius suus egrotat, non tamen uult hoc esse uerum. Cum autem dicitur 'A Deo est quod Sortes legit', posito quod Sortes legat, quasi diuisim intelligenda est locutio, sicut cum dicitur 'Ego precipio ut tu facias ignem'. Vnde si recte instructus es in minoribus, dices actum huius uerbi 'precipio' transire in rem designatam per hunc nominatiuum 'tu'.

[a] Simile R

---

[1] See above, II. xl.   [2] See above, II. xliv. 5.

14 Dicimus ergo nec nos pudet crebre repet<it>ionis, quoniam a Deo est quicquid in re est. Vnde si actio est aliquid quod sit, quelibet actio a Deo est. Cum ergo quicquid est in re et sit bonum et sit a Deo, dabitur quod omnis actio mala est bona et est a Deo in quantum est actio, non in quantum est mala. Sed nonne bonum et malum sunt contraria? Numquid ergo contraria sunt in eodem? Sed quid? Quis est qui sciat contraria esse in eodem, sed non secundum idem, et ad idem? Augustinus autem irridet dialecticos, dicens quia in his terminis accidit contraria esse in eodem;[1] sed, salua pace maiorum, equiuocatio multos fefellit. Cuilibet igitur rei que est, inest bonitas naturalis que non habet contrarium. Vt enim ait Aristotiles, quod omni conuenit, a nullo separat.[2] Cum ergo omne esse sit bonum, quicquid est est bonum. Omnis ergo actio est bona naturali uel essentiali bonitate. Actio ergo mala, [f. 61v] quia inordinata est, seu deformata et demeritoria, est bona. Sed ista naturalis bonitas et malicia que intelligitur secundum priuationem rectitudinis non sunt contrarie. 15 Sed si aliqua actio esset bona et mala, ita quod esset meritoria et demeritoria secundum se totam siue directa ad Deum et priuata rectitudine debita, accideret contraria esse in eodem. Hec enim nomina, 'malum', 'iniustum', quasi priuationem significant. Quare autem dixerim 'secundum se totam', in hoc eodem capitulo explicabitur. Vt ergo ait Anselmus in libro De Casu Diaboli capitulo sexto decimo, iniusticia non est nisi absentia iusticie, scilicet ubi debet esse iusticia.[3] Idem in capitulo uicesimo:

'Cum diabolus conuertit uoluntatem ad quod non debuit: et ipsum uelle et ipsa[a] conuersio fuit aliquid et non nisi a Deo aliquid habuit, quoniam nec[b] uelle aliquid nec mouere potuit uoluntatem nisi illo permittente, qui facit omnes naturas[c] substantiales et accidentales, uniuersales et indiuiduas. In quantum enim uoluntas et conuersio siue motus uoluntatis est aliquid, bonum est et Dei est. In quantum uero iusticia caret sine qua esse non debet, non simpliciter malum sed aliquid malum est; et quod malum est, non Dei sed uolentis siue mouentis uoluntatem est. Simplex quippe malum est iniusticia, quoniam non est aliud quam malum, quod nichil est. Aliquid uero malum est natura in qua est iniusticia, quia est aliquid et aliud quam iniusticia, que malum est et nichil est. Quare quod aliquid est, a Deo fit et Dei est; quod uero nichil est, id est malum, ab iniusto fit et eius est'.[4]

16 Cum ergo malitia non sit aliquid quod sit, quonam modo dicitur intendi uel remitti? Sed hoc dicitur ratione hominis uel spiritus qui est magis malus quam fuerit. Sed quonam modo predicatur hoc nomen 'malus' cum magis et minus, nisi ipsum significet accidens? Si autem hoc nomen significat

[a] ipsam R   [b] nec *in marg.* R   [c] *so Anselm*; naturales R

[1] Aug. *Enchirid*. xiv (238), quoted in Peter Lomb. *Sent*. II. xxxiv. 5. 1 (I. 528).
[2] Arist. *Top*. VI. iii (140a29–30).   [3] Anselm, *De Casu Diaboli* xvi (I. 261–62).
[4] Ibid. xx (I. 265 line 21–266 line 2).

accidens, nonne malicia est aliquid quod est? Quonam modo dabitur quod malitia insit alicui nisi detur quod sit? Numquid malitia est et non est aliquid in re? Diximus superius quod hoc uerbum 'est' quandoque est confirmationis nota, ita quod non copulat essentiam nec aliquam formam. Et secundum hoc, dari potest quod malitia est, sed non est aliquid quod sit. 17 Licet ergo loquamur de malitia tanquam de qualitate, malitia tamen non est qualitas nisi uocetur moralis qualitas, ut placuit Porretano.[1] Sed quid? Proponantur duo quorum unus est bonus, alter malus. Nonne malus est dissimilis bono? Quo, nisi malitia? Si ergo illa dissimilitudo est relatio, nonne malitia est ueri nominis proprietas? Quid ergo? Dissimilitudo illa non est aliquid quod sit. Profecto, si adquiescere uolueris Boetio, dabis quod nulla relatio est aliquid in re.[2] Proponantur item duo, quorum uterque sit grammaticus et musicus et albus, ita quod unus sit bonus, reliquus malus. Circumscriptis ergo omnibus aliis proprietatibus quam predictis, queritur utrum hec danda: 'Qualiscumque est iste malus, est ille bonus'. Qua data, assume [col. 2] 'sed iste est malus, ergo et ille'. Nonne item ad hanc, 'Qualis est iste?', congrue respondetur 'Malus'? Nonne ergo esse malum est esse qualem? Quod autem hec sit uera, 'Qualiscumque est iste, est ille', uidetur. Nulla enim qualitas est in isto qualis non sit in illo, licet aliqua sit in illo qualis non est in isto, scilicet bonitas. 18 Aut numquid dicetur malitia esse qualitas, non tamen aliquid? Numquid ergo hoc genus 'qualitas' predicatur de malitia? Quo admisso, uidetur quod hoc nomen 'malicia' significet speciem qualitatis. Quod si est, erit malicia de numero rerum. Hoc nomen ergo 'qualis' siue 'alicuius modi' quandoque proprie ponitur et significat denominatiue sumptum a qualitate. Et secundum hoc, uera est hec: 'Qualiscumque est iste, est ille'. Si uero assumatur 'sed iste malus est', nec recte assumitur. Hec ergo argumentatio nullius est: 'Qualiscumque est iste, est ille; sed iste est malus, ergo ille est malus'. Similiter,[a] 'Quicquid est, est a Deo; peccatum est, ergo est a Deo'. Sumitur quandoque hoc nomen 'qualis' in quadam dilatatione et amplitudine, ut etiam alicui conueniat, licet non secum ingerat uere qualitatis informationem. Secundum hoc ergo non est rata hec argumentatio: 'Nulla qualitas est in isto qualis non sit in illo; ergo qualiscumque est iste et ille'. Similiter,[b] 'Nulla albedo inest monacho, et tamen monachus est albus.

---

[a] Simile R   [b] Simile R

---

[1] Cf. *Sent. Divin.* iii (p. 40*): 'Et sic peccatum aliquid esse concedimus, secundum hanc definitionem, licet diuinae scripturae consuetudo nihil peccatum esse dicat. Sed hoc nomen "peccatum" pro substantia significat illum actum quem proprie peccatum esse dicimus, et pro qualitate id unum est peccatum, sicut hoc nomen "malum" significat id quod malum est pro substantia, et id unum malum est pro qualitate, scilicet malitia'.
[2] Cf. Boeth. *De Trin.* v (1265A).

19 Quero item utrum quicquid fiat sit faciendum, nominaliter accepta hac dictione 'faciendum'. Quicquid enim facit homo, facit Deus. Quod enim exercet homo, creat uel facit auctoritate Deus. Cum ergo quicquid facit homo, faciet Deus, et nichil faciat Deus quod non sit faciendum. Restat ergo quod quicquid fit, est faciendum; et hoc uerum. Sed numquid quicquid fit ab homine est faciendum homini? Numquid enim est faciendum Deo quod non est faciendum homini, cum illud fiat ab homine? Videtur in superficie quod aliquid fit ab homine quod non decet hominem facere. Sed nonne decet hominem facere quicquid placet Deo ut fiat ab homine? Nonne autem placet Deo ut fiat ab homine quicquid Deus uult fieri ab homine? Nonne autem uult Deus fieri ab homine quod est a Deo? Nonne autem quicquid est a Deo uult Deus fieri a Deo? Numquid enim aliquid facit Deus quod non uelit a se fieri? Demonstretur igitur quicumque motus inordinatus. 20 Constat quod inordinatio motus non est a Deo, sed nec est aliquid quod sit. Esse autem motus est a Deo ita quod ipse motus est a Deo; sed quod est inordinatus non est a Deo; quod est turpis aut flagitiosus non est a Deo, sed quod est, est a Deo. Dicunt quod Deus non uult istum facere quod facit, quia exercitium non placet Deo. Deus enim non uult hac actionem fieri ab homine quia non uult eam exerceri ab homine; uult tamen hanc actionem inesse homini et esse in homine, et uult hunc hominem esse subiectum illius actionis. Sed quid? Nonne exercitium est aliquid? [f. 62] Numquid hoc uerbum 'exercet' ingerit secum deformitatem? Quod si est, dabitur quod Petrus non exercet hanc actionem bonam. Sed nonne Petrus et Iudas exercent has duas actiones, scilicet bonam et malam? Si ergo exercitium[a] actionis est a Deo, nonne Deus uult illud esse? Nonne et illud placet Deo? Nonne uult Deus illud inesse homini? Nonne uerum est quod scriptum est de Deo: 'Nichil eorum que fecisti odisti?'[1] Nonne tamen dicitur quod Esau odio habuit?[2] 21 Sed hoc ideo dicitur quia predestinauit eum ad penam, non quod creaturam suam odio habuit uel habeat. Quero item utrum homo debeat hoc facere, quia scit hoc uelle Deum, cum hoc sit creatum a Deo et placeat Deo. Nonne enim debet facere homo quod scit placere Deo? Cum ergo homo facit peccatum, numquid facit quod debet facere? Numquid facit quod faciendum est ei? Numquid facit quod decet eum facere? Quidni? Nonne facit quod decens est? Nonne facit quod pulchrum est? Cuncta enim que facit Deus pulchra sunt, decentia sunt, ordinata sunt, in quantum sunt a Deo. Sed quid? Que decenter fiunt a Deo indecenter fiunt ab homine et indebite et inordinate et flagitiose et peruerse. Quod ergo decet fieri a Deo non decet fieri ab homine; sed nec debet fieri ab homine quod debet fieri a Deo; quidquid enim fit a Deo

[a] execertitium R

---

[1] Sap. 11. 25.   [2] Mal. 1. 3.

debet fieri a Deo. Nolo autem ut hoc uerbum 'debet', dictum de Deo, nota sit necessitatis sed conuenientie siue decentie. 22 Quod ergo faciendum est Deo non est faciendum homini, tum quia non expedit homini ut hoc faciat, tum quia indecens est ut hoc faciat. Cum igitur hec actio placeat Deo, tanquam creata ab ipso, uult eam esse et uult eam fieri ab homine, sed non uult eam sic fieri ab homine. Quia ergo displicet Deo quod hec actio sic fit ab homine, non debet homo eam facere, quandoquidem sic eam facit. Hec ergo argumentatio, licet ualde probabilis uideatur, falsa est: 'Iste facit quod scit Deum uelle ut ipse faciat, ergo debet hoc facere; demonstretur theologus peritissimus in scientia, qui tamen sciens enormiter peccat'. Similiter,[a] Abraham credidit Deum precepisse quod immolaret Ysaac;[1] non tamen tenebatur immolare Ysaac, sed tenebatur uelle immolare secundum quosdam. Sed adhuc me ipsum urgeo. Demonstretur igitur actio flagiciosa quam quis committit, me sciente. Ego scio hanc actionem placere Deo, saltem in quantum fit a Deo. Nonne ergo debet et mihi placere eadem actio, secundum quod fit a Deo? Nonne ergo hec actio debet placere mihi? 23 Sed quid? Numquid hec actio debet placere theologo? Reor quod debet placere mihi, sed scio quod debet displicere. Placere mihi debet quia fit a Deo, et scio quod Deus uult eam facere. Debet autem displicere mihi propter tantam enormitatem. Sed quid? Numquid idem placet Deo et displicet? Nonne enim hec actio placet Deo ratione essentie, et tamen displicet [col. 2] Deo ratione inordinationis? Videtur ergo dicendum quod Deus uelit istum facere hanc actionem, et quod Deo displiceat istum facere hanc actionem. Placet quidem Deo istum facere hanc actionem, quia placet Deo ut eam faciat in isto. Displicet item Deo istum facere hanc actionem, quia displicet Deo ut sic fiat. 24 Sed quid? Si displicet Deo istum facere hanc actionem, uidetur quod Deus nolit istum facere hanc actionem, quod non consu<e>uere scolares admittere. Si enim, ut aiunt, Deus nollet, non hoc fieret. Dicunt tamen sancti Deum nolle quod prohibet. De hoc autem egimus superius.[2] Nec mireris si dixerit aliquis idem placere Deo et displicere diuersis de causis. Nonne enim Deus qui odio habuit Esau, odit diabolum? Odit, inquam, ratione uitii, iuxta illud: 'Odisti omnes qui operantur iniquitatem'.[3] Deus item diligit diabolum in quantum est spiritus ipsius, iuxta illud: 'Spiritus Domini malus'[4] et cetera. Cum ergo Deus conseruet diabolum in esse, diligit eum. Si ergo Deus eundem diligit et odit, nonne competenter potest admitti quod Deo idem placeat et displiceat?

25 Quero item utrum hec actio mala magis debeat placere mihi quam displicere. Sed hec questio oritur ex alia quam proponere consueui, scilicet

[a] Simile R

---

[1] Gen. 22.   [2] See above, II. lii–liv.   [3] Ps. 5. 7.   [4] I Reg. 16. 16 etc.

utrum hec actio magis sit bona quam mala, uel eque bona ut mala, cum sit bona et mala ut dixi. Cum enim hec actio bona sit naturaliter, mala ex accidenti, uidetur quod magis sit bona quam mala. Quod si est, magis uidetur debere placere mihi quam displicere. Magis uidetur debere placere mihi quia est bona, quam displicere quia est mala. Sed quid? Nonne hec actio est multum mala? Numquid autem eadem est multum bona? Nonne actio diaboli est multum mala et parum bona? Sed quid? Numquid parum? Numquid bonitas illa naturalis est in aliquo puncto gradus? Cum ergo intensio malicie illius multum uideatur esse eleuata in gradu, bonitas autem illa non uideatur constituta esse in gradu, uidetur inconcinna esse collatio.

26 Sed ne premissa uidear promere de proprie uoluntatis archano, audi quid Augustinus dicat in xi. libro De Ciuitate Dei capitulo nono:

'Mali nulla natura est, sed amissio boni mali nomen accepit'.[1]

Et item in xii. libro De Ciuitate Dei capitulo septimo dicitur:

'Nemo querat efficientem causam male uoluntatis; non enim est efficiens sed deficiens, quia nec illa effectio sed defectio. Deficere namque ab eo quod summe est ad id quod minus est, hoc est incipere habere uoluntatem malam'.[2]

Item, Augustinus super illum locum 'Tradidit illos Deus in reprobum sensum',[3] in epistola scilicet ad Romanos: Dicendum quod uitium siue malitia nature siue uirtutis priuatio est, et ideo nec natura nec uirtus, et ita non est a Deo facta, sine quo factum est nichil.[4] Res autem siue natura uirtute priuata, ut homo qui uirtute priuatur, malus est; uel aliquis actus eius similiter malus [f. 62v] a Deo est, non quod malus, sed uel hoc quod est homo, uel hoc quod est actus, et similiter omnia que non sunt nichil. 27 Vnde cum Pilatus dixisset Domino 'Potestatem habeo crucifigere te',[5] cum crucifigere sit actus malus, ait tamen 'Non haberes in me potestatem nisi esset datum tibi desuper',[6] ostendens actum crucifigendi, qui ex homine malus est, diuine subiciendum potestati, qua Deus nichil non bonum potest, ut licet sit malus ex homine, tamen ex Deo genere essentie sue sit actus. Item, Anselmus in libro De Veritate capitulo octauo:

'Non facit aliquid Deus aut permittit non sapienter aut non bene. Malum ergo opus debet esse et non esse. Debet enim esse, quia bene et sapienter ab eo quo non permittente fieri non posset permittitur; et non debet esse quantum ad illum cuius iniqua uoluntate concipitur. Hoc igitur modo Dominus Iesus, quia solus innocens erat, non debuit mortem pati, nec ullus eam illi debuit inferre; et tamen debuit eam pati, quia ipse sapienter et benigne et utiliter uoluit eam sufferre'.[7]

---

[1] Aug. *De Civ. Dei* XI. ix (325).   [2] Ibid. XII. vii (355).   [3] Rom. 1. 28.
[4] I can find no such comment of Augustine in relation to this biblical passage; cf., however, Robert of Melun, *Quaest. de Epist. Pauli* ad loc.: '. . . cum eciam omne peccatum corruptio nature sit' (p. 33 lines 20–21).
[5] Ioh. 19. 10.   [6] Ioh. 19. 11.   [7] Anselm, *De Verit*. viii (I. 186 line 15 – 187 line 2).

Item, Anselmus in libro De Conceptu Virginali capitulo quinto:

Iniusticia omnino[a] nichil est, sicut cecitas. Non enim aliud est cecitas quam absentia uisus'.[1]

Et infra:

'Iniusticia nullam habet essentiam, quamuis iniuste uoluntatis affectus et actus, qui per se considerati sunt aliquid, usus uocet "iniusticiam". Hac ipsa ratione intelligimus malum nichil esse. Sicut enim iniusticia non est aliud quam absentia debite iusticie, ita malum non est aliud quam absentia debiti boni. Nulla autem essentia quamuis mala dicatur est nichil, nec malum esse est illi esse aliquid. Nulli enim essentie est aliud esse malam, quam deesse illi bonum quod debet adesse. Deesse uero bonum quod debet adesse, non est esse aliquid. Quare malum esse non est ulli essentie aliquid esse'.[2]

28 Vt autem ad superiora reuertamur, dicimus quod omnis actio est bona, eciam illa que deformata est. Sed non est dandum quod eadem actio sit bona et mala, secundum quod hoc nomen 'bona' notat informationem gratie. Actio tamen que fuit futura bona in sui principio, fuit futura mala in fine. Et ita eadem actio fuit bona et mala, sed non secundum se totam. Sed quid dicetur de actione que inest duobus ita quod neutri, quorum unus habet malam, alter bonam uoluntatem? Numquid illa actio est bona et <ma>la?[b] Non. Sed nonne qualis est arbor talis est et fructus? Qualis enim est uoluntas <talis est> et actus. Numquid ergo quales sunt he uoluntates talis est hec actio? Sed he uoluntates sunt tales, demonstratis bonitate et malicia. Numquid ergo hec actio est talis? Ergo bonitas et malicia insunt ei, ergo illa bonitas est et illa malicia est. In quod subiecto, nisi in hac actione? Quod si est, dabitur quod hec actio est bona et mala. Dicendum quod licet talis sit fructus qualis est arbor, non est tamen generale quod quales sunt arbores, talis et fructus. Hec igitur actio neque bona est neque mala. Sed nonne meritoria est uite [col. 2] et demeritoria? Non. Neuter enim istorum hominum meretur hac actione aut demeretur, quia neutri inest hec actio. 29 Vnde a dicentibus aliquam actionem esse a diabolo, quero a quo sit hec actio. Numquid a Deo et a diabolo? Aut numquid aliqua actio est que a nullo est auctore? Queratur item ab eis utrum actio qua Cayphas prophetauit fuerit a diabolo, quia mala fuit intentio prophetantis.[3] Sed nonne a Spiritu Sancto habuit quod prophetauit? Item, si diabolus est auctor creature, nonne est creator? Item, si actiones et passiones et qualitates et quantitates sunt a diabolo, quare non erit aliqua substantia ab eo? Quid de localitate et temporalitate? Reuocet igitur ad memoriam lector illam

---

[a] oratio R   [b] la *begins a new line in* R

---

[1] Anselm, *De Concept. Virg.* v (II. 146 lines 3–4).   [2] Ibid. (II. 146 lines 20–28).
[3] Ioh. 11. 49–51. Cf. William of Auxerre, *Summa Aurea* II. vii. 2. 2 (II. i. 150–52).

questionem qua queri solet, utrum possessio duorum qui possident hoc aurum pro indiuiso sit iusta et iniusta, posito quod unus eorum iuste adquisierit ius quod habet in hoc auro, alter iniuste. Et uide quod licet sint possidentes hoc aurum, non tamen sunt possessores huius auri.

Item de casu diaboli. xlvii.

1 Fateor, lector, me nunc ad quedam que uidentur plana sponte transire, nunc quasi repente subtiles quasdam interserere minutias, tam causa recreationis quam causa fructuose utilitatis. Recreat enim lectoris animum stili mutatio, presertim cum nunc plana reficiunt lectorem, nunc excercent difficilia. Volo eciam lectorem premunitum esse super hoc quod cum minus artificiose uideor ordinem obseruare, tunc quidem artificiosius obseruo. Ad casum ergo diaboli stili reuertitur humilitas cuius tam obstinata est superbia, ut ad celum reuerti nec sciat nec queat. Ait ergo Augustinus in xi. libro De Ciuitate Dei capitulo quinto decimo, quia diabolus fuit aliquando sine peccato;[1] quod quidem connicit Augustinus ex eo quod ait Ezechiel: 'In deliciis paradisi Dei fuisti, omni lapide precioso ornatus es'.[2]

'Nam expressius ei paulo post dicitur: "Ambulasti in diebus tuis sine uitio".[3] Oportet ergo id quod dictum est "in ueritate non stetit",[4] sic accipiamus, quod in ueritate fuerit sed non permanserit. 2 Dicitur item quod "ab initio diabolus peccat",[5] non ab initio ex quo est creatus, sed ab initio peccati quod ab ipsius superbia ceperit esse peccatum. Nec illud quod scriptum est in libro Iob cum de diabolo sermo esset, "Hoc est initium figmenti Domini quod fecit ad illudendum ab angelis suis",[6] cui consonare uidetur et Psalmus ubi legitur "Draco hic quem finxisti ad illudendum ei",[7] sic intelligendum est, ut existimemus talem ab initio creatum, cui ab angelis illuderetur, sed in hac pena post peccatum ordinatum'.[8]

Idem in xii. libro capitulo sexto:

'Causa beatitudinis angelorum bonorum ea uerissima reperitur, quod ei adherent qui summe est. Cum uero causa miserie malorum angelorum queritur, eo merito occurrit, quod ab illo qui summe est auersi, ad se ipsos conuersi sunt [f. 63] qui non summe sunt. Et hoc uitium quid aliud quam superbia nuncupatur?'[9]

3 Et infra:

'Male uoluntatis causa efficiens si queratur, nichil inuenitur. Quid est ergo quod facit uoluntatem malam, cum ipsa faciat opus malum? Ac per hoc mala uoluntas efficiens est operis mali, male uoluntatis efficiens nichil est'.[10]

---

[1] Aug. *De Civ. Dei* XI. xv (330).   [2] Ezech. 28. 13.   [3] Ezech. 28. 14–15.
[4] Ioh. 8. 44.   [5] I Ioh. 3. 8.   [6] Iob 40. 14 (LXX).   [7] Ps. 103. 26.
[8] Aug. *De Civ. Dei* XI. xv (330).   [9] Ibid. XII. vi (353).   [10] Ibid.

Et uide quod et localis fuit casus angelorum et spiritualis. Quod localis patet per hoc quod ait Veritas: 'Videbam Sathanam sicut fulgur de celo cadentem'.[1] Ceciderunt ergo a celo empireo in aerem hunc caliginosum, ut supradictum est.[2] De Lucifero solo legitur quod religatus sit in inferno, sed tempore Antichristi soluetur.[3] Sed hoc ideo dicitur quia tunc habebit potestatem temptandi in persona propria quam modo non habet. Spiritualis eciam fuit angelorum casus, quia ceciderunt a felicitate in miseriam, a dilectione in odium.

Quid sit quod apostata in ueritate non stetit. xlviii.

1 Anselmus autem in libro De Veritate capitulo quarto ostendit quid intelligat nomine ueritatis, cum dicitur Lucifer non stetisse 'in ueritate';[4] rectitudinem enim uocat ueritatem.

'Si enim semper uoluisset quod debuit, numquam peccasset, qui non nisi peccando ueritatem deseruit. Nam quam diu uoluit quod debuit, ad quod scilicet uoluntatem acceperat, in rectitudine et in ueritate fuit, et cum uoluit quod non debuit, rectitudinem et ueritatem deseruit'.[5]

Idem in eodem capitulo xii. dicit quod iusticia est rectitudo uoluntatis.[6] In libro item De Casu Diaboli capitulo penultimo dicit quod

'si proprie uis loqui, non recessit ab angelo iusticia, sed ipse deseruit <eam> uolendo quod non debuit. Cur ergo eam deseruit? Quia uoluit quod uelle non debuit. Cur uoluit quod non debuit? Nulla causa precessit hanc uoluntatem nisi quia uelle potuit. Sed numquid ideo uoluit quia potuit? Non, quia similiter potuit uelle bonus angelus, non tamen uoluit'.[7]

Vtrum malus angelus aliquando habuit uirtutes. xlviiii.

1 Memini autem me superius tetigisse querendo utrum angeli habuerint uirtutes ante casum.[8] Habuere quidem iusticiam naturalem, sed quero utrum habuerint gratuitam. Quod autem non habuerint uidetur Augustinus uelle super Genesim ad Litteram, dicens 'Angelice uite dulcedinem diabolus non gustauit, nec cecidit ex eo quod acceperit, sed ab eo quod accepturus esset, si subdi Deo uoluisset. Quod profecto quia noluit, et ab eo quod

---

[1] Luc. 10. 18.   [2] See above, III. xix. 2.
[3] Peter Lomb. *Sent.* II. vi. 6. 1 (I. 357–58).   [4] Ioh. 8. 44.
[5] Anselm, *De Verit.* iv (I. 180 line 21–181 line 6).   [6] Ibid. xii (I. 194 line 26).
[7.] Anselm, *De Casu Diaboli* xxvii (I. 275 lines 17–27).   [8] See above, III. xxxvi.

accepturus erat, cecidit'.[1] Et attende illud ita esse dictum, 'cecidit de celo',[2] ut aliquis dicitur cadere ab aliqua dignitate preparata ei, cum non consequ<it>ur illam aliquo impedimento interueniente. Nomen enim celi nomen est dignitatis. Potest eciam esse nomen loci a quo cecidit.

2 Premunitum autem te esse uolo, lector, super hoc quod plurimas poteris reperire auctoritates que uidentur uelle diabolum statim cecidisse in initio sue creationis.[3] Sed quid? Tediosum esset omnes in medium proferre. Sed dicendum quia factus [col. 2] fuit bonus, nec creauit eum Deus cum peccato. Dicunt item auctoritates quod quia uidit se talem, superbiuit. Bona enim naturalia sepe sunt occasio superbie. Cognitionem ergo precessit existentia, cognitio superbiam, superbia penam, presertim cum per liberum arbitrium dicatur cecidisse. Vnde uidetur quod deliberatio precesserit casum. Sed quid? Nonne illa deliberatio fuit peccatum? Nonne statim cum peccauit cecidit? Nonne ipsum peccatum fuit casus? Videtur item quod per morulam aliquam fuerit Lucifer in celo post peccatum, tum propter deliberationem, tum propter consensum eorum qui ei consenserunt. Sed cum simul fuerint tempore superbus motus et uitium quod est superbia, que dicitur qualitas moralis, utrum prius fuit quasi naturaliter, motus an qualitas? Consimile quid superius quesiui.[4] 3 Quero utrum item prius sit — non dico tempore — deserere bonum, an committere malum. Reor quod prius est deserere bonum, sicut et in uia prius est declinare a malo quam facere bonum. Sed utrum prius est deserere malum an uelle deserere malum? Diximus secundum Anselmum quod diabolus ideo deseruit rectitudinem, quia uoluit.[5] Sed utrum prior est inordinatio an uoluntas? Voluntas enim non ideo est peccatum quia est uoluntas, sed quia est inordinata. Sed quid? Cum malitia non possit esse nisi in bono,[6] et ex bono originaliter scilicet ex libero arbitrio, oportet ut prius intelligatur bonum quam malitia. Hoc quidem uerum est. Sed quero utrum quasi causatiue uel quasi naturaliter precedat uitium motum inordinatum, an econtrario. Non enim quia quis mouetur interius inde oritur uitium in eo. Moueri enim non ingerit secum uitium. 4 Numquid ergo ex hoc quod mouetur inordinate prouenit uitium? Ergo ex duobus scilicet ex motu et uicio prouenit uitium. Inordinatio enim est uitium. Aut numquid quia inordinatus est quis, ideo inordinate mouetur? Sed unde est inordinatus, nisi quia inordinate mouetur? Item, utrum motu superbiuit Lucifer quia fuit superbus an econtrario? Item, numquid superbiuit quia uidit se pulchrum?

[1] Aug. *De Gen. ad Litt.* XI. xxiii. 30 (441).   [2] Cf. Juv. *Sat.* ii. 40.

[3] Cf. Peter of Poitiers, *Sent.* II. iii (943A–44D), with authorities; Alexander of Hales, *Glo. super Sent.* II. iii. 13–16 (II. 32–33).

[4] See above, III. xliv. 2–3.

[5] Anselm, *De Casu Diaboli* iii (I. 239 lines 16–17 etc.).

[6] Cf. Dionys. *De Div. Nom.* iv (1139A–40D).

ALEXANDER NEQUAM

316 ALEXANDER NEQUAM

Illa uisio, fuit ordinata an inordinata? Si ordinata, quomodo ex ea superbiuit nisi occasionaliter? Si inordinata, unde ille inordinatio? Item, unde peccauit nisi quia uoluit esse sine domino? Sed Deus, cum nulli subiciatur, est sine domino. Nonne ergo hoc est bonum? Numquid quia bonum uoluit peccauit, aut quia male uoluit bonum, peccauit? Ergo uitium, scilicet malitia, quasi naturaliter prius fuit motu peccati. Contra. Nonne quia nimis amauit propriam excellentiam fuit superbus? Ergo quia superbiuit fuit superbus, ergo motus inordinatus fuit causa uitii. Sed quia non ab omnibus intelligar, optans uel ab aliquibus intelligi, ad planiora transeo. 5 Augustinus ergo in libro De Correctione et Gratia sic ait:

'Diabolus et angeli eius etsi beati essent antequam caderent et se in miseriam casuros esse nesciebant, erat tamen adhuc quod eorum adderetur beatitudini, si per liberum arbitrium in ueritate stetissent, donec istam summe [f. 63v] beatitudinis plenitudinem tanquam premium ipsius permansionis acciperent, id est ut magna per Spiritum Sanctum data abundantia caritatis Dei cadere ulterius omnimodo non possent, et hoc de se certissime nossent. Hanc autem plenitudinem beatitudinis non habebant. Sed quia nesciebant suam futuram miseriam, minore quidem sed tamen beatitudine sine ullo uitio fruebantur. Nam si <suum> casum futurum noscerent eternumque supplicium, beati utique esse non possent, quos huius tanti mali metus iam tunc miseros esse compelleret'.[1]

6 In eodem:

'"Salutat uos Epafras, orans ut stetis".[2] Quid est "ut stetis", nisi ut perseueretis? Vnde dictum est de diabolo, "In ueritate non stetit",[3] quia fuit ibi sed non permansit'.[4]

Quid est item quod dicitur, 'quia ille homicida erat ab initio'?[5] Dicit Augustinus quia homicida erat ab illo initio ex quo homo fuit, qui potuit occidi.[6] Ambrosius autem De Fuga Seculi ait

'"Videbam Sathan sicut fulgur cadentem",[7] quia lumen suum amisit quod habebat antequam tibi tuum lumen uellet auferre'.[8]

Et paulo post:

'Ergo Sathan cecidit sicut fulgur quia amisit quod habuit. Tu autem recepisti quod amiseras'.[9]

Idem in libro De Paradiso:

'Plerique[a] uolunt diabolum in paradiso <non> fuisse, licet eum in celo stantem cum angelis legimus'.[10]

[a] Plurique R

---

[1] Aug. *De Corrept. et Grat.* x. 27 (933).   [2] Col. 4. 12.   [3] Ioh. 8. 44.
[4] Aug. *De Corrept. et Grat.* vi. 10 (922).   [5] Ioh. 8. 44.
[6] Aug. *De Gen. ad Litt.* XI. xvi. 21 (438).   [7] Luc. 10. 18.
[8] Ambr. *De Fuga Saec.* vii. 40 (588A).   [9] Ibid. (588B).   [10] Ambr. *De Parad.* ii. 11 (279A).

7 Erat ergo angelus ante casum in quadam beatitudine, sed non in beatitudine perfectissima. Quod ergo dicit Augustinus, quod angelice uite dulcedinem non gustauit, intelligatur de illa dictum esse quam alii angeli post lapsum eius habuerunt.[1] Item, auctoritas dicit: 'Deus creauit in angelis bonam uoluntatem, simul condens naturam et largiens gratiam'.[2] Sed hoc aduerbium 'simul' ibi est personale, ut referatur ad ipsum creantem sub hoc sensu: Ille qui condidit naturam largitus est et gratiam. Item, super Osee: 'Per uinatia intelliguntur angeli creati in pinguedine caritatis'.[3] Respondeo: 'In' ponitur pro 'ex'. Quos enim creauit Deus, ex caritate creauit. In creatione ergo fuerunt quattuor collata tam bonis quam aliis angelis: simplicitas essentie, puritas siue innocentia nature, perspicacitas intelligentie, liberum arbitrium. Non est igitur dicendum quod angeli habuerint uirtutes in creatione, quia 'in principio creauit Deus celum', id est angelicam naturam sed informem. Cum autem dixit Deus 'Fiat lux', ornata est forma gratie. Sed quid est quod dicitur Christus labem angelorum deleuisse?[4] Non quidem de labe culpe sed imperfectionis hoc est intelligendum, que destructa est in morte Christi, sed et cotidie destruitur quousque in die iudicii de restitutione hominum et restauratione angelorum impleatur gaudium.

Cur Deus creauit malos angelos cum presciret eos casuros et dampnandos. l.

1 De prescientia Dei superius disserui,[5] multiplici uarietate questionum usus, quibus connumeranda est questio qua queri solet, cur Deus creauit malos angelos quos presciebat esse casuros et dampnandos. Ad quod respondet Augustinus super Genesim, dicens: 'Quia presciebat eos bonis profuturos et utiles eorum bonis uo[col. 2]luntatibus exercendis admonendisque et iuste pro sua mala uoluntate puniri, cum sic essent facti, ut possent non peccare si uellent'.[6]

2 Libet eciam seriis ludicra interserere, presertim ludicra que a candido lectore seria esse censebuntur. Laicus igitur acutus me agressus est in hoc modum: 'Si scirem', inquit, 'quempiam me uelle confundere, minime sustinerem ipsum suum affectum mancipare effectui, dummodo propositum ipsius reuocare possem in irritum. Cur ergo Deus omnipotens suum esse proditorem sustinuit Luciferum, dum Deo suos milites abstulit, eos efficiendo transfugas?' Cui respondi: 'Si scires quod proditio nec tibi nec

---

[1] Aug. De Gen. ad Litt. XI. xxiii. 30 (441).   [2] Aug. De Civ. Dei XII. ix. 2 (357).
[3] Os. 3. 1; Glo. Ord. IV. 1720.   [4] Aug. Enchirid. lxii (261).
[5] See above, II. lxiii.   [6] Cf. Aug. De Gen. ad Litt. XI. vi. 8 (433).

alicui tuorum posset in aliquo officere immo plurimum honoris collatura esset et tibi et tuis sed et multis aliis commendatione dignissimis, et quod in summam confusionem et proditoris et suorum esset cessura, nonne sineres proditorem suos moliri conatus? Deo autem nullus obesse potest, nec dampnum inferre nec aliquid auferre. Ipsi enim militat omne quod obstat. Plurimum autem utilitatis prouenit toti sancte Ecclesie ex illo euentu. Constat item quod eternaliter punietur, et quod illudetur diabolo et complicibus eius a sanctis, iuxta illud, "Draco iste quem formasti"[1] et cetera'. 3 At ille: 'Non sic euades. Quid est enim quod Deus, omnia prouidens, Luciferum quem presciuit fore proditorem suum, tot et tantis decorauit deliciis?' Respondi: 'Consimile et tu proditori tuo faceres, si intelligeres quod honor ei impendendus uergeret ei in maius dedecus et perniciem et augmentum pene, et quod tam tibi quam tuis cessurus esset in laudem et gloriam. Quanto quidem maior ei collatus est honos, tanto ampliorem meruit confusionem, impudenter ingratus et contumaciter rebellis'. Et adieci: 'Vtinam hec aduerterent magnates et principes terrarum!' Demum subiunxi: 'O si intelligeres quid, in articulo a te proposito, sibi reseruauerit iusticia diuina, quid misericordia, quid sapientia'. Hec predictis adicienda decreui, ut aduertat pius lector quia aliter cum oplomachis, aliter cum Tracibus dimicandum est.[2]

Quod non possit esse uicium nisi in bono. li.

1 Superius diximus maliciam non posse esse nisi in re bona.[3] Vnde Augustinus in xii. libro De Ciuitate Dei capitulo tercio sic ait:

'Esse uitium et non nocere non potest. Vnde colligitur quamuis non possit uitium nocere incommutabili bono, non tamen posse nocere nisi bono, quia non inest nisi ubi nocet. Hoc eciam isto modo dici potest uitium esse nec in summo posse bono, nec nisi in aliquo bono. Sola ergo bona alicubi esse possunt, sola mala nusquam. Quoniam nature eciam ille que ex male uoluntatis initio uiciate sunt, in quantum uiciate sunt, male sunt; in quantum autem nature sunt, bone sunt. Et cum in penis est natura uiciosa, excepto eo quod natura est, eciam hoc ibi bonum est, quod impunita non est. Hoc enim est [f. 64] iustum et omne iustum bonum. Non enim quisquam de uitiis naturalibus, sed de uoluntariis, penas luit. Nam etiam quod uitium consuetudine nimioue progressu roboratum uelut naturaliter inoleuit, a uoluntate sumpsit exordium'.[4]

[1] Ps. 103. 26.
[2] Cf. Seneca, *Controvers*. III. praef. x, quoted by Nequam in his *Sacerdos ad Altare* gloss, and *Corrog. Prometh.*: Haskins, *Studies*, p. 365 and n. 42.
[3] See above, III. xlix. 3.   [4] Aug. *De Civ. Dei* XII. iii (351).

2 Idem in eodem, capitulo primo:

'Omne uitium nature nocet, ac per hoc contra naturam est. Quo tamen etiam uitio ualde magna multumque laudabilis ostenditur ipsa natura. Cuius enim recte uituperatur uitium, procul dubio natura laudatur. Nam recta uitii uituperatio est, quod illo dehonestatur natura laudabilis. Sicut ergo cum uitium oculorum dicitur cecitas, id ostenditur quod ad naturam oculorum pertinet uisus; et cum uitium aurium dicitur surditas, ad earum naturam pertinere demonstratur auditus: ita cum uitium creature angelice dicitur quod non adheret Deo, hinc apertissime declaratur eius nature conuenire, ut Deo adhereat. Quapropter etiam uitio angelorum malorum qui non adherent Deo, quoniam omne uitium nature nocet, satis manifestatur Deum tam bonam eorum creasse naturam, cui noxium sit non esse cum Deo. Hec dicta sint ne quisquam, cum de angelis apostaticis loquimur, existimet eos aliam uel ex alio principio habere potuisse naturam, nec eorum nature auctorem Deum'.[1]

3 Idem in libro xi. capitulo decimo vii.:

'Propter naturam igitur, non propter malitiam diaboli, dictum recte intelligimus: "Hoc est initium figmenti Domini",[2] quia sine dubio ubi esset uitium malitie natura precessit non uitiata. Vitium autem ita contra naturam est, ut non possit nisi nocere nature. Non itaque esset uitium recedere a Deo nisi nature, cuius id uitium est, potius competeret esse cum Deo. Quapropter eciam uoluntas mala grande testimonium est nature bone. Sed Deus, sicut naturarum bonarum optimus creator est, ita malarum uoluntatum iustissimus est ordinator, ut cum ille male utuntur naturis bonis, ipse bene utatur etiam uoluntatibus malis. Itaque fecit ut diabolus institutione illius bonus, uoluntate sua malus, in inferioribus ordinatus illuderetur ab angelis eius, id est ut prosint temptationes eius sanctis, quibus eas obesse desiderat. Et quoniam Deus, cum eum conderet, future malignitatis eius non erat utique ignarus, et preuidebat que bona de malis eius esset ipse facturus; propterea Psalmus ait: "Draco hic quem finxisti ad illudendum ei",[3] ut in eo ipso quod eum finxit, licet per suam bonitatem bonum, iam per suam prescientiam preparasse intelligatur, quomodo illo uteretur et malo'.[4]

De eo quod legitur quod 'in ueritate non steterit, quia non est ueritas in eo'. lii.

1 Augustinus autem De Ciuitate Dei libro xi. capitulo xiv., contra Manicheos loquens, sic ait:

'Non attendunt Dominum non dixisse quod diabolus a ueritate fuit alienus, sed "in ueritate non stetit", ubi a ueritate lapsum intelligi uoluit, in qua utique si stetisset, eius particeps factus, beatus cum sanctis angelis permaneret. Subiecit autem indicium, quasi quesissemus, unde ostendatur quod in ueritate non steterit, atque ait: "Quia non est ueritas in eo".[5] Esset autem in eo, si in illa stetisset. Locutione autem dictum est minus usitata. Sic enim uidetur sonare, "In ueritate non stetit, quia non est ueritas in eo", tanquam ea sit causa ut in ueritate non steterit, quod in eo non sit ueritas; cum potius [col. 2] ea sit causa ut in eo ueritas non sit, quod in ueritate non

---

[1] Ibid. XII. i–ii (350).   [2] Iob 40. 14 (LXX).   [3] Ps. 103. 26.
[4] Aug. De Civ. Dei XI. xvii (331–32).   [5] Ioh. 8. 44.

stetit. Ista locutio et est in Psalmo: "Ego clamaui quoniam exaudisti me Deus",[1] cum dicendum fuisse uideatur "Exaudisti me Deus quoniam clamaui". Sed cum dixisset "Ego clamaui", tanquam ab eo quereretur unde se clamasse monstretur, ab effectu exauditionis Dei clamoris sui ostendit affectum; tanquam diceret "Hinc ostendo clamasse me, quoniam exaudisti me".'[2]

Vide igitur quia non negatur Lucifer in ueritate fuisse, sed negatur stetisse in ueritate, quia non perseuerauit. Cum item dicitur quod 'a principio mendax fuit',[3] non dicitur 'in principio', sed 'a principio', id est cito post principium.

Quod ruentibus malis, eciam electi angeli expauerint. liii.

1 Sepe autem mecum hesitaui super hoc quod Gregorius in libro xxxiiii. Morum ait, explanans illud Iob loquentis de leuiathan: 'Cum sublatus fuerit timebunt angeli, et territi purgabuntur'.[4]

'Sacra', inquit, 'Scriptura ita nonnumquam tempus preteritum futurumque permiscet, ut aliquando futuro pro preterito, aliquando uero utatur preterito pro futuro. Hoc ergo loco quo dicitur "Cum sublatus fuerit timebunt angeli" nichil obstat intelligi, quia sub futuri temporis modum preterita describuntur. Nec recte intelligentie sensum relinquimus, si credamus leuiathan isto ab arce beatitudinis cadente, in ruina eius eciam electos angelos expauisse, ut cum istum ex illorum numero superbie lapsus eiceret, illos ad robustius standum timor ipse solidaret. Vnde et subditur: "Et territi purgabuntur". 2 Purgati enim sunt, quia nimirum isto cum reprobis legionibus exeunte, soli in celestibus sedibus qui beate in eternum uiuerent remanserunt. Huius itaque lapsus eos et terruit et purgauit: Terruit ne conditorem suum superbe despicerent, purgauit quia exeuntibus reprobis actum est, ut electi soli remanerent. Et quia cunctorum opifex Deus scit ad bonorum custodiam bene uti eciam mala actione reproborum, lapsum cadentium uertit in prouectum manentium. Et unde punita est culpa superbientium, inde humilibus[a] angelis et inuenta et solidata sunt augmenta meritorum. Istis namque cadentibus, illis in munere datum est, ut cadere omnino non possint. Sancti enim angeli, dum in istis nature sue dampna conspiciunt, in se ipsis iam cautius robustiusque consistunt. Vnde fit auctore rerum Domino cuncta mirabiliter ordinante, ut illi electorum spirituum patrie eciam sue ruine dampna[b] proficiant, dum inde firmius constructa est, unde fuerat ex parte destructa'.[5]

3 Aliam consequenter subdit Gregorius expositionem eiusdem transitus sed a proposito nostro remotam. Sed de quo timore intelligetur quod dicit Gregorius, 'quia electi timuerunt'? Numquid de timore naturali? Nonne

---

[a] in huimilibus R   [b] dampno R

---

[1] Ps. 16. 6.   [2] Aug. *De Civ. Dei* XI. xiii–xiv (330).   [3] Ioh. 8. 44.
[4] Iob 41. 16.   [5] Greg. *Moral. in Iob* XXXIV. vii. 12–13 (724B–25A).

enim ubi spes est, potest esse et naturaliter timor? Aut numquid de timore discretionis hoc intelligetur de quo dicitur quod 'Beatus est qui semper est pauidus'?[1] Aut numquid hoc intelligendum est de timore reuerentiali, quo angeli electi potentiam maiestatis diuine sunt reueriti et sapientiam eiusdem admirati? Sed numquid erat iste timor meritorius? Dicit enim Gregorius quod electos solidauit ipse timor. Numquid ergo illo timore meruerunt confirmari? Quid? Nonne ex mera gratia Dei confirmati sunt? Acutius: Adhereamus plerorumque opinioni dicentium angelos stantes non habuisse uirtutes ante casum malorum. [f. 64v] Quero ergo utrum timor dictus precesserit tempore confirmationem, an simul fuerint tempore. Si precessit, dabitur quod in aliquo instanti fuit ille timor, in alio secuta est confirmatio. Inter illa duo instantia erat tempus. In illo ergo tempore intermedio nondum erant confirmati. 4 Sed si timor ille erat meritorius ante confirmationem, ergo uirtutem gratuitam habuerunt ante confirmationem. Sed iam habentes uirtutem, nonne digni erant confirmatione? Quare ergo statim non sunt confirmati? Si uero dixeris timorem illum et confirmationem simul fuisse tempore, uidetur quod si timor ille fuit meritorius, potius ex confirmatione processisse meritum timoris quam ex merito timoris processisse confirmationem. Quid est enim confirmatio, nisi uirtus confirmata aut status uirtute confirmata confirmatus? Timor enim non potest esse meritorius nisi uirtute fuerit informatus. Preterea, si timor ille fuerit reuerentialis, nonne adhuc timore reuerentiali reuerentur Deum? Nonne item timorem talem habuissent boni, etsi numquam alii fuissent casuri? Quid? Immo, nonne eciam ante casum habuerunt electi reuerentialem timorem, etsi nondum fuisset uirtute illustratus? Immo, eciam uidetur quod timor de quo loquitur Gregorius non infuerit electis ante casum ruentium, cum dicat leuiathan cadente in ruina eius electos expauisse. 5 Hinc est quod non uidetur hoc quod dicit Gregorius posse intelligi de timore discretionis uel de timore reuerentiali, cum uterque istorum uideatur infuisse electis ante casum malorum. Ante enim casum malorum reuerebantur electi Deum. Sed numquid timore discretionis timuerunt ne offenderent Deum? Preterea, mirum uidetur quod dicit Gregorius, scilicet quod lapsus apostate electos terruit, ne Conditorem suum superbe despicerent. Quomodo enim territi sunt si iam confirmati fuerunt, ne Conditorem suum superbe despicerent? Adde quod timor siue terror talis non uidetur infuisse electis ante casum, cum dicatur in textu: 'Cum sublatus fuerit, timebunt angeli'[2] et cetera. 6 Ecce quia dicitur 'cum sublatus fuerit'. Dicendum ergo quod, cadente apostata, cepit inesse terror electis siue horror quidam naturalis. Timor autem iste dicitur solidasse eos quia comes fuit confirmationis eorum. Dicitur item quod lapsus terruit

---

[1] Prov. 28. 14.   [2] Iob 41. 16.

electos ne Conditorem suum superbe despicerent, id est ne uellent despicere, ac si aperte dicatur 'Ita territi sunt et confirmati, ut nec uellent nec auderent superbe despicere Conditorem suum'. Hinc est quod sequitur: 'Istis namque cadentibus, illis in munere datum est ut cadere omnino non possint'.[1]

7 Superiori autem sententie Gregorii uidetur consonum esse ex parte quod Dionisius proponit in Ierarchia, dicens Ysaiam uidisse seraphim duabus alis uelasse caput sedentis in throno, duabus pedes, 'ne superbe et audacter et impossibiliter scrutentur ultra mensuram possibilitatis sue secreta Dei, que altiora ipsis sunt per maiestatem et inferiora per profunditatem'.[2] Ideo quippe uelant caput, ut altiora tecta sibi proficeantur; ideo uelant pedes, ut inferiora et profundiora inpenetrabilia esse testentur. Propterea superbi et audaces [col. 2] esse formidant, ad id quod impossibile est scrutandum. Superbi ad alta, audaces ad profunda; superbi, ne nimis eleuentur, audaces, ne precipitentur. In hoc ergo sacram formidinem habent, quia sacrum est timere quod presumptum noceat; et supermundane habent, quia sine passione et afflictione formidant. Timent et non afficiuntur, contremiscunt et non concuciuntur. Pauent securi, et sine ulla molestia uel corruptione sue quietis uerentur ad incomprehensibilem maiestatem mensuram transire sue possibilitatis.

Quod in multis sit perplexus diabolus. liiii.

1 Diaboli autem tam infelix est status, ut in multis sit perplexus. Cum enim semel acceperit iusticiam naturalem, semper eam debet, cum non uiolenter amiserit eam. Constat autem quod ad eam redire non potest propter obstinatam ipsius malitiam. Adde quia debet uelle puniri eternaliter, cum sciat hoc esse iustum, et sciat hoc placere Deo qui est uera iusticia. Tenetur item uelle non puniri eternaliter, quia tenetur uelle esse cum Christo. Preterea Augustinus, retractans illud uerbum 'Nullius conscientia umquam Deum odio habuit',[3] ait: 'Quando hoc dixi, non memini dictum in Psalmo, quia "superbia eorum qui te oderunt ascendit super"[4].'[5] Vnde diabolus odit Deum. Tenetur autem diligere Deum sed et tenetur non odire Deum. Tenetur ergo ad id quod non potest. 2 Sed quid? Cum non possit diligere Deum, quonam modo imputabitur ei quod non potest? Immo

---

[1] Greg. *Moral. in Iob* XXXIV. vii. 13 (724D–25A).
[2] Is. 6. 2; Hugh of St. Victor, *Expos. in Hierarch. Dionys.* ix (1126B).
[3] Aug. *De Serm. Dom. in Monte* II. xiv. 48 (1290).   [4] Ps. 73. 23.
[5] Aug. *Retract.* I. xix. 8 (617).

de iure imputatur ei, quia sponte incidit in hanc obdurationem. Preterea, si facit quod iniungitur ei a Domino, peccat mortaliter, quia non potest facere aliquid nisi peccando mortaliter. Si autem facit, peccat mortaliter. Quid? Immo faciet, uelit nolit. Sed nonne diligit se? Nonne ergo uult se esse? Sed nonne scit quod, quamdiu erit, cruciabitur? Nonne ergo uellet potius se non esse, quam semper tam acriter puniri? Dicendum quod non diligit se, quia usus dilectionis eciam naturalis prorsus extinctus est in eo. Sed utrum mallet se esse quam non esse? Mallet se non esse. Quid autem de pueris sentiendum qui cum originali decesserunt, dicendum inferius.[1] 3 Sed utrum est melius diabolum non esse quam sic esse? Augustinus dicit quod melius est sic esse.[2] Sed utrum melius ei est sic esse quam non esse? Sed ut ait philosophus, 'Melius est philosophari quam ditari, et tamen egenti melius est ditari quam philosophari'.[3] Numquid ita diabolo melius esset non esse quam esse, cum tamen in se melius sit esse? Dicunt tamen multi quod diabolus uult se esse, et tamen anime dampnatorum nollent se esse. Quanto autem maiori scientia est preditus, tanto est magis obstinatus. Terra enim inculta, que naturaliter est fertilis, plures generat herbas nociuas quam illa que naturaliter sterilis. Dicunt etiam quod diligit se. Sed quid? Nonne si diligit se, diligit esse suum. Si diligit esse suum, nonne diligit esse? Nonne ergo diligit ueram essentiam? Ergo diligit Deum. Dicit tamen auctoritas quod scinderesis est in ipso extincta.[4]

4 Cum item diabolus sciat se tanto magis puniendum quanto magis nocet homini, queritur cur appetat nocere homini? Respondendum est, quia obstinatus est in malitia. Similiter, diabolus scit quod quanto [f. 65] magis resistit Deo, tanto magis glorificabitur Deus. Mauult tamen resistere ei quam consequens impedire; sicut homo iracundus mauult contumelias dicere uiro patienti, quia preceps est in ira, quam bonum eius subsequens impedire, cum sciat quod patiens magis glorificabitur ex usu patientie.

Vtrum omni motu peccet diabolus. lv.

1 Sed queritur utrum omni motu suo peccet diabolus. Gregorius in secundo Morum dicit quod 'Sathane uoluntas semper iniqua est, sed numquam potestas iniusta, quia a semetipso uoluntatem habet, sed a Domino potestatem. Quod enim ipse inique facere appetit, hoc Deus fieri non nisi

---

[1] Not extant.
[2] Cf. Aug. *De Lib. Arbitr.* III. vi. 18–vii. 21 (1279–81), but closer to Nequam's words is Alan of Lille, *Summa 'Quoniam homines'* 184 (p. 324), also referring to Augustine.
[3] Arist. *Top.* III. ii (118a10) (see above, I. xii. 2).
[4] Cf. Stephen Langton, *Quaest.*, in Lottin, *Psychologie* II. 112 lines 1–3.

iuste permittit'.¹ Sed cum sciat diabolus Deum esse iustum et huiusmodi, numquid omni motu scientie sue peccat? Nonne item demones
credunt et contremiscunt?² Numquid igitur motus fidei est peccatum in
illo? Quid? Nonne fides habitus in ipso est donum Dei? Sed numquid
Spiritus Sanctus elicit motum ex illa? Dicunt quod non omni motu suo
peccat. Cum enim, ut aiunt, incipit moueri motu fidei, non peccat, sed
postea quando scilicet incipit murmurare.

Vtrum diabolus habeat spem. lvi.

1 Solet item queri utrum diabolus habeat spem. Dicit enim Iob de
Leviathan: 'Spes eius frustrabitur eum'.³ Quod autem hoc intelligat de
spe saluationis uidetur per id quod sequitur: 'Et uidentibus cunctis
precipitabitur'.⁴ Super quem locum dicit Gregorius 'Leuiathan de Dei
misericordia falsa promissione sibi blanditur'.⁵ Idem: 'Hoc non tantum
de diabolo intelligendum est, sed ad membra eius retorquendum, et ita
uidetur quod ipse et membra eius sibi promittant impunitatem'.⁶ Contra
in Euuangelio: 'Iesu fili Dauid, ut quid uenisti ante tempus torquere
nos?'⁷ Et item in exorcismo: 'Non te latet, Sathana, imminere tibi
tormenta'⁸ et cetera. Numquid ergo habet spem saluationis? Dicendum
quod in hoc blanditur sibi de misericordia Dei, dum putat quod Dominus
sustinebit iniurias suas diutius quam sustinebit, et putat se minus puniendum
post iudicium quam punietur.

Vtrum diabolus uelit esse bonus. lvii.

1 Solet item queri utrum diabolus potius uelit esse bonus quam esse malus.
Sed quid? Nonne scinderesis est in eo extincta? Quid ergo ipsi et bonitati?
Vult ergo esse malus, non tamen uult puniri, sed debet uelle se puniri, quia
tenetur consentire iusticie diuine.

---

¹ Greg. *Moral. in Iob* II. x. 17 (564A).　　² Iac. 2. 19.
³ Iob 40. 28. With this chapter cf. William of Auxerre, *Summa Aurea* II. iii. 7. 3 (II. i. 73–
74), including the quotations as in notes 1–4, 6.
⁴ Ibid.　　⁵ Greg. *Moral. in Iob* XXXIII. xix. 36 (697C).
⁶ Cf. ibid. XXXIII. xx. 37 (697D–98A).　　⁷ Matth. 8. 29.
⁸ *Rituale Romanum* II. iv. 33; *The Ordinal of the Papal Court from Innocent III to
Boniface VIII*, ed. S. J. P. Van Dijk (*Spic. Frib.* 22, 1975), p. 267 (Order for Baptism, Holy
Thursday); cited by William of Auxerre, *Summa Aurea* II. iii. 7. 3 (II. i. 74 lines 6–7): '. . . sicut
dicitur in baptismo . . .'.

Quod diabolus non sciat cogitationes hominis. lviii.

1 Queri item solet utrum diabolus sciat cogitationes hominis. Ad quod dicendum quod per signa quedam et indicia coniecturas habet, adeo ut coniectet et suspicetur quid cogitet homo.[1]e puniet diabolus animam tam pro cogitationibus quam pro operibus malis? Nonne tunc sciet quid cogitauerit homo? Ex post facto quidem et euentum subsequenti scit sepe quid cogitauerit homo, sed dum cogitat homo, non scit quid cogitet, sed suspicari potest ut dixi. Diabolus ergo non est inmissor cogitationum malarum sed incentor, quod enim dicitur a Iohanne, quod cum diabolus inmisisset in cor Iude ut traderet eum, referendum est ad suggestionem diaboli. Vnde et infra: 'Post bucellam introiuit in eum Sathanas',[2] super quem locum dicitur 'Introiuit ut plenius possideret in quem intrauerat, [col. 2] ut deciperet'.[3] Constat autem, ut superius diximus, quod non intrauit per essentiam.[4] 2 Sed numquid uirtutes animi diabolus turbatur? Eciam. Vnde super illum locum Iob, 'Egressus est Sathan a facie Domini',[5] dicit Gregorius: 'Qui eciam si uirtutes mentis plerumque perturbat, eo ipso foris est, quo[a] resistente Deo usque ad interitum corda bonorum non uulnerat. Tantum quippe contra illa seuire permittitur in quantum necesse est ut temptationibus erudita solidentur'.[6] Sed quid est quod paulo post dicit Gregorius, quia 'plerumque hostis calidus cum graues cogitationes in corde conspicit, sub introducta eas uoluptatis delectatione corrumpit'?[7] Quonam ergo modo motus cordis uidet, nisi cogitationes cordis nouerit? Sed dicitur 'uidere' propter indicia et signa exteriora.

3 Solutionem igitur dicentium quod cum dicitur 'Diabolus non est inmissor malarum cogitationum sed incentor' subintelligendum est 'tantum' non approbo. Alii subintelligunt 'omnium', quia non est inmissor omnium malarum cogitationum sed quarundam. Sed nec istud commendo. Et uide quia interior temptatio numquam est sine ueniali peccato; exterior autem potest esse sine peccato, quando scilicet mouetur homo ad cogitandum, ita tamen quod in hoc non delectatur, et tunc est temptatio talis materia exercende uirtutis.

Vtrum diabolus semel uictus iterato redeat ad temptandum eundem. lix.

1 Liquet autem, ut dicit Gregorius in tercio libro Morum, quia diabolus 'a suo certamine ad tempus recedit, non ut illate malitie finem prebeat, sed ut

[a] quod R

---

[1] Cf. Gennad. *De Eccles. Dogm.* lxxxi (999A).   [2] Ioh. 13. 27.
[3] *Glo. Ord.* V. 1237–38 (interlin.).   [4] See above, II. xxiii. 1.   [5] Iob 1. 12.
[6] Greg. *Moral. in Iob* II. xlv. 70 (588B).   [7] Ibid. II. xlvi. 72 (589A).

corda que per quietem secura reddiderit, repente rediens, facilius inopinatus irrumpat'.[1] Sed queritur utrum in temptatione uictus, iterato redeat ad temptandum eundem a quo uictus est. Sed quid? Nonne temptator, bis uictus a Domino, tercia rediit temptans eum, et uictus est? Dicitur tamen in Luca, super illum locum ubi agitur de temptatione Domini,[2] quia etsi non desinit diabolus inuidere, tamen formidat instare, ne frequentius triumphetur.[3] Quid autem miri si Dominus se permisit temptari aut ferri a diabolo, qui se permisit crucifigi? Cum autem tribus modis fiat temptatio, suggestione, delectatione, consensu, constat quod Christus sola suggestione temptatus fuit, quia delect<at>io peccati mentem eius non momordit.

Quid sit quod draco miserit caudam et traxerit terciam partem stellarum. lx.

1 Solet autem dubitari quonam modo intelligendum sit quod legitur in Apocalipsi, quia misit draco caudam et traxit terciam partem stellarum.[4] Ait Gregorius in quarto libro Morum: 'Draconis cauda stellarum pars trahitur, quia extrema persuasione Antichristi quidam qui uidentur lucere rapientur. Stellas namque in terram trahere est eos qui uidentur studio uite celestis inherere, ex amore terreno iniquitate aperti erroris inuoluere'.[5] Sed quid? Non explanat Gregorius quare dicatur terciam partem stellarum. Ponitur ergo numerus finitus pro infinito. Potest ergo per draconem Antiquus Hostis intelligi, per caudam fallax seductio. Quidam ergo sunt imperfecti, quidam perfecti, alii reprobi. Hec est tercia pars quam trahit cauda draconis.

Quid sit quod Sathan affuisse dicitur inter electos angelos. lxi.

1 Dubitant nonnulli super hoc quod legitur in Iob, 'Quadam die cum uenissent filii Dei ut assisterent coram Domino, affuit inter eos eciam Sathan'.[6] Quem [f. 65v] locum subtiliter explanans Gregorius in secundo Morum, ait:

'Valde querendum est quomodo inter electos angelos Sathan adesse potuerit, qui ab eorum sorte, exigente superbia, dudum dampnatus exiuit. Sed recte inter eos affuisse describitur, quia etsi beatitudinem perdidit, naturam tamen eis similem non amisit. Et si meritis pregrauatur conditione nature subtilis attollitur. Inter Dei ergo

---

[1] Ibid. III. xxviii. 56 (627B).   [2] Luc. 4. 1–13.   [3] *Glo. Ord.* V. 747.
[4] Apoc. 12. 4.   [5] Greg. *Moral. in Iob* IV. x. 17 (646C–D).   [6] Iob 1. 6.

filios coram Domino affuisse dicitur, quia eo intuitu, quo omnipotens Deus cuncta spiritualia conspicit, etiam Sathan in ordine nature subtilioris uidet, attestante Scriptura que dicit "Oculi Domini contemplantur bonos et malos".¹ Sed hoc quod affuisse Sathan coram Domino^a dicitur, in graui nobis questione uersatur. Scriptum quippe est "Beati mundo corde, quoniam ipsi Deum uidebunt".² Sathan uero qui mundo corde esse non potest, quomodo uidendo Domino affuisse potest? 2 Sed intuendum quia affuisse coram Domino non autem Dominum uidisse perhibetur. Venit quippe ut uideretur, non ut uideret. Ipse in conspectu Domini, non autem in conspectu eius Dominus fuit. Sicut cecus cum in sole consistit, ipse quidem radiis solis perfunditur sed tamen lumen non uidet quo illustratur, ita eciam inter angelos in conspectu Domini Sathan affuit, quia uis diuina que intuendo penetrat omnia non se uidentem immundum spiritum uidit. Quia enim et ipsa que Deum fugiunt latere non possunt, dum cuncta sunt nuda superno conspectui, Sathan affuit absens presenti'.³

3 Idem in eodem de eodem:

'Inter filios Dei affuit, quia etsi illi Deo ad electorum adiutorium, iste ad probationem seruit. Inter filios Dei affuit, quia etsi ab illis in hac uita laborantibus auxilium pietatis impenditur, iste occulte eius iusticie nesciendo seruiens, ministerium exequi reprobationis conatur'.⁴

Quid Sathan eciam elementa concutere ualeat. lxii.

1 Applaudunt et sibi Manichei super hoc quod dicit Gregorius in secundo Morum super illum locum Iob, 'Repente uentus uehemens irruit a regione deserti, et concussit quatuor angulos domus'.⁵ 'Sathan', inquit, 'semel accepta a Domino potestate, ad usum sue nequitie etiam elementa concutere preualet'.⁶ Sed O utinam attendant quod precedit idem.
2 'Notandum est', inquit, 'quod absque superno nutu moueri non possint elementa'.⁷ Et postea subdit: 'Nec mouere debet si spiritus de summis proiectus turbare in uentos aerem potuit; cum nimirum constet quia et dampnatis in metallo, ad usum aqua et ignis seruit'.⁸

Vtrum bonus angelus meruerit sibi confirmationem. lxiii.

1 Dubitant nonnulli utrum angelus bonus meruit sibi confirmationem. Quod tamen hoc sit uerum uidetur per hoc quod homo in principio sue

---

^a Domino *in marg.* R

---

¹ Prov. 15. 3.   ² Matth. 5. 8.   ³ Greg. *Moral. in Iob* II. iv. 4–5 (557B–C).
⁴ Ibid. II. xx. 38 (573D–74A).   ⁵ Iob 1. 19.   ⁶ Greg. *Moral. in Iob* II. xvi. 25 (568A).
⁷ Ibid. (567D–68A).   ⁸ Ibid. (568A).

iustificationis meretur motu fidei et meretur quod habet scilicet serenitatem conscientie. Sed si angelus meruit sibi confirmationem, numquid Filius Dei, factus homo, meruit sibi confirmationem in gratia? Anima enim eius in ipso instanti infusionis sue mouebatur motu in Deum, illo motu meruit sibi confirmationem in gratia, et hoc non meruit nisi propter unionem Verbi, ergo meruit quod uniretur Verbo. Quod quidem non tenet. Meruit igitur confirmationem Christus sed non unionem. Non enim meruit creatura esse Deus.

2 Videbitur tamen interius exploranti difficultatem [col. 2] quod confirmatio sit ex mera gratia ita quod non ex merito, si proprie sumatur nomen meriti. Reseruandum tamen istud decreui usque in tractatum instituendum de caritate, ubi queretur utrum quis mereatur augmentum gratie.[1] Licet autem uiri magni dixerint stantes meruisse sibi confirmationem non in confirmatione sed per opera sequentia, fateor hoc mihi displicere. Numquid enim aliquis uiator meretur operibus bonis confirmationem iam factam?

Vtrum diabolus ante peccatum dilexerit Deum. lxiiii.

1 Inter celebres controuersia solet esse doctores, ·utrum diabolus ante peccatum dilexerit Deum super omnia.[2] Dicit uero auctoritas quia in principio fuerunt in angelo duo bona, cognitio ueritatis et amor uirtutis.[3] In amore dampnificatus est, quia in quo quis peccat grauius punitur, ergo tunc dilexit uirtutes. Audent tamen quidam dicere quod numquam motu dilectionis mouebatur uel in se uel in alium. Sed quid? Nonne in statu innocentie dictauit ratio Ade Deum esse diligendum super omnia? Quare igitur idem non fuit in angelo qui maiori preditus fuit ratione? Sed, inquiunt, si angelus fecit quicquid potuit facere ad hoc ut haberet caritatem, uidetur quod iniuste factum sit cum eo, quandoquidem non habuit. Et, ut dicunt, Adam fecit quicquid potuit facere ad hoc ut haberet caritatem, et quia adquieuit rationi meruit habilitatem gratie. Quare non similiter fuit in angelo? Item, ut aiunt, si per illum non stetit quin haberet, ergo non fuit ei imputandum. Et uide quod non potuit creari simul et cadere. Scito etiam quod non est dicendum angelum ante peccatum caruisse uisione Dei.

2 Sed ut ad predicta respondeamus, dicimus quod Lucifer naturali dilectione dilexit Deum, et non ad hunc finem ut haberet caritatem. Sed esto quod hoc

---

[1] See below, IV. xviii; but the reference is probably to more extensive discussion not extant.
[2] Cf. William of Auxerre, *Summa Aurea* II. ii. 1–5 (II. i. 332–46).
[3] Ibid. II. ii. 2 (II. i. 34 lines 49–50).

sustineamus. Non ob hoc quidem iniuste actum est cum ipso. Spiritus enim qui uult et ubi uult et sicut uult spirat. Numquid item si naturaliter dilexit Deum, dilexit Deum ex caritate? Ad id uero quod obiciunt dicentes quod ideo Adam meruit habilitatem gratie, quia fecit quicquid potuit facere ad hoc ut haberet caritatem, respondemus querentes quando fecerit Adam quicquid potuit ad hoc ut haberet caritatem. Si enim hoc fecit quando habuit caritatem, frustra tunc hoc fecit. Si ante, ergo iam tunc debuit de iure habere caritatem, ergo tunc habuit; aut iniuste actum est cum eo, et ita habuit caritatem antequam haberet eam. 3 Restat ergo quod Adam non fecit quicquid potuit ad hoc ut haberet caritatem, aut quod non oportet quod ob hoc habuerit caritatem, cuius infusio tantum ex gratia est ita quod non ex merito. Preterea, dicunt quod Adam habuit habilitatem gratie quia adquieuit rationi. Sed numquid quia adquieuit rationi habuit naturalem habilitatem gratie? Talem habuit et Lucifer. Si autem intelligas de gratuita habilitate, ergo adquieuit rationi, habuit gratiam. Oportet ergo quod quam cito adquieuit rationi, habuit gratiam. Aut numquid quia in A adquieuit rationi, ideo habuit caritatem in B? Cur ergo in instantibus intermediis non habuit caritatem, cum adquieuit rationi in A?

4 Cum igitur admittamus Luciferum dilexisse Deum, quero utrum illius dilectionis comes fuerit delectatio. Illa igitur delectatio, cum non fuerit gratuita, fuit [f. 66] naturalis. Numquid ergo naturalia amisit? Eciam, quia usus naturalium potentiarum amisit, sed non amisit ipsas naturales potentias. Quomodo, queso, potuit angelus ens sine mortali peccato, carens omni fragilitate, tot et tantis prefulgens nature deliciis, uidere Deum, nisi et ipsum diligeret et in ipso delectaretur?

Vtrum ruina malignorum spiritum fuerit causa confirmationis bonorum. lxv.

1 Queri item solet utrum casus angelorum ruentium fuerit quedam causa confirmationis bonorum. Sed quid? Nonne gratia Dei siue gratuita uoluntas fuit principalis causa confirmationis bonorum? Immo, sed et constans uoluntas ip<s>orum quam elegerunt obedire Deo fuit causa confirmationis eorum. Ruina autem malorum quedam fuit occasio confirmationis bonorum. Simul ergo cognouerunt boni et se mereri beatitudinem et spiritus malignos tormenta eterna. Et ideo, ut aiunt, ex culpa malorum, que ideo casus illorum appellatur, quia per ipsam corruerunt, boni in dilectione constantiores sunt effecti. Ex ipsa enim culpa malorum quasi quodam experimento alieni periculi, ipsam dilectionem Deo magis placere probauerunt. Nec oportet sollicitari utrum ruina malorum tempore precesserit

confirmationem bonorum. Dicunt autem simul fuisse casum istorum et confirmationem illorum. Ysidoro tamen placet bonos post lapsum malorum angelorum in celesti uigore stetisse, nam postquam apostate angeli ceciderunt, hi perseuerantia eterne beatitudinis solidati sunt.[1] Vnde post celi creationem in principio repetitur, fiat firmamentum. Quo nimirum ostenditur quod post ruinam angelorum malorum, ii qui permanserunt firmitatem eterne perseuerantie consecuti sunt. 2 Sed Ysidoro manifeste obuiat quod dicitur, quia quam cito fuit lux (id est angelica natura confirmata), diuisa est lux a tenebris,[2] et ita simul confirmati sunt boni et ceciderunt mali. Sed numquid omnes mali similiter ceciderunt? Eciam, ut dicunt. Sed quonam modo uiderunt alii in eodem instanti malam Luciferi uoluntatem? Dicendum quod spiritus nutus habent, ut ita loquar, naturales, quibus sese intelligunt statim. Sepe enim accidit quod quam cito anime suggerit malignus spiritus aliquid illicitum, statim ita quod in eodem instanti precipit anima suggestionem in quo fit. Si enim prius cecidit Lucifer et alii post, oportet aliquod tempus fuisse intermedium inter casum illius et casum illorum. Stantes ergo angeli utrum confirmati sunt in casu illius an in casu illorum?

3 Licet autem Lumbardo uisum sit stantes tamen post confirmationem meruisse,[3] dicimus quod in ipsa confirmatione meruerunt. Vnde Gregorius: 'In stantibus meritum fuit aliis cadentibus aciem mentis in summum bonum studio dilectionis fixisse'.[4]

4 Non autem hic quero utrum angelus bonus meruerit confirmationem, cum hoc quesitum sit supra,[5] sed utrum meruit in confirmatione gloriam quam habuit in confirmatione.　　　　　　　　．

Quod peccatum fuisset licet autem nullum preceptum datum esset aut prohibitio facta. lxvi.

1 Falluntur nonnulli putantes nullum peccatum fuisse futurum si non fuisset facta prohibitio uel preceptio. Fuit enim in angelo apostata inordinatio [col. 2] male uoluntatis ante datam preceptionem uel prohibitionem factam. Nonne item dictat unicuique ratio, quod iniuriari Domino suo est illicitum? Nonne ergo et Domino Deo creatori suo? Nonne item peccatum est inuidere Deo? Adde quia angelus arroganter appetiit ut non esset subditus Deo. Sed

---

[1] Isid. *Sent.* I. x. 2 (554A).　　　[2] Gen. 1. 3–4.

[3] Peter Lomb. *Sent.* II. v. 1, vii. 1, 3–4 (I. 351, 359–61).

[4] Cf. Greg. *Moral. in Iob* XXVII. xxxix. 65 (438B), for the sense; closer to Nequam's wording is William of Auxerre, *Summa Aurea* II. v. 9 (II. i. 120).

[5] See above, III. lxiii.

quid? Nonne sciuit hoc esse impossibile? Dicendum quod superbia et inuidia rationem eius excecauerunt in hac parte, adeo ut non sciret in actu quod sciuit in habitu. Sed nonne scriptum fuit hoc preceptum in mente apostatantis, 'Quod tibi non uis fieri, alii ne feceris'?[1] Tanto quidem amplius peccauit. Scripto ergo fuit digito nature prohibitio talis antequam data esset uel promulgata. Reuera quia datum est preceptum, actio que alias esset licita facta est illicita, ut in comestione pomi. Sed nonne Lucifer transgressus est ius naturale scriptum digito Dei? Sed numquid tunc fuit preceptum?

Quod angeli non constent ex materia et forma. lxvii.

1 Licet autem ipsa substantia angeli dicatur a quibusdam materia, habito respectu ad concretionem formarum que in ipsa sunt, dicendum est tamen angelos non constare ex materia et forma. Non est enim talis compositio in angelo. Errant eciam qui putant materiam spiritus esse spiritualem, quamquam materia corporis sit corporea. Nec puniuntur angeli in corporibus, sed cruciantur igne quem secum deferunt, quocumque transierint. Ignis enim talis spiritus cruciat.

Quod angeli mali post diem iudicii grauius puniendi sint, quam modo puniantur. lxviii.

1 Constant item quod anime dampnandorum grauius puniende sunt, susceptis corporibus quam modo puniantur. Sed et angeli mali, licet non puniantur in corporibus nec in corporibus sint puniendi, tamen post diem iudicii grauius et ipsi punientur quam modo. Delectantur enim in uictoria sua, dum bonos seducunt. Vnde 'Qui tribulant me exultabunt, si motus fuero'.[2] Licet autem intelligant se maiorem promereri penam ex seductione sua, nolunt tamen desistere a proposito suo, quia obstinati sunt. Quid quod Deo militant? Nichil enim possunt nisi in quantum permittuntur. Adde quod prelatio eorum cessabit. Item, 'Superbia eorum qui te oderunt ascendit semper'.[3] Quanto ergo magis superbiunt, tanto maiori pena digni sunt. Sed quid? Numquid post diem iudicii semper magis ac magis punientur? Non, quia hic quasi militant, sed ibi erit locus recipiendi ampliorem penam. Quamuis autem post diem iudicii semper susceptura sit incrementum indignatio reproborum, non tamen semper suscipiet

[1] Cf. Tob. 4. 16.   [2] Ps. 12. 5.   [3] Ps. 73. 23.

incrementum pena, quod quidem accidit ex misericordia Dei. Augustinus uero et Ysidorus uidentur uelle demones natura aeriorum corporum uigere, et ante transgressionem celestia corpora gessisse.[1] Sed disserendo hoc dicunt. Assumunt quidem aliquando et boni et mali corpora, sed non sensificant ea neque uiui<fi>cant.

De premio angelorum et supererogatione. lxix.

1 Memini me superius dixisse angelos mereri usque ad diem iudicii.[2] Nec oportet ob hoc inferiores ordines parificandos esse superioribus in premio. Merentur enim tam hii quam illi, et crescente merito istorum crescet et meritum illorum. Obiciunt item quia secundum hoc uidetur inferiores plus mereri superioribus, quia frequentius mittuntur. Sed dicendum angelos non solum mereri ex [f. 66v] completione ministerii sibi iniuncti, sed eciam in laudando Deum merentur, ita quod superiores magis merentur inferioribus. Sed uidetur quod nulla sint donandi supererogatione. Si enim supererogationem sunt habituri, non uidentur eam mereri. Quod enim datur ex merito premium est et non supererogatio. Sed nonne laudant Deum super hoc quod plus sunt consec<ut>uri quam mereantur? Nonne ergo merentur supererogationem quam expectant? Videbitur alicui hic incidere tractum logicorum qui circa indissolubilia locum habet. Eadem autem obiectio fieri potest de uiatore theologo habente caritatem. Fide enim informata caritate credit sibi conferendam esse supererogationem. Nonne ergo meretur supererogationem? Dicendum quod sic credendo meretur uitam eternam et non supererogationem. Ita et angeli Deo, referentes gratias pro supererogatione conferenda, non eam merentur sed premium quod habent.

Vtrum superni spiritus sua compleant officia circa nos sine corporis adminiculo. lxx.

1 Paucis expediam me super hoc quod queri solet, utrum celestes spiritus sine ministerio corporis circa nos sua compleant officia. Quandoque enim in corpore assumpto, quandoque sine corporis associatione sua circa nos excercent officia.

---

[1] Aug. *De Gen. ad Litt.* III. x. 14–15 (284–85); Isid. *Etymol.* VIII. xi. 16–17 (315D–16A).
[2] See above, III. xxxiii.

De faunis. lxxi.

1 Falluntur, me iudice, qui putant faunum animal esse rationale, non tamen hominem. Est enim faunus unus malignorum spirituum, qui quandoque corpus sibi associat, ut liberius homines seducat. Legitur autem unus in deserto apparuisse beato Antonio, rogans ipsum ut pro eo suum oraret Christum.[1] Sed quid? Siue animal sit, ut quidam mentiuntur, siue angelus malus ut nos opinamur, ad quid rogauit ut pro ipso oraretur? Numquid putauit se saluandum fore? Reor quod illudere soluit simplicitati beati Antonii.

De potestate malignorum spirituum. lxxii.

1 Notum autem est quod spiritus maligni in dampnandos potestatem non habent nisi secundum ordinationem potestatis diuine, sed nec in omnes dampnandos equaliter possunt. Immo eciam nec in dampnandos nec in non dampnandos tantum possunt quantum uolunt. Cum ergo potestas eorum a Deo sit, quid est quod legitur quia nostra peccata eos faciunt potentes? Sed hoc referendum est ad usum potestatis ipsorum. Non enim permitteret Dominus eos ita seuire in peccantes, nisi hoc efficerent ipsorum peccata. In uiros autem iustos et electos permittuntur deseuire ad augmentum corone ipsorum et ad probationem, ut patet in Iob. Sed nec in nos eciam propter mala merita aliquid possent, nisi eis a diuina potestate esset potestas data. Cum autem nomen potestatis multipliciter accipiatur, quandoque ponitur pro licentia que est ex permissione Dei.
2 Quod autem mali angeli maiorem potestatem habent ratione huius potestatis in malos quam in bonos, patet per hoc quod dicit auctoritas, quia habent potestatem in malis tanquam in pecore suo. Permittuntur quidem uexare bonos, malos uero et uexare et seducere. Vexare autem possunt, homine nolente, sed seducere non possunt nisi homine consentiente. Vnde dicit auctoritas 'Liberauit pauperem a potente, quem non propria uirtus sed peccata nostra fecere potentem'.[2] Non est enim potens ad seducendum nisi ei consentiamus. Item in Ysaia, 'Incuruare ut transeamus',[3] uerba sunt diaboli. Super quem locum dicit [col. 2] glosa: 'Nisi homo se incuruet consentiendo, non transibit diabolus potentiam super eum exercendo'.[4] Quod autem non semper adimpleant malitiam suam, pluribus de causis accidere potest. Quandoque enim homo non consentit, quandoque angeli

---

[1] Hieron. *Vita S. Pauli* viii (23A–24A).   [2] Not identified.   [3] Is. 51. 23.
[4] *Glo. Ord*. IV. 432–33 (interlin.).

boni resistunt demonum insidiis. Resistit eciam potestas Dei qui nec malum permittit fieri, nisi ex eo eliciat bonum. Adde quod potestas ei collata terminum habet secundum legem nature.

De laude angelorum. lxxiii.

1 Cassiodorus uidetur uelle quod uocalis sit angelorum laus.[1] De his enim scriptum est quia 'requiem non habent dicentes Sanctus' et cetera.[2] Dicuntur eciam nonnulli sancti concentum angelorum audiuisse. Sed dicendum quod laus ipsorum mentalis est. Hinc est quod Deum numquam laudare desistunt, eo quod, ubicunque sint, Deo semper fruuntur. Neque enim eo frui possunt et ipsum non laudare. Numquid ergo Gabriel, missus ad beatam Virginem, diuersas simul habuit intentiones, scilicet ut laudaret Deum et salutaret Virginem? Quidni? Diuersis motibus simul mouentur angeli. Vtrum autem idem accidat in nobis definietur inferius.[3] Licet autem sonus fieri possit in aere miraculose, uel eciam ab ipsis angelis assumentibus corpora qui possit dici concentus angelicus, reor tamen Dunstano celitus esse concessum ut concentum exultationis conciperet in animo cum sistematibus melicis, dum, raptus quasi in apotheosim mentis, exultationem angelorum diuinitus concepit.[4] Similiter, ad exultationem angleicam conceptam a Seuerino Coloniensi refero concentum quem audiuit.[5] Martinus eciam dicitur 'ymnis celestibus honoratus', quia susceptus est ab angelis exultantibus.[6]

Vtrum angeli confirmati aliquid uelint quod non fiat. lxxiiii.

1 Solet queri utrum angeli, cum iam confirmati sint, aliquid uelint quod non fiat. Nonne enim desiderant conciuium suorum perfectam consummationem que erit in preceptione secunde stole? Consummatio eciam gaudii angelorum erit in integra reparatione angelice ruine. Expectant item angeli augmentum beatitudinis sue, quod post iudicium uniuersale sunt habituri. Numquid autem tale desiderium est cum satietate? Nonne ex quo desideratur ab eis quod nondum habent eis aliquid abest quod adesse uellent?

---

[1] See above, II. xlvii. 5.   [2] Not identified.   [3] Not extant.
[4] The story is told in the *Vitae S. Dunstani: auctore B*. xxix (40–42) and *auctore Adelardo* ix (63), as also in their later derivatives.
[5] Gregory of Tours, *De Mirac. S. Martini* I. iv (918A–C).
[6] Cf. Sulpicius Severus, *Epist*. iii (184B).

Numquid ubi hoc est, est sufficientia? Aut numquid beatitudo est sine sufficientia? Dicendum quod sufficientiam habent et ampliorem habebunt. In desiderio autem ipsorum non est pena comes dilationis rei desiderate. Immo talis expectatio gaudium affert.

2 Distinguendum est ergo inter desideria. Est enim desiderium rei habende, ut scilicet habeatur tempore debito. Hoc igitur desiderium angeli adimplendum est. Est et desiderium rei iam habite, secundum quod dicitur de Christo in quem desiderant angeli prospicere.[1] Sed numquid hec danda: 'Angelus uult habere illud augmentum'? Dicendum quod uult habere uel esse habiturus illud augmentum. Voluntas quidem rationis est, sed desiderium ad uim spectat concupiscibilem. Videtur tamen quod angeli boni uelint aliquid quod non possunt optinere. [f. 67] Legitur enim magnum chaos firmatum est inter nos et uos, ut qui hinc uolunt transire ad uos non possint, neque inde huc transmeare.[2] Sed intelligendum est sic, 'uolunt' id est 'uellent', si scirent hoc complacere Deo, quamuis illa auctoritas non loquatur nisi de iis qui erant in sinu Abrahe,[3] qui cum non essent confirmati poterant et compati et pati.

Qua de causa dictum sit quod decimus ordo Ierusalem celestis ex hominibus erit glorificatis. lxxv.

1 Videbitur autem alicui stare non posse quod supradiximus de dispositione duorum parietum triumphantis Ecclesie,[4] cum quandoque legatur decimum ordinem Ierusalem celestis ex hominibus constituendum esse glorificatis.[5] Numquid enim unus ordo erit ex uirginibus adimpleturis cauernas parietis angelici, et hominibus in altero pariete collocandis? Nonne alius erit ordo martirum,[a] alius confessorum? Sed quid? Nonne ordo unus potest subdiuidi in plures ordines? Quod autem decimus ordo superne ciuitatis constituendus sit ex hominibus, patet per dragmam decimam per quam homo designatur, quem sapientia Dei incarnata cuius typum gerit mulier cum accensa lucerna inuenit.[6] Homine uero reportato dampnum angelice ruine erit integre restauratum. Hac itaque de causa putat aliquis decimum angelorum ordinem corruisse, et eundem ex hominibus reparandum fore. Sed quid? Etsi non cecidissent angeli, crearetur tamen homo et ciuis in superna ciuitate efficeretur.[b] Quare autem dicatur decimus ordo corruisse, superiora docuerunt.[7] Decimus ergo ordo

---

[a] martirium R   [b] Etsi . . . efficeretur in G, f. 143v, with Etiam for Etsi

---

[1] I Pet. 1. 12.   [2] Luc. 16. 26.   [3] Luc. 16. 23.
[4] See above, III. xxi.   [5] Peter Lomb. Sent. II. ix. 6 (I. 375).
[6] Luc. 15. 8; Glo. Ord. ad loc. (V. 905–06).   [7] See above, III. xx.

dicitur constituendus esse ex hominibus, quia denarius designatiuus est perfectionis quam habebit celestis curia consummatam, quando erit homo in utraque stola glorificatus.

Quonam modo intelligendum sit quod dicitur, quia spiritus confirmati dampnum sustinuerint ex ruina angelorum cadentium. lxxvi.

1 Sollicitabitur autem aliquis super hoc quod dici solet quia spiritus confirmati dampnum sustinuerunt ex casu ruentium. Videtur enim quod stantes maius essent habituri gaudium quam habeant, si homines saluandos et spiritus lapsos haberent comparticipes beatitudinis sue. Sed quid? Nonne stantes tantum habent gaudium et habituri sunt ex iusticia qua Deus spiritus malignos punit et puniturus est, quantum haberent ex iusticia qua eos remuneraret, si in dilectione Dei permansissent? Omnia enim que Deus facit et in dampnandis puniendis et in saluandis remunerandis, in gloriam eorum cedunt qui glorificandi sunt. Adde quia ex iusticia qua iuste Deus punit dampnandos et misericordia qua homines de massa perditionis separat et saluat eternaliter maius uidentur habere gaudium spiritus confirmati quam essent habituri ex iusticia qua remuneraret lapsos si stetissent. Acutius, non peccasset homo nisi ruisset angelus. Si autem non peccasset homo, non incarneretur Christus. Nisi autem incarnatus fuisset Christus, non haberent ciues superni tantum gaudium quantum hunc habent ex consortio et gloria Christi, in quem delectantur tam angeli quam homines prospicere. Vnde dicitur felix culpa Ade, ratione euentus culpam subsecuti. 2 Maius ergo est et erit gaudium spirituum confirmatorum, quam fuisset si angelus non corruisset. Preterea, cognitio in patria conformat se gaudio, ut tantum sit gaudium quanta est cognitio. Cum ergo spiritus confirmati [col. 2] tantum immo plus cognoscant et cognituri sint de Deo ratione effectuum iusticie et misericordie, quantum cognituri essent ratione effectus iusticie constat propositum. Dicuntur ergo spiritus confirmati dampnum sustinuisse ex lapsu ruentium, non quia in aliquo inferiores effecti sint, sed quia dampnum susceperunt spiritus ruentes dilecti ab ipsis. Dampnum enim dicimur pati quandoque in nobis, quandoque in proximis nostris. Dicit enim auctoritas quod nouem ebdomadibus cessamus ab ymnis angelicis, ut non tantum ruinam angelorum notemus, sed eciam hominis qui ad restaurationem angelice nature factus erat.[1] 3 Quod igitur in hac auctoritate dicitur, scilicet ut notemus ruinam angelorum, referendum est ad id quod

---

[1] See above, II. lvii. 1.

stantes sustinuerunt dampnum in gaudio. Duplex enim habent gaudium, unum quod consistit in fruitione, aliud quod est aliorum exaltatione. Gaudium namque habuissent de gloriosa confirmatione cadentium, si stetissent. Quod autem[a] legitur, quia homo factus est propter reparationem angelice ruine,[1] non est ita intelligendum quasi non fuisset homo factus si non peccasset angelus, sed quia inter alias causas precipuas hec eciam nonnulla extitit. Non ergo, ut quidam putant, conditio hominis ita ad restaurationem angelorum prouisa est, quasi homo factus non fuisset nisi angelus cecidisset, sed ideo ad restaurandum lapsorum angelorum numerum factus homo dicitur; quia cum homo postmodum creatus illuc unde illi ceciderunt ductus est, illius societatis numerus qui in cadentibus diminutus fuerat per hominem reparatur. Non minus ergo saluaretur homo, etsi angelus non cecidisset.

De temptatione diaboli. lxxvii.

1 Dubitabit autem acutus utrum spiritus malignus Rome temptans aliquem, temptet hominem existentem Parisius, dum spiritus ille ab illo homine tam remotus est. Numquid enim temptator temptare non potest hominem nisi assit loci propinquitas? Constat quidem, ut superius docuimus, diabolum non intrare cor hominis essentialiter.[2] Adde quia nec diabolus in corpore humano est simul cum anima, sed in quibusdam uacuitatibus intra corpus esse potest. Per exorcismos ergo non solum reprimitur effectus malignitatis spiritus maligni, sed eciam ipse fugatur et cogitur exire a uacuitate illa intra ambitum corporis contenta in qua habitauit. Hinc est quod ab energuminis eici dicuntur. Vnde, ut legitur in Euuangelio, Dominus eiecit ab obsessis spiritus malignos qui porcos intrauerunt.[3] Sed nec hoc potuerunt nisi permissi a Domino. Sed qua de causa detrimentum rerum suarum passi sunt Geraseni in porcis? Forte iniuste adquisiti fuerant. Nouit eciam Dominus pro nutu uoluntatis sue recompensare iacturam eis qui dampnum sustinuerunt. 2 Quid quod 'Domini est terra et plenitudo eius'?[4] Adde quia Dominus hinc per amissionem temporalium, hinc per uirtutem miraculi inuitauit gentem illam ad fidem. Potuit enim gens illa censere magni momenti esse salutem hominis et paruipendendas esse res temporales, cum propter salutem duorum hominum fere duo milia porcorum perierunt. Sed eciam queri potest

[a] Quod autem . . . cecidisset in G, f. 143v9

[1] Ibid.; cf. Alexander of Hales, *Glo. super Sent.* II. i. 27 (II. 12).
[2] See above, II. xxiii. 1.   [3] Matth. 8. 28–33.   [4] Ps. 23. 1.

quare maligni spiritus rogabant Dominum ne imperaret illis ut in abissum irent. Nonne ipsi in porcis cruciati sunt? Sed, ut superius dictum est, placet eis nocendi fa[f. 67v]cultas, qua destituentur in infernum detrusi. Quid quod ibi grauius puniendi sunt? Sed numquid ueri nominis est delectatio qua dicuntur delectari nocendo? Quid? Nonne inuidia suam habet delectationem? Hinc est quod dicitur:

'Risus abest nisi quem uisi fecere dolores'.[1]

3 Sed ad principalem reuertamur questionem, dicentes propinquitatem localem desiderari ad hoc ut malignus spiritus suggerat homini quod intendit. Et uide quod quandoque dicitur suggestio comes esse delectationis aut preuia, quandoque est sine delectatione. Vnde eciam a sanctis dicitur quia tribus modis fit temptatio: suggestione, delectatione, consensu.[2] Christus, ut aiunt, sola suggestione temptatus fuit, sed delectatio peccati mentem eius non momordit. Quonam autem modo hostis inuisibilis suggerat, quis posset comprehendere? Habent tamen anima humana et spiritus malignus quoddam simbolum nature, ut ita dicam, ex eo quod spiritus rationales sunt. Hostis ergo inuisibilis quibusdam representationibus uoluptatum et signis reducit in memoriam anime uitia inolita, deprehendens certis indiciis et experimentis ad que uitia sit temptandus homo procliuior. Licet autem coniectet hostis quid cogitet homo, non tamen nouit per certam scientiam quid cogitet, ut supradictum est.[3] Hinc est quod diabolus non recte dicitur immittere cogitationes malas sed accendere. Quod enim legitur de immissionibus per angelos malos factis,[4] referendum est ad penas illatas Egiptiis per exterminatores, quorum malitiam bonus angelus cohercuit, preuidens eciam ne filiis Israel nocerent. Et sic in plagis Egiptiis affuit tam bonus angelus quam malus.

4 Sed mirum uidebitur alicui quonam modo consentiat anima hosti suo. Nonne enim abhorret eum? Nonne terribilis est presentia eius? Sed quid? Transfigurat se multipliciter, Prothea uincens. Sepe tamen deprehenditur uersucia ipsius per diligentiam angeli qui preest custodie hominis. Sicut autem quandoque plures maligni spiritus hominem moliuntur seducere, ita quandoque plures boni assunt in subsidium illius.

Iterum de yle. lxxviii.

1 Post tractatum institutum de angelis reuertor ad primordialem materiam. Artifices igitur diuersarum facultatum uariis utuntur considerationibus.

---

[1] Ov. *Met.* ii. 778.   [2] See above, III. lix. 1.   [3] Ibid., III. lviii. 1.   [4] Ps. 77. 49.

Habet enim phisicus pro regula, quia omne quod fit ex aliquo habet potestatiuam similitudinem cum eo ex quo fit. Cum ergo de yle fiat aliquid, oportet ipsam corrumpi, dum ex ipsa fit aliquid per generationem. Erit ergo secundum phisicum granum materia multorum granorum, quod nisi mortuum fuerit, ipsum solum manet. Similiter, terra fuit materia corporis Ade, sed ipsa corrupta est. Secundum metaphisicum autem manet yle incorruptibilis. Cum autem secundum quosdam yle sit simplex, similiter et usiosis ei associata sit simplex, oportet ipsam usiam esse simplicem, cum constet ex duobus simplicibus, materia scilicet et forma substantiali. Immo, ex huiusmodi simplicibus uidetur nichil posse constare, sicut est uidere in punctis. Vtrum autem binarius sit unitates due, an compositus ex duabus, nolumus hic inuestigare. Numquid ergo omne lignum secundum metaphisicum est simplex? Aut numquid omne lignum compositum est eo genere compositionis, quo et binarius? Vnde ergo in ligno est infinitas [col. 2] partium? 2 Sed quid? Nonne corporeitas est substantialis forma ligni? Sed cum illa sit simplex, unde est in infinitum diuisibile, nisi ipsa materia sit composita? Cum ergo summa natura que Deus est uult producere lignum in esse, utrum prius occurrit intellectui tuo coniunctio substantialitatis et materie, an coniunctio corporalitatis et materie? Aut numquid intellectui tuo occurrunt simul substantialitas et corporeitas siue corporalitas? Numquid ergo simul comprehendis intellectu omnes substantiales dotes rei, que conducunt rem ad esse? Dato quod substantialitas prius occurrat intellectui quam corporeitas, dabitur quod intellectus prius comprehendit hoc esse substantiam quam hoc esse corpus. Numquid ergo hoc in quantum est substantia est simplex, sed in quantum est corpus est compositum? Erit ergo hec consequentia falsa: 'Si hoc est corpus, hoc est substantia'. 3 Numquid enim si hoc est compositum, hoc est simplex? Dato autem quod yle partes habeat, nonne dabitur quod compositio partium yles intellectualiter precedat ipsam ylen? Si ergo yle est obnoxia partibus suis, quare dicitur potestas? Nonne item ubicumque est compositio, potest esse naturaliter et dissolutio? Quonam ergo modo erit yle secundum metaphisicum incorruptibilis? Si item yle crescit, utrum crescit per multiplicatiuam extensionem, an per nouarum partium aduentum? Nolo autem ad presens discutere utrum omnes primordiales materie corporum humanorum fuerint in Adam, utrumue yle corporis Ysaac composita fuerit ex duabus primordialibus materiis, quarum una defluxerit ex Habraam, altera ex Sara.

4 Sed ad propositum descendamus, querentes ubi sit illa primordialis materia de qua factus est mundus. Cum enim dictum est 'In principio creauit Deus celum et terram',[1] sic designata est materia quattuor elementorum secundum unam expositionem.[2] Numquid illa fuit simplex? Numquid

---

[1] Gen. 1. 1.   [2] Peter Lomb. *Sent*. II. xii. 3. 1 (I. 385).

fuit in loco? Quicquid autem de yle sentiatur, absit ut quis sentiat eam fuisse ab eterno. Putant enim quidam ylen fuisse ab eterno, non tamen fuisse eternam, quia, ut aiunt, a Deo fuit tanquam ab auctore. Sed numquid creata fuit ab eterno? Aut numquid non est creatura? Simile autem inducunt pro sua opinione de ueritate huiusmodi enunciabilis quod est Antichristum fuisse futurum. Veritas enim que Deus est, ut aiunt, causa est omnium ueritatum, et ideo illa sola est eterna, sed cetere fuerunt ab eterno. Sed quid? Veritas que Deus est nec eternitate nec tempore precessit ueritatem huius enunciabilis quod est Antichristum fuisse futurum. Quonam ergo modo precedit auctoritate? Hec quidem opinio aliquantisper accedit ad heresim Arrianam, dicentem Verbum Patris ab eterno fuisse, non tamen esse coeternum Patri, sed esse creaturam minus dignam Patre et digniorem ceteris omnibus creaturis. Fere idem sompniant quidam de natura et arte siue ratione et opere. Natura enim diuina que et sapientia Dei ab eterno est et eterna est. Opus temporale est. Ars siue ratio, que est in mente diuina, ab eterno est, sed nec eternum est neque temporale, ut aiunt. Sed quid sentiamus super iis liquet per supradicta.[1] 5 Quicquid enim in re [f. 68] est aut eternum est aut temporale. Veritates autem enunciabilium non sunt aliqua que sint, sicut nec enunciabile est aliquid quod sit. Yle autem, si quid est, nec eternum est, nec ab eterno. Videbitur autem alicui maturi pectoris ylen nichil aliud esse quam usiam, sed sic intellecta est materia, sic intellecta est lignum. Theologorum uero fere omnium communis est assertio, primordialem materiam esse quattuor elementa in quadam confusione subsistentia. Absit autem quod ita confundatur intellectus, ut putes terram non fuisse fundatam in illo loco in quo et nunc subsistit. Sed hec confusio elementorum referenda est ad hoc, scilicet quod aque operientes faciem terre pertingebant usque ad celum empireum, et multo rariores erant quam modo sint. Congregate enim in unum locum, condensate sunt. In ipsa autem aqua erant aer et ignis, ita quod quedam pars aque erat inferior tam aere quam igne, quedam superior. Similiter, in aqua creata fuit illa lucida nubes de qua postmodum formatum est solare corpus. Dum autem mouebatur illa nubes in aqua, cesserunt ei aque. Hoc autem ideo appono, ne cogaris fateri duo corpora circumscribi eodem loco.

6 Et uide quia prius erant aque quam mare. Aque enim in principio temporis create sunt. Congregatis autem aquis tercio die, factum est mare. Prius item erat mare quam esset salum. Non enim erant aque salse, antequam feruerent estu radiorum solarium. Sol autem quarto die factus est.

---

[1] See above, III. vi. 11–12.

De materia et forma. lxxix.

1 Numquam satis dictum, quod numquam satis est intellectum. Animus igitur auidus scientie sponte recurrit ad difficultates arduas, quas etsi nequit sufficienter explicare, delectatur tamen ipsarum sinuosa uolumina replicare.[1] Si ergo forma pars est substantie, nonne est substantia? Nonne enim quicquid est pars substantie est substantia? Numquid substantialis differentia, puta rationalitas, cum conducat rem ad esse, est pars substantie? Sumunt quidem nonnulli assertionem super hoc, eo quod Aristotiles in Predicamento Substantie, loquens de gressibilitate et bipedalitate, subdit: 'Non conturbent nos substantiarum partes que ita sunt in toto quasi in subiecto sint, ne forte cogamur dicere eas non esse substantias. Non enim in subiecto dicuntur esse, que tanquam partes insunt in aliquo'.[2] Sed si sentiret Aristotiles differentias esse substantias, quid est quod statim subdit: 'Inest substantiis et differentiis'[3] et cetera? Copulatio talis separat differentias a substantiis. Subtiliter igitur instructis uisum est Aristotilem uocare ibi partes substantiarum formas uel naturas que significantur huiusmodi nominibus, 'humanitas', 'ligneitas'. Sed si huiusmodi forme sunt substantie, utrum sunt prime substantie an secunde? Aut numquid humanitas est species special-issima? 2 Numquid ergo hec species 'homo' potest uocabulo adiectiuo predicari de aliquo? Aut numquid eadem species significatur his nominibus, 'homo', 'humanitas'? Quid ergo remouetur in hac: 'Humanitas non est homo'? Numquid sic species remouetur a se, sed gratia appellati? Secundum uulgarem uero expositionem solet illud Aristotilicum exponi de uisibilibus partibus ex quibus componitur totum, quas constat esse substantias. Sed quis nisi mentis inops ambigeret medietates [col. 2] huius ligni esse in subiecto? Preterea, quid est quod ait 'Non enim in subiecto dicuntur esse, que tanquam partes insunt in aliquo'?[4] De partibus enim geometricis non uidetur recte dici 'quod insint in aliquo', quamuis dici queat 'quod sint in aliquo'. Ad hec: Si forma est pars substantie, numquid est aliquota pars eius? Quis est qui recte comprehendat lignum istud componi ex materia simplici et forma substantiali simplici? Que est compositio philosofica que subest speculationi metaphisici dicentis lignum constare ex materia et forma? Que est ista?
3 Vt autem mihi uidetur, ad modos loquendi referendum est quod dicitur aliquid constare ex materia et forma. Constat enim hanc esse figuratiuam, 'Persona diuina constat ex duabus naturis', cum hec magis propria sit, 'Persona diuina consistit in duabus naturis', quia eadem persona est humane nature et diuine. Similiter et hec figuratiua: 'Statua constat ex materia et

---

[1] Cf. Virg. *Aen*. xi. 753: 'saucius et serpens sinuosa uolumina uersat'.
[2] Arist. *Categ*. v (3a29–33).   [3] Ibid. (3a35).   [4] Ibid. (3a32–33).

forma'. Numquid enim statua constat ex ere quod ipsa est et figura? Numquid accidens est pars substantie? Causa ergo dicti hec est, quia scilicet ad hoc ut aliquid sit statua, desideratur solidum quid cum forma. Similiter, dicitur usia constare uel componi ex ypostasi et usiosi quia ad hoc ut sit usia, oportet adesse usiosim, oportet eciam adesse ypostasim. Ypostasis autem est idem quod usia. Ratione ergo comprehensionis intellectus dicitur quid nunc ypostasis, nunc usia. Abstracta enim forma substantiali per intellectum dicitur ypostasis; reuocata ab intellectu forma dicitur usia. Censetur ergo substantialis qualitas quandoque nomine substantie, ampliata appellatione, quia est substantiale quid. Esse enim rationale est substantiale. 4 Sicut ergo pars potentialis anime censetur nomine partis, sed improprie, ita rationalitas improprie quandoque sortitur nomen partis, ut cum dicitur 'Non nos conturbent substantiarum partes'. Sed quia nouit Aristotiles huiusmodi formas improprie dici 'partes', signanter subiunxit: 'Non enim in subiecto dicuntur esse, que tanquam partes insunt in aliquo'.[1] Ecce quia ait 'tanquam partes'. Quia item innuerat formas huiusmodi esse substantias, per nominis ampliationem separat consequenter differentias a substantiis, dicens 'Inest substantiis et differentiis.'. Boecius item, uir sublimis intelligentie, uidetur expresse uelle differentias substantiales pertinere ad primum predicamentum, dicens 'Cetera autem nouem sunt accidentia'.[2] Sed quid? Nonne secundum rationalitatem est homo similis homini? Nonne qualitas est proprium secundum eam quid dici simile uel dissimile? Absit autem ut uituperem opinionem dicentium humanitatem dici ab Aristotile partem substantie, quamquam hanc opinionem multa uideantur expugnare. Cum ergo dicitur in transubstantionibus rerum aliquid manere immobile, quod uocatur yle, ad intellectum pocius referendum est quam ad ueritatis consistentiam. Iudicat tamen metaphisicus in re esse quandam substantiam talem, que nunc suscipiat igneitatem, nunc aeritatem. Sed causa facilioris doctrine quedam sepe proponuntur que multo difficiliorem reddunt doctrinam.

5 Solet autem dici quod nichil perit. Sed quid? Nonne forme eciam substantiales pereunt? Immo, sed propter ylen hoc solet dici.

Quare dicatur ydolum nichil esse. lxxx.

1 Cum uero super illum locum, 'Omnia per ipsum facta sunt',[3] dicatur quia omnis compositio partium, omnis coniunctio, [f. 68v] omnis forma sit a

---

[1] Ibid.
[2] A summary of Boeth. *De Trin.* iv (1253B–C); cf. William of Auxerre, *Summa Aurea* I. v. 4 (I. 75 line 45–76 line 58).
[3] Ioh. 1. 3.

Deo, querit Manicheus an ydolum aliquid sit et utrum sit a Deo. Sunt ergo quidam asserentes Deum nec esse auctorem nec creatorem artificialium. Fatentur tamen Deum esse omnium auctorem. Sed quid? Nonne ars artificis est a Deo, sicut et scientia siue peritia ipsius? Nonne impressio forme est a Deo, sicut et motus manuum siue digitorum? Numquid pulcritudo forme impresse non est a Deo? Licet enim super illum locum, 'Simulacra gentium'[1] et cetera, dicatur quod forma est opus hominis, nichilominus tamen a Deo est tanquam a primo auctore.[2] Dicunt quia id quod est artificiale est a Deo, sed secundum quod est artificiale non est a Deo, sed ab arte hominis siue ab homine operante per artem. Sed quid moror? Si quid est in re quod copuletur hoc nomine 'artificiale' uel hoc nomine 'statua', illud est a Deo. Artificiosa enim formatio est a Deo. Numquid quia stulticia hominum excogitauit huiusmodi artificia, ideo non sunt a Deo? Nonne omnis actio, me iudice, est a Deo? Nonne aliqua ymago digna est ueneratione? Dices secus esse de ydolo. 2 Sed quid? Nonne ydolum aureum bonum est? Nonne pulcrum? Ydolum igitur dicitur nichil esse, propter feram opinionem adorantis ydolum. Nulla enim falsitas aliquid est. Dicitur item ydolum conformitas deitatis et ligni uel metalli. Ydolatria nempe fingit, casso intellectu, deitatem ita inesse ligno quod ipsum est Deus. Sicut ergo chimera nichil est, ita et ydolum nichil est. Concursus enim trium naturarum in aliquo, scilicet leonis et capri et serpentis, nichil est, et ideo chimera nichil est. Similiter, concursus coniunctionis deitatis informantis, sic<ut> lignum et ligni, nichil est, et ideo ydolum nichil est. Vnde super illum locum Iohannis, 'Omnia per ipsum facta sunt',[3] dicitur 'Malum non est factum per ipsum, nec ydolum, quia nichil sunt, quia nulla sui natura subsistunt'.[4] Dicitur item ydolum nichil esse, quia ydolatre non potest opem conferre nec alii. Gamaliel autem dicit ydolum apud Hebreos dici 'elil', et scribitur per aleph et lamech. Porro 'al' Hebraice idem est quod 'non', et scribitur similiter per aleph et lamech.[5] Hinc est quod dicitur quia ydolum nichil est.[6]

3 Non est autem quesitu dignum utrum hoc artificiale factum fuerit prius, cum nunc primo fiat ab artifice. Nonne enim hoc artificiale, 'Fuit quandocumque "Hoc es" ', fuit? Factum ergo fuit prius a Deo per creationem, quod nunc primo informatur artis industria. Sunt autem qui dicant personalem

---

[1] Ps. 113. 12; 134. 15.   [2] Glo. Ord. III. 1312.   [3] Ioh. 1. 3.
[4] Glo. Ord. V. 1019.
[5] 'Gamaliel' is the usual term used by westerners of Nequam's day for the Torah, and his reference seems to be to the section on idolatry in the Mishnah ('Abodah Zarah'): The Mishnah, transl. H. Danby (Oxford, 1933), pp. 437–45.
[6] I Cor. 8. 4; quoted in the Liber Pancrisis (BL MS Harl. 3098, f. 152v), ascribed to 'apostolus'; cf. Thierry of Chartres In Boeth. De Trin. ('Que sit auctoris') ii. 46 (p. 169), Abelard, Theol. 'Christiana' III. lxxvi (1233D).

suppositionem fieri in his: 'Artificiale est', 'Statua est', essentialem autem in his: 'Lignum est', 'Es est'. Et secundum hoc, statua incipit esse. Sed hec et consimilia exercitio logicorum relinquenda sunt.

Quod Deus creauit omnia in numero, pondere et mensura. lxxxi.

1 Laborant autem nonnulli in explicando quia Deus creauit omnia in pondere, numero et mensura.[1] Memini autem me aliqua proposuisse super hoc in ingressu tractatus quem institui super Parabolas, unde et paucis nos ad presens absoluemus.[2] Potentia ergo rebus collata est tam in substantialium concursu quam in uirtutibus naturalibus et causis efficacibus. Magni ergo ponderis censetur res, que multa predita est potentia. In pon[col. 2]dere ergo creauit Deus res, dum potentiam naturalem eis contulit; in numero create sunt, si consulas partium ordinem cum decore et figura et ornatu; in mensura, quantum ad terminos prescriptos effectibus rerum et conseruationi in esse. Creauit ergo Deus omnia in pondere, quia in Patre est potentia; in numero, quia in Filio est sapientia; in mensura, quia in Spiritu Sancto est benignitas. Hinc est quod Iob ait 'Qui fecit pondus uentis et aquas appendit mensura'.[3] Habet quidem unusquisque uentus potentiam et efficaciam. Hinc est quod unus serenitatem adducit, alius pluuias adauget, alius flores producit de gremio telluris. 2 Sed quid? Longum esset enumerare uires et effectus uentorum, quibus potentia diuina ipsos donauit. Habent item et uenti pondus stabilitatis, dum certis temporibus in aere donantur. Habent et numerum, quia ordinem prefixum a lege sapientie diuine conseruant. Quid quod certus est numerus tam cardinalium quam collateralium? Habent et mensuram, quia pacem summa tenent, cum inferior aer multis sit obnoxius perturbationibus. Adde quod et uentis et aquis certi scripti sunt limites, quos eis non licet transgredi.[4] Gregorius tamen in libro Moralium xix. mistice hoc exponit, uocans uentos animas, aquas electorum corda.[5] Accipiunt ergo anime pondus, ut ab intentione Dei non iam leui motu dissiliant, sed in eum fixa constantie grauitate consistant. Aque autem appenduntur mensura, quia sancti, ne aliqua eleuatione superbiant, quibusdam temptationibus reprimuntur. 3 Sed nos misticam ad presens intelligentiam non attendimus. Mundum igitur istum qui Grece dicitur 'to pan', id est 'hoc omne', et ab ornatu 'cosmos' dicitur, fecit Deus in pondere, numero et mensura. Pondus in grauitate et leuitate, eleuatione et depressione consistit; numerus in coniunctione ordinata et

[1] Sap. 11. 21.   [2] Oxford, Jesus College MS 94, ff. 57–74.   [3] Iob 28. 25.
[4] Cf. Iob 28. 25.   [5] Greg. *Moral. in Iob* XIX. v. 8, vi. 9 (100A–01B).

uarietate decenti; mensura in circumscriptione loci et quantitas. Errant ergo
qui putant aut mundum esse infinitum aut locum. Adde quod duo sunt poli,
duo coluri, quinque paralelli, quinque zone, quattuor elementa et ita de
aliis. Augustinus uero super Genesim ad Litteram subtiliter explanat quod
nos more nostro exposuimus. 'Mensura', inquit, 'omni rei modum prefigit;
numerus omni rei speciem prebet; pondus omnem rem ad quietem ac
stabilitatem trahit. In se ergo qui terminat omnia et format omnia et ordinat
omnia, qui est pondus sine pondere, numerus sine numero, mensura sine
mensura, disposuit Deus omnia'.[1] Est ergo pondus quo referuntur singula ut
quiescant. Pondus item est si auctoritatem, si stabilitatem attendas.
Mensura est, dum sic res operatur, ne sit irreuocabilis et immoderata
progressio. Numerus est sine numero, quo formantur omnia nec formatur
ipse.

4 Anima item humana habet pondus, numerum et mensuram. Est enim
pondus uoluntatis et amoris, ubi apparet quanti quid, que in appetendo,
fugiendo, preponendo, postponendoque pendatur. Numerum habet, quia
tres sunt uires anime: uis rationabilis, uis irascibilis, uis concupiscibilis. Et,
ut ait Augustinus, numerus [f. 69] consistit in affectu anime ad uirtutem,
'quo a stulticie deformitate ad sapientie formam decusque colligitur'.[2]
Mensuram habet anima in moderamine discretionis. Quid quod ad mensuram data sunt anime gratuita?

5 Libet autem subtilius de his paucula perstringere. Fides ergo comprehendit Deum esse pondus sine pondere, quia stabilitatem sine leuitate et
gratuitate; numerum sine numero, quia trinus est in personis absque numero
quantitate; mensuram sine mensura, quia quelibet trium personarum
adequatur alii et est in alia, ita quod quelibet trium est immensus. Spes uero
in una lance considerationis ponit Deum quasi pondus quoddam; in altera
ponit pondus tribulationum, pondus eciam et estum dierum et noctium,[3]
sed preponderat premium quod est Deus, cum tamen nulla sit in eo
ponderositas. Momentanea ergo tribulatio eternum glorie pondus operatur
in nobis. Spes eciam censet Deum esse quasi numerum, quasi speranti est
claritas, gaudium, pax, felicitas, cognitio, dilectio, fruitio. Sed quia non
sufficit spes enumerare ea que conferentur speranti, censet hic esse
numerum sine numero. Est item Deus mensura bona et coagitata et conferta
et supereffluens,[4] sed sine mensura, quia non coequatur meritum premio.
Munificentia enim diuina supererogationem adiciet. Erit item mensura sine
mensura quia sine fine, eo quod eterna erit retributio. Amor uero qui et
caritas sua utens consideratione constituit Deum in una lance considerationis, uniuersitatem rerum in altera. 6 Sed quid? Preponderat

[1] Aug. *De Gen. ad Litt*. IV. iii. 7–8 (299); cf. Peter Lomb. *Sent*. II. ix. 4. 3 (I. 374).
[2] Aug. *De Gen. ad Litt*. IV. iv. 8 (299).   [3] Matth. 20. 12.   [4] Luc. 6. 38.

amor Dei uniuersitati rerum. Est ergo Deus pondus amoris absque pondere molestie. Hoc est amoris pondus, hoc est deliciosum amoris precium quod uergit ad centrum uere quietis. Amor item, cernens dilectum in statera crucis, ponit precium redemptionis humane in una lance considerationis, in altera peccata tocius mundi. Sed quid? Deitas unita carni plus ponderare facit carnem, ita quod redemptioni infinitorum mundorum sufficeret. O pondus omnia ad se trahens! Nonnunquam contemplatur amor Deum, quasi constitutum in una lance, cetum electorum in altera, ita quod unum pondus tendit ad centrum stabilitatis, alterum pondus rapitur ad circumferentiam celsitudinis glorie. Deitas nimirum descendit incarnata ut humanitas ascenderet glorificata. Amor item attendit Deum et in se et in beneficiis suis quasi numerum, sed sine numero; in se, quia est uita nostra, salus nostra, iocunditas, delectatio, cor cordis, Deus cordis, pars nostra, sed et totum nostrum, principium, finis, desiderium desideriorum. 7 Sed quid? Cum una sola subsit res, non est hic numerus. Detur item licentia uerbis. Habet enim amor suas leges, adeo ut cum sit amor imperiosus, dedignetur legi dialetice subesse. Vt ergo sic loquar, tot est Deus amori ut ea non possit enumerare, tanta ut non possit amor nec recte ponderare nec retribuendo recompensare. Cum dico 'tot', transmittitur animus ad numerum; cum dico 'tanta', ad pondus transmittitur. In beneficiis item suis est Deus quasi numerus, quia est creator, recreator, gratiarum dator, conseruator earum, augmentum [col. 2] earundem, susceptor noster, liberator, protector, remunerator. 8 Sed quid? Numerus est sine numero, quia non possunt enarrari beneficia ipsius. Est item mensura amoris, tum quia in Deo quiescit amor et terminatur, tum quia Deus certa regula est amoris. Sed quid? Est in amore modus non habuisse modum.[1] Cum ergo Deus sit immensus, uolens amor pro posse suo se conformare amato, in immensum amat amatum. Et ut de amore qui audacissimus est loquamur audacter, meminit amicitia se esse equiperantiam. Licet tamen equiparari nec possit nec debeat Creatori amor creatus, emulatur tamen immensum, ut eum uelit in immensum amare. Et ut subtilius agam, amor Dei est mensura caritatis. Secus est de amore proximi. Intensio enim caritatis non attenditur secundum intensionem motus quo diligitur proximus, sed quo diligitur Deus. Cum ergo in infinitum magis diligendus sit Deus quam proximus, erit sine mensura amor Dei respectu amoris proximi. Vtrum autem in eadem linea intensionis sint amore Dei et amor proximi, inuestigabitur inferius.[2]

9 Rabanus uero super librum Sapientie sic: 'Qui omnia secundum ueritatem et iudicium et iusticiam facit, omnia opera sua certo numero et pondere et

[1] Walther, *Proverbia* 7515b.

[2] Not extant. Cf. Peter Lomb. *Sent.* III. xxvii. 3 (II. 163): 'Si eadem caritate diligitur Deus et proximus', and William of Auxerre, *Summa Aurea* III. xiv. 3 (III. i. 257–58).

mensura creauit'.[1] Potuit autem hoc sumpsisse ex eo quod dicit Ysaias: 'Ponam iudicium in pondere et iusticiam in mensura'.[2] Visum est nonnullis quod in mensura qualitas, in numero quantitas, in pondere ratio consistit.

De perfectione creaturarum. lxxxii.

1 Consummatissima ergo perfectio sapientie illius qui creauit omnia in numero, pondere et mensura, elucet ex parte in creaturis, presertim in angelica natura et humana et primitiua perfectione creaturarum. Create enim sunt arbores foliis ornate et fructibus nobilitate absque temporis successione. Homo enim plasmatus est ratione corporis, etate perfectus, et ligna pomifera creata sunt. Hic est quod asserunt quidam mundum factum esse in autumpno, cum uerno tempore factus sit. Prius ergo erat fructus in arboribus fructiferis quam flos. Neque enim arborum genera de semine prodierunt, sed de terra. Cum ergo maior pars lune illuminetur a sole quando est in coitu quam quando est pansilenos, uidetur quod luna creata sit in nouilunio. Vnde putant nonnulli lunam censeri primam quando est dicotomos, eo quod dicotomos fuit in sexta feria qua creatus est homo. Quarta enim feria facta sunt luminaria. 2 Sed quid? Hebrei primationem lune sumunt a coniunctione solis et lune. Patet eciam per aliam editionem quia luna in sui creatione fuit pansilenos.[3] Licet ergo maior portio lune illuminetur in coitu quam quando distat a sole per sex signa, tamen secundum iudicium uisus magis uidetur illuminari in plenilunio quam in nouilunio. Visum est tamen quibusdam bene institutis lunam in initio creationis sue non fuisse obnoxiam luci solis, quia sua fuit, ut aiunt, luce donata, sicut ceteri planete et stelle. Censent ergo eam destitutam esse primitiua luce per peccatum hominis. Si ergo non peccasset homo, pro arbitrio istorum non esset luna exposita hui<us>modi alterationibus, [f. 69v] quales nunc contingunt in accessu et recessu a sole. Constat autem tam solare quam lunare corpus maioris fuisse splendoris ante peccatum quam post, nec ante iudicium a Deo fulgebunt ut prius. Lune uero maculam ascribunt quidam cauernositati corporis ipsius, alii uicinitati terre, sed

---

[1] Rabanus In Sap. II. x (723A).   [2] Is. 28. 17.

[3] The question of whether the moon was full at Creation is discussed by Nequam in his *Suppletio Defectuum* (Paris, BN lat. 11867, ff. 218v–31v), lines 531–646 (Hunt, *Alexander Nequam*, p. 80). Dr R. Loewe comments (letter of 6 November 1984): 'Nequam is right, and probably relied on Jewish oral information, although written sources were available (but not in Latin translation), e.g. Maimonides' Digest of Rabbinic Law: *The Code of Maimonides* iii. 8 ("Sanctification of the New Moon"), transl. S. Ganz, J. Obermann and O. Neugebauer (*Yale Judaica Ser.* 11 [1956], p. 3)'.

theologi ob peccatum hominis id fieri arbitrantur. Recedet autem macula a lunari corpore in die iudicii, quando planete cum stellis stabunt, similiter et firmamentum.

De anima mundi.[1] lxxxiii.

1 Cum igitur, ut dictum est, sapientia Dei ex parte declaretur in creaturis et presertim in angelica natura et humana, de anima humana tractatum instituere dignum duximus, dum modo de anima mundi et anima brutorum animalium et uegetatione arborum pauca premittamus. Quid autem anima mundi uocetur a philosophis incertum est. Placuit tamen Platoni asserere mundum esse animal, sed hanc opinionem sancta reprobat Ecclesia.[2] Numquid enim mundus est animal rationale uel irrationale? Si rationale, numquid meretur aut demeretur? Si irrationale, numquid est brutum? Solet item queri utrum in quolibet animali sint due anime, scilicet anima mundi et alia. Quod si est, queritur in quo effectu differant iste anime. Numquid enim utraque illarum animat animal? Quibusdam uisum est animam mundi esse Spiritum Sanctum, eo quod Mantuanus dicit

> 'Principio celum ac terram camposque liquentes,
> lucentemque globum lune Titaniaque astra
> spiritus intus alit'.[3]

Sed si anima mundi est Spiritus Sanctus, nonne et Pater et Filius est anima mundi? Quelibet enim trium personarum conseruat mundum in esse. Preterea, numquid uniuerse res animate sunt Spiritu Sancto? Numquid lapides sunt animati? Castigatius incedunt putantes animam mundi esse ordinatum motum eius.[4] Sed quid erit anima firmamenti quando ipsum motu carebit? Quem item habet effectum anima mundi in lapide? 2 Solent quidem in phisicis instructi dicere animam mundi superesse post aliquot dies in corpore animalis interfecti, postquam anima recessit a corpore. Sed et hoc probare contendunt per ebullitionem sanguinis qui effluit, superueniente interfectore. Sed quid? Hoc prouenit ex infectione spirituum. Volunt et id

---

[1] Cf. T. Gregory, 'L'*anima mundi* nella filosofia del xii secolo', *Giorn. critico de filos. ital.*, 30 (1951), 494–508; idem, *Anima Mundi*, pp. 133–59.

[2] Calcidius *In Platonis Tim.* clxxvii (206); Abelard, *Theol. 'Christiana'* I. v (1155A).

[3] Virg. *Aen.* vi. 724–26. The identification of the 'anima mundi' with the Holy Spirit was made, for instance, by Abelard, *Theol. 'Christiana'* I. v (1150A, 1156A), and by Thierry of Chartres, *De Sex Dierum Operibus* xxvii (pp. 566–67), both quoting these lines of Virgil. Cf. T. Silverstein, 'The Fabulous Cosmogony of Bernardus Silvestris', *Modern Philol.*, 46 (1948), p. 114 and n. 160. The identification was also made, with varying degrees of assurance, by William of Conches: cf. Southern, *Platonism*, p. 23 and n. 27, p. 24.

[4] Silverstein, art. cit., p. 114.

persuadere per palpitantes lacertarum caudas amputatas a cetero corpore et per partes uermiculi cuiusdam uulgo noti, quas in tabula currere postquam uermis stilo diuisus fuerat, se perspexisse in libro De Quantitate Anime refert Augustinus.[1] Nichil igitur uideo quod possit generaliter hac appellatione censeri anima mundi nisi partium concordiam. Alia est ergo anima mundi in una re quam in alia. Si enim dixeris animam mundi uocari a philosophis uim rebus insitam procreandi similia ex similibus, non erit anima mundi in lapide.[2] Sed quid moror? Sciendum est quia sancta Ecclesia hanc appellationem repudiat cum dicitur anima mundi, sicut et abhorret nomen ominis. Sicut ergo omen nichil est, ita nichil est anima mundi. [col. 2] Legitur quidem Augustinus dixisse in libro De Immortalitate Anime, quia 'per animam corpus subsistit, et eo ipso est quo animatur, siue uniuersaliter ut mundus, siue particulariter ut unumquodque animal intra mundum'.[3] In libro autem Retractationum hoc retractat, dicens 'Hoc totum prorsus temere dictum est'.[4]

De anima bruti animalis. lxxxiiii.

1 Paucis nos absoluamus super iis que queri possunt ad naturam anime bruti animalis spectantia. Gregorius ergo tres dicit spiritus esse creatos, quorum quidam sine corporibus sunt, ita quod numquam corpora uegetant et immortales sunt; alii sunt spiritus qui corpora uegetant, et post ipsa superstites sunt; alii sunt spiritus qui cum in corporibus sint, cum ipsis moriuntur corporibus que uegetant.[5] Hi spiritus anime brutorum animalium sunt. Sed quid? Constat quod anima bruti animalis substantia est. Sed utrum corporea uel incorporea sit dissentio est. Si enim est incorporea, nonne est simplex? Sed si dissolui nequit, quonam modo introire potest? Si autem corporea est, aut diffunditur per totum corpus animalis, aut in corde tantum est, aut in cerebro tantum, aut in alia parte. Si per totum corpus diffunditur, dabitur quod ille spiritus et corpus animalis eodem loco circumscribuntur. Et item dabitur quod, amputato pede asini, minor est anima quam prius. Preterea, si anima talis est corporea substantia siue diffundatur per totum corpus siue non, uidetur quod non omnino

[1] Aug. *De Quant. Anim.* xxxi. 62 (1069–70).
[2] Cf. Silverstein, art. cit., p. 114; Hermann of Carinthia, *De Essent.* (p. 63); William of Conches, *Philosoph.* I. xv (46D), and *Dragmaticon* (p. 31), where the wording is nearly identical to Nequam's except that William now ascribed to *Natura* the role he had earlier assigned to the *anima mundi*: 'uis quaedam rebus insita, similia de similibus operans'.
[3] Aug. *De Immort. Anim.* xv. 24 (1033).   [4] Aug. *Retract.* I. v. 3 (591).
[5] Greg. *Dial.* IV. iii (321A–B).

pereat; quod enim igneum in ignem, quod aerium in aerem reuertetur. Fere enim omnium communis assertio est nullum corporeum omnino posse perire. Si ergo anima talis est corporea substantia, nonne ex preiacenti materia facta est? Si ergo anima talis desinit esse, nonne in suam materiam reuertetur? Quod si est, non omnino perit anima talis. 2 Sed quid? Ecce reuertimur ad ueterem querelam de yle, utrum scilicet ipsa possit omnino perire. Quidni? Quid enim dicetur de materia panis conuersi in carnem Christi? Vbi est illa materia? Sed de hoc inferius.[1] Lux candele extincta non<ne> perit tota? Nonne quantitates et qualitates eciam composite pereunt tote? Nonne et substantialia quedam omnino pereunt? Nonne et tempora omnino perierunt, que tota sunt elapsa? Quare eciam substantia corporea non potest perire tota? Virtutes eciam omnino destruuntur et pereunt, secundum opinionem dicentium naturalia non effici gratuita. Vide igitur quia secundum communem opinionem, anima bruti animalis est corporeus spiritus et est corpus. Hec eciam opinio placet Ieronimo.[2] Videtur ergo anima bruti animalis procreari ex tribus spiritibus, naturali scilicet et uitali et animali. Quod si est, interius cogitanti de talibus uidebitur quod et spiritus quidam qui est anima prouenit similiter in homine ex tribus dictis spiritibus. Quod si est, habebit homo duas animas, unam immortalem, alteram mortalem que est ex traduce; sed hoc hereticum est. Visum est igitur quibusdam quod anima talis est incorporea et simplex, quoad composi-tionem geome<tri>cam. Nichil autem uere simplex preter Deum. [f. 70] Sicut ergo unitas potest perire, ita et talis incorporea substantia perire potest, presertim cum mortalis sit anima talis.

Vtrum arbor animam habeat. lxxxv.

1 Superest ergo ut breuiter discutiamus utrum plante animas habeant; planta enim est genus arboris. Dixere igitur philosophi tres esse species animarum, animam scilicet uegetabilem, animam sensibilem, animam discretiuam.[3] Animam ergo in herbis et arboribus esse dicunt per solam potentiam uegetandi, in brutis per potentiam uegetandi et sentiendi, in hominibus per potentiam uegetandi et sentiendi et discernendi. Sed quid?

[1] Not extant.
[2] I cannot identify the passage of Jerome to which Nequam might be referring.
[3] Cf. Boeth. *In Porph. Isagog.* i (71A–B), and several twelfth-century discussions: E. T. Silk, *Saeculi noni auctoris in Boet. 'De Consol. Phil.' comment.*, in *Papers and Monographs of the Amer. Acad. in Rome*, 9 (1935), pp. 179–80 (really twelfth-century: P. Courcelle, *La Consolation de Philosophie dans la Tradition Littéraire* [Paris, 1967], pp. 250–51), closer to Nequam; William of Conches *In Platonis Tim.* 41D cxviii (p. 210) (Gregory, *Anima Mundi*, p. 144 and notes); Gundiss. *De Anim.* iv (44–47); John Blund, *De Anim.* iv. 34 (p. 10 lines 1–2).

Possunt secundum hoc dicere duas animas esse in bruto, tres in homine. Aristotiles etiam in Topicis dicit quia proprium est animalis constare ex corpore et anima.[1] Dicit eciam quia uita equiuoce dicitur de uita animalis et uita arboris. Vtitur tamen Gregorius hoc uerbo 'uiuere' in quadam ampliatione significationis, cum dicit quia homo cum lapidibus commune habet esse, cum herbis et arboribus uiuere, cum brutis sentire, cum angelis ratiocinari et discernere.[2] Si autem arbor animam habet, nonne ipsa est corporea substantia? Numquid ergo diffunditur per totum lignum quod est pars arboris? Nonne ergo anima talis est equalis ligno? Nonne crescit talis anima, crescente ligno? Aut numquid, crescente ligno, singulis instantibus aderit illa anima quam prius? 2 Preterea, cum anima talis sit corporea substantia, numquid est animata uel inanimata substantia? Si inanimata, numquid inanimata res animat animatum? Si est substantia animata, numquid se ipsa est animata? Dicimus cum Aristotile quia arbor non habet animam.[3] Dicitur tamen animata non ab anima sed ab animatione, id est uegetatione, quam quandoque philosophi uocant animam. Cum ergo legis tres esse animas, ad uim uegetandi et uim sentiendi et potentiam discernendi est referendum. Cum ergo in diffinitione animalis dicatur substantia animata sensibilis, ponitur sensibile actiue, ad differentiam plante que est substantia animata. In diffinit<i>one ergo animalis ponitur hoc nomen 'animatus' prout continet et anima uegetabile et animatione uegetabile. Hoc ergo nomen 'animatum' quandoque copulat substantialem differentiam, quandoque copulat accidens; est enim equiuocum. Corpus ergo quod est animatum, id est uegetabile, quandoque non est animatum, id est anima uel animatione uegetatum.

De simplicitate anime humane. lxxxvi.

1 Tempus est ut de anima humana disseramus, et primo de simplicitate ipsius. Anima igitur humana simplex est in essentia sui, quia nec partes habet integrales nec constat ex materia et forma, quamuis quidam mentiantur materiam eius esse spiritualem. Habito tamen respectu ad simplicitatem diuine nature, non est anima simplex; Deus enim est ipsa simplicitas qua simplex est. Non est enim aliquid in Deo quod non sit Deus. In anima uero nichil est quod sit anima. Ratio ergo est forma anime et non est anima. Dicit

---

[1] Arist. *Top*. I. xv (106b29); see above, I. i. 18 and III. ix. 9. With the whole of the above section cf. Avic. *De Anim*. V. vii (154–74).
[2] Greg. *Moral. in Iob* VI. xvi. 20 (740C).
[3] Ps-Arist. (Nicolaus Damasc.) *De Plantis* I. i (815a1–b40).

tamen Augustinus quod ratio sapit, [col. 2] anima uiuet et ita anima et ratio idem sunt.[1] Sed hoc reor emphatice dictum, ut nomine rationis supponatur anima discernens. Disserendo eciam dicit idem Augustinus quandoque memoriam et intellectum et amorem qui inest anime siue benignitatem idem esse, nec tamen memoria est intellectus uel amor.[2] Sed quid? Sic disserit Augustinus ut aliquod simile inducat quo declaretur unitas essentie diuine cum Trinitate personarum. Subtilior tamen infra assignabitur causa eius quod dicit Augustinus. Cum item dicitur quia anima composita est quodam genere compositionis, accipienda est compositio pro concretione, eo quod anima uariationi proprietatum et mutabilitati subiecta est. 2 Reor item Augustinum disserendo dixisse quia nichil pure incorporeum est preter Deum et animam humanam.[3] Vnde non assentior dicentibus animas maioris esse puritatis quam spiritus sunt angelici. Frequenter enim reperies angelos subtilioris esse nature quam animas. Hinc est quod cum anima dicatur ymago Dei, angelus dicitur esse expressum diuine effigiei simulacrum. Augustinus tamen in libro De Quantitate Anime dicit quia eorum que Deus creauit, quiddam est deterius anima humana ut anima pecoris, par ut angeli.[4] Sed hoc non ad paritatem puritatis nature est referendum, sed ad paritatem dignitatis que erit in futuro. Addit et ibidem quia anima humana per peccatum non ita fit deterior, ut ei pecoris anima preferenda aut conferenda sit.[5] In eodem item libro disserens Augustinus de simplicitate anime docet punctum esse melius ac potentius linea propter sui simplicitatem, adiciens quod cum pupilla sit punctum oculi in quo tamen tanta uis est ut eo dimidium celum ex aliquo eminenti loco cerni collustrarique possit, non abhorret a uero animum carere omni corporea magnitudine, quamuis corporum magnitudines quaslibet imaginari queat.[6]

De immortalitate anime humane. lxxxvii.

1 Est ergo anima humana substantia incorporea, rationalis et immortalis.

'Quod enim sit immortalis sic constare potest. Nullum enim ei potest sufficere bonum absque bono immortali, nam si anima omnia mundi gaudia haberet, esuries eius non

---

[1] Cf. Aug. *De Immort. Anim.* ii. 2 (1022), vi. 10–11 (1025–27).

[2] Cf. Peter Lomb. *Sent.* I. iii. 2. 2–6 (I. 72–73); see below, III. xcii. 4.

[3] This opinion is ascribed to Augustine by Robert of Melun, *Quaest. in Epist. Pauli (de Ep. ad Hebr.)* 2. 7 (293); but its origin is apparently Gennad. *De Eccles. Dogm.* lxxxviii (1000B), cited by Abelard, *Theol. 'Christiana'* III. cxvii (1241D). The more usual 'authority' quoted by twelfth-century theologians, that only God can be said to be 'incorporeus', is also from Gennad.: *De Eccles. Dogm.* xi (984A); cf. Ps-Aug. (Alcher of Clairvaux) *De Spirit et Anim.* xviii (793).

[4] Aug. *De Quant. Anim.* xxxiv. 78 (1078). [5] Ibid. [6] Ibid. xii. 19–xiii. 22 (1046–48).

idcirco sufficienter esset saturata. Supra mundum ergo et gaudia mundi est unde anima humana satiari potest, qua re eternum bonum est in quo anime humane satietas est, ad quam naturaliter tendit.'

Ad bonum igitur immortale tendit, cum immortalis sit.

'Nulla quippe rerum natura ad id quod sibi contrarium est tendit, lege nature seruata. Est ergo anima simplex et immortalis, et ideo adnichilari non potest quia accidens non est, neque dissolui quia compositionis expers est.'[1]

Qui enim uitia contempnit ut penas uitet eternas, uirtutes amat ut premia consequatur eterna, eam esse oportet talem ut et penis possit cruciari eternis, et eterne gaudio perfrui beatitudinis. 2 Item Anselmus:

'Anima facta est rationalis ut discernat inter iustum et iniustum, bonum et malum, magis bonum et minus bonum. Accepit autem potestatem discernendi ut uitet malum et eligat magis bonum et ut summum bonum super omnia amet [f. 70v] non propter aliud sed propter se. Sed ad hoc facta est talis ut aliquando assequeretur quod amaret. Alioquin misera erit quia indigens, si numquam assequatur quod desiderat. Oportet ergo ut fruendo Deo efficiatur eterna. Item, homo non debuit uita destitui sine culpa, ergo si numquam peccasset, numquam moreretur. Inde probatur resurrectio, quia si homo perfecte restaurandus est, talis debet restitui qualis futurus esset si non peccasset. Item, si Deus rationalem naturam fecit ad gaudendum de se, ualde alienum est ab eo ut ullam rationalem naturam penitus perire sinat'.[2]

3 Si igitur anima cruciatibus adnichilari possit, non dixisset Veritas de dampnatis quia uermis eorum nunquam morietur, nec ignis eorum extinguetur.[3] Vermem uocat amaritudinem conscientie ipsam animam assidue remordentis, ignem penam ex materia extrinsecus illatam.[4] Est ergo anima humana immortalis et tamen mutabilis. Vnde constat animam non esse sumptam de diuina essentia, ut Manicheorum error ausus est asserere.[5] Augustinus uero in libro De Immortalitate Anime probat ipsam semper esse per hoc quod ars semper est, que secundum Augustinum non potest esse nisi in animo.[6] Item, Augustinus Contra Felicianum hereticum probat animam futuram esse post carnis interitum, per id quod dicitur 'Hodie mecum eris in paradiso'.[7]

4 Sed mecum nonnumquam dissero sic: Anima uere simplex non est, cum de non-esse transeat in esse. Vera enim simplicitas habet eternaliter esse. Non est autem uera simplicitas in re que nunc non est, nunc est. Quod ergo de non-esse transit in esse potest naturaliter transire de esse in non-esse. Nonne

---

[1] Robert of Melun, *Sent.* I. xii. 10 (ed. R. P. Martin, 'L'immortalité de l'âme d'après Robert de Melun', RNP 36 [1934], p. 140), almost verbatim.
[2] Anselm, *Monolog.* lxviii–ix (I. 78 line 21–79 line 27), summarized.
[3] Marc. 9. 43, 45, 47.
[4] *Glo. Ord.* V. 581–82 (interlin.); cf. Robert of Melun, *Sent.* I. xii. 15, ed. Martin, art. cit., pp. 144–45.
[5] Ibid. I. xii. 12 (p. 142 lines 30–31).   [6] Aug. *De Immort. Anim.* iv. 6 (1024).
[7] Ps-Aug. (Vigilius) *Contra Felician.* xxv (1171); Luc. 23. 43.

enim summum esse quod contulit anime esse cum prius non esset, potest ei
precipere ut transeat in non-esse?[1] Dixit enim et facta sunt.[2] Si ergo
anima potest desinere esse, potest desinere uiuere. Quod si est, potest mori.
Nonne ergo est mortalis? Numquid ergo est immortalis et mortalis?
Numquid ex Deo habet quod est immortalis, ex se autem quod mortalis?
Dicit enim Augustinus in libro quem contra epistolam Manichei quam
'Fundamentum' uocant scripsit:

'Neque illud dixeris "Non faceret Deus naturas corruptibiles." In quantum enim
nature sunt, Deus fecit; in quantum corruptibiles, non Deus fecit. Non enim est ex
Deo posse corrumpi, quia solus est incorruptibilis.'[3]

Et infra:

'Cum dicitur "Deus fecit ex nichilo", non unum sed duo nomina audiuimus. Redde
ergo istis singulis illa singula, ut cum audis naturam, ad Deum pertineat; cum audis
corruptibilem, ad nichilum'.[4]

5 Sed quid? Dicendum uidetur quod anima humana neque mortalis neque
corruptibilis est. Potest tamen mori, ita quod hec dictio 'potest' in ui copule
ponatur et spectet ad possibilitatem. Nulla namque potentia uel alia
proprietas inest anime qua possit mori. Cum ergo dicitur quia anima potest
mori, respicit possibilitas potentiam Dei. Vt enim ait Anselmus, 'Cum
dicitur quia Hector potest uinci ab Achille, notatur potentia esse in Achille,
non in Hectore'.[5] Quia ergo anima secundum inferiores causas non
potest mori, non dicitur mortalis. Similiter, cum dicitur quia 'quicquid de
non-esse prodiit in esse potest naturaliter non esse', ad legem summe nature
referendum est pocius quam ad inferiorem naturam, [col. 2] nisi ad naturam
intellectus hoc referas. Anima enim humana potest intelligi non esse; secus
de Deo, ut superius declaratum est.[6] Scribe ergo in intellectu 'non est',
sume 'est'. Quid restat? Nihil. Vbi ergo precedit non-esse et sequitur esse
redire potest non-esse quoad intellectum.

6 Vt autem ad predicta reuertar, uidebitur uiro sublimis intelligentie quod
aliter respondendum sit ad id quod quesitum est, utrum anima humana
possit mori. Potest quidem, si consideratio transeat ad possibilitatem
potentie diuine, ut dictum est. Potest eciam mori secundum sui naturam,
quia quod anima non fuit, ut dicit Augustinus, ex se hoc habet; quod autem
est, habet a Deo.[7] Potest ergo anima humana de natura sui transire in
non-esse, cum de non-esse prodierit in esse. Vnde et philosophi dicunt quod
dii, id est angeli et anime similiter humane, de natura sui sunt dissolubiles,
sed Deo uolente indissolubiles. Cum autem anima humana possit mori et in

[1] Cf. Greg. *Moral. in Iob* XVI. xxxvii. 45 (1143B–44A).   [2] Ps. 32. 9.
[3] Aug. *Contra Epist. Manich.* xxxviii. 44 (203).   [4] Ibid. (204).
[5] Cf. Anselm, *De Verit.* viii (I. 188 lines 19–22).   [6] See above, I. xviii. 2–9.
[7] Cf. Aug. *De Divers. Quaest.* i (11).

sui natura sit dissolubilis, numquid dabitur quod sit mortalis et immortalis? Dicendum uidetur quod hoc nomen 'mortalis' facilitatem notat, quam aufert potentia ex qua anima potest numquam mori. Potentia igitur anime que est immortalitas de medio tollit facilitatem moriendi sed non aufert abilitatem moriendi que inest anime ex quadam impotentia et defectu naturali. 7 Sed quid? Cum anima humana possit ex sui natura quadam mori et ex potentia naturali possit ita uiuere quod numquam moriatur, quare non dicetur mortalis et immortalis? Dici potest, ut dictum est, quia potentia illa qua potest nunquam mori expellit facilitatem moriendi. Sed adhuc mihi ipsi insto urgentius. Si anima humana potest mori, sit quod moriatur; nonne si moritur est mortalis? Numquid mortalitas que inest ei non prius infuit ei? Nonne igitur prius fuit mortalis? Sed quid? Nonne cathena ferrea rumpitur et tamen si notetur facilitas, non est ruptibilis? Nonne castrum expugnatur et tamen est inexpugnabile? Nonne ferrum calefit, et tamen minus est obediens calefactioni propter frigiditatem naturalem? Nonne peccatum in Spiritum Sanctum est irremissibile, et tamen quandoque remittitur?[1] Vix igitur constituitur in uoce. Si enim hoc nomen 'mortalis' dicatur imponi ex potentia, admittet acutus animam esse mortalem et immortalem propter diuersas potentias, sicut pauo ponderosus est et leuis, ratione effectuum diuersarum qualitatum. Et si diuersas consulas naturas, quelibet creatura naturaliter tendit ad esse et naturaliter tendit ad non-esse.

8 Obiciet autem quis uolens ostendere animam immortalem non posse desinere esse. Aut enim digna est cruciatu eterno aut premio eterno. Siue autem sic sit siue sic, non sineret equitas iusticie diuine animam desinere esse. Cum ergo hoc non possit esse secundum iusticiam diuinam, dabitur quod hoc non poterit esse. Sed ecce redimus ad legem potentie diuine, utrum scilicet anima Petri possit dampnari, utrum eciam possibile sit, quicquid Deo est possibile. Habebit autem hic locum illa auctoritas: 'Multa potest Deus de potentia que non potest de iusticia'.[2] Sed de his [f. 71] supra.[3] Dicet tamen aliquis quod nullo modo hec danda: 'Anima humana potest mori', quia nec eciam Deus potest efficere nec precipere ut anima hominis desinat esse. Sic enim a Deo condita est, quod nullo modo potest desinere esse, cum sit facta ad imaginem Dei. Reperio enim quandam rem, scilicet perpetuitatem, que si est, erit. Perpetuitas igitur non potest desinere esse, nec potest Deus precipere ut ipsa desinat esse. Falluntur enim qui putant possibile esse quod millennium simul incipiat et desinat esse. Si enim millennium incipit esse, mille anni sunt futuri. Similiter, si perpetuitas incipit esse, ipsa erit in infinitum.

9 Mirabitur uero intelligens quare non possit esse quod aliqua creatura fuerit ante tempus perpetuo et desinat esse, cum accidat aliquam creaturam

---

[1] Matth. 12. 32.   [2] See above, II. li. 7 n. 4.   [3] See above, II. li. 7.

incipere esse que tamen in perpetuum erit. Cum ergo aliqua perpetuitas incipiat esse numquam desitura, quare non potest esse quod aliqua desinat esse que semper fuerit? Dialeticis quidem uidetur quod aliqua creatura incipiat esse, que numquam desinet esse; similiter, quod aliqua desinet esse, que numquam fuit inceptura esse. Sed ipsi considerationem suam transferunt ad compositionem temporis et infinitatem instantium. Secundum hoc ergo aliqua creatura est, que numquam fuit creanda a Deo. Sed nos ad aliud referimus considerationem, munientes lectorem ne incurrat heresim Arrianam, secundum quam Filius Dei fuit ab eterno creatura, alterius essentie quam Pater, inferior Patre et dignior omnibus ceteris creaturis. 10 Sed quid? Si creatura est, non est eterna in quantum est creatura. Si non est eterna, non fuit ab eterno. Sed dicit Arrius quod creatura fuit ab eterno; non tamen fuit eterna, quia non fuit coeterna Patri. Sed nonne illa creatura habuit suum esse? Illud esse potest uel non potest intelligi non esse. Si potest, intelligatur. Dabitur ergo Deum esse unam solam personam. Si illud esse non potest intelligi non esse, erit eternum esse, et ita erit esse diuinum. Contra hanc heresim dictum est a Domino 'Non ascendes ad altare meum per gradus'.[1] In diuina enim essentia non sunt gradus inequalitatis, cum ibi sit summa et uera equalitas. Secundum Arrium ergo posset dari aliquam animam fuisse ab eterno antequam aut tempus aut mundus esset. Nos uero docemus creaturam esse non posse, nisi sit in tempore uel perpetuitate. Tempus autem non admittimus ab eterno fuisse, ut superiora docuerunt.[2]

Item de simplicitate et immortalitate anime humane. lxxxviii.

1 Quod autem anima humana sit rationalis patet per discretionem et electionem boni et detestationem mali. Ratiocinari autem et intelligere non proueniunt ex natura corporis. Et ita patebit intelligenti quod anima per quam discernimus non est nature corporee. Preterea, si anima rationalis est corpus, ergo animatum uel inanimatum. Si animatum, ergo habet animam. A simili, illa anima habet aliam animam; et sic in infinitum. Si inanimatum, quonam modo conferet uitam? Preterea, si anima est composita ratione partium integralium, erunt ille partes aut animate aut inanimate. Si animate, non erunt animate illa anima quam constituunt. Erunt ergo animate alia anima uel aliis animabus; et ita procedetur in infinitum. [col. 2] Si inanimate, quonam modo ex solis inanimatis erit quid animatum?
2 Sed et quod anima humana sit immortalis euidenter ostendi potest eciam sic: Anima humana detestatur uicia, uirtutes diligit, ulnis desideriorum

---

[1] Exod. 20. 26.   [2] See above, II. xlvii.

premia eterna amplexatur. Cum ergo naturaliter tendat ad eterna, oportet quod sit immortalis. Item, ut ait quidam, non erigeret anima intellectum ad eterna nisi plurimum societatis haberet cum eternitate. Aquila, inquit, igneam solis rotam non tam acute inspiceret, nisi uisibilis in aquila radius plurimum cum igne natiue qualitatis optineret. Adde quia anima naturaliter a dolore suspirat ad gaudium, a tenebris ad lucem, a labore ad quietem. Sed quid? Par esse uidetur ut perpetuo labore perpetua comparetur quies; quod quia esse non potest, cum laboris prorsus expers sit uera quies, oportet ut labori succedat quies, temporali perpetua. Si enim perpetuus esset labor, numquam adesset uera quies, aut similiter adesset. Labori ergo temporali debetur eterna quies, quod quidem accidere non posset, nisi anima esset res perpetua. Adde quod secundum philosophos nullus motus est perpetuus; aliqua autem quies est perpetua. Hinc est quod penis gehennalibus pene succedent. Transibunt enim a calore nimio ad frigus niuium. Quies autem eterna nescia finis erit. 3 Sed quid? Nonne laus angelica motus est interior? Nonne angelus motu dilectionis mouetur in Deum? Numquid uni motui succedet alius, aut unus erit in angelo perpetuus? Si motui successurus est motus, erit ibi ratione successionum mutatio. Numquid autem uere beatitudinis comes est mutatio? Nonne stabit gaudium? Nonne durabit tanti gaudii iocunditas? Vtrum magis spectat ad gloriam beatitudinis semper innouari in gaudio, aut semper in eodem stare gaudio? Nonne motus gaudii quasi quidam est oculus mentis? Anima ergo eternaliter intuens dilectum, numquid aliquando oculum mentis a facie dilecti auertet? Quo tendit quod dicitur in Epithalamio Amoris, 'In uno oculorum tuorum uulnerasti cor meum'?[1] Nonne hoc intelligendum est de oculo contemplationis? Ad predicta dicendum quod aliquis motus est perpetuus, sed nullus motus localis est perpetuus. Hinc est quod stabit firmamentum, stabunt tam planete quam stelle. Constat ergo quod anima Iesu Christi in cunis iacentis in actu sciebat omnia uera et in usu dilexit Deum. Nonne ille motus dilectionis continue perseuerauit in illo? Comprehensor enim simul fuit Christus et uiator. 4 Sed cum constet motum talem in Christo non suscepisse augmentum in intensione, quid dicetur de motu angeli? Numquid eternaliter crescet ipsius delectatio? Quonam modo animus eternaliter intuebitur summam pulcritudinem, nisi eo ipso intendatur eius pulcritudo? Preterea, qui ad Deum accedit ad ignem accedit. Huius ignis calore ardent seraphin amplius ceteris. Sed numquid eternaliter amplius et amplius ardebunt? Veri desiderium amoris, quod non est summe intensum, poteritne satiari nisi crescat? Quid? Immo, quomodo satiabitur si semper crescat? Nonne desiderium amoris igneum etiam in ipsa satietate suam habet sitim? Quid putas illum sensisse qui ait

[1] Cant. 4. 9.

'Fruuntur [f. 71v] nec fastidiunt,
quo frui magis sitiunt'?[1]

Quid putas illum sensisse qui ait 'Satiabor cum apparuerit gloria tua'?[2] Nonne ad delicias fontis uite peruenitur, sedatur sitis? Veritas enim ait in Euuangelio: 'Qui biberit ex aqua quam ego dabo ei non sitiet in eternum'.[3] Sitit quidem desiderium uiatoris dicentis 'Quemadmodum desiderat ceruus'[4] et cetera. 5 Sed quid? Nonne sitis cum satietate facit ad delicias? Nonne distinguendum est inter sitim et sitim? Nonne desiderii amoris quod citra perfectionem subsistit, indiuidua comes est sitis? Perfectionem assecuti sunt ii qui cum Christo regnant eternaliter, ampliori tamen perfectione donandi. Mira res! Perfectione perfectior est perfectio. Quidni? Eciam perfectione Christi hominis que perfectior esse non potest, perfectior est perfectio Christi in quantum est Deus. Perfectio enim que deitas est perfecta est et perficiens, ita quod est prima et summa perfectio, perficiens, inquam, etiam perfectionem Christi hominis. Sed quid? Christi hominis perfectio perfecta est et nominaliter et participialiter retento uocabulo. Perfectio autem deitatis perfecta est, nominaliter retento uocabulo et non participialiter. Quidni? Quia perfectio Christi hominis perfecta est participialiter, ideo non est prima perfectio sed obnoxia prime perfectioni. Videbitur tamen alicui quod cogitatio uel laus contemplatoris non est motus sed fixio quedam, ut ita loquar, quia mens figit oculum contemplationis in Deum. Sed quid? Nonne motus caritatis erit in comprehensione? Nonne motus comes est tempus?

6 Ecce, pie lector, quonam modo anima naturaliter ad suam recurrit originem, quia ad locum unde exeunt flumina reuertuntur. Origo quidam anime est Deus, ita quod anima est ab illa et ex illa, sed non de illa. Est enim anima a Deo et ex Deo, sed non de Deo. Hec enim prepositio 'de' materiam notat. Libenter suum intuetur dilectum et amans et amata, immo quia amata amans. Libenter de dilecto loquitur et amata et amans. In illum suas dirigit meditationes. Imperfectum suum uident oculi anime amantis, tantoque perfectius suam uident imperfectionem, quanto perfectius suam contemplantur perfectionem. Immo eciam perfectio ipsius anime crescit ex consideratione sue imperfectionis. Perfici ergo desiderans, ad primam recurrit perfectionem, ad suum recurrit amorem et amata et amans, ad eternitatis suspirat delicias, perpetua et immortalis. Sic, sic a monte Abbarini prospicit Moyses in terram promissionis.[5] Sed O dolor, O gemitus, dum anima que celestibus et supernis se nouit diuinitus recreare meditationibus terram non intrat superne repromissionis. Agnoscat ergo

---

[1] Not identified.   [2] Ps. 16. 15.   [3] Ioh. 4. 13.   [4] Ps. 41. 2.
[5] Deut. 32. 49.

anima se esse immortalem, suspirans in amplexus uiri desideriorum, qui pro nobis mori dignatus est ut nos immortalitatis gloria ditaret.

7 Et ut ad predicta reuertar, non est pluris estimanda delectatio domicilium interius de nouo inhabitans, quam que in thalamo mentis familiari diutius conuersata iocunditate animum innouat assidue. Mandatum super spirituali gemine dilectionis amplexu, olim promulgatum antiquis, nouum est.[1] Noua ergo est dilectio tam ratione inceptionis quam ratione innouationis. Commendatione dignissima est deuotio que feruore perpetuo mentem accendit, si qua tamen talis eciam in patria est, cum in celo animi uiatoris stellis uirtutum ornato, uix hora uel dimidia perseueret silentium tranquillitatis. [col. 2] Quo igitur pacto nobilibus sublimium rerum studiis se tam potenter renouaret anima, si non esset immortalis?

Quod anima humana non sit ex traduce. lxxxix.

1 Gaudeat autem philosophus sua consideratione, animam sic describens: 'Anima est corporis organici perfectio, uitam habentis in potentia'.[2] Cum enim omnis perfectio sit ex forma, uidetur secundum hoc quod anima sit forma. Quid? Immo, omnis anima substantia est, sed utrum ex traduce sit necne diutius hesitatum est eciam ab Augustino, quia querens a Ieronimo quid super hoc sentiendum esset, cessit in partem alteram, adeo ut assereret animam non esse ex traduce.[3] Vnde uidebitur alicui quod modo sit aliquid articulus fidei quod non fuerit tempore Augustini articulus fidei. Docet enim uniuersaliter sancta mater Ecclesia animam humanam non esse ex traduce. Cotidie ergo creat Deus nouas animas, et creando infundit et infundendo creat.[4] Hinc est quod anima, gaudens etiam prima stola, suspirat ad secunde stole susceptionem. Spiritus autem angelicus non potest corpus animare. De anima uero prothoplasti sensere nonnulli quod creata fuit ante infusionem, dicentes ipsam in celo empireo cum angelis aliquandiu stetisse. Sed quid? Cur ergo non est confirmata cum angelis stantibus aut condempnata cum ruentibus? Immo, uidetur quod confirmanda esset, eo quod non consensit Lucifero aut complicibus eius. Si autem confirmata est, quonam modo postea peccauit? 2 Numquid item morata est cum angelis a creatione angelorum usque ad sextam feriam qua plasmatus est homo de limo terre? Dicimus autem et de anima prothoplasti quod ipsa creata fuit in corpore. Vnde patet quod ipsa non fuit ex traduce, quamquam fabulentur heretici

---

[1] Matth. 22. 37–40 etc.
[2] Arist. *De Anim.* II. i (412a27–28; 412b5–6); John Blund, *De Anim.* ii. 14 (5).
[3] Aug. *Epist.* clxvi (720–33).   [4] See below, IV. iii. 2.

ipsam decisam esse ex diuina substantia. Quod si esset, non esset diuina essentia uere simplex. Perperam autem intelligunt id quod dicitur quia Pater de sua essentia generat Filium. Hec enim prepositio 'de' non est ibi nota decisionis aut diminutionis, sed est nota idemptitatis nature et integritatis eiusdem. Sumunt autem heretici argumentum erroris sui ex hoc quod dicitur quia 'insufflauit Deus in faciem Ade spiraculum uite'.[1] Sed hoc dicitur propter flatum quem creauit Deus de nichilo. Nomine enim flatus censetur anima, iuxta illud: 'Omnem flatum ego feci'.[2] 3 Sed numquid anima Eue fuit ex traduce? Constat enim quod, preciso pede alicuius, iam non est anima in membro illo. Cum ergo sumpta esset costa de latere uiri, iam non erat anima in illa costa. Quonam ergo modo fuit anima Eue sumpta de anima Ade? Preterea, non posset mihi persuaderi quod anima sit simplex, si ex traduce est. Nonne item anima diminuitur, de qua propagatur alia? Non oportet, inquiunt, quia nec ignis diminuitur, licet ex eo accendatur alia materia. Sed quid? Litigiosum est exemplum, tum quia secundum quosdam aer ignitur et illuminatur, tum quia ignis etsi ad instans diminuatur, cito tamen in se multiplicatur. Ignis enim, ut ait philosophus, in multiplici analogia est.[3] Preterea, scriptum est 'Erunt duo in carne una', et non 'in anima una'.[4] Quid? Nonne anima prolis propagatur ex animabus parentum? Quid ergo si anima patris uirtutibus illustretur, anima uero matris uiciis deformetur? Vtrum erit anima prolis talis an talis? [f. 72] Quid item si anime parentum sancte sint? Quomodo ex animabus sanctis traducetur anima peccatrix? Dicet quis hoc prouenire ex actualibus peccatis parentum, peccantium in conceptu seminum. 4 Sed quid? Cum sancti sint parentes, non peccant nisi uenialiter in coitu. Cum autem nulla sit proportio uenialis peccati aut eciam uenialium ad mortale, quonam modo ex animabus uenialiter peccantium traducetur anima infecta mortali peccato? Preterea, dabitur secundum hoc quod anima Christi fuerit ex traduce. Simus ergo in instanti quo traducitur anima Christi ex anima beate Virginis. Vnde habet anima Christi sanctitatem nisi ex sanctitate anime beate Virginis, cum hec ex illa decidatur? In hoc ergo instanti est anima Christi minus sancta quam anima beate Virginis, aut tantum eque sancta? Sed constat quod anima Christi erit sanctior quam anima beate Virginis. Ergo anima Christi fuit futura sancta et sanctior. Rursum, si anima est ex traduce, dabitur quod in conceptione seminum est anima essentialiter in illa materia. Numquid ergo ibi est animal? Proprium est enim animalis constare ex corpore et anima.[5] 5 Numquid ergo adest anima antequam corpus habeat membra organica debite perfectionis? Quid est ergo quod docet Ecclesia, quod anima humana post quadraginta sex dies infundatur? Hanc autem opinionem abrogat

---

[1] Gen. 2. 7.   [2] Is. 57. 16.   [3] Arist. *Anal. Post.* I. xii (78a1).
[4] Gen. 2. 24.   [5] Arist. *Top.* I. xv (106b29); see above, I. i. 18.

auctoritas Moysi dicentis 'Si quis percusserit mulierem in utero habentem et abortiuerit, si formatum fuerit, det animam pro anima. Si autem informatum fuerit, mulcetur pecunia'.[1] Hac auctoritate ostenditur animam non adesse ante debitam corporis formationem. Si item anima adest essentialiter in conceptu seminis, esto quod mulier abortiuum faciat ante corporis formationem. Nonne ergo anima illa punietur eternaliter? Aut numquid multe anime pereunt, pereunte semine? Propheta item Zacharias inter cetera 'Quia plasmas' inquit 'animam hominis in eo'.[2] Et Ysaias: 'Sicut dicit Dominus Deus qui fecit te et finxit te in utero'.[3] Fictio formationi corporis conpetit. Et Dauid: 'Qui finxit sigillatim corda eorum'.[4] Nomine cordium anime designantur. Vnde in Euuangelio, 'De corde exeunt cogitationes bone et male',[5] id est 'de anima'.

6 Satis, ut reor, liquido ostensum est quod nulla humana anima est ex traduce. Sed quid? Vnde habet ergo anima originale peccatum? Reseruetur istud in locum suum.[6] Patet autem per iam dicta embrionem non esse animal, cum animam non habeat. Absit enim ut putemus ibi esse animal rationale, non tamen hominem, quia secundum hoc accidentale erit esse hominem. Cum enim beatus Gregorius uocat angelum animal rationale, tropica est locutio, et ponitur animal pro uiuenti.[7] Illud quidem Boetii, 'Ouum est animal potestate',[8] adducunt in partem sui erroris nonnulli. Sed quid? Ratione materie corporis hoc dictum est, cum in ouo non sit anima. Licet autem sancta uniuersaliter doceat mater Ecclesia animas humanas nec esse ex traduce nec esse corporeas, non tamen condempnat opinionem dicentium animas brutorum esse corpora. Ne tamen pedetemptim liceat heresi repentino[a] ascendere per fantasticam similitudinem, erroris inductricem, elegerunt nonnulli potius consentire iis qui asserunt eciam animas brutorum esse incorporeas. Sed philosophorum opinio est et Ieronimi illas esse corporeas.[9]

De uiribus anime.[10] lxxxx.

1 Ordinis electi series exposcit ut de anime uiribus tractemus. Docent sanctorum patrum auctoritates uim rationabilem et uim irascibilem et uim

[a] rependo R

---

[1] Cf. Exod. 21. 22.   [2]Zach. 12. 1.
[3] Is. 44. 2. The argument from 'Hanc autem opinionem', together with the biblical quotations, is taken from Ps-Aug. *Quaest. Vet. et Nov. Test.* xxiii (2229).
[4] Ps. 32. 15.   [5] Matth. 15. 19.   [6] Not extant.
[7] Greg. *Hom. in Evang.* I. x. 1 (1110C).   [8] Boeth. *In Porph. Isagog.* iv (126C).
[9] See above, III. lxxxiv. 2.   [10] Cf. John Blund. *De Anim.* vii. 62–82 (18–22).

concupiscibilem collatas esse anime rationali, ita ut uis rationabilis discernat bonum a malo, uis irascibilis detestetur malum, uis concupiscibilis eligat bonum.[1] Sed et Augustinus et omnes alii tradunt animam rationabilem conuenire cum animabus brutorum in ui concupiscibili et ui irascibili.[2] Habet enim animal brutum uim concupiscibilem qua concupiscit quod sibi delectabile est et uim irascibilem qua fugit quod nociuum est. Vis autem [col. 2] irascibilis dicitur ab Aristotile tum animositas tum furoris species.[3] 2 Acute autem rem inuestiganti uidebitur quod iam dicta stare non queant. Nonne enim anima rationalis secundum uim concupiscibilem eligit honestum, secundum uim irascibilem detestatur uicium? Nonne autem eligere honestum et detestari inhonestum rationabile est? Insunt ergo ista anime secundum uim rationabilem. Preterea, nonne uis concupiscibilis eligens honestum ideo assumit honestum quia est honestum? Sed nonne hoc rationis est? Si item uis irascibilis detestetur inhonestum quia inhonestum est, nonne et hoc rationis est? 3 Vrgentius sic. Circumscribatur ad presens uis rationabilis, ita quod maneant uis irascibilis et uis concupiscibilis. Quero ergo utrum uis irascibilis detestetur uitium. Quod si est, nonne discrete detestatur uitium? Vnde hoc, cum uis rationabilis per intellectum abstracta sit? Nonne item uis irascibilis, detestans inhonestum, uult se detestari inhonestum? Illa uoluntas qua hoc uult, secundum quam uim inest? Numquid inest secundum uim irascibilem? Quid? Dicit Aristotiles in Topicis quod uoluntas sensualitatis que magis proprie dicitur appetitus inest secundum uim concupiscibilem, uoluntas uero rationis secundum uim rationabilem.[4] Voluntas ergo qua uis irascibilis uult se detestari uitium, secundum quam uim inest? Salua pace Aristotilis, uidetur quod omnis uoluntas insit secundum uim concupiscibilem. Nonne enim uoluntas et desiderium secundum eandem uim inesse habent? Constat autem quod secundum uim concupiscibilem inest desiderium, ergo et uoluntas secundum eandem uim, ut uidetur. 4 Sed quid? Nonne, si uis concupiscibilis uult rationabiliter eligere honestum, scit eligere honestum? Sed nonne scientia talis ex ratione procedit? Reuertatur in medium uis rationabilis quam non proscripsimus, etsi circumscripsimus. Numquid ergo suam uoluntatem qua uult discernere honestum ab inhonesto habet uis rationabilis, et suam uis irascibilis qua uult detestari inhonestum, suam etiam uis concupiscibilis qua uult eligere honestum? Constat autem quod tales uoluntates non insunt anime rationali. Quonam ergo modo conueniunt secundum duas uires anima rationalis et anima irrationalis? Numquid uis irascibilis et uis

---

[1] E.g. Aug. *De Civ. Dei* XIV. xix (427); Ps-Aug. (Alcher of Clairvaux, *De Spirit. et Anim.* iv (781–82).
[2] Cf. Ps-Aug. (Fulgentius) *De Fide ad Petrum* iii. 41 (766–67).
[3] Cf. Arist. *Top*. II. vii (113b1), IV. v (126a10).   [4] Cf. ibid. IV. v (126a13).

concupiscibilis anime rationalis sunt indifferentes specie cum ui irascibili et ui concupiscibili que insunt anime irrationali? Dicet quis ita esse, astruens uim irascibilem et uim concupiscibilem digniores esse in anima rationali et efficaciores propter consortium rationis. Sed quid? Nonne in effectibus differunt predicte due uires anime rationalis a duabus uiribus anime irrationalis? 5 Vrgentissime sic. Docent sancti, quod et Aristotiles docet in Topicis, quia prudentie uirtus inest secundum uim rationabilem, fortitudinis secundum uim irascibilem, temperantie secundum uim concupiscibilem.[1] Iusticia uero secundum tres uires inest. Hinc est quod de Eufrate non legitur quam regionem irriget, per quem iusticia designetur, cum tamen de Phisone qui et Ganges, per quem designatur prudentia, id designetur, similiter et de Geone per quem significatur temperantia, similiter et de Tigri qui designat fortitudinem.[2] Non enim iusticia rite distribueret unicuique quod suum est,[3] nisi tam cuilibet trium uirium anime quam cuilibet trium sororum collactanearum — uirtutes loquor — redderet quod suum est. Hinc est quod iusticia etiam in effectu prior et dignior esse uidetur aliis tribus. Hec enim, ut aiunt, ordo est siue equitas qua cetere tres copulantur. Si ergo secundum uim concupiscibilem et uim irascibilem insunt uirtutes, quonam modo conueniet anima irrationalis cum rationali in duobus uiribus, cum neque uirtus neque uitium insit anime irrationali? 6 Item, fides secundum uim rationabilem inest, spes secundum uim irascibilem, caritas secundum uim concupiscibilem. Numquid ergo secundum sensualitatem insunt uirtutes? Vis enim irascibilis et uis concupiscibilis quasi partes sensualitatis sunt, unde etiam et brutis insunt. Hinc est etiam quod ait Aristotiles in Topicis, quia in anima recte se habente uis rationabilis imperat, alie due imperantur.[4] In anima uero peruersa ille imperant, ista imperatur. Eximius autem prophetarum Dauid, loquens de homine, ait 'Vniuersum stratum eius uersasti in infirmitate eius',[5] scilicet quando Adam infirmatus est preuaricando. Sensualitatem enim que in paradiso subiecta erat rationi et lectus leticie uersauit Deus per contrarium, scilicet ut modo impugnet et dolores inferat. Potest etiam infirmitas dici status contritionis, quando quis suam agnoscit infirmitatem. Tunc enim uersatur stratus hominis quia sensualitas, que prius superior uidebatur tanquam imperans, subicitur rationi in arce iam regnanti et dominium optinenti. Infirma nimirum est anima dum amore languet, [f. 72v] uulnerata amoris telo spirituali. Commendabilis est infirmitas que

---

[1] Cf. ibid. V. vi (136b10–14).
[2] For 'Hinc est . . . fortitudinem' cf. *Glo. Ord.* on Gen. 2. 10 (I. 71–72).
[3] See above, I. xiii. 4.
[4] Arist. *Top.* V. i (129a10–15); cf. John Blund, *De Anim.* xxvi. 415 (114).
[5] Ps. 40. 4.

sanitas est. Dolor item contritionis suam adducit infirmitatem, cui attestantur gemitus et suspiria.

7 Et ut ad predicta reuertar, patet quod sensualitas non detestatur peccatum quia peccatum est. Sed nonne uis irascibilis detestatur uitium quia uitium est? Quonam ergo modo inest uis irascibilis secundum sensualitatem? Aut numquid uis irascibilis detestatur peccatum sine causa? Numquid uis concupiscibilis eligit bonum absque certa scientia? Nonne item, cum uirtutes insint secundum has duas uires, motibus earum meremur? Nonne sic differimus a brutis?

8 Referet nobis ostium intelligentis clauis Dauid que aperit et nemo claudit, claudit et nemo aperit.[1] Tres ergo sunt uires anime rationalis, ut dictum est, que et partes solent dici anime potentiales. Vires enim anime solent appellari proprie sensùs, imaginatio, ratio et intellectus. Valde autem artificiosum esset reducere has quattuor uires ad tres predictas, sed quod propositi nostri est exequemur. Restrictio ergo uocabulorum et ampliatio in unaquaque facultate multam ingerunt difficultatem et presertim in theologia. Vis ergo concupiscibilis quandoque dicitur superior pars, quandoque inferior, quandoque totalis quedam uis constans ex superiori et inferiori parte. Similiter intellige de ui irascibili. Vis autem rationabilis continet in se uim discretiuam et uim electiuam honesti et uim detestatiuam inhonesti.

9 Omnis ergo uirtus inest secundum uim rationabilem. Fides enim inest secundum uim discretiuam que media est inter electiuam honesti et detestatiuam inhonesti; spes inest secundum detestatiuam inhonesti, caritas secundum uim electiuam honesti. Quelibet tamen istarum trium uirtutum inest secundum uim rationabilem, que, ut diximus, continent discretiuam, electiuam et detestatium. Detestatiuam uoco superiorem partem potentialis anime partis que dicitur uis irascibilis. Electiuam uoco superiorem partem partis anime potentialis que dicitur uis concupiscibilis. Electiua ergo et detestatiua non insunt anime irrationali, sed tantum rationali. Appetitiua uero et animositas dicantur concupiscibilitas et irascibilitas inferiores que insunt anime irrationali sicut et rationali. Vis autem totalis constans ex electiua et appetitiua dicitur uis concupiscibilis. Item uis quedam totalis constans ex detestatiua et animositate dicitur uis irascibilis. 10 Fiat ergo triangulus cuius basis sit linea b c, cathethus sit linea a b, yphothenusa sit a c. Triangulus iam datus est uis rationabilis.

Diuidatur ergo triangulus iam datus in tres triangulos, quorum medius, cuius scilicet basis est linea e f, est uis discretiua; collateralis, cuius basis est linea b e, sit uis electiua; alter collateralis, cuius basis est f c, sit uis detestatiua. Totali ergo triangulo iam descripto, constanti scilicet ex tribus triangulis,

[1] Apoc. 3. 7.

SCINDERESIS

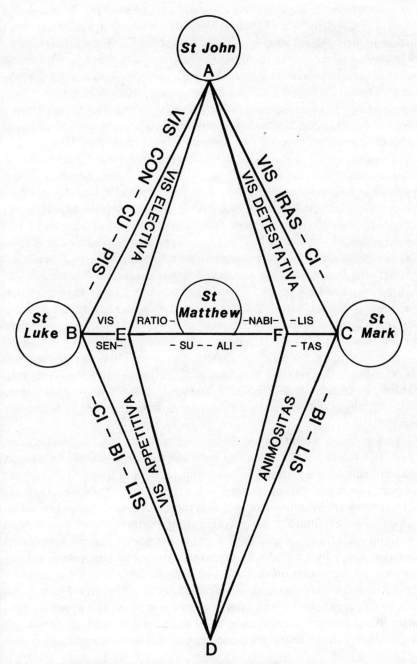

Rendering of the diagram which occupies most of R f.72v. It is executed in pen and ink, washed with red and green. The roundels contain the Evangelist-symbols, and at the bottom are two ornamental dragons.

subscribatur alius triangulus, qui sit sensualitas, cuius latera sint linee b d et c d et b c, ita quod iste triangulus diuidatur in tres triangulos, quorum medius, cuius basis est linea e f, dicatur uis estimatiua; unus collateralium, cuius basis est linea b e, sit uis appetitiua; alter collateralium, cuius basis est linea f c, sit animositas. 11 Superficies ergo, constans ex duobus triangulis eandem basim habentibus, scilicet lineam b e, representet tibi totalem uim concupiscibilem, cuius superior pars est uis electiua, inferior uis appetitiua. Superficies uero, constans ex duobus triangulis collateralibus eandem basim habentibus, scilicet lineam f c, representet tibi uim irascibilem, cuius superiorem partem uocauimus detestatiuam, inferiorem animositatem. Licet autem rationem diximus esse uim discretiuam, reperies tamen quandoque rationem continere discretiuam uim et intellectum. Quandoque etiam ratio idem est quod uis rationabilis. Molestias ergo quas ingerunt lectori appellationes uocabulorum, nunc restricte, nunc ampliate, auferet de medio distinctio enucleata. [f. 73] 12 Cum ergo legitur quia uis rationabilis collata est anime ad discernendum inhonestum ab honesto, uerum est propter uim discretiuam. Vis autem concupiscibilis dicitur esse data anime ad electionem honesti propter superiorem sui partem, scilicet propter uim electiuam. Vis irascibilis detestatur inhonestum secundum superiorem sui partem, scilicet secundum uim detestatiuam. Vis ergo concupiscibilis eligit bonum, similiter et uis rationabilis eligit bonum. Vis enim rationabilis continet electiuam tanquam sui partem. Vis irascibilis detestatur malum, similiter et uis rationabilis, cum ipsa contineat detestatiuam tanquam sui partem. Ceterum, licet Aristotiles libenter[a] utatur talibus: 'Vis anime discernit, eligit, detestatur', tamen improprie censende sunt a disputantibus.

13 Anima ergo discernit, homo discernit, eligit, detestatur secundum uim talem uel talem uel talem. Cum uero dicitur quod anima irrationalis conuenit cum anima rationali in ui concupiscibili et ui irascibili, uerum est propter inferiores earum partes, scilicet propter uim appetitiuam et animositatem, et ita anima irrationalis et rationalis conueniunt in uiribus, in quibus tamen et differunt ratione diuersarum partium. Ad id autem quod quesitum est utrum uis irascibilis discrete detestetur malum, responderi debet quia impropria est talis, ut dictum est. Anima enim discrete detestatur malum, sed secundum quam uim? 14 Numquid detestatur secundum uim detestatiuam, secundum quod discrete hoc habet a ui discretiua? Etiam. Rei tamen ueritas est quod uocabulum discretionis nunc coartat appellationem suam, nunc ampliat. Dicitur enim quod radix arboris discernit acetum ab aqua, dum hanc attrahit tanquam nature sue amicissimam, illud non

[a] libentur R

attrahit. Bruta etiam discernunt fetus suos ab alienis. Estimatio enim distinguit per accidentia rem a re et eius comes est calliditas naturalis, cum constet discretionem rationis ei non adesse. Restringitur autem discretionis uocabulum cum dicitur quia sola rationalia discernunt. Coartatur adhuc etiam amplius cum dicitur quia tantum secundum uim discretiuam discrete fit aliquid. 15 Anima enim discrete detestatur malum secundum uim detestatiuam, quia rationabiliter. Rationabilitas enim inest anime tam secundum electiuam quam secundum discretiuam quam secundum detestatiuam. Vis enim rationabilis, ut dictum est, continet illas tres uires. Anima tamen non detestatur discrete malum secundum uim detestatiuam ita quod secundum illam discernat bonum a malo, quia hoc agit secundum uim discretiuam. Id autem quod quesitum est, utrum uis irascibilis detestans inhonestum uult se detestari inhonestum expeditum est quoad hoc, quia impropria est locutio. Sed quid? Queratur secundum quam uim anima uult detestari malum. 16 Dicendum quod secundum uim rationabilem, secundum quam inest anime tam uoluntas quam detestatio. Sed cum secundum detestatiuam insit detestatio, numquid uoluntas illa inest anime secundum eam uim, aut secundum electiuam aut secundum discretiuam? Visum est nonnullis quod secundum electiuam. Dicitur tamen secundum ipsos uoluntas esse rationis, quia ratio excitat electiuam ut uelit. Dicet quis quia anime inest tam secundum discretiuam quam secundum electiuam quam secundum detestatiuam uoluntas. [col. 2] Anima ergo uult discernere uoluntate que inest illi secundum uim discretiuam; eadem uult eligere bonum uoluntate que ei inest secundum uim electiuam; eadem uult detestari malum uoluntate que ipsi inest secundum uim detestatiuam. Sed numquid simul uult anima discernere et eligere et detestari? Verisimile est quod prius uelit discernere quam detestari uel eligere. 17 Sed utrum prius uult detestari quam diligere? Dicendum quod detestari. Prius enim est declinare a malo quam facere bonum. Sed numquid alia uoluntas inest secundum hanc uim, alia secundum illam, tercia secundum terciam, aut una et eadem inest secundum illas tres? Numquid idem dicetur de scientia? Numquid ergo scientia qua anima scit se detestari malum inest secundum detestatiuam, scientia qua scit se eligere bonum inest secundum electiuam, scientia qua scit se discernere inter bonum et malum inest secundum discretiuam? Nonne scientia qua anima scit se esse inest ei tantum secundum discretiuam? Alioquin uidetur dandum quod prudentia non inest tantum secundum uim discretiuam. Nonne item tantum secundum discretiuam insunt scientia et fides et opinio? 18 Tutissimum uidetur dictu quod quicquid scit anima, scit secundum discretiuam, presertim si uniuersitas ista referatur ad significata complexa. Etsi enim darem hanc, 'Anima secundum detestatiuam scit detestari malum', non ob hoc darem quod anima secundum uim detestatiuam scit se detestari malum; immo tantum secundum discretiuam. Cum enim dicitur 'Puer scit comedere uel gradi', non uidetur talis scientia inesse secundum discretiuam. Secundum quam ergo? Constat quod scientia que scit se comedere uel se gradi inest secundum discretiuam. 19 Vtrum autem secundum aliquam uim anime sciat homo gradi discutietur inferius.[1] Sicut autem, me iudice, anima scit omne enunciabile quod scit secundum discretiuam, ita quicquid uult uult secundum discretiuam, ita tamen quod appetitus qui inest secundum sensualitatem secernatur a uoluntate. Sicut ergo uoluntas qua anima uult se detestari malum uidetur inesse tantum secundum discretiuam, ita et uoluntas qua ipsa uult detestari malum uidetur inesse tantum secundum discretiuam. Sed quid? Nonne indiscrete detestatur anima malum, si secundum illam uim non potest detestari malum, secundum quam uult uel scit detestari malum? Secundum enim solam detestatiuam potest detestari malum, ut uidetur. Sed quid? Constat quod homo secundum aliquam uim anime uult uidere et non potest secundum illam uidere. Alicui autem rem consideranti uidebitur quod proprietas que inest secundum unam uim principaliter, secundario inest secundum aliam uim. Et secundum hoc dari potest quod uoluntas secundario inest anime secundum detestatiuam.

20 Sed me ipsum arctius urgeo, profundius ista inuestigans. Circumscribatur ergo discretiua. Quero utrum anima detestetur malum. Quod si est, unde hoc ei nisi detestatio insit ei principaliter? Nonne ergo scit detestari? Scientia ergo illa inest anime secundum detestatiuam principaliter. Preterea, nonne, ut dictum est, quedam uis totalis que rationabilis est continet etiam detestatiuam? Erit ergo detestatiua rationabilis. Nonne ergo potest rationabiliter operari detestatiua? Dicimus quod, circumscripta discretiua, potest rationabiliter operari detestatiua; sed usum potestatis non habebit nisi intelligatur adesse discretiua quasi circumscripta, nec scit detestari nec detestatur malum detestatiua. Est enim discretiua quasi mater et magister electiue et detesta<ti>ue. Discretiua ergo, tanquam primaria [f. 73v] potestate utens, discernit bonum a malo, et notificat filiabus suis hoc esse malum, illud bonum. Detestatiua ergo repellit malum, electiua assumit bonum. Nisi ergo discretiua sue preexerceat usum auctoritatis, suum non complent officium electiua et detestatiua. Vnde nonnumquam concipio discretiuam quasi iudicem penes quam primitiua residet auctoritas, electiuam et detestatiuam quia executores. 21 Discretiua ergo dat diffinitiuam, alie due quasi sententiam mandant executioni. Discretiua ergo detestatur malum auctoritate, detestatiua usu uel ministerio. Detestatio ergo que est usus inest detestatiue tantum ita quod detestatiua scit detestari, ita tamen quod scientia que principaliter inest discretiue inest secundario detestatiue.

---

[1] See below, IV. i. 6–7.

In solutione figuratiuis utor locutionibus compendiose causa doctrine. Imperator quidem subuertit urbem, sed auctoritate; miles ministerio uel usu. Subuersio autem actio inest militi tantum. Circumscripta autem auctoritate imperatoris, non subuerteret miles urbem. Transfer et considerationem ad ministerium redemptionis, que soli Christo homini infuit, cum auctoritas infuerit toti Trinitati. 2 Si ergo circumscriberetur deitas, non redemisset Christus ministerio genus humanum. Anima ergo detestatur malum secundum detestatiuam sed per discretiuam. Causa enim primitiua, ut dictum est, residet penes discretiuam. Erit ergo prepositio 'per' nota cause primarie; hec prepositio 'secundum' nota erit informationis subiecti. Per imperatorem quidem subuersa est urbs, sed a milite. Scriptum est Euangelium per Spiritum Sanctum, sed secundum Lucam; primus auctor Euangelii est Spiritus Sanctus, secundarius euangelista. Ita, licet ex parte dissimiliter, anima potest detestari malum secundum detestatiuam, cum tamen primaria auctoritas potestatis resideat penes discretiuam.

23 Predictis adiciendum quia uirtus gratuita potius dicenda est informare uim siue preesse quam secundum uim inesse. Naturalia enim secundum uires insunt, gratuita uiribus presunt et eos regunt. Ex hoc patet scilicet[a] intelligenti quia potestas gratuita preest potestati naturali, ita quod una potestas naturalis preest alii naturali. Sed de hoc inferius.[1]

24 De uiribus ergo rationalis anime compendiosum iam instituimus tractatum ex parte, nouo usi distinctionis modo, utinam competenti. Communis autem opinio diuidit animam rationalem quasi in tres partes, quarum inferiorem dicunt uim concupiscibilem, mediam irascibilem, suppremam rationabilem; quam quidam in duas partes, quidam in tres subdiuidunt, dicentes tres esse rationes. Sed de his agetur inferius.[2]

25 Reduco etiam ad memoriam quia per quattuor animalia uisa ab Ezechiele solent intelligi quattuor anime uires; per aquilam scinderesis, per hominem uis rationabilis, per leonem uis irascibilis, per uitulum uis concupiscibilis figurari solet.[3]

Vtrum generaliter sit uerum quod dicitur ab Aristotile quod contraria insunt secundum eandem uim. lxxxxi.

1 Dubitabitur autem ab intelligente utrum generaliter uerum sit quod dicit Aristotiles in Topicis, quia contraria insunt anime secundum eandem

---

[a] sed R

---

[1] See below, IV. x.   [2] See below, III. xcii, IV. i. 3.
[3] Ezech. 1. 5 seq.; Hieron. *In Ezech*. I. i. 8–10 (20D–22C).

uim.[1] Si enim hoc generale est, inerunt uoluntas et noluntas secundum eandem uim, similiter detestatio et electio. Cum ergo electio insit secundum electiuam, inerit detestatio secundum eandem: quod obuiat predictis. Dicunt quod electio huius boni et detestatio [col. 2] eiusdem sunt contrarie. Similiter, detestatio huius mali et electio eiusdem sunt contrarie. Cum ergo, ut aiunt, electio huius boni insit secundum electiuam, inerit secundum eandem detestatio eiusdem boni, quando scilicet anima erit peruersa. Consueuimus autem dicere illud Aristotelicum intelligendum esse de specialibus effectibus, quales sunt gaudium, dolor, timor, spes, amor, odium. Cum igitur gaudium insit secundum concupiscibilem, inerit dolor secundum eandem. Vnde, ut dicit Aristotiles, ira et odium non insunt secundum eandem uim, quia ira inest secundum irascibilem, odium secundum concupiscibilem, quia amor inest secundum concupiscibilem.[2] Sed dolor et odium adsunt anime ex eo quod aliquid nociuum uidetur occurrere. Videntur ergo dolor et odium inesse secundum irascibilem. Dicendum ergo quod sicut medicina est scientia sani et egri, sed sani per se, egri per accidens, ita secundum eandem uim insunt anime contraria, sed unum per se, reliqu<u>m per accidens. Dolor ergo et odium insunt secundum irascibilem per se, secundum concupiscibilem per accidens.

Vtrum una sit uis anime preter quam nulla alia insit eidem. lxxxxii.

1 Interius autem rem perscrutanti uidebitur quod unica sit uis anime, preter quam nulla alia inest eidem. Demonstretur ergo totalis uis rationabilis complectens electiuam et discretiuam et detestatiuam. Hac potestate est anima potens eligere, et eadem est potens discernere, et eadem potens est detestari. Cum ergo hac potestate nunc eligat anima, nunc discernat, nunc detestetur, erit hec potestas electiua et discretiua et detestatiua. Ergo uis que est electiua est uis discretiua, ita quod eadem est detestatiua. Ergo uis electiua est uis discretiua.
2 Item, dictum est quia una est totalis uis concupiscibilis, continens appetitiuam et electiuam. Demonstretur illa uis. Hac ui appetit anima et eadem eligit, et ita hec uis est appetitiua et electiua, ergo uis appetitiua est uis electiua. Videbitur alicui quod hac ui neque appetat neque eligat anima, sed una eius parte appetat, alia eligat. Quid ergo agit anima hac ui? Nonne concupiscit? Nonne desiderat? Nonne ergo hac ui anima nunc appetit quod

[1] Arist. *Top*. II. vii (113a33–b6); John Blund, *De Anim*. vii. 63 (18).
[2] Arist. *Top*. II. vii (113a34–b2); John Blund, *De Anim*. vii. 63–64 (18–19).

carnem delectat, nunc desiderat quod spiritum iuuat? Ait quidem apostolus: 'Quod nolo malum hoc ago'.[1] Agere se dicit apostolus malum, id est concupiscere, quod tamen noluit de ratione. Vnde reor uoluntatem inesse secundum discretiuam principaliter. Si ergo una uis est appetitiua et electiua, dandum uidetur quod una uis sit appetitiua et electiua et discretiua et detestatiua. 3 Dabit ergo intelligens quod ex uiribus anime collectis insimul sit una uis totalis; quod quidem uerum esse reor. Licet ergo detur quod una uis totalis sit electiua et discretiua et detestatiua, non ob hoc dandum quod hec uis partialis, que est electiua, sit detestatiua. Sed numquid electiua est detestatiua? Vt autem limpidius hec intelligas, transfer te ad illud Lucani,

'Omnia Cesar erat,'[2]

erat enim consul, pretor, dictator, imperator. Hic ergo quattuor reperies dignitates siue potestates, quas complectitur una totalis potestas. Demonstretur illa: Hac potestate Cesar preest foro ciuili, consulit, dictat, imperat. Hec ergo potestas potest dici pretoria et consularis et dictans et imperans. Non tamen ob hoc dandum quod pretura sit consulatus aut dictatura. Sicut ergo plures potestates parciales quasi partes sunt unius potestatis, ita potestates anime [f. 74] complectuntur[a] una potestas, preter quam non est alia in anima, nisi infinitas putes esse potestates anime. Cum ergo queritur utrum electiua sit detestatiua, potest per antonomasiam subintelligi articulus, et secundum hoc negabitur dicta locutio.

4 Sed adhuc interius rem contemplanti uidebitur quod una sola sit uis anime, tum propter simplicitatem essentie ipsius anime, tum propter simplicitatem potestatis ipsius. Putasne enim sine causa dictum esse ab Augustino quia memoria et intellectus et amor idem sunt essentialiter in anima?[3] Id quidem, ut ait, quod est memoria est intellectus et amor, non tamen memoria est intellectus uel amor. Nonne item uis qua abstrahitur forma a subiecto est eadem in essentia cum illa que adiungit formam subiecto? Vis ergo abstractiua est uis coniungens. Quod si est, erit idem in essentia intellectus quod ratio. Secundum hoc ergo id quod est uis concupiscibilis est id quod est irascibilis. Nonne ergo uis concupiscibilis est uis irascibilis? 5 Negari tamen solet hec: Vis concupiscibilis est uis irascibilis propter

---

[a] complectitur R

[1] Rom. 7. 19.   [2] Lucan, *Phars*. iii. 108.
[3] Cf. Aug. *De Trin*. XIV. vi. 9–viii. 11 (1041–45). Closer is Peter Lomb. *Sent*. I. iii. 2. 2–6 (I. 72–73), of which 2.2 is entitled 'Tria ostendit se in anima . . . scilicet memoriam, intelligentiam, dilectionem', and quotes Aug. *De Trin*. XIV. viii. 11 (1044) in support of the proposition 'Hic enim quaedam apparet trinitas memoriae, intelligentiae et amoris'. See above, III. lxxxvi. 1.

concretiuam suppositionem cause et effectus. Numquid ergo putas antiquos sine causa hic assumpsisse similitudinem anime ad Deum? Deus, inquiunt, trinus est et unus; sic et anima tres habet uires que unum sunt essentialiter. Vna ergo uis dicitur esse tres uires propter tres principales effectus. Figuratiua ergo uidetur hec: Tres sunt uires anime. Erit ergo hec uera et propria: Vna sola est uis anime. Preterea, anima fortiter detestatur malum secundum detestatiuam specialem. Nonne id prudenter agit? Nonne temperanter siue modeste? Nonne et iuste? Videtur ergo quod secundum eandem uim insint he quattuor uirtutes. Videtur ergo quod unica sit uis anime. Nonne item anima secundum uim concupiscibilem prudenter et fortiter et sobrie et iuste diligit Deum?

6 Dum igitur uarias nunc in hanc partem, nunc in illam uerso meditationes, occurrit michi quedam uirorum sublimis intelligentie opinio, dicentium quod hec species 'homo' est hec species 'asinus', quia una sola est idea, que, ut aiunt, est hec species 'homo' et est hec species 'asinus', non tamen humanitas est asininitas. Sic enim fit descensus ad naturas inferiores. Sic autem, ut opinabitur quis, erit uis irascibilis uis concupiscibilis, non tamen concupiscibilitas est irascibilitas. Sed quid? Ydea, ut diximus superius,[1] nichil est nisi Deus, et ideo non est hec species aut illa. Occurrit et meditationi mee quia aqua que est fons erit riuus. Numquid autem fons erit riuus?

7 Ne autem uidear uelle abrogare doctrinam maiorum, sustineatur plures esse uires anime. Hec ergo particularis uis que est electiua nec est detestatiua, nec est id quod est detestatiua. Quod uero proposuimus dictum esse ab Augustino, propter simplicitatem essentie anime et uarios eiusdem effectus reor esse dictum. Prudentia item que principaliter inest secundum discretiuam excitat detestatiuam, ita quod usus eius inest detestatiue secundario. Fortitudo autem que principaliter inest secundum detestatiuam secundario inest secundum alias. Aliud est item ratio quam intellectus et insunt secundum discretiuam.

Quod comprehensio intellectus propter sui subtilitatem aut diligentem obseruationem sibi uideatur contraria. lxxxxiii.

1 Cum autem more Prothei in uarias [col. 2] me transmutare uideor figuras, uidetur michi intellectus anime secundum uarias comprehensiones secum dissidere. Comprehendit enim nunc intellectus animam quasi partes habere, nunc eam comprehendit simplicem esse, nunc item comprehendit eam esse

---

[1] See above, III. iii. 2–4.

quasi diffusam per membra, nunc eam in puncto collocat. Adde quod scientia solet dici composita, cum tamen anime que simplex est tota insit. Est ergo res composita tota in re simplici. Transferat se meditatio ad angulum cui intellectus figuram prebere uidetur. Ad hoc enim ut rectus angulus sit, desideratur rectarum cursus linearum cum earundem distantia. Dat item intellectus angulo compositionem, cum ipsum multipliciter diuidit. Diuidatur ergo angulus rectus in tres acutos. Nonne medius illorum angulorum trium uidetur tibi procreare distantiam inter duos angulos altrinsecus constitutos? Sed quonam modo distabit unus illorum angulorum ab altero, cum ipsi toti sint in puncto? Si enim dicatur angulus a puncto contactus sese extendere aliorsum, dabitur quod angulus aut erit superficies aut pars superficiei. 2 Quod si est, continebit angulus rectus in se angulum obtusum, immo infinitos obtusos. Cuiuslibet enim superficiei pars est quelibet species figure, puta circulus, quadratum et ita de aliis. In puncto ergo locantur infiniti anguli, ut patet in centro. Nonne ergo intellectus comprehendit sic angulum ut rem simplicem? Sed quid? Cum omnis angulus sit compositus et omne punctum sit simplex, intelligis quod in re simplici sunt infinita composita. Quid ergo miri si in re uere simplici que Deus est sint omnia?
3 Cauendum autem ne fantastice similitudines aberrare cogant intelligentem. Angulus enim rectus continens tres acutos non est acutus, nec aliquis illorum trium est rectus. Videbitur ergo alicui quod uniuersalis potestas non sit talis qualis est particularis, nec econuerso. Videtur ergo quod uis continens tres non sit electiua. Sed quid? Non est simile. Aliter enim se habet res in proprietatibus actiuis, aliter in proprietatibus mere qualitatiuis, uerbi gratia linea cuius una medietas est alba, reliqua nigra, nec est alba nec nigra, cum tamen motus qui est uelox sit futurus tardus, motus scilicet cuius prima medietas est uelox, secunda tarda erit. Motus enim dicitur uelox quia facit uelocem. 4 Similiter, actio cuius prima medietas fuit futura bona, secunda mala, fuit futura bona et mala quia nunc fuit quem effectura bonum, nunc malum. Sed quid? Cassibus propriis uideor irretiri. Sit enim una dignitas continens ducatum et regiam potestatem. Numquid ergo illa facit istum regem? Videtur quod non, sed particularis facit regem. Dicendum quod particulari dignitate iste est rex, ut notetur propinqua causa. Si autem notetur remotior, totali etiam potestate iste est rex.

De sensualitate. lxxxxiiii.

1 De ui autem sensitiua paucis nos expediamus. Quedam enim spectant ad sensitiuam de quibus agere phisici est, quedam ad ipsam pertinent que

theologus sibi uendicat. Virium ergo sensitiuarum quedam est uis motiua, quedam uis est apprehensiua. Vis motiua continet appetitiuam et animositatem et uim effectiuam, motus que operatur in neruis et musculis. Vis apprehensiua diuiditur, ut [f. 74v] aiunt, in illam que est apprehensiua de foris, et eam que est apprehensiua deintus. Vis apprehensiua de foris est sensus qui diuiditur in quinque species. Vis apprehensiua deintus diuiditur in sensum interiorem et ymaginationem et estimationem et uim memorialem. 2 Sed quid? Eadem uis uidetur apprehensiua deintus et de foris. Sensus ergo quandoque dicitur potestas naturalis que non potest non inesse anime, quandoque dicitur habitus, quandoque dicitur actus. Cum autem tam actus quam habitus insit animali, queri solet utrum habitus insit anime. Si enim hoc est, uidetur quod priuatio possit inesse anime. Numquid ergo anima potest esse ceca? Sciendum ergo quod multipliciter dicitur subiectum proprietatis. Vt enim placet Aristotili, primum subiectum uisus est oculus,[1] secundum Platonem anima,[2] secundum alios animal. Animal enim solum uidet, licet dixerit Plato quod omnium eorum que sunt, sola anima est que sentire potest.[3] Sed quid? Nonne aliud est proprietatem esse in anima, aliud inesse ex anima?

De estimatiua. lxxxxv.

1 Quoniam uero incidenter tangimus ista de estimatiua, paucis nos absoluamus. Videtur ergo quod soli anime irrationali insit estimatiua. Quem enim effectum habebit in rationali anima quam nobilitat ratio? In brutis quidem animalibus est estimatio ordinata in media concauitate cerebri ad discernendum rem sensui subiectam uel ymaginationi.[4] Discretio autem hic ponitur pro naturali apprehensione, secundum quam piscis quosdam colores discernit, quosdam non. Est ergo estimatiua etiam in rationali, cuius discretio longe inferior est discretione rationis. Est enim apprehensio estimationis inferior putatione que inferior est opinione qua superior est fidei[a] que est inferior quam scientia. 2 Vtrum autem fides uirtus sit superior scientia uel inferior determinabitur inferius.[5] Vis ergo appetitiua inest tam rationali qua appetit quod suaue uel iocundum uidetur, sicut animositas repellit quod nociuum est. Estimatiua autem suo modo discernit etiam in

---

[a] fides R

---

[1] Cf. Arist. *De Anim.* II. i (412b19–20).   [2] Plato, *Tim.* 45D.
[3] Ibid. 46D.   [4] Cf. Avic. *De Anim.* I. v (89 lines 48–50).
[5] Not extant.

brutis amarum a dulci, asperum a leni. Sed quid? Videtur ergo quod estimatiua sit sensitiua, restricto uocabulo sensitiue, prout pertinet ad sensum quinquepertitum. Nonne enim gustus discernit dulce ab amaro? Nonne tactus discernit durum a molli? Dicendum ergo quod estimatiua principaliter discernit inter talia, sensitiua secundario. Non est autem presentis negotii discernere utrum quod amarum est uni animali simpliciter sit amarum. Salices enim uidentur dulces hirco, amare homini. 3 Sed quid? Sensus quibusdam perceptibilior est ut linci et aquile uisus, homini tactus et gustus, odoratus cani. Hinc est quod salices uidentur simpliciter censende amare, quod non latuit Mantuanum dicentem:

'Salices carpetis amaras.'[1]

Estimatiua tamen uidetur precipue subsistere in quadam apprehensione proueniente ex sensu et imaginatione cum quadam intentione. Hinc est quod ouis fugit uiso ueniente lupo. Diiudicat enim estimatiua et indicat oui quod ei expediat fugere lupum. Sed numquid uersatur estimatio circa compositionem et diuisionem? Numquid diiudicat ouis secundum estimatiuam quod lupus sit fugiendus? Numquid diiudicat ueritatem uel falsitatem? Absit. Ouis enim lupum iudicat esse fugiendum, sed non attendit compositionem.[2] Secundum estimatiuam item cognoscit bos presepe, equus stabulum, canis dominum. Secundum estimatiuam item nouit canis [col. 2] legere uestigia ferarum. Nouit quidem etiam cum non legit, et in hoc perpendere potes differentiam estimatiue ad sensitiuam specialem.

4 Sed nondum elucet secundum quam uim sciat aut homo aut canis gradi. Reor quod secundum motiuam, que est naturaliter effectiua motus. Sed quia

'non omes arbusta iuuant humilesue murice',[3]

ad altiora transeamus.

---

[1] Virg. *Ecl.* i. 78.   [2] Cf. Avic. *De Anim*. I. v (89 lines 51–52).
[3] Virg. *Ecl.* iv. 2.

[LIBER IV]

Incipit proemium in quartum distinctionem huius operis.

1 Respirare libet^a uiresque resumere fessis.
Grata quies, fessis otia nonne placent?
Vexatam studio recreant solatia mentem.
Solamen uerum gaudia uera dabunt.
Suspiremus ad hec, suspiria gaudia^b prebent.
Leticie gemitus preuius esse solet.
Eterni risus est luctus causa quietem.
Exiguus ueram spondet adesse labor.
Sudori modico debentur premia cum sit
gratia longa breui parta labore quies.
Ergo molestus erit labor exiguus tibi cum sit
res iocunda nimis deliciosa quies.
Iam uires redeunt, iam letus sponte laborem
excipio, fugiens languide torpor abi.
Dum iuuat^c ipse labor, nomen de iure^d quietis
uendicat, immo labor incipit esse quies.
Dulcescit labor iste mihi, quem condit amoris
gratia; num labor est absque labore labor?
Vt non eludar curis ludentibus ipsis
illudo, nam fraus uincitur artis ope.
Ledit dum ludit puer Ysmael et pueriles^e
moribus ha ludens efficit ipse senes.
Ergo uale facio torpori, gratia presit
arbitrio, nostram dirigat ipsa uiam.
Illustret mentem preuentrix gratia, uelle
informet, fugiat Pelagiana lues.
Prodeat in lucem titulis distinctio quarta
lucens, sol uerus preuia lux sit ei. [f. 75]

Incipiunt capitula libri quarti. 2

---

^a Respirare libet . . . ipsa uiam *in* G, f. 70   ^b gaudi G   ^c uiuat G   ^d uire G   ^e pueribus G

Quid sit liberum arbitrium. Primum capitulum.

1 Libertati liberi arbitrii enucleande competit pro se libertas, tanquam absoluta a necessitate obseruantiarum legis ueteris.ᵃ Habet ergo liberum arbitrium libertatem naturalem, in quam nec necessitas ineuitabilitatis nec necessitas coactionis neque planetarum aut stellarum concursus ius habet. Petrus ergo negauit Christum, non inuitus sed uolens, dum uitam temporalem preposuit confessioni ueritatis.[1] Dicitur tamen inuitus negasse,

ᵃ metrice R

---

[1] Matth. 26. 69–75 etc.

quia dolore affectus est eo quod negauit Christum. Licet autem dicatur timor induxisse eum ad hoc, posset tamen, si uoluisset, priorem retinuisse uoluntatem. Liberum ergo arbitrium est, ut aiunt, liberum de uoluntate iudicium.[1] Libertas est ex uoluntate, iudicium ex ratione. Ex uoluntate ergo peccat quis, ut dicunt, sed non ex iudicio. Quod si est, dabitur quod de libero arbitrio numquam peccat quis ratione uni partis, sed ratione alterius. In discernendo enim non peccat quis secundum quosdam, sed in eligendo malum uel detestando bonum. 2 Sed quid? Nonne uoluntas est ex ratione? Nonne quod uult quis eligere malum est ex ratione? Oportet istos, ut mihi uidetur, fateri quod numquam ex discretiua procedit uoluntas, sed secundum electiuam uel detestatiuam inest et uoluntas et libertas uoluntatis. Sed nonne peccat quis dum deliberat et uult deliberare utrum negandus sit Christus ab ipso? Nonne hec uoluntas est ex discretiua? Nonne item uoluntas qua quis uult fateri se deliberaturum super hoc est peccatum et inest secundum discretiuam? Nonne item ratio allegat ex misericordia Dei uitia carnis esse leuiter punienda? Que uis item anime paralogizatur? Nonne ratio? Dicet quis quod error uel defectus rationis paralogizatur, sed non ratio. Sed secundum quam uim inest defectus? Error quidem inest secundum estimatiuam, ut patet per animalia fugientia asinum uestitum exuuiis leonis. Sed nonne eciam error inest discretiue? Quidni? Nonne opinio inest secundum discretiuam? Nonne et ignorantia? Nonne suspicio? 'Nolite', inquit Scriptura, 'iudicare, et non iudicabimini'.[2] Nonne bonus iudicatur malus? Secundum quam uim? Nonne Adam comedit pomum? Nonne ratio consentit sensualitati? 3 Dicunt autem tres esse rationes in anima: superiorem et mediam et infimam. Superiorem et mediam dicunt semper resistere suggestioni sensualitatis, sed rationem inferiorem dicunt dissimulare et ex hoc ipsam peccare admittunt. Per dissimulationem ergo, ut aiunt, peccat ratio sed non per consensum. Sed quid? Nonne diabolus dicitur intrasse cor Iude, eo quod ratio consentit suggestioni diaboli?[3] Nonne item, ut dictum est, in anima peruersa imperatur uis rationabilis, imperant autem concupiscibilis et irascibilis? Nonne item ancilla predominatur domine? Preterea, cum ex iudicio numquam peccet quis, ut aiunt, numquid ex iudicio meretur quis? Si enim ex iudicio meretur quis et ex iudicio non potest peccare, dabitur quod omne iudicium est ex scinderesi aut in hac parte est homo confirmatus. Nonne item recte iudicans meretur? Nonne ergo iudex corruptus, qui scienter male iudicat, demeretur? Nonne illud iudicium est ex discretiua aut inest secundum discretiuam? 4 Vrgentius sic:

---

[1] Boeth. In Arist. De Interpr. iii (492D), commonly reproduced in the twelfth century: e.g. Peter Lomb. Sent. II. xxv. 1. 2 (I. 461), citing 'philosophi'; Lottin, Psychologie I, pp. 1–63 seq.
[2] Luc. 6. 37.   [3] Luc. 22. 3.

si liberum arbitrium est iudicium, inerit liberum arbitrium secundum [f. 75v] discretiuam tantum. Aut numquid quoddam iudicium inest secundum electiuam, aliud secundum detestatiuam, tercium secundum discretiuam? Numquid ergo liberum arbitrium est unum iudicium aut plura? Quod autem liberum arbitrium secundum sui partem insit ui concupiscibili aut irascibili, patet per iusticiam que inest secundum tres uires, cum iusticia insit secundum liberum arbitrium. Super item illum locum Luce, 'Simile est regnum Dei fermento quod mulier abscondit in farine satis tribus',[1] dicit glosa: 'Sata esse tres anime uirtutes que in unum rediguntur, ut in ratione possideamus prudentiam, in ira odium uitiorum, in cupiditate desiderium uirtutum'.[2] Iram uocat uim irascibilem, cupiditatem concupiscibilem. Cum ergo motus desiderii uirtutum insit secundum concupiscibilem, inerit liberum arbitrium ex parte secundum concupiscibilem. Si ergo liberum arbitrium inest secundum tres uires, quero quid sit motus liberi arbitrii. Velle enim non erit motus eius, cum uelle insit secundum uim rationabilem.

5 Quero item in qua propositione copuletur proprietas que est liberum arbitrium. Si enim, ut aiunt nonnulli, ex singularibus potentiis quales sunt potentia legendi, potentia orandi, surgit una totalis, ubi copulabitur illa totalis potentia conflata ex omnibus singularibus potentiis? Non enim dabitur quod potentia legendi sit liberum arbitrium, nisi dicatur quod potentia legendi est potentia scribendi. Item, cum omne meritum sit ex libero arbitrio, nonne et uitia insunt secundum liberum arbitrium? Cum ergo uitium quod est superbia insit secundum uim concupiscibilem, inerit et motus superbie secundum uim concupiscibilem. Patet ergo quod per uim concupiscibilem demeretur quis. Quod si est, non inerit liberum arbitrium totum secundum uim discretiuam.

6 Vt autem paucis enucleemus quid sentiamus de libero arbitrio, reuocentur ad memoriam ea que superius diximus de ui rationabili continente electiuam et discretiuam et detestatiuam.[3] Discretiua quidem continet rationem qua est uis concretiua et intellectum qui nonnumquam abstrahit formam a subiecto. Non ergo omnes[a] usus discretiue pertinent ad liberum arbitrium secundum considerationem theologi. Restringatur ergo nomen 'discretiue' ad discretionem que est inter bonum et malum. Potestas igitur continens discretiuam specialem et electiuam et detestatiuam, presertim secundum quod iste potestates singulares sua exercent officia circa bona et mala, est liberum arbitrium. Sumantur autem discernere et eligere et detestari secundum aptitudinem uel habilitatem, non secundum quod copulant motus. Est enim liberum arbitrium potestas non substantialis sed accidentalis,

[a] omnis R

[1] Luc. 13. 21.   [2] *Glo. Ord.* V. 837.   [3] See above, III. xcii. 1.

facultas scilicet uel habilitas uel aptitudo. Nulla ergo substantialis differentia, ut rationalitas, gressibilitas, bipedalitas, subest ditioni liberi arbitrii. 7 Sed nec aptitudo loquendi aut gradiendi aut orandi aut legendi est de libero arbitrio; loqui item et uidere et gradi et consimilia non sunt usus liberi arbitrii nisi a remotis. Vsus autem liberi arbitrii sunt speciales: discernere inter bonum et malum, eligere bonum uel malum aut consentire bono uel malo et detestari bonum uel malum, secundum quod hec uerba copulant motus in exercitio. Si autem sumantur ista uerba ita ut copulent aptitudines, fingens uocabulum continens discernere [col. 2] sic et eligere sic et detestari sic, illo igitur termino copulabitur liberum arbitrium. Sed quid? Non uidetur quod quis peccet secundum aptitudinem sed secundum usum eius. Quod si est, quare dicitur peccatum inesse secundum liberum arbitrium? Ratione quidem motuum hoc dicitur. Velle item dicitur esse usus liberi arbitrii, eo quod anima uult nunc discernere sic, nunc eligere sic, nunc detestari sic, cum secundum dicta constet quod nec uelle nec discernere nec eligere nec detestari sit denominatiuus effectus liberi arbitrii. 8 Sed cum peccet quis uidendo illicitum, quare imputatur illud peccatum libero arbitrio, cum uidere non sit usus liberi arbitrii? Dicendum quod usus liberi arbitrii est eligere uel assumere uel consentire. Quia ergo de libero arbitrio uult quis uidere sic, ascribitur libero arbitrio peccatum uisus. Audiamus itaque Augustinum dicentem in libro qui intitulatur Yponosticon (id est abbreuiatus liber) contra Pelagianos et Celestianos,

'Liberum arbitrium hominibus esse certa fide credimus et predicamus indubitanter. Arbitrium ab arbitrando rationabili consideratione uel discernendo quid eligat quidue recuset, puto quod nomen accepit'.[1]

Et post pauca:

'Est, fatemur, liberum arbitrium omnibus hominibus, habens quidem iudicium rationis, non per quod sit idoneum que ad Deum pertinent sine Deo aut inchoare aut certe peragere, sed tantum in operibus uite presentis tam bonis quam eciam malis. 9 Bonis dico, que de bono nature oriuntur, id est uelle laborare in agro, uelle bibere, uelle manducare, uelle habere amicum, uelle habere indumenta, uelle fabricare domum, uxorem ducere, pecora nutrire, artem discere diuersarum rerum bonarum, uel quicquid bonum ad presentem pertinet uitam, que omnia non sine gubernaculo diuino subsistunt, immo ex ipso et per ipsum sunt uel esse ceperunt. Malis uero ut est uelle ydolum colere, blasphemare, uelle turpiter uiuere, uelle maleficia discere, uelle inebriari et luxuriose uiuere, uelle quicquid non licet uel non expedit operari'.[2]

Consideretur ergo diligenter predicta Augustini auctoritas et uidebitur quod non sit quasi pars liberi arbitrii potestas assumendi bonum. Si enim per liberum arbitrium potest quis eligere bonum, numquid hoc sine gratia potest? 10 Nonne in predicta auctoritate dicitur de iudicio rationis, quod

---

[1] Ps-Aug. *Hypomnest.* III. iii. 3–iv. 4 (1623).   [2] Ibid. iv. 5 (1623).

non sit idoneum liberum arbitrium per illud aut inchoare aut certe peragere sine Deo ea que ad Deum pertinent? Constat item quod non meritorie uult quis operari bonum nisi assit gratia. Numquid ergo potest quis meritorie uelle operari bonum etsi non assit gratia? Aliud quidem est posse meritorie uelle bonum etsi non assit gratia, aliud est si dicatur potest esse quod quis meritorie uelit bonum sine gratia. Viri tamen auctentici non dignantur attendere huiusmodi minutias, sed usum liberi arbitrii attendunt in talibus. Vnde quibusdam placuit sic discribere liberum arbitrium: 'Liberum arbitrium est facultas uoluntatis et rationis, qua bonum eligitur (gratia assistente), uel malum (eadem desistente)'.[1] Sed quid? Hec descriptio non conuenit libero arbitrio, quod Deus est. 11 Sed urgentius me ipsum uexo, dum de furioso cogito quia, ut ait Augustinus, si meritis suis malis exigentibus incidit quis in furorem, peccat mortaliter exercendo opera que in genere mortalia sunt.[2] Quod autem furiosus talis mortaliter [f. 76] peccet, uidetur eciam rationibus posse persuaderi. Lot enim, etsi non aduerterit quando ipsius filia thorum paternum adierit aut quando recesserit, enormem tamen commisit incestum, quia per uitium ebrietatis in talem incidit statum, immo casum.[3] Rursus, iste qui gratiam amisit non potest non peccare. Accipiantur uerba non ex sensu quem faciunt, sed in sensu ex quo fiunt. Isti ergo, etsi non possit non peccare, imputatur quod peccat, quia per uitium suum amisit gratiam. A simili, furiosus qui per uitium suum incidit in maniam peccat fornicando. Preterea, quia Adam per uitium suum incidit in necessitatem peccandi, ideo primi motus fuerit ei peccata, sicut et nobis. Ita licet furiosus absque usu liberi arbitrii moueatur ad fornicandum, tamen peccat fornicans. 12 Adde quod in eo qui dirigit sagittam ut aliquem interficiat non exigitur quod uoluntas sit comes operis, cum tamen opus sequens quod est de genere malorum sit peccatum. Facilis est adaptatio. Item, nonne ad demeritum imputatur interfectio illius qui ignoranter se interficit? Si ergo talis interficiat hominem, peccat mortaliter. Numquid ergo illud peccatum imputandum est libero arbitrio? Nonne sopitum est in ipso liberum arbitrium? Aut numquid uult interficere? Nonne si fornicetur delectatur in hoc? Nonne in tali opere fit ipse caro? Visum est quibusdam quod talis furiosi mortalis actio presens retro trahenda sit ad instans uoluntatis peccandi quam habuit extremam dum esset sui compos, aut instans elapsum trahendum ad presens instans. Secundum ultimam ergo uoluntatem peccandi quam habuit sanus, metiuntur quantitatem peccati presentis. Sed quid? Committat ergo duo mortalia, unum maius, alterum

---

[1] Peter Lomb. *Sent.* II. xxiv. 3. 1 (I. 452–53), taken from *Summa Sentent.* III. viii (101C).
[2] Not identified. The problem of whether a lunatic can commit sin is discussed by William of Auxerre, *Summa Aurea* II. xvi. 4 (II. ii. 562–67).
[3] Gen. 19. 30–35.

minus. Si ergo secundum unam uoluntatem diiudicanda sunt hec peccata, nonne paria censebuntur? 13 Preterea, esto quod peccatum ob quod incidit in furorem enormissimum fuerit, nunc autem simplicem committit fornicationem. Numquid ergo presens mortale peccatum tam inordinatum censebitur quam inordinata fuerit uoluntas transacta? Numquid ergo adeo punietur pro hac simplici fornicatione, quantum puniendus est pro enormissima uoluntate elapsa? Videtur ergo quod furiosus talis non peccet de libero arbitrio, sed ex hoc quod committit opus quod in genere est mortale. Magna enim circumstantia peccati est genus peccati. Dicendum autem quod meritum casus talis furiosi et indiscretio presens cum mora et delectatione et genere peccati attendi debent in ipsius peccato. Si autem furiosus non incurrerit furorem per culpam suam, nullum peccatum erit ei mortale. Vtrum autem aliqua ipsius actio sit peccatum ueniale dubium est. Sed ad furiosum qui culpa sua incurrit insaniam reuertamur. Videtur ergo quod non peccet, cum dicat Augustinus neminem peccare in eo quod uitare non potest.[1] Sed hec auctoritas intelligenda est quando quis non intrusit se in necessitatem peccandi. 14 Sed adhuc obicitur: Iudex enim ecclesiasticus pronior debet esse ad ueniam, ut uidetur, quam iudex secularis. Cur ergo imputat ecclesiasticus iudex furioso tali homicidium ad peccatum, et ei penam cum ad sanitatem redierit iniunget, cum ipsi nulla infligatur pena propter homicidium in foro iudicis secularis? Ad hoc dicendum quod ecclesiasti<ci> iudicis est diligentiam adhibere [col. 2] sanandis anime uulneribus, et ideo sacerdos tenetur iniungere ei penam iam sano, cum iudicis secularis alia sit consideratio. Quid quod iudex secularis non attendit uoluntatem precedentem quam miser habuit, cum incideret in frenesim? Sed numquid furioso qui non incidit in furorem ex culpa sua iniungenda est pena a sacerdote quando redibit ad sanitatem, cum non peccauerit in furore tali? Eciam ad cautelam, et eam suscipere debet sanatus, timens summopere ne meritis suis malis exigentibus incurrerit furorem. 15 Item, si quis compos mentis, adhibens omnem diligentiam quam potest, non peccat cognoscendo alienam, uidere quod nec furiosus peccet cognoscens alienam, quamuis non adhibeat diligentiam, cum non possit in tali statu adhibere. Sed quid? Compos mentis cognoscit alienam uel causa prolis uel ad remedium incontinentie. Quid autem si furiosus propriam cognoscat, cum finem rei non discernat? Respondeo quia excusatur per bonum matrimonii; non peccat, presertim mortaliter. Item, furiosus qui de meritis suis non incidit in furorem non meretur per opus quod est de genere bonorum, licet ille qui ex meritis incidit in maniam peccet in opere quod est de genere malorum. Ad hoc quod quis mereatur exigitur motus liberi arbitrii, gratia informans,

---

[1] Aug. *De Lib. Arbitr.* III. xviii. 50 (1295); *De Vera Relig.* xiv. 27 (133), quoted in Peter Lomb. *Sent.* II. xli. 3 (I. 564).

discretio, finis debitus. Sed ad hoc ut quis demereatur, paucula sufficiunt. Licet ergo uoluntas mala in primo furioso trahatur ad presens instans, tamen bona uoluntas alterius furiosi non trahitur ad presens. 16 Et uide quia furioso qui culpa sua incidit in insaniam, uidetur quilibet motus qui est ad illicita esse mortalis, preter primos motus. Gregorius uero super Iob uidetur uelle quod dormiens mereatur. Loquens enim de Hoste Antiquo, ait: 'Sanctos quos non potest uincere uigilantes temptat dormientes, ne aliquod tempus desit merito'.[1] Sciendum quod gratia Spiritus Sancti quandoque excitat liberum arbitrium in dormiente. Videtur item quod in dormiente excitetur quandoque ratio ad consensum uoluptatis uel ad hoc ut dissimulet, precipue cum nocturna pollutione polluitur. Ceterum secundum Gregorium: 'Si ex purgatione nature prouenit, non est peccatum, et tamen abstinendum est a celebratione propter reuerentiam mense diuine'.[2] Sed esto quod penituerit de crapula, et postea ex reliquiis crapule prouenit pollutio, numquid peccat? Non, nisi ratio excitetur consentiens uel male dissimulans. Vnde uidebitur alicui quod Augustinus loquitur de furioso qui quandoque dilucidis gaudet interuallis, in quo non est prorsus sopitum liberum arbitrium. Alioquin uidebitur in hac parte conditio furiosi par esse conditioni morrionis, cui non imputatur ad peccatum mortale quicquid faciat.[3]

17 Anselmus uero Cantuariensis libertatem arbitrii dicit esse potestatem seruandi rectitudinem uoluntatis propter ipsam rectitudinem.[4] Paucis uero se expediunt de libero arbitrio, qui dicunt liberum arbitrium esse uoluntatem.

Quod ratio erret et consentiat peccato. i<i>.

1 Nolo autem perfunctorie pertransire quod in precedenti capitulo summatim tetigi, utrum scilicet erret ratio aut consentat peccato. Quod enim ita sit, uidetur mihi posse ostendi multipliciter. Primi enim motus insunt anime secundum sensualitatem. Et ut ait Augustinus, morosa delectatio in illecebris eciam citra consensum rationis peccatum est mortale.[5] Quare

---

[1] Cf. Greg. *Moral. in Iob* VIII. xxiv. 43 (827D), but remotely; much closer to Nequam's wording, and referring to Greg. *Moral. in Iob*, is Alan of Lille, *Summa 'Quoniam homines'* 193 (337).
[2] Cf. Greg. *Registr.* XI. lxiv (1198C–99B).
[3] Cf. Aug. *Contra Iulian.* III. iv. 10 (707).
[4] Anselm, *De Lib. Arbitr.* iii (I. 212 lines 19–20); *De Concord. Praesc.* I. vi (II. 256 lines 15–16; 257 lines 25–26).
[5] Not identified.

diceret 'citra consensum' nisi quandoque ratio consentiret? Licet enim ratio
non consentiat in opus, tamen dum [f. 76v] consentit in ipsam delectationem
morosam peccat mortaliter. Quandoque enim ratio neggligit uel omittit
reprimere delectationem, quandoque ipsi consentit. Augustinus item, in
libro Yponosticon in responsione secunda, ait: 'Qui unum peccatum (id est
diabolus) preuaricantibus primis inflixit hominibus, ipse per hoc quod
omnes (absque solo Christo) nascendo traxerunt illicit eciam cetera
committi peccata, dum ei per liberum consentitur arbitrium'.[1] 2 Sed
dices: Quidni? Voluntas enim consentit, non ratio. Sed quid? Nonne
uoluntas est rationis? Subtilius sic: Ego Alexander iudico per discretiuam
quod aliquis ex discretiua peccat, iste — G. uidelicet — ex discretiua iudicat
quod nullus peccat ex discretiua. Nonne aut ego fallor secundum discretiuam aut iste? Assit tercius iudex, I., cuius intersit dirimere controuersiam
inter me et istum. Probo quod I. iudicare debet istum falli et me non falli. Sic
enim procedere debet: A. iudicat quod aliquis ex discretiua fallitur, G.
iudicat quod nullus, I. ergo inferre debet et iudicare ex sua discretiua quod
discretiua. Alexander uel G. fallitur, ergo ex discretiua iudicare debet I.
quod alicuius discretiua fallitur. Sed hoc dicit A., ergo pro A. ferenda est
sententia. Sed dices: Quid si I. sit in opinione eadem in qua est G.? Esto.
Probo et adhuc quod I. feret sententiam pro A. Procedet enim sic: Ego,
inquiet, sum in eadem opinione cum G. Iudico ergo quod nullius discretiua
fallitur, ergo nec discretiua Alexandri fallitur, ergo uera est sententia
Alexandri, ergo pro A. danda est sententia. 3 Adde quod non potest I.
iudicare super hoc et esse in opinione G. Oportet enim quod tam pro A.
quam pro G. ferat sententiam. Sed dices quod I., si sapit dicturus est
quod A., non sic iudicat secundum discretiuam, immo secundum deceptiuam, diuisurus uim rationabilem in discretiuam, et deceptiuam et electiuam et detestatiuam. Dicet ergo I. quod secundum deceptiuam iudicat A.
Sed G. iudicat secundum discretiuam. Quero ergo quas rationes iudicat
deceptiua. Dicet forte I. quod deceptiua tamen probabiles inducit rationes,
discretiua tantum necessarias. Sed quid? M. dicebat quod secundum
conscientiam iudicandum est; B. quod secundum allegata alterius istorum
iudicium uerum erat. Nonne illud inerat secundum discretiuam? Numquid
necessarias habuit rationes? Numquid ergo ius positiuum est demonstratiuum? 4 Item, fides uirtus utrum inest secundum deceptiuam aut secundum
discretiuam? Si secundum deceptiuam, ergo fides uirtus fallitur. Si secundum discretiuam, ergo necessarias tantum habet rationes, ergo nec est
meritoria nec est fides. Item, numquid anima Petri habet deceptiuam aut
amisit unam uim? Item, Christus illud inducens, 'Ego dixi dii estis'[2] et

---

[1] Ps-Aug. *Hypomnest.* II. iv. 4 (1620).   [2] Ps. 81. 6; Ioh. 10. 34.

cetera, tunc contentus erat probabili ratione etiam, ut aiunt, numquid ergo et ipse habuit deceptiuam? Constat quod fidem non habuit. Item, scientia que dicitur topice inestne secundum deceptiuam, cum probabilibus sit contenta rationibus? Si ergo talis scientia inest secundum deceptiuam, dabitur quod infinite scientie quibus sciuntur complexa significata non insunt secundum discretiuam. Nonne autem omnis scientia ueri inest secundum discretiuam? Sicut ergo una est scientia qua discernitur uerum a falso, ita quod eadem discernitur falsum a uero, ita est una uis qua discernitur bonum a malo, ita quod eadem discernitur malum a bono. [col. 2] 5 Sicut igitur usus artis fallitur, ita et usus rationis. Nichil ergo dictu est uis deceptiua, nisi eandem dixeris deceptiuam quam et discretiuam. Ratione ergo usus decipitur uis anime que est ratio. Opinio ergo, error, defectus, cognitio, comprehensio ueri, scientia, siue sit usus siue habitus, secundum discretiuam inest. Est autem nomen rationis equiuocum. Vnde hec argumentatio nullius est: 'Iste de ratione peccat, ergo rationabiliter peccat'. Vt quid enim non peccant bruta animalia, nisi quia ratione carent? Nos autem de sensualitate sepe peccamus, ut patet in primis motibus, cum tamen bruta de sensualitate non peccent. Quidni? Efficacior in multis est in nobis sensualitas quam in brutis. Adde quod tam caro nostra quam sensualitas corrupta est.

Quod anima sit essentialiter in qualibet parte corporis. iii.

1 Reuertor sponte ad animam prothoplasti, quam sicut et alias doceo creatam fuisse in corpore, quamuis de illa uarias uideantur proferre sententias sancti doctores. Inficior autem illam creatam fuisse cum angelis in initio temporis, ut supra inficiatus sum.[1] Quamuis enim Augustinus id uideatur uelle super Genesim, disserendo tamen hoc dicit.[2] Ratione enim materie corporum, scilicet yles, dictum est quod omnia creauerit Deus simul, ita ut accomoda sit uniuersitas. Reperies tamen animam humanam creatam fuisse in initio temporis ratione similitudinis, eo quod angelicus spiritus tunc creatus fuit, qui rationalitate conuenit cum anima. Differunt tamen specie angelus et anima, adeo ut angelus sit persona, anima non. Sed de hoc inferius.[3] Videtur tamen ad preordinationem diuinam referenda esse auctoritas predicta, cum dicatur: 'Qui manet in eternum creauit' (ratione preordinationis) 'omnia simul',[4] id est in ipsa eternitate que simplex est et omnimoda carens successione. 'Pater', inquit Veritas, 'usque

---

[1] See above, III. lxxxix. 1.   [2] Aug. *De Gen. ad Litt.* VII. xxiv. 35 (368).
[3] See below, sect. 5.   [4] Ecclus. 18. 1.

modo operatur et ego operor',[1] quod quidem uerum est non solum ratione regiminis, sed eciam ratione creationis. 2 Cotidie enim, ut dixi supra, creat Deus nouas animas, in ipsis scilicet corporibus.[2] Nonnulli uero prolixos instituunt tractatus, inquirendo utrum Deus noua corpora creet. Materiam enim, ut aiunt, prius creauit Deus. Esto. Nonne tamen substantiale est esse ignem? Nonne nouum corpus creatur, cum ignis incipit esse? Reuera uerbum creandi nunc restringitur, nunc ampliatur. Creare enim quandoque dicitur de nichilo facere. Et secundum hoc, Deus creat animas, unitates, formas tam substantiales quam accidentales. Quandoque dicitur et homo creari qui incipit esse, quia fit a Deo et est creatura. Anima ergo estne creata in cerebro tantum aut in corde tantum, aut et in cerebro et in corde et in singulis partibus corporis? Aut numquid per hoc quod creata est in uno membro, uiuificat et regit omnia alia membra? Dicendum est quod anima essentialiter est in qualibet parte corporis, sicut Deus essentialiter est in omni creatura. 3 Vnde Cassiodorus in libro De Anima: 'Si quid fortasse uulnus acceperit corpus, statim condolet anima, quia ubique substantialiter inserta est. Tota est in singulis partibus corporis, nec alibi est maior, alibi minor.'[3] Errant ergo dicentes animam se habere instar centri igniti quod illuminat totum circulum, cum tamen non sit nisi in puncto unico. Quid? Immo punctum est. Sic quidem, ut aiunt, anima non est [f. 77] essentialiter nisi in una parte corporis, sed potentialiter in qualibet. Multi enim paralogizantur per fantasticam similitudinem. Sed cum anima sit in pede, numquid recessura est a pede sicut et a corde, quando egressura est de ergastulo corporis? Numquid per aliquantam lineam et maiorem mouebitur, deferenda in celum? Item, cum mors per causam dicatur dissolutio anime et corporis, nonne sicut anima coniuncta est cuilibet parti corporis, ita et a qualibet parte disiungetur? 4 Absit ut hanc coniunctionem ita comprehendas ut putes ex anima et qualibet parte corporis esse unum, sicut ex anima et corpore totali est unum. Manus enim precisa a corpore eadem est manus que et prius, licet in ea non sit anima, cum tamen in ea prius fuerit. Vt enim dicit Aristotiles, manus et pes secunde substantie sunt.[4] Qua de re substantiale est manui esse manum. Si dixero prout se habet rei ueritas animam esse in manu et tamen non esse recessuram a manu, quamuis in corde sit et ab ipso sit recessura ita ut hunc recessum referas ad motum qui est de loco in locum, non intelliget hoc simplex lector. Sed numquid anima est in sanguine cuius quedam pars est intra uenas, quedam extra? Numquid anima est in

---

[1] Ioh. 5. 17.
[2] See above, III. lxxxix. 1. Hieron. *Epist.* cxxvi. 1 (1086A); *Contra Iohann. Hierosol.* xxii (373A); *Adv. Rufin.* iii. 28 (478C); much quoted by William of Conches, e.g. *In Platonis Tim. 41D* cxix (210 and n.a); *Summa Sentent.* I. iv (49B).
[3] Cassiod. *De Anim.* ii (1284B).   [4] Cf. Arist. *Categ.* vii (8a21–27).

radio uisuali, dato quod radius exeat ab oculo? Vbi sentit anima? 5 Augustinus et Anselmus prolixam contexunt inquisitionem super talibus. Videtne, inquiunt, aut percipit uisu anima solem in corpore humano, aut extra corpus?[1] Numquid anima protenditur, ut ita loquar, usque ad solare corpus? Et ecce, qui sepe similitudines arguo tanquam erroris inductrices, similitudine utar. Sit ergo oculus centrum. Patet quod oculus iste uidebit totum circulum, et tamen non est nisi in puncto. Sic et anima sentit rem constitutam extra corpus, et tamen non est nisi in corpore. Preterea, caute intelligendum est quod dicit Cassiodorus, scilicet quod anima dicitur deriuatus a 'nema', id est a sanguine longe discreta,[2] cum Moyses dicat animam esse in sanguine.[3] Hoc enim dicit Cassiodorus in suggillationem hereseos eorum qui asserunt animam humanam introire cum corpore. Vnde et Cassiodorus subdit: 'A sanguine longe discreta est anima, quia eam et post mortem corporis perfectam constat esse substantiam'.[4] 6 Moyses uero suam refert considerationem ad regimen anime uegetantis corpus. Vnde Augustinus dicit quod anima, eo quod spiritus est, non potest habitare in sicco.[5] Quid? Nonne angelus spiritus est? Non tamen habitat in humido. Sed si naturam tam anime quam angeli consideres, nulla est obiectio. Angelus enim non potest uegetare corpus, anima potest. Sed quid? Que conuenientia est anime ad humidum cum hec sit simplex, illud compositum? Numquid maior est conuenientia anime ad humidum quam anime ad siccum? Quid est ergo quod dicit Aristotiles quia ignis est id in quo primo anima nata est fieri?[6] Immo, quid est quod omnes instructi in naturalibus docent, quoniam uidelicet mediante spiritu subtili, corporeo tamen coniungitur anima corpori? Sunt enim tres spiritus corporei: naturalis, uitalis, animalis. Sed de his tractare mea non interest inpresentiarum. 7 Nonne ergo aliqua est conuenientia anime, licet sit simplex, ad spiritum corporeum, siue sit aerius, siue partim aerius, partim igneus? Reor quod licet anima [col. 2] sit simplex, habet tamen conuenientiam cum corporibus, ita quod cum quibusdam corporibus familiariorem habet conuenientiam quam cum aliis. Ratione ergo subtilitatis habet anima conuenientiam cum igne, nichilominus tamen habet conuenientiam cum humido, quo mediante commodius regitur et uiuificatur anima a corpore. Adde quod nutrimentum corporis eget beneficio caloris et humoris. Nonne punctum est simplex? Nonne et instans est simplex? Habet tamen punctum maiorem conuenientiam cum lineis et superficiebus quam instans. Punctum tamen non est pars

---

[1] Cf. Anselm, *Monolog.* xxiii (I. 41 line 29–42 line 2); *Proslog.* xiii (I. 111 line 2 seq); Aug. *De Agone Christ.* xx (301–02); *De Quant. Anim.* xxx (1068–69); *De Gen. ad Litt.* III. v. 7 (282).
[2] Cassiod. *De Anim.* i (1282A).   [3] Deut. 12. 23.
[4] Cassiod. *De Anim.* i (1282A–B).
[5] Ps-Aug. *Quaest. Vet. et Nov. Test.* xxiii (2229).
[6] Arist. *Top.* V. ii (129b15–25).

linee sed terminus. Nolo autem inquirere utrum Deus possit lapidi infundere animam rationalem, ita quod nullus humor assit, ita etiam quod lapis maneat lapis. Dicit enim Augustinus, ut predictum est, quia anima, eo quod spiritus est, non potest habitare in sicco. 8 Item, numquid anima rationale posset esse sine corde? Si item lapis esset corpus hominis, unde haberet homo respiraculum uite? Habet igitur anima maiorem conuenientiam cum carne quam cum lapide. Immo et anima mea maiorem habet conuenientiam cum corpore meo quam cum corpore tuo. Adde quod anima mea non posset fuisse anima tua. Si enim anima mea fuisset tua, tu non esses. Si enim tu es, hoc compositum ex hoc corpore et hac anima est, demonstretur anima qua uegetaris. Reperies tamen eandem fuisse animam Pharaonis et Herodis et Neronis; sed hoc referendum est ad similitudinem morum peruersorum. Si enim ad litteram hoc esset uerum, cuius corpus inhabitatura esset anima illa in iudicio? Cum quo enim corpore resurgeret? Numquid trium corporum quodlibet est inhabitatura post iudicium? Numquid in tribus corporibus est punienda in perpetuum? Numquid eadem anima in uno instanti punietur aliquantum et duplo magis et triplo? Numquid eadem anima posset esse pueri biennis tam et senis decrepiti? Quo dato, dabitur quod eadem anima dampnabitur eternaliter et saluabitur eternaliter; quod quidem manifeste est impossibile.

Vtrum quilibet homo sit mortalis et immortalis. iiii.

1 Admiratione autem digna est compositio hominis, cum quilibet homo constet ex corpore et anima, ex re uidelicet composita et simplici. Quod enim anima hominis sit simplex, omnes sane credentes admittunt. De anima uero bruti animalis fere omnes tam theologi quam phisici sentiunt quod sit spiritus corporeus. Si enim, ut aiunt, anima irrationalis esset simplex, non posset desinere esse, nec omnino perire. Sed quid? Nonne unitas, cum sit simplex, desinit esse et perit? Si uero anima irrationalis est corporea, nonne cum ipsa desinit esse, quod aerium est reuertitur in aerem, quod igneum in ignem? Ergo non tota perit. Sed de his superius disseruimus.[1] Reu<er>-tamur ergo ad animam rationalem ex qua et corpore constat homo. Numquid ergo simplex aliquid adicit quantitati tocius? Intellige ergo ex linea et puncto esse aliquid. Numquid illud est maius data linea? Cum igitur linea illa sit bicubita, eritne compositum ex linea illa et puncto maius quam

[1] See above, III. lxxxiv–lxxxviii.

bicubitum? Quod si est, intellige ex duobus punctis et data linea esse aliquid. Numquid ergo illud est maius quam id quod constat ex data linea et puncto? Ergo duo puncta insimul accepta maiorem pariunt quantitatem quam unum illorum, quod falsum est. Si enim punctum puncto addideris, nichil maius efficies [f. 77v] quam si nichilum nichilo. 2 Sed quid? Nonne unitas associata numero pro multorum opinione quantitatem adauget? Punctum ergo et unitas, licet simplicia sint, multum distant naturaliter. Si ergo simplicis ad simplex multa est dissimilitudo, quare non erit aliqua conuenientia simplicis ad compositum? Quid ergo miri si anime ad corpus constituens hominem cum ipsa aliqua est conuenientia? Sicut autem punctum quantitatem non adauget, ita nec anima. Hinc est quod homo non est maior suo corpore. Quod ergo solet dici, quia omne totum est maius qualibet sua parte, in geometricis compositionibus locum habet dum modo ad crementum corporum non transferatur consideratio. Licet autem homo soleat dici quantus quantitate corporis, non tamen dicetur compositus compositione corporis. 3 Non est enim homo compositus, nisi compositione que consistit in coniunctione anime et corporis. Sicut autem homo dicitur coloratus ratione corporis, ita et ratione corporis uidetur dicendus bicubitus. Sed ratione cuius dicetur homo mortalis? Si enim ratione corporis est homo mortalis, quare ergo non dicitur homo immortalis ratione anime, cum anima sit dignior pars hominis quam corpus? Estne ergo homo mortalis et immortalis? Si enim proprietas qua corpus est mortale inest homini, quare non inest homini proprietas qua anima est immortalis? Si autem homo est immortalis, ergo non potest mori. Ad hoc dicendum quod homo dicitur mortalis ratione dissolutionum quibus anima et corpus dissolui possunt. Cum autem dicitur corpus mortuum, impropria est locutio, quamuis satis usitata sit. Sed quid? Nonne homo dicitur corporea substantia ratione corporis? Quare ergo non dicitur incorporea substantia ratione anime? Si item homo dicitur quantus ratione corporis, quare non dicitur simplex ratione anime? Licet autem fere omnes admittant hominem esse corpoream substantiam, dicere tamen consueuimus hominem nec esse corpoream nec incorpoream substantiam. Hoc autem non latuit Aristotilem, dicentem 'Latent autem quandoque totum in partem ponentes, ut qui dicunt corpus genus animalis, eo quod pars. Licet item rationalitas anime insit homini, non tamen simplicitas anime inest homini, sicut nec unitas. Putant tamen nonnulli partem rei non habere unitatem.'[1]

---

[1] Arist. *Top*. IV. v (126a26–28).

Quod anima eciam exuta a corpore, licet sit incorporea et simplex, crucietur
rebus corporeis. v.

1 Cum autem satis euidens sit animam esse simplicem et incorpoream,
mirum uidetur quod rebus corporeis crucietur.[1] Quid super hoc sentiat
Gregorius audiamus: 'Ignem eo ipso patitur anima quo uidet, et spiritus qui
cremari se aspicit crematur. Sicque fit ut res corporea exurat incorpoream,
dum ex igne uisibili ardor ac dolor inuisibilis trahitur, ut per ignem
corporeum in corporea mens incorporea crucietur flamma'.[2] Sed mirum
est quod Gregorius premittit, dicens: 'Teneri per ignem dicimus spiritum ut
in tormento ignis sit uidendo, non sentiendo'.[3] Quid? Nonne uidere est
sentire? Nonne item anima sentit ignem, cum sentiat dolorem prouenientem
ex igne? Quod ergo dicit Gregorius 'non sentiendo' sic intellige: non
sentiendo scilicet corporaliter. Nam spiritus exutus corpore nec sentit
corporaliter, nec sentit mediante corpore ad tempus assumpto. Non enim
assu[col. 2]mit anima corpus in quo crucietur, sed sicut habet suum uisum,
ita habet suum sensum quo sentit et sustinet et percipit dolorem. 2 Ignis
enim in se consideratus non est pena, sed dolorem infert qui est pena. Sicut
ergo est sensus corporeus, ita est et sensus spiritualis quem scilicet habet
spiritus. Qui ergo miraris animam cum sit simplex cruciari igne corporeo,
aduerte quod propositurus sum. Tristicia res est non corporea, que tamen
hominem uexat et affligit. Nonne eciam inuidia cruciat hominem? Quid de
ieiunio, fame, siti, nuditate, indigentia loquar? Quid de egritudine et
insania? Sed dices: Ostendere debuisti que res non corporea crucietur aut
uexetur aut corrumpatur per rem corpoream. Esto. Nonne sanitas res est
simplex et omni carens forma lineamentari, que tamen esculentis et
poculentis superfluis corrumpitur? Nonne uirginitas res est simplex, et
tamen uiolatur? Nonne uirtus gemme deterioratur? Nonne uisus debilita-
tur? Nonne potestas diminuitur? Nonne pueritia decrescit? Cum ergo audis
animam cruciari igne corporeo, ne referas considerationem ad simplicitatem
eius, sed ad uitam et sensum. 3 Sed dices: Aut ignis tangit animam aut non.
Si tangit, quonam modo res corporea potest tangere rem simplicem? Si non
tangit, quonam modo ergo patitur anima ab igne? Numquid sola ymagina-
tione? Aut numquid opinione deluditur, putans se pati cum non patiatur?
Reor quod anima sentit per ignem et tangit, ita et ignis tangit animam.
Nonne duo sperica corpora contingent se in puncto tantum? Nonne linea
tangit punctum? Dum enim linea tangit lineam, tangit linea terminum
alterius. Sic ergo intelligi potest quod res corporea tangit rem simplicem.

---

[1] With this chapter cf. the discussion in Peter Lomb. *Sent.* IV. xliv. 7 (II. 520–21), on which
Nequam has evidently modelled his own.
[2] Greg. *Dial.* IV. xxix (368A).
[3] Ibid. Quoted by Peter Lomb. op. cit. (II. 521), via Julian of Toledo's *Prognosticon*.

4 Quod autem crucientur anime exute a corpore patet per diuitem et Lazarum. Sed quid est quod dicitur: 'Mitte Lazarum ut intinguat extremum digiti sui in aqua, ut refrigeret linguam meam quia crucior in hac flamma?'[1] Quid ibi uocatur nomine digiti, quid nomine lingue? Dicit Augustinus animam habere similitudinem corporis et corporalium membrorum.[2] Sed in quo consistit hec similitudo? Si enim dixeris animam assumere corpus quo mediante crucietur uel compareat uel loquatur, numquid ex illa anima et illo corpore est unum animal? Numquid homo? Si enim illud corpus non uegetatur anima neque sensificatur prout superius diximus de corporibus assumptis ab angelis,[3] quonam modo mediante illo corpore sentit anima aut cruciatur? Reuera anima exuta a corpore retinet potentiam qua percipiebantur res sensui occurrentes. 5 Licet enim a corpore diuisa id non agat, facultatem tamen retinet naturalem qua et corpori possit uniri et id per corpus operari. Si ergo potentia quedam appellatur digitus anime aut lingua, quid ad propositum? Numquid uoluit refrigerari in lingua tali? Gregorius, in omelia illa egregia que sic incipit 'In uerbis' et cetera, subtiliter et moderate ista exponit. Per extremum ergo digiti minima operatio designatur; per linguam pena inflicta pro edacitate et superflua loquacitate; per aquam misericordie lenimen. 'Ab extremo ergo digiti se tangi desiderabat, quia, eternis suppliciis datus, optat operatione iustorum [f. 78] uel ultima participare.'[4] Opera bona sanctorum supplicantibus opem conferunt absque ulla remunerationis uel glorie sanctorum diminutione.

Quomodo distinguant quidam inter animam et spiritum et mentem. vi.

1 Vt autem dictum est superius, uarie acceptiones uocabulorum molestiam ingerunt proficere uolenti.[5] Constat ergo quod omnis anima est spiritus. Distingunt tamen quidam inter animam et spiritum et mentem, uocantes animam potentiam qua percipiuntur res sensui occurrentes, spiritum potentiam ymaginationis, mentem intellectum. Est autem mens in summo, anima in imo, spiritus in medio. Aliquando tamen nomine spiritus designatur mens. Vnde apostolus: 'Spiritu ambulate et desideria carnis non perficietis'.[6] Et item: 'Reformamini spiritu mentis uestre,'[7] id est spiritu qui est mens uestra. Et item: 'Caro concupiscit aduersus spiritum.'[8] Et in Euuangelio: 'Spiritus quidem promptus est'.[9] Anima item pro mente ponitur ibi:

---

[1] Luc. 16. 24. Quoted by Peter Lomb., op. cit., via Julian of Toledo's *Prognosticon*.
[2] Aug. *De Gen. ad Litt*. XII. xxxiii. 62 (481). Quoted verbatim by Peter Lomb. op. cit.
[3] See above, III. xlv.   [4] Greg. *Hom. in Evang*. II. xl. 2, 5 (1306D–07A, 1303D).
[5] See above, e.g. II. xxxv. 1–2.   [6] Gal. 5. 16.   [7] Eph. 4. 23.   [8] Gal. 5. 17.
[9] Matth. 26. 41.

'Magnificat anima mea Dominum'.[1] Plenius autem tractauimus de his in tractatu que composuimus super Cantica Canticorum in laudem beate Virginis.[2]

Quod Adam ante peccatum fuit tam mortalis quam immortalis. vii.

1 Prolixos satis reperies tractatus super iis que spectant ad statum primorum parentum quibus quedam utilia adicere decreuimus. Adam ergo ante peccatum dicitur fuisse mortalis et immortalis, quia potuit mori et non potuit mori. Sed numquid ante peccatum fuit impotens? Videtur enim Augustinus uelle, disputans contra Manicheos, quod mortalitas et corruptibilitas sint impotentie.[3] Sed numquid immortalitas que erit in patria erit impotentia? Nonne tali immortalitate erit quis impotens mori? Nonne ergo illa impotentia est potentia? Dicunt quod Adam sua immortalitate potuit non mori, sed immortalitate patrie non potest quis mori. Quid? Numquid ergo immortalitas Ade fuit potentia, immortalitas autem patrie erit impotentia? Quod si est, dabitur quod impotentia preferenda sit potentia. Absonum item uidetur dictu quod in gloria erit impotentia immo quasi pars glorie erit impotentia scilicet immortalitas, cum non soleat admitti quod in Adam ante peccatum aliqua fuerit impotentia. 2 Numquid item esse mortalem infert posse, esse autem immortalem infert esse impotentem? Dicimus quod immortalitas patrie est potentia qua potest quis non mori. Sed quid? Nonne immortalitas Ade fuit potentia qua potuit non mori? Immo. Sed Adam ita potuit non mori quod potuit et mori. Excellentior ergo erit immortalitas patrie quam fuit immortalitas Ade. Sed numquid sunt indifferentes specie? Non. Sciendum item quod nec immortalitas patrie nec immortalitas Ade neque mortalitas est substantialis. Habebit enim quis immortalitatem patrie, manens idem quod modo est in substantia, et illam immortalitatem non habet modo, ergo non est substantialis. Adam uero per peccatum amisit suam immortalitatem, ergo illa non fuit substantialis. 3 Mortalitas item non est substantialis, quia omnis substantialis differentia saluatiua est, ratione effectus remoti ad quem tendere uidetur. Mortalitatis enim effectus remotus est mori, cum quasi denominatiuus effectus eius sit posse mori. Dato item quod mortale sit substantiale, dabitur quod mortalitas et immortalitas in patria erunt in eodem. Preterea, contrariorum [col. 2] eadem est disciplina. Numquid ergo potentia moriendi fuit in Adam potentia non moriendi? Ergo mortalitas fuit immortalitas. Quod si est, non

---

[1] Luc. 1. 46.   [2] Hunt, *Alexander Nequam*, p. 137, listing seven MSS.
[3] Aug. *Contra Epist. Manich.* xl. 46 (205).

potest dici quod Adam amiserit per peccatum hanc potentiam, scilicet immortalitatem. Dicimus quod alia est potentia moriendi, alia non moriendi, sicut alia est potentia ratiocinandi, alia non ratiocinandi. Rationalitas enim et irrationalitas differunt specie. 4 Preterea, non uidetur potentia prouenire ex sola negatione. Quod si est, quonam modo erit potentia qua quis potest non mori? Sed dicendum quod cause sunt in homine quarum concursus reddunt huiusmodi potentiam. Videtur item quod nullus homo preter Christum potuerit mori. Non refero considerationem ad possibilitatem sed ad potentiam. Ait ergo Christus: 'Potestatem habeo ponendi animam'[1] et cetera. Nullam talem potestatem habet purus homo. Videtur ergo potentia qua purus homo potest mori impotentia, habito respectu ad potentiam qua Christus potuit mori. Dicendum quod quandam excellentem potestatem habuit Christus que prefuit potentie moriendi, et huiusmodi potestatem excellentem non habet purus homo. Sed numquid anima rationalis potest mori? Nonne enim mors solet dici separatio anime a corpore? Numquid ergo anima moritur, cum separatur a corpore? Aut numquid mors separat animam a corpore? 5 Quid? Nonne Deus separat animam a corpore? Dicendum quod mors non est separatio, sed per causam hoc dicitur. Dubitabit autem intelligens utrum passiones procedant ex potentia. Cum ergo anima separatur a corpore, numquid per potentiam aliquam potest separari a corpore? Videtur sic notari potentia que inest Deo, cum dicitur quod anima potest separari a corpore. Vnde Anselmus dicit quod potentia attribuitur Achilli, cum dicitur quod Hector potuit uinci ab Achille.[2] Quero item utrum potestate quiescendi possit quis non gradi. Numquid ergo illa potest numquam gradi? Sciendum item quod Aristotiles uocat sectionem impotentiam. Vnde quidam asserunt potentia secandi uel diuidendi esse impotentiam.[3] 6 Sed quid? Nonne mollicies est casus humiditatis, sicut duritia est casus frigiditatis? Nonne ergo mollicies naturaliter inest huic rei, sicut illi duricia? Nonne ergo tophus potentiam habet qua potest diuidi, sicut adamas potest resistere diuisioni? Sed nonne potentia qua aqua potest esse mollis potest esse dura? Nonne enim mollicies est causa quare aqua possit congelari plurimum? Non. Oleum enim, cum sit molle, uix congelari potest. Sed hoc ex pinguedine prouenit naturali et calore. Sed nonne aqua potenter est mollis quia ex causis innatis? Scio quod phisici asserunt aliter se habere rem in actiuis, aliter in passiuis proprietatibus.[4] Si autem uolueris inter potentias prudenter distinguere, considerabis non solum propinquos effectus sed eciam remotos. Frigiditas enim calefacit quia urit per causam. Frigiditas item excludit se

---

[1] Ioh. 10. 18.   [2] Anselm, *De Verit.* viii (I. 188 line 19).
[3] Cf. Arist. *Categ.* viii (9a25–27).
[4] Cf. Gundiss. *De Anim.* ii (41 lines 14–19); Avic. *De Anim.* I. i (16–17 lines 90–93).

ipsam et ideo calefacit claudendo poros. Calor item infrig<i>dat quia poros aperit. Et uide quod Augustinus et Aristotiles uocant corruptibilitatem et mollitiem impotentias, eo quod tendunt ad non-esse, ratione remoti effectus.[1] Et ita quod quidam uocant impotentiam, alii uocant potentiam.

7 Solet autem queri quid priuet hec prepositio 'in', cum dicitur quod Adam fuit ante peccatum immortalis. Aut enim priuat mortalitatem aut mortem. Si mortalitatem, ergo non erat mortalis. Si mortem, uidetur quod [f. 78v] hic sit sensus: Adam fuit immortalis, id est potens mori, et non moriens. Et secundum hoc, quilibet uiator qui non moritur est immortalis. Dicimus quod notatur priuatio respectu mortis sub hoc sensu: Adam fuit immortalis, quia potens numquam mori. Sed obiciunt quia a simili lignum istud potest dici inpalpabile quia potens est numquam palpari, forte enim numquam palpabitur. Dicimus quod nulla est hec obiectio. Ade enim infuit quedam potentia qua poterat numquam mori. Nulla autem talis potentia insita est ligno ex eo quod potest non palpari, immo dependet ab actu extrinseco. Et uide quod hoc nomen 'mortalis' equiuocum est. Secundum quod enim dicitur de nobis, importat necessitatem moriendi cum potentia. Vnde apostolus ait 'Corpus quidem mortuum est propter peccatum'.[2] Non dixit 'mortale', ut notaret quod astricti sumus necessitate moriendi. In alia significatione copulat hoc nomen 'mortalis' potentiam quandam, ex eo quod homo habilis est ad moriendum. Secundum hoc, Adam fuit mortalis ante peccatum. Similiter, in alia significatione dicitur Adam fuisse immortalis in primo statu, et in alia dicentur glorificati immortales.

Vtrum mortalitas Ade fuerit naturalis. viii.

1 Solet item queri utrum immortalitas infuerit Ade de natura. Augustinus enim super Genesim dicit quia homo creatus est immortalis, quod erat ei de ligno uite, non de conditione nature.[3] Sed quid? Nonne quam cito fuit homo creatus, creatus fuit et immortalis? Ergo antequam datum esset ei preceptum de esu ligni uite, ergo immortalitas non inerat ei ex ligno uite sed ex natura. Item, cum de fructu aliorum lignorum posset conseruari Ade immortalitas, quare potius attribuitur ligno uite quam aliis lignis? Numquid item ex ligno uite erat Adam immortalis spiritualiter, quia nisi comederet ex eo, moreretur spiritualiter per peccatum? Si item fuit immortalis ex ligno

---

[1] Cf. Ps-Arist. *Categ. Decem* cxviii (160 lines 26–31); Aug. *Contra Epist. Manich.* xxxviii. 44 (203–04).
[2] Rom. 8. 10.   [3] Aug. *De Gen. ad Litt.* VI. xxv. 36 (354).

uite quia eius immortalitas non potuit conseruari nisi per esum ligni uite, a
simili fuit rationalis ex ligno uite et corporeus et ita de aliis proprietatibus.
2 Preterea, numquid potentia scribendi dicetur inesse isti ab instrumento,
quia sine eo non scribit? Dicimus quod Adam habuit immortalitatem ex
natura, et improprie dicitur illam habere ex ligno uite, ideo scilicet quia illa
conseruanda erat per esum ligni uite si prestetisset. Licet autem per alia
ligna posset conseruari, tamen per lignum uite tantum potuit perfici et
consummari. Dicunt autem nonnulli quod in tanta quantitate et tociens
posset comedere de ligno uite quod mori non posset, sed in nulla quantitate
posset comedere de aliis lignis quin posset mori. Sed quid? Ergo in tanta
quantitate et tociens posset comedisse de ligno uite, quod non posset
peccare. Preterea, preceptum datum de esu ligni uite adimpleuit Adam
secundum Augustinum, sed prohibitionem factam de ligno scientie boni et
mali transgressus est.[1] Quid ergo si post peccatum comedisset de ligno
uite? Nonne peccans incurrit necessitatem moriendi? 3 Quid est ergo quod
dicit Dominus in Genesi, alloquens angelos, 'Nunc ergo ne forte mittat
manum suam et sumat eciam de ligno uite et comedat et uiuat in
eternum'?[2] Sed hoc referendum est ad opinionem Ade putantis quod si
comederet de ligno [col. 2] uite uiueret in eternum. Potest item dici quod hec
uox 'in eternum' non est hic nota eternitatis, sed diuturnitatis. Si enim eciam
post peccatum comedisset de ligno uite, diutius uixisset quam uixerit. Noluit
autem clementissimus Deus Adam presentis uite erumpnis nimis uexari.
Sane item intelligenda est auctoritas que dicit quia Adam per peccatum
uulneratus est in naturalibus et spoliatus gratuitis.[3] Videtur enim sic
innui quod naturalia non amiserit per peccatum. Videtur ergo quod Adam
immortalitatem non amiserit. Numquid ergo eam habuit post peccatum?
Intelligenda est ergo dicta auctoritas de uiribus anime in quibus uulneratus
est.

Vtrum potentia sit in homine qua possit peccare. ix.

1 Est autem questio satis a scolaribus agitata sed utinam bene expedita,
utrum aliqua potentia sit quis potens peccare. Multas quidem reperies
auctoritates quibus uidentur sancti uoluisse quod posse peccare potius sit
impotentia quam potentia. Cum ergo omnis potentia bona sit, numquid

---

[1] Cf. ibid., quoted in Peter Lomb. *Sent.* II. xix. 4. 2 (I. 424).   [2] Gen. 3. 22.
[3] Peter Lomb. *Sent.* II. xxv. 7. 1 (I. 465); cf. Ps-Bernard, *Inst. Sacerdot.* I. i. 2 (775A);
Peter of Poitiers, *Sent.* II. xx (1024D); William of Auxerre, *Summa Aurea* II. ix. 2. 2 (II. i. 249
lines 77–78, 81–82).

posse peccare est bonum? Numquid item angelus confirmatus in bono potest peccare? Dicit enim Ieronimus: 'Solus Deus est in quem peccatum cadere non potest; cetera cum sint liberi arbitrii in utramque partem flecti possunt'.[1] Referunt nonnulli illud Ieronimi ad statum angelorum primitiuum qui fuit ante ruinam malorum. Verior tamen mihi uidetur solutio ut dicatur quia Ieronimus respexit naturalem potentiam potius quam usum eius. Considerata enim potentia naturali in se, potest confirmatus peccare, sicut curtatus potest gradi, quia habet gressibilitatem. Vsus tamen communiter loquentium refert hoc uerbum 'posse' in talibus potius ad facultatem habilitatis quam ad primitiuam potentiam. Est enim hoc uerbum 'posse' equiuocum. Sicut ergo curtatus non potest gradi, ita et angelus bonus non potest peccare. Quamcumque tamen potentiam habuit habet, et quicquid potuit potest; sed potuit peccare, non tamen potest peccare. 2 Similiter,[a] quicquid uidisti uides, sed uidisti album, non tamen uides album. Sed numquid alia est particularis potentia bene agendi et alia peccandi? Admittunt nonnulli quia sic est. Sed quid? Nonne potentia naturali qua quis bene potest agere potest et male agere? Nonne enim potentia qua potest uidere album potest uidere nigrum? Numquid alia est potentia particularis in pictore qua potest facere deformem picturam, et alia qua potest facere pulchram? Licet ergo dicatur quod eadem sit potentia peccandi que et non peccandi, non ob hoc dabitur quod in Adam eadem fuerit potentia moriendi et non moriendi. Duplex tamen est hec appellatio: 'Potentia non peccandi'. In una significatione idem est quod potentia desistendi a peccato uel uitandi peccatum, in alia idem est quod potentia nunquam peccandi, ut ita loquar. In hac secunda significatione dicitur quod Adam habuit potentiam non peccandi. In prima significatione dicimur et nos habere potentiam non peccandi. Et secundum hoc, eadem est potentia peccandi que et non peccandi; presertim, cum dicamus omnem act<i>onem esse a Deo. Actione ergo qua iste fornicatur posset cognoscere uxorem legitime, si eam duxisset. Potentia ergo particularis qua iste potest fornicari potest bene agere. 3 Similiter, potentia naturali qua iste potest dare elemosinam meritorie potest dare eandem demeritorie, scilicet [f. 79] propter inanem gloriam. Dicimus item quod posse peccare est bonum, ita quod hoc uerbum 'potest' non copulet fragilitatem uel pronitatem sed naturalem potentiam. Cum ergo dicitur quod aucta potestate peccandi minuitur libertas liberi arbitrii, accipitur ibi potestas pro pronitate. Sed, inquies, si potentia peccandi est bona, quid est ergo quod Deus non potest peccare? Quid? Nonne posse gradi est bonum? Numquid tamen diuina natura potest gradi?

[a] Simile R

---

[1] Hieron. *Epist.* xxi. 40 (393), quoted in Peter Lomb. *Sent.* II. xxv. 2 (I. 462).

De hoc tamen inferius.[1] Videtur item quod potentia peccandi sit mala, cum omnis eius usus sit malus. Ad hoc dicendum quod usus quandoque ponitur pro effectu. Vt autem superius distinximus, est effectus denominatiuus, est et remotus.[2] Posse ergo peccare non est malum. Adde quia potentia qua quis bene potest agere potest et male agere, et econuerso. Non ergo omnis effectus etiam remotus, potentie qua quis potest peccare, est malus. Ars item sophistica est bona, et tamen eius usus est malus. Sed nonne omnis potestas est a Deo? Itaque qui resistet potestati, ordinationi Dei resistit.[3] Sed quicumque resistit potestati peccandi facit cum Dei ordinatione, ergo potestas peccandi non est a Deo. Dicendum quod resistendum est potestati peccandi, id est usui eius ut peccato, et tamen ipsa potestas est bona et est a Deo.

4 Quod autem potentia naturali possit quis peccare, sic potest ostendi. Nonne rationali creature bonum est posse peccare? Nam si peccare non posset ex abstinentia peccati, nullum meritum haberet. Nonne item impotentia infuit Ade ante peccatum, si dixeris impotentiam esse posse peccare? Cum item de naturali potentia possit quis agere, nonne de naturali potentia potest quis nunc bene agere, nunc male? Ad hoc tamen ut bene agat quis, desideratur gratia Dei assistens. Dicunt quidam quod si hoc uerbum 'peccare' accipiatur qualitatiue ita ut copulet deformitatem sine actu, neganda est hec: 'De naturali potentia potest quis peccare'. Si uero notet actum cum deformitate, admittunt predictam. Sed quid? Nonne anima de natura sui est capax malitie et bonitatis? Nonne item potentia uidendi qua homo sepe abutitur est a Deo? Idem accidit in ceterorum sensuum potentiis. Preterea, nonne Adam ante peccatum a Deo habuit potentiam peccandi? Si non, a quo ergo? Nonne item laus uiri boni est id quod dicitur 'Qui potuit transgredi et non est transgressus'?[4] 5 Licet ergo potestas peccandi sit secundum quosdam quasi pars liberi arbitrii nostri, tamen non est describendum liberum arbitrium in hunc modum: 'Liberum arbitrium est potestas libere flectendi se tam ad malum faciendum quam ad bonum'. Hec enim descriptio non conuenit Deo.[5] Constat item quod in angelis idem erat liberum arbitrium ante confirmationem et post. Quare ergo non similiter eadem erit immortalitas in Adam in patria que fuit in eo ante casum? Dicendum quod liberum arbitrium non ideo dicitur liberum, quia libere possit quis peccare uel non peccare, sed quia libere se habet ad ista duo: facere, dimittere. Ad hec ergo duo fuit liberum arbitrium angelorum post confirmationem sicut et ante. Sed prima immortalitas Ade erat ex eo

---

[1] Not extant; cf. above, II. lii.   [2] See above, IV. vii. 3.
[3] Rom. 13. 1–2.   [4] Ecclus. 31. 10.
[5] This definition, contained in the *Sent. Anselmi* (p. 50; cf. Lottin, *Psychologie*, I, p. 15 n. 1), is criticized by Robert of Melun, *Sent.* I. ii. 93 (unprinted; see III. i, p. 110).

quod non poterat mori. [col. 2] Illa uero que erit in futuro erit ex hoc quod numquam de cetero poterit mori.

6 Et uide quod aliquantisper ad nostram opinionem accedunt, qui dicunt liberum arbitrium esse potentiam siue dignitatem que copulatur per hoc participium 'potens', cum dicitur 'Iste potest esse potens bene agere uel male', et secundum hoc eadem est potentia bene agendi et male agendi, scilicet quedam dignitas qua potens est utrumque facere; sicut quedam dignitas est que dicitur regia potestas, et illa dicitur rex potens. Plures autem particulares potentie sunt ex illa potestate. Sed nonne quis est impotens in quantum est malus? Videtur ergo quod sola impotentia est qua quis potest esse malus. Dicendum quod potentia potest quis esse impotens, unde et Adam ante peccatum potuit esse impotens. Sed cum uitium nichil sit, numquid uitium potentia potest dominari isti? Videtur quia cum dicitur quia uicium potest dominari isti, hoc uerbum 'potest' sit copula tantum et nota possibilitatis. Cum ergo dicitur 'Iste potest subici uitio uel infici uitio', nullam copulat potentiam naturalem hoc uerbum 'potest', ut uidetur. Quod si est, neganda est hec: 'Iste potentia potest esse malus'. 7 Ad hoc dicendum quod uitium nullam habet potentiam. Sed homo habet potentiam qua potest appetere illicitum. Hinc est quod homo potentia potest esse malus. Sed numquid potentia est in homine qua possit corrumpi in naturalibus? Eciam. Sic enim condita sunt naturalia uiatoris, ut per uirtutes possunt meliorari, per uitia deteriorari. Augustinus tamen, ut superius dixi, disputans contra Manicheos uidetur uelle quod posse corrumpi sit ex impotentia sola. 'Cum dicitur', inquit, 'natura corruptibilis, duo nomina dicuntur, ut cum audis "naturam" ad Deum pertineat; cum audis "corruptibilem" ad nichilum'.[1] Et infra: 'Corruptio contra naturam est'.[2] Sed hoc dicit Augustinus, finem considerans ad quem tendit corruptio, scilicet non-esse. Potuit et Augustinus considerasse quia corruptio nichil est. Vitium enim corrumpit naturalia, cum tamen ipsum nichil sit.

8 Quod autem de potentia peccet quis, non solum per predicta sed eciam per adicienda declar<ar>i potest. Nonne enim per liberum arbitrium peccat quis? Ergo per potentiam naturalem. Illud item, 'Ego autem dixi in abundantia mea "Non mouebor in eternum" ',[3] ad personam Ade refertur, ita ut abundantia uocetur ubertas liberi arbitrii, ex qua ipse tanquam terra que ex abundantia proprie fecunditatis comburenda de se producit, dampnationis causam produxit serpenti credendo. Et ita ex abundantia liberi arbitrii peccauit Adam. Item, que est causa quare homo potest peccare? Nonne potentia? Si dixeris absentiam summe perfectionis causam esse quare possit quis peccare, a simili absentia summe perfectionis

---

[1] Aug. *Contra Epist. Manich.* xxxviii. 44 (204).   [2] Ibid. xl. 46 (205).
[3] Ps. 29. 7.

est quare homo sit minus iustus Deo. Item, nonne homo habet potentiam peccandi quia de nichilo eum fecit Deus, cum nondum sit confirmatus?

9 Artificiosum autem esset distinguere que potentie sint indifferentes specie, que non. Nonne enim eadem potentia particulari potest quis scribere glosulam minutam, qua et litteras maioris quantitatis? Nonne ergo eadem est potentia scribendi et illuminandi? Nonne ergo eadem est pingendi [f. 79v] et scribendi? Numquid ergo eadem particularis est potentia scribendi et sculpendi? Numquid eadem particulari potentia potest quis exercere opera omnium mechanicarum? Aut numquid diuersitatem potentiarum attendes secundum diuersitatem membrorum, ut alia sit potentia exercendi opera manualia, alia exercendi opera instrumentis pedum? Erit ergo alia potentia fodiendi, alia scribendi, ita quod eadem erit scribendi que et edificandi? Sed quid principaliter spectat ad propositum nostrum exsequamur.

Quod alia sit potestas gratuita, alia naturalis. x.

1 Dilucidior autem erit series dicendorum si pre intellectum fuerit, quia alia est potentia naturalis, alia gratuita. De naturali dicit Augustinus, <quod> posse credere nature est, credere gratie; ergo potentia credendi est naturalis.[1] De gratuita autem potentia dicit Iohannes 'Dedit eis potestatem' hanc scilicet 'filios Dei fieri'.[2] Sed de qua potestate intelligetur quod dicit Augustinus, quia in potestate nostra est mutare uoluntatem in melius?[3] Nonne de gratuita? Videndum ergo quod potestas gratuita incipit esse in homine quando infunditur ei gratia, sed potentia naturalis prius fuit in eo, ut potestas dandi elemosinam. Sed uidetur quod naturali possit agere, sed gratuita tantum potest meritorie agere. Qua ergo potentia potest iste male agere? Si naturali, nonne ergo et naturali potest meritorie agere? Sed quid? De naturali potentia potest iste dare elemosinam habendo caritatem, ergo naturali potentia potest dare elemosinam cum caritate, ergo de naturali potest iste elemosinam dare meritorie. Demonstretur quidam qui est in mortali peccato. 2 Item, datio istius qui est in mortali peccato potest esse meritoria, ergo naturali potentia potest dare meritorie. Nonne item iste potest saluari? Nonne ergo potest iustificari? Naturali ergo potentia potest esse iustus. Item, in eo qui est in mortali

[1] Prosper, *Sent.* cccxviii (476B) = Aug. *De Praedest. Sanct.* v. 10 (968); also quoted by William of Auxerre, *Summa Aurea* II. xiii. 2 (II. ii. 475 lines 4–5).
[2] Ioh. 1. 12.
[3] Aug. *Retract.* I. xxii. 4 (620); quoted in Peter Lomb. *Sent.* II. xxviii. 3. 2 (I. 490).

peccato est uoluntas bene agendi; esto quod moueatur ad bene agendum quantum potest. Multo fortius ergo potentia bene agendi inest ei. Item, nonne iste qui est in mortali peccato potest cooperari gratie? Nonne potest suscipere gratiam? Item Augustinus: 'Posse habere caritatem natura est omnium, habere caritatem tantum fidelium.'[1] Dicimus ergo quod iste qui est in mortali peccato naturali potentia potest meritorie agere, similiter et credere, ita eciam ut hoc uerbum 'credere' copulet motum fidei uirtutis. Ille ergo qui habet caritatem naturali potentia potest bene agere, similiter et gratuita. 3 Sed gratuita est iste potenter iustus, et non naturali. De qua autem potentia intelligetur illud Marci: 'Si potes credere, omnia possibilia sunt credenti'?[2] Dicit Ieronimus quod sic notatur libertas arbitrii.[3] Hoc ergo intelligendum est de naturali potentia. Est ergo sensus: Cum in natura habeas posse credere, cooperare gratie. Iudeis item dixit Dominus 'Quo ego uado, uos non potestis uenire'.[4] Apostolis autem dictum est 'Quo ego uado, uos non potestis uenire modo'.[5] Numquid de eadem potentia hinc inde fit sermo? Dicendum quod utrimque referendum est quod dicitur ad gratuitam potentiam. Iudei enim caritatem non habuunt, qua re gratuitam [col. 2] potentiam non habuunt. Apostolis autem dictum est cum 'modo', quia licet haberent caritatem, tamen secundum quosdam non sufficiebat adhuc caritas eorum ad imitandum passionem Christi. Difficilis tamen questio est utrum in quantulacumque caritate possit quis pati pro Christo. Tutissimum est tamen predictam auctoritatem sic intelligere: Iudeis non est concessum desuper aut tunc aut post sequi passionem Christi, cum apostolis fuerit hoc concessum postea. De gratuita item potentia intelligendum est quod dicitur super illum locum Psalmi, 'Qui educit uinctos in fortitudine',[6] glosa: 'Vincti ambulare uolunt, et non possunt'.[7] Sic ergo hec est uera: 'Iste qui est in mortali peccato non potest moueri ad bonum, et tamen de naturali potentia potest moueri ad bonum'. Constat autem quod potest moueri ad bonum si sic notetur possibilitas.

4 Sed queritur quid sit gratuita potentia, cum dicatur 'Dedit eis potestatem hanc scilicet fieri filios Dei, ergo filiatio talis est potentia gratuita'. Sed cum filiatio talis non sit uirtus, numquid est effectus uirtutis? Cuius? Nonne cuiuslibet? Virtutes ergo et effectus earum potentie sunt gratuite. Reor sic esse intelligendam auctoritatem Iohannis, 'Dedit eis potestatem qua fierent filii Dei'.[8] Deus igitur adoptat nos in filios, et nos adoptamur ab ipso in filios. Sumus enim adoptiui filii Dei. Potestas ergo gratuita que nec est uirtus nec est effectus uirtutis create confertur nobis, sed est quasi effectus benignitatis

---

[1] See above, sect. 1 n. 1.   [2] Marc. 9. 22.
[3] *Glo. Ord.* V. 575–76 (interlin.), not naming a source. Not in Hieron. *In Marc.*
[4] Ioh. 8. 21–22 etc.   [5] Ioh. 13. 36.   [6] Ps. 67. 7.
[7] *Glo. Ord.* III. 908.   [8] Ioh. 1. 12.

diuine. Sed ubi copulatur huiusmodi potestas? Numquid hic: 'Iste promouetur in filium Dei'? Non. Sed numquid illa potestas est natura prior
promotione tali an econtrario? Videtur quod adoptatio natura sit prior quam
promotio. Adoptatio igitur huius, passiue accepto uocabulo, est honor siue
potestas talis per causam, quia honoratio qualitatiua qua iste honoratur sic a
Deo est honor siue potestas talis. Adoptatio igitur huius respicit paternitatem
que in Deo est. 5 Sed numquid, cum Deus dilexerit nos ab eterno, adoptauit
nos ab eterno? Non. Sed numquid potestas que efficit istum esse filium Dei est
potestas que hunc facit amicum Dei? Respondeo: Non est eadem potestas
particularis. Sed utrum maius est aut optari in filium Dei aut esse filium Dei?
Numquid paria sunt? Vtrum maius est fieri a Deo bonum an esse bonum?
Constat quidem quod maius est esse bonum quam de natura posse esse
bonum. Vtrum item maius est esse hominem quam fieri hominem? Vtrum
peius est fieri malum an esse malum? Potest eciam filiatio talis dici potestas
siue honor, sicut blasphematio dicitur inhonoratio, et secundum hoc sic
exponetur: Dedit eis potestatem scilicet hanc esse filios Dei.

Vtrum potentia qua Adam in primo statu potuit non peccare fuerit
gratuita. xi.

1 Tres autem fuisse status Ade consueuimus asserere. Primus fuit status
innocentie in quo nec uirtutes habuit nec uitia; in secundo fuit ornatus
uirtutibus; in tercio cecidit uitiis deformatus.[1] Dicit ergo Augustinus
quod in statu innocentie habuit Adam unde staret, sed non habuit unde
proficeret. Sed quid? Nonne [f. 80] resistere temptationi est meritorium?
Habuit ergo in primo statu unde proficeret.[2] Item, nonne declinare a
malo est meritorium? Dicendum quod non semper est meritorium, sed
semper per ipsum uitat quis penam. Adam ergo in primo statu non
merebatur resistendo temptationi, quia non habuit caritatem. Sed quid fuit
illa innocentia? Immunitas et a pena et a culpa. Sed cum Adam incepit
habere uirtutes, desiitne prior innocentia esse in eo, aut due innocentie
fuerunt in eo? Dicendum quod in isto uiatore uirtutibus informato est
innocentia proueniens ex uirtutibus, sed non est in eo talis innocentia qualis
fuit in Adam in primo statu. 2 Due ergo innocentie fuerunt in Adam in
secundo statu; una fuit immunitas[a] culpe et pene, altera fuit proueniens ex

---

[a] imminuitas R

[1] Cf. William of Auxerre, *Summa Aurea* II. ix. 3. 3 (II. i. 258 lines 14–17).
[2] Cf. Aug. *De Corrept. et Grat.* x. 26–xi. 32 (932–36), though the 'auctoritas' is not an
absolutely accurate summary of Augustine's position.

concursu uirtutum. Si uero dixeris naturalia effici gratuita, dices tantum unam innocentiam infuisse Ade in secundo statu, sed iam meliorata fuit per aduentum uirtutum. Sed nonne innocentia que fuit in primo statu fuit gratuita? Distinguendum est inter gratiam et gratiam. Sumpto igitur nomine gratie in amplissima significatione, dandum est quod omnia naturalia sunt gratuita, id est gratis data. Quid enim habes quod non accepisti?[1] De gratia item est quod qui est in mortali peccato, modo non peccat actu. Est et gratia illuminans dum uirtutes conferuntur. Prima ergo innocentia fuit gratuita uno modo et non fuit gratuita alio modo. Videtur quibusdam quod innocentia prima nichil aliud fuit quam liberum arbitrium quo nulli nocere uoluit. 3 Sed nonne possibile fuit Adam cecidisse a statu innocentie? Cum ergo potentia restituere uideatur omnia ablata, potuitne restitui in tali statu? Non, quia si quis penitet uere habet contritionem, ergo caritatem, et ita non est in primo statu. Penitentia ergo non posset restituere illum statum, sicut nec restituitur illa que corrupta est ad aureolam. Item, cum Adam ceciderit a caritate, angelus autem non, numquid grauius peccauit Adam quam angelus? Absit. Minor ergo circumstantia — scilicet maioritas scientie — magis aggrauat quam caritas que est maior circumstantia. Virtus enim non remanet cum peccato, cum scientia remaneat que a peccato retrahere debet. Adde quia meliora et perspicaciora erant naturalia Luciferi quam Ade.

4 Solet item queri utrum hec danda: Adam in primo statu tenebatur habere caritatem. Ad quod dicendum, quia si hoc uerbum 'tenetur' notat omissionem, falsa est. Si autem notet quia sine hoc non posset esse sal<u>us, uera est. Item, quid est quod Adam in primo statu non habuit caritatem, cum per eum non staret quo minus haberet eam? Sed quid? Numquid per paruulum stat quo minus habeat gratiam? Eciam, quia impedimentum habet, scilicet peccatum originale, unde et dignus est morte eterna. Quilibet enim homo dignus est morte aut uita. Adam uero in primo statu nec fuit dignus uita nec morte. Item Augustinus: 'Quia homo noluit non peccare cum potuit, inflictum est ei non posse cum uelit'.[2] Homo ergo modo non potest non peccare: numquid ergo necessario peccat? Cur ergo [col. 2] imputatur ei peccatum? Iste item non peccat; nonne ergo potest non peccare? Falsum est ergo quod non potest non peccare. Est ergo necessitas ineuitabilis quam attendit dialecticus, est necessitas conditionis quam attendit theologus. 5 In huiusmodi necessitatem incidit homo sponte meritis suis malis exigentibus, et ideo imputatur ei peccatum. Licet ergo quis modo non peccet, est tamen in tali statu quod diu a peccato abstinere non potest.

[1] I Cor. 4. 7.
[2] Cf. Aug. *De Lib. Arbitr.* III. xviii. 52 (1296); but closer to Nequam's wording are *Sent. Divin.* ii (pp. 23*, 31*, 41*) and Robert of Melun, *Quaest. de Epist. Pauli (de Ep. ad Rom.)* 7. 19 (II. 104).

Secundum considerationem ergo dialectici, iste potest non peccare, sed non potest numquam peccare, et hoc attendit theologus. Quid est ergo quod dicit Augustinus, 'Quia homo noluit non peccare cum potuit inflictum est ei' et cetera? Quando potuit homo non peccare? Tunc quando Adam fuit bonus, scilicet ante peccatum. Numquid ergo tunc noluit non peccare? Immo tunc uoluit non peccare, quia tunc fuit bonus. Cum ergo uoluit non peccare, uoluit peccare. Tunc ergo fuit malus, ergo tunc incidit in necessitatem penalitatis, scilicet quod tunc non potuit non peccare. Intelligendum est ergo quod dicit Augustinus sic: Quia homo noluit non peccare cum potuit, id est cum prius potuisset peccare, inflictum est ei non posse non peccare, cum tamen secundum spiritum siue rationem uelit non peccare. Vnde apostolus: 'Quod nolo hoc ago',[1] dum scilicet concupisco. Non est ergo dubium quin anima simul moueatur pluribus motibus, immo et quasi contrariis.

De libertate. xii.

1 Adiciendum est predictis quia aliud est libertas peccati, aliud est libertas ad peccandum. Libertas peccati liberat a iusticia et est mala, sicut et libertas gratie liberat a peccato et est bona. Apostolus: 'Cum serui eratis peccati, liberi fuistis iusticie'.[2] Libertas ad peccandum naturalis est, qua scilicet homo potest inclinare se nunc ad malum, nunc ad bonum. Et ab hac libertate dicitur arbitrium liberum. Quero autem utrum in homine iusto sit arbitrium liberius ad peccandum quam ad bene agendum, cum hinc sufficiat natura per se, inde desideretur gratia. Videtur ergo arbitrium etiam iusti hominis liberius ad malum quam ad bonum. Sed quid? Nonne potentior est gratia quam natura? Nonne item maior est libertas gratie quam nature? Sic ergo liberius est arbitrium iusti hominis ad bonum quam ad malum; et hoc uerum. Potentius est enim adiutorium gratie quam uis nature. Cum autem repperis quod liberius est liberum arbitrium ad malum quam ad bonum, dictum hoc puta pro libero arbitrio mali hominis, ratione scilicet pronitatis nature corrupte. Similiter,[a] claudere potest quis oculum sine adminiculo, sed uidere non potest sine adminiculo lucis exterioris; non tamen facilius potest claudere quam uidere. 2 In primo autem statu fuit liberum arbitrium Ade liberius ad bonum quam ad malum, quia nullum suberat impedimentum. Sed cum uiator iustus habeat in se pronitatem ad malum, quero utrum arbitrium eius liberius sit ad bonum quam fuerit arbitrium Ade in primo

[a] Simile R

---

[1] Rom. 7. 19.   [2] Rom. 6. 20.

statu. Cum enim iste habeat in se libertatem gratie, libertatem liberi arbitrii informantis habet tamen fomitem nature obstantem libertati. Constat autem quod nullum impedimentum habuit Adam in statu primo quo habuit [f. 80v] innocentiam. Reor uirtutem istius, licet assit impedimentum, efficere liberum arbitrium ipsius liberius ad bonum quam fuerit arbitrium Ade in prima innocentia, quam uis quoad quid liberius fuit arbitrium Ade. Sed quero utrum generaliter uerum sit quod quanto magis crescit caritas, tanto decrescit concupiscentia. Non, ut est uidere in Paulo.[1] Sed hec uera: Quanto magis crescit caritas, tanto maior adest potestas repellendi motus concupiscentie. 3 Potest enim accidere quod quanto acrius impugnant obsidentes castrum, tanto uirilius reiciunt eos obsessi. Sed quid? Nonne quanto magis crescit motus concupiscentie, tanto magis accedit ut sit mortalis? Non. Vltra omnem enim gradum excedit omne mortale quamcumque uenialem culpam. Sed nonne quanto magis blanditur motus illecebra, tanto magis sollicitatur ratio? Nonne autem quanto magis sollicitatur ratio, tanto uicinior fit accessus ut ratio inclinetur ad consensum? Non. Augustinus tamen in libro Yponosticon in responsione tercia commendat liberum arbitrium Ade, dicens: 'Iterum dicunt heretici hominem posse per liberum arbitrium per se sibi sufficientem implere quod uelit, uel etiam meritis operum a Deo gratiam unicuique dari. Respondemus neminem posse per se sibi, id est per liberum arbitrium, sufficere implere quod uelit. Recte dicimus, nisi prothoplastum solum potuisse, cum uoluntas liberi arbitrii fuisset sana eidem ante culpam'.[2]

De scinderesi. xiii.

1 Dum autem de libero arbitrio tractatum instituimus, non est alienum a proposito si uel paucis inquiramus quid sit scinderesis, et utrum sit pars liberi arbitrii necne.[3] Dici ergo solet fere ab omnibus quia scinderesis in nullo uiatore extinguitur, nec eciam in Cain. Si ergo semper uiuit in uiatore, nonne semper mouet hominem ad bonum? Ergo numquam meretur penam. Quare ergo secundum totam animam dampnabitur quis? Quero item utrum in Adam uulnerata fuit scinderesis. Si dicatur quod non est uulnerata, ergo mouet hominem ad bonum ut ante peccatum. Sed si mouet hominem ad bonum, ergo uolendo aut appetendo. Si uolendo, ergo inest secundum uim rationabilem; si appetendo, ergo inest secundum uim concupiscibilem.[4]

[1] Rom. 7. 14–25.   [2] Ps-Aug. *Hypomnest*. III. i. 1 (1621).
[3] On 'scinderesis' see O. Lottin, 'Le traité de la syndérèse au moyen âge', RNP 28 (1926), 422–54; idem, *Psychologie*, II, pp. 103–235 (on Nequam, pp. 119–22).
[4] Cf. Stephen Langton, *Quaest.*, in Lottin, *Psychologie*, II, p. 113 lines 30–44.

Dicunt nonnulli quod motus scindereseos est discernere uel eligere.[1] Si discernere, ergo adhuc est scinderesis in diabolo. Si eligere, ergo motus quo quis uult bonum est ex scinderesi. Sed ille motus est meritorius, ergo liberum arbitrium complectitur scinderesim. 2 Quid? Constat quod liberum arbitrium est in angelo malo. Si autem scinderesis modo non est pars liberi arbitrii ipsius, ergo numquam fuit eius pars aut liberum arbitrium aliquam sui partem amisit. Numquid item omnis qui habet caritatem semper meretur, quia semper mouet scinderesis illum ad bonum? Numquid item fides inest secundum scinderesim, cum fides dicatur esse supra intellectum? Numquid ergo motu fidei meretur semper quicumque est in caritate? Dicunt quidam scinderesim esse naturalem affectum quo mens semper appetit bonum, et ad illud bonum tendit cuius in se ymaginem gerit. Nichil enim appe[col. 2]tentius sui quam similitudo. Hinc est quod mens, quia ymago Dei est, ipsi naturaliter adherere cupit. Sicut enim non potest tanta uirtus inesse homini ut sensualitas penitus cohibeatur ab appetitu rerum temporalium sine quibus non potest sustentari uita, ita nullum crimen tantum potest esse in homine quo uoluntas ista naturalis inhibeatur a desiderio summi boni. 3 Hec est enim aquila que semper, ut aiunt, in sublime uolat et scintilla que numquam extinguitur; puer etiam qui non periclitatur, aliis pueris periclitantibus. Esuries enim de qua Dauid loquitur dos est nature, qua nec eciam diuites huius seculi (id est superbi) destituuntur,[2] et ea bonum esuriunt et appetunt cuius ymaginem in se habent. Hec ergo uoluntas, ut aiunt, numquam a ratione dissentit, quia id semper affectat et desiderat quod ratio iudicat esse desiderandum, unde et a ratione differt. Hoc enim quod agit officium rationis non est, id est bonum desiderare. Ratione non desideramus, sed quid desiderandum sit et quid non discernimus. Ad hanc uoluntatem referunt quod dicit apostolus: 'Quod nolo hoc ago'.[3] Ad eandem refert illud Augustini: 'Quia noluit homo <non> peccare cum potuit, merito inflictum est ei non posse cum uelit'.[4] Ecce, quod ait Augustinus 'cum uelit' referunt ad uoluntatem scindereseos. Nec consentit hec opinio errori Pelagiano. Pelagius enim locutus est de uoluntate qua mentitur hominem gratiam absque gratia mereri, et sine gratia dignum effici gratia.

4 Sed quid? Nonne desiderium inest secundum uim concupiscibilem? Nonne desiderio meretur quis? Patenter hoc declarat propheta, dicens: 'Domine ante te omne desiderium meum';[5] siue sic exponatur, 'Desiderium meum est ante te quia uides illud et placet tibi', siue sic exponatur, 'Nichil desiderio nisi esse ante te'.[6] Si autem hac uoluntate scindereseos nullus

[1] Ibid., p. 114 lines 2–11.   [2] Ps. 33. 11.   [3] Rom. 7. 19.
[4] See above, IV. xi. 4.   [5] Ps. 37. 10.
[6] Interlinear gloss in Oxford, Bodleian Libr. MS Laud. lat. 17, f. 36v.

meretur, nonne ociosa est saltem, inhabente caritatem? Vt quid scinderesis comparatur aquile in altum uolanti si numquam meretur?

5 Visum est ergo aliis scinderesim esse superiorem partem rationis, secundum quam homo, quantumlibet malus sit, quandoque reuertitur ad se et attendit statum suum. Habet enim ratio plura officia preter illum usum quo discernit bonum a malo. Secundum superiorem ergo partem rationis inest et quedam naturalis benignitas que in diabolo extincta est, et extinguetur in omnibus dampnatis post iudicium. Tunc enim obstinatissimi erunt in malo, ita quod et se et alios et Deum odio habituri sunt, iuxta illud: 'Superbia eorum qui te oderunt'[1] et cetera. Ante iudicium uero remanet scinderesis quoad usum benignitatis cuiusdam, etiam in dampnatis. Vnde et diues ille euuangelicus premunitos uoluit esse fratres suos, ne uenirent in illum locum tormentorum.[2] Ratione ergo usus talis scinderesis comparatur scintille, ratione simplicitatis puero, ratione contemplationis rerum supracelestium aquile. Illud autem quod ait apostolus, 'Quod nolo hoc ago',[3] referunt expositores ad sensualitatem et rationem. 'Ago' enim ait, id est concupisco, scilicet secundum sensualitatem, quod tamen secundum rationem nolo, id est non approbo. 6 Et uide quia secundum dicentes scinderesim esse [f. 81] desiderium, deberet scinderesis potius figurari per uitulum quam per aquilam.[4] Vt enim dicitur super Ezechielem, per uitulum designatur uis concupiscibilis secundum quam inest desiderium.[5] Si tamen sententias patrum diligenter legas, aduertes nomen scindereseos esse equiuocum ad scintillam rationis superioris et ad ipsam superiorem partem.[6] Scinderesis quidem interpretatur scintilla. Scintilla igitur in diabolo est extincta antonomasice, scilicet benignitas. Superior autem pars rationis improprie dicitur extincta, nisi ratione usus. Licet ergo diabolus sciat discernere inter bonum et malum, tamen non diligit Deum nec se. Licet eciam iudicet se malum et dignum pena, non tamen remordet eum conscientia, quia nec dolet nec penitet de malo. Tantus est in eo contemptus, tanta obstinatio. Et uide quod scinderesis, id est superior pars, meretur in bono et demeretur in malo homine, quia licet faciat hominem quandoque redire ad se, non tamen adeo sepe ut res desideraret.

---

[1] Ps. 73. 23.   [2] Luc. 16. 27–28.   [3] Rom. 7. 19.
[4] Cf. Ezech. 1. 10.
[5] Cf. Hieron. *In Ezech*. I. i. 7 (22B); Peter Lomb. *Sent*. II. xxxix. 3. 3 (I. 556).
[6] Cf. Master Ugo, *Sent*., in Lottin, *Psychologie*, II, p. 107; Peter of Poitiers, *Sent*. II. xxi (1030A–B).

De heresi Pelagiana et Celestiana. xiiii.

1 Vir sublimis intelligentie Augustinus librum Yponosticon scribit contra Pelagianos et Celestianos. Prima ergo blasphemia istorum secundum ordinem quem obseruat Augustinus est ista: ' "Adam", inquiunt, "siue peccasset siue non peccasset, moriturum fuisse" '.[1] Secunda hec est: 'Tamen peccatum eius neminem nisi solum nocuit ipsum'.[2] Contra prima has inducit Augustinus auctoritates:

' "Nolite", inquit Scriptura, "zelare mortem in errore[a] uite nostre, quoniam Deus mortem non fecit, nec letatur in perditione uiuorum. Creauit enim Deus ut essent omnia, et sanabiles nationes orbis terrarum".[3] Item in eodem libro: "Deus", inquit, "creauit hominem inexterminabilem; ad ymaginem suam fecit illum. Inuidia autem diaboli mors intrauit orbem terrarum".[4] Si uides', inquit Augustinus, 'uide mortem non a Deo auctore, sed per errorem uite uenisse hominibus in paradiso deliciarum constitutis'.[5]

2 Mirabitur eciam quis super hoc quod Augustinus ibidem dicit quia mors non est aliquid.

'Mors', inquit, 'priuatio uite est, nomen tantum habens, non essentiam. Et ideo Deus auctor eius esse dici non potest. Quicquid enim Deum fecisse dicimus, habet essentiam'.[6]

Obicit eciam sibi ipsi Augustinus, dicens:

'Si nichil est mors, quonam modo uinci aut prosterni potuit?'[7]

Sed audiamus ad quem intellectum hec referat Augustinus, dicens:

'Cum hec de morte dicuntur, ad auctorem mortis per quem priuatio uite facta est scilicet diabolum referuntur. Ipse enim que ad mortem pertinent aut facit dum captiuat et perimit, aut patitur dum uincitur et dampnatur.'[8]

Reor autem omnem penam iustam esse a Deo, in quantum pena est. Mors autem pena est. Dicitur ergo diabolus auctor mortis, propter causam mortis que est peccatum. Hac eciam de causa dicitur Deus odisse mortem.[9] Nonne enim preciosa est in conspectu Domini mors sanctorum eius?[10] Quid de morte Saluatoris? Nonne mors qua Christus nos liberauit beata fuit? Si beata, nonne beata fuit in se aut ab effectu? Quod si est, mors eius aliquid fuit. 3 Numquid ergo mors Christi aliquid fuit et mors Petri nichil? Aut numquid non erant indifferentes specie mors Christi et mors Petri?

---

[a] errorem R

---

[1] Ps-Aug. *Hypomnest.* I. i. 1 (1613).   [2] Ibid. II. i. 1 (1617).   [3] Sap. 1. 12–14.
[4] Sap. 2. 23–24.   [5] Ps-Aug. *Hypomnest.* I. i. 1 (1613).   [6] Ibid. I. iv. 5 (1616).
[7] Ibid. I. v. 7 (1618).   [8] Ibid.   [9] Cf. ibid. I. i–ii (1614–16).   [10] Ps. 115. 15.

Nonne item dolor aliquid est, etsi dicat Iob quia dolor non egreditur humo?[1] De conditione enim primitiue nature nec est dolor nec alia pena. [col. 2] Gregorius tamen refert intellectum ad aliud.[2] Adam ergo si non peccasset non esset moriturus, sed gloria beatitudinis uere superinduendus. Omnes ergo si non peccasset Adam superinduendi essent gloria, sed utrum simul aut per successiones indeterminatum relinquit Augustinus. Reor tamen quod sicut nunc saluandi tendunt in requiem successiue, ita et tunc fieret nisi quia nunc per mortem transitur, tunc uero absque morte.

4 Secunda blasphemia est Pelagianorum asserentium peccatum Ade neminem nocuisse nisi ipsum solum. Perimit hanc Augustinus per sententiam 'Que pertransiuit in nos'.[3] Ait enim apostolus per unum hominem peccatum intrasse in mundum,[4] et per peccatum mortem, et ita in omnes homines pertransisse[a] in quo omnes peccauerunt. Si uero dixerit hereticus peccatum intrasse per unum hominem in mundum non seminis propagatione sed morum imitatione, improbat hoc Augustinus dicens:

'Quem imitatus est diabolus ut delinqueret, qui primus inuenitur esse peccator? Cain quem imitatus est dum fratrem occidit? Peccatum ergo prothoplasti trahimus omnes, non morum imitatione, sed seminis conceptione. Peccauerunt enim omnes, ut ait apostolus, cum ex uno peccatore omnes nascimur peccatores.[5] Vnde apostolus: "Nam iudicium ex uno in condempnationem".[6] Ex quo uno nisi ex Adam uel eius uno peccato?'[7]

5 Tercia blasphemia est Pelagianorum, qua dicunt hominem per liberum arbitrium per se sibi suff<ic>ientem implere quod uelit, uel eciam meritis operem a Deo gratiam unicuique dari.[8] Sed quonam modo elidenda sit hec blasphemia, dicetur in tractatu instituendo de gratia et libero arbitrio.[9]

6 Aiunt eciam libidinem in homine naturale esse bonum, nec in eo esse quod pudeat in hominibus. Ad hoc respondet in Yponosticon Augustinus, dicens libidinem non esse naturale bonum, sed peccatum cuius non Deus auctor est sed diabolus.

'Naturale', inquit, 'malum est libido, non quia sit nature, Deo opifice congenitum, sed quod a peccante natura transeat in peccatricem naturam, id est quod sit nature peccantis uitium, non ipsa natura. Quod natura non est, Deus non fecit, quia natura est omne quod fecit. Serpentis uenenato flatu hominem nonnumquam mori nouimus statim. Fraudifero flatu uenenose mortis inflicta est libido. Contra hoc uenenatum malum ne preualeat, inspiciente Dei misericordia remedium uelud antidotum per Iesum Christum donata est gratia, ne omnis homo penitus interiret'.[10] 'Omne

---

[a] pertranssisse R

---

[1] Iob 5. 6.   [2] Greg. *Moral. in Iob* VI. xii. 14 (736D–37B).
[3] Ps-Aug. *Hypomnest.* II. i. 1 (1617).   [4] Rom. 5. 12.   [5] Cf. ibid.   [6] Rom. 5. 16.
[7] Ps-Aug. *Hypomnest.* II. iv. 4 (1620–21).   [8] Ibid. III. i. 1 (1622).
[9] See below, sect. xv.   [10] Ps-Aug. *Hypomnest.* IV. i. 1 (1639).

ergo quod male libet, libido est. Audi Scripturam: "Erant ambo nudi Adam et mulier eius, et non confundebantur".[1] Quid est "non confundebantur"? Id est nullus ad peccatum, sicut contigit post peccatum, libidinis stimulis urgebantur; creatus enim licitus genitalium usus ad gignendos scilicet filios in uoluntate eorum, non in uoluptate luxurie. 7 Hanc autem eis accidisse post peccatum Scriptura demonstrat, dicens: "Et aperti sunt oculi eorum"[2] et cetera. Sed numquid clausis oculis erant creati? Non, quia "uidit mulier quod bonum est lignum ad escam".[3] Aperti erant oculi eorum ad intuendum opera Domini que ualde bona creauit. Clausi uero erant ignorantia mali, quod Creator omnium bonorum non creauit; et aperti sunt conscientia delicti pulsante,[a] [f. 81v] cum in se uiderent, id est sentirent, iam nudati anime carnisque pace motum quendam turpissimum atque precipitem nouiter accidisse; unde confusi ad folia fici cucurrerunt, et his texerunt membra, sollicitati pudore libidinis. Nichil enim Deus unde confunderetur homo, cum eum plasmaret ad suam ymaginem, in eius forma creauit'.[4] Sed 'cur illas partes corporis texerunt et non potius manus quibus prohibita attrectauerunt, aut ora quibus male desiderata ederunt? Sed illa membra texerunt in quibus peccati cupiditas exardescens concupiscentiam incontinentis[b] gutturis accusabat'.[5] '"Graue iugum", inquit Scriptura, "super filios Adam, a die exitus de uentre matris eorum usque in diem sepulture in matrem omnium".[6] 8 De hoc iugo ait apostolus "Nolite iugum ducere cum infidelibus",[7] id est "Nolite equales effici cum infidelibus, laudantes illud quod est exsecrabile et dicentes quod malum est bonum"'.[8] 'Sed numquid dampnabuntur nuptie si dampnatur libido? Absit. Nuptie creandorum filiorum causa sunt institute, cum ante peccatum dictum est "Crescite et multiplicamini".[9] In coniugatis autem et in omni homine libido mala est. Nonnunquam enim ad illicita trahit. Sed ueniale est in coniugatis malo bene utentibus, quod damnabile est in adulteris et fornicatoribus, malo male utentibus. Apostolus: "Nolite fraudare inuicem nisi ex consensu, ut uacetis ad tempus orationi",[10] et iterum in idipsum: "Reuertimini, ne temptet uos Sathanas propter incontinentiam uestram. Hoc autem dico secundum ueniam, non secundum imperium".[11]
9 Sed utrum de malo an de bono permisit ueniam apostolus coniugatis? Deus qui iussit fieri bonum, numquam prohibuit a bono, sed a malo, dicens: "Declina a malo",[12] et cetera'.[13] 'Bene ergo utuntur hoc malo ueniali coniugati filiorum gignendorum scilicet causa, qui nascuntur Deo opifice, non de accidentis libidinis malo, sed de bono licentie nuptiarum. Numquid enim cum uitis undique <deserente agricola> fuerit sentibus occupata et tempore suo iacens in dumis produxerit botros, de contrariis sibi spinis quibus premitur uuam produxit? Absit. Sed de nature sue bono, licet spinarum aculeis corrupto, bonos attulit fructus. Similiter et triticum, si natum zizaniis operiatur circumquaque, in quantum spicam produx<er>it, de nature sue bono, non de zizaniorum malo bonum intulit germen. Sic filii de nature bono boni sunt fructus, non de malo libidinis corrumpentis et uitiantis, cum quo nascitur omnis homo. Omnis ergo res manens in nature sue bono accidentibus sibi

---

[a] pulsantis R   [b] incutientis R

---

[1] Gen. 2. 25.   [2] Gen. 3. 7.   [3] Gen. 3. 6.
[4] Ps-Aug. *Hypomnest.* IV. ii. 2 (1640).   [5] Ibid. IV. iii. 3 (1641).
[6] Sap. 40. 1.   [7] II Cor. 6. 14.   [8] Ps-Aug. *Hypomnest.* IV. vi. 9 (1644).
[9] Gen. 1. 22 etc.   [10] I Cor. 7. 5.   [11] I Cor. 7. 5–6.
[12] Ps. 36. 27.   [13] Ps-Aug. *Hypomnest.* IV. vii. 11–12 (1645–46), extracts.

aduersitatibus arescit atque torpescit, cultoris indigens semper manu uel diligentia, ut nature sue cui nichil est contrarium ab auctore suo <Deo> congenitum ualeat respondere. 10 Hoc agitur et in nostra peccatrice natura. Semper indiget auctore suo et conseruatore Deo, ut spinis et tribulis zizaniisque libidinis uel omnium malarum concupiscentiarum quas non auctore Deo sed peccando contraxit, manu gratie sue per Iesum Christum quamdiu in terram de qua sumpta est redeat, expietur, de terra iterum in nouum seculum purissima reditura, per eundem Iesum Christum suscitata. Libido ergo mala nichil bonis im[col. 2]pendit nuptiis, que non ab initio in eius sordibus sunt, sicut supra diximus ordinate. Deus enim qui sine concubitu apes fetatas creauit, et agrorum semina cuncta absque libidine seminari uel nasci decreuit, hominem quoque ex homine, si non peccasset, per concubitum uoluntatis non per libidinis scortum exoriri in paradiso permisisset'.[1]

11 Dicunt item Pelagiani paruulos baptizatorum filios non trahere originale peccatum, neque perituros a uita eterna, si sine sacramento baptismi ex hac uita migrauerunt.[2] Sed de hoc inferius.[3] Recurrat ergo stilus noster cum peruigili diligentia ad id quod asserere presumunt de libero arbitrio.

De gratia et libero arbitrio. xv.[a]

1 De gratia ergo et libero arbitrio tractaturi salubre subsidium Saluatoris humiliter imploremus, cuius gratia salui facti sumus. Vt autem superius tetigimus, nomen gratie nunc ampliatur, nunc restringitur.[4] Omnia enim naturalia dicuntur quandoque gratuita, quia gratis a Deo data sunt. Fides autem informis et scientie diligentia laboris per applicationem animi et eruditionem comparate dicuntur gratuite quasi a gratia superaddite natur- alibus. Gratiam hic dicimus inspirationem diuinam uel gratuitam Dei uoluntatem. Quod enim phisici per uisibilia huius mundi peruenerunt ad inuisibilia Dei de natura fuit adiuta per gratiam, immo de gratia adiuuante naturam. Vnde illud apostoli ad Romanos, 'Gentes que legem non habent naturaliter ea que legis sunt faciunt',[5] intelligendum sic: Naturaliter, id est naturali ratione, adiuta per gratiam, facienda uel non facienda discer- nunt quod lex faceret. 2 Gratia item dicitur uirtus siue donum Spiritus Sancti, quia gratum facit Deo et acceptum informatum gratia. Hec gratia nunc informans, nunc illuminans dicitur, quia et informat et illuminat mentem. Notum est item quia Deus ipse dicitur gratia. Vnde et de gratia memini me dixisse:

> 'Gratia dat gratis nature munera grata.
> Dat, seruat, nutrit, multiplicatque data'.[6]

[a] L R

---

[1] Ibid. IV. vii. 13 (1646).   [2] Ibid. V. i. 1 (1647).   [3] Not extant.
[4] See above, IV. xi. 2.   [5] Rom. 2. 14.   [6] Not identified.

Sensit eciam catholice qui ait:

'Quicquid habes meriti preuentrix gratia donat.
Nil Deus in nobis preter sua dona coronat'.[1]

Ausus est Pelagius asserere quod homo per liberum arbitrium per se sibi sufficit implere quod uelit, ita eciam quod meritis operum unicuique datur a Deo gratia. Aliquid tamen dare uoluit gratie, dicens unumquemque sibi sufficere eciam sine gratia ad inchoandum bonum, sed non ad consummandum, male intelligens illud apostoli: 'Velle adiacet mihi; perficere autem non inuenio'.[2] Sed de hoc inferius.[3] Pelagius ergo primitias Deo soluere noluit, hostie caudam offerens Deo.[4]

3 Damnat item theologia illud Aristotilis dicentis in Ethica:

'Virtutes accepimus, agentes prius, quemadmodum in aliis artibus. Fabricantes fabri sunt et citharizantes cithariste. Sic et iusta', inquit, 'facientes, iusti sumus; casta casti, fortia fortes.'[5]

Et infra:

'Bene igitur dicitur quoniam ex iusta comparatione iustus fit quis'.[6]

Nonne etiam Aristotiles dicit in Topicis

'Non enim, si albedo uel iusticia inest alicui, ipsum est album uel iustum'?[7]

Dicimus tamen quod si alicui inest iusticia, ipsum est iustum. Super illum eciam locum apostoli ad Romanos, 'Ex operibus legis non [f. 82] iustificabitur omnis caro',[8] id est 'omnis homo', dicitur ab Augustino quoniam facta nulla nec eciam moralia faciunt iusticiam; quia sicut non ex iusticia operum, ita nec ex operibus iusticie salui facti sumus.[9] Alia est lex factorum, alia lex fidei. Lex aperte prohibens quod malum est et quod bonum est precipiens, littera occidens[10] et lex factorum est. Lex fidei est fides que est ex gratia. In lege quidem que dicitur fidei sunt opera, sed que sequuntur iusticiam. 4 Non enim ex eis iusticia est, sed ipsa sunt ex iusticia; ergo lex iustificans gratia[a] dicitur lex iusticie quoniam peccantes iustificat. Dicitur autem lex fidei, quia fide scire debemus que a Deo donata sunt nobis. Et uide quia opera moralia non procedunt iustificandum, sed iustificatum sequuntur. Fides enim non est ex operibus, sed opera sunt ex fide. Declaratur fides per opera, sed non ex operibus, sed dirigit opera. Si igitur

---

[a] R adds que

---

[1] Walther, *Initia* 15985 (*Carmina Bur.* xl. 1–2; *Distinct. Monast.* I. xlv [II. 199b]).
[2] Rom. 7. 18. [3] See below, IV. xviii. 20 seq. [4] Cf. Levit. 22. 23.
[5] Arist. *Eth. Nic.* II. i (03a31–b1). [6] Ibid. II. v (05b8–10).
[7] Arist. *Top.* II. i (109a20–25). [8] Rom. 3. 20.
[9] Cf. Aug. *De Spirit. et Litt.* viii. 13–x. 17 (207–11). [10] Cf. II Cor. 3. 6.

potest quis per uim liberi arbitrii esse bonus ita quod meritis operum datur gratia, ergo sine gratia datur gratia. Nonne item maius est esse bonum hominem quam esse hominem? Sed esse hominem est a Deo. Nonne ergo quod homo est bonus est a Deo? Aut numquid quod minus est, est a Deo, sed quod melius est, est a nobis? Super illum item locum Psalmi, 'Scitote quoniam Dominus ipse est Deus; ipse fecit nos et non ipsi nos',[1] repperies quod omne nostrum bonum ex Deo est, non ex nobis.[2] 5 Item, Augustinus in Yponosticon, conueniens hereticos, dicit:

'Voce superbia flagitatis. Si uolo, sanctus sum; si uolo, pecco; si uolo, non pecco. Nichil scilicet astruitis ista dicendo, nisi quod, Christus ueniens, nichil nobis prestitit, nichil salutis, nichil adiutorii contulit, mors eius nichil nobis profuit, salus nostra naturalis est nobis. Talia predicantibus fides catholica dicit anathema. Credit quod salus hominis ex Deo sit Christo, cuius uulnere liberum nostrum curatur et reformatur arbitrium uulneratum, quia uersos[a] a se gratuita gratia sua conuertit ad se, et ut Deo placeant in operibus bonis, operatur in eis et uelle et posse, quorum cursum in hac uita propter futuram ueram uitam, misericordia preueniendo et subsequendo perficit ipse.[3]

Hec Augustinus. Falluntur ergo disputatores opinantes hanc esse ueram: 'Si aliquis uult esse bonus, est bonus. 6 Et in eodem infra:

'Viciato libero arbitrio, totus homo est uiciatus, per quod absque adiutorio gratie, Deo quod placeat nec ualet incipere nec perficere sufficit. Preuenitur autem idem Christi gratia, ut sanetur et reparetur eius uiciata, atque preparetur uoluntas quo semper indigens adiutorio illuminante gratia Saluatoris possit tam Deum cognoscere, quam secundum eius uiuere uoluntatem. Cum enim dicit per prophetam Dominus "Dabo uobis cor nouum",[4] quid aliud significat nisi uoluntates hominum lapsas preuaricatione ueteris hominis, per nouum hominem reparari et preparari ad Deum uoluntatem, sicut scriptum est 'Preparatur uoluntas a Domino'"[5]?'[6]

Hec Augustinus.

7 Nota ergo, pie lector, quod premissum est quia 'semper adiutorio Dei indigemus'. Quamtumlibet ergo sit homo perfectus, indiget conseruatrice gratia. Subditur ibidem:

'"Deus est", inquit apostolus, "qui operatur in uobis[b] et uelle et perficere pro bona uoluntate".[7] Homo etiam cognoscens [col. 2] se illuminatum, securus clamat ut ad Dei proficere possit uoluntatem, semper dicens "Cor mundum crea in me Deus, et spiritum"[8] et cetera. Et "Reuela oculos meos et considerabo mirabilia de lege tua".[9] Et "Notam fac mihi uiam tuam in qua ambulem".[10] Et "Domine ad te confugi; doce me facere uoluntatem tuam, quia Deus meus es tu".[11] Quod si uox ista non est iam

---

[a] quia uersos R   [b] nobis R

[1] Ps. 99. 3.   [2] *Glo. Ord.* III. 1201.   [3] Ps-Aug. *Hypomnest.* III. iii. 3 (1623).
[4] Ezech. 36. 26.   [5] Prov. 8. 3 (LXX).   [6] Ps-Aug. *Hypomnest.* III. v. 7 (1624–25).
[7] Philip. 2. 13.   [8] Ps. 50. 12.   [9] Ps. 118. 18.   [10] Ps. 142. 8.   [11] Ps. 142. 9–10.

credentis, quomodo inuocabunt in quem non crediderunt?[1] Non ergo homo uoluntate sua adhuc in uitio liberi arbitrii claudicante, preuenit Deum ut cognoscat, et desideret eum tanquam gratiam pro meritis accepturus, si quis ceciderit, sed ut iam dixi misericordissima gratia sua Deus hominis ignorantis et necdum se querentis uoluntatem preuenit, ut eum se scire et querere faciat, sicut dicit Iohannes apostolus in epistola sua: "Scimus quoniam Filius Dei uenit et dedit nobis sensum, ut cognoscamus uerum Deum, et simus in uero filio eius. Hic est uerus Deus et uita eterna"[2] 8 Et Dauid: "Deus meus, misericordia eius preueniet me".[3] Et "Deus tu conuertens uiuificabis nos".[4] Et Dominus in Euuangelio discipulis suis: "Non uos me elegistis, sed ego elegi uos".[5] Item, Iohannes apostolus: "In hoc"[a] inquit, "apparuit caritas Dei in nobis, quoniam Filium suum misit Deus in mundum, ut uiuamus per eum. In hoc est caritas, non quasi nos dilexerimus Deum, sed quoniam ipse prior dilexit nos et misit Filium suum propitiationem pro peccatis nostris"[6].[7]

9 Subdit autem Augustinus dicens:

'Nullum hominis esse meritum in accipiendam gratiam ad salutem Paulus docet, scribens ad Epheseos: "Deus qui diues est in misericordia propter nimiam caritatem suam qua dilexit nos et cum essemus mortui peccatis, conuiuificauit nos Christo, cuius gratia estis saluati. Propter nimiam", ait, "caritatem suam qua dilexit nos, non propter nostram, quasi priores dilexerimus eum cum essemus mortui peccatis ".[8] Item post pusillum in eadem epistola: "Gratia estis saluati per fidem, et hoc non ex uobis; Dei donum est, non ex operibus, ne quis glorietur".[9] Item ad Timotheum: "Noli erubescere testimonium Domini nostri, neque me uinctum eius; sed collabora Euuangelio secundum uirtutem Dei qui nos liberauit et uocauit uocatione sua sancta, non secundum opera nostra, sed secundum propositum suum et gratiam que data est nobis in Christo Iesu ante tempora secularia".[10] Audis "ante tempora secularia", quando in Dei prescientia erat homo et non "in seculo", quia nondum erat seculum, et preponis dono eius opera uoluntaria, cecus ueritati resistens. Querens enim tuam iusticiam statuere, iusticie Dei subiectus esse non potes.[11] 10 Item ad Titum: "Cum autem benignitas et humanitas apparuit Saluatoris nostri Dei, non ex operibus iusticie que fecimus nos sed secundum suam misericordiam saluos nos fecit, per lauacrum regenerationis et renouationis Spiritus Sancti quem effudit in nos abunde per Iesum Christum"[12].[13] 'Item Veritas: "Nemo uenit ad me, nisi Pater qui misit me attraxerit eum".[14] Et "Non omnes capiunt hoc uerbum, nisi quibus datum fuerit".[15] Et "Vobis datum est nosse miste[f. 82v]rium regni celorum, ceteris autem non est datum".[16] Et "Nemo nouit Filium nisi Pater, neque Patrem nouit quis nisi Filius et cui uoluerit Filius reuelare".[17] Et "Sicut Pater suscitat mortuos et uiuificat, sic et Filius quos uult uiuificat".[18] Et "Quia Spiritus ubi uult spirat".[19] Et "Quia non potest homo a se ipso facere quicquam, nisi datum fuerit illi desuper".[20] Item, interroga eum qui dixit "Quia uobis datum est pro Christo non solum ut in eum credatis, sed eciam ut illo patiamini".[21] 11 Et "Non uolentis neque currentis, sed miserentis est

[a] hec R

---

[1] Rom. 10. 14. [2] I Ioh. 5. 20. [3] Ps. 58. 11. [4] Ps. 84. 7. [5] Ioh. 15. 16.
[6] I Ioh. 4. 9, 10. [7] Ps-Aug. *Hypomnest.* III. v. 7 (1625). [8] Eph. 2. 4–5.
[9] Eph. 2. 8–9. [10] II Tim. 1. 8–9. [11] Rom. 10. 3. [12] Tit. 3. 4–6.
[13] Ps-Aug. *Hypomnest.* III. vi. 8 (1625–26). [14] Ioh. 6. 44. [15] Matth. 19. 11.
[16] Matth. 13. 11. [17] Matth. 11. 27. [18] Ioh. 5. 21. [19] Ioh. 3. 8.
[20] Ioh. 3. 27. [21] Philip. 1. 29.

Dei",[1] et "Cui uult miseretur, et quem uult indurat".[2] Et "Quia Spiritus Sanctus dona carismatum suorum diuidit singulis prout uult",[3] non ut pro uolunt, et "quibus uoluit", non qui uoluerunt "notas facere diuitias glorie sacramenti[a] sui"[4].[5]

Et infra in eodem:

'Homo descendens a Ierusalem in Iericho,[6] id est a paradiso in hunc mundum, est humanum genus. Homo iste recte dictus est semiuiuus. Habebat enim uitalem motum, id est liberum arbitrium uulneratum, quod ei ad uitam eternum quam perdiderat redire non sufficiebat, et ideo semiuiuus dicitur. Iacebat ergo humanum genus uulneratum in mundo, quia uires ei proprie ad surgendum, quoad sanandum se requireret medicum (id est Deum), non sufficiebant. In sacerdote et Leuita duo tempora intelliguntur, legis scilicet et prophetarum. Samaritanus qui et custos Christus est. Venit secus eum, quia uenit in similitudine carnis peccati. Vidit eum. Quid? Iacentem, et ideo misericordia motus est, quia in eo quo curari dignus esset, meritum nullum inuenit. "Et appropians alligauit uulnera eius," sicut scriptum est: "Qui non nouerat peccatum, pro nobis peccatum fecit".[7] De peccato, id est dampnauit peccatum in carne.[8] 12 Peccatum dicitur ostia pro peccato. Infudit uinum et oleum, id est crisma sanctum et sanguinem suum. "Et imposuit illum in iumentum suum", scilicet in adiutorium gratie incarnationis sue. Ipse enim "peccata nostra portauit et pro nobis doluit".[9] "Et duxit in stabulum". Donans enim ei fidem credendi in se, duxit in Ecclesiam suam que omnibus ambulantibus in uia fidei, tanquam stabulum patet ad succedendum. "Et altera die" quasi tempore alio, scilicet post resurrectionem et ascensionem suam, "protulit duos denarios", scilicet Nouum et Vetus Testamentum, in quibus unum nummisma Dei regis est. "Et dedit stabulario", Paulo apostolo qui est uas electionis, cui sollicitudo est omnium ecclesiarum.[10] Et ait: "Curam illius habe", id est: Que ad fidem meam pertinent, quomodo oporteat eum ad plenam sanitatem[b] peruenire, doce illum. "Et quod-cunque supererogaueris, ego cum rediero reddam tibi". 13 Si quid ergo super Euuangelium meum tanquam misericordiam meam consecutus, ut esses fidelis, ad eius utilitatem sapueris, dum rediero iudicaturus mundum et unicuique redditurus secundum opera sua, reddam et tibi. Quid est autem quod super Legem et Euuangelium plus Paulus erogauit? Illud puto quod ipse ait ad Corrinthos: "De uirginibus autem preceptum non habeo, consilium autem do"[11] et cetera. Vel illud eciam ubi de coniugibus ait: "Nam ceteris ego dico, non Dominus"[12] et cetera.'[13]

Hec Augustinus, licet et per stabularium [col. 2] possit generaliter quicunque doctor Ecclesie designari. Et infra:

'Apostolus ait, scribens ad Philippenses: "Confidens hoc ipsum quia qui cepit in nobis bonum opus, perficiet usque in diem Iesu Christi".[14] Item, Petrus in prima epistola: "Deus omnis gratie qui uocauit in eternam gloriam suam in Christo Iesu modicum passos, ipse perficiet, confirmabit, consolidabit".[15] Sed ais mihi: Si non uolentis neque currentis est inuenire Deum, quomodo scriptum est in Psalmo: "Et ex

---

[a] atramenti R   [b] sanctitatem R

---

[1] Rom. 9.16.   [2] Rom. 9. 18.   [3] I Cor. 12. 11.   [4] Col. 1. 27.
[5] Ps-Aug. *Hypomnest.* III. vii. 9 (1626–27).   [6] Luc. 10. 30 seq.   [7] II Cor. 5. 21.
[8] Rom. 8. 3.   [9] Is. 53. 4.   [10] II Cor. 11. 28.   [11] I Cor. 7. 25.   [12] I Cor. 7. 12.
[13] Ps-Aug. *Hypomnest.* III. viii. 11–12 (1627–29), much compressed.   [14] Philip. 1. 6.
[15] I Pet. 5. 10.

uoluntate mea confitebor illi"?[1] 14 Et iterum in apostolo in figura uasorum de peccatoribus dicitur: "Si quis ergo emundauerit se ab istis, erit uas in honorem, sanctificatum et utile Domino, ad omne opus bonum semper paratum"[2].[3]

Numquid enim quis emundat se ipsum? Eciam. Quia si benignitas Dei saluandum ad penitentiam adduxerit, et cibauerit eum pane lacrimarum potumque dederit ei in lacrimis in mensura,[4] emundat se, quia, cum Dei misericordia se preueniente, agit et ipse satis per liberum arbitrium ut mundetur. Quod autem dicit Dauid intelligendum de uoluntate reparata, quia quicquid uult bonum, quicquid potest, a Deo est.

'Vnde Dominus: "Sine me nichil potestis facere".[5] Item, in Euuangelio secundum Iohannem: "Non potest homo a se facere quicquam, nisi datum fuerit illi desuper".[6] Item, apostolus ad Corinthos: "Fiduciam talem habemus per Christum ad Deum, non quod sufficientes simus cogitare aliquid a nobis quasi ex nobis, sed sufficientia nostra ex Deo est".[7] 15 Item Iacobus: "Omne datum optimum et omne donum perfectum desursum est, descendens a Patre luminum".[8] Oportet ergo ea orare penitentem que ad eius emundationem expediunt, quia, ut ait apostolus: "Spiritus adiuuat infirmitatem nostram. Nam quid oremus sicut oportet nescimus, sed ipse Spiritus postulat pro nobis",[9] id est postulare nos facit. Quomodo autem unicuique secundum opera sua redderetur in die iudicii, nisi liberum arbitrium esset? In omni autem opere sancto prior est uoluntas Dei, posterior liberi arbitrii; id est operatur Deus, cooperatur homo. Quod si dicas ut dicere consueuisti, "Quia ego prior uolui, Deus uoluit", iam meritum facis, ut gratia ex operibus non sit gratia, sed merces. Hoc loco redarguit te apostolus, dicens: "Si autem gratia, iam non ex operibus. Alioquin gratia iam non est gratia".[10] Gratia igitur donatur, non redditur, quia si redderetur quasi ex debito, non ab apostolo diceretur "non ex operibus". Omnis igitur Christianus cui iam donatum est posse per gratiam ut Dei faciat uoluntatem, abundare debet in operibus bonis, quia labor eius non erit inanis in Domino;[11] sic tamen ut non in sese sed in Domino semper glorietur. Apostolus: "Qui glorietur in Domino glorietur".[12] 16 Et iterum: "Gratia Dei sum id quod sum".[13] Recte namque arbitror liberum arbitrium comparari iumento. Vnde dictum est: "Velut iumentum factus sum apud te",[14] gratiam uero sessori. Quia sicut iumentum, ut dometur ad opus hominum necessarium, de armento uagum apprehenditur et incipit per curam domantis se ad eius proficere uoluntatem, ita et liberum arbitrium quod uulneratum uiuit in homine gratia Dei apprehenditur de armento luxurie seculi, in quo pastorem dixi diabolum secundum Zachariam prophetam de eo dicentem: "O pastor et ydolum".[15] Et sicut iumentum sessoris manu regitur ut ad locum perueniat destinatum, ita et liberum arbitrium in uia que Christus est regitur [f. 83] regimine gratie, quoad usque ad promissum regnum celorum perueniat. Vnde Dauid: "Dirige in conspectu tuo uiam meam",[16] et "A Domino gressus hominis diriguntur".[17] Itaque nec gratia sine libero arbitrio facit hominem habere uitam beatam, nec liberum arbitrium sine gratia. 17 Et tamen paruulos sine usu liberi arbitrii facit habere gratia beatam et eternam uitam. Eos autem qui iam rationis capaces sunt preuenit atque docet ut bonum uelint et possint. Scriptum est enim in Actibus

---

[1] Ps. 27. 7.   [2] II Tim. 2. 21.   [3] Ps-Aug. *Hypomnest.* III. ix. 14–15 (1629–30).
[4] Ps. 79. 6.   [5] Ioh. 15. 5.   [6] Ioh. 3. 27.   [7] II Cor. 3. 4–5.   [8] Iac. 1. 17.
[9] Rom. 8. 26.   [10] Rom. 11. 6.   [11] I Cor. 15. 58.   [12] I Cor. 1. 31.
[13] I Cor. 15. 10.   [14] Ps. 72. 23.   [15] Zach. 11. 17.   [16] Ps. 5. 9.   [17] Ps. 36. 23.

Apostolorum: "Et aperuit Dominus cor Lidie purpurarie, ut audiret ea que dicebantur a Paulo".[1] Item, in Euuangelio de duobus euntibus in uia: "Tunc", inquit, "aparuit illis sensum ut intelligerent Scripturas".[2] Et in Psalmo: "Beatus homo quem tu erudieris Domine"[3] et cetera. Et in Ezechiele Dominus: "Et facio ut faciatis uoluntatem meam et in preceptis meis ambuletis"[4].[5]

De efficacia doni gratie quam habuit gratia eciam in antiquis. xvi.[a]

1 'Quod autem dono gratie Dei Patris et Christi iusti qui fuerunt ante Legem uel sub Lege tam electi quam gubernati fuerint, liquebit paucis. In Genesi Dominus ad Habraam: "Ego protegam te et merces tua nimis magna erit".[6] Protegam te gratia utique mea, quia priusquam me inuocares, uocaui te ut exires de terra et cognatione tua et inuocares me. Ideo et ipse Abraham ad Dominum, cum ei apparuisset ad ilicem Mambre: "Domine", ait, "si inueni gratiam ante te, ne transeas puerum tuum"[7] et cetera. Per gratiam ergo que non est ex operibus dictum est ei: "Merces tua magna erit nimis," quia nemo prior dedit Deo et retribuetur ei.[8] Vnde apostolus: "Quid ergo dicimus inuenisse Abraham patrem nostram secundum carnem? Si enim Abraham ex operibus iustificatus est, habet gloriam, sed non apud Deum."[9] Item in Genesi de Ioseph, cum uenditus esset Putiphar spadoni: "Vidit dominus eius quod esset Dominus cum eo, et quia quodcunque faciebat, Dominus prosperabat in manibus eius; et inuenit Ioseph gratiam ante dominum suum".[10] Non ex se habuit, sed inuenit, Domino itaque donante. 2 Item, cum missus esset in carcerem, ait Scriptura "Et erat Dominus cum Ioseph et perfudit eum misericordia, et dedit illi gratiam coram principe carceris".[11] De qua gratia non in se gloriabatur, sed in Domino, cuius donum esse sciebat, cum dicit Pharaoni de interpretando sompnio eius "Sine Deo non respondebitur salutare Pharaoni".[12] Item in Exodo: "Dominus dedit gratiam populo suo coram Egiptiis, et accomodauerunt illis".[13] Quomodo enim dedissent quos odio habebant, uasa sua aurea et argentea uel uestem, nisi donum gratie fuisset? Item in eodem Moyses ad Dominum: "Dixisti mihi, Scio te pre omnibus et gratiam habes apud me. Nunc ergo si inueni gratiam in conspectu tuo, ostende mihi temetipsum manifeste ut uideam te, ut sim inueniens gratiam ante te"[14] et cetera. Quid hic aliud indicat nisi ut dum te uide<r>o manifeste cognoscam, non meis fuisse meritis, sed dono gratie tue? Item, post paululum ait ad Dominum "Et quomodo scietur uere quia inueni gratiam apud te ego et populus tuus, nisi tu nobiscum pariter fueris, et gloriabimur ego [col. 2] et populus tuus pre omnibus gentibus que sunt super terram?"[15] Gloriabimus quomodo? Non in nobis, sed in te a quo accepimus gratiam gloriandi. 3 Item, Dominus ad Moysen: "Ideo faciam, quia miserante me inuenisti gratiam meam".[16] Item Dominus in Iesu filio Naue: "Sicut eram cum Moyse, sic ero tecum, et non derelinquam te".[17] Item in libro Iudicum: "Et dixit angelus Domini ad Gedeon, Quoniam Dominus erit tecum et

---

[a] LI R

---

[1] Act. 16. 14. [2] Luc. 24. 45. [3] Ps. 93. 12. [4] Ezech. 36. 27.
[5] Ps-Aug. *Hypomnest.* III. ix. 16–xi. 20 (1630–33). [6] Gen. 15. 1.
[7] Gen. 18. 1, 3. [8] Rom. 11. 35. [9] Rom. 4. 1–2.
[10] Gen. 39. 3–4. [11] Gen. 39. 21. [12] Gen. 41. 16.
[13] Exod. 12. 36. [14] Exod. 33. 12–13. [15] Exod. 33. 16.
[16] Exod. 33. 17. [17] Ios. 1. 5.

percuties Madian tanquam uirum unum. Et dixit ad eum Gedeon, Si inueni gratiam ante oculos tuos, facies secundum ea que loqueris mihi",[1] hoc est, "Quoniam idoneum me non cognosco, imple que promittis". Dono enim Dei eum uidisse angelum uox diuina confirmat, dicens "Pax tibi sit; non morieris",[2] id est "Vt uideres angelum, gratie mee fuit, quapropter in pace uiues". Item in Regno secundo: "Et dixit rex Dauid ad Sadoch, Circumage archam Domini in ciuitatem. Si inuenero gratiam ante Dominum, reducet me et uidebo eam",[3] id est, "Non enim confido in uirtute mea liberare me, sed in gratia Dei quam donare in eius est potestate". Vnde in Psalmo: "Gratiam et gloriam dabit Dominus".[4] 4 Item, Dominus ad Ieremiam: "Priusquam te formarem in utero noui te, et priusquam exires de uentre sanctificaui te, et prophetam in gentibus posui te".[5] Plane gratie donum et non ex operibus. Que enim erant eius opera necdum formati in utero, necdum nati ex utero? Item in Ieremia: "Et det Dominus uirtutem nobis, et illuminet oculos nostros".[6] Et infra: "Exaudi Domine orationem nostram, et eripe nos propter te, et da nobis gratiam ante faciem eorum qui nos abduxerunt".[7] "Propter te", ait, non "Propter nos", quos in captiuitatem malis precedentibus meritis tradidisti. Item in Salomone: "Labia iustorum distillant gratiam",[8] hoc est, "Dono gratie grata et iusta loq<u>untur". Non enim distillarent gratiam nisi fonte gratie rigarentur. Item dicit "Qui diligit disciplinam diligit se ipsum; qui autem odit increpationes, insipiens est. Melior qui inuenit gratiam ante Dominum",[9] quia scilicet diligere disciplinam et obedire increpanti se propter Dominum per se solum non potest, nisi dono gratie fuerit eruditus. Ideo iterum ipse dicit: "Cor uiri cogitat recta, ut a Deo corrigantur gressus eius".[10] Cogitat enim iam recta, quia inuenit gratiam ante Dominum. Et corrigit gressus eius Dominus, cum in eo et non in se confidens dicit "Perfice gressus meos in semitis tuis, ut non moueantur uestigia mea".[11] Item in libro Sapientie: "Quoniam gratia Dei est in sanctis eius".[12]

5 Ecce generaliter dictum neminem sanctorum sine gratia Dei fuisse uel esse. Sed ut in eis sit ad conseruandos eos, acceperunt gratis per fidem que a Deo est, non habuerunt ante fidem. Vnde Dauid: "Pro nichilo saluos facies illos".[13] Item in libro Tobi: "Quoniam memor eram Dei in toto corde meo, dedit mihi summus Deus gratiam" et cetera. "Dedit," inquit, "mihi summus Deus gratiam, ut confirmaret, eius dono non meritis se Dei memorem fuisse et locum dilectionis ante Salmanasar regem inuenisse".[14] "Preparatur enim uoluntas a Domino, a quo omne datum"[15] et cetera. Et apostolus: "Iustificati gratis per gratiam [f. 83v] ipsius"[16] et cetera.[17]

6 'Sed clamas et dicis: Si nullum est meritum operantis, quomodo scriptum est "Et tu reddes unicuique secundum opera sua"?[18] Propter liberum arbitrium quo bona et mala operantur homines dictum est "unicuique reddi secundum opera sua". Habet enim homo malum meritum cum, uitio suo iam baptizatus, declinat a bono et facit malum, habet et bonum meritum cum in omnibus gratie Dei bona in se operanti non resistit, sed cooperator existit'.

Et infra:

'Quicquid ergo homo in presenti fuerit consecutus, donum est, non meritum'.[19]

---

[1] Iud. 6. 16–17.   [2] Iud. 6. 23.   [3] II Reg. 15. 25.   [4] Ps. 83. 12.
[5] Ierem. 1. 5.   [6] Baruch 1. 12.   [7] Baruch 2. 14.   [8] Prov. 10. 32.
[9] Prov. 12. 1–2.   [10] Prov. 16. 9.   [11] Ps. 16. 5.   [12] Sap. 4. 15.   [13] Ps. 55. 8.
[14] Tob. 1. 13–14.   [15] Prov. 8. 3 (LXX); Iac. 1. 17.   [16] Rom. 3. 24.
[17] Ps-Aug. *Hypomnest.* III. xii. 21–28 (1633–35).   [18] Matth. 16. 27; Rom. 2. 6.
[19] Ps-Aug. *Hypomnest.* III. xiii. 30 (1636).

Hec Augustinus.

7 Attende ergo, pie lector, quia ex hac auctoritate quam ultimo posuimus uidetur haberi posse quod augmentum gratie non sit ex meritis hominis cui tamen nonnulli aliter senserint. Subditur ibidem ab Augustino illud Dauid:

'"Qui propiciatur omnibus iniquitatibus tuis, qui sanat omnes languores tuos, qui redimit de introitu uitam tuam, qui coronat te in misericordia et miserationibus".[1] Item, Dominus in Euuangelio: "Beatus es, Simon Bar Iona, quia caro et sanguis non reuelauit tibi, sed Pater meus qui in celis est".[2] Ecce clarum fidei donum. Item, apostolus ad Galathas: "Cum autem complacuit ei qui me segregauit de utero matris mee et uocauit per gratiam suam"[3] et cetera. Non dixit "cum uoluissem", sed "cum placuit ei" et cetera. Idem alibi: "Misericordiam consecutus sum, ut essem fidelis".[4] Item ad Epheseos: "Per Euuangelium", ait, "cuius factus sum ego minister secundum donum gratie Dei, que data est mihi".[5] Audi "secundum donum gratie" unumquemque esse fidelem, non secundum donum proprie uoluntatis. Audi ergo. Proprie uoluntatis tunc est meritorium bonum, quando gratie donum precedit uniuscuiusque uoluntatem et operatur ut meritum fiat ex propria uoluntate. Vt ergo euidentius cognoscas donum esse gratiam et fidem que perditum hominem reuocant ad salutem, audi apostolum ad Epheseos predicantem: "Gratia salui estis per fidem, et hoc non ex uobis; Dei donum est, non ex operibus, ne quis glorietur"[6].'[7]

8 Vide quia Augustinus sepe copulat gratiam et fidem. Sed quid? Nonne fides est prima gratia? Nomen quidem gratie ad multa sese extendit. Quandoque dicitur gratia gratuita Dei uoluntas, quandoque remissio peccatorum, quandoque fides, quandoque quecumque uirtus, quandoque reconciliatio qua quis reconciliatus est Deo. Sed quero de qua gratia intelligendum sit quod dicit Augustinus in fine Yponosticon, alloquens hereticos:

'Concupiscentiam', inquit, 'carnis bonum dicere et laudare desinite, cuius auctorem non Deum sed diabolum esse credite, precedente prothoplasti peccato; et quod eam uoluntas humana in turpissimis motibus refrenare non ualeat singularis nisi gratia per Iesum Christum Dominum nostrum subuenerit salutaris'.[8]

Quid? Nonne sine gratia illuminante potest ratio refrenare concupiscentiam carnis? Satis est notum quid de Catone senserit qui ait

'In commune bonus; nullosque Catonis in actus
subrepsit partemque tulit sibi nata uoluptas'.[9]

Sed dices quia yperbolice locutus est. Esto. Nonne tamen quis de ratione refrenat motum concupiscentie absque gratia informante? Reor Augustinus hec intellexisse de subsidio gratie diuine. Eciam infidelem sepe protegit gratia diuina, ne ab hoste perimatur. [col. 2]

---

[1] Ps. 102. 3–4; cf. Ps-Aug. *Hypomnest.* III. xiii. 30 (1637).   [2] Matth. 16. 17.
[3] Gal. 1. 15.   [4] I Cor. 7. 25.   [5] Eph. 3. 6–7.   [6] Eph. 2. 8–9.
[7] Ps-Aug. *Hypomnest.* III. xiii. 30 (1637), xiv. 32 (1637–38).   [8] Ibid. IV. ix. 17 (1648).
[9] Lucan *Phars.* ii. 390–91.

Iterum de uoluntate et gratia et libero arbitrio. xvii.[a]

1 Absit autem ut ita commendemus gratiam quod liberum arbitrium perimatur, cum dicat apostolus 'Gratia Dei mecum' scilicet 'operatur'.[1] Et ut dicit Augustinus in libro De Gratia et Libero Arbitrio,

'Diuina precepta homini non prodessent, nisi haberet liberum uoluntatis arbitrium, quo ea faciens ad promissa premia perueniret. Ideo autem data sunt, ut homo excusationem de ignorantia non haberet. Vnde Dominus: "Si non uenissem et locutus eis non fuissem, peccatum non haberent. Nunc autem excusationem non habent de peccato suo",[2] scilicet de peccato quo eum fuerant occisuri. Item in Ecclesiastico dicitur quia Deus "ab initio fecit hominem et reliquit illum in manu consilii sui. Si uolueris, conseruabis mandata. Apponit tibi ignem et aquam. Ad quodcunque uolueris extende manum tuam. In conspectu hominis uita et mors"[3] et cetera. Deinde tam multa sunt mandata que ipsam quodammodo conueniunt uoluntatem nominatim, ut "Noli uinci a malo",[4] "Nolite fieri sicut equus"[5] et cetera, "Noli repellere consilia matris tue",[6] "Noli esse sapiens apud te ipsum".[7] 2 In libris eciam nouis, euuangelicis scilicet et apostolicis, idem repperies: "Nolite uobis condere thesauros in terra";[8] "Nolite timere eos qui corpus occidunt";[9] "Qui uult post me uenire, abneget semetipsum";[10] "Pax in terra, hominibus bone uoluntatis".[11] Apostolus: "Quod uult, faciat; non peccat si nubat. Qui autem statuit in corde suo, non habens necessitatem, potestatem autem habens uoluntatis sue, et hoc statuit in corde suo seruare uirginitatem suam, bene facit".[12] Item, dicit "Si autem uolens hoc facio, mercedem habeo".[13] Et alio loco: "Sobrii[b] estote iuste[c] et nolite peccare".[14] Et iterum: "Vt quemadmodum promptus est animus uoluntatis, ita sit et perficiendi".[15] Et ad Timotheum: "Cum enim in deliciis egerint, in Christo nubere uolunt".[16] Et alibi: "Sed et omnes qui pie uiuere uolunt in Christo Iesu, persecutionem patientur[d]".[17] Et ipsi Timotheo: "Noli negligere gratiam que in te est".[18] Et ad Philemonem: "Ne bonum tuum uelut ex necessitate esset, sed ex uoluntate".[19] Seruos eciam monet, ut dominis suis "ex animo seruiant cum bona uoluntate".[20] Item Iacobus: "Nolite errare, fratres mei, et nolite in personarum acceptione habere fidem Domini nostri Iesu Christi".[21] Et "Nolite detrahere de alterutro".[22] Item Iohannes in Epistola sua: "Nolite diligere mundum"[23] ,[24]
3 'Sed metuendum est ne huiusmodi testimonia in defensione liberi arbitrii sic intelligantur ut ad uitam piam et bonam conuersationem, cui merces eterna debetur, adiutorio et gratie Dei locus non relinquatur; et audeat miser homo, quando bene uiuit et bene operatur, uel potius bene uiuere et bene operari sibi uidetur, in se ipso non in Domino gloriari, et spem recti uiuendi in se ipso ponere, ut sequatur eum maledictum Ieremie dicentis "Maledictus homo qui spem habet in homine et firmat carnem brachii sui, et a Domino discedit cor eius".[25] Brachium pro potentia posuit operandi. Nomine carnis intelligenda est humana fragilitas. [f. 84] Firmat ergo

---

[a] LII R   [b] Sobrie R   [c] iusti R   [d] patiuntur R

---

[1] I Cor. 15. 10.   [2] Ioh. 15. 22.   [3] Ecclus. 15. 14–18.   [4] Rom. 12. 21.
[5] Ps. 31. 9.   [6] Prov. 1. 8.   [7] Prov. 3. 7.   [8] Matth. 6. 19.   [9] Matth. 10. 28.
[10] Matth. 16. 24.   [11] Luc. 2. 14.   [12] I Cor. 7. 36–37.   [13] I Cor. 9. 17.
[14] I Cor. 15. 34.   [15] II Cor. 8. 11.   [16] I Tim. 5. 11.   [17] II Tim. 3. 12.
[18] I Tim. 4. 14.   [19] Philem. 14.   [20] Eph. 6. 6–7.   [21] Iac. 2. 1.   [22] Iac. 4. 11.
[23] I Ioh. 2. 15.   [24] Aug. *De Grat. et Lib. Arbitr.* ii. 2–4 (882–84).   [25] Ierem. 17. 5.

carnem brachii sui qui potentiam fragilem atque inualidam, id est humanam, sufficere sibi ad bene operandum putat, nec adiutorium sperat a Domino.'[1]

Quod sine gratia Dei nihil boni agere possimus. xviii.[a]

1 De gratia autem Dei sine qua nichil boni agere possumus aliqua predictis adicienda sunt. Discipulis ergo dicentibus si talis est causa hominis cum uxore non expedit nubere respondet Dominus: 'Non omnes capiunt uerbum hoc, sed quibus datum est'.[2]

'Quibus enim non est datum, aut nolunt aut non implent quod uolunt. Quibus autem datum est, sic uolunt[b] ut impleant quod uolunt. Itaque ut hoc uerbum quod non ab omnibus capitur ab aliquibus capiatur, et Dei donum est et liberum arbitrium. De ipsa quoque pudicitia coniugalia ait apostolus: "Quod uult, faciat; non peccat si nubat".[3] Et tamen etiam hoc Dei donum est, dicente Scriptura: "A Domino iungitur mulier uiro".[4] Ideo et apostolus et pudicitiam coniugalem et perfectiorem continentiam per quam nullus concubitus queritur, sermone suo commendans, et hoc et illud donum esse Dei monstrauit, scribens ad Corrinthos et admonens coniuges ne se inuicem fraudent. Quos[c] cum admonuisset, adiecit "Vellem autem omnes homines esse sicut me ipsum",[5] quia ipse ab omni concubitu continebat. Et continuo subiunxit "Sed unusquisque proprium donum habet a Deo; alius sic, alius autem sic"[6].'[7]

Et infra:

'Homo ergo gratia iuuatur, ne sine causa uoluntati eius iubeatur. 2 Cum dicit Deus "Conuertimini ad me et conuertar ad uos",[8] unum horum uidetur esse nostre uoluntatis, id est ut conuertamur ad eum, alterum uero ipsius gratie, id est ut etiam ipse conuertatur ad nos. Vbi possunt Pelagiani putare suam optinere sententiam qua dicunt gratiam Dei secundum merita nostra dari? Videtur enim quod secundum meritum conuersionis nostre ad Deum detur gratia eius in qua ad nos et ipse conuertitur. Sed nisi donum Dei esset eciam ipsa ad Deum conuersio, non ei diceretur "Deus uirtutum conuerte nos"[9] et "Deus tu conuertens uiuificabis nos"[10] et "Conuerte nos Deus sanitatum nostrarum".[11] Nam et uenire ad Christum quid est aliud nisi ad eum conuerti credendo? Et tamen ait "Nemo potest uenire ad me nisi datum fuerit ei a Patre meo".[12] Item quod scriptum est in secundo libro Paralipomenon — "Dominus uobiscum cum uos estis cum eo; et si quesieritis eum inuenietis; si autem reliqueritis eum, dereli<n>quet uos"[13] — manifestat quidem liberum uoluntatis arbitrium. Sed illi qui dicunt gratiam Dei secundum merita nostra dari, ista testimonia sic accipiunt, ut dicant meritum nostrum in eo esse quod sumus cum Deo, eius autem gratiam secundum hoc meritum

---

[a] LIII R   [b] nolunt R   [c] Quod R

[1] Cf. Aug. *De Grat. et Lib. Arbitr.* iv. 6 (885).   [2] Matth. 19. 11.
[3] I Cor. 7. 36.   [4] Prov. 19. 14.   [5] I Cor. 7. 7.   [6] Ibid.
[7] Aug. *De Grat. et Lib. Arbitr.* iv. 7–8 (886).   [8] Zach. 1. 3.
[9] Ps. 79. 8.   [10] Ps. 84. 7.   [11] Ps. 84. 5.   [12] Ioh. 6. 66.
[13] II Par. 15. 2.

dari, ut sit et ipse nobiscum. 3 Item meritum nostrum in eo esse quod querimus eum, et secundum hoc meritum dari eius gratiam ut inueniamus eum.'[1]

Et infra:

'Meritum fuit in apostolo sed malum, quando persequebatur Ecclesiam. Vnde dicit "Non sum idoneus uocari apostolus, quia persecutus sum Ecclesiam Dei".[2] Cum ergo haberet hoc meritum malum, redditum est ei bonum, in eo quod secutus adiunxit "Sed gratia Dei sum id quod sum".[3] Atque ut ostenderet et liberum arbitrium, mox addidit "Et gratia eius in me uacua non fuit, sed plus omnibus laboraui".[4] Hoc enim liberum arbitrium hominis exhortatur [col. 2] et in aliis quibus dicit "Rogamus ne in uacuum gratiam Dei suscipiatis".[5] Vt quid eos rogat, si gratiam sic susceperunt, ut propriam perderent uoluntatem? Tamen ne ipsa uoluntas sine gratia Dei putetur aliquid boni posse continuo,[a] cum dixisset "Gratia eius in me uacua non fuit, sed plus omnibus illis laboraui", subiunxit "Non ego autem, sed gratia Dei mecum".[6] Hoc est, "Non solus ego, sed gratia Dei mecum". 4 Ac per hoc nec gratia Dei sola nec ipse solus, sed gratia Dei cum illo. Vt autem de celo uocaretur et tam magna et tam eficacissima uocatione conuerteretur,[7] gratia Dei erat sola, quia merita eius erant magna sed mala. Item, Dauid dicens "Ne derelinquas me"[8] ostendit quia si derelictus fuerit, nichil boni ualet ipse per se. Vnde et ait "Ego dixi in abundantia mea, non mouebor in eternum".[9] Putauerat enim suum fuisse bonum, quod ei sic abundabat, ut non moueretur. Sed ut ostenderetur illi cuius esset illud bonum de quo tanquam suo ceperat gloriari, paululum gratia deserente amonitus dicit "Domine in uoluntate tua prestitisti decori meo uirtutem. Auertisti faciem tuam a me, et factus sum conturbatus".[10] Ideo necessarium est homini ut gratia Dei non solum iustificetur impius, id est ex impio fiat iustus, cum redduntur ei bona pro malis, sed eciam cum iam iustificatus fuerit ex fide, ambulet cum illo gratia et incumbat super ipsam ne[b] cadat. 5 Propter hoc scriptum est in Canticis de ipsa Ecclesia: "Que est ista que ascendit dealbata, incumbens super fratruelem suum?"[11] Dealbata est enim que per se ipsam alba esse non posset. Et a quo dealbata est, nisi ab illo qui per prophetam dicit: "Si fuerint peccata uestra[c] ut fenicium sicut niuem dealbabo"?[12] Quando ergo dealbata est, nichil boni merebatur. Iam uero alba facta bene ambulat, sed si super eum a quo dealbata est perseueranter incumbat'.[13]

Et infra:

'Cum dicunt Pelagiani hanc esse solam non secundum merita nostra gratiam qua homini peccata dimittuntur, illam uero que datur in finem, id est eternam uitam meritis nostris precedentibus reddi, respondendum est: Si enim merita nostra intelligerent ut eciam ipsa esse dona Dei cognoscerent, non esset reproba ista sentencia. Quoniam uero merita humana sic predicant ut ea ex semetipso habere hominem dicant, prorsus rectissime respondet apostolus "Quid habes quod non accepisti? Si autem et accepisti, quid gloriaris quasi non acceperis?"[14] Si ergo

---

[a] concitiuo R   [b] me R   [c] nostra R

---

[1] Aug. *De Grat. et Lib. Arbitr.* iv. 9–v. 11 (887–88).   [2] I Cor. 15. 9.
[3] I Cor. 15. 10.   [4] Ibid.   [5] II Cor. 6. 1.   [6] I Cor. 15. 10.
[7] Act. 9.   [8] Ps. 26. 9 etc.   [9] Ps. 29. 7.   [10] Ps. 29. 8.
[11] Cant. 8. 5.   [12] Is. 1. 18.
[13] Aug. *De Grat. et Lib. Arbitr.* v. 12–vi. 13 (888–90).   [14] I Cor. 4. 7.

Dei dona sunt bona merita tua, non Deus coronat merita tua tanquam merita tua, sed tanquam dona sua.'[1]
6 'Sed de ipsis cogitationibus ait ad Corrinthos apostolus "Non quia idonei sumus cogitare aliquid a nobis tanquam ex nobis"[2] et cetera. Et in Deuteronomio: "Ne dicas in corde tuo: Fortitudo mea et potentia manus mee fecit mihi uirtutem magnam hanc, sed memorabis Domini Dei tui, quia ipse tibi dat fortitudinem facere uirtutem".[3] Sed quid est quod dicit "cursum consummari"?[4] Sed ille hoc dixit, qui alio loco dicit "Igitur non uolentis neque currentis"[5] et cetera. Dixit eciam "fidem seruaui".[6] Sed ille hoc dixit, qui alibi ait "Misericordiam consecutus sum, ut fidelis essem".[7] Non enim dixit "Misericordiam consecutus sum quia fidelis eram", sed "ut fidelis essem".'[8]

Et infra:

'Si uita eterna bonis operibus redditur, quoniam Deus "reddet unicuique [f. 84v] secundum opera eius",[9] quomodo gratia est uita eterna, cum gratia non operibus reddatur sed gratis detur, ipso apostolo dicente "Ei qui operatur non imputatur merces secundum gratiam sed secundum meritum"?[10] Et iterum: "Reliquie", inquit, "per electionem gratie salue facte sunt".[11] Et mox addidit "Si autem gratia, iam non ex operibus, alioquin gratia iam non est gratia".[12] Quomodo est gratia uita eterna, que ex operibus sumitur? Intelligamus ergo et ipsa bona opera nostra quibus eterna redditur uita ad Dei gratiam pertinere, propter illud quod ait Dominus "Sine me nichil potestis facere".[13] 7 Et ipse apostolus, cum dixisset "Gratia salui facti estis per fidem, et hoc non ex uobis, sed Dei donum est, non ex operibus, ne forte quis extollatur",[14] uidit utique putare posse homines hoc ita dictum, quasi necessaria non sint bona opera credentibus, sed eis sola fides sufficiat, et rursus posse homines de bonis operibus extolli, uelud ad ea facienda sibi sufficiant. Mox itaque addidit "Ipsius enim sumus figmentum, creati in Christo Iesu in operibus bonis, que preparauit Deus ut in illis ambulemus".[15] Quid est hoc quod cum Dei gratia commendans dixisset "Non ex operibus ne forte quis extollatur", cur hoc dixerit, rationem reddens, "Ipsius enim sumus", inquit, "figmentum, creati in Christo Iesu in operibus bonis"? 8 Quomodo ergo "non ex operibus, ne forte quis extollatur"? Sed intelligе "non ex operibus" dictum tanquam tuis ex te ipso tibi existentibus, sed tanquam iis in quibus te Deus finxit, id est formauit et creauit; non illa creatione qua homines facti sumus, sed de qua dictum est "Cor mundum crea in me Deus".[16] Et apostolus: "Si qua igitur in Christo noua creatura, uetera transierunt"[17] et cetera. Formamur ergo "in operibus bonis que" non preparauimus nos, sed "preparauit Deus, ut in illis ambulemus". Itaque uita bona nostra nichil aliud est quam Dei gratia; et uita eterna que bone uite redditur Dei gratia est; et ipsa enim gratis datur quia gratis data est illa cui datur. Sed illa cui datur tantum modo gratia est. Hec autem que illi datur, quoniam premium eius est, gratia est pro gratia, tanquam merces pro iusticia; ut uerum sit quia reddet unicuique Deus secundum opera eius. Iohannes autem euuangelista ait "Nos ex plenitudine eius accepimus, et gratiam pro gratia",[18] et apostolus "Gratia autem Dei uita eterna",[19] cum prius dixisset "stipendium peccati mors".[20] Vbi cum posset

---

[1] Aug. *De Grat. et Lib. Arbitr.* vi. 15 (890–91).   [2] II Cor. 3. 5.
[3] Deut. 8. 17–18.   [4] II Tim. 4. 7.   [5] Rom. 19. 16.
[6] II Tim. 4. 7.   [7] I Cor. 7. 25.
[8] Aug. *De Grat. et Lib. Arbitr.* vii. 16–17 (891).   [9] Matth. 16. 27; Rom. 2. 6.
[10] Rom. 4. 4.   [11] Rom. 11. 5.   [12] Rom. 11. 5–6.
[13] Ioh. 15. 5.   [14] Eph. 2. 8–9.   [15] Eph. 2. 10.   [16] Ps. 50. 12.
[17] II Cor. 5. 17.   [18] Ioh. 1. 16.   [19] Rom. 6. 23.   [20] Ibid.

recte dicere stipendium iusticie uita eterna, maluit dicere "gratia autem Dei uita eterna", ut hinc intelligeremus non meritis nostris Domini nos ad uitam eternam, sed pro sua miseratione perducere. 9 Vnde in Psalmo: "Qui coronat te in miseratione et misericordia".¹ Numquid non coronat bona opera? Sed quia ipsa bona opera ille in bonis operatur, "Deus est enim qui operatur in nobis et uelle operari pro bona uoluntate", ideo dicitur "Coronat te in miseratione et misericordia",² quia eius miseratione operamur bona quibus corona redditur'.³

Et infra:

'Dicunt Pelagiani gratiam Dei que data est per fidem Iesu Christi que neque lex est neque natura, ad hoc tantum ualere, ut peccata preterita dimittantur, non ut futura uitentur uel repugnantia superentur. Sed si hoc uerum esset, utique in oratione dominica, cum dixissemus "Dimitte nobis debita nostra, sicut et nos dimittimus debitoribus nostris", non adderemus "et ne nos inferas in temptationem".⁴ Illud enim dicimus ut peccata [col. 2] dimittantur. Hoc autem, ut caueantur siue uincantur. 10 Addunt et Pelagiani "Etsi non datur gratia secundum merita bonorum operum quia per ipsam bene operamur, tamen secundum merita bone uoluntatis datur, quia bona uoluntas", inquiunt, "precedit orantis quam precessit uoluntas credentis, ut secundum merita sequatur gratia exaudientis Dei".'⁵

Sed et ipsa bona uoluntas ex gratia est.

'Per Ezechielem eciam dicitur "Et dabo eis cor aliud, et spiritum nouum dabo eis, et euellam cor lapideum de carne eorum".⁶ Non ergo meritum bone uoluntatis in homine precedit, ut auellatur ab eo cor lapideum, cum cor lapideum sit durissima uoluntas. Vbi enim precedit bona uoluntas, iam non est cor lapideum. Et alibi idem propheta: "Non propter uos ego facio domus Israel, sed propter nomen meum sanctum".⁷ Ne autem nichil putetur homo facere per liberum arbitrium dicitur in Psalmo "Nolite obdurare corda uestra".⁸ Et per Ezechielem "Proicite a uobis omnes impietates uestras et facite uobis cor nouum et spiritum nouum et facite omnia mandata mea".⁹ 11 "Facite", inquit, "uobis cor nouum", qui dicit "Dabo uobis cor nouum". Quare dat, si homo facturus est, nisi quia dat quod iubet, cum adiuuat ut faciat cui iubet? Semper autem est in nobis uoluntas libera, sed non semper est bona. Aut enim a iusticia libera est quando seruit peccato, et tunc est mala; aut a peccato libera est quando seruit iusticie, et tunc est bona. Gratia uero Dei semper est bona, et per hanc fit ut sit homo uoluntatis bone, qui prius fuit uoluntatis male. Per hanc eciam fit ut ipsa bona uoluntas que iam esse cepit, augeatur et tam magna fiat, ut possit implere diuina mandata que uoluerit, cum ualde perfecteque uoluerit'.¹⁰

Et infra:

'Quia preparatur uoluntas a Domino, ab illo petendum est ut tantum uelimus quantum sufficit, ut uolendo faciamus. "A Domino gressus hominis dirigentur, et uiam eius uolet"¹¹.'¹²

---

¹ Ps. 102. 4.   ² Philip. 2. 13.
³ Aug. *De Grat. et Lib. Arbitr.* viii. 19–ix. 21 (892–93).   ⁴ Matth. 6. 12–13.
⁵ Aug. *De Grat. et Lib. Arbitr.* xiii. 26–xiv. 27 (896–97).   ⁶ Ezech. 11. 19.
⁷ Ezech. 36. 22.   ⁸ Ps. 94. 8.   ⁹ Ezech. 18. 31.
¹⁰ Aug. *De Grat. et Lib. Arbitr.* xiv. 29–xv. 31 (898–900).   ¹¹ Ps. 36. 23.
¹² Aug. *De Grat. et Lib. Arbitr.* xvi. 32 (900).

12 Sed quid est quod subditur ab Augustino,

'Vt uelimus, sine nobis operatur Deus, cum autem uolumus et sic uolumus ut faciamus nobiscum operatur'?[1]

Quid? Nonne cum uolumus mouetur liberum arbitrium? Mouet enim gratia liberum arbitrium et elicit motum ex ipso. Sed hoc dicit Augustinus quia non operamur exterius, licet moueamur interius. Et infra: Ait Iohannes 'Diligamus inuicem, quia dilectio ex Deo est'.[2] Et alibi: 'Nos diligamus, quia ipse prior dilexit nos'.[3] Et Dominus ait 'Non uos me elegistis'.[4]

'Si ergo non elegistis, sine dubio nec dilexistis. Quomodo enim eligerent eum, quem non diligerent? "Sed ego", inquit, "uos elegi". Numquid non et ipsi postea elegerunt eum, et omnibus bonis huius seculi pretulerunt? Sed quia electi sunt elegerunt, non quia elegerunt electi sunt. Eligentium[a] hominum meritum nullum esset, nisi eos eligentis Dei gratia preueniret'.[5]

Et apostolus ad Timotheum: 'Non enim dedit nobis Deus spiritum timoris, sed uirtutis et caritatis et continentie'.[6] Ecce quod ait 'dedit'. De timore autem hoc intelligendum est, quo turbatus est Petrus. Et Iacobus: 'Si quis uestrum indiget sapientia, postulet a Deo qui dat omnibus affluenter et non improperat et dabitur ei'.[7] Quod autem sapientia desursum sit, idem ostendit dicens 'Que autem desursum est, primum quidem pudica est, deinde pacifica'[8] et cetera.[9][f. 85]

13 Augustinus item in libro De Spiritu et Littera ait:

'Nos dicimus humanam uoluntatem sic diuinitus adiuuari ad faciendam iusticiam, ut preter quod creatus est homo cum libero uoluntatis arbitrio preterque doctrinam qua ei precipitur quemadmodum uiuere debeat, accipiat Spiritum Sanctum quo fiat in animo eius delectatio dilectioque summi illius atque incommutabilis boni quod Deus est, eciam nunc cum adhuc per fidem ambulatur nondum per speciem, ut hac sibi uelut arra data gratuiti muneris inardescat inherere Creatori atque inflammetur accedere ad participationem illius ueri luminis, ut ex illo ei bene sit a quo habet ut sit. Vt autem diligatur Deus, caritas Dei diffunditur in cordibus nostris,[10] non per liberum arbitrium quod surgit ex nobis, sed per Spiritum Sanctum qui datus est nobis'.[11]

14 Et infra:

'Vbi abundauit delictum superabundet[b] gratia, non peccantis merito sed subuenientis auxilio'.[12]

---

[a] elegentium R   [b] superabundat R

---

[1] Ibid. xvii. 33 (901).   [2] I Ioh. 4. 7.   [3] I Ioh. 4. 19.
[4] Ioh. 15. 16; for this and the previous two quotations see Aug. *De Grat. et Lib. Arbitr.* xviii. 37–38 (903–04).   [5] Ibid. xviii. 38 (904).
[6] II Tim. 1. 7; cf. Aug. *De Grat. et Lib. Arbitr.* xviii. 39 (904).   [7] Iac. 1. 5.
[8] Iac. 3. 17.
[9] The two preceding quotations are in Aug. *De Grat. et Lib. Arbitr.* xxiv. 46 (912).
[10] Rom. 5. 5.   [11] Aug. *De Spirit. et Litt.* iii. 5 (203).   [12] Ibid. vi. 9 (205).

Et infra:

'"Iusto lex non est posita".[1] Quid? Nonne iustus bona lege legitime utitur?[2] Immo. Non tamen ex lege iustificatus est sed ex lege fidei, qua credidit nullo modo posse sue infirmitati ad implenda ea que lex factorum iuberet nisi diuina gratia subueniri.'[3]

Et post:

'Propter ueteris hominis noxam que per litteram iubentem et minantem minime sanabatur, dicitur illud testamentum uetus, hoc autem nouum propter nouitatem Spiritus que nouum hominem sanat a uicio uetustatis.'[4]

Et infra:

'Nec moueat quod apostolus quosdam dixit naturaliter facere que legis sunt.[5] Hoc autem agit Spiritus gratie ut ymaginem Dei qua naturaliter facti sumus instauret in nobis. Vitium quippe contra naturam est, quod utique sanat gratia, propter quam Deo dicitur "Miserere mei; sana animam meam, quoniam peccaui tibi".[6] Proinde naturaliter homines que legis sunt faciunt, non quod per naturam negata sit gratia, sed potius per gratiam reparata natura.'[7]

15 Quero autem utrum hec danda: 'De libero arbitrio est quod quis bene agit'. Hanc enim dabit intelligens de libero arbitrio: 'Bene agit quis, quia motus quo liberum arbitrium mouetur ad bene agendum est ex libero arbitrio et gratia mouente illud'. Quod ergo agit est ex gratia, et quod bene agit est ex gratia, et quod agit est ex libero arbitrio. Sed numquid quod bene agit est ex libero arbitrio? Quod si est, numquid ex libero arbitrio est iustus aut bonus? Non, sed ex gratia. Cum ergo dicitur 'De libero arbitrio est quod quis bene agit', potest hec prepositio 'de' esse nota cooperationis aut originis, et secundum hoc danda. Si uero nota sit auctoritatis aut principalis efficiencie, falsa est. Ita et hec determinanda est: 'In homine est ut saluetur'. Per gratiam enim saluatur quis sed principaliter per opera eciam bona saluatur quis, quia quod opera meritoria sunt de gratia est. 16 Audi quid dicat Augustinus in libro De Spiritu et Littera:

'Sicut lex per fidem, sic liberum arbitrium per gratiam statuitur, non euacuatur. Neque enim lex impletur nisi libero arbitrio. Sed per legem cognitio peccati, per fidem impetratio gratie contra peccatum, per gratiam sanatio anime abolitione[a] peccati, per anime sanitatem libertas arbitrii, per liberum arbitrium iusticie dilectio, per iusticie dilectionem legis operatio. Ac per hoc sicut lex non euacuatur sed statuitur per fidem, quia fides impetrat gratiam qua lex impleatur, ita liberum arbitrium [col. 2] non euacuatur per gratiam sed statuitur, quia gratia sanat uoluntatem qua iusticia libere diligatur. Omnia hec que uelut cathenatim connexui,

---

[a] abolotione R

---

[1] I Tim. 1. 9.   [2] Cf. I Tim. 1. 8.
[3] Aug. *De Spirit. et Litt*. x. 16 (209–10), selected passages.   [4] Ibid. xx. 35 (222).
[5] Rom. 2. 14.   [6] Ps. 40. 5.   [7] Aug. *De Spirit. et Litt*. xxvii. 47 (229).

habent uoces suas in Scripturis sanctis. Lex dicit "Non concupisces";[1] fides dicit "Sana animam meam quia peccaui tibi".[2] Gratia dicit "Ecce sanus factus es; iam noli peccare, ne quid tibi deterius contingat".[3] 17 Sanitas dicit "Domine Deus meus exclamaui ad te et sanasti me".[4] Liberum arbitrium dicit "Voluntarie sacrificabo tibi".[5] Dilectio iusticie dicit "Narrauerunt mihi iniqui delectationes suas, sed non ut lex tua Domine".[6] Vt quid ergo miseri homines aut[a] de libero arbitrio audent superbire antequam liberentur, aut de suis uiribus si iam liberati sunt? Nec attendunt in ipso nomine liberi arbitrii sonare libertatem. "Vbi" autem "Spiritus Domini, ibi libertas",[7] quia "si uos Filius liberauit, uere liberi eritis"[8].[9]

Et uide quia Augustinus primo negauit hanc: 'In potestate hominis est mutari in melius',[10] sed postea in libro Retractionum ait:

'Cum negaui hanc, "In potestate hominis est mutari in melius", non memini illius "Dedit eis potestatem filios Dei fieri"[11].[12]

Quasi dicitur: Hec est potestas gratuita. Hec tamen uera: 'Iste qui est in mortali peccato de natura potest credere meritorie'. Item hec uera: 'In homine est ut credat'. Sed hec quibusdam uidetur dubia: 'In homine est quod credit uel credat'. Dicendum quod hec prepositio 'in' potest notare cooperationem, et secundum hoc est uera. Potest eciam notare principalitatem, et secundum hoc neganda. Vnde in Iohanne: 'Hoc est opus Dei ut credatis in eum quem ille misit',[13] quasi dicitur: Non est hoc opus hominis, scilicet principaliter.

18 Sed uidetur quod de libero arbitrio sit quis iustus. In prima enim epistola Iohannis legitur 'Omnis qui habet spem hanc in ipso castificat semetipsum, sicut et ille castus est'. In nostra autem editione habetur sic: 'Sanctificat semetipsum, sicut et ille sanctus est'.[14] Quem locum exponens Augustinus dicit

'Videte quemadmodum non abstulit liberum arbitrium, ut diceret "castificat semetipsum".'[15]

Quis nos castificat nisi Deus? Sed Deus te nolentem non castificat; ergo quod adiungis uoluntatem tuam Deo castificas te ipsum. Castificas te non de te sed de illo qui uenit ut habitet in te. Tamen quia agis ibi aliquid uoluntate ideo et tibi aliquid tributum est. Ideo autem tibi tributum est ut dicas sicut in Psalmo legitur: 'Adiutor meus esto, ne derelinquas me'.[16]Alibi eciam: 'Ego sine causa iusti<fi>caui cor meum.'[17] Causam ergo dicti considera in talibus, cum locutiones tales sint figuratiue.

[a] aud R

---

[1] Exod. 20. 17.   [2] Ps. 40. 5.   [3] Ioh. 5. 14.   [4] Ps. 29. 3.   [5] Ps. 53. 8.
[6] Ps. 118. 85.   [7] II Cor. 3. 17.   [8] Ioh. 8. 36.
[9] Aug. De Spirit. et Litt. xxx. 52 (233–34).   [10] Aug. Contra Adimant. xxvi (169).
[11] Ioh. 1. 12.   [12] Aug. Retract. I. xxii. 4 (620).   [13] Ioh. 6. 29.   [14] I Ioh. 3. 3.
[15] Cf. Glo. Ord. VI. 1394.   [16] Ps. 26. 9.   [17] Ps. 72. 13.

19 Querit item Augustinus in libro De Spiritu et Littera utrum uoluntas qua quis credit Deo debeat dici donum Dei.[1] Quidni? Vocante Deo surgit uoluntas talis de libero arbitrio, quod naturaliter cum crearetur accepit homo. Immo eciam ipsum liberum arbitrium ad Dei gratiam, id est ad Dei dona pertinere docet in eodem Augustinus, non tamen ut sit uerum eciam ut bonum sit (id est ad facienda mandata Domini conuertatur atque ita Dei gratia non solum ostendat quid faciendum sit), sed adiuuet etiam ut fieri possit quod ostenderit.[2] Premuniui autem lectorem superius, dicendo nomen gratie nunc artari, nunc am[f. 85v]pliari.[3] Similiter intellige de hac appellatione 'Dei donum'. Sicut enim omnia naturalia dicuntur quandoque gratuita, ita omnia data dicuntur quandoque donum Dei.

20 Dum autem de uoluntate loquor, reduco ad memoriam illud apostoli, 'Velle adiacet mihi'[4] et cetera. Non ait 'bene' aut 'male uelle', nam uelle naturale est homini; bene uelle uel male usus est uoluntatis rectus uel peruersus. Velle ergo adiacet mihi, quia liberum arbitrium habeo quo possum bene uelle, sed perficere bonum non inuenio, quia bene uelle non possum sine auxilio gratie. Perficere uocat bene uelle, quia perfecte bonum uelle, hoc est bonum perficere. Quicquid enim perfecte uis, facis, nisi ideo desistas quia facere non potes. Et quicquid uis et non potes, hoc Deus reputat factum. Vt autem sane intelligas que proponuntur, recole quia est posse facultatis, est et nature, est et iuris, est et gratie. Et uide quod ex sola gratia est infusio uirtutis, sed susceptio eius est a nobis. Sed non<ne> est eciam ex gratia? Immo, quia ex gratia est quod liberum arbitrium sic mouetur. Ad hoc potest retorqueri quod dicit Ieronimus super Leuiticum: 'Incipere nostrum bonum est, perficere autem et ad finem ducere diuine gratie est. Incipere tamen bene agere ex gratia est.'[5] In tercia autem distinctione operis quod Ieronimus inscripsit sub nomine Attici et Critoboli ad aliud refert considerationem, dicens 'Nostrum est rogare, Dei tribuere quod rogatur; nostrum incipere, illius perficere'.[6] 21 Ieronimus item ad Thesifontem ponit uerba Pelagianorum dicentium

' "Si nihil ago absque Dei auxilio et per singula opera omne quod gero illius est, ergo non ego qui laboro, sed Dei in me auxilium coronabitur, frustraque dedit arbitrii potestatem quam implere non possum, nisi ipse semper me adiuuerit. Destruitur enim uoluntas que alterius ope indiget. Sed liberum arbitrium dedit Deus, quod aliter non erit liberum nisi fecero quod uoluero. Ac per hoc aut utor semel potestate que mihi data est, ut liberum seruetur arbitrium; aut si alterius ope indiget, libertas in me arbitrii destruitur". Qui hec dicit, quam non excedit blasphemiam? Que hereticorum uenena non superat? Asserunt se per arbitrii libertatem nequaquam ultra necessarium habere Deum. Si igitur libero arbitrio contenti sumus, nec ultra

---

[1] Aug. *De Spirit. et Litt.* xxxi. 53–54; xxxiii. 57–xxxiv. 60 (234–35, 237–41).
[2] Cf. ibid. xiv. 25–26 (216–17); Peter Lomb. *Sent.* II. xxvi. 4. 5 (I. 475).
[3] See above, IV. xv. 1–6.   [4] Rom. 7. 18.   [5] Not identified.
[6] Hieron. *Dial. contra Pelagian.* III. i (569B).

Dei indigemus auxilio, ne si indiguerimus liberum frangatur arbitrium; ergo nequaquam ultra orare debemus, nec illius clementiam precibus flagitare, ut accipiamus cotidie quod semel acceptum in nostra est potestate. 22 Istiusmodi homines tollunt orationem, et per liberum arbitrium non homines proprie uoluntatis sed Dei potentie factos esse se iactant, qui nullius ope indigeant. Tolluntur et ieiunia omnisque continentia. "Non est uolentis"[1] et cetera. Velle et currere meum est; sed ipsum meum sine Dei semper auxilio non est meum. Deus semper largitor, semperque donator est. Non mihi sufficit quod semel dedit nisi semper dederit. Peto ut accipiam, et cum accepero rursum peto. Auarus sum ad accipienda Dei beneficia. Nec ille deficit in dando, nec ego satior in accipiendo. Quanto plus bibero, tanto plus sitio. Dauid: "Gustate et uidete quam suauis Dominus".[2] [col. 2] Omne quod habemus boni, gustus est Domini. Hec est enim in hominibus sola perfectio, si imperfectos se esse nouerint. "Et uos"[a] inquit Scriptura, "cum omnia feceritis, dicite Serui inutiles sumus, quod debuimus facere fecimus".[3] Quod autem iactitant liberum arbitrium a nobis destrui, audiant econtrario eos arbitrii libertatem destruere, qui male eo abutuntur aduersus beneficium largitoris. 23 Quis destruit liberum arbitrium? Ille qui semper agit Deo gratias, et quodcumque in suo fluit riuulo refert ad fontem, an qui dicit "Recede a me quia mundus sum;"[4] non habeo te necessarium? Dedisti enim mihi semel arbitrii libertatem ut faciam quod uoluero. Quid rursum te ingeris ut nihil possim facere, nisi tu in me tua dona compleueris? Fraudulenter pretendis Dei gratiam, ut ad conditionem hominis referas, et non in singulis operibus auxilium Dei requiras, ne scilicet liberum arbitrium uidearis amittere. Audite, queso, sacrilegum. "Si", inquit, "uoluero curuare digitum, mouere manum, sedere, stare, ambulare, urinam digerere, semper mihi auxilium Dei erit necessarium"? Audi, ingrate, immo sacrilege, apostolum predicantem: "Siue manducatis siue bibitis siue aliud quid agitis, omnia in nomine Domini agite."[5] 24 Et illud Iacobi: "Ecce, nunc qui dicitis, hodie aut cras proficiscemur[b] in illam ciuitatem et faciemus illic annum, ut negociemur et lucremur, qui nescitis de crastino. Que est enim uita uestra? Aura enim siue uapor paululum apparens, deinde dissipatur, pro eo quod debeatis dicere: Si Dominus uoluerit et uixerimus, faciemus hoc aut illud".[6] Audes proferre unumquemque suo arbitrio regi. Si suo regitur arbitrio, ubi est auxilium Dei? Si Christo rectore non indiget, quomodo scripsit Ieremias "Non est in homine uia eius", et "A Domino gressus hominis diriguntur"?[7] Facilia dicis esse mandata Dei, cum Dauid dicat "Qui fingis dolorem in precepto",[8] et iterum: 'Propter uerba labiorum tuorum ego custodiui uias duras".[9] Et Dominus in Euuangelio: "Intrate per angustam portam".[10] Et "Diligite inimicos uestros".[11] Et "Orate pro iis qui persecuntur uos".[12] Numquid facilia sunt mandata Dei, que nullus impleuit? Asseris posse hominem esse sine peccato si uelit, et post grauissimum sompnum ad decipiendas rudes animas, frustra conaris adiungere "non absque Dei gratia". Si enim semel per se homo potest esse sine peccato, quid necessaria est gratia Dei? Si autem sine illius gratia nichil potest facere, quid necesse fuit dicere posse quod non potest? Potest, inquit, esse sine peccato, potest esse perfectus si uoluerit. Quis enim Christianorum non uult esse sine peccato, aut quis perfectionem recusat, si sufficit ei uelle et statim sequitur posse, si uelle precesserit?'[13]

---

[a] nos R   [b] proficissemur R

---

[1] Rom. 9. 16.   [2] Ps. 33. 9.   [3] Luc. 17. 10.   [4] Is. 65. 5.   [5] I Cor. 10. 31.
[6] Iac. 4. 13–15.   [7] Ier. 10. 23.   [8] Ps. 93. 20.   [9] Ps. 16. 4.   [10] Matth. 7. 13.
[11] Matth. 5. 44.   [12] Ibid.   [13] Hieron. *Epist.* cxxxii. 5–8 (1154–56).

25 Vide, lector, ne putes Augustinum in hac parte contrarium esse Ieronimo. Dicit enim Augustinus in libro De Spiritu et Littera:

'Si a me queratur utrum homo sine peccato possit esse in hac uita, confiteor posse per Dei gratiam et liberum eius arbitrium, et tamen preter unum in quo omnes uiuificabuntur, neminem fuisse uel fore in quo hic uiuente esset ista perfectio. Absurdum tibi uidetur dici aliquid fieri posse, cuius desit exemplum, [f. 86] cum sicut credo non dubites nunquam esse factum ut per foramen acus camelus transiret,[1] et tamen ille hoc quoque dixit Deo esse possibile'.[2]

Ieronimus uero non reprehendit quod dicit Augustinus, sed reprehendit illud Pelagianum scilicet hominem esse posse sine peccato si uelit. Elegantissimum autem dialogum scripsit Ieronimus contra Pelagium quem inscripsit sub nomine Attici et Critoboli, in quo dicitur quod impossibile impossibili comparatur, cum de camelo fit sermo in Euuangelio.

'Quomodo', inquit, 'camelus non potest intrare per foramen acus, ita et diues non ingredietur regnum celorum'.[3]

Quod autem dicit Augustinus scilicet hominem sine peccato posse esse in hac uita per Dei gratiam, non est contrarium ei quod legitur in Salomone: 'Non est homo iustus super terram, qui faciat bonum et non peccet.'[4] 26 In eodem eciam libro Regum dicitur 'Neque enim est homo qui non peccet'.[5] Sed quid est quod alibi dicit Augustinus inflictum esse homini non posse non peccare?[6] Sed quid? Huiusmodi necessitas penalitatis non abrogat potentiam gratie diuine. Quod ergo dicit Iohannes, 'Qui natus est ex Deo non peccat',[7] sic intellige, scilicet quamdiu semen Dei manet in eo. Querit autem Critobolus sic:

'Aut possibilia mandata Deus dedit aut impossibilia. Si possibilia, in nostra est potestate ea facere si uelimus. Si impossibilia, non in hoc rei sumus, si non facimus quod implere non possumus. Ac per hoc siue possibilia dederit Deus mandata siue impossibilia, potest homo esse sine peccato si uelit'.[8]

Respondet Atticus, dicens quia Deus possibile iusserit, et tamen id quod possibile est nullum per se solum posse complere.[9] Critobolus:

'Si non potest homo esse sine peccato, quomodo Iudas apostolus scribit "Ei autem qui potens est uos conseruare sine peccato et constituere ante conspectum glorie sue immaculatos"?[10] Quo testimonio comprobatur posse hominem esse sine peccato et maculam non habere? Atticus: "Non intelligis quid proposueris. Neque enim potest homo esse sine peccato; sed potest, si uoluerit Deus, seruare hominem sine peccato

---

[1] Matth. 19. 24 etc.   [2] Aug. De Spirit. et Litt. i. 1 (201).
[3] Hieron. Dial. contra Pelagian. I. x (503B).   [4] Eccles. 7. 21.   [5] III Reg. 8. 46.
[6] See above, IV. xi. 4.   [7] I Ioh. 5. 18.
[8] Hieron. Dial. contra Pelagian. I. xxi (514B–C).   [9] Ibid. I. xxi–iii (514C–18A).
[10] Iudas 1. 24.

et immaculatum sua misericordia custodire. Hoc et ego dico, quod cuncta Deo possibilia sunt; homini autem non quicquid uoluerit possibile est".[1]

27 Ecce quia hic dicitur quod non potest homo esse sine peccato. Cointellige 'pro sua scilicet uoluntate', ne uideatur istud contrarium Augustino asserenti hominem posse esse sine peccato per gratiam Dei. Post multa autem interposita subditur in predicto opere Ieronimi:

'Apostolus ad Thessalonicenses ait: "Fidelis est Deus qui seruabit nos et custodiet a malo".[2] Ergo non liberi arbitrii potestate sed Dei clementia conseruamur.'[3]

Et infra:

'Saluator in passione ab angelo confortatur et Critobolus meus non indiget auxilio Dei, habens liberi arbitrii potestatem.'[4]

Et infra Atticus:

'Posuisti posse hominem sine peccato esse si uelit. Ego hoc impossibile in homine esse respondeo, non quia statim de baptismate egressus homo peccato non careat, sed illud tempus quando sine peccato est, nequaquam possibilitati humane sed Dei gratie deputatur.'[5]

Et infra Atticus:

'Hoc longa dissertione conclusum est, ut gratia sua[a] Dominus qua nobis concessit <liberum> arbitrium in singulis operibus iuuet atque sustentet. Critobulus: Quid igitur coronat in nobis atque lau[col. 2]dat quod ipse operatus est? Atticus: Voluntatem nostram que optulit omne quod potuerit, et laborem quo contendit ut faceret, et humilitatem que semper respexit auxilium Dei.'[6]

Et infra Atticus:

'Loquitur Iacob in oratione sua "Si fuerit Dominus Deus mecum, et custodierit me in uia per quam ego pergo, et dederit mihi panem" et cetera, "erit mihi Dominus in Deum".[7] Numquid dixit, si liberum arbitrium conseruaueris[b] me, et cibum et uestimentum labore meo quesiero et reuertero in donum patris mei? Omnia dat Domini uoluntati, ut mereatur quod precatur. Custos carceris omnia potestati Ioseph fideique commisit, causaque redditur "quia Dominus erat cum eo".[8] Dominus item ad Iacob ait "Ego descendam tecum in Egiptum et educam te inde"[9].'[10]

28 Sciendum autem quod inter epistolas Ieronimi quedam repperitur cuius titulus est ad Demetriadem de Virginitate, hoc habens initium 'Si summo ingenio' quam Iulianus quidem Pelagianus, sicut dicit Beda in primo libro

---

[a] gratia sua: gratiam suam R   [b] conseruauerit R

[1] Hieron. *Dial. contra Pelagian*. I. xxiv (518A–B). [2] II Thess. 3. 3.
[3] Hieron. *Dial. contra Pelagian*. II. x (545A). [4] Ibid. II. xvi (552C).
[5] Ibid. III. iii (572A). [6] Ibid. III. vi (574C–D). [7] Gen. 28. 20. [8] Gen. 39. 23.
[9] Gen. 46. 4. [10] Hieron. *Dial. contra Pelagian*. III. viii (577A–C), selected passages.

super Cantica, epistolis Ieronimi interseruit,[1] cuius mentionem facit Augustinus scribens ad Iulianam matronam epistolam que sic incipit: 'Domine
debitis in Christo officiis'.[2] In illa ergo epistola dampnata uerba ista reperies:
'Habes ergo et hic per que merito preponaris[a] aliis, immo hinc magis. Nam
corporalis nobilitas atque opulentia tuorum intelliguntur esse, non tua;
spirituales uero diuitias nullus tibi preter te conferre poterit. In his ergo iure
laudanda, in his merito ceteris preferenda es, que nisi ex te et in te esse non
possunt'.[3] Hec uerba ponit Augustinus in epistola sua predicta, subdens
'Cernis nempe quanta in his uerbis sit cauenda pernities. Nam utique quod
dictum est "non possunt esse ista bona nisi in te" optime et uerissime dictum
est. Iste plane cibus est. Quod uero ait "non nisi ex te" hoc omnino uirus
est'.[4] 29 In eadem eciam epistola ad Iulianam dicit Augustinus quia dona
Dei nostra sunt, sed non ex nobis. 'Nam et panem cotidianum dicimus
nostrum, sed tamen addimus "da nobis",[5] ne putetur ex nobis.'[6] Et infra:
'Nemo potest esse non solum sciens uerum eciam continens, nisi Deus det.'[7]
Reprehendit eciam Augustinus ibidem quod predictum est in dampnata
epistola, dicens 'Non ait "in te et ex te esse possunt", sed ait "nisi ex te et in
te esse non possunt", ut quemadmodum non ei sunt alibi nisi in illa, sic ei
non aliunde nisi ex illa esse posse credantur.'[8] In predicta autem epistola
dampnata multa reperiuntur que suspecta esse debent pio lectori, quorum
unum est et istud: 'Instruamur', inquit, 'domestico magisterio animi et
mentis, bona non aliunde magis queque quam ab ipsa mente discamus'.[9]
Ecce auctoritatem uidetur auferre gratie. 30 In eadem eciam dicitur: 'Facile
intelligas quantum sit nature bonum, cum eam legis uice docuisse iusticiam
probaueris.'[10] Ecce quia nature attribuit doctrinam iusticie. Et statim
subdit, dicens 'Abel primus hanc magistram secutus'[11] et cetera. Ecce quia
nature ascribit magisterium, quod gratie principaliter est ascribendum.
Innuit et in sequentibus tam bonum omne quam malum esse ascribendum
libero arbitrio, ubi ait 'Plena sunt utriusque testamenti'[12] et cetera.
Suspicionem eciam generat uersus sequens, qui sic incipit: 'Neque uero
nos'[13] et cetera. Ibi enim dicitur quod nature uitio non impellimur ad
malum, et quia nobis liberum est semper unum et duobus agere. Innuit

---

[a] proponaris R

---

[1] Aug. *Epist*. App. xvii (1099–1120). Bede's opinion on the authorship of this letter (now
thought to be by Pelagius himself) was well known from at least the twelfth century. His
opinion, and Augustine's strictures, passed into notes sometimes copied into manuscripts of
Jerome's letters: R. M. Thomson in *Journal of Ecclesiastical History*, 29 (1978), pp. 396–97 and
notes 63–65.
[2] Aug. *Epist*. clxxxviii (848–54).   [3] *Epist*. App. xvii. 11 (1107); *Epist*. clxxxviii. 4 (850).
[4] Ibid. 5 (850).   [5] Matth. 6. 11.   [6] Aug. *Epist*. clxxxviii. 6 (851).   [7] Ibid. 8 (852).
[8] Ibid.   [9] Aug. *Epist*. App. xvii. 4 (1101).   [10] Ibid. (1102).   [11] Ibid. 5 (1102).
[12] Ibid. 7 (1104).   [13] Ibid. 8 (1104).

eciam consequenter nullum esse iudicandum [f. 86v] nisi (ratione uoluntatis) paruulos non baptizatos absoluendo. Damnabile est eciam quod consequenter subdit de electione Enoch et Iacob et eiectione Ade et reprobatione Esau. Displicet et illud quod subdit naturam suffecisse antiquis ad exercendam iusticiam pro lege.[1] Cancelletur et quod ait quia nulla alia causa facit nobis difficultatem benefaciendi quam longa consuetudo uitiorum.[2] Quid ergo de fomite nature? Quid de suggestione Hostis Antiqui? Quid de consuetudine mala etsi non sit longa? Displicet et illud, 'Cura ne quis te in beneuiuendo transcendat'.[3] Dampnetur et illud, 'Consuetudo est que aut uitia aut uirtutes alit, que in his plurimum ualet, cum quibus ab ineunte etate simul creuerit.'[4]

31 Gratia enim alit uirtutes.

32 Vt autem superius sepe commemorauimus, erroris procreatrices sunt similitudines.[5] Gratiam ergo, aiunt, similem solari radio peruenienti usque ad fenestram clausam, liberum uero arbitrium comparant manui hominis aperienti fenestram, ita ut radius intrare possit. Hinc est quod in Canticis legitur: 'Aperi mihi soror mea'.[6] Pulsat enim gratia ad ostium cordis uolens intrare, si aperiat ei liberum arbitrium. Sed uide quod liberum arbitrium non aperit ostium cordis nisi gratia et perueniat et iuuet usum liberi arbitrii, tanquam si quis debilis uelit aperire fenestram et non sufficiat, nisi manus fortior manum debilem apprehendat et iuuet. Solet eciam simile induci de homine existente in profundissimo puteo, qui per se exire non potest. Stans autem quis iuxta puteum superius, funem immittit, hortans ut ille funem apprehendat. Sed quid? Funem gratie non apprehendit manus liberi arbitrii, nisi ipsam apprehendat manus gratie. Vnde paruitati mee magis placet similitudo data de manu extrahentis et apprehendentis manum eius qui infixus est in limo profundi. Sepe eciam dum cogito de talibus constituo pre oculis cordis fabrum folle flammam ignis excitantem. Lignum enim comparari potest libero arbitrio, ignis uirtuti, flamma motui, follis flans uoluntati diuine operanti, faber Deo, qui fabricatus est auroram et solem.[7]

33 Anselmus autem Cantuariensis, uir sublimis intelligentie, comparat potestatem uidendi libero arbitrio lucem diuine gratie.[8] Sine lucis beneficio non exercet actum suum potestas uidendi; sic nec ex libero arbitrio bonus elicitur usus sine operatione gratie. Liberum enim arbitrium, ut superius dixi, uocat potestatem seruandi rectitudinem uoluntatis propter ipsam rectitudinem.[9] Nec est pretermittendum quod dicit Augustinus: 'Vt adquiescamus', inquit, 'salutifere inspirationi, nostre potestatis est. Vt adipiscamur, diuine muneris est. Vt non labamur, nostre sollicitudinis est et

---

[1] Ibid.   [2] Ibid.   [3] Ibid. 10 (1107).   [4] Ibid. 13 (1108).
[5] See above, III. lxxxix. 6, lxxxxiii. 3; IV. iii. 3, 5.   [6] Cant. 5. 2.   [7] Ps. 73. 16.
[8] Cf. Anselm, *De Lib. Arbitr.* iii (I. 213 lines 5 seq).   [9] See above, IV. i. 1.

diuine pariter adiutorii'.[1] Sed quid est quod dicitur quia nostre potestatis est ut adquiescamus salutifere inspiratione? Hoc ideo dicitur quia uoluntas que ex nobis est adquiescit inspirationi, adiuta per gratiam. Super illum item locum Exodi, 'Cum eduxisset Moyses in occursum Domini'[2] et cetera, dicitur 'Occurrit nobis Deus occurrentibus sibi. Per liberum enim arbitrium mouemur ad Deum, sed non promouemur nisi Dei misericordia'.[3] Sed in contrarium uidetur sentire Augustinus, dicens: 'Est homini, fateor, liberum arbitrium, non per [col. 2] quod idoneus sit in iis que ad Deum sunt aut inchoare aut aliquid agere'.[4] 34 Sed hoc ideo dicitur, quia non sufficit liberum arbitrium ad bene agendum sine gratia. Item, Augustinus in libro De Perseuerantia Boni:

'Petimus et rogamus, ut qui in baptismate sanctificati sumus in eo quod esse cepimus perseueremus. Cum ergo sanctus Deum rogat ut sanctus sit, id utique rogat ut sanctus esse permaneat'.[5] 'Vnde dicitur "Fiat uoluntas tua, sicut in celo et in terra".[6] Cum enim iam facta sit in eis, cur ut fiat adhuc petunt, nisi ut perseuerent in eo quod esse ceperunt? Quamuis hoc dici possit, non petere sanctos ut uoluntas Dei fiat in celo, sed ut terra imitetur celum, id est ut homo angelum uel infideles fidelem imitentur, ac per hoc id sanctos poscere, ut sit quod nondum est, non ut perseueret quod est.'[7]

Vtrum ex quantumlibet parua caritate possit quis resistere quantumlibet acerbe temptationi. xix.[a]

1 Licet autem nondum de uirtutibus tractatum instituerimus, idoneam tamen nanciscimur[b] occasionem interserendi hic questionem utilissimam et dignam consideratione uirorum maturi pectoris sed ad soluendum difficillimam, utrum scilicet ex quantumlibet parua caritate possit quis acerrime resistere temptationi. Dant ergo nonnulli naturalia bona reddere hominem habiliorem ad operationes uirtutum et expeditiorem, etsi non ad uirtutum susceptionem. Sed de habilitate dicemus inferius.[8] Sed esto quod hoc uerum sit, non tamen facilem prebebo assensum opinioni asserentium fragilitatem corporis impedire, ne caritas resistat ualide temptationi. Vnde, ut aiunt, tam in primo statu quam in secundo potuit Adam resistere quantelibet temptationi. Hinc est quod putant Dominum non permisisse Iohannem euuangelistam martirium subire, quia strenuitate naturalium destitutum eum fuisse autumant. Sed quid? Quonam ergo modo sustinuit penam tam

[a] LIIII R   [b] nanscissimur R

---

[1] Ps-Aug. (Alcher of Clairvaux) *De Spirit. et Anim.* xlviii (814).   [2] Exod. 19. 17.
[3] *Glo. Ord.* I. 661–62 (interlin.).   [4] See above, IV. i. 8.
[5] Aug. *De Don. Persev.* ii. 4 (996–97).   [6] Matt. 6. 10.
[7] Aug. *De Don. Persev.* iii. 6 (998).   [8] Not extant.

acerbam in feruentis olei dolio?[1] Quid de uirginibus tenellis et delicate et deliciose educatis dicemus, que in sexu fragili et carne tenera, de mundo, de tyrannis, de uitiis, de hoste inuisibili triumphauerunt? Si dicatur quod, diuino subsidio suffulte, uictrices extiterunt, quis id neget? Quantumcumque perfecta sit caritas, semper eget auxilio diuino. Nonne ergo in caritate quantumlibet parua potest quis resistere temptationi acerbissime per subsidium gratie diuine? Respondebo quod minor caritas cum strenuis naturalibus magis potens sit resistere temptationi quam magna caritas in corpore debili. Quid? Ergo potentior est strenuitas naturalis caritate etiam perfecta. Nonne potentior est fortitudo spiritualis, igne caritatis eciam minime succensa, quam fortitudo naturalis cum strenuitate naturali ad resistendum quantecumque temptationi? Notum est quia legitur in Epithalamio Amoris quia 'fortis est ut mors dilectio dura, sicut inferus emulatio. 2 Lampades eius lampades ignis atque flammarum. Aque multe non poterunt extinguere caritatem neque flumina obruent illam.'[2] Per aquas temptationes minores, per flumina impetus angustiarum uel etiam mortis designantur. Si ergo de naturali strenuitate [f. 87] sustinet quis mortem pro fide, nonne ergo multo fortius ex uirtute caritatis quantumuis modice potens est quis promereri palmam martirii? Reuertamur et ad libertatem arbitrii naturalem, que tanta est, ut superius diximus, quod cogi non potest.[3] Vnde Anselmus in libro De Libero Arbitrio capitulo quinto dicit:

'Puto quia temptatio rectam uoluntatem non nisi uolentem aut ab ipsa rectitudine prohibere, aut ad id quod non debet cogere potest, ut illam nolit et istud uelit. Quis ergo potest uoluntatem dicere non esse liberam ad seruandam rectitudinem, et liberam a temptatione et peccato, si nulla temptatio potest illam nisi uolentem auertere a rectitudine ad peccatum, id est ad uolendum quod non debet? Cum ergo uincitur, non aliena uincitur potestate sed sua. Qua re nullatenus potest temptatio uincere rectam uoluntatem.'[4]

3 Et infra, scilicet capitulo sexto:

'Frequenti usu dicimus nos non posse aliquid, non quia nobis est impossibile, sed quia illud sine difficultate non possumus. Hec autem difficultas non perimit uoluntatis libertatem. Impugnare namque potest inuitam uoluntatem, expugnare nequit inuitam'.[5]

Distinguit tamen in capitulo septimo Anselmus equiuocationem in hoc nomine 'uoluntas', uocans uoluntatem nunc instrumentum uolendi quod est in anima et quod conuertimus ad uolendum hoc uel illud, nunc usum uoluntatis que est instrumentum uolendi.[6]

---

[1] The Feast of St. John before the Latin Gate (6 May) commemorates his escape from boiling oil: *Brev. Sar.* III. 283–84.

[2] Cant. 8. 6–7.   [3] See above, IV. i. 1.

[4] Anselm, *De Lib. Arbitr.* v (I. 216 lines 19–30).   [5] Ibid. vi (I. 218 lines 4–7).

[6] Ibid. vii (I. 218 line 26–219 line 10).

'Illa igitur', inquit, 'uoluntas quam uoco instrumentum, una et eadem semper est quicquid uelimus; illa uero que opus eius est, tam multiplex est quam multa et quam sepe uolumus; quemadmodum uisus quem etiam in tenebris uel clausis habemus oculis, semper idem est quicquid uideamus; uisus autem, id est opus eius qui et uisio nominatur, tam numerosus est quam numerosa uidemus'.[1]

Fortitudo ergo uolendi constat in uoluntate que dicitur instrumentum.

4 'Si ergo scias uirum ita fortem, ut eo tenente taurum indomitum taurus non possit se mouere, et uideas eundem uirum ita tenentem arietem, ut ipse aries sese de manibus eius excuciat, putabisne illum minus fortem in tenendo arietem quam in tenendo taurum? Illum', inquit, 'non dissimiliter fortem in utroque illo opere iudicabo, sed eum sua fortitudine non equaliter uti fatebor. Fortius enim operatur in tauro quam in ariete. Sed ille fortis est, quia fortitudinem habet; actio uero dicitur fortis, quia fortiter fit. Sic intellige uoluntatem quam uoco instrumentum uolendi, inseparabilem[a] et nulla alia ui superabilem fortitudinem habere, qua aliquando magis, aliquando minus utitur in uolendo. Vnde quod fortius uult, nullatenus deserit oblato eo quod minus fortiter uult; et cum offertur quod uult fortius, statim dimittit quod non pariter uult; et tunc uoluntas — quam dicere possumus actionem instrumenti huius — magis uel minus fortis dicitur. 5 Vides igitur quia cum homo habitam rectitudinem uoluntatis deserit aliqua ingruente temptatione, nulla ui aliena abstrahitur, sed ipsa se conuertit ad id quod fortius uult.'[2]

Et infra, capitulo octauo:

'Nichil magis impossibile quam Deum auferre rectitudinem uoluntatis. Quod tamen facere dicitur, quando non facit ut eadem rectitudo [col. 2] non deseratur. Porro diabolus uel temptatio ideo dicitur hoc facere siue uoluntatem ipsam uincere et a rectitudine quam tenet abstrahere, quoniam nisi permitteret[b] ei aliquid aut minaretur auferre, quod magis quam ipsam rectitudinem uult, nullatenus ipsa se ab illa auerteret. Cernis itaque nichil liberius recta uoluntate, cui nulla uis aliena potest auferre suam rectitudinem. Nempe si dicimus quia cum uult mentiri ne perdat uitam aut salutem, ueritatem cogitur deserere timore mortis aut tormentis: non est uerum. Non enim cogitur magis uelle uitam quam ueritatem, sed quoniam ui aliena prohibetur utramque seruare simul, ipsa eligit quod mauult; eligit, inquam, sponte et non inuita, quamuis in necessitate utramlibet deserendi sit posita, non sponte sed inuita. Non enim minus fortis est ad uolendum ueritatem quam ad uolendum salutem, sed fortius uult salutem. 6 Nam si presentem uideret gloriam eternam quam statim post seruatem ueritatem assequeretur, et inferni tormenta quibus post mendatium sine mora traderetur, procul dubio mox uirium sufficientiam ad seruandum ueritatem habere cerneretur. Semper igitur habet rationalis natura liberum arbitrium, quia semper habet potestatem seruandi rectitudinem uoluntatis propter ipsam rectitudinem, quamuis aliquando cum difficultate. Sed cum libera

---

[a] insuperabilem R   [b] promitteret R

---

[1] Ibid. (lines 10–16).   [2] Ibid. (I. 219 lines 24–220 line 9).

uoluntas[a] deserit rectitudinem per difficultatem seruandi, utique post seruit peccato per impossibilitatem per se recuperandi. Sic ergo fit "spiritus uadens et non rediens",[1] quoniam "qui facit peccatum seruus est peccati".[2] Quippe sicut nulla uoluntas, antequam haberet rectitudinem, potuit eam Deo non dante capere; ita cum deserit acceptam, non potest eam nisi Deo redente recipere. Et maius miraculum existimo cum Deus uoluntati desertam reddit rectitudinem, quam cum mortuo uitam reddit amissam. 7 Corpus enim necessitate moriendo non peccat, ut uitam numquam recipiat; uoluntas uero per se rectitudinem deserendo meretur, ut illa semper indigeat. Et si quis sponte mortem sibi infert, non aufert sibi quod numquam erat amissurus; qui uero uoluntatis rectitudinem deserit, hoc abicit quod ex debito semper erat seruaturus. Sed si seruus est quis, quomodo liber? Aut si liber, quomodo seruus? Sed si bene discernas, quando non habet prefatam rectitudinem, sine repugnantia et seruus est et liber. Numquam enim est potestatis eius rectitudinem capere cum non habet; sed semper eius est potestatis seruare cum habet. Et per hoc quia redire non potest a peccato, seruus est; per hoc quia abstrahi non potest a rectitudine, liber est. Sed a peccato et ab eius seruitute non nisi per alium potest reuerti, a rectitudine uero non nisi per se potest auerti, et a libertate sua nec per se nec per alium potest priuari.'[3]

8 Sane autem intelligatur quod dicit 'quia numquam est potestatis eius rectitudinem capere cum non habet'. Diximus enim superius quia posse habere fidem uel caritatem nature est hominum, habere autem fidem quemadomodum habere caritatem gratia est fidelium.[4] Illa itaque natura in qua nobis data est potestas habendi fidem non discernit ab homine hominem, ipsa uero fides discernit ab infideli fidelem. Hec sunt uerba Augustini in libro De Perseuerantia Boni: 'Habet ergo homo naturalem potestatem [f. 87v] capiendi rectitudinem eciam cum eam non habet'.[5] Sed hoc ideo dicit Anselmus quod premisimus, quia non est in optione hominis capiendi rectitudinem si uoluerit. Quod item dicit 'quia semper est potestatis humane seruare rectitudinem cum habet', sic intelligendum ut gratie attribuatur auctoritas seruandi rectitudinem, nature cooperatio. Si igitur interius considerentur predicta, patebit quia uoluntatem rectam non superat temptatio, ita scilicet ut nolens quis cedat temptationi. Quicunque cedit, uolens cedit. Habens ergo uirtutes quis, cum temptatur reicit arma et uincitur. 9 Sic ergo uidetur quod ex quantumlibet parua caritate possit quis resistere ualidissime temptationi, si innitatur gratie diuine. Sed quid? Miser reicit gratiam et repellit auxilium diuinum. Id autem quod dicit apostolus in prima ad Corrinthios, 'Fidelis est Deus qui non patietur uos temptari supra id quod potestis, sed faciet cum temptatione eciam prouentum ut possitis

[a] libere uoluntatis R

---

[1] Ps. 77. 39.
[2] Ioh. 8. 34.
[3] Anselm, *De Lib. Arbitr.* viii–xi (I. 221 line 8–223 line 10).   [4] See above, IV. x.
[5] Not identified.

sustinere',[1] uidetur ad utramque partem contradictionis competenter induci posse, si diligentius inspiciatur. Quedam ergo que a sanctis expositoribus ad explanationem transitus illius inducuntur, nunc ad inpediendum, nunc ad expediendum questionem proponere libet. Augustinus uero in libro De Spiritu et Littera ait:

'Secundum fidem qua credimus, fideles sumus Deo; secundum illam uero qua fit quod promittitur, eciam Deus ipse fidelis est nobis. Hinc apostolus: "Fidelis est Deus qui non" et cetera'.[2]

10 Et in libro De Pastoribus ait:

'Ne futuris temptationibus deficiat infirmus, nec falsa spe decipiendus est nec terrore frangendus. Dic ei "Prepara animam tuam ad temptationem". Et forte incipit labi, contremescere, nolle accedere. Habes aliud: "Fidelis est Deus qui non" et cetera. Illud enim promittere et predicere uenturas passiones infirmum confirmare est. Timenti autem nimium et ex hoc deterrito cum polliceris misericordiam Dei, non quia temptationes deerunt, sed quia non permittit temptari supra quam ferre potest, fractum colligare est'.[3]

Augustinus item super Psalmum sexagesimum primum:

'Diabolus potestas quedam est. Plerumque tamen uult nocere et non potest, quia potestas illa sub potestate est. Nam si tantum posset nocere diabolus quantum uult, <non> aliquis iustorum remaneret, aut aliquis fidelium esset in terra. 11 Ipse per uasa sua impellit quasi parietem inclinatum,[4] sed tantum impellit quantum accipit potestatem.[5] Vt autem non cadat paries, Dominus suscipiet. Quoniam qui dat potestatem temptatori, ipse temptato prebet misericordiam. Ad mensuram temptare permittitur diabolus. "Et potabis nos," inquit, "in lacrimis in mensura"[6].'[7]

Ipsa est mensura pro uiribus tuis, ipsa est mensura ut erudiaris, non ut opprimaris.

'Tantum admittitur ille temptare quantum tibi prodest ut exercearis, ut proberis, ut qui te nesciebas a te ipso inueniaris. Nam ubi uel unde nisi de hac Dei potestate et misericordia securi esse debemus.'[8]

Et item super Psalmum cxviii:

'Spem eciam dedit Saluator dicens "Hac nocte postulauit Sathanas uexare uos sicut triticum. Et ego rogaui pro te Petre ne deficiat fides tua".[9] Hanc spem dedit et in oratione quam docuit, ubi monuit ut dicamus "Ne nos inferas in temptationem".[10] [col. 2] Quodammodo enim promisit se daturum suis periclitantibus, quod dici uoluit ab orantibus'.[11]

Non igitur orandum est nobis ut non temptemur, sed ne in temptationem

---

[1] I Cor. 10. 13.   [2] Aug. *De Spirit. et Litt.* xxxi. 54 (235).
[3] Aug. *Serm.* XLVI. v. 12 (276).   [4] Cf. Ps. 61. 4.
[5] See below, IV. xx. 6; Peter Lomb. *In Pss.* ad loc. (569A).   [6] Ps. 79. 6.
[7] Aug. *Enarr. in Pss.* lxi. 20 (743).   [8] Ibid.   [9] Luc. 22. 31–32.
[10] Matth. 6. 13.   [11] Aug. *Enarr. In Pss.* cxviii. 15. 2 (1541).

inducamur. 12 Idem super Psalmum cxx, 'Dominus proteget te super manum dextere tue':[1]

'Fides tua est manus dextere tue, id est potestas que tibi data est ut sis inter filios Dei. Sed quid ualet ipsa potestas quam accepit homo, nisi Dominus protegat? Ecce credidit, iam ambulat in fide; infirmus est, inter temptationes agitatur, inter molestias, inter carnales corruptiones, inter suggestiones cupiditatis, inter uersutias et laqueos inimici. Quia habet potestatem, credidit in Christum, ut sit inter filios Dei. Ve homini, nisi et ipsius fidem Dominus protegat, id est ut non te permittat temptari supra quam potes ferre. Quamuis iam fideles simus, quamuis iam manus dextere nostre sit in nobis, <pro>tegit nos Deus super manum dextere nostre. Non nobis sufficit habere manum dextere, nisi ille et ipsam manum dextere protegat'.[2]

'Custodiat Dominus introitum tuum'[3] et cetera.

'Quid est introitum, quid est exitum? Quando temptamur, intramus; quando uincimus temptationem, eximus. "Vasa figuli probat fornax et homines iustos temptatio tribulationis."[4] <Si> sic sunt homines iusti quomodo uasa figuli, necesse est ut uasa figuli <fornacem> intrent. Et non quando intrant iam securus est figulus, sed cum exierint. 13 Dominus autem securus est, quia nouit qui sunt eius.[5] Nouit qui in fornace non crepent. Illi non crepant qui non habent uentum superbie. Humilitas ergo custodit in omni temptatione, quia a conualle plorationis ascendimus cantantes canticum graduum. Et custodit Dominus introitum ut salui intremus et sana fide simus quando accedit temptatio. Et custodit "exitum ex hoc nunc et usque in seculum".[6] Cum enim exierimus ab omni temptatione, iam in eternum nulla nos temptatio terrebit, nulla saltem concupiscentia sollicitabit. Quando non tibi sinit Deus accidere temptationem quam non potes ferre, introitum tuum custodit. Vide<te> si custodit et exitum. "Sed faciet", inquit, "cum temptatione eciam exitum, ut possitis sustinere"[7].'[8]

Et in libro De Cathezizandis Rudibus:

'Non solum autem per cupiditates diabolus temptat, sed eciam pro terrores insultationum et dolorum et ipsius mortis. Quicquid autem homo passus fuerit pro nomine Christi et pro spe uite eterne et permanens tolerauerit, maior ei merces dabitur. Opera autem misericordie cum pia humilitate impetrant a Domino, ut non permittat seruos suos temptari plusquam possunt sustinere'.[9]

14 Et in sermone De Excidio Vrbis Rome:

'Feramus', inquit Augustinus, 'quod Deus nos ferre uoluerit, qui nobis curandis atque sanandis quis eciam dolor sit utilis, sicut medicus nouit. Scriptum est "Patientia opus perfectum habet".[10] Quod autem erit opus patientie, si nichil aduersi patiamur? Cur ergo mala temporalia perpeti recusamus? An forte perfici formidamus?'[11]

---

[1] Ps. 120. 5.   [2] Aug. *Enarr. in Pss.* cxx. 11 (1614).   [3] Ps. 120. 8.   [4] Ecclus. 27. 6.
[5] II Tim. 2. 19.   [6] Ps. 120. 8.   [7] I Cor. 10. 13.
[8] Aug. *Enarr. in Pss.* cxx. 14 (1617–18).   [9] Aug. *De Cat. Rud.* xxvii. 55 (348).
[10] Iac. 1. 4.   [11] Aug. *De Urb. Excid.* viii. 9 (724).

15 Ex hoc tamen quod illud apostoli sic exponitur 'Faciet cum temptatione eciam prouentum',[1] id est 'Dabit augmentum uirtutis', sumunt uiri magni argumentum sue opinionis ut dicant caritatem modicam non sufficere ad resistendum quantelibet [f. 88] temptationi. Nisi enim, ut aiunt, augeretur caritas, non resisteret temptationi magne. Sed quid? Nonne eciam si quis in caritate perfectam temptetur, augebitur eius caritas? Dicent fortasse quia non est opus ut tunc augeatur caritas quando est perfecta, sed quando est imperfecta eget augmento. Sed quid? Nonne caritas licet sit perfecta pulsari potest temptatione, que secundum istos multo fortior sit quam ipsa caritas? Si eciam interius res inspiciatur, uidetur hoc ipsum quod dicitur 'quia Dominus dabit cum temptatione eciam prouentum' facere ad hoc ut ex quantumlibet parua caritate possit quis resistere temptationi quantelibet. Esto enim quod in parua caritate fortiter temptetur quis. Nonne dicitur quia Dominus non permittit nos temptari supra id quod possumus? Nonne ergo iste resistit in hac parua caritate grauissime temptationi? Dices ita esse, sed Dominus dabit augmentum caritati, alioquin non posset iste diu resistere huic temptationi. 16 Sed quid? Nonne diuinum auxilium protegeret eum ulterius, eciam si non cresceret caritas? Dices ergo: Ad quid ergo dat Deus incrementum caritati? Respondeo: Vt facilius resistat temptationi. Dices iterum quod non sine causa dicitur, quia 'Dominus non permittit nos temptari supra'[2] et cetera. Esto enim quod non protegat nos in temptatione. Numquid ergo parua caritas sufficeret ad resistendum temptationi maxime? Respondeo: Immo nec perfectissima caritas ad hoc sufficeret sine Dei protectione, sine qua nichil boni possumus. 'Nisi enim Dominus custodierit ciuitatem frustra'[3] et cetera. Sed addes: Nonne ex naturali strenuitate, eciam qui caritatem non habet, quandoque non solum resistit temptationi acerrime, sed eciam mortem sustinet pro Christo? Sed quid? Cum quis ex strenuitate naturali resistit temptationi ualide, non fit hoc sine quadam Dei gratia. 17 Si uero quis qui nondum caritatem habuit eligat potius sustinere mortem pro Christo quam negare Christum, reor quod misericordia Dei et caritatem ei confert ex martirium eius coronabit, dummodo finaliter propter Christum hoc faciat in remissionem peccatorum ipsius. Ab iis ergo qui opinantur quandam temptationem esse maiorem uirtute caritatis, quandam minorem, quandam parem, quero utrum non attendant Deum cor inhabitare et mouere uirtutem que eciam mouet liberum arbitrium ad eliciendum motum quo resistatur temptationi. Et ut ad pristinam reuertar consuetudinem, egre enim didiscitur usus, propono tribulationem parem caritati, ut dicunt, ita quod hec caritas potens est resistere huic temptationi; si tamen crescat temptatio,

---

[1] I Cor. 10. 13.   [2] Ibid.   [3] Ps. 126. 1.

cedet caritas nisi et ipsa crescat. Esto ergo quod tribulatio sit augenda, ita quod caritas non sit susceptura incrementum. Hec ergo caritas aut erit aut non erit. Si non erit et est, ergo desinit esse. 18 Inferius autem ostendetur quod nullus desinit esse iustus, nisi desinat esse.[1] Oportet ergo quod hec caritas cum sit, futura sit. Erit ergo in aliquo instanti. Tunc ergo resistet temptationi. Sed temptatio crescet, ergo et caritas crescet iuxta legem date positionis. At hoc est contra positionem. Sed quia decentius est auctorita-<ti>bus inniti sanctorum, quasdam in medium proferamus quibus uidetur [col. 2] ostendi posse quod non potens sit parua caritas resistere temptationi quantelibet. Gregorius ergo in secundo libro Moralium ait: 'Mala cum multa electis eueniunt, mira Conditoris gratia ex tempore dispensantur, ut que coaceruata perimerent, possint diuisa tolerari. Hinc Paulus ait: "Fidelis Deus qui non permittit uos temptari super quod potestis sed faciet cum temptatione eciam exitum ut possitis sustinere"[2].'[3] Ecce quia dicitur quod mala coaceruata perimerent. Sed hoc est quando quis reicit gratiam. Quis enim neget multos succumbere, qui caritate fuerant prediti? Adde quia Gregorius non ibi loquitur de caritate aut modica aut magna. Sed mouebitur quis eo quod dicitur quod diuisa mala possent tolerari, ac si diceret 'Coaceruata non possent tolerari'. Intellige ergo quod dicitur 'possint', facilius scilicet. 19 Et uide quia ubi habemus in nostra translatione 'prouentum', habet alia editio 'exitum'. Vnde Augustinus eleganter coniungit illud apostoli, 'Fidelis Deus' et cetera, et illud prophete, 'Dominus custodiat introitum tuum et exitum tuum' et cetera, ut liquet per superiora.[4] Subdit autem Gregorius consequenter in loco supradicto dicens 'Hinc Dauid ait "Proba me et tempta me Domine",[5] ac si aperte dicat: Prius uires inspice et tunc ut ferre ualeo temptari permitte.'[6] De quibus uiribus hoc dicitur? Vtrum de gratuitis, an naturalibus? Quid est item quod dicitur ut ferre ualeo, si ex minima caritate ferre ualeo acerrimam temptationem? Potest hoc retorqueri ad facilitatem potentie. Vnde et Gregorius in tertio Morum ait:

'Sepe Antiq<u>us Hostis, postquam menti nostre certamen temptationum inflixerit, ab ipso suo certamine ad tempus recedit, non ut illate malicie finem prebeat, sed ut corda que per quietem secura reddiderit, repente rediens inopinatus, irrumpat facilius'.[7]

Ecce ait 'facilius'. 20 Gregorius item in nono Moralium, illud Iob exponens, 'Numquid bonum tibi uidetur si calumnieris et opprimas opus pauperem manuum tuarum et consilium impiorum adiuues',[8] ait:

---

[1] See below, xxiv. 5.   [2] I Cor. 10. 13.   [3] Greg. *Moral. in Iob* II. xi. 19 (564C–D).
[4] See above, sect. 12.   [5] Ps. 25. 2.   [6] Greg. *Moral. in Iob* II. xi. 19 (565A).
[7] Ibid. III. xxviii. 56 (627B).   [8] Iob 10. 3.

'Quos hoc loco impios nisi malignos spiritus uocat, qui cum redire ipsi ad uitam nequiunt, crudeliter[a] ad mortem socios querunt? Hoc indesinenter contra bonos consilium ineunt maligni spiritus, ut ii quos seruire Deo in tranquillitate conspiciunt uexati aduersitatibus ad uoraginem culpe rapiantur. Sed eorum consilii acumen destruitur, quia pius conditor cum uiribus flagella moderatur, ne uirtutem pena transeat et per astuciam fortium humana infirmitas excidat.[b] Vnde apostolus: "Fidelis Deus" et cetera. Nisi enim misericors Deus cum uiribus temptamenta modificet, nullus profecto est qui malignorum spirituum insidias non corruens portet, quia si mensuram iudex temptationibus non prebet, eo ipso protinus stantem deicit, quo ultra uires onera imponit.'[1]

21 Sed quero de quibus uiribus hoc intelligendum sit. Pro certo, ut patet in uerbis ipsius Gregorii, ad infirmitatem humanam referunt auctores intellectum loquentes de talibus. Cum ergo dicunt iustum quandoque non posse resistere temptationi, infirmitatem respiciunt; cum dicunt posse subsidium, respiciunt diuinum. Sed numquid [f. 88v] quanto infirmitas magis potens est impedire, tanto caritas minus potens est resistere? Numquid quanto egritudo potentior est, tanto impotentior est uis medicine? Aliter tamen accidit in proposito quam in aliis. Quod enim uirtus non potest in se, potest ex subsidio diuino. Quid? Immo nichil potest uirtus in resistendo temptationi, nisi ex auxilio Dei. Quidni? Nec seruari potest sine subsidio Dei. Numquid quanto potentior fuit hostis, tanto minus potens fuit Iob? Immo quanto maior fuit aduersitas, tanto potentior fuit uirtus Iob. Dices hoc auxilio Dei ascribendum esse. Quis hoc inficietur? Nonne uirtus in infirmitate perficitur?[2] Licet autem hoc exponatur a quibusdam de dolore capitis, putant nonnulli hoc referendum esse ad insultus carnalis concupiscentie, qua fertur apostolus licet uirgo exarsisse in Teclam.[3] 22 Vere in infirmitate perficit uirtus, cum per eam ceteris uirtutibus additur humilitas. Notetur et illud uerbum ibidem subiunctum ab apostolo: 'Cum infirmor tunc potens sum',[4] id est 'uictor efficior'.[5] Infirmitate ergo crescente, potentior est sepe uirtus. Hinc est quod signanter premissum est: 'Datus est mihi stimulus carnis'.[6] Mihi datus est, id est ad utilitatem meam tanquam mordacissimum epithema contra tumorem scilicet ne magnitudo reuelationum ipsum extolleret in superbiam. Augustinus autem in libro De Gratia et Libero Arbitrio uidetur uelle quod perfecta caritas desideretur in martirio, dicens:

'Qui uult facere Dei mandatum et non potest, iam quidem habet uoluntatem bonam, sed adhuc paruam et inualidam. Poterit autem cum magnam habuerit et robustam.

---

[a] crudedeliter R   [b] excedat R

[1] Greg. *Moral. in Iob* IX. xlvi. 71 (898B–C).   [2] II Cor. 12. 9.
[3] See below, IV. xxi. 5. I know of no source which relates that St. Paul lusted after St. Thecla, or the reverse.
[4] II Cor. 12. 10.   [5] *Glo. Ord.* VI. 451–52 (interlin.).   [6] II Cor. 12. 7.

23 Quando enim martires magna illa mandata fecerunt, magna uoluntate, magna caritate fecerunt. Vnde Dominus: "Maiorem hac caritatem nemo habet quam ut animam suam ponat quis pro amicis suis"[1].'[2]

Sed quod dicit Augustinus nunc posse, nunc non posse, ad facilitatem referendum est. Vnde ibidem dicitur subsequenter:

'Sarcina illa que infirmitati grauis est, leuis efficitur caritati.[3] Talibus enim Dominus dixit esse suam sarcinam leuem, qualis Petrus fuit quando passus est pro Christo, non qualis fuit quando negauit Christum. Istam caritatem, id est diuino amore ardentissimam uoluntatem, commendans apostolus, dicit: "Quis nos separabit a caritate Christi? Tribulatio, an angustia, an persecutio, an fames, an nuditas, an periculum, an gladius? — sicut scriptum est Quoniam propter te mortificamur tota die, deputati sumus uelut oues occisionis.[4] Sed in his omnibus superuincimus per Eum qui dilexit nos"[5].'[6]

24 De infirmitate autem sanctorum et uirtute eorundem subtiliter disserit Gregorius in decimo nono Moralium, dicens:

'Sancti ipsi qui subleuante Spiritu ad summa rapiuntur, quamdiu in hac uita sunt, ne aliqua elatione superbiant, quibusdam temptationibus reprimuntur, ut nequaquam tantum proficere ualeant quantum uolunt, sed ne extollantur superbia, sit in eis ipsarum quedam mensura uirtutum. Hinc est quod Elyas, dum tot uirtutibus in alta profecisset, quadam mensura suspensus est, dum Iezabel postmodum quamuis reginam tamen mulierculam fugit. Perpendo quippe hunc mire [col. 2] uirtutis uirum, ignem de celo trahere et secundo quinquagenarios uiros cum suis omnibus petitione subita concremare, uerbo celos a pluuiis claudere, uerbo celos ad pluuias aperire, suscitantem mortuos uentura queque preuidentem; et ecce rursus animo occurrit quo pauore ante unam mulierculam fugerit. Considero uirum timore perculsum de manu Dei mortem petere nec accipere, de manu mulieris mortem fugiendo uitare. Querebat enim mortem dum fugeret, dicens "Sufficit mihi, tolle animam meam; neque enim melior sum quam patres mei".[7] Vnde ergo sic potens, ut tot illas uirtutes faciat? Vnde sic infirmus, ut ita feminam pertimescat,[a] nisi quia aque appenduntur mensura, ut ipsi sancti et multum ualeant per potentiam Dei, et rursum quadam mensura moderati sint per infirmitatem suam? 25 In illis uirtutibus Elyas quid de Deo acceperat, in istis infirmitatibus quid de se poterat, agnoscebat. Illa potentia uirtus fuit, ista infirmitas custos uirtutis. In illis uirtutibus ostendebat quid acceperat, in istis infirmitatibus hoc quod acceperat custodiebat. Miraculis monstrabatur Elyas, infirmitatibus seruabatur. Sic Paulum uideo, fluminum et latronum, ciuitatis et solitudinis, maris ac terre pericula sustinentem, frenantem ieiuniis ac uigiliis corpus, sustinentem frigoris et nuditatis erumpnam, ad ecclesiarum custodiam uigilanter se ac pastoraliter exercentem, ad tercium celum raptum; et tamen Sathane angelo ad temptandum conceditur, orat ut eximi[b] debeat et non exauditur. Cuius cum ipsa initia conuersionis aspicio, perpendo quod ei superna pietas celos aperit, seseque illi Iesus de sublimibus ostendit. Qui lumen corporis ad tempus perdidit, lumen cordis in perpetuum accepit. 26 Ad Ananiam mittitur, uas

---

[a] pertismescat R   [b] eximii R

---

[1] Ioh. 15. 13.   [2] Aug. *De Grat. et Lib. Arbitr.* xvii. 33 (901).   [3] Cf. Matth. 11. 30.
[4] Ps. 43. 22.   [5] Rom. 8. 35–37.
[6] Aug. *De Grat. et Lib. Arbitr.* xvii. 33–34 (901–02).   [7] III Reg. 19. 4.

electionis uocatur; et tamen de ciuitate eadem quam post uisionem Iesu ingressus fuerat, fugiens recedit sicut ipse testatur dicens: "Damasci prepositus gentis Arete regis custodiebat ciuitatem Damascenorum, ut me comprehenderet; et per fenestram in sporta[a] demissus sum per murum, et sic effugi manus eius".[1] Cui licenter dicam: O Paule, in celo iam Iesum conspicis, et in terra adhuc hominem fugis? In paradisum Dei duceris, secreta Dei uerba cognoscis, et adhuc a Sathane angelo temptaris? Vnde sic fortis, ut ad celestia rapiaris? Vnde sic infirmus ut in terra hominem fugias, et adhuc a Sathane angelo aduersa tolleres, nisi quia ipse qui te subleuat rursum te subtilissima mensura moderatur, ut et in miraculis tuis nobis predices uirtutem Dei, et rursum in timore tuo reminisci nos facias infirmitatis nostre? Que tamen infirmitas ne in desperationem nos pertrahat cum pulsat, dum de infirmitate tua Dominum rogares, quia auditus non es, nobis quoque locutus es quod audisti: "Sufficit tibi gratia mea, nam uirtus in infirmitate perficitur".[2] Aperta ergo uoce Dei ostenditur quia custos est uirtutis infirmitas. 27 Tunc quippe bene interius custodimur, cum per dispensationem Dei tolerabiliter temptamur exterius, aliquando uitiis, aliquando pressuris. Nam eis quoque quos uiros nouimus fuisse uirtutum, temptationes atque certamina [f. 89] non defuere uitiorum. Hinc est quod ad consolationem nostram isdem predicator egregius de se quedam talia prodere dignatur dicens: "Video aliam legem in membris meis repugnantem legi mentis mee, et captiuum me ducentem in lege peccati que est in membris meis".[3] Ad ima quippe caro trahit, ne extollat spiritus; et ad summa trahit spiritus, ne prosternat caro. Spiritus leuat, ne iaceamus in infimis; caro aggrauat, ne extollamur ex summis. Si non subleuante spiritu nos caro temptaret, perfectione procul dubio temptationis sue in ima deiceret. Rursum uero, si non temptante carne ad summa nos spiritus subleuaret, in superbie casu ipsa nos peius subleuatione prosterneret. Sed fit certo moderamine ut dum unusquisque sanctorum iam quidem interius ad summa rapitur, sed adhuc temptatur exterius, nec desperationis lapsum nec elationis incurrat. Quoniam nec temptatio exterior culpam perficit, quia interior intentio sursum trahit, nec rursum intentio interior in superbiam eleuat, quia temptatio exterior humiliat dum grauat. 28 Sicque magno ordine cognoscimus in interiori profectu quid accipimus, in exteriori defectu quid sumus. Et miro modo agitur ut nec de uirtute quisquam extolli debeat, nec de temptatione desperet, quia dum spiritus trahit et caro retrahit, subtilissimo iudicii interni moderamine, infra summa et supra infima in quodam medio anima libratur.'[4]

Item de eodem euidentius. <xx>.

1 Dum autem profectui studentium sedulo labore inuigilamus, luculentius de predictis agere curabimus. Vt ergo prediximus, sunt qui asserant quia ex modica caritate potest quis incipere resistere quantelibet temptationi, sed non potest ex minima caritate diu resistere magne temptationi. Sed quid? Nonne uiolentior eo ipso est aut uidetur temptatio, quod in repentinos

---

[a] sportam R

---

[1] II Cor. 11. 32–33.   [2] II Cor. 12. 9.   [3] Rom. 7. 23.
[4] Greg. *Moral. in Iob* XIX. vi. 9–12 (101B–03B).

prorumpit insultus? Nonne item quis uires iam expertus temptationis eam ratione experientie etsi crescat temptatio, leuius sustinebit, cum eum protegat gratia? Aut numquid eum qui in modica caritate temptatur acerrime deseret gratia aut necessario incrementum susceptura est? Nonne gratia poterit eum conseruare tanta, quanta eum conseruauit? Item, in prima ad Corrinthios: 'Fidelis est Deus qui'[1] et cetera. Hic fit mentio de posse gratuito; ergo supra illud posse gratie quod modo habetis, non patietur nos temptari fidelis Deus; ergo non oportet quod gratia crescat, ad hoc ut conseruemini. Quare item non dicit apostolus 'Supra id quod poteritis', sed ait 'supra id quod potestis'?[2] 2 Item, super illum locum, 'Non tradas me a desiderio meo peccatori', dicit Augustinus: 'Ad hoc ualebit mihi umbraculum, ut estum non patiar a me ipso, a meo desiderio, quo locus sit diabolo, sine quo nichil facit quantumcumque seuiat hostis.'[3] Ecce, nisi des locum hosti, ex quantumlibet parua caritate poteris resistere ualide temptationi. Item Ysaias: 'Incuruare ut transeamus';[4] glosa: 'Nisi te ipse subdideris, demones non nocebunt tibi'.[5] Item, habeat iste minimam caritatem. Iste per aliquantum tempus potest sua caritate resistere magne temptationi, quia potest incipere resistere etsi hoc resistit. Demonstretur ergo tantum tempus per quantum potest resistere huic temptationi. Ex [col. 2] eadem caritate potest resistere alii temptationi alterius generis equali priori, per aliud tantum tempus. Et sic per totum diem ex parua caritate potest resistere temptationibus diuersorum generum. Quare ergo non potest ex tam parua caritate uni illarum temptationum per totum diem resistere? 3 Item, cur ait Dominus Petro 'Modice fidei',[6] nisi ex illa fide licet parua posset resistere magne temptationi? Preterea, Adam in primo statu sine gratia speciali potuit resistere quantumlibet magne temptationi, ergo fortius ex gratia eciam modica posset hoc fecisse. Item, facilius occurritur morbo quam curetur morbus. Sed quantulacumque caritas sufficit ad deletionem quantumcumque magni reatus, ergo fortius sufficit ad repulsionem quantumcumque magne temptationis. Item, super illum locum, 'Super milia auri et argenti',[7] glosa: 'Plus diligit caritas Deum quam cupiditas aurum'.[8] Sed cupiditas citius incurreret mortem quam penuriam, ergo habens caritatem libentius incurreret mortem quam amitteret Deum. Item, ex sola naturali strenuitate sustinent nonnulli maximos cruciatus. Nonne ergo ex caritate facilius id fieri posset ab eis? Item, associata naturali strenuitati caritate eciam minima, equanimius sustineret quis mortem quam

---

[1] I Cor. 10. 13.   [2] Ibid.
[3] Ps. 139. 9; *Glo. Ord.* III. 1512; as far as 'a me ipso' this is Aug. *Enarr. in Pss.* cxxxix. 12 (1810).
[4] Is. 51. 23.   [5] *Glo. Ord.* IV. 433–34 (interlin.).   [6] Matth. 6. 30.
[7] Ps. 118. 72.   [8] *Glo. Ord.* III. 1371–72 (interlin.).

sine caritate. Sed quantulacumque caritas efficacior est qualibet strenuitate naturali.

4 Si ergo ex sola naturali strenuitate potest quis resistere ualide temptationi, ergo ex minima caritate potest id fieri. Sit item quod iste ex caritate quam habet possit resistere huic temptationi per totum hunc diem tantum, et cadat in termino diei. Ex caritate quam iste habuit non potuit ulterius stare, ergo casus non est ei imputandus, quia armis suis bene et quamdiu potuit usus est. Item, super illum locum, 'Clamabit[a] ad me et exaudiam eum',[1] dicit glosa: 'Non est timendum in tribulatione. Fides in te, Deus in te. Si dormit fides, excita eam et salua<be>ris'.[2] Ecce, si tepescit fides, excitanda est et tunc sufficiet ad sustinendam temptationem. Item, ex obstinatione sola patiuntur Cathari[b] quoslibet cruciatus, eciam corporis uiribus destituti, ergo multo magis ex qualibet caritate id fieri potest, presertim cum dicat auctoritas 'Habe caritatem et fac quicquid uis'.[3] Preterea, numquid ei qui labitur in martirio imputandus est casus, cum non possit ex tantilla caritate tantos sustinere cruciatus, nec ipse possit efficere ut maiorem habeat caritatem? Deus item nichil exigit ab aliquo, nisi quod ipse potest facere. Sed iste non potest facere ut non succumbat; ergo non damnabitur si succumbit. 5 Rursus, iste tenetur ad faciendum et non potest hoc facere; ergo meruit hanc impotentiam, sicut diabolus tenetur diligere Deum et non potest quia hoc meruit. Multis item auctoritatibus docetur quod nemo perdit caritatem nisi uolens. Potest ergo qui succumbit resistere temptationi si uoluerit. Item, Augustinus in libro De Perseuerantia: 'Voluntate sua quisque deserit Deum ut merito deseratur ab eo'.[4] Item Augustinus in eodem: 'Suo uicio deserit homo fidem et concedit temptationi'.[5] Item, Deus ultimus recedit ab homine recedente prius ab eo. Primus accedit ad hominem accedentem ad illum; ergo Deus non deserit [f. 89v] nisi prius deseratur. Proponantur item duo in caritate pari existentes qui pariter temptantur; alter cadit, reliquus resistit. Vnde hoc, nisi quia uolens iste reicit caritatem suam?

6 Ex predictis patere uidebitur intelligenti quod ex modica caritate potest quis resistere acerrime temptationi. Minimam enim caritatem potest conseruare protectio diuine misericordie, sicut et maximam cum uoluerit. Spiritus enim ubi uult et quando uult et sicut uult spirat,[6] adauget gratiam et conseruat. Et sciendum quod quelibet uirtus eget conseruatione Dei. Vnde semper opus est auxilio Dei, quia ut dicit auctoritas 'Tantum

---

[a] clamauit R   [b] Chatari R

---

[1] Ps. 90. 15.   [2] Glo. Ord. III. 1152–53.
[3] Cf. Aug. In Epist. Iohann. vii. 8 (2033); John Blund, De Anim. vii. 78 (21), gives Nequam's form.
[4] Aug. De Dono Persev. vi. 12 (1000).   [5] Ibid. xvii. 46 (1021).   [6] Cf. Ioh. 3. 8.

diabolus impellit parietem inclinatum, quantum accipit potestatem'.[1] Qui enim dat temptatori potestatem, ipse temptato prebet misericordiam. Super tamen illum locum Mathei ubi dicit Dominus emoroisse 'Confide filia'[2] et cetera, dicit glosa: 'Credidit utique que petit, sed inculcat robur et perseuerantiam fidei'.[3] Sed quid? Istud non obest predicte opinioni. Constat enim quod Dominus quando uult gratiam adauget. Hinc est quod in oratione Sancti Hermetis dicitur: 'Deus qui beatum Hermen martirem tuum uirtute constantie in passione roborasti'[4] et cetera. Videtur quidem quod sine robore illo non posset martirium sustinuisse. Sic ergo sine augmento gratie non posset in martirio stetisse. Sed hoc non oportet. Roborat enim sanctos cum libet. 7 Consimile reperies in oratione beati Dionisii et sociorum eius.[5] De Vincentio item dicitur 'Qui in prima iustificatione dedit ei gratiam dedit in martirio constantiam'.[6] Sed obiciunt: Si non potest quis temptari supra uires caritatis quam habet, quomodo est Deus fidelis non patiendo temptari hominem supra id quod potest, cum hoc sit impossibile? Item, quid est quod sequitur, 'sed faciet cum temptatione prouentum ut possitis resistere',[7] cum sine augmento gratie possit quis resistere quantelibet temptationi? Ad quid enim augetur gratia, cum sine augmento possit uinci temptatio? Respondeo: Facilius et expeditius potest uinci temptatio cum augmento gratie. Obiciunt item et illud: 'Proba me Domine et tempta me',[8] glosa: 'Prius uires inspice, et tunc ut ferre ualeo, temptari permitte'.[9] Respondeo: Vires uocat facultatem. Vnde in glosa ibidem reperies: 'Misericordia Dei non sinit me temptari super uires'.[10] Item, super illum locum 'Et dedisti mihi protectionem salutis tue'[11] dicit glosa: 'Non sufficiunt predicta nisi assit protectio Dei'.[12] Predicta uocat gratiam. Premittitur enim 'Deus qui precinxit me uirtute'.[13] Sic ergo non sufficit gratia nisi protegatur. 8 Sed quis id neget? Hec est enim gratia cooperans, scilicet conseruatrix prioris gratie. Cum enim ceciderit quis per casum uenialis culpe uel aduersa passus fuerit in corpore, non collidetur, quia Dominus supponit manum suam, id est auxilium. Solet tamen et sic exponi: Cum predestinatus, cui eciam casus mortalis quoad quid cooperatur in bonum, ceciderit per casum mortalis culpe, non collidetur adeo quin resurgat, quod tamen non est ex ipso sed ex

---

[1] So Peter Lomb. *In Pss.*, on Ps. 61. 4 (569A); cf. Aug. *Enarr. in Pss.* lxi. 20 (743), quoted above, IV. xix. 11.
[2] Matth. 9. 22. [3] *Glo. Ord.* V. 180.
[4] *Brev. Sar.* III. 738 (28 Aug.); *Missale Westmon.* II, ed. J. Wickham Legg, *Henry Bradshaw Soc.* 5 (1893), p. 927.
[5] Ibid. II. 969.
[6] Cf. Aug. *Serm.* CCLXXVI. i. 1 (1256): 'qui et in prima uocatione dedit fidem, et in suprema passione uirtutum'.
[7] I Cor. 10. 13.   [8] Ps. 25. 2.   [9] *Glo. Ord.* III. 605.   [10] Ibid. 606.
[11] Ps. 17. 36.   [12] *Glo. Ord.* III. 549–50 (interlin.).   [13] Ps. 17. 33.

Deo, quia Dominus supponit manum suam releuantem ipsum. Verbum tamen supponendi uidetur amouere casum mortalem. Item, super illum locum 'Dominus protector uite mee'[1] dicit glosa: 'Dominus dat uitam uirtutum [col. 2] quam protegit, sine quo omnia eius dona perduntur'.[2] Sed et id quis neget? Obiciunt item et illud: 'Auertente autem te faciem turbabuntur'.[3] Videtur enim eis quod de augmento gratie hoc sit intelligendum. Sed quod de gratia iustificante hoc intelligi debeat patet per expositionem Augustini.[4] 9 Item in Iohanne: 'Filioli, adhuc modicum uobiscum sum. Queritis me, et sicut dixi Iudeis, quo ego uado, uos non potestis uenire, et uobis dico modo'.[5] Augustinus, illum locum exponens, ait: 'Non poterant apostoli nondum Spiritu Sancto confirmati sequi Dominum, id est mori pro iusticia uel uenire ad uitam immortalem ad quam ipse ibat. Secuturi autem erant postea'.[6] Item, sequitur ibidem in Iohanne: 'Quo ego uado non potes me modo sequi. Sequeris autem postea'.[7] Augustinus: 'Quasi ne festines, quia nondum es indutus uirtute ex alto, et ideo ne presumas. Et item uoluntatem suam sed non uires suas, cognoscens ut infirmius uoluntatem iactat'.[8] Item Ieronimus: 'Petrus nondum habebat alas et iam uolare uolebat cum diceret "Si oportuerit me"[9] et cetera'.[10] Sed sancti talia proponentes fragilitatem humanam considerant potius quam potentiam uirtutis. Tutissimum tamen est talia exponere in hunc modum: Non est celitus collatum tunc Petro ut martirii palmam subiret. Et ideo dicitur Petrus non potuisse, quia non placuit diuine uoluntati ut tunc fieret; uel dicitur non potuisse, habito scilicet respectu ad potentiam que ei postea collata est. Tanta enim erat potentia sequens, ut respectu habito ad illam, uideretur prior potentia esse quedam impotentia. 10 Item, prope finem Ezechielis super illum locum 'Et mensure eius ad plagam septemtrionalem',[11] glosa: 'Ne nos inducas in temptationem quam scilicet ferre non possumus'.[12] Respondeo: Referendum est hoc ad impotentiam que est ex multa fragilitate.

11 Hic emergit questio cui uidetur initi difficultas questionis proposite, utrum uidelicet fragilitas humana quandoque sit maior caritate, quandoque par, quandoque minor. Item, Augustinus in libro De Natura et Gratia:

'Caritas quamuis parua et imperfecta non deerat Petro, quando dicebat Domino "Animam meam pro te ponam".[13] Putabat enim se posse quod sentiebat se uelle'.[14] 'Item oratio dominica utrumque petendum esse nos ammonet ut dimittantur debita nostra et ut non inducamur in temptationem.[15] Illud ut preterita expientur, hoc ut

---

[1] Ps. 26. 1.   [2] *Glo. Ord.* III. 610.   [3] Ps. 103. 29.
[4] Aug. *Enarr. in Pss.* ciii. 12 (1387).   [5] Ioh. 13. 33.   [6] *Glo. Ord.* V. 1240.
[7] Ioh. 13. 36.   [8] Cf. Aug. *In Iohann.* lxvi. 1 (1810); *Glo. Ord.* V. 1241–42 (interlin.).
[9] Marc. 14. 31.   [10] Cf. *Glo. Ord.* V. 632.   [11] Ezech. 48. 16.
[12] *Glo. Ord.* IV. 1474.   [13] Ioh. 13. 37.
[14] Aug. *De Grat. et Lib. Arbitr.* xvii. 33 (901).   [15] Matth. 6. 12–13.

futura uitentur, quod licet non fiat nisi uoluntas assit, tamen ut fiat uoluntas sola non sufficit. Ideo pro hac re nec superflua nec impudens immolatur oratio. Nam quid stultius quam orare ut facias quod in potestate habeas?'[1]

Item in eodem:

'Sicut oculus corporis eciam plenissime sanus cernere non potest, nisi candore lucis adiutus; sic homo quamuis perfectissime iustificatus non potest recte uiuere nisi diuinitus adiuuetur'.[2]

Sed hoc planum. 12 Item, Augustinus in libro De Gratia et Libero Arbitrio:

'Qui uult implere mandata nec potest, oret ut bona uoluntas que iam esse cepit, augeatur'.[3]

Item in eodem:

'Ideo iubet Deus aliqua que non possumus, ut nouerimus quid ab illo petere debeamus'.[4]

Respondeo: Dicimus quandoque non posse, quod sine difficultate implere non possumus. Vnde Augustinus in libro De Perfectione Iusticie: [f. 90]

'Fides clamat "De necessitatibus meius erue me".[5] Sub quibus positi uel non possumus quod uolumus intelligere, uel quod intelligimus uolumus nec ualemus implere'.[6]

Item Augustinus in libro De Correptione et Gratia:

'Cum quisque fuerit a peccati dominatione liberatus, <non> indiget sui liberatoris auxilio, ut audiens ab illo "Sine me nichil potestis facere",[7] dicat ei "Adiutor meus esto ne derelinquas me"[8].'[9]

13 Sunt ergo qui dicant quod non potest quis ex modica caritate cruciatus martirii sustinere, sed tamen damnabitur si succumbit quia ipse potest inchoare. Deus autem uires suas augebit ut perficiat inchoatum. Nemo ergo nisi proprio uicio labitur in martirio. Si quis autem ponat quod Deus non apponat nouam gratiam, dicunt positionem impossibilem. Dicunt item quod nullus ex caritate imperfecta potest sustinere martirium in caritate imperfecta, sed partim ex caritate, partim ex naturali strenuitate. Sicut aliquis naturaliter liberalis habet caritatem imperfectam et dat elemosinam pauperi partim ex caritate, partim ex naturali liberalitate; similiter, ut aiunt, aliquis habens caritatem imperfectam est sanguinee complexionis uel flegmatice, ita ut facile moueatur ed lacrimas. Ille uidens aliquid lacrimabile de facili lacrimatur, et hoc prouenit partim ex caritate, partim ex naturali pietate. 14 Sed quid? Qui legitis

---

[1] Aug. *De Nat. et Grat.* xviii. 20 (256).   [2] Ibid. xxvi. 29 (261).
[3] Cf. Aug. *De Grat. et Lib. Arbitr.* xv. 31 (899–900).   [4] Ibid. xvi. 32 (900).
[5] Ps. 24. 17.   [6] Aug. *De Perfect. Iustit.* iv. 9 (295–96).   [7] Ioh. 15. 5.
[8] Ps. 26. 9.   [9] Aug. *De Corrept. et Grat.* i. 2 (917).

'Flores et humi nascentia fragra,
frigidus O pueri (fugite hinc!) latet anguis in herba'.[1]

Nonne enim quis habens caritatem imperfectam potest de caritate sola dare elemosinam pauperi? Aut[a] numquid necessario exigitur quod duo motus eliciantur ab eo, ita quod unus procedat ex caritate, reliquus ex naturali liberalitate? Vtra enim potentior est in isto, an caritas, an naturalis liberalitas? Vtra intensior? Numquid in aliqua proportione se habent ista duo? Nonne omnis quia caritatem habet, habet et gratuitam benignitatem? Vt quid ergo opus est ei qui habet caritatem gratuitam, ut cum motu caritatis assit et motus naturalis liberalitatis? Si autem obiciatur illud apostoli, 'Fidelis Deus qui non permittit'[2] et cetera, dicunt quod non permittit aliquem temptari supra id quod potest finaliter. Quid ergo de eo qui succumbit? Dicunt quod faciet illum resurgere. Quid? Oportet ergo necessario quod Deus faciat resurgere illum qui totis uiribus resistens temptationi succumbit. Impossibile est ergo quod ipse moriatur, antequam resurgat.

15 Quero autem quonam modo intelligendum sit illud Mathei: 'Omnis', inquit, 'qui audit uerba mea hec et facit ea, assimilabitur uiro sapienti qui edificat domum suam supra petram. Et descendit pluuia et uenerunt flumina et flauerunt uenti et irruerunt in domum illam et non cecidit. Fundata enim erat supra firmam petram'.[3] Quid? Nonne sepe cadit edificium uirtutum, quamuis fundamentum eius sit petra que est Christus? Nonne Petrus caritatem habuit antequam negaret? Nonne domus ipsius fundata erat supra petram Christum, dum caritatem habuerit? Quid est ergo quod dicitur domus non cecidisse propter pluuiam concupiscentie aut propter flumina persecutionum aut [col. 2] uentos minarum uel blandiciarum seductricum uel suggestionum malignorum spirituum, fundata enim erat supra firmam petram? Numquid quia uirtutes Petri fundate erant prius supra petram, ideo non cecidit postea? Numquid edificium uirtutum dicetur non fuisse fundatum supra stabilitatis aut constantie petram, quia postmodum cecidit? Numquid hic locum habet illud Boetii:

'Qui cecidit stabili non erat ille gradu'?[4]

Nonne qui habet unam uirtutem habet omnes?[5] Nonne ergo Petrus habens caritatem habuit constantiam? 16 Sed dices ipsum non habuisse perseuerantiam. Sed quid? Nonne dum habuit uirtutes perseuerauit in

---

[a] Autem R

---

[1] Virg. *Ecl.* iii. 92–93.   [2] I Cor. 10. 13.   [3] Matth. 7. 24–25.
[4] Boeth. *De Consol. Phil.* I. metr. i. 22.
[5] Aug. *Ep.* clxvii. 3. 10 (736–37), discussed by Peter Lomb. *Sent.* III. xxxvi. 2. 5 (II. 204), and III. xxxvi. 1. 1–2 (202), and William of Auxerre, *Summa Aurea* III. xl. 1 (III. ii. 762–65).

constantia? Aut numquid dicetur nullus habere perseuerantiam, nisi in ultimo instanti uite? Sed quid? Equiuocum est nomen perseuerantie; sed de hoc inferius.[1] Licet autem transitus iste de sancta Ecclesia exponatur, tamen et ad animam fidelem referri debet. Sciendum ergo quia nomina sepe resoluenda sunt in aduerbia, ut ibi: 'Qui in domibus regum sunt, mollibus uestiuntur',[2] id est molliter. Mollibus enim uestiri uicium non ingerit, sed molliter uestiri. Item, in epistola ad Romanos: 'Si enim ob unius delictum multi mortui sunt, multo magis gratia Dei et donum in gratia unius hominis Iesu Christi in plures abundauit',[3] id est plurius et efficatius. Similiter et hic: 'Fundata erat domus supra firmam petram', id est firmiter. Quid est firmiter? Perseueranter, ita ut hec prepositio 'per' nota sit finalitatis. 17 Vnde et Augustinus super illum locum dicit 'Horum trium non metuit ullas caliginosas superstitiones, qui prosperitatibus non attollitur, aduersitatibus non frangitur. Horum omnium nichil metuit, qui fundatam habet domum supra firmam petram, id est qui non solum audit precepta Dei, sed eciam firmiter facit'.[4]

18 Sed et illud Luce sollicitabit intelligentem: 'Omnis qui uenit ad me et audit sermones meos et facit eos ostendam uobis cui similis sit. Similis est homini edificanti domum, quam fodit in altum et posuit fundamenta supra petram. Inundatione autem facta, illisum est flumen domui illi, et non potuit eam mouere. Fundata enim erat supra petram'.[5] Ecce, hic dicitur quia flumen illisum domui illi non potuit eam mouere. Et subiungitur causa: 'Fundata enim erat supra petram'. Quid est quod flumen non potuit eam mouere, nisi quia temptatio superare non poterit quamcunque caritatem resistere uolentem?

De eo quod scriptum est: 'Vnicuique dedit secundum propriam uirtutem'. xxi.

1 Hesitabit intelligens quonam modo intelligendum sit illud Mathei loquentis de peregre proficiscente qui seruis suis tradidit bona sua, ita quod uni eorum dedit quinque talenta, alii autem duo, alii uero unum.[6] Deinde subiungitur 'Vnicuique secundum propriam uirtutem'.[7] Ambigitur ergo utrum id quod dicitur 'propriam' referendum sit ad uirtutem dantis, non ad uirtutem accipientis. Planum autem erit si ad dantem hoc referatur. Propria igitur uirtus dantis Dei est misericordia. Vnde dicitur 'Deus qui proprium est misereri semper et parcere'.[8] Secundum benignitatem ergo misericordie sue

---

[1] Not extant.   [2] Luc. 7. 25.   [3] Rom. 5. 15.   [4] Not identified.
[5] Luc. 6. 47–48.   [6] Matth. 25. 15.   [7] Ibid.
[8] *Missale Rom.; In die depos. defunct. oratio.*

dat Deus unicuique donum. Illud eciam apostoli in epistola ad Ephesios, ubi dicitur 'Vnicuique autem nostrum data est gratia secundum mensuram [f. 90v] donationis Christi',[1] potest esse expositio loci istius: 'Datur enim unicuique nostrum gratuitum donum secundum quod dator Christus mensurauit, alii hoc, alii illud'.[2] 2 Sunt tamen qui uirtutem dantis censeant esse uoluntatem diuinam. Spiritus enim prout uult et sicut uult et quando uult et ubi uult spirat.[3] Potest eciam referri ad uirtutem accipientis. Propria ergo uirtus nostra est fides, scilicet fides operans per dilectionem. Demones quidem credunt et contremiscunt,[4] sed fide informi. Secundum ergo mensuram fidei que prima est inter uirtutes, dantur et alie uirtutes. Equalia enim sunt latera ciuitatis.[5] Deus item qui dat donum, dat et mensuram. Cum enim dat triticum, dat et satum tritici. Est ergo anima humana capax uirtutis, antequam a Deo detur ei uirtus; capax, inquam, de naturali potentia, id est capabilis, ut ita loquar. Sed usum capiendi non habet anima ante gratie infusionem. Susceptio ergo gratie licet dicatur esse ex nobis propter potestatem liberi arbitrii nostri, ut diximus supra capitulo quod sic incipit 'De gratia autem Dei',[6] tamen ex gratia est. 3 Gratia enim mouet liberum arbitrium et quod liberum arbitrium motu meretur ex gratia est. Vsus ergo capacitatis est ex gratia. Secundum mensura ergo capacitatis dat Deus et donum. Dilatatur ergo spiritualiter cor magis et magis,[7] secundum quod crescunt uirtutes. Sed quid? Cum datio uirtutis naturaliter siue causaliter sit prior susceptione, erit et donum causaliter prius ipsa mensura. Dicendum ergo quod hec prepositio 'secundum' non est hic nota prioritatis cause, sed quasi commensurationis. Hilarius autem, uir sublimis intelligentie, potius in expositione sua uidetur impedire intellectum quam expedire difficultatem. Predictum ergo locum Mathei exponens Hilarius, ait: ' "Vnicuique secundum propriam uirtutem" scilicet dedit homo peregre proficiscens, non pro largitate ergo et parcitate alteri plus et alteri minus tribuens, sed pro accipientium uiribus, quomodo et apostolus eos qui solidum cibum capere non poterant lacte potasse se dicit.[8,9] Ex his uerbis Hilarii sumpta est scolastica interlinearis.[10] Sed quid? Quid est quod dicitur 'Pro uiribus accipientium'? Quid est item quod dicitur 'non pro largitate et parcitate, alii plus, alii minus'? 4 Apostolus enim in epistola ad Ephesios, loquens de Christo, dicit: 'Et ipse dedit quosdam quidem apostolos, quosdam autem prophetas, alios autem euuangelistas, alios uero pastores et doctores ad consummationem sanctorum in opus

---

[1] Eph. 4. 7. [2] *Glo. Ord.* VI. 549–50 (interlin.). [3] Cf. Ioh. 3. 8.
[4] Iac. 2. 19. [5] Apoc. 21. 16; *Glo. Ord.* VI. 1676. [6] See above, IV. xviii.
[7] Cf. Ps. 118. 32, Is. 60. 5, II Cor. 6. 11. [8] I Cor. 3. 2.
[9] Matth. 25. 15; Hieron. *In Matth.* ad loc. (186C). [10] *Glo. Ord.* V. 409–10 (interlin.).

ministerii, in edificationem corporis Christi'.[1] Expositor autem Augustinus dicit super illum locum: 'Ecce quomodo alii plus, alii minus dedit. Hominibus ad mensuram dat ipse; non ad mensuram accepit'.[2] Manducator autem, predictum locum explanans, dicit: ' "Secundum propriam", inquit, "uirtutem", non plus quam possit accipiens sustinere, quia non uult bonum nature in nobis suffocare; nec ex largitate nec ex auaritia aliis dat plus, aliis minus. Sed cuique dat pro modulo facultatis sue'.[3] Quid? Quid est quod dicit quia Deus non uult bonum nature in nobis suffocare? Numquid magnitudo uirtutis potest extinguere bonum nature? Gratuita quidem iuuant naturalia, non perimunt. Pluribus ergo uidetur quod tanta po[col. 2]test esse fragilitas alicuius, ut non possit sustinere magnam caritatem. 5 Quid? Proponatur ergo aliquis ualde fragilis, cui data sit maxima caritas. Numquid magnam caritatem ei collatam reiciet cum eam non possit sustinere? Numquid fragilitas caritatem magnam coget recedere? Nonne uirgines, de natura fragiles, maxima fuerunt illustrate gratia? Nonne et beatus Gregorius prerogatiua meritorum preditus fuit, cum tamen esset corpore inualidus?[4] Nonne et in beato Iob creuit patientia, crescente feruore tribulationum? Nonne et beato Paulo, stimulo carnis aut dolore capitis uexato, responsum est a Domino quia 'uirtus in infirmitate perficitur'?[5] Super quem locum dicitur quia 'perfectio uirtutum est que habet infirmitatem contrariam, cum qua legitime certet'.[6] 6 Subdit ibidem apostolus 'Cum enim infirmor', scilicet exterius, 'tunc potens sum',[7] id est 'efficior uictor'.[8] Predictam ergo opinionem sustinentes, dicunt quod magna fragilitas magnam eicit uirtutem sed sustinebit modicam. Quid? Poteritne fortius tantilla caritas resistere fragilitati quam maxima caritas resistere possit eidem? Hinc est quod quidam, os ponentes in celum,[9] dicunt Dominum non permisisse Iohannem euuangelistam duci ad locum certaminis, eo quod propter fragilitatem et teneritudinem[a] carnis, ut aiunt, caritatem reiecisset, tanquam impotens sustinere martirium. Quid? Numquid caritas non posset effecisse in illo, quod effecit in uirginibus tenerrimis, quod operata est in puerili corpusculo Iusti, quod et in Pancratio et Kenelmo

---

[a] tenuritudinem R

---

[1] Eph. 4. 11–12.   [2] *Glo. Ord.* VI. 549.
[3] Peter Comestor, *Comm. in Matt.* 25. 15 (Lincoln Cathedral MS 159, f. 65): '. . . alii dat unum, intelligentiam Scripturarum, non dans ei per gratiam ut mira operentur, secundum propriam uirtutem, non plus quam possit sustinere, quia non uult bonum nature in nobis suffocare; nec ex largitate uel ex auaritia aliis dat plus aliis minus, sed cuique dat pro modulo facultatis sue et profectus est statim'.
[4] Cf. Paul the Deacon, *Vita S. Greg.* xv (48D–49A).
[5] II Cor. 12. 9; cf. Aug. *Serm.* CLIV. iii. 3–v. 6 (834–36).   [6] *Glo. Ord.* VI. 450–51.
[7] II Cor. 12. 10.   [8] *Glo. Ord.* VI. 451–52 (interlin.); see above, IV. xix. 22.
[9] Ps. 72. 9.

potuit? Nonne eciam uir predictus in feruentis olei dolio penam sustinuit acerrimam?[1]

7 Sunt qui referant predictum transitum ad subtilitatem naturalium, dicentes quod pro subtilitate naturalium confertur maioritas uirtutum. Sane Dionisius Ariopagita hoc plane uidetur uelle, etsi suam dici queat ad angelos retulisse considerationem.[2] Sed quid? Numquid simplex uetula que iam maxima illustratur caritate subtiliora habuit naturalia ante gratie infusionem quam Augustinus aut Aristotiles? Reor quidem quod naturalia meliorantur et subtiliantur per uirtutum informationem. Sed numquid ante gratie infusionem necessario habet quis gratia illustrandus subtiliora naturalia quam quicumque qui numquam gratie dona suscipiet? Numquid ratione habilitatis gratie maior confertur gratia uni quam alii? Nonne Tyrii et Sidonii maiorem habuerunt habilitatem gratie etiam antequam crederent quam illi qui erant in Corozaim et Bethsaida, cum tamen nec hi nec illi tunc temporis crederent, cum dixit Dominus 'Ve tibi Corozaim'[3] et cetera? De habilitate gratie, Deo annuente, aliqua dicentur inferius.[4] De simplici autem uetula que iam predita est caritate dicimus quia meliora habet naturalia quam Aristotiles, licet Aristotiles quoad quid acutiora habeat naturalia. 8 Melius est enim in se credere firmiter articulos fidei et sperare et ex caritate diligere tam Deum quam proximum, quam scire perfectissime septem liberales artes. Virtutes autem insunt secundum naturalia, immo potius presunt naturalibus.

9 Quod ergo dicit Hilarius, scilicet pro uiribus accipientium [f. 91] data esse dona,[5] locum habet frequenter, presertim in administratione exteriorum, de qua loquitur et Matheus et apostolus in epistola ad Ephesios, ut predictum est. Per quinque ergo talenta designatur scientia que consistit in administratione rerum exteriorum; per duo, intellectus et operatio; per unum intellectus solus.[6] Scientia ergo talis et intellectus et operatio sepissime dantur secundum propriam uirtutem, id est secundem facultatem uel possibilitatem naturalium. Proprium enim dicitur quod naturale est. Dona ergo non dantur homini pro largitate dantis, ut hec prepositio 'pro' nota sit equalitatis commensuratiue. Dona enim que dat Deus nequiunt parificari potentie diuine aut munificentie aut benignitati. Inmensitas enim omnem excedit mensuram. Nec eciam pro parcitate dantis dantur dona a Deo. Immensa enim largitas affluenter dat pro naturalibus uiribus accipientium. Videtur quibusdam quod dona, id est uirtutes, dicuntur dari secundum

---

[1] Pancras was martyred at the age of 14, Justus (of Beauvais) at 9, Kenelm at 7. For St. John's martyrdom see above, IV. xix. 1.
[2] Dionys. *De Cael. Hierarch.* xv (1064D–1070C).   [3] Matth. 11. 21; Luc. 10. 13.
[4] Not extant.   [5] See above, sect. 3.
[6] The talents are so interpreted in Peter Chanter, *Sent. 'Abel'* in J.-B. Pitra, *Spicilegium Solesmense* (Paris, 4 vols., 1852–58), II. 281b–82a.

propriam uirtutem, scilicet naturalium, quia secundum aliqua uirium anime inest uirtus gratuita. Fides enim inest secundum rationabilem, spes secundum irascibilem, caritas secundum concupiscibilem. 10 Sed quid? Licet prudentia insit secundum rationabilem, fortitudo secundum irascibilem, temperantia secundum concupiscibilem, nonne tamen secundum tres uires anime dicitur inesse iusticia? Numquid ergo iusticia inest secundum propriam uirtutem, id est secundum aliquam anime propriam uim?[1] Aut numquid dicetur hoc nomen 'uirtutem' hic teneri complexiue? Potest et hoc nomen 'uirtutem' teneri in designatione uirtutis theologice. Dona enim Spiritus Sancti, cum sint effectus uirtutum gratuitarum, merito dicuntur inesse secundum uirtutes, quia quodlibet donum Spiritus Sancti est effectus alicuius uirtutis. Effectus ergo insunt secundum causas, quia cause quodammodo operantur suos effectus.

11 Paruitati autem mee non displicet si hoc nomen 'propriam' neque respiciat dantem neque accipientem, sed potius dona ipsa que sunt in accipiente. Dona ergo, id est tam usus quam effectus uirtutum theologicarum, habent proprias uirtutes quibus obnoxia sunt dona. Reddere enim unicuique quod suum est siue redditio talis laudat iusticiam uirtutem, cui se debet tanquam effectus cause.[2] Similiter, resistere aduersis fortitudinis est. Motus enim siue usus uirtutum suam sumit efficaciam ex ipsis uirtutibus. Efficaciam enim meriti sortitur motus uirtutis ex uirtute sua. Quanta est enim uirtus tam meritorius est et eius motus, unde et crescente uirtute crescit et efficacia meriti. Absit ut intensionem motus commetiar ex equo intensioni uirtutis, cum sepe ex minori uirtute oriatur motus magis intensus quam sit motus proueniens ex maiori caritate. Adde quod caritatis gemine motus qui est in Deum longe magis intensus est quam motus in proximum. Cui ergo istorum motuum se conformaret intensio caritatis, si intensio motus par esse censeretur intensioni uirtutis?

12 Vix autem aliquando constituo iam sepedictum Mathei transitum pre oculis cordis, quin reuocem ad memoriam id quod sepe reperitur in scriptis patrum, scilicet quia unusquisque sanctorum aliqua speciali preditus fuit [col. 2] uirtute — puta Iob patientia, Moyses mansuetudine, Dauid humilitate, et ita de ceteris. Elicuit enim Spiritus Sanctus frequentius motum in unoquoque istorum ex una uirtute quam ex alia. Perhibent ergo nonnulli unicuique dari dona consistentia in exercitio actionum exteriorum secundum propriam, id est specialem uirtutem.

---

[1] With the passage from 'Videtur quibusdam . . .' cf. above, III. xc. 5.
[2] See above, I. xiii. 4.

De eo quod legitur 'Non est inuentus similis illi qui conseruaret legem excelsi'. xxii.

1 Hinc est quod opinantur quidam ad specialem uirtutem referendum esse id quod legitur: 'Non est inuentus similis illi qui conseruaret legem excelsi'.[1] Licet enim pares essent in bonitate sancti[a] Augustinus et Martinus, tamen in uirtute doctrine preminuit Augustinus, in gratia miraculorum prefulsit Martinus.[2] Esto item quod Moysi et Iob par fuerit caritas, oportebit me iudice et omnes ceteras uirtutes pares fuisse in eis. In una tamen preminuisse dicetur unus alteri et ratione manifestationis euidentie et ratione frequentioris usus. Tutissimum tamen, reor, id referre ad spiritualem quandam formam prouenientem ex habitu interioris hominis et dispositione exercitiorum exteriorum. Sic nimirum asserunt logici singularem quandam formam quam indiuidui nomine censent prouenire ex concursu substantialium formarum et quarundam accidentalium.[3] Consideretur ergo in martirio peruigil instantia orandi cum gratia operationis signorum et simplicissima humilitate dulcissimum pectus ipsius inhabitante, et associentur ista ceteris eiusdem gratiis, et reperies non esse inuentum expresse similem ei in spirituali gratiarum concursu.

2 Si item debitam ecclesiastice censure interpretationem diuine preordinationi consonam uigilantius attendas, aduertes in canonica electione non fuisse inuentum similem persone date in conseruatione legis diuine. Fauore enim digna est canonica sancte matris Ecclesie electio que sui Spiritum Sanctum laudat auctorem. In partem eciam benigniorem uergere debet communis opinio concepta de canonica electione uiri autentici.

3 Pubblica uero theologorum expositio refert ad excellentiam capitis, quod ad humilitatem membrorum pertinere uidetur secundum litteralem intelligentiam.

4 Originem uero predicte auctoritatis reperies in Ecclesiastico, ubi laus patrum continetur: 'Abraham', inquit, 'magnus pater multitudinis gentium, et non est inuentus similis illi in gloria qui conseruaret legem excelsi, et fuit in testamento cum illo'.[4] De qua autem gloria intelligendum sit quod premissum est declaratur, cum subditur: 'In carne eius stare fecit testamentum, et in temptatione inuentus est fidelis. Ideo iureiurando dedit illi gloriam in gente sua, crescere illum quasi terre cumulum, et ut stellas

---

[a] sit ita R

---

[1] Ecclus. 44. 20.   [2] This comparison is made by Geoffrey of Poitiers, *Summa* (471).
[3] Cf. Anselm, *De Gramm.* xx (I. 166) etc.; D. H. Henry, *Commentary on De Grammatico* (Dordrecht/Boston, 1974), pp. 318–19.
[4] Ecclus. 44. 20.

exaltare semen eius, et hereditare[a] illos a mari usque ad mare, et a flumine usque ad terminos terre'.[1]

De gratia operante et gratia cooperante. xxiii.

1 Desiderat igitur ordo operis suscepti debitus, ut inter gratiam operantem et cooperantem distinguamus. Sciendum igitur quod hec appellatio, 'gratia operans', quandoque amplissima, quandoque ampla est, quandoque restricta. Amplissima secundum quod inhabente mortale peccatum operatur gratia Dei, id est Deus gratis operans, quando scilicet abstinet ab exercitio mortalis culpe. Vnde et super [f. 91v] illud apostoli in epistola ad Romanos, 'Sed non omnes obediunt Euuangelio',[2] dicit glosa: 'Cum auditus sit ex gratia, necessaria est et alia gratia que cor moueat'.[3] Ampla, secundum quod omnis uirtus in sui effusione dicitur gratia operans, non quia tunc quelibet uirtus eliciat ex se motum, sed quia quelibet tunc suum sortitur effectum, scilicet peccati remissionem. Gratia ergo dicitur operans, uel quia motum elicit, uel quia suum operatur effectum, uel quia preuenit uoluntatem. Restringitur appellatio, cum dicitur gratia operans, illa que de iniusto facit iustum. Et secundum hoc Adam ante peccatum non habuit gratiam operantem neque angeli unquam, nec Dominus Iesus. Cooperans gratia est auxilium Dei quo quis adiuuatur a Deo. Sed huiusmodi passio uirtus non est. 2 Sed numquid aliqua uirtus est gratia cooperans? Que? Dicunt quod gratia consummans est gratia cooperans. Sed numquid gratia consummans est uirtus? Dicet quis quod gratia consummans est perseuerantia finalis. Sed numquid illa est alia uirtus quam constantia? Nonne qui habet unam habet omnes?[4] Quid igitur? Ad gratiam cooperantem se transfert glosa, que locum illum explanans in Psalmo, 'Dominus illuminatio mea, adiutor meus esto',[5] dicit: 'Ego liber non sufficio mihi in uia'.[6] Sed si quis est liber, habet gratiam operantem. Cum igitur hec non sufficiat in uia, opus est nouo auxilio. Hoc autem peruium est intellectui per hoc quod dicitur 'Cum ceciderit iustus'[7] et cetera. Quid est enim manum supponere,[8] nisi auxilium prestare? Sed de hoc superius.[9] Ysaias autem quadruplicem uidetur insinuare gratiam ibi: 'Sicut aues uolantes, sic proteget Dominus exercitu<u>m Ierusalem,

---

[a] hereditari R

[1] Ecclus. 44. 21–23.   [2] Rom. 10. 16.   [3] *Glo. Ord*. VI. 137–38 (interlin.).
[4] See above, IV. xx. 15.   [5] Ps. 26. 1, 9.   [6] *Glo. Ord*. III. 613–14 (interlin.).
[7] Ps. 36. 24.   [8] Ibid.   [9] See above, IV. xix–xx.

protegens et liberans, transiens et saluans'.[1] 3 Et uide quod Dominus protegit dupliciter, scilicet cum Dominus permittit temptari sed non sinit succumbere, uel cum non permittit Dominus hominem temptari. Vnde Dominus uoluit introducere Israel per uiam qua insurgerent hostes, et ita auertit bella.[2] Duplex est eciam cooperatio. Dominus enim cooperatur exterius, dum dat extrinsecus facultatem perficiendi, uidelicet ut habeat quis materiam operandi et ut assint pauperes cum oportunitate loci et temporis et talis facultas; quandoque dicitur gratia cooperans, sed non est uirtus uel opus uirtutis. Auxilium item resistendi exterioribus impedimentis quod habet homo intus est gratia cooperans.

4 Potest eciam eadem gratia dici operans et cooperans. Virtus enim que prius preuenit uoluntatem eliciendo bonum usum est gratia operans; eadem postea resistit impedimentis perficiendi, et tunc est gratia cooperans. Gratia eciam diuina que Deus est pro certo est gratia operans et cooperans. Gratia item iustificans est gratia saluans, quia caritas que est in uia erit premium respectu habito ad augmentum et gloriam ipsius. Deus eciam est gratia iustificans et erit gratia saluans. Quandoque tamen hec appellatio, 'gratia iustificans', ita restringitur ut conueniat soli fidei que prima est inter uirtutes.

Quod peccatum remittitur quando non est. xxiv.[a]

1 Decipiuntur logici qui, dum nimis prodigi sunt formarum, putant peccatum remitti quando peccatum est. Videtur enim eis quod hoc uerbum 'remittitur' copulet proprietatem. Remissio enim, [col. 2] ut opinantur, inest peccato, dum peccatum est. Theologorum autem doctrina docet hoc uerbo 'remitti' nullam copulari proprietatem que sit in rei ueritate. Multa uero abundant exempla in quibus simile potest reperiri. Esto ergo quod nulla albedo sit. Constat, hoc posito, quod hoc accidens 'album' non est. Est ergo hec uera: 'Sortes non est albus'. Hac ergo propositione, 'Sortes non est albus', remouetur hoc accidens 'album' a Sorte. Cum ergo dicitur 'Hoc accidens "album" remouetur', numquid aliqua proprietas sic copulatur? Cui inest illa proprietas? Numquid huic accidenti 'album'? Sed hoc stare non potest, cum hoc accidens 'album' non sit. Lux item fugat tenebras, non que iam sunt, sed que fuerunt. Hoc igitur uerbum 'fugat' in predicta locutione nullam copulat proprietatem que sit. Et ut inter seria faciam mentionem de ludo, quero quando amittatur ludus, aut quando est, aut quando non est.

[a] XXV R

---

[1] Is. 31. 5.   [2] The reference is to the events of the book of Josue.

2 Si quando est, sed adhuc ludus stat, numquid dum stat amittitur? Si amittitur quando non est, numquid ergo hoc uerbum 'amittitur' copulat proprietatem que sit in rei ueritate? Vicium item quod omnino nichil est corrumpit naturalia. Cui inest illa corruptio? Sed de hoc inferius.[1] Si ergo peccatum mortale remittitur quando ipsum est, dabitur peccatum mortale similiter esse cum uirtute. Esto ergo quod isti infundatur gratia. Constat ergo quod nullum mortale peccatum est in isto. Non ergo remittitur isti, secundum quod putant logici. Quero ergo quando remissum sit ei. Dicet quis quod in A, scilicet in instanti elapso. Aut ergo sustinebitur infinita esse instantia, aut dicetur aliquod tempus esse simplex. Si primum sustineatur, dabitur quod post A fuerunt infinita instantia ante instans quod modo est. 3 In tempore ergo intermedio quod fuit post A qualis fuit iste, an bonus an malus? Peccatum enim isti secundum propositionem remissum fuit in A. Sed dicet quis se sustinere quod aliquod tempus est simplex. Esto. In A fuit isti remissum peccatum mortale. Sed si peccatum remittitur, illud est secundum istos. Cum ergo peccatum mortale fuerit isti remissum in A, ergo fuit in isto in A, ergo fuit malus in A, ergo in A fuit dignus pena eterna; ergo si decessisset in A dampnaretur. Puniretur ergo pena eterna post A, sed semper post A fuit uerum istum esse immunem ab omni peccato, ergo iniuste ageretur cum isto si puniretur post A. Preterea, dimissa sunt Magdalene peccata multa, quoniam dilexit multum.[2] Super illum locum dicitur quia amor est ignis qui consumit rubiginem peccatorum.[3] Ergo dum caritas inest, consumitur peccatum. 4 Item secundum istos, si gratia subtrahitur alicui, illa inest ei. Secundum logicos ergo subtrahitur gratia alicui in instanti in quo ultimo est iustus. In illo ergo est iustus. Sed nemo est iustus qui non sit dignus esse iustus. Nemo item est iustus quem non sit dignum habere iusticiam, ergo istum qui nunc ultimo est iustus, dignum est habere iusticiam. Sed ei aufertur iusticia, ergo digne uel indigne. Si digne, ergo dignum est ut isti auferatur iusticia, ergo iusticia exigit ut isti auferatur iusticia. Est ergo aliquid in causa quare auferatur isti iusticia. Sed ablationis iusticie nulla potest esse causa nisi mortale peccatum; ergo mortale peccatum est in isto causa [f. 92] ob quam aufertur ei iusticia. Peccatum enim quod nondum est in isto, non facit eum dignum amissione iusticie. Nullus enim habet in se Deum per inhabitantem gratiam qui non sit dignus Deo. Sciendum ergo quod sicut uirtus est causa remissionis peccati, ita peccatum mortale est causa subtractionis gratie. Si ergo alicui remittitur peccatum, illud iam non est in eo. Similiter, si alicui subtrahitur uirtus, illa iam non est in eo. Veniale enim peccatum est in aliquo cum uirtute, sicut nubecula et sol sunt simul in eodem hemisperio. Sicut autem sol et nox non possunt esse

---

[1] Not extant.   [2] Luc. 7. 47.   [3] *Glo. Ord.* V. 804.

insimul in eodem hemisperio, ita uirtus et mortale peccatum non sunt simul in eadem anima.

5 Per predicta ergo potest intelligenti constare quod nullus desinit esse iustus nisi desinat esse. Aliquis autem incipit esse iustus quando scilicet ei infunditur gratia. Nullus item desinit esse malus, nisi desinat esse. Ille ergo cui subtrahitur gratia est malus et incipit esse malus, quia propter peccatum mortale quod est in aliquo, subtrahitur ei gratia que non est in eo sed fuit in eo, sed in nullo instanti ultimo fuit in eo. Si ergo aliquis desinit esse bonus, desinit esse. Non tamen si incipit esse bonus incipit esse. Similiter, si aliquis desinit esse malus, desinit esse. Non tamen si incipit esse malus incipit esse. Nulli ergo remittitur peccatum nisi ei in quo ipsum non est. Nulli enim remittitur peccatum, nisi ei qui incipit esse bonus. Quidni? Nec eciam ueniale remittitur alicui nisi habenti caritatem. Ingressus ergo uirtutum operatur egressum uiciorum. Similiter, ingressus uiciorum operatur egressum uirtutum. Egrediuntur ergo uicia cum non insunt. Similiter, egrediuntur uirtutes cum iam non insunt. Cum autem dicit Ambrosius quia 'egressus uiciorum operatur ingressum uirtutum',[1] ualde figuratiua est locutio. Hoc autem dicitur propter concomitantiam; uel quod melius est, cessatio ab operibus malis preparatio est cuiusdam habilitatis ad suceptionem gratie.

6 Remittitur ergo peccatum quando non est. Sed me ipsum sic urgeo. Fere co<m>munis opinio theologorum est quia quattuor occurrunt in iustificatione, que simul sunt tempore sed non simul sunt natura, scilicet fides, credere, contritio, remissio peccati; ergo remissio peccati est unum istorum quattuor, et ita est aliquid in rei ueritate.[2] Rursum, dicitur quia fides est causa remissionis peccati, ergo remissio peccati est effectus fidei, et ita est aliquid in rei ueritate. Quid igitur? Dicendum est quia doctrinales sunt locutiones et admodum figuratiue. Causa autem dicti hec est: Quando infunditur fides alicui, tunc credit, conteritur et remittitur ei peccatum. Per fidem autem remittitur alicui peccatum. Item, quia iustificatus credit meritorie aut quia meritorie conterit se, remittitur ei peccatum, sed non econuerso. Sepe autem reperitur quia remissio peccatorum est prima gratia. Sed hoc ideo dicitur, quia cum iustificatur quis, remittitur ei peccatum. Sed adhuc mihi obicio, dummodo fas sit uti doctrinalibus locutionibus, presertim cum contra ipsas non instituatur disputatio, immo ut per ipsas expeditior fiat inquisitio. 7 Cum ergo uirtus sit causa remissionis peccatorum et naturaliter sit prior quam remissio, intelligatur per luxuriantem intellectum quod uirtus

---

[1] Apparently originating in Ambr. *Apol. David* xiii. 63 (877), quoted anonymously in the *Sent. Rolandi* (256 lines 15–16) and by Alan of Lille, *De Virt. et Vit.* iv (Lottin, *Psychologie* VI, p. 61 line 11), ascribed to Ambrose by Geoffrey of Poitiers, *Summa* (467), and William of Auxerre, *Summa Aurea* III. x. 1. 1 (III. i. 114 lines 4–5).

[2] E.g. in similar words, Peter of Poitiers, *Sent.* III. ii (1044A–D).

infundatur isti, ita quod peccatum mortale quod fuit in isto non remittatur isti. Inerunt ergo isti simul, uirtus et peccatum [col. 2] mortale. Sed quid? Huiusmodi inquisitio que fit abstractiue minus familiaris est theologice inuestigationi. Licet enim iusticia prior sit quam esse iustum,[1] tamen sequitur quod si iusticia est, iustum est. Intelligatur ergo quod iusticia insit isti ita quod iste non sit iustus. Quid? Nonne prior est species quam proprium? Nonne item prior est naturaliter creatio qua Deus creat animam quam creatio qua anima creatur? Quid ergo si per intellectum separaretur hec ab illa? Sed ad theologicam reuertor inquisitionem. 8 Adam ergo post ornatum uirtutum fuit in mortali peccato, cum constet quod ante statum uirtutum fuerit in statu quodam medio qui dicitur status innocentie. Nonne ergo Deus potuit remittere Ade peccatum mortale, ita quod reuerteretur ad statum primum, scilicet statum innocentie? Quod si est, posset ergo Ade remitti peccatum absque gratie collatione. Virtus ergo non esset ibi causa remissionis peccati. Quid? Grauem esse fateor questionem quotiens de diuina agitur potentia. Sed quid? Nichil potest facere Deus, nisi iusta et rationabilis subsit causa. Per peccatum ergo preuaricationis effectum est ut uirtus et uicium essent contraria immediata, que prius fuerunt mediata. Sed de hoc inferius.[2] Adam ergo post mortale peccatum non potuit redire ad primum statum. Oportet enim ut maculam anime abluat et mundet ros celestis gratie. Hinc est quod Spiritus Sanctus quandoque censetur aque nomine propter ablutionem et mundationem.[3]

9 Placuit autem Giliberto Porretano dicere remissionem peccati priorem esse naturaliter uirtutis infusione. 'Prius', inquit, 'a puluere mundatur pauimentum quam cortinis ornetur domus. Sic', inquit, 'prius remittitur peccatum naturaliter quam ornetur mens uirtutibus'.[4] Sed quid? Fallaces sepe sunt huiuscemodi similitudines et simplicium inductrices animorum.[a] Adiecit item quia sepe in celesti pagina et precipue in epistolis Pauli premittitur gratia remissionis. Sed quid? Ordo uerborum non semper ex equo respondet ordine rerum, ut patet per illud prophete: 'Conuertimini ad me et ego conuertar ad uos, dicit Dominus'.[5] Conuersio tamen Domini precedit naturaliter conuersionem nostram. Placuit tamen quibusdam remissionem peccati dici priorem infusione gratie ratione iudicii sensus. Ieiunia enim, ut aiunt, uigilie, orationes, gemitus, suspiria, lacrime, signa sunt et contritionis et remissionis et dilectionis, sed non adeo dilectionis ut

---

[a] animorum R

---

[1] Arist. Top. III. i (116a24). Cf. above, I. xii. 2 n. 3.   [2] Not extant.
[3] Cf. above, I. xxv. 8.
[4] Not found in Gilbert's works, but in Simon of Tournai: Landgraf, 'Untersuchungen', pp. 194–95 (no. 29), 208–09.
[5] Zach. 1. 3.

contritionis et remissionis.[1] Dilectionis uero signa sunt bona opera exteriora, ut hospitalitas et refectio pauperum et huiusmodi, que eciam si nota sunt secundum sensum, non tamen adeo sicut signa remissionis. In penitente enim signa remissionis tempore priora sunt signis dilectionis et magis nota, secundum quod frequentius solet accidere.

Quod quicquid in rei ueritate est sit a Deo. xxv.[a]

1 Memini me superius in tercia distinctione tractasse utrum mala actio uel mala uoluntas sit a Deo.[2] Sed in capitulo presenti, lis alteriusmodi inquisitionis suo Marte discurret. Superius ergo docuimus unam solam esse ydeam, unam solam rationem esse in Deo que Deus est, quamuis sepe legatur plures rationes fuisse in Deo,[3] scilicet propter diuersitatem comprehensorum. Cum autem hec appellatio, 'ius nature', multiplicem [f. 92v] habeat significationem, loquor impresentiarum de iure naturali secundum quod dicitur digito Dei scriptum in corde uniuscuiusque, ut 'quid tibi non uis fieri, alii ne facias'.[4] Constat quidem quod ipse instinctus nature est a Deo, et est proprietas. Sed ipsum preceptum naturale estne aliquid quod sit? Fuitne ab eterno, aut incipit esse ex tempore? Habetne ius naturale ydeam? Quid dicetur de iure ciuili? Estne aliquid quod sit iure? Constat quod institucio instituentis est aliquid. Sed quid est ipsum institutum? Cum iniungo alicui ut faciat ignem, patet quod preceptio precipientis est aliquid; sed ipsum preceptum quid est? Fideliter instructus sentiet ipsam ignis factionem esse preceptum. Quandoque enim est actio in precepto, quandoque passio. Similiter, in prohibitione est tum actio tum passio. Sed quid de arte dicetur? Quid de enunciabili? Diximus superius enunciabilia potius esse obnoxia rationi quam nature.[5] Sed si enuntiabile non est aliquid in re, quonam modo scitur? Nonne hoc uerbo 'scitur' compleatur proprietas que inest enuntiabili? Non. Immo potius notatur proprietas inesse scienti. Sed quid? Quonam modo dicetur quis scire enuntiabile, si enuntiabile non est aliquid in re? 2 Quid? Nonne dicetur quis scire fabulam que non est aliquid in re? Nonne item Deus preuidit Antichristum, qui tamen nec est nec fuit? Super illum item locum, 'Confitebor Domino secundum iusticiam eius',[6] dicit Augustinus quod Deus ordinauit et fecit omne bonum. Malum uero ordinauit sed non fecit. Ibi hoc nomen 'malum'

---

[a] XXVI R

[1] Attributed to Gilbert of Poitiers in several places, including Stephen Langton, *Comm. super Rom.* (Landgraf, ut supra).
[2] See above, III. xlvi.   [3] See above, III. iii. 3.   [4] Cf. Tob. 4. 16.
[5] See above, II. xliii. 2–3.   [6] Ps. 7. 18.

appellat uitium.[1] Cum ergo nihil sit uitium, quonam modo illud ordinauit Deus? Hoc fortasse dictum est eo quod Deus dicit bonum usum ex motibus deformatis per uitia. Ratione etiam pene subsequentis hoc dictum puta. Cum ergo uitium non sit aliquid in re, quonam <modo> deformat animam? Quonam modo expellit uirtutem? Cum item pro assertione omnium patrum ortodoxorum malicia non sit aliquid in re, quonam modo uidet Deus maliciam nostram? Nonne Deus discernit quod uitium sit maius alio, cum tamen uitium non sit aliquid? Numquid aliqua proprietas compleatur hoc nomine 'maius', cum dicitur de uitio? Non. Nonne sacerdos discernit inter lepram et lepram?[2] Nonne Deus uidet tam ea que non sunt quam ea que sunt, ita quod ea que non sunt sunt presentia Deo? 3 Quonam modo hereticus iste expectat Antichristum uel aduentum Antichristi, cum nec Antichristus nec aduentus Antichristi sit aliquid? Nonne item reus elidit actionem actoris, que non est? Nonne per intellectum subtraho albedinem a subiecto, posito quod nulla albedo sit? Nonne chimera, ut dicit Aristotiles, est opinabilis?[3] Nonne per luxuriantem intellectum concipio chimeram? Nonne chimera concipitur? Nunquid illa conceptio est aliquid? Pro dolor, expertes artium non aduertunt quia quandoque dictione aliqua copulatur aliquid et, eadem dictione in eadem significatione posita alibi, nichil copulatur. Peruium est hoc lippis et tonsoribus[4] per propositiones quarum quedam sunt de presenti, quedam de preterito uel de futuro. Hac enim, 'Iste est bonus', copulatur bonitas; hac autem, 'Iste sint bonus', non. Similiter hac, 'Deitas est homo', nichil predicatur nisi appellatum uel terminus. Hac uero, 'Christus est homo', predicatur species. 4 Preterea, fingat aliquis arborem attingere usque ad lunarem globum; fingat reliquus arborem attingere usque ad firmamentum. Vtrum finguntur enuntiabilia aut euentus? Item, Salomon apparet isti in sompno. Nunquid illa appari[col. 2]tio est aliquid in re? Item, nonne malignus spiritus suggerit isti adulterium cum illud non sit? Iudas item, quando fuit scriptus in libro uite, per presentem iusticiam meruit stolam anime. Nunquid stola quam meruit fuit aliquid? Potest tamen dici nomen positum post uerbum merendi teneri confuse, sicut solet dici de hoc uerbo 'promittit' et huiusmodi. Item, secundum uirtutem theologorum, nec fortuna nec omen est aliquid. Quid ergo copulatur cum dicitur 'Iste est fortunatus'? Vt item diximus in premisso capitulo, Deus remittit reatum qui non est. Vitium item quod omnino nihil est corrumpit naturalia.[5] Sed obiciet quis: Nonne corrumpere est agere? Quod si est, erit et subtrahere

---

[1] Aug. *Enarr. in Pss.* vii. 19 (108).   [2] Cf. Deut. 17. 8.
[3] Cf. Arist. *Top.* IV. i (121a20–25); *De Interpr.* xi (21a31–34), quoted by William of Auxerre, *Summa Aurea* I. ix. 3 (I. 190 lines 55–56).
[4] Hor. *Serm.* I. vii. 3.   [5] Cf. Aug. *De Spirit. et Litt.* xxvii. 47 (229) etc.

agere, similiter et auferre; ergo tam subtrahi quam auferri erit pati. Quod si est, dabitur quod gratia subtrahitur quando est. Hoc autem contrarium est ueritati theologice, ut in precedenti docuimus capitulo. 5 Dicendum ergo quod nec corrumpere nec auferre est agere, sicut nec remouere. Aufero ergo tibi nuditatem, dum te uestio. Aufertur ergo tibi nuditas, dum tu uestiris. Illa ergo nuditas iam non est. Non enim simul sunt in te nuditas et uestio, ut ita loquar. Sunt autem quidam Semimanichei dicentes uitium et maliciam et peccata in quantum sunt peccata esse in rei ueritate, et esse a diabolo auctore uel ab homine. Est ergo homo creator, similiter et diabolus. Erunt ergo plures creatores. Nunquid ergo aut diabolus aut homo ex se potens est creare herbam cum esset uterque qualitates, relationes, actiones et passiones? Item in utraque istarum propositionum, 'Omnis mala actio est actio', 'Omnis bona actio est actio', predicatur genus generalissimum, ergo idem uel diuersa. Si idem, a quo est illud genus generalissimum? Vtrum a Deo uel ab homine uel a diabolo? Si diuersa, erit unum genus generalissimum ab homine uel a diabolo, alterum a Deo. 6 Item, nunquid idem genus est ab homine et a diabolo, aut unum ab isto et reliquum ab illo? Erunt ergo predicamenta a diabolo, similiter et ab homine. Erunt ergo ab utroque istorum natura, genera, species, indiuidua. Erunt ergo Deus et diabolus et homo tria rerum principia. Rursum, quicquid est causa cause est et causa causati. Cum ergo malitia sit ab homine, erit et a Deo tanquam primo auctore, ergo Deus est primus auctor malicie et uitiorum. Absit. Item, prima malicia Luciferi habuitne ydeam? In quo fuit illa ydea? Si in Deo, ergo illa fuit Deus, ergo malicia Luciferi ab eterno uiuebat in Deo, ergo Deus est primus auctor malicie. Si in diabolo fuit exemplar malicie, nunquid unicum exemplar est in diabolo a quo exemplari sunt omnes malicie, sicut unicum exemplar est in Deo? Dabitur item quod primordiales cause et rationes rerum fuerunt in diabolo, sicut et in Deo. Si item exempla malicie prime fuit in diabolo, nonne fuit naturaliter prius quam exemplum? 7 Intellige ergo quod exemplar illud sit in diabolo ita quod exemplum non sit in eo. Dabitur ergo quod exemplar illud fuit in diabolo quando incepit esse. Nonne ergo fuit a Deo? Ergo et exemplum fuit a Deo. Item, illud exemplar quod est in diabolo aut est bonum aut est malum. Si est bonum, nonne est a Deo? Si est malum, nonne est a diabolo? Sed quid? Nonne illud est liberum arbitrium? Ergo est bonum. Si illud non est liberum arbitrium et est malum, numquid est uicium? Nunquid uicium fuit ydea primi uicii? [f. 93] Sed quid fuit ydea illius uitii? Item, in diabolo fuerunt superbia et inuidia. Nunquid ille habuerunt eandem ydeam aut diuersas? Siue hoc siue illud dicatur, qua re utrum ydea illa uel ille ydee fuit a Deo uel a diabolo. Preterea, malicia prima fuit mala non se ipsa, ergo alia malicia fuit mala et ita in infinitum. Nunquid ergo malicia malicie est a diabolo? 8 Nunquid diabolus creauit simul infinitas malicias? Nunquid infinite erant ibi ydee uel unica? Si item malicia habet esse suum quod est a diabolo, aut illud esse est bonum aut malum. Si bonum, nonne omnis bonitas est a Deo? Si malum, ergo nature genera, species, differentie substantiales sunt mala, quia sunt a diabolo. Item, nonne hoc species 'malicia' habet diffinitionem? Nonne ergo habet genus et differentiam? Illud genus, cum sit subalternum, nonne habet genus generalissimum? Nonne illud est qualitas? Illud a quo est? Nonne illud continet uirtutes et uitia? Nonne enim tam uirtus quam uitium est qualitas? Cum enim contraria sint uirtus et uitium, sunt sub eodem genere. Illud ergo genus utrum est a Deo uel a diabolo? Si autem aliud genus generalissimum continet uirtutes, aliud continet uitia, erit hoc nomen 'qualitas' equiuocum. Ratione igitur equiuocationis erit hec uera: 'Nulla qualitas est uirtus'; et hec: 'Nullus uirtute est qualis'. 9 Item probatum est in logicis quod quelibet differunt a quolibet. Sit ergo hec malicia A, illa bonitas sit B. A ergo et B differunt ab A, ergo aliqua differentia. Illa differentia est in istis, ita quod in neutro. A quo est illa? Vtrum a Deo uel a diabolo? Rursum, hec malicia habet unitatem, similiter et illa bonitas habet unitatem. Ille due unitates faciunt binarium. Ille binarius utrum est a Deo uel a diabolo? Item, duo ferunt lapidem aut suspendunt latronem, ita quod neuter. Vnus malam habet uoluntatem, reliquus bonam. Illa ergo suspensio eritne bona an mala, an nec bona nec mala? Due uoluntates sunt tales, demonstratis bonitate et malitia. Nonne ergo talis est actio istorum, quales sunt uoluntates eorundem? Quod si est, hec actio nec erit bona nec mala. Sed quid? Nonne hec actio est meritoria uite et demeritoria? 10 Preterea, omnis differentia substantialis est saluatiua rei, ergo et differentia malicie, ergo illa differentia conseruat maliciam in esse. A quo est illa conseruatio? Nunquid a diabolo? Ipse constructor non est sed destructor. Item, hoc peccatum est ueniale. A quo est illa uenialitas? Si a diabolo, nunquid diabolus uult illud esse ueniale? Vult enim esse quod ab ipso est. Item, hec malicia permittitur esse a Deo. Nonne illa permissio est a Deo? Quid? Nonne illa permissio est in malicia? Cum item inceptio huius malicie sit a diabolo, nunquid et desitio? Ergo diabolus uult illam maliciam desinere esse. Quid? Immo uellet eam diutius stare. Item, nonne bonum est hanc maliciam desinere esse? Ergo a Deo est quod hec malicia desinit esse. Item, cum Deus uelit hanc maliciam desinere esse, nunquid placet hec diabolo? Nonne enim si desitio est a diabolo, placet ei? Quonam ergo modo placet Deo? Malicia item que inest actioni corrumpitne actionem? [col. 2] Item, uicium corrumpit naturalia aliqua corruptione; illa corruptio secundum istos est aliquid et est a diabolo. Sed quid? Nonne est pena iusta? Ergo est a Deo. Item, subtractio gratie est iusta pena; nonne ergo est a Deo? Ergo a Deo est quod isti subtrahitur gratia. 11 Item, Deus subtrahit se aliqua subtractione secundum istos; nonne illa subtractio est Deus? Si enim illa est aliquid in re, oportet quod sit Deus. Item, si propter peccatum Deus subtrahit se ipsum, nonne fortius propter peccatum subtrahit suam gratiam creatam? Ergo Deus iuste subtrahit illam, ergo illa iuste subtrahitur a Deo. Sed subtractio illius est aliquid secundum istos et est a Deo, et inest illi gratie et adest per peccatum mortale, ergo simul sunt in isto gratia et mortale peccatum. Item, pro opinione istorum oportet quod peccatum mortale remittatur quando ipsum est, quia remissio, ut aiunt, est proprietas in rei ueritate. Illa proprietas inest peccato. Vtrum ergo est bona an mala? Si bona, quonam ergo modo inest peccato, quod secundum istos in nullo est bonum? Si est mala, ergo non est a Deo quod peccatum remittitur, quod manifeste est falsum, quia[a] Deus remittit peccatum de misericordia. Secundum istos etiam destructio est aliquid in re. 12 Cum ergo Deus destruat uitia, dabitur quod Deus est destructio, sed est conseruatio; est ergo destructio conseruatio. Similiter, odium est dilectio, quia Deus Esau odio habuit, Iacob dilexit.[1] Preterea, iste est malus et statim erit bonus. Iste alteratur; nonne illa alteracio est a Deo? Econtra, qui est bonus erit malus. Iste etiam alteratur; a quo est ista alteracio? Quis alterat istum? Si diabolus, quonam modo hec esse potest, cum iste modo sit bonus? Vtrum ergo alteratur iste dum est bonus aut quando erit malus? In quo ergo instanti fuit iste alterandus? Item, secundum istos silentium est de numero rerum. Vtrum ergo est simplex an compositus? Numquid fuit ab eterno uel creatum in tempore? Secundum item censuram istorum enuntiabile est aliquid in rei ueritate. Sed numquid omne enuntiabile est a Deo? Nunquid ergo a Deo est significatum huius propositionis 'Deus est malus'? Ergo a Deo est quod ipse est malus. Nunquid item chimeram esse est a Deo? Nunquid quod malicia est, est a Deo? Videtur quod sicut istum esse iustum est a Deo, ita illum esse malum est a diabolo. Ergo diabolus est auctor enuntiabilium. 13 Preterea, utrum creauit Deus uel diabolus enuntiabile quod est Sortem esse asinum? Si item enuntiabilia inceperunt esse, ut isti asserunt, dabitur quod Antichristum fuisse futurum incepit esse. Non ergo ab eterno preuidit Deus Antichristum fuisse futurum. Item, si omne enuntiabile est a Deo, erit omne enuntiabile bonum, quia quicquid est a Deo est bonum. Bonum est ergo Deum esse iniustum. Item, utrum creauit Deus an diabolus enuntiabile quod significatur hac: Deus est iniustus? Item, imperfectio qua caritas ista est imperfecta a quo est? Nunquid a diabolo? Ergo a diabolo est id quod est in caritate. Si a Deo, ergo imperfectio est bonum, ergo bonum est quod hec caritas sit imperfecta. Nunquid ergo optabile est isti quod caritas sua sit imperfecta? Item, in hac, 'Iste est malus',

[a] quod R

---

[1] See above, II. xlix. 3–4, III. xlvi. 20–21.

predicatur hec accidens 'malum', secundum istos. Illa predicatio a quo est? Nunquid a diabolo? Ergo illa predicatio est mala, sed predicatio qua hec accidens 'iustum' predicatur de isto est bona et est a Deo. 14 Nunquid ergo iam [f. 93v] dicte due predicationes differunt specie? Nobis uidetur quod he dictiones, 'malus', 'iniustus', 'imperfectus', 'predicatur', 'subicitur', non copulant proprietates que sint de numero rerum. Et ut superius diximus, enunciabile non est aliquid quod sit de numero rerum.[1] Sed quid? Super initium epistole ad Romanos reperies quia omne uerum a quocumque dicatur est a Spiritu Sancto.[2] Quod si est, erit enuntiabile a Spiritu Sancto, ergo est aliquid. Et alibi: 'Omne uerum a Deo est.'[3] Nunquid ergo hec uerum: 'Quod iste fornicatur est a Deo'? De huiusmodi locutionibus egimus supra.[4] Quero item a Semimanicheis a quo sit id quod est ire ad ecclesiam, dummodo licencia deter uerbis. Nonne enim ire ad ecclesiam est bonum? Nonne ergo est a Deo secundum istos? Nunquid ergo agere est a Deo? Nonne enim, ut aiunt, quoddam agere est a Deo, quoddam a diabolo? Set quid? O tempora, O mores,[5] O tempora perdita! 'Ridicula res est elementarius senex'.[6] Huiusmodi locutiones incongrue sunt: 'Ire ad ecclesiam est aliquid quod est bonum uel aliquid quod non est bonum;' 'Ire ad ecclesiam est ab aliquo'; 'Ire ad ecclesiam est homo uel non-homo'; 'Ire ad ecclesiam est a Deo'. Sed he congrue: 'Ire ad ecclesiam expedit isti'; 'Ire ad ecclesiam est bonum'; 'Ire ad ecclesiam est aliquid'. 15 Sed sciendum quia cum hinc dicitur quod Sortes est aliquid, inde dicitur quod ire ad ecclesiam est aliquid, diuersimode accipitur hoc nomen 'aliquid'. Hinc est quod cum dicitur quia Sortes est aliquid, relatio fit competenter ad hoc nomen 'aliquid'. Cum uero dicitur 'Ire ad ecclesiam est aliquid', non est admittenda relatio. Quoniam tamen milites nostri temporis in conflictu uocali harundinibus uacuis sese potius impetunt quam telis militaribus, morem eis geramus ne uideamur subterfugere uelle leuitatem Martis ymaginarii. Tempore ergo inordinato inordinatis utamur locutionibus. Demus ergo has esse congruas: 'Agere est a Deo', 'Ire ad ecclesiam est a Deo'. Admittatur ergo hec: 'Agere est a Deo'. Dicetur tamen quod male agere est a diabolo, sicut esse album hominem est accidentale, substantiale tamen est esse hominem. Licet ergo des hanc, 'Quodlibet ire ad ecclesiam est malum', posito quod omnis itio qua itur ad ecclesiam sit mala, quia fit ex mala uoluntate, tamen negabis hanc: 'Ire ad ecclesiam est malum'. 16 Consilium tamen meum est, ut hanc censeas duplicem: 'Quodlibet ire ad ecclesiam est malum', sicut et hec duplex est:

---

[1] See above, II. xli–xliii. 4, xliv. 5, 9.
[2] Ambrosiaster *In Epist. Paulinas* (I Cor.) 12. 3 (245B); Rabanus *In I Cor.* 12. 3 (106C); Peter Lomb. *In I Cor.* 12. 3 (1650A–B); William of Auxerre, *Summa Aurea* I. xii. 3 (I. 342 lines 6–8).
[3] See above, II. xliv. 5.   [4] See above, III. xlvi. 11–13.   [5] Cic. *Cat.* I. i.
[6] See above, I. xxx. 1.

'Omnis color est myri'. Falluntur autem qui putant dictionem hanc, 'ire', teneri tantum nominaliter, cum dicitur 'Legere est agere'. Vt enim dicit Aristotiles in Predicamentis: 'Sedere et stare non sunt positiones'.[1] Potest ergo hec dictio 'legere' in predicta locutione teneri et nominaliter et uerbaliter; licet ergo dare elemosine sit malum, tamen dare elemosinam est bonum. In prima tenetur hoc uerbum 'dare' nominaliter, in secunda uerbaliter. Et certe factus sum insipiens cum insipientibus, uel ut parcius loquar: 'Lusi cum ludentibus'. Sed tempus est ut ad seria nos transferamus.

17 Quod autem a Deo sint omnia ostenditur ibi: 'Ex quo omnia, per quem omnia, in quo omnia'.[2] Item, in Osee super illum locum 'Et comedentes non saturabuntur'[3] glosa: 'Iniquitas non[a] habet substantiam, et ideo uentres deuorantium uacuos relinquit'.[4] Item, in Luca super illum locum 'Qui autem audiuit et non fecit, similis est homini edificanti domum suam super terram sine fundamento'[5] glosa: 'Peccatum in propria natura non subsistit, quia malum substancia non est. Quod tamen ubicumque est, in boni natura [col. 2] coalescit'.[6] Item, dicentibus maliciam esse aliquid obuiat illud: Originale peccatum inani actu; sed non est peccatum nec aliud malum, ergo est bonum et indifferens, ergo est a Deo; sed fuit a diabolo, ergo habuit duo principia, ergo duas origines, ergo bis fuit incepturum esse. Item, celebratio Misse, cum sit actio mala, est a diabolo secundum istos. Nunquid ergo diabolus orat et conficit in sacerdote malo? Nunquid Missa celebratur et corpus Christi conficitur auctore diabolo? Vide ergo quia licet id quod est peccatum sit a Deo, non tamen quod homo peccat est a Deo. Item, quod homo potest peccare est a Deo, non tamen quod homo peccat est a Deo. Sed nobis obuiare uidetur illud Fulgentii: 'Deus non est ultor illius rei cuius est auctor'.[7] Sed hec intelligendum est sic: Deus non est ultor, scilicet in quantum est auctor illius. Sed cum commestio pomi fuerit a Deo, quare prohibita fuit a Deo? Propter euentum siue finem malum.

18 Augustinus autem in libro De Ordine ostendit efficaciter quidlibet esse a Deo.[8] Sed nunquid error est a Deo? Quid super hec sentiat Augustinus in libro predicto audiamus:

'Quomodo esse quicquam contrarium potest ei rei, que totum occupauit, totum obtinuit?[b] Quod enim erit ordini contrarium necesse erit esse preter ordinem. Nichil autem esse preter ordinem uideo. Nichil igitur ordini oportet putari contrarium; ergone contrarius ordini error non est? Nullo modo, nam neminem uideo errare sine

---

[a] uero R   [b] continuit R

---

[1] Arist. *Categ.* vii (6b13–14).   [2] See above, I. xi. 3; xxx. 5; III. x. 1.   [3] Os. 4. 10.
[4] *Glo. Ord.* IV. 1728.   [5] Luc. 6. 49.   [6] *Glo. Ord.* V. 792.
[7] Fulgent. *Ad Monimum* i. 19 (167C); Peter Lomb. *In Rom.* 3. 5 (1354A).
[8] Aug. *De Ord.* I. v. 14 (984–85) etc.

causa. Causarum autem series ordine includitur, et error ipse non solum gignitur causa sed etiam gignit aliquid cuius[a] causa fit. Quamobrem quo extra ordinem non est, eo non potest esse ordini contrarius'.[1]

Postea autem queritur in eodem libro utrum mala ordinentur a Deo et diligantur.

'Mala', inquit Triecius, 'ordine continentur, et ipse ordo manat ex summo Deo, atque ab illo diligitur. Ex quo sequitur ut et mala sint a summo Deo et mala diligat Deus.'

Hec Triecius. 19 Licentius contra:

'Non diligat Deus mala, nec ob aliud, nisi quia ordinis non est, ut Deus mala diligat. Et ideo ordinem multum diligit quia per eum non diligit mala. At uero ipsa mala quomodo possunt esse in ordine, cum Deus illa non diligat? Nam iste ipse est malorum ordo, ut non diligantur a Deo. An paruus rerum ordo tibi uidetur, ut et Deus bona diligat et non diligat mala? Ita nec preter ordinem sunt mala, que non diligit Deus, et ipsum tamen ordinem diligit Deus. Hoc ipsum enim diligit diligere bona et non diligere mala quod est magni ordinis et diuine dispositionis. Qui ordo atque dispositio quia uniuersitatis congruentiam ipsa distinctione custodit, fit, ut et mala etiam esse necesse sit. Ita quasi ex antitetis, id est ex contrariis, omnium simul rerum pulcritudo figuratur'.[2]

Inferius in eodem libro notificat Augustinus ordinem, dicens:

'Ordo est per quem aguntur omnia que Deus constituit'.[3]

Quid? Ipse Deus num tibi uidetur agi ordine? In Ordine eodem:

'Vbi omnia bona sunt, ordo non est. Est enim summa equalitas que ordinem non desiderat. 20 Negas apud Deum omnia bona esse? Non. Conficitur ergo nec Deum nec illa que apud Deum sunt ordine administrari'.[4]

In eodem:

'Si ordo non est in iis que aguntur a stulto, erit aliquid quod ordo non teneat. Quid de meretricibus, lenonibus, ceterisque pestibus dici potest?'[5]

In eodem:

'Agitne Deus que non bene agi confitemur?'[6]

Item:

'Ipsum malum quod natum est nullo modo Dei ordine natum est, sed illa iusticia id inordinatum esse non siuit, et in sibi meritum ordine redegit et compulit'.[7]

[a] circa R

[1] Ibid. I. vi. 15 (985).　　[2] Ibid. I. vii. 17–18 (986).
[3] Cf. ibid. I. x. 29 (991), II. i. 2 (994).　　[4] Ibid. II. i. 2 (994).
[5] Ibid. II. iv. 11–12 (999–1000).　　[6] Cf. ibid. II. vii. 21 (1004).
[7] Cf. ibid. II. vii. 23 (1005).

Item,

'Numquid ordo fuit antequam esset malum? Nunquid ergo aliquid preter ordinem fit?'[1]

In eodem:

'Nonne queuis multitudo eo minus uincitur, quo magis in unum coit? Vnde ipsa coitio [f. 94] in unum cuneus nominatus est quasi co-uneus. Dolor unde pernitiosus est? Quia id quod unum erat dissicere[a] nititur.'[2]

21 Hec Augustinus. Sed ad consueta consueto modo reuertamur.[3] Ab hiis ergo qui censent actionem que est mala non esse a Deo, queratur quonam modo intelligendum sit illud Iohannis: 'Cayphas a se ipso non dixit "Expedit nobis"' et cetera, 'sed cum esset pontifex anni illius, prophetauit'.[4] Patet quidem intelligenti quia Cayphas uerum dixit, dicens 'Expedit' et cetera. Expediebat enim utilitati rei publice ut unus homo moreretur pro populo, ne scilicet tota gens periret. Cayphas tamen ad Christum retulit quod dixit ex mala intentione. Cum autem subdit 'ne tota gens pereat', retulit hec in intencione ad pericula temporalia. Si ergo quis male sentiens de Christo dicat hominem esse malum, uerum quidem dicit, sed mala est actio dicentis, et ideo peccat, cum scilicet mala subsit intencio. Spiritus ergo Sanctus malis operibus nostris bene utitur. Hinc est quod, licet Cayphas malam haberet intentionem, bonum dixit sed non bene. Prophetauit ergo uerum dicendo, sed fallaciter. Quod autem fallaciter, a se ipso; quod autem prophetauit, habuit a Spiritu Sancto. Cum ergo esset mala uoluntas interior, mala fuit actio exterior. Actio ergo prophetantis mala fuit, sed illa fuit prophetatio, ut ita loquar, ergo prophetia[b] fuit mala, ergo fuit a diabolo secundum istos, cum tamen dicat Iohannes hec ipsum dixisse a Spiritu Sancto.

---

[a] dissiscere R   [b] prophatio R

[1] Cf. ibid.   [2] Ibid. II. xviii. 48 (1017–18).
[3] For what follows cf. Peter of Poitiers, *Sent*. I. x (830D–31B).   [4] Ioh. 11. 49–51.

INDEX SCRIPTORUM

BOETHIUS

(p. 256): IV. xxiv. 5.

Scholia in Horatium λφψ: ed. H. J. Botschuyver (Amsterdam, 1935).
Carm. I. xii. 4–6: I. vii. 1.

SENECA THE ELDER
Controversiae: III. praef. x: III. l. 3.

SENECA THE YOUNGER
Epistulae: xxxvi. 4: I. xxx. 1; IV. xxv. 14.

Sententiae Anselmi: ed. F. Bliemetzrieder, BGPTMA 18. 2–3 (1919), pp. 47–153.
(p. 50): IV. ix. 5.

Sententiae Divinae Paginae: ed. F. Bliemetzrieder, BGPTMA 18. 2–3 (1919), pp. 1–46.
(p. 13): III. xvii. 1.

Sententiae Divinitatis: ed. B. Geyer, BGPTMA 7. 2–3 (1909).
prol.: I. prol. 3. ii: IV. xi. 4; xiii. 3; xviii. 26. iii: III. xlvi. 17. iv: II. xxix. 4.

SIMON OF TOURNAI
Disputationes: ed. J. Warichez (*Spicilegium Sacrum Lovanense* 12, 1932).
xl: II. xlix. 7.

STEPHEN LANGTON
Quaest.: III. liv. 3; IV. xiii. 1 (2).
Commentarium in Romanos: IV. xxiv. 9.

SULPICIUS SEVERUS
Epistolae Tres: PL 20. 175–84.
iii: III. lxxiii. 1.

Summa Sententiarum: PL 176. 41–174.
I. iv: I. iii. 1; IV. iii. 2. I. xv: II. iii. 1. II. vi: III. xxii. 1. III. viii: IV. i. 10. III. xvii: III. xxvi. 1.

Symbol. Nic.: I. xv. 2.

Symbol. Ps-Athanas. 'Quicumque vult': iii: I. xxiv. 1. vii: II. xxxvi. 3. viii: II. xxxvi. 3. ix: II. xxxvi. 4. x: II. xxxvi. 3. xvi: II. xxxi. 1. xxiii: II. xxv. 1. xxxiv: I. xx. 9.

THIERRY OF CHARTRES
Glosa super Librum Boethii De Sancta Trinitate ('Aggreditur propositum'): ed. N. Häring, *Commentaries on Boethius by Thierry of Chartres* (Toronto, Pontifical Inst. of Mediaeval Studies: Studies and Texts 20, 1971), pp. 259–300.
ii. 13: I. iii. 1. iii. 22: I. xx. 5.
Commentum super Boethium de Trinitate ('Librum hunc'): ibid., pp. 57–116.
ii. 37: I. xiv. 6; xix. 4. iii. 14: I. xx. 5. iv. 4: I. iii. 3.

Lectiones in Boethii Librum De Trinitate ('Que sit auctoris'): ibid., pp. 125–229.
i. 40: I. xii. 6. ii. 46: III. lxxx. 2. ii. 60: I. iii. 1. iv. 15: I. xxvii. 3.
De Sex Dierum Operibus: ibid., pp. 555–75.
xxvii: III. lxxxiii. 1.

UGO
Sententiae: IV. xiii. 6.

UNIDENTIFIED
'Augustine': III. xii. 4; IV. i. 11; ii. 1; xix. 8; xx. 17. 'Bede': I. xxv. 2 (gloss on I Ioh. 5. 8). 'Bernard of Clairvaux': I. xxv. 10. 'Jerome': III. lxxxiv. 2; IV. xviii. 20. Liturgical: I. xxxi. 9. Unnamed: I. iii. 1; xii. 7; xviii. 8; (gloss on Iob 9. 13) II. li. 5; III. lxxxviii. 4.

URSO
Commentarium in Aphorism.: ed. R. Creutz, 'Die medizinisch-naturphilosophischen Aphorismen und Kommentare des Magister Urso Salernitanus', *Quellen und Studien zur Geschichte der Naturwissenschaften der Medizin*, v. s. 1 (1936), 1–192.
29: I. ii. 12.
De Commixtionibus Elementorum: ed. W. Stürner (*Stuttgarter Beitr. zur Gesch. u. Politik* 7, 1976).
ii: I. xii. 6; III. ix. 5. V. i: I. i. 24.

VIRGIL
Aeneid: ii. 642–43: I. xxviii. 1. vi. 724–26: III. lxxxiii. 1. xi. 753: III. lxxix. 1.
Eclogae: i. 19–20: I. xiv. 1. i. 78: III. xcv. 3. iii. 92–93: IV. xx. 14. iv. 2: III. xcv. 4. viii. 75: I. iii. 3.
Georgicae: i. 373–74: I. xix. 4; III. ix. 5. iv. 176: I. xxxi. 3. iv. 184: I. xxi. 1.

Vita S. Hieronymi: PL 22. 201–14.
(208): II. li. 1.

WALTER MAP
De Nugis Curialium: ed. and transl. C. N. L. Brooke (Oxford, 1983).
II. ii: II. lxiv. 9.

WILLIAM OF AUXERRE
Summa Aurea: ed. J. Ribaillier et al. (Grottaferrata, *Spicilegium Bonaventurianum* 16 [1980], 17 [1982], 18A–B [1986], 19 [1985]).
I. iv. 7: I. xxviii. 3; xxx. 13. I. iv. 8: I. xxxi. 7–8; II. xxvi. 2. I. v. 4: III. lxxix. 4. I. vii. 1: II. vii. 1; viii. 1. I. viii. 4: I. xi. 2. I. viii. 7: I. v. 1. I. viii. 8: I. xv. 1. I. ix. 3: II. xlix. 1, 19; IV. xxv. 3. I. xi. 1: II. lix. 2. I. xi. 2: II. l. 17. I. xi. 5: II. xlix. 7; li. 7; III. lxxxvii. 8. I. xi. 6: II. li. 1.

INDEX NOMINUM

This index includes all names (except for biblical books referred to by the author's name), spelt as found in R.

INDEX VERBORUM

This index includes (a) rare words, (b) common words used by Nequam in a special or technical sense, and (c) particular forms of words which he used invariably or frequently. No vocabulary from his verbatim quotations is included.

diasirthos I. xii. 8; III. vi. 8.
dicotomos III. lxxxii. 1 (2).
dictatura (n.) III. xcii. 3.
dictio I. vii. 8; xiv. 6; xv. 4 (4); xviii. 4; xxvi. 7,
8, 12; xxix. 5 (4); xxx. 2 (6), 9 (2); xxxi. 9
(3), 11 (2); xxxii. 6; xxxiv. 3; II. i. 2; iii. 4,
5; x. 3 (2); xii. 2; xvi. 1, 3; xvii. 2; xviii. 1;
xx. 2 (2); xxii. 3 (2); xxvi. 2 (3), 3; xxvii.
3, 4; xxviii. 2; xxxii. 1, 7, 10; xxxv. 9, 10
(2), 20 (2), 23 (2), 24, 25; xxxvi. 4; xxxvii.
1; xliv. 6; xlv. 10; xlviii. 2; xlix. 4, 9, 15,
18, 22; liii. 1 (2); lx. 5, 9; III. xiv. 2; xlvi.
19; lxxxvii. 5; IV. xxv. 3 (2), 14, 16 (2).
differens (n. indecl.) I. xxxv. 1 (2).
differentia (logic.) I. xii. 6; xviii. 10 (2), 11–13
(4), 14 (4); xix. 2; xxxiv. 1–3; II. i. 7; ii. 1;
xvii. 4; xxviii. 1, 2 (2); xxix. 1; III. lxxix. 4
(2); lxxxv. 2 (2); IV. i. 6; vii. 2; xxv. 8, 9
(2), 10 (3).
diffinire I. xviii. 10 (4), 11 (3), 12, 14; xix. 1
(9), 2 (7).
diffinitum (n.) I. xviii. 13.
diffinitio I. xviii. 1, 10 (2), 11 (5), 12, 14; xix.
1, 2 (6); III. lxxxv. 2 (2); IV. xxv. 8.
diffinitiuus III. xc. 21.
dilatatio III. xlvi. 18.
dilucide (-ior, -ius; *never* dilucidus) I. prol. 8,
9; i. 26; x. 1; xi. 5, 6 (2); xiii. 1; xx. 9; xxv.
11; xxxv. 1; II. iii. 1; xix. 2; xxxv. 5, 24;
lxii. 1; III. xxiii. 4; IV. x. 1.
diminutio III. lxxxviii. 2.
discrete II. xxv. 1; III. xc. 3, 13 (2), 14 (2), 15
(2).
discretio I. prol. 11; x. 1 (8); xxxiv. 1, 3; II. vii.
2; xliv. 7, 10; lxiv. 20; III. xxxvii. 2; liii. 3,
5 (2); lxxxi. 4; lxxxviii. 1; xc. 14 (3); xcv. 1
(3); IV. i. 6, 15.
discretiue III. xc. 21; IV. i. 2, 6 (2).
disiunctio II. xxvii. 2; xlix. 23.
disiunctiuus I. xxxiv. 2.
dissimiliter I. i. 20; III. xc. 22.
dissimilitudo III. i. 1 (2); xlvi. 17 (2); IV. iv. 2.
dissolubilis III. lxxxvii. 6 (2).
distinctio (logic.) I. xi. 3, 4 (4); xii. 1; xiv. 3, 7;
xv. 1; xx. 3, 8 (4); xxvi. 4, 10; xxx. 5 (2);
xxxiv. 3; xxxv. 1, 7; II. iv. 2, 4 (4); vii. 7;
xiv. 1. (2); xxii. 3; xxv. 3; xxvi. 1; xxvii. 2,
5; xxviii. 1, 2 (2); xxxii. 1; xlix. 18; III. i.
1; vi. 7; xc.11, 24.
distinctionalis II. vi. 1.
distinctiuus/-e I. xx. 1, 4, 8 (2); xxxi. 1, 2; II.
vi. 1 (2); ix. 2; xix. 1; xxvii. 1 (2).
distinguibilis II. xvi. 2; xxvi. 1; xxix. 1.
distributiuus/-e II. xxxv. 3, 25 (2); xliii. 7; lxiv.
20.
diuersimode IV. xxv. 15.
diuiduus I. xix. 4; II. iii. 2.

diuisibilis I. xviii. 8; xix. 3, 4; II. xlv. 5; xlvi. 2,
3; III. xxxvii. 2; lxxviii. 2.
diuisim II. xliv. 9; III. xlvi. 13.
diuturnitas I. xi. 1; III. xxxvii. 2; IV. viii. 3.
doctrinalis III. vi. 11; IV. xxiv. 6 (2).
dogmatizare III. iii. 2.
dolositas I. xiii. 7.
dominium II. iii. 2; III. xix. 2 (2); xxxviii. 2.
dragma III. lxxv. 1.
dubitatio II. xlvii. 2; III. ix. 9.
dulcescere IV. proem. 1.
dulciter II. prol. 1.
effectiuus I. xxv. 5; III. xciv. 1; xcv. 4.
efficaciter IV. xxv. 18.
efficientia I. xiv. 3.
electiue III. xc. 20.
elementaris III. xiii. 1, 2.
elementatum (n.) III. ix. 8; xi. 1.
emendatior (-issimus) I. xxi. 1 (2); xxxiv. 3;
III. xxiii. 1.
emphasis I. xvi. 4; xx. 8, 9; xxii. 4; xxiii. 7;
xxix. 8; xxxiv. 1; II. x. 5; xxi. 16; xlix. 2.
emphatice III. lxxxvi. 1.
empireum I. prol. 1, 5; i. 25; II. xlvi. 3; xlvii.
5, 7 (4); xlix. 11; III. viii. 5; ix. 12, 16; xi.
1; xiii. 1; xiv. 2; xxi. 1; xxiv. 1, 2 (2);
xxvii. 1 (2); xlvii. 3, 5; lxxxix. 1.
energumenus III. xxxii. 2; lxxvii. 1.
enigma I. xii. 7 (2).
enigmaticus I. vii. 5; xii. 7, 8 (4).
entimema I. prol. 13.
enuntiabile (n.) I. xv. 6; II. xxxi. 1 (2); xxxvii.
3; xxxix. 1; xl. 1 (4), 2 (7); xli. 1 (8); xlii. 1
(3), 2 (3); xliii. 1 (4), 2 (4), 3 (4), 4 (3);
xliv. 1, 5 (5), 6, 7 (2), 9 (3), 10; xlix. 1;
lxvi. 2; III. xlvi. 11, 12 (2); lxxviii. 5 (2);
xc. 19; IV. xxv. 1 (6), 4, 12 (3), 13 (5), 14
(2).
enuntiabilis II. xvii. 1; xxxi. 1 (2); xxxii. 8; xlii.
2 (2); xliv. 1 (2), 7, 9; xlviii. 6; III. xlvi.
11; lxxviii. 4 (2).
epistemen I. prol. 1, 2.
epithema IV. xix. 22.
eptad I. prol. 5.
equiperantia I. xiv. 3; II. xvi. 5; III. lxxxi. 8.
equipollere I. xxxi. 7 (2); II. i. 3, 4 (2); iii. 4; v.
1; vi. 1; xviii. 1; xliv. 2; li. 9.
equiuocatio I. xxxi. 10, 11; II. xx. 3; xxxv. 20,
27; xlix. 2; lvi. 2; lxiv. 9; III. xxiii. 1; xlvi.
9, 14; IV. xix. 3; xxv. 8.
equiuoce I. xviii. 3; II. vii. 3; xxi. 1; lxv. 1; III.
lxxxv. 1.
equiuocus I. xii. 1; II. xx. 6; xxv. 3; xxxii. 7;
xlii. 2; l. 2, 3; III. ix. 6; xxvii. 1; lxxxv. 2;
IV. ii. 5; vii. 7; ix. 1; xiii. 6; xx. 16; xxv. 8.
esculentum IV. iv. 2.

III. ix. 6, 7; xlvi. 16, 18; lxxix. 2; IV. xxv.
3 (2), 5, 13 (2), 14.
predicatio I. xviii. 2; II. i. 4 (2); iv. 2; xxxiii. 1;
IV. xxv. 13 (3), 14.
predicatum (n.) I. xxvii. 1, 2; II. xl. 1 (4); xli.
1; xliii. 2; xliv. 2; lxvi. 2.
preeligere II. lvii. 2; III. xxi. 1, 2; xxiv. 2 (2).
preenumerare III. xi. 1.
preexercere III. xc. 20
prefigurare III. xiv. 2.
prefulgere III. lxiv. 4.
preiacens II. lvi. 1; III. lxxxiv. 1.
preminere I. xii. 1 (2), 2 (2); II. xx. 2; IV. xxii.
1 (2).
preminentia (n.) I. xii. 1; II. xii. 2; lxix. 1.
prerogatiua (n.) I. xxxii. 3; IV. xxi. 5.
presentialiter II. xxxvii. 1.
preteritio II. xxxv. 19.
pretura III. xcii. 3.
preuentrix IV. proem. 1.
primatio III. lxxxii. 2.
primitiuitas I. xxix. 8.
primordialis III. viii. 3, 4 (2); ix. 2, 5, 12, 14
(3); xi. 1; xiii. 1; lxxviii. 1, 3 (2), 4, 5; IV.
xxv. 6.
principalitas I. xxix. 8; IV. xviii. 17.
principaliter I. prol. 3; ii. 13, 15; II. xvi. 3 (2);
xxxii. 7; III. xxxi. 3; xc. 19, 20 (2), 21;
xcii. 2, 7 (2); xcv. 2; IV. ix. 9; xviii. 15,
17, 30.
principare II. xx. 2 (-ans).
prioritas II. xvi. 4; IV. xxi. 3.
priuatio II. lix. 5 (2); III. ix. 1; xlvi. 14, 15, 26;
xciv. 2; IV. vii. 7.
priuatiuus II. ix. 1, 4.
processibilis II. xvi. 3.
processibilitas II. ix. 1; xvi. 3.
processor II. xix. 5.
procreatrix II. lix. 4; III. xxii. 1; IV. xviii. 32.
pronitas IV. ix. 3 (2); xii. 1, 2.
prophetatio IV. xxv. 21.
proportionalis I. xxxv. 12.
proportionaliter I. ii. 12; xiii. 2.
proprietas I. iii. 3 (2); xiv. 3, 5; xx. 4 (2), 8 (2);
xxiii. 7; xxviii. 4; xxx. 2 (4); xxxi. 7; xxxii.
8; xxxiii. 1; II. ii. 2; iv. 4; viii. 1 (3); ix. 1
(6), 2 (2); x. 2, 6; xvi. 2 (2); xix. 1 (3);
xxv. 1, 4; xxvii. 1 (2), 4 (2), 5; xxviii. 1
(3), 2; xliii. 3 (2); xliv. 5, 6 (3); xlvii. 7;
lvi. 2; III. vi. 12; xiii. 1, 2; xxxi. 3 (2); xlvi.
17 (2); lxxxvi. 1; lxxxvii. 5; xc. 19; xciii. 3
(2); xciv. 2 (2); IV. i. 5; iv. 3 (2); vii. 6;
viii. 1; xxiv. 1 (5), 2; xxv. 1 (3), 2, 11 (2),
14.
prosopum II. i. 7 (4), 8 (3); iii. 3 (3), 4 (2).
prothoplastus (n.) I. prol. 2; III. xxii. 3;
lxxxix. 1, 2; IV. iii. 1.

publicissimus I. xxi. 1; II. lvi. 2.
punitio (passio) II. xlix. 1 (2), 5.
putatio III. xcv. 1.
qualitatiuus/-e I. xiv. 4; II. lxiv. 23; III. xciii.
3; IV. ix. 4; x. 4.
questiuncula I. prol. 13; II. xlvii. 4.
rarefacere III. xi. 3.
rarefactio III. xi. 3 (2).
rationabilitas III. xc. 15.
rationabiliter III. xc. 4, 15, 20 (2); IV. ii. 5.
rationalitas I. xii. 1; II. xix. 3; li. 10 (2); III. ix.
9; lxxix. 1, 4 (2); IV. i. 6; iii. 1; vii. 3.
ratiuncula I. prol. 11.
realis I. xviii. 14; xix. 2; xxv. 11.
receptibilis III. xiii. 2.
rectilineus II. xxxv. 26; xlv. 5.
redemptor I. xxvi. 3 (8), 4 (3).
reformidere I. xxxi. 11.
regeneratiuus I. xxv. 18; III. xiv. 2.
relatio I. xii. 6 (2); xiii. 5; xiv. 1 (2), 5; xvi. 2;
xx. 8; xxvii. 1; xxx. 6 (2), 8, 9; xxxi. 2, 8;
II. i. 6; vii. 6; ix. 2 (5); x. 8; xi. 1; xvi. 5
(2); xvii. 1; xix. 6; xxvii. 1; xxix. 1 (2), 2;
xxxi. 1; xlv. 8; xlvii. 4; lxix. 1; III. vi. 8;
xlvi. 17 (2), 29; IV. xxv. 5, 15 (2).
relatiue I. xiv. 4; xxxi. 11; II. vii. 4; xxi. 13, 14;
xxix. 1.
relatiuum (n.) II. vii. 6.
relatiuius I. xxviii. 2 (pronomen); xxix. 1.
repercussio III. xiii. 4.
repletiuus III. xxxiv. 1.
representatrix I. vii. 4, 5.
repromissio III. lxxxviii. 6.
respectio I. xxx. 5.
respectiue/-us I. xiii. 5; xiv. 4, 5; xviii. 2; II.
xxi. 14; xxix. 2; xxxvi. 2; liv. 3.
respiraculum IV. iii. 8.
restrictio II. xvii. 6; xlv. 10; III. xc. 8.
restringere (logic.) I. xxvi. 4, 9; xxvii. 3; xxx.
1; II. iii. 4; vi. 1; xvii. 2; xx. 5; xxi. 5, 7, 8;
xxv. 4; xxxiii. 1; li. 3; III. xc. 11, 14; IV. i.
6; iii. 2; xv. 1; xxiii. 1, 4.
resultatio III. xiii. 4.
reuerentialis III. liii. 3, 4 (3), 5.
ruptibilis III. lxxxvii. 7.
salutiferus IV. xviii. 33.
saluatiuus III. xlvi. 8; IV. vii. 3; xxv. 10.
sanctificator I. xxvi. 9.
scientissimus III. xxxvii. 2.
scinderesis III. liv. 3; lvii. 1; xc. 25; IV. i. 3;
xiii. 1 (7), 2 (4), 3, 4 (2), 5 (3), 6 (5).
scolasticus I. xxx. 8; II. v. 3; li. 5; IV. xxi. 3.
sectio IV. vii. 5.
seductrix IV. xx. 15.
sementiua I. ii. 12.

INDEX RERUM

corpus I. i–ii; IV. iii–iv; v. 4–5; vii. 4–5.
corruptio IV. vii; ix. 7; xxiv. 2; xxv. 4–5.
creatio
    mundi I. i. 3–4, 11–13; II. xxxv. 23–26; xliii. 5–7; III. iv–vii; x–xii; xiv; xvii; lxxxi–lxxxii.
    animae III. lxxxix; IV. iii. 2.
    corporum quam spirituum I. i. 2–19.
creator I. i–ii; II. lxv.
creatura II. lviii; lxv; lxvii.

    decimae III. xx.
    deitas I. xiv. 2, 4; xviii. 2, 10–15; xxxiii.
    demones (*see* angeli mali).

Deus
    quod non diffiniri potest I. xviii–xix; II. lxvi.
    quod est unus (*see also* essentia) I. i. 20; ii–iii.
    quod est plures personae I. iii–iv. (*see also* Filius, Pater, persona, Spiritus Sanctus, Trinitas)
    quod est sensibilis II. lxviii.
    quod solus replet cor II. xxiii.
diabolus
    quod est creatura I. i. 7–10, 14–17, 19.
    qualis erat ante casum III. xix; lxiv.
    de peccato eius III. xxxvii–xxxviii; xl; lxvi.
    de casu eius III. xix; xxxv; xlvi. 5–7, 29; xlvii–xlix; lii; IV. xxv. 5–21.
    natura, scientia et potentia I. xxiii; III. liv–lxii.
    quomodo temptat homines III. lxxvii.
dies creationis III. xi–xii.
dilectio I. v–vi; II. xxxiv.
dispositio Dei I. xi. 3–4; II. xxxvii. 2; lx. 2–3; III. iii. 4; vi. 5–12.
donum (*see* Spiritus Sanctus).
draco III. lx.

electio canonica IV. xxii. 2.
enuntiabile II. xxxi; xliv; IV. xxv. 1, 12–15.
    quid sit II. xli.
    an Deus sit e. quod est Deum esse II. xl.
    quod non incepit esse II. xlii.
    quod non fuissent ab eterno II. xliii.
equalitas I. xxix.
essentia diuina
    unitas I. vii; xix–xx; xxviii; xxxi; II. iv; xiii; xxxii; III. i.
    non predicetur cum magis et minus I. vi.
    an habeat proprium nomen II. xxvi.
    an differat a creatura II. xxix.
    an conueniat cum creatura II. lxvii.
eternitas II. xxxvi; xxxviii.
    quid sit II. xxxv; III. lxxxvii. 9–10.
    quod non est tempus II. xlvii.
    quod est Deus II. xxxix.
    an Antichristus sit in eternitate II. xxxvii.
exemplar (formarum) I. vii; xv. 6; II. liv. 3; lxvii. 2; III. i. 1; iii. 1–2; IV. xxv. 6–7.

fatum II. l. 2–5.
faunus III. lxxi.
fides IV. xv. 1, 3–4; xvi. 7–8.
filiatio II. viii. 1; x–xi; xvi. 1, 3, 5; xix. 1, 5; xxix. 2–3; IV. x. 4–5.